国家科学技术学术著作出版基金资助出版

动物包虫病学

杨光友 等 著

科学出版社
北京

内 容 简 介

本书系统而简明地介绍了动物包虫病的定义与危害、病原分类与形态、生活史与生物学、起源、遗传变异与种群遗传结构、实验动物模型与体外培养、流行病学、致病作用、临床症状、病理解剖病变、组学、功能基因和免疫学等基本知识，重点论述了动物包虫病诊断与检疫以及防控技术的研究进展与成果。

本书主要读者为从事动物包虫病防控的管理干部和技术人员。同时，本书也可作为高等学校动物医学、医学、畜牧学、生物学、动物学及野生动物保护等相关专业本科生及研究生的参考书。

图书在版编目(CIP)数据

动物包虫病学 / 杨光友等著.—北京:科学出版社，2022.5
ISBN 978-7-03-071068-0

Ⅰ. ①动… Ⅱ. ①杨… Ⅲ. ①动物疾病-棘球蚴病-防治 Ⅳ. ①S852.73

中国版本图书馆 CIP 数据核字（2021）第 265810 号

责任编辑：孟 锐 / 责任校对：彭 映
责任印制：罗 科 / 封面设计：墨创文化

科学出版社出版
北京东黄城根北街16 号
邮政编码：100717
http://www.sciencep.com

成都锦瑞印刷有限责任公司印刷
科学出版社发行 各地新华书店经销

*

2022 年 5 月第 一 版 开本：787×1092 1/16
2022 年 5 月第一次印刷 印张：23 1/4
字数：557 000

定价：228.00 元

（如有印装质量问题，我社负责调换）

《动物包虫病学》编委会

主　编

杨光友（四川农业大学）

副主编

蔡金山（青海省动物疫病预防控制中心）

周明忠（四川省动物疫病预防控制中心）

阳爱国（四川省动物疫病预防控制中心）

谢　跃（四川农业大学）

委　员（按姓氏笔画排序）

王　凝（四川轻化工大学）

古小彬（四川农业大学）

华瑞其（四川农业大学）

杨德英（四川农业大学）

何　冉（四川农业大学）

沈艳丽（青海省动物疫病预防控制中心）

陈　林（成都大学）

赵全邦（青海省动物疫病预防控制中心）

侯　巍（四川省动物疫病预防控制中心）

袁东波（四川省动物疫病预防控制中心）

郭　莉（四川省动物疫病预防控制中心）

主 编 简 介

杨光友，博士，二级教授，四川农业大学动物医学院预防兽医学博士研究生导师，四川省有突出贡献的优秀专家，四川省学术和技术带头人，中国畜牧兽医学会兽医寄生虫学分会副理事长。

长期从事家养动物及大熊猫等野生动物寄生虫病病原学与防控技术研究。动物包虫病为其重要研究方向之一，自2005年以来较为系统地开展了我国青藏高原动物细粒棘球蚴病的病原基因分型、种群遗传结构、功能基因、检测技术和综合防控技术研究，以通讯作者在*Emerging Infectious Diseases*、*Transboundary and Emerging Diseases*、*Parasites & Vectors*、*International Journal of Molecular Sciences*、*Veterinary Parasitology*、*Parasitology Research*等国内外刊物上发表论文30余篇，获国家发明专利授权8项，主研的“包虫病动物源头防控关键技术研究与推广”和“川西北动物包虫病病原及防控关键技术研究与应用”分别获四川省科技进步奖二等奖和三等奖。

2015年11月在四川省甘孜藏族自治州石渠县进行动物包虫病调研（海拔4400m左右）

前　言

包虫病(学名棘球蚴病)为我国二类动物疫病，是严重危害人体健康和影响畜牧业生产的动物源性人兽共患寄生虫病。我国目前是囊型和泡型包虫病混合流行最为严重的国家，特别是在青藏高原地区，人群发病率居全球首位；其中囊型包虫病患病率最高，约占90%。包虫病在犬科动物(犬、狼、狐)和家畜(羊、牛等)以及野生动物之间循环传播，犬和家畜是包虫病循环链的源头。本病的综合防控，重在源头，切断传染源是关键。

自2005年以来，编者主要从事青藏高原地区细粒棘球绦虫的基因分型鉴定、种群遗传结构分析、功能基因及防控技术研究与推广应用。先后参加和主持完成了国家支撑计划项目“包虫病综合防治技术研究”(2006BAI06B06)、“川西高原包虫病防控关键技术研究”(2006BAI06B09)、国家质检总局科技计划项目“动物包虫病检验检疫方法研究与规范”(2009IK019)、四川省科技厅科技支撑计划项目“四川藏民族地区动物包虫病防控技术研究与示范”(2015NZ0041)、青海省科技厅重大科技专项“青海省人畜包虫病防控策略与创新技术应用”(2016-SF-A5)、四川省科技厅重点研发项目“四川省动物包虫病防控关键技术研究与示范”(2017SZ0053、2020YFN0030)和国家自然科学基金项目“细胞凋亡相关基因在细粒棘球蚴不育囊形成中的功能研究”(31672547)等项目，在动物包虫病病原学、诊断与检疫、防控技术研究与推广应用等方面积累了一手资料。在国家科学技术出版基金(2017-C-021)及四川省科技厅重点研发项目(2022YFN0013)的资助下，编写了《动物包虫病学》一书，书中总结了我国动物包虫病的研究成果与防控经验，并介绍了国外动物包虫病的研究进展与先进的防控技术，为我国动物包虫病防控工作提供借鉴与参考。

本书由从事动物包虫病、带科绦虫蚴病病原及综合防控技术研究与推广应用并具有高级职称或博士学位的科研人员编写完成。四川省甘孜藏族自治州畜牧科学研究所邓世金研究员、中国农业大学刘晶副教授、西南民族大学郝力力教授等同行提供部分照片，特此致谢！在编写过程中，直接或间接参考、援引了国内外有关的专著、教材等相关资料，部分参考书目已附于文后，由于检索信息缺乏，部分引用内容未注明出处，在此一并表示诚挚的感谢，敬请作者谅解。

尽管编者在编写中力求做到内容的科学性、先进性与实用性的统一，但由于水平有限，书中难免存在不足，恳请读者批评指正。

编者

2020年6月

目　　录

第一章　动物包虫病的定义与危害

第一节　动物包虫病的定义

动物包虫病（animal hydatid disease），是动物棘球蚴病（animal echinococcosis）的习惯叫法。它是由带科（Taeniidae）、棘球属绦虫（*Echinococcus*）的中绦期幼虫（棘球蚴，俗称包虫）寄生于羊、牛、猪、马、骆驼等家畜以及野生动物的肝、肺等器官内引起的一种寄生虫病。同时，包虫病也是一种严重危害人类健康的动物源性人兽共患寄生虫病。包虫病广泛流行于世界各国的牧业区，被世界动物卫生组织列为规定通报和检疫的二类动物传染性疫病，并被世界卫生组织列为 17 种被忽视的热带病（Neglected tropical diseases，NTDs）之一。

我国是囊型包虫病（细粒棘球蚴病）和泡型包虫病（多房棘球蚴病）并存、全球包虫病发病率最高的国家。包虫病已被列为我国二类动物疫病，是《国家中长期动物疫病防治规划》（2012～2020 年）优先防治和重点防范的 16 种动物疫病之一。同时，本病也是我国原卫生部（现国家卫生健康委员会）规划防治的五大人体寄生虫病之一。

第二节　包虫病的危害

包虫病的危害包括对畜牧业生产造成的经济损失、动物包虫病的防控花费、人群的健康危害、患者诊疗的经济负担、地区经济发展与社会和谐稳定的影响等方面。

一、畜牧业的经济损失与动物包虫病的防控花费

1.畜牧业的经济损失

（1）影响动物的生长发育与生产性能，严重者导致死亡

包虫（棘球蚴）多寄生于动物的肝脏和肺脏，随着包囊的逐渐增大，对肝脏和肺脏等寄生部位产生机械压迫，使周围组织和器官发生萎缩和功能障碍，危害的轻重取决于棘球蚴的大小、寄生的部位及数量（图 1-1、图 1-2）。患病动物出现逐渐消瘦、被毛逆立和易脱毛、呼吸困难或轻度咳嗽和腹水等症状，剧烈运动时症状加重。动物感染包虫后常引起动物生长发育受阻，生产性能（产肉、产毛、产奶）和繁殖力降低以及畜产品的品质下降，饲料报酬降低，养殖成本增加，从而造成巨大的经济损失。

当肝脏、肺脏有大量虫体寄生时，由于肝、肺实质受到压迫而发生高度萎缩，可引起动物发生死亡。各种动物都可因囊泡破裂而伴发全身性的过敏和炎症反应，严重者可以致

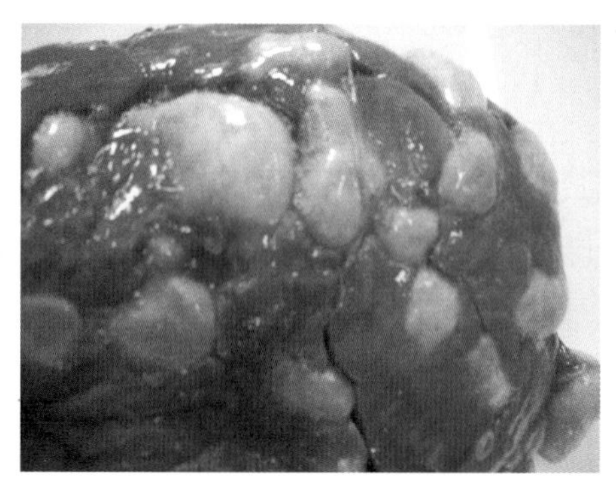

图 1-1　寄生于羊肝脏的细粒棘球蚴(杨光友提供)

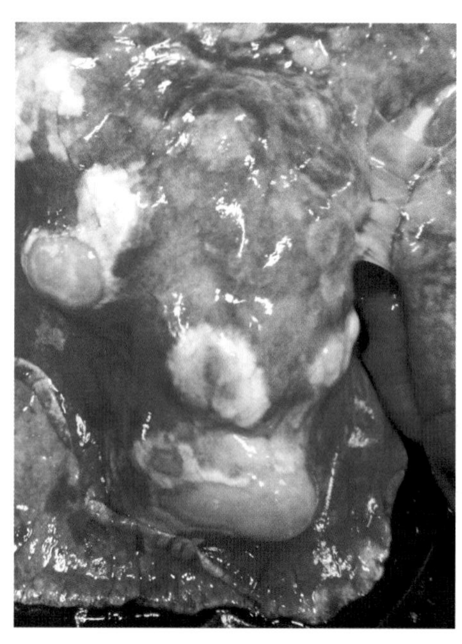

图 1-2　寄生于羊肺脏的细粒棘球蚴(杨光友提供)

死。同时，感染包虫的家畜由于机体抗病力低下，对其他疾病的易感性随之增高，大多在寒冬季节病死。

不同种类的家畜因囊型包虫病造成的生产力损失估计为：胴体下降 2.5%～20%，产奶量下降 2.5%～12%，繁殖力下降 3%～12%，产毛量下降 10%～40%，隐含价值下降 0.2%(Cardona and Carmena，2013)。全球家畜感染数目达数千万，每年造成的直接经济损失高达 19 亿美元(Budke et al.，2006；McManus et al.，2003；Atkinson et al.，2013)。

西班牙、意大利以及我国学者的研究观察均得到类似结果，经过包虫病防治后平均每只羊每年体重会增加 1kg。我国绵羊的存栏量大约是 1.3 亿只，在动物包虫病高发地区的流行环节中每年参与循环的家畜达 11 种(绵羊、山羊、牦牛、黄牛、水牛、马、猪等)，大约有 1.7 亿只(头)，因此造成的经济损失是巨大的(张文宝等，2017)。

(2)屠宰动物内脏(肝、肺等)的废弃

根据新疆一屠宰场对肝肺废弃率的调查，该屠宰场冬天大约宰 21 万只绵羊，废弃了 14 吨的肝肺，估计 6.7%羊肝肺因感染包虫而废弃(张文宝等，2017)。据统计估算，流行于我国西部地区的棘球蚴病(包虫病)，引起牛、羊肝脏和肺脏废弃，每年给我国牛羊产品销售造成的经济损失就超过 8 亿元。

据我国 20 世纪 80 年代末的调查统计资料，中国绵羊因该病一般每只约减重 2kg，羊毛减重 0.2kg，肝和肺废弃的损失每只平均 7 元以上(棘球蚴病研究协作组，1989)。据统计，20 世纪 80 年代末中国绵羊因棘球蚴病每只约减产 2kg，肝废弃率为 8%～25%，肺废弃率为 10%～28%；全国绵羊因棘球蚴病每年损失羊肉 6000～8000t，加上废弃脏器，估计损失 5 亿元以上(棘球蚴病研究协作组，1989；齐普生等，1998)。

在 1989 年，根据 WHO 和意大利的数据，在中国包虫病对畜牧生产造成的损失费用估计为 8 亿元，而近些年来的统计数据显示这一数值为每年 16 亿元，其中新疆大约为 4.2 亿元(张文宝等，2017)。据估计，目前我国每年患病家畜在 5000 万头以上，经济损失超过 30 亿元(魏巍，2017)。包虫病不仅影响西部少数民族地区农牧民养殖农户增收，而且也对我国畜牧业造成巨大损失，阻碍畜牧业健康发展，影响了我国畜牧业在国际上的地位。

此外，包虫病还对一些国家或地区动物及动物产品的国际贸易构成了障碍。

2.动物包虫病防控的费用

细粒棘球绦虫在犬体内需要发育 45d 左右才开始产卵，虫卵随粪便排出污染环境。根据单相切断病原循环链的策略，只要每月驱虫一次，第一次驱虫后，犬就不会有虫卵产生和排出，外环境中就没有病原体(虫卵)。如果采取“犬犬投药，月月驱虫”的成虫期前驱虫方法，估计我国西部有 500 万只家(牧)犬需要进行驱虫管理，需要经费 2 亿元。如果采取双相切断病原循环链的策略，即同时对犬驱虫和对绵羊免疫接种的方法，需要对 2 亿只生产母畜和其生产的仔畜接种基因工程疫苗 Eg95，疫苗费用约 16 亿元(张文宝等，2017)。因此，动物包虫病的防控费用是巨大的。

二、对人体健康的危害与患者诊疗经济负担

1.对人体健康的危害

根据我国 15289 个包虫病人临床病例统计，人感染包虫后，90%左右的包囊寄生于肝脏和肺脏，同时在腹部及盆腔、脾、脑、骨、肌肉、皮肤、肾、心脏、卵巢以及其他部位(眼、脊髓、胰腺等)均发现有包虫寄生(图 1-3)。随着囊肿的逐年增大，病人体质日渐衰弱，致使劳动力降低或丧失，重者造成病残甚至死亡。儿童包虫病患者一旦发生并发症，例如感染或破裂等，可能过早夭折，造成家庭悲剧(图 1-4～图 1-6)。

多房型(泡型)包虫病患者因其中多数诊治过晚，导致手术切除率低，预后远比单房性(囊型)包虫病差，其危害性更为严重。流行区居民或工作人员，十分担忧包虫病，特别将泡型包虫病视之为“2 号癌症”，该病给当地人民造成了严重的精神威胁和心理创伤。

全球不同区域人群的血清学阳性率为 5%～60%，根据用超声诊断对人群患病情况的调查，有包囊大于 2cm 以上的包虫患者 300 万(张文宝等，2017)。据 2004 年全国人体重要寄生虫病现状调查(12 个主要流行省/区采取随机抽样)结果表明，包虫病流行区人群平均患病率为 1.08%；38 万～68 万人携带大于 2cm 的包囊；受威胁人口为 6600 万；经过国家防控部门的努力，到 2012 年，估计全国有 17.4 万患者携带超声诊断可测的包囊(＞2cm)。2012 年的调查表明，我国有泡型包虫病(AE)患者 5 万人，这些患者如果不及时救治，10 年内死亡率为 95%以上(张文宝等，2017)。

在国家卫生和计划生育委员会的推动和支持下，2012～2016 年中国疾病预防控制中心(CDC)在全国共抽样调查 11 省(自治区)413 个县，其中内蒙古、四川、西藏、甘肃、青海、宁夏、云南、陕西和新疆等 9 省(自治区)的 368 个县被确定为棘球蚴病流行县，119 个县存在细粒棘球蚴病和多房棘球蚴病混合流行(伍卫平，2017)。对其中 364 个流行县进行了流行程度的调查，人群棘球蚴病检出率为 0.51%。推算流行区人群患病率为 0.28%，

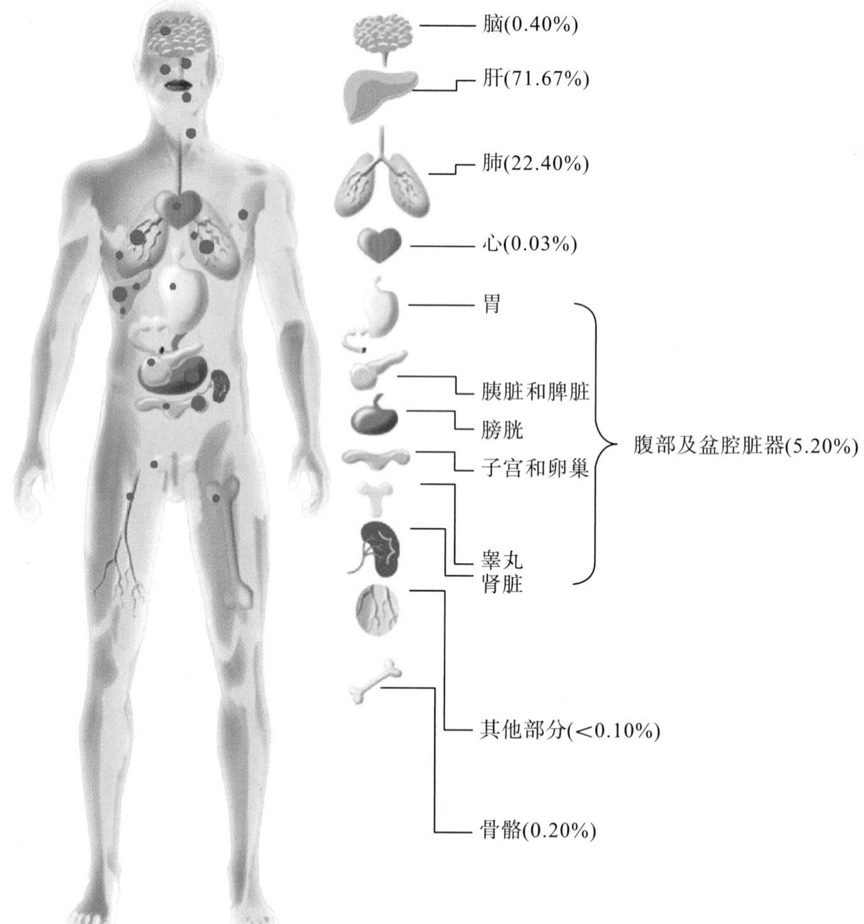

图 1-3　棘球蚴在人体内的分布(谢跃提供)

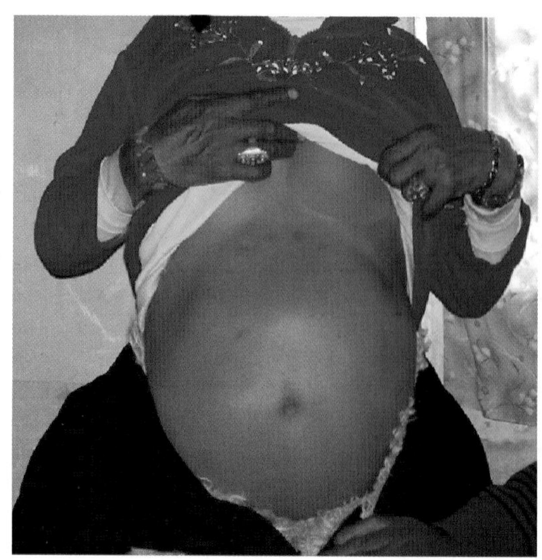

图 1-4　包虫病患者 1(邓世金提供)

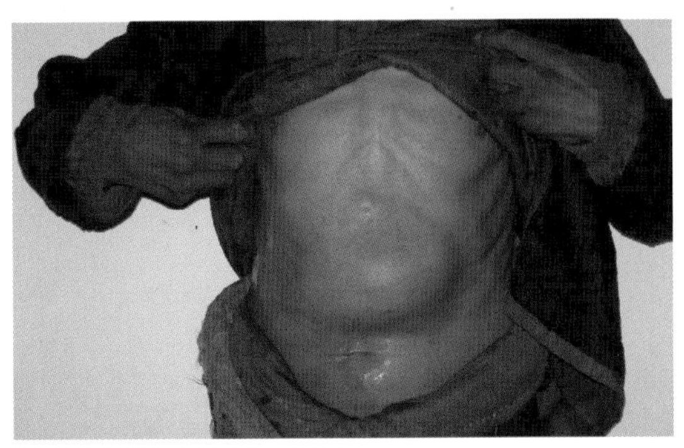

图 1-5　包虫病患者 2(邓世金提供)

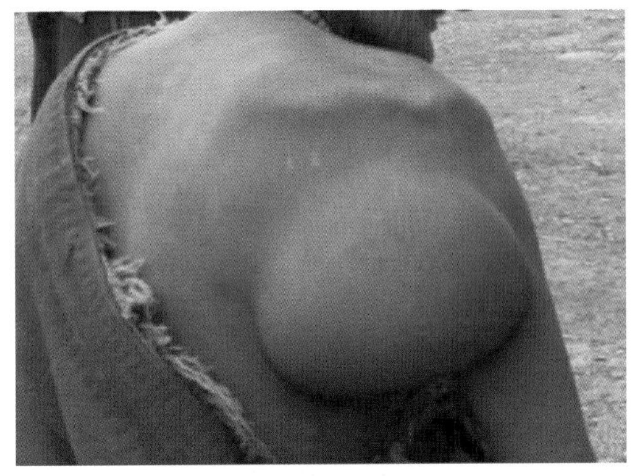

图 1-6　包虫病患者 3(蔡金山提供)

受威胁人口约 5000 万，患病人数大约 17 万。青藏高原的人群棘球蚴病检出率为 1.28%，高于非青藏高原地区(0.13%)；西藏、青海和四川等 3 省(自治区)的人群棘球蚴病检出率较高，为 1.16%～1.71%(伍卫平等，2018)。

2.患者诊疗费用的损失

人感染包虫后，轻者劳动力降低或丧失，重者造成病残甚至死亡。同时，还要支出一笔巨额的诊疗费用，给病人家庭带来经济负担。包虫病给患病人群及其家庭带来了一定的经济负担(住院、门诊、购药、交通、食宿等支出及劳动力的损失)；劳动力的损失构成非住院患者的主要经济负担；包虫病对患者生活自理能力、劳动能力、心理健康以及家庭成员关系和家庭休闲娱乐活动等均产生了一定的不良影响(Venegas et al.，2014；丁艳等，2012)。

自 2005 年到 2011 年，我国政府在治疗包虫病方面总计花费了 4 个亿，大概有 7.48 万人接受了药物化疗治疗，目前化疗效果还需进一步跟进调查和研究，手术治疗病人数的比例由 2011 年的 3.71%增加到 2015 年的 8.75%。据统计我国新疆县级和地区级医院囊型包虫病(CE)患者每人平均住院治疗费用为 10000～19500 元，而乌鲁木齐市三级甲等医院的住院治疗费用高达 33445 元(表 1-1)(张文宝等，2017)。

表 1-1　中国新疆不同地区包虫病住院治疗费用统计(张文宝等，2017)

医院	病例数	费用平均值/元
吉木萨尔县	8	10586
乌苏市(县级)	8	19561.6
巴州(地区级)	45	16210.1
博州(地区级)	21	19356.43
乌鲁木齐	271	33445.39

每年与囊型包虫病相关的治疗费用及牲畜业全球损失预计为 30 亿美元，泡型包虫病每年导致人群患者损失约 65 万伤残调整生命年(一个伤残调整生命年即等于损失一年“健康”生活)，该病引起的负担主要集中在我国西部地区。

三、地区经济发展与社会和谐稳定的影响

包虫病不但是一个特殊的兽医学和医学问题，而且又是严重的社会经济问题，它所造成的危害性是多方面的，影响也是比较复杂的。一些受棘球蚴病困扰的国家，由于人和家畜患病造成的经济损失可占国民生产总值的 0.5%(Cardona and Carmena，2013)。

我国西部地区地域辽阔，为藏、汉、回、蒙等民族人民世代繁衍生息和劳作的地方，这里有着悠久的历史，淳朴而勤劳的人民，独特的少数民族风情。然而，在西部广大农牧区，由于恶劣的高原气候和相对闭塞的地理环境，其交通欠发达、经济发展水平相对落后，贫困问题突出。包虫病的发生和流行，时时威胁和危害着当地人民群众和家畜的健康和生命安全，给人民群众的生命和财产安全造成了巨大的损失，严重制约了我国西部地区经济与社会的健康发展，给西部各族人民的生产生活带来了深重的灾害，是我国西部地区农牧民群众“因病致贫”和“因病返贫”的重要原因之一，严重影响我国西部地区社会的和谐发展。

参 考 文 献

丁艳，段新宇，王乐，等，2012．新疆包虫病患者经济负担分析[J]．卫生经济研究，(6)：54-56.

棘球蚴病研究协作组，1989．包虫(棘球蚴)在我国的流行情况[J]．新疆农业科学，(3)：35-38.

齐普生，王进成，张壮志，等，1998．棘球蚴病在我国流行及防治[J]．中国农业大学学报，(S2)：94-97.

魏巍，2017．全国农牧系统包虫病防控[J]．中国动物保健，19(7)：10-13.

伍卫平，2017．我国两型包虫病的流行与分布情况[J]．中国动物保健，19(7)：7-9.

伍卫平，王虎，王谦，等，2018．2016—2018 年中国棘球蚴病抽样调查分析[J]．中国寄生虫学与寄生虫病杂志，36(1)：1-14.

张文宝，郭刚，李军，2017．包虫病的危害与控制策略的选择[J]．中国动物保健，19(7)：4-6.

Atkinson JAM, Gray DJ, Clements ACA, et al., 2013. Environmental changes impacting *Echinococcus* transmission: research to support predictive surveillance and control[J]. Global Change Biology, 19: 677-688.

Budke CM, Deplazes P, Torgerson PR, 2006. Global socioeconomic impact of cystic echinococcosis[J]. Emerging Infectious

Diseases, 12(2): 296-303.

Cardona GA, Carmena D, 2013. A review of the global prevalence, molecular epidemiology and economics of cystic echinococcosis in production animals[J]. Veterinary Parasitology, 192: 10-32.

McManus DP, Zhang W, Li J, et al., 2003. Echinococcosis[J]. Lancet, 362: 1295-1304.

Venegas J, Espinoza S, Sanchez G, 2014. Estimation of costs caused by cystic echinococcosis[J]. Revista médica de Chile, 142: 1023-1033.

第二章　病原分类与形态

第一节　病 原 分 类

动物包虫病的病原为扁形动物门(Platyhelminthes)、绦虫纲(Cestoda)、圆叶目(Cyclophyllidea)、带科(Taeniidae)、棘球属(*Echinococcus*；Rudolphi，1801)绦虫(赵明，1996；Schimidt，1986；Khalil et al.，1994)。

基于形态与生物学的棘球属绦虫的虫种分类，该属绦虫的虫种有：细粒棘球绦虫(*Echinococcus granulosus*；Batsch，1786)、多房棘球绦虫(*E.multilocularis*；Leuckart，1863)、少节棘球绦虫(*E.oligarthrus*；Diesing，1863)、伏氏棘球绦虫(*E.vogeli*；Rausch and Bernstein，1972)和石渠棘球绦虫(*E.shiquicus*；Xiao et al.，2005)(Kumaratilake and Thompson，1982；Thompson et al.，1995；Thompson and McManus，2002)。在我国发现的种类有：细粒棘球绦虫、多房棘球绦虫和石渠棘球绦虫，其中以细粒棘球绦虫最为常见，而少节棘球绦虫和伏氏棘球绦虫主要分布于南美洲。

由于细粒棘球绦虫在长期的演化过程中发生了广泛的种内变异，形成了不同地理分布或不同宿主嗜性的虫株(基因型)。近年来，研究者基于线粒体的细胞色素 c 氧化酶亚基 1 基因(cytochrome *c* oxidase subunit 1，*cox*1)、NADH 脱氢酶亚基 1 基因(NADH dehydrogenase subunit 1，*nad*1)以及核糖体第一内转录间隔区(first internal transcribed spacer，ITS1)的序列分析将细粒棘球绦虫分为至少 8 个不同的基因型(即 G1、G3～G8、G10)及细粒棘球绦虫狮株(lion strain)，并建议将细粒棘球绦虫 G1 和 G3 基因型定名为细粒棘球绦虫狭义种(*Echinococcus granulosus* sensu stricto)。其中，G4 定名为马棘球绦虫(*Echinococcus equinus*)，G5 定名为奥氏棘球绦虫(*Echinococcus ortleppi*)，G6～G8、G10 定名为加拿大棘球绦虫(*Echinococcus canadensis*)(Thompson et al.，1995；Thompson and McManus，2002；Nakao et al.，2007)。G1～G10 以及细粒棘球绦虫狮株又统称为细粒棘球绦虫广义种(*Echinococcus granulosus* sensu lato)。

多房棘球绦虫可分为欧洲株、阿拉斯加株和北美株，三者在形态学、致病力强度、发育特征和宿主特异性等方面，均有一定的差异。但总体来讲，其种内遗传变异较小。

第二节　病 原 形 态

一、细粒棘球绦虫狭义种

1.成虫

寄生于犬、狐和狼等肉食动物的小肠内。

虫体很小，链体长 2～7mm，有 2～7 个节片(大多为 3～4 个节片)。头节上有 4 个吸盘，顶突上有排成两圈的小钩，吻钩的数量变化很大，有 25～49 个(平均为 32～42 个)，长度为 17～31μm(平均为 22.6～27.8μm)。顶突顶端有一群梭形状细胞组成的顶突腺(rostellar gland)。生殖孔位于节片的侧缘中点之后。链体的倒数第二或第三节是成节，成节内有一套雌、雄性生殖器官，睾丸 25～50 个，均匀地分布在生殖孔的前后。雄茎囊呈梨状，卵巢呈蹄铁形。子宫有小的侧向囊状分支，一般有 12～15 对，内充满 500～800 个虫卵(图 2-1～图 2-4)。

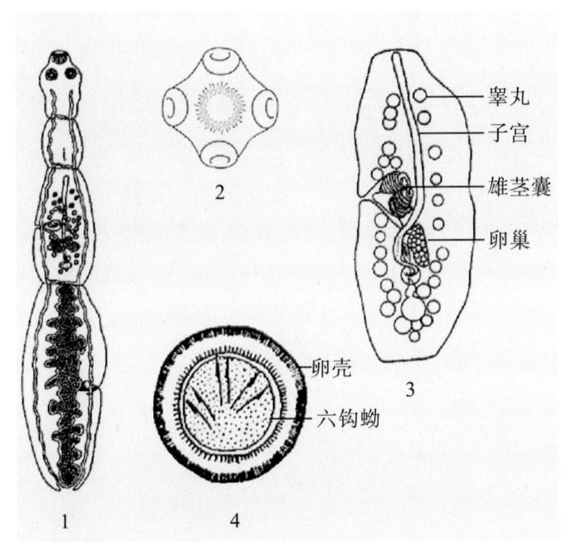

图 2-1　细粒棘球绦虫成虫形态构造图

1.虫体；2.头节；3.成熟节片；4.虫卵

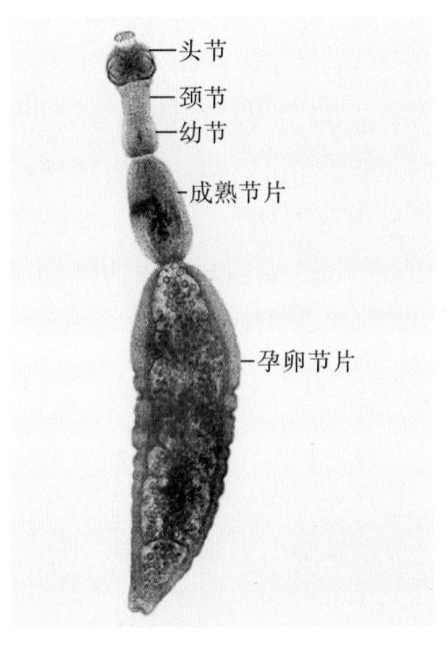

图 2-2　细粒棘球绦虫成虫实物图

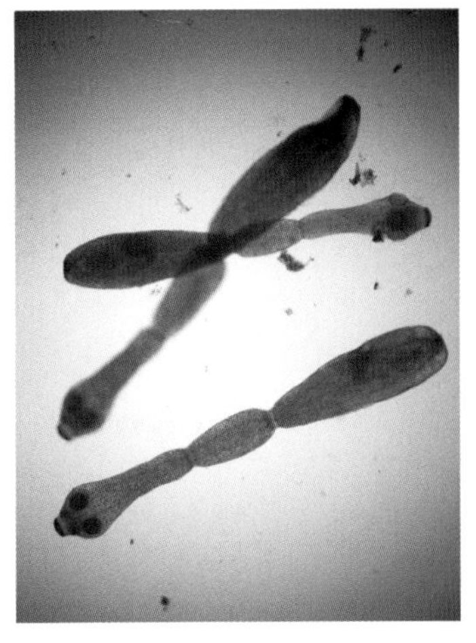

图 2-3　虫体(28d)(杨光友提供)

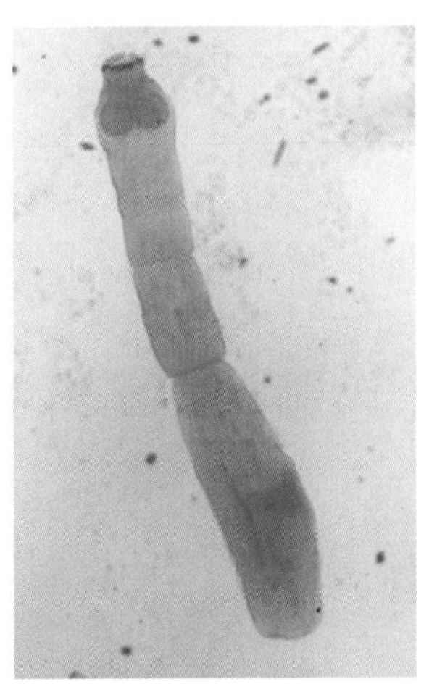

图 2-4　染色封片虫体(杨光友提供)

虫体组织结构：体壁(body wall)的最外侧为皮层(tegument)，皮层覆盖着链体各个节片，其下为肌肉系统，由皮下肌层和实质肌组成。皮下肌层的外层为环肌，内层为纵肌。纵肌较强，贯穿整个链体，唯在节片成熟后逐渐萎缩退化，越往后端退化越为显著，于是最后端孕节经常能自动从链体脱落。

虫体超微结构：体壁在电镜下观察分为两层，即皮层和皮下层(subcutaneous layer)。皮层是一个可细分为三层的细胞质膜，为一种合胞体(或鳞状细胞)。皮层的外缘具有无数细小指状细胞质突起，即微绒毛(microvilli)，绒毛下面则为较宽阔的含有空泡的基质区，孔道(pore canal)由此层穿过，基质区的内部区域结构致密，含有许多线粒体(mitochondria)。它的内侧为一明显的基膜(basement membrane)。皮下层紧接基膜之下，包括三个肌层，有环肌、纵肌和斜肌。肌层下面是深埋入实质结构内的巨大电子致密细胞(electron dense cells)及较小的电子疏松细胞(electron light cells)。致密细胞由一些连接小管和皮层相通，这些小管的管壁和线粒体间有着原生质的连接(protoplasmic reticulum)。其细胞本身具有一个大而且有双层膜的细胞核，核的外壁连接着大而复杂的内质网(endoplasmic reticulum)。此外，细胞内还含有线粒体，蛋白质类晶体和脂肪或糖原。整个体壁的构造类似一个向外翻转的肠壁(图 2-5)。

2.虫卵

虫卵呈圆球形或椭圆形，大小为(32～36)μm×(25～30)μm。虫卵内为六钩蚴，外被有呈辐射状的胚膜，胚膜为双层，最外层为卵黄膜(又称“卵壳”或外膜)，由于卵黄膜在随宿主粪便排出之前已脱落，因此胚层为主要层，胚层对胚胎或六钩蚴提供物理性的保护作用(图 2-1、图 2-6)

细粒棘球绦虫、多房棘球绦虫以及其他带科绦虫虫卵的形态及大小极其相似，故在光学显微镜下难以根据其虫卵形态进行虫种鉴定。

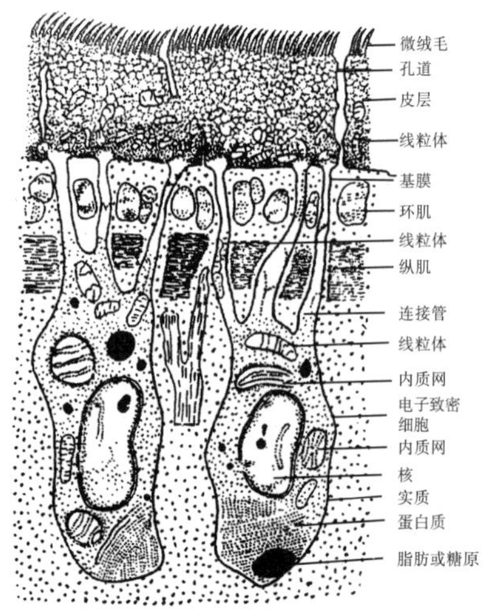

图 2-5 成虫体壁超微构造

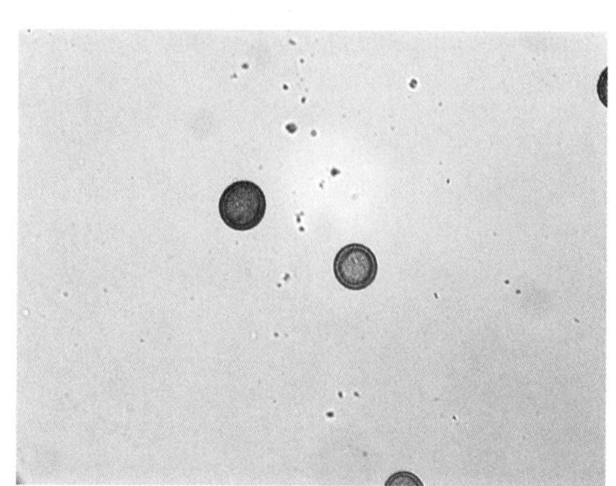

图 2-6 虫卵(杨光友提供)

3.细粒棘球蚴

为细粒棘球绦虫的中绦期幼虫，主要寄生于绵羊、山羊、牛、牦牛、水牛、马、猪等家养动物、野生动物以及人体的肝脏及肺脏等组织器官内。

细粒棘球蚴为单室囊(称为单囊型棘球蚴或囊型包虫)，为一包囊状构造，由囊壁和囊内容物(囊液、原头蚴、生发囊、子囊、孙囊等)组成。囊壁外由宿主组织对棘球蚴产生的炎性反应所形成的纤维组织所包围，其构成了与宿主和寄生组织之间的一个屏障(或界面)。包囊的形状与大小因宿主种类、寄生部位、寄生时间的不同而有很大的差异。小的细粒棘球蚴包囊只有米粒、豌豆大，大的包囊有人头大，甚至更大。单囊直径亦可超过30cm，在我国青海牦牛体内发现的细粒棘球蚴包囊最大者重达54.6kg(图2-7～图2-10)。

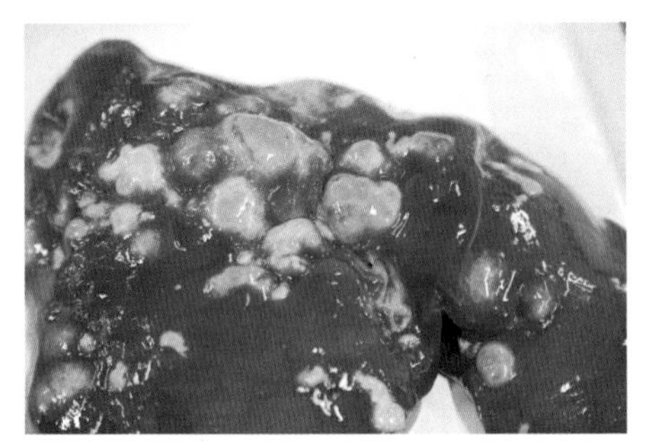

图2-7　羊肝脏上的细粒棘球蚴1(杨光友提供)

图2-8　羊肝脏上的细粒棘球蚴2(杨光友提供)

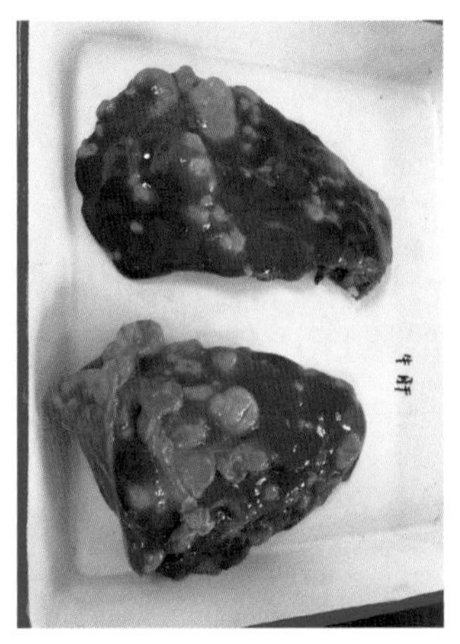

图2-9　牛肝脏上的细粒棘球蚴(杨光友提供)

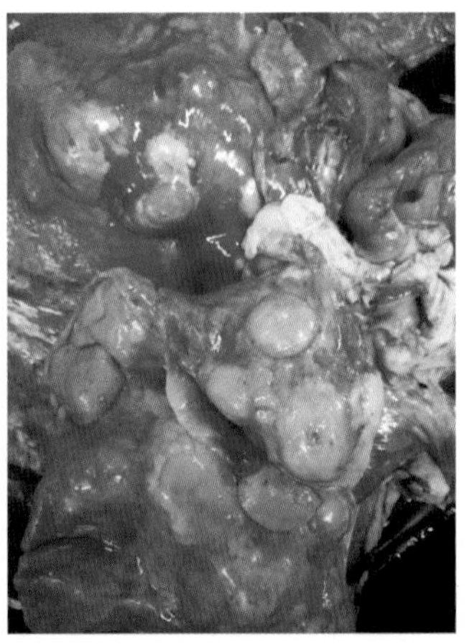

图2-10　羊肺脏上的细粒棘球蚴(杨光友提供)

(1)囊壁

棘球蚴的囊壁(cyst wall)分为两层，外层为乳白色、半透明的角皮层(cuticle layer)或角质层(laminated layer)，厚度为1～4mm，无细胞结构，似粉皮状，脆弱易破裂；内层为具细胞核的胚层，又称生发层(germinal layer)，厚度为22～25μm，由单层细胞构成，紧贴于角皮层内(图 2-11)。在角质层之外为外膜层(adventitial layer)，它是包囊生长过程中引起宿主的炎症反应而形成的纤维组织。

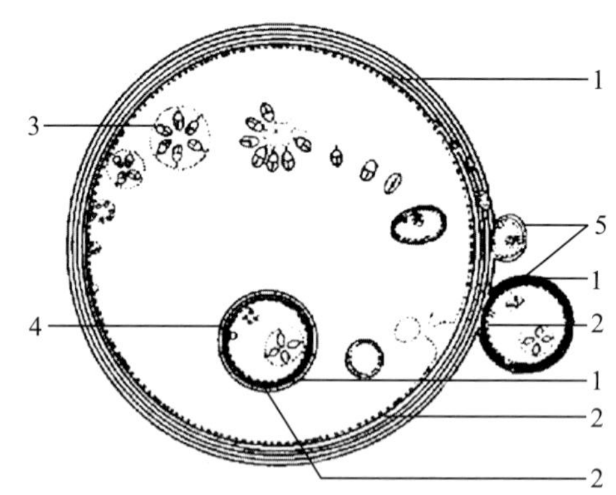

图 2-11　棘球蚴模形式构造

1.角质层；2.生发层；3.生发囊；4.内生性子囊；5.外生性子囊

(2)**原头蚴**

原头蚴又称原头节(protoscolex)，呈圆形或椭圆形，大小为 170μm×122μm，由生发层向囊内长出，原头蚴具有感染性。原头蚴上有向内翻卷收缩的头节，其上有顶突和 4 个内陷的肌肉质吸盘，顶突上分布有数十个小钩，小钩长为 19～44μm(平均 22.6～27.8μm)。原头蚴体内还可见微细的石灰质小体(或称石灰质颗粒)等结构，原头蚴的头节与成虫头节的区别在于其体积较小且缺乏顶突腺(图 2-12～图 2-15)。

扫描电镜观察：内嵌型原头蚴体表一端可见盘状内陷孔，孔的边缘表面显示柱状微绒毛，原头蚴其余部分体表有膜样隆起。外翻型原头蚴前段有顶突和背、腹、左、右侧的四个吸盘。顶突区可见大、小头钩，细胞质膜皱襞相互折叠。吸盘中央为一腔隙，腔内壁有多个皱襞样突起。自顶突开始直至吸盘后部边缘，微绒毛分布均匀，均由皮层构成。自吸盘后缘至原头蚴体部，仅有尚未完全发育的绒毛，其外侧被有 PAS 阳性物质形成的被膜。原头蚴末端有一内陷排泄孔，边缘隆起，边界整齐，孔内壁呈膜样或丘状隆起。

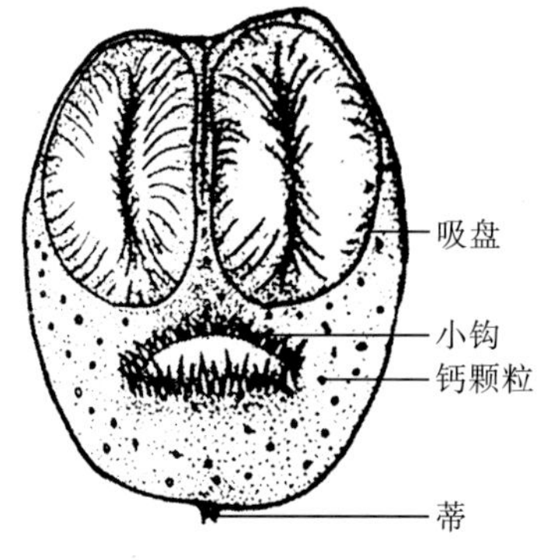

图 2-12　原头蚴的构造

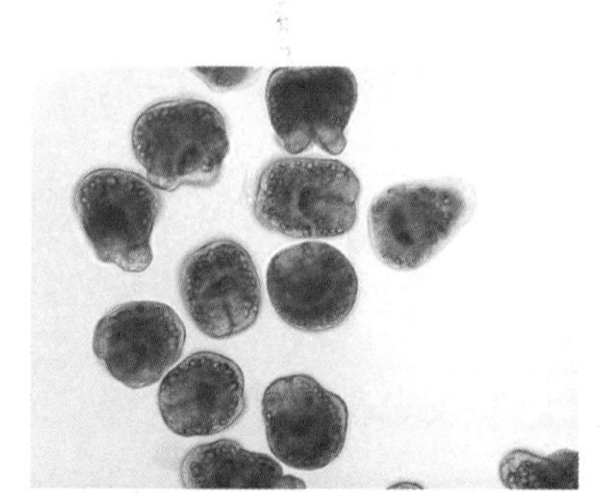

图 2-13　头节内陷的原头蚴(杨光友提供)

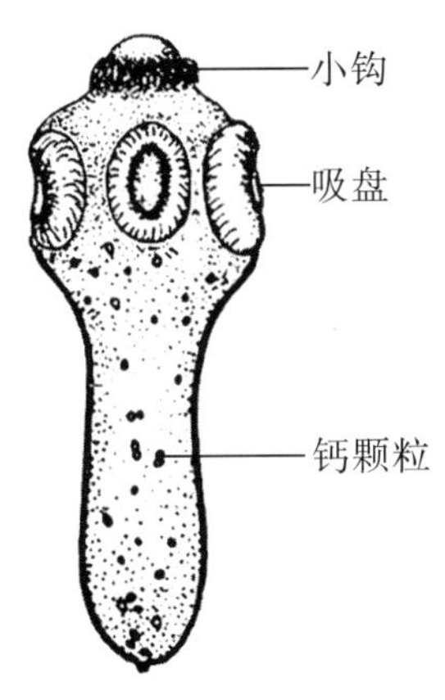

图 2-14　头节外翻的原头蚴结构图

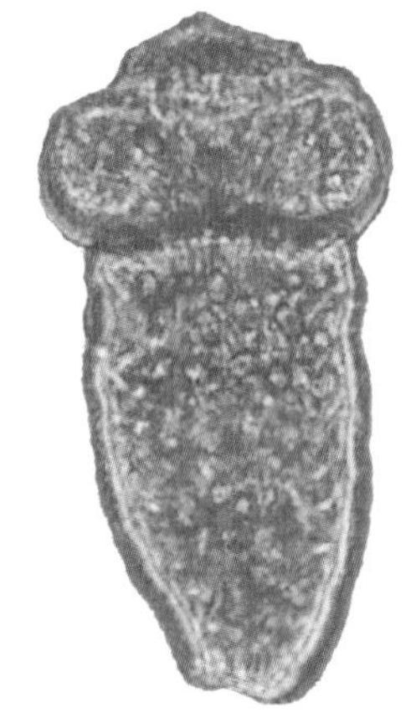

图 2-15　头节外翻的原头蚴实物图（杨光友提供）

透射电镜观察：胞浆延伸居于肌束之下，与皮层基质（远端胞浆）相通，胞浆延伸起着沟通远端胞浆与皮层细胞核周胞浆的作用。皮层区与皮层细胞区截然分开，其间有明显的基膜。核周胞浆包含线粒体、高尔基复合体和晶体样结构。致密体紧邻高尔基复合体，胞浆延伸和远端胞浆相连接，有一单层膜包绕，类似于溶酶体（图 2-16）。

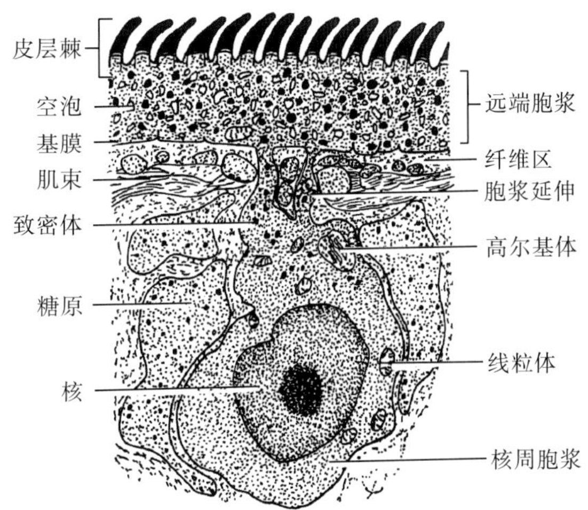

图 2-16　细粒棘球蚴原头蚴的超微结构（Morseth，1967）

（3）**生发囊**

生发囊（brood capsule）又称育囊或可育囊（fertile cyst），直径约 1mm，是由囊壁的生发层向囊腔内芽生出的成群细胞，这些细胞空泡化后形成仅有一层生发层的小囊，并长出小蒂与胚层相连；在小囊内壁上生成数量不等的原头蚴，此小囊称为生发囊（或育囊）。小蒂可断裂，导致生发囊脱落，即变成子囊。生发层偶尔也可向外芽生形成外生性原头蚴或子囊等，疑似多房棘球蚴（图 2-17～图 2-19）。

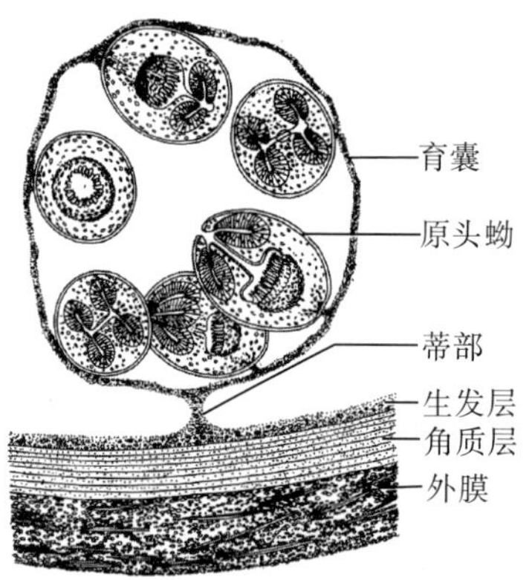

图 2-17　细粒棘球蚴带状育囊的结构(Eckert，1981)

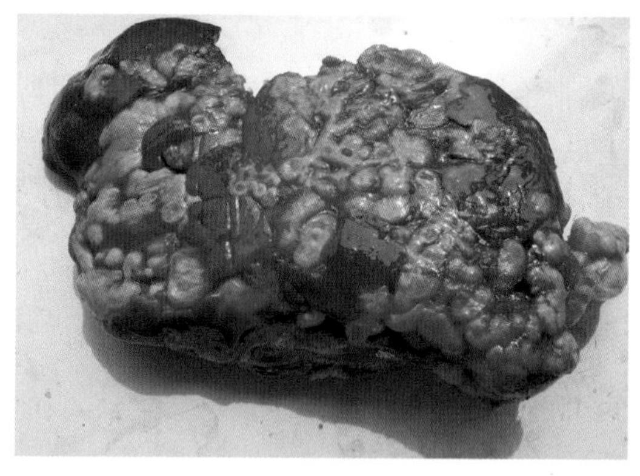

图 2-18　羊肝脏上的细粒棘球蚴 1(杨光友提供)

图 2-19　羊肝脏上的细粒棘球蚴 2(杨光友提供)

(4) **子囊**

子囊(daughter cyst)是由棘球蚴母囊的生发层直接长出，也可由原头蚴或生发囊进一步发育而成。子囊结构与母囊相似，其生发层也可向囊内芽生出原头蚴、生发囊以及与子囊结构相似的小囊，此小囊称为孙囊(granddaughter cyst)。在较老的母囊内，可产生数百个子囊。

(5) **不育囊**

不育囊(sterile cyst)是由于有的棘球蚴包囊的胚层不能长出原头蚴或生发囊等结构而形成，无原头蚴的包囊称为不育囊，并且不育囊可长得很大。

(6) **囊液**

囊液(cyst fluid; hydatid fluid)呈无色透明或微带淡黄色，密度为 1.005～1.020g/cm^3，pH 为 6.7～7.8，内含多种蛋白质、肌醇、卵磷脂、尿素、糖、酶及少量无机盐等。据测定囊液中存在 17 种氨基酸，其中以甘氨酸、谷氨酸、丙氨酸、亮氨酸、异亮氨酸、半胱氨酸含量较高。

囊液营养成分丰富，在体外可以供培养的原头蚴生存数月。棘球蚴可通过囊壁不断与宿主体液进行物质交换而维持虫体的新陈代谢，促进其生长、发育与生殖。

从囊壁上脱落下来游离漂浮在囊液中的原头蚴、生发囊和子囊统称为棘球砂或囊砂(hydatid sand)。

1 个发育良好的棘球蚴包囊内含大量的原头蚴，可高达 200 万个以上。1mL 囊液的沉淀物中可含多达 40 万个原头蚴。

二、多房棘球绦虫

1.成虫

寄生于犬科和猫科动物的小肠内。

成虫外形和结构都与细粒棘球绦虫相似，但虫体更小，长仅为 1.2～3.7mm，虫体由 4～5 个节片组成。头节上吻钩的数量为 13～24 个，排成内外两圈，大钩长度为 28～32μm(平均 29 μm)，小钩长 20.8～26μm(平均 23 μm)。链体的倒数第二节、第三节为成节，生殖孔位于节片的侧缘中点之前，不规则地左右排列。睾丸呈圆形，26～35 个，主要分布在生殖孔之后。子宫为简单的囊状分支，无侧囊，内含虫卵 187～404 个(朱依柏等，1983；洪凌仙和林宇光，1990)(图 2-20、图 2-21)。

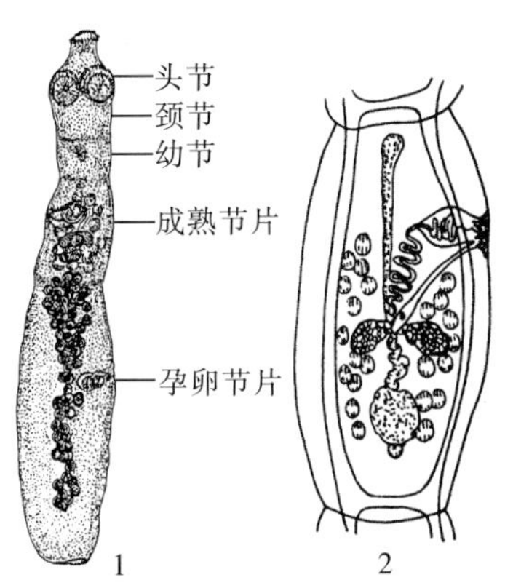

图 2-20　多房棘球绦虫形态

1.虫体；2.成熟节片

图 2-21　多房棘球绦虫虫体

2.虫卵

虫卵的形态与大小均与细粒棘球绦虫的虫卵相似。

3.多房棘球蚴

多房棘球蚴(又称泡球蚴)为多房棘球绦虫的中绦期幼虫，主要寄生于哺乳动物(主要是鼠类)和人的肝脏(卢明科和李立伟，2004)。

多房棘球蚴为淡黄色或白色的囊泡状团块，常见由多个大小不等的囊泡相互连接、聚集而成的多囊结构。囊泡呈圆形或椭圆形，囊泡内有的含透明囊液和原头蚴，有的含有半固体胶状物而无原头蚴。囊泡的外壁(角皮层)很薄且常不完整，整个棘球蚴囊泡与宿主组织间无纤维组织被膜分隔。多房棘球蚴主要通过外生性芽生增殖，不断产生新囊泡从而浸润组织。这些浸润性小包囊，同样外层为角质层，内层为多核生发层，囊内具原头蚴，即可育囊。多房棘球蚴可育囊内原头蚴数量比细粒棘球蚴少(图 2-22、图 2-23)。

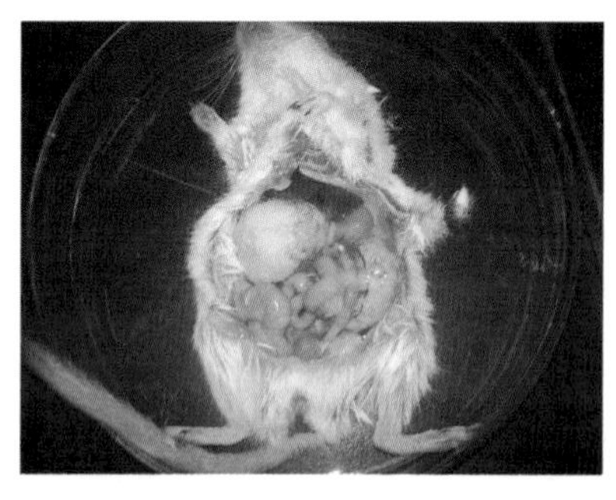

图 2-22　寄生于鼠肝的多房棘球蚴(郝力力提供)

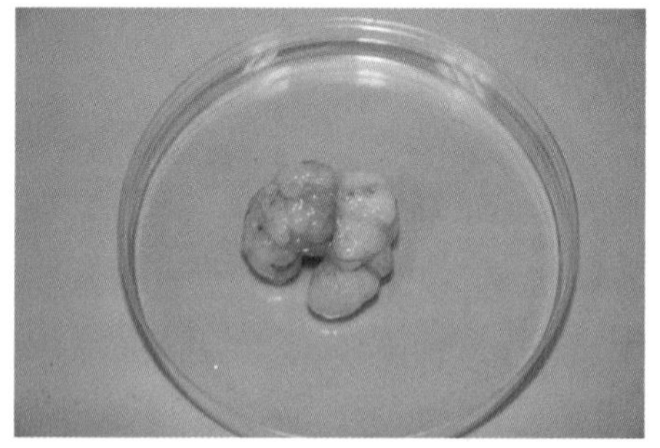

图 2-23　多房棘球蚴(郝力力提供)

一般经 1～2 年，大小不等的囊泡即可占据寄生的宿主器官，呈葡萄状的囊泡群还可向器官蔓延至体腔内。由于增殖方式呈浸润性，因此酷似恶性肿瘤，可以随淋巴或血液转移，引起肺、脑等其他脏器的继发性感染(图 2-24)。

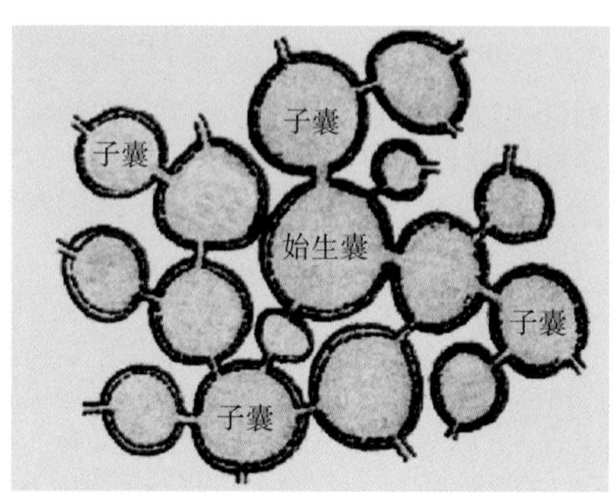

图 2-24　多房棘球蚴的生长方式(Euseby，1979)

三、伏氏棘球绦虫

1.成虫

成虫寄生于薮犬(*Speothos venaticus*)体内，家犬也可感染。

虫体的链体长 3.9～5.5mm，有 3 个节片。头节较肥大，顶突上有排成两圈的大小不等吻钩 28～36 个，吻钩长分别为 38.2～57μm 和 30～47μm。生殖孔位于节片的侧缘中点之后。成节是倒数第二节。睾丸 50～67 个，呈卵圆形，主要分布在生殖孔之后。子宫呈长囊状，无侧囊。

2.虫卵

虫卵近圆形，大小为(32～42) μm×(29～40) μm。

3.伏氏棘球蚴

伏氏棘球蚴是一种多囊型棘球蚴(Polycystic echinococcus)，为伏氏棘球绦虫的中绦期幼虫，寄生于无尾刺豚鼠(*Cuniculus paca*)、刺豚鼠(*Dasyprocta* spp.)、地棘鼠(*Proechimys* spp.)和人的肝脏。

多囊型棘球蚴的形态比较特殊，囊内充满液体，由隔膜分隔成多个巢形腔室(巢形囊)。每个巢形囊长为424～560μm，直径为389～450μm(平均为817μm×781μm)。每个巢形囊中的原头蚴的数目为 10～480 个(平均 81 个)，原头蚴的大小为(158～203) μm×(108～145) μm(平均 175μm×133μm)。原头蚴头节顶突上的吻钩长而弯曲，弯曲部分占到吻钩长度的三分之二，大小吻钩长分别为38.2～45.6μm 和 30.4～36.9μm。

四、少节棘球绦虫

1.成虫

成虫寄生于美洲中部和南部的野生猫科动物中。

虫体的链体长 2.2～2.9mm，通常为三节。头节的顶突上有 26～40 个大小不等吻钩，吻钩长分别为 49～60μm 和 38.2～45μm。成节是倒数第二节。生殖孔位于节片的侧缘中点或之前。睾丸 15～46 个(平均 29 个)，主要分布在生殖孔之后。子宫呈囊状分支。

2.虫卵

虫卵的形态与大小均与细粒棘球绦虫的虫卵相似。

3.少节棘球蚴

少节棘球蚴是一种多囊型棘球蚴，为少节棘球绦虫的中绦期幼虫，主要寄生于刺豚鼠(*Dasyprocta punctata*、*D.rubrata*、*D.leporina* 和 *D.fuliginosa*)等动物的肌肉组织内。

少节棘球蚴的每个巢形包囊内含6～30个(平均18个)原头蚴，原头蚴的大小为(125～168) μm×(95～142) μm(平均为 141μm×119μm)。原头蚴头节顶突上的大小吻钩长分别为29.1～37.9μm(平均 30.5～33.40μm)和 22.6～29.2μm(平均 25.4～27.4μm)。少节棘球绦虫的原头蚴吻钩比伏氏棘球绦虫的更短，并且形状也不相同。

此外，有学者于 1999 年夏天在内蒙古东北部呼伦贝尔草原的一只长爪沙鼠(*Meriones unguiculatus*)肝脏内发现一早期的多囊棘球蚴。布满小囊泡的条状虫体，其基部牢固地着生在鼠肝脏组织上，其余部分游离在鼠肝表面。经切片观察，其结构系属多囊棘球蚴特征。虫体含外生囊泡(exogenous vesicles)和内生囊泡(endogenous vesicles)芽体。各外生囊泡是从虫体胚组织向体外生长出来，囊泡间的胚组织中布满 PAS 阳性颗粒体(granules bodies)和内生泡囊芽体，在芽体基部具有环状透明层状膜(laminated membrane)的结构；各外生囊泡内壁中也有颗粒和具层状膜的芽体。发现于内蒙古的多囊棘球蚴结构与分布于南美洲的伏氏棘球绦虫(*E.vogeli*)的多囊棘球蚴相似但不全相同，被暂且命名为内蒙古多囊蚴(*Polycystia neimonguensis* sp.nov.)，该虫是此类人兽共患寄生虫在我国的首次发现(唐崇惕等，2003)。

五、石渠棘球绦虫

1.成虫

石渠棘球绦虫(*E.shiquicus*；Xiao et al.，2005)是由肖宁等(2008)从青藏高原的高原鼠兔(*Ochotona curzoniae*)和藏狐(*Vulpes ferrilata*)中分离鉴定出的一种棘球绦虫，因其特有的形态学、分子遗传学、寄生宿主和地理分布特征，而被确定为棘球属绦虫一新种并以首次发现地(石渠县)命名。该虫种也与在石渠县相邻的青海省果洛州的班玛县和久治县检获(Xiao et al.，2006；肖宁等，2008)。

石渠棘球绦虫的成虫与多房棘球绦虫十分相似，但发育成熟的虫体极为短小，长度仅为 1.3～1.7mm。根据成虫的特点可以分为两种类型，其中一种形态十分特殊，仅含有两个节片，即一未成熟节片直接与其后的一孕节相连。这种形态独特的虫体几乎占据了所获标本的 90%以上。另一种即所谓典型发育型，其链体由幼节、成节和孕节组成。在所有检获的发育成熟的虫体中，未发现链体有超过 3 个节片的虫体。石渠棘球绦虫成虫的顶突小钩也是目前发现的棘球绦虫中最小的，而且在相同条件下收集，石渠棘球绦虫较多房棘球绦虫的小钩更易脱落，且生殖孔的位置和孕节子宫中的虫卵数量等具有鉴别价值(表 2-1，图 2-25、图 2-26)。

表 2-1　5 种棘球绦虫形态学特征的比较*

	细粒棘球绦虫	多房棘球绦虫	石渠棘球绦虫	少节棘球绦虫	伏氏棘球绦虫
分布	全球	北半球	青藏高原	中美洲、南美洲	中美洲、南美洲
终末宿主	犬	狐	藏狐、犬	野生猫科动物	薮犬、犬
中间宿主	有蹄类动物	啮齿类	高原鼠兔、田鼠	热带地区啮齿类	热带地区啮齿类
成虫					
体长/mm	2.0～11.0	1.2～4.5	1.3～1.7	2.2～2.9	3.9～5.5
节片数	2～7	2～6	2～3	3	3
长钩长度/μm	25.0～49.0	24.9～34.0	20.0～23.0	43.0～60.0	49.0～57.0
短钩长度/μm	17.0～31.0	20.4～31.0	16.0～17.0	28.0～45.0	30.0～47.0
睾丸数	25～80	16～35	12～20	15～46	50～60
生殖孔位置					
成熟节片	靠近中线	中线之后	接近节片前缘	中线之前	中线之后
孕节	中线之后	中线之后	中线之前	靠近中线	中线之后
孕节子宫形状	分支，有侧囊	囊状	囊状	囊状	管状
中绦期及出现部位	内脏，单囊	内脏，多囊	内脏，单囊	肌肉，多囊	内脏，多囊

*引自肖宁(2008)，略修改与补充。

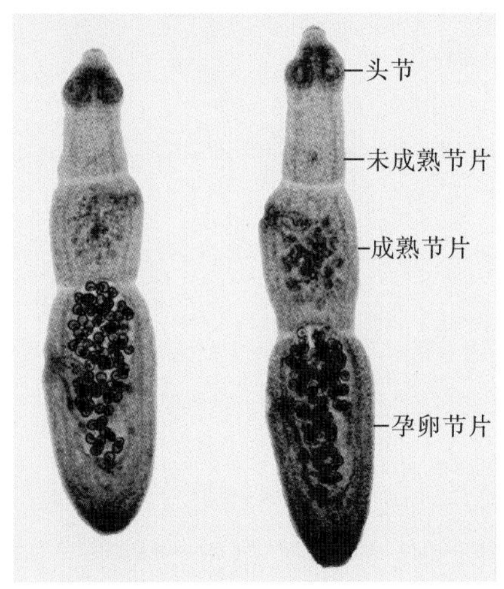

图 2-25　石渠棘球绦虫实物图（Xiao et al.，2005）

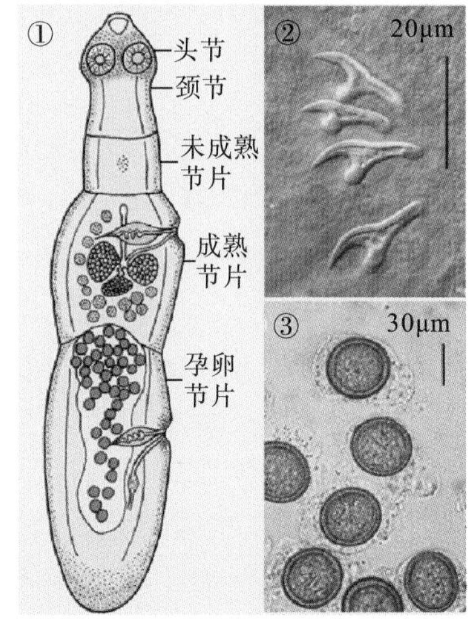

图 2-26　石渠棘球绦虫结构图（Xiao et al.，2005）

①虫体；②吻钩；③虫卵

2.虫卵

虫卵的形态与大小均与细粒棘球绦虫和多房棘球绦虫的虫卵相似。

3.石渠棘球蚴

为石渠棘球绦虫的中绦期幼虫，主要寄生于高原鼠兔的肝脏和肺脏内，也可寄生于肾、脾等脏器内（图 2-27）。

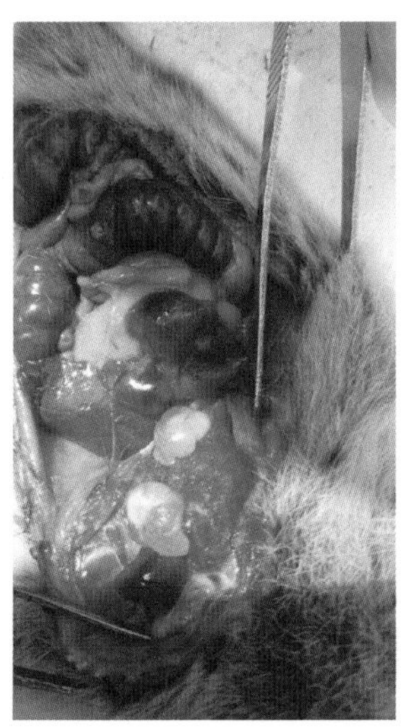

图 2-27　寄生于鼠兔内脏的石渠棘球蚴（郝力力提供）

石渠棘球蚴为直径约 10mm 的微小单囊，囊内含有大量的育囊，但未见子囊。发育完全的育囊与生发层紧密相连，内含大量原头节。囊的角质层较厚，但其外围由宿主形成的纤维层却很薄。

参 考 文 献

洪凌仙，林宇光，1990. 狗和家猫感染多房棘球蚴后的成虫发育比较和成虫及原头节的糖原分布[J]，地方病通报，5(3): 46.

卢明科，李立伟，2004. 泡状棘球蚴病病原生物学研究进展[J]. 四川动物，23(1): 70-73.

唐崇惕，王彦海，崔贵文，2003. 内蒙古多囊蚴，*Polycystia neimonguensis* sp. nov. 新种记述[J]. 中国人兽共患病杂志，19(4): 14-18.

肖宁，邱加闽，Nakao M，等，2008. 青藏高原东部地区发现的新种：石渠棘球绦虫的生物学特征[J]. 中国寄生虫学与寄生虫病杂志，26(4): 307-312.

赵明，1996. 棘球绦虫的分类学研究[J]. 地方病通报，11(4): 92-94.

朱依柏，邱加闽，邱东川，等，1983. 多房棘球绦虫在我国的发现[J]. 四川动物，4(2): 44.

Khalil LF, Jones A, Bray RA, 1994. Key to the Cestode Parasites of Vertebrates[M]. UK. PP: CAB Intenational.

Kumaratilake LM, Thompson RCA, 1982. A review of the taxonomy and speciation of the genus *Echinococcus* Rudolphi, 1801[J]. Zeitschrif Fur Parasitenkude, 68: 121-146.

Nakao M, McManus DP, Schantz PM, et al., 2007. A molecular phylogeny of the genus *Echinococcus* inferred from complete mitochondrial genomes[J]. Parasitology, 134(5): 713-722.

Schimidt GD, 1986. Handbook of Tapeworm Identification[M]. Inc. Boca Raton, Florida: CRC Press.

Thompson RCA, Lymbdery AJ, Constantine CC, 1995. Variation in *Echinococcus:* Towards a taxonomic revision of the genus[J]. Adavances in Parasitology, 35: 145-176.

Thompson RCA, McManus DP, 2002. Towards a taxonomic revision of the genus *Echinococcus*[J]. Trends in Parasitology, 18(10): 452-457.

Xiao N, Qiu J, Nakao M, et al., 2005. *Echinococcus shiquicus* n. sp., a taeniid cestode from Tibetan fox and plateau pika in China[J]. International Journal for Parasitology, 35(6): 693-701.

Xiao N, Nakao M, Qiu J, et al., 2006. Dual infection of animal hosts with different *Echinococcus* species in the eastern Qinghai-Tibet plateau region of China[J]. The American Journal of Tropical Medicine & Hygiene, 75(2): 292-294.

第三章　生活史与生物学

第一节　生　活　史

一、细粒棘球绦虫

细粒棘球绦虫的中间宿主主要为家养及野生有蹄类草食动物，其中绵羊(*Ovis aries*)为最适宜的中间宿主；终末宿主为犬(*Canis lupus familiaris*)、狐(*Vulpini*)和狼(*Canis lupus*)等犬科肉食动物。人常因误食虫卵而感染囊型包虫病。

中间宿主(有蹄类动物)在采食时误食入终末宿主(肉食动物)排出的细粒棘球绦虫的虫卵或孕卵节片后，卵内的六钩蚴在其小肠内逸出，钻入肠壁，随血液或淋巴液散布到体内脏器(主要为肝脏及肺脏)，定殖下来并缓慢地生长发育为细粒棘球蚴(又称囊型包虫)。犬科动物因吞食带有细粒棘球蚴的动物脏器而感染，包囊经过犬科动物牙齿的物理碾磨以及胃酸的化学消化后碎裂，释放出囊内的原头蚴，在犬科动物的小肠内被激活后依靠顶突上的吻钩、吸盘以及顶突固着于肠绒毛基部，经 37～45d 发育为成虫(图 3-1)。

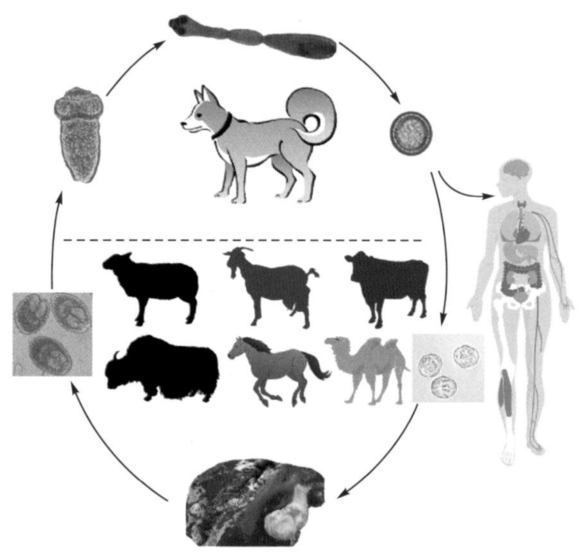

图 3-1　细粒棘球绦虫生活史(谢跃提供)

细粒棘球绦虫在流行中有三个生活史循环(家畜环、森林环及半森林环)，在我国牧区主要以犬和家畜(羊、牛等)的家畜环为主(图 3-2)；在国外一些地区(如美国的阿拉斯加和加拿大西北部)主要是以野生犬科动物(狼等)和野生草食动物(麋鹿等)之间的森林环和半森林环(如家畜与狼之间或犬与野生草食动物之间的生活史循环)为主(图 3-3)。

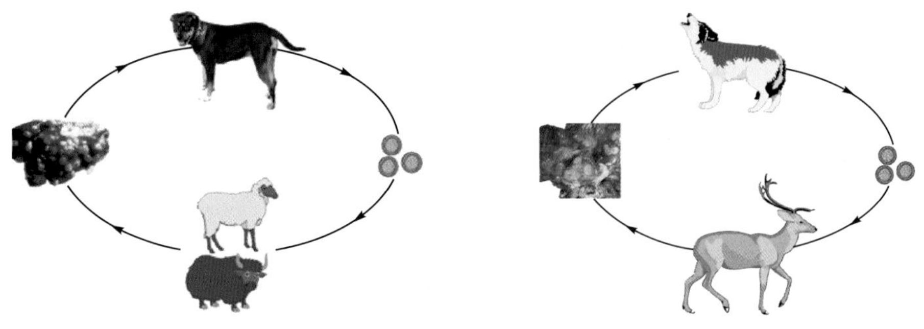

图 3-2 细粒棘球绦虫流行的家畜环（谢跃提供） 图 3-3 细粒棘球绦虫流行的森林环（谢跃提供）

二、多房棘球绦虫

多房棘球绦虫的中间宿主为啮齿动物（鼠类）及兔形目动物（鼠兔，*Ochotona curzoniae*），终末宿主为狐、狼和犬等犬科动物以及猫科动物，人因误食虫卵而感染泡型包虫病。

犬科动物和猫科动物因捕食感染了多房棘球绦虫的啮齿类及兔形目动物而感染，原头蚴在终末宿主的小肠内依靠顶突上的小钩和吸盘固着于小肠绒毛基部，经 30～33d 发育成熟，成虫寿命约为 3～3.5 月。终末宿主感染原头蚴后，在体内长出成熟的孕卵节片，每个孕卵节片含 200～400 枚虫卵，每隔 7～14d 可再形成新的孕卵节片并排出体外。虫卵和孕节随粪便排出，污染饮水、草、蔬菜和浆果等，中间宿主食入虫卵后，六钩蚴钻入中间宿主的肠静脉，随血液循环即可到达肝脏（也可进一步到达肺和脑等脏器）并逐步发育成大小不一的多房棘球蚴（又称泡球蚴）（图 3-4）。

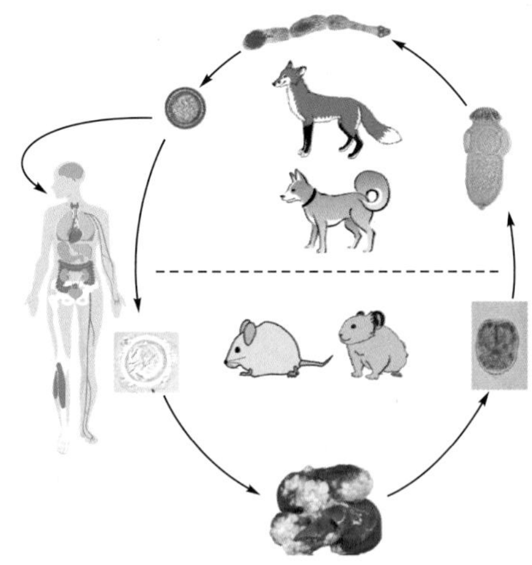

图 3-4 多房棘球绦虫生活史（谢跃提供）

在我国，多房棘球绦虫在流行中有两个生活史循环：野生犬科动物（狐、狼）与啮齿类动物（鼠类）及兔形目动物（鼠兔）之间的生活史循环（图 3-5）；犬（野犬和家犬）、猫科动物与啮齿类动物（鼠类）及兔形目动物（鼠兔）之间的生活史循环（图 3-6）。

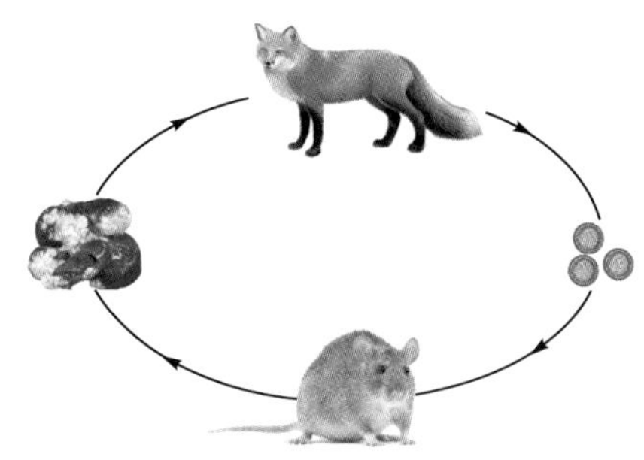

图 3-5　狐与鼠之间的生活史循环(谢跃提供)

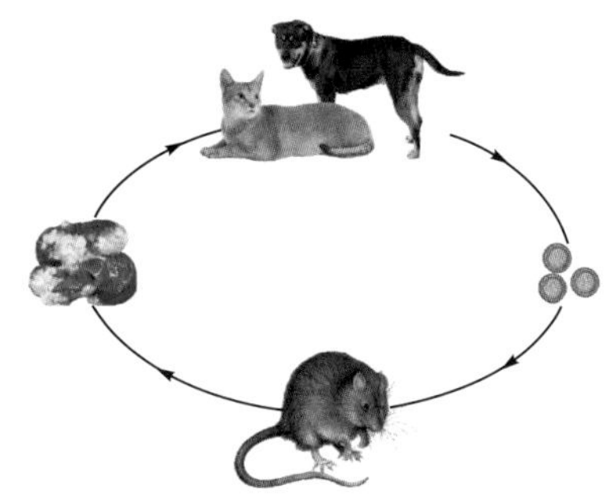

图 3-6　犬、猫与野生动物之间的生活史循环(谢跃提供)

三、石渠棘球绦虫

石渠棘球绦虫的虫体大小是目前发现的棘球绦虫中最小的，仅 1.2～1.8mm 左右。石渠棘球绦虫成虫的顶突小钩数目约为 18～36 个且易脱落，而根据链体的特点，成虫通常可以分为两种形态：①仅含有两个节片，即链体由一个未成熟节片与一个孕节相连；②含有三个节片，即链体由幼节、成节和孕节组成(肖宁等，2008；曾诚，2013)。

石渠棘球绦虫的中间宿主主要为青藏高原的高原鼠兔，终末宿主主要为藏狐(*Vulpes ferrilata*)，而沙狐(*Vulpes corsac*)和犬的感染亦有报道(Boufana et al.，2013；Li et al.，2013)，但迄今为止尚未有人感染石渠棘球绦虫的病例报道。石渠棘球绦虫目前仅在我国的青藏高原地区被发现，其主要分布在青海、四川、西藏等地，并在四川省石渠县、青海省达日县、青海省治多县等地区呈高度流行状态(Xiao et al.，2006)。

石渠棘球绦虫成虫寄生于终末宿主的小肠，中绦期幼虫主要寄生于鼠兔的肺脏并发育为微小单囊，由囊内生发层发育为可育囊，发育完全的可育囊与生发层紧密相连，内含大量原头蚴，通常无子囊和孙囊的存在，生发层外则由较厚的角质层和宿主形成的纤维层所包裹(Fan et al.，2016；朱国强等，2019)。石渠棘球绦虫的生活史循环如图 3-7 所示。

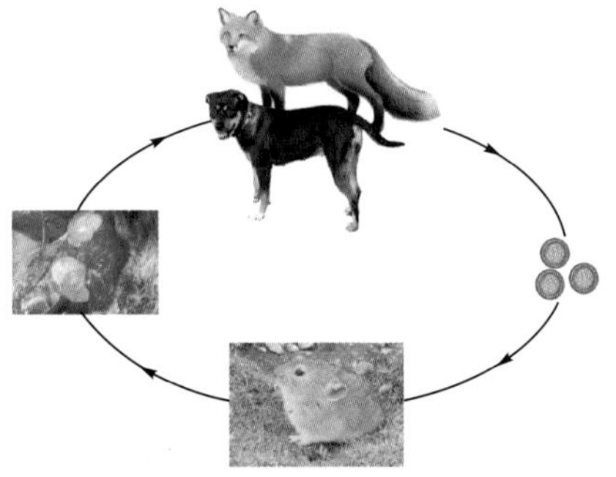

图 3-7　石渠棘球绦虫生活史(谢跃提供)

四、伏氏棘球绦虫

伏氏棘球绦虫主要分布于拉丁美洲，该虫株对人具有致病力，人因误食伏氏棘球绦虫虫卵而患多囊型包虫病。终末宿主为薮犬(*Speothos venaticus*)和家犬等犬科动物，中间宿主为无尾刺豚鼠(*Cuniculus paca*)、刺豚鼠(*Dasyprocta* spp.)和地棘鼠(*Proechimys* spp.)等鼠类。终末宿主因吞食寄生有伏氏棘球蚴的鼠内脏而感染，成虫寄生于终末宿主的小肠。中间宿主食入虫卵后，六钩蚴进入鼠类的肝脏内发育，并可散布到机体腹腔和胸腔等其他脏器寄生(Rausch 和 D'Alessandro，1981)。

五、少节棘球绦虫

少节棘球绦虫主要分布于拉丁美洲，并和伏氏棘球绦虫常具有相同的地理分布，该虫株对人具有致病力，人因误食少节棘球绦虫虫卵而患多囊型包虫病。终末宿主为猫科动物，中间宿主为托氏地棘鼠(*Proechimys semispinosus*)、巴拿马攀鼠(*Tylomys panamensis*)、刺豚鼠(*Dasyprocta punctata*、*D.rubrata*、*D.leporina* 和 *D.fuliginosa*)、无尾刺豚鼠(*Cuniculus paca*)和圭亚那原针鼠(*P.guyannensis*)等鼠类，偶尔寄生在负鼠(*Didelphis marsupialis*)和佛罗里达棉尾兔(*Sylvilagus floridanus*)中。成虫寄生于猫科动物的小肠，猫因捕食含有少节棘球蚴的鼠类而感染；中绦期幼虫寄生于中间宿主的肺、肌肉、膈膜、肠系膜、心脏和肾脏等脏器内。

第二节 发育生物学

一、细粒棘球绦虫

1.中间宿主体内的发育

成熟且具有活性的虫卵被适宜的中间宿主摄入后，虫卵在中间宿主胃肠道内经孵化后释放出六钩蚴并被激活，激活后的六钩蚴穿透肠壁，进入血液、淋巴循环并定殖在宿主肝脏等组织内；此后，六钩蚴会经历一系列的组织结构重塑并向包囊方向进行发育(即中绦期发育)，当包囊逐步发育成熟后，囊内会产生原头蚴而成为新的感染源。

(1)孵化和激活

成熟且具有活性的虫卵被适宜的中间宿主摄入后，虫卵在中间宿主的胃肠道内进行孵化。孵化过程主要分为两个阶段：①胚膜层的被动分解；②六钩蚴的激活与释放(Lethbridge，1980；Holcman and Heath，1997；Jabbar et al.，2010)。目前认为，胚膜层的被动分解可能主要通过中间宿主胃肠道中的蛋白水解酶(包括胃蛋白酶和胰酶)的作用，并且六钩蚴在胚膜层被分解前均保持休眠的状态。此外，亦有证据表明六钩蚴从六钩蚴膜中释放可能是由于胆盐的表面活性作用引起膜通透性的变化所致。

然而，研究发现细粒棘球绦虫卵可在绵羊的肠外部位完成孵化(包括肺、肝脏和腹腔)；也可以通过气管造口或腹腔注射在啮齿动物的肠腔内完成孵化，其中接种到腹腔中的虫卵会被中性粒细胞和巨噬细胞迅速包围，这些细胞可能通过释放水解酶引起胚层的溶解；此外，虫卵亦可在来源于非特定的中间宿主的化学物质和酶的作用下在体外完成孵化和激活(Borrie et al.，1965；Blood and Lelijveld，1969；Williams and Colli，1970；Colli and Williams，

1972；Kumaratilake and Thompson，1981；Thompson，1995）。目前，关于胚膜层的被动分解，六钩蚴的激活与释放所需的适宜刺激或理化因子尚不明确，仍待进一步的研究确认。

（2）穿透与组织定位

激活的六钩蚴在自身肌肉系统的调控下，虫体以及小钩会进行复杂的节律性运动来提供实现组织穿透的动力（Swiderski，1983）。研究发现，六钩蚴主要在中间宿主小肠的空肠和回肠上段的微绒毛处进行穿透（Heath，1971），而在此过程中六钩蚴的穿透腺也将发挥重要作用。在最初的穿透过程中，六钩蚴首先可能是通过小钩以锚定在肠道微绒毛的表面，并在锚定过程完成后的3～120min，六钩蚴会迅速穿透微绒毛的上皮层后到达固有层，并在六钩蚴入侵处可观察到宿主组织产生组织变性的病理变化（Lethbridge，1980；Jabbar et al.，2010；Heath，1971）。在上述的穿透过程中，除了六钩蚴通过运动进行物理穿透外，在穿透部位由穿透腺分泌的化学性物质亦可能通过参与溶解宿主组织、协助黏附、润滑以及抵御宿主的免疫杀伤等过程，为六钩蚴的穿透过程提供重要的协助作用（Fairweather and Threadgold，1981；Jabbar et al.，2010；Lethbridge，1980）。通过超微结构观察发现六钩蚴具有三种类型的腺体细胞（图3-8），包括能够分泌Eg95（一种对中间宿主包虫病具有良好保护作用的疫苗抗原）的腺体细胞，在穿透过程中六钩蚴还会产生其他几种分泌物（Swiderski，1983），然而，这些分泌物的化学成分以及生理功能仍有待进一步的鉴定。

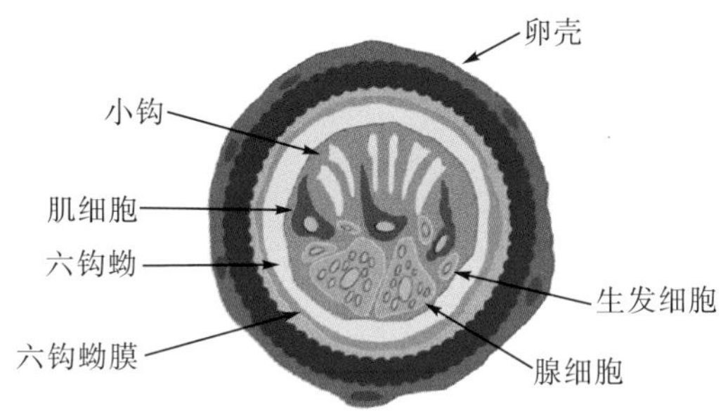

图3-8　棘球绦虫的虫卵形态构造（Thompson，2017）

此外，这些穿透腺分泌物并非都在穿透过程中释放，许多分泌物质在穿透后仍保留在六钩蚴上皮细胞中并在6d左右逐步消失（Harris et al.，1989）。例如在六钩蚴中高度表达的Kunitz型蛋白酶抑制剂EgKI-1，该酶是一种有效的胰凝乳蛋白酶和中性粒细胞弹性蛋白酶抑制剂，可结合钙并减少中性粒细胞浸润（Ranasinghe et al.，2015）。当六钩蚴完成穿透过程并进入中间宿主的循环系统后，EgKI-1蛋白可通过抑制嗜中性粒细胞弹性蛋白酶和组织蛋白酶G的杀伤以实现虫体在宿主体内的免疫逃避（Ranasinghe et al.，2015）。

目前关于六钩蚴在宿主体内最终定殖部位的影响因素尚不明确，其可能与宿主器官的解剖部位、生理功能以及感染寄生虫的种类有关。已有证据表明，六钩蚴能在淋巴或静脉内进行迁移，由于不同宿主之间绒毛的淋巴乳腺大小不同，因而微静脉和淋巴乳腺的大小可能决定六钩蚴在宿主组织器官的分布（Heath，1971）。同时，当六钩蚴定殖在宿主组织器官后便开始向包囊发育，其表面的微绒毛也可能有助于六钩蚴的定殖过程（Harris et al.，1989）。

(3) 六钩蚴的分化

六钩蚴到达宿主器官后便开始向中绦期进行发育，即形成包囊组织。在定殖后的 14d 内，六钩蚴会迅速地进行组织结构的重塑，包括细胞增殖、小钩退化、肌肉萎缩、中心空腔、生发层以及角质层的形成等一系列过程(Rausch，1954；Sakamoto and Sugimura，1970；Heath and Lawrence，1976)。研究表明，六钩蚴向包囊方向的形态转变主要是通过生发细胞的生长和分化来实现的，虽然该过程包含复杂的组织结构重塑以及细胞的分化，但是目前大量的证据表明该过程是通过同一种形态的生发细胞(多功能干细胞)来实现的，而并不存在其他细胞株的参与(Smyth，1969；Gustafsson，1976；Thompson et al.，1990；Thompson，1995；Thompson and Lymbery，2013；Koziol et al.，2014；Thompson and Jenkins，2014)。

生发细胞，大小约为 4μm，具有强大的分裂增殖能力且是棘球绦虫中唯一具有增殖分化能力的细胞，其主要分布于包囊的生发层以及成虫的颈节部分，而包囊的增大以及成虫的节片形成均依赖于生发细胞的不断增殖和分化(Gustafsson，1976；Eckert et al.，1983；Galindo et al.，2003；Martínez et al.，2005；Albani et al.，2013；Koziol et al.，2014)。生发细胞的强大增殖能力可以通过包囊内的原头蚴形成子囊，子囊上的生发层进一步发育形成孙囊等现象得到证实(Howell and Smyth，1995)。

(4) 包囊形成

1) 细粒棘球绦虫包囊结构

细粒棘球绦虫感染中间宿主后通常形成近似球形的单室囊，囊内充满囊液，是原头蚴赖以生存的内环境，其成分极其复杂，包含大量内源蛋白和宿主蛋白(Cameron and Webster，1969；Rausch et al.，1981；Schantz，1982；Thompson，2001；Moro and Schantz，2009；Santos et al.，2016)。囊液外为囊壁组织，而囊壁又可分成三层：最外为外膜层，是包囊生长过程中引起宿主的炎症反应而形成的纤维组织；中间为角质层，无细胞结构，由多糖蛋白复合物组成且脆弱易破裂，但其能为原头蚴的生长提供免疫屏障，抵御宿主免疫细胞的杀伤(Díaz et al.，2011a、b)；最内为生发层，向内生出成群的生发细胞，这些细胞通过发育分化后形成小囊，长出小蒂与胚层连接并逐步生成数量不等的原头蚴(图 3-9)。

(a) 生发层

生发层与成虫表皮细胞结构相似，具有极强的分化与增殖能力，并通过微绒毛与角质层形成较为紧密的连接(Morseth，1967；Bortoletti and Ferretti，1973，1978；Lascano et al.，1975)。细粒棘球绦虫生发层上的生发细胞通过不断的增殖、分化后，向囊内出芽生殖形成育雏囊(尚未形成原头蚴)。随着育雏囊进一步的增大和空泡化并长出小蒂连接在生发层上后，囊腔内会不断地通过进行无性生殖而产生大量的原头蚴(Slais，1973；Thompson，1976)。此外，内囊的形成多是不同步发生的，即在一个可育囊内同时存在不同的发育阶段的内囊：出芽阶段、空泡化阶段、育雏囊阶段以及成熟育囊阶段(Thompson，1995)。成熟育囊阶段的标志是囊内原头蚴形成小钩(即外翻后虫体的小钩，参与犬肠道内虫体的定殖过程)。在生发层上的生发细胞除具有增殖分化产生可育囊的能力外，还具分泌能力，其分泌产物会参与到与宿主的互作，并可能与包囊在体内的长期生存以及免疫逃避有关

(Monteiro et al.，2010)。如细粒棘球绦虫的角质层和生发层中存在的肌醇六磷酸[IP(6)]，具抑制补体活性的能力(Irigoin et al.，2002)，而包囊的存活和发育与抑制宿主补体活性和补体介导的局部炎症反应具有较为紧密的关系(Breijo et al.，2008)。

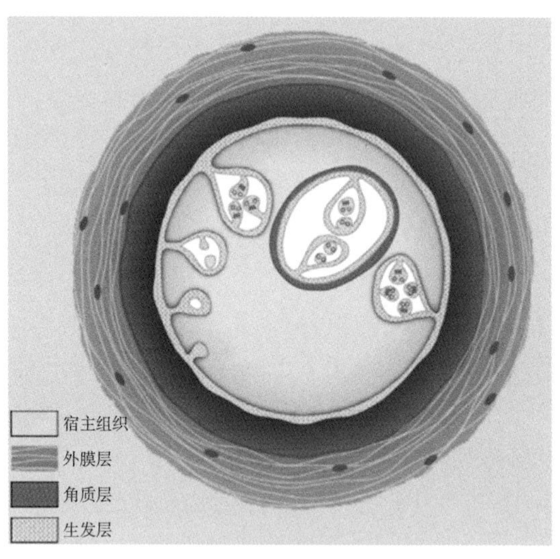

图 3-9　细粒棘球蚴包囊结构(Thompson，2017)

(b)角质层

角质层是包囊生发层外一层无细胞结构、坚韧且具弹性的组织，其主要由糖基化的黏蛋白组成(Cameron and Webster，1969；Slais，1973)。角质层的厚度与棘球蚴的种类相关，其中细粒棘球蚴角质层最厚(可达 3mm)，多房棘球蚴角质层最薄(10～12μm)，而石渠棘球蚴角质层厚度居中(5～38μm)(Bortoletti and Ferretti，1978；Rausch et al.，1981；Xiao et al.，2005)。通过电镜观察包囊结构和体外培养原头蚴实验，已证实角质层是寄生虫产物而非宿主产物，而角质层的合成所需的能量及物质则由生发层提供(Thompson，1995；Parkinson et al.，2012)。角质层是介于中间宿主与虫体之间一个较为特殊的界面，能为包囊在不断长大过程中产生的囊内张力提供物理支撑作用；此外，其生物合成的能力已成为碳水化合物合成的研究模型(Kilejian et al.，1971；Gottstein et al.，2002；Stadelmann et al.，2010；Diaz et al.，2011a，2011b；Parkinson et al.，2012；Thompson and Jenkins，2014)。研究发现，包囊的存活与角质层的完整性密切相关，因为角质层能为包囊的生长提供物理化学屏障，阻止宿主免疫细胞的杀伤，如角质层能通过增加巨噬细胞中的精氨酸酶活性来阻碍巨噬细胞产生一氧化氮，从而保护包囊免受一氧化氮的杀伤(Coltorti and Varela-Diaz，1974；Amri and Touil-Boukoffa，2015)。尽管包囊的生发层和角质层是不具渗透性的，然而对囊液蛋白分析发现大分子宿主蛋白(<150kDa)仍可以通过角质层及生发层进入囊液，并且囊液内的虫体蛋白(不含信号肽)也可以通过外泌体排出至囊外，并可能参与到虫体—宿主之间的互作(Coltorti and Varela-Diaz，1974；Diaz，2011a；Santos et al.，2016)。这表明宿主与包囊之间存在特殊的物质交换模式，但是目前对于宿主组织层—角质层—生发层界面的虫体与宿主物质转运等机制研究仍相对较少，应将成为未来的研究重点，以期为包囊在

宿主体内的免疫逃避和长期存活等科学问题的解释提供理论依据。

(c)外膜层

外膜层(又称纤维囊)是指包裹在细粒棘球蚴发育完全的包囊的最外层，是包囊发育的早期阶段引起宿主炎症反应的产物(Cameron and Webster，1969；Smyth and Heath，1970；Slais and Vanek，1980)。六钩蚴定殖于中间宿主体内后的最初的炎症反应强度因宿主不同而存在差异，并且炎症反应的强度决定着发育中的包囊的命运。即使在适宜的中间宿主中，如果炎症反应太强烈，也会导致寄生虫的分解和死亡并仅留下纤维囊组织；而当炎症反应适宜的情况下，包囊便在中间宿主体内发育并形成稳定的宿主—寄生虫关系(Thompson，1977；Roneus et al.，1982)。

2)无性繁殖与分化

棘球绦虫具有强大的无性繁殖能力(包囊内可产生大量的原头蚴)，是其他绦虫无法比拟的，具有特殊的进化意义(Whitfield and Evans，1983)。尽管包囊内的生发细胞会通过分化繁殖产生新的可育囊，但生发层内仍存在着一些未分化的生发细胞(能够启动新的无性繁殖周期)，这使得可在啮齿动物腹腔内通过注射原头蚴或生发层而产生新的包囊，以及人类或动物在感染原发性包虫病后，由于包囊的破裂而形成继发性包囊感染等现象成为可能。

细粒棘球蚴的分化方式分为内殖性芽生和外殖性芽生。内殖性芽生是指生发细胞向囊内芽生出有囊腔的子囊(囊内产生原头蚴)，而子囊的原头蚴可以通过分化再次向子囊内芽生形成孙囊。其中，子囊可生长在生发层上或者脱落下来漂浮在囊腔的囊液中。有的棘球蚴还能外殖性芽生，即迁徙性生发层细胞、育囊或原头蚴通过角质层外逸，再穿过纤维囊到达外囊边缘或外部，进而发育形成继发性细粒棘球蚴病(Thompson，1995，2001；Cucher et al.，2011)。

3)发育速度

细粒棘球绦虫在定殖于宿主脏器的14d内，六钩蚴会进行组织结构的重塑并迅速地形成生发层和角质层组织。当富含多糖的角质层形成后，包囊便开始进行持续性的生长。通常情况下，中间宿主体内的包囊直径每年增加 0.5～1cm，但也有报道细粒棘球蚴的直径每年增加 1～5cm(Heath，1973)。中间宿主体内细粒棘球蚴发育速度较为缓慢且受多种因素影响(如虫株、宿主的种类、感染强度及部位等)，其中育囊形成所需的时间受宿主的种类的影响最为明显，但具体因素尚不明确。最早的记录是小鼠口服虫卵形成包囊的时间为195d(Colli and Schantz，1974)，而当小鼠感染 10 个月后，生发层细胞开始聚集，堆积成“肉芽”，肉芽继续分化形成生发囊；生发囊的顶端细胞通过堆积形成细胞团，然后这些细胞团分化、发育为一个原头蚴，这样一个生发囊可以连续不断地产生原头蚴，其数量为3～40 个不等(Zhang et al.，2005)。猪感染细粒棘球绦虫后通常在 10～12 个月产生包囊(Slais，1980)；而在绵羊上则至少需要 10 个月的时间(Heath，1973；Gemmell et al.，1986)。在绵羊体内，囊型棘球蚴 3～5 个月才长出 0.5cm 的小囊泡，并经过 13 个月左右发育为可育囊。而在 5 岁的绵羊中，较大的包囊直径约为 5～7cm，但经过数年发育的包囊的直径也可超过 5～10cm，或含数量超过上万的原头蚴(Regev et al.，2001)。在其他一些长寿的动物(如马、牛等)，包囊可以存活得更久且发育得更大，在马身上可存活 16 年(Roneus et al.，1982)；在人体内的包囊可达 16～30cm 并存活长达 53 年(Spruance，1974)。此外，可育囊的产生与包囊的大小并无直接联系，如在小鼠中已经发现并不是最大的包囊才会形成原头蚴(Colli and Schantz，1974)；而在马体内已报道的最小的可育囊直径为2mm(Edwards，1981)。

2.终末宿主体内的发育

终末宿主(犬科动物)经口食入原头蚴而感染棘球绦虫，在犬体内的存活通常为5～6个月，但亦有成虫存活2年以上的报道。成虫在终末宿主体内的发育主要分为三个部分：①原头蚴激活、外翻与定殖；②分化与节片形成；③有性生殖及虫卵形成。细粒棘球绦虫的成虫在终末宿主肠道内主要聚集于小肠李氏腺隐窝处，这是其他带科绦虫不具备的特征(Featherston et al.，1971；Beveridge et al.，1975)。此外，大部分虫体会在相邻的肠绒毛之间进行迁移运动并聚集，该现象可能是与虫体相互吸引或是与李氏腺内特定的微环境有关(Constantine et al.，1998；Thompson et al.，2006)。随之形成的虫体聚集群是成虫进行异体受精的前提，亦为棘球绦虫基因多样性提供了基础。尽管棘球绦虫在发育过程中可能会改变其位置，并在相邻的绒毛之间移动，但当虫体发育成熟后便几乎不再移行(Constantine et al.，1998)。

(1)原头蚴激活、外翻与定殖

1)激活

终末宿主经口食入可育囊后，包囊的外膜层以及生发层等组织经过牙齿的物理碾磨以及胃酸的化学消化后，包囊会碎裂并释放出囊内的原头蚴。在感染后的第1d，经过脱包囊作用后溢出的原头蚴多为未激活状态，表现为吸盘、顶突腺以及口钩均被黏多糖包被在内。通过分别给犬饲喂已激活和未激活的原头蚴，发现饲喂激活后原头蚴的犬肠道内仅有极少量的原头蚴能够定殖并正常生长，这表明未激活原头蚴的内翻形态对于其激活后的定殖具有重要的保护作用(Thompson et al.，1995)。在犬体胃肠道内的适宜环境下，原头蚴会被激活并开始外翻过程，但关于刺激原头蚴外翻的因子和机制尚不明确。原头蚴的内陷和外翻，均因肌肉活动引起(图3-10)。目前仅发现胆汁酸或胆酸盐对棘球绦虫成虫的发育具有重要的作用，即在体外培养系统中加入犬胆汁或牛磺胆酸钠，原头蚴则向成虫方向发育，否则便向包囊方向发育(详见本章第三节)。

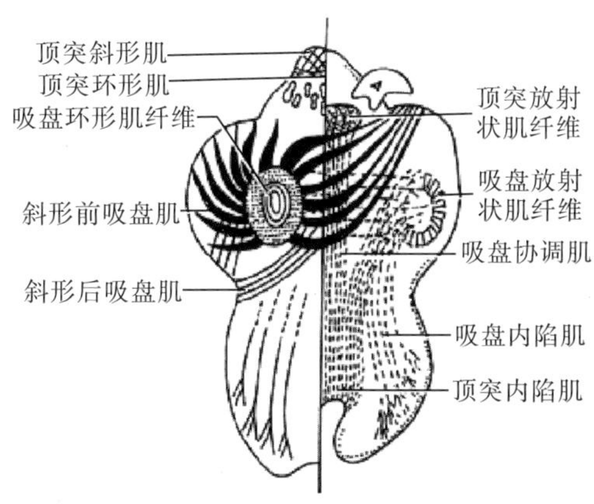

图3-10 外翻原头蚴肌肉系统

2) 外翻

原头蚴对外环境的变化较为敏感，当温度和渗透压适宜时才会产生外翻行为。在犬体胃肠道内的适宜环境下，内嵌的原头蚴会被激活并开始外翻过程，其中大部分原头蚴外翻需要 6h 左右，但所有的原头蚴完成外翻过程并逐步发育为成虫的头节则大约需要 3d 时间(Thompson，1977)。原头蚴在外翻后会变得较为活跃，并且会迅速黏附并定殖于小肠黏膜表面的隐窝处以避免被小肠运动清除。此外，原头蚴的神经系统以及糖原储备对于该定殖运动具有重要意义(Brownlee，1994；Camicia et al.，2013；Hemer et al.，2014)，但外翻后其储备的糖原大约会在 3h 内耗尽(Smyth，1969)，而随着能源储备的耗尽原头蚴的活力也会相应下降，并在进入犬肠道后的 3d 左右便进入一段缓慢的生长期(Thompson，1977)。

3) 定殖

原头蚴外翻后通过其口钩倒嵌入肠绒毛上皮细胞的基底层，通过其顶突腺插入隐窝深部以及吸盘吸住肠绒毛的共同作用而牢固地黏附于小肠黏膜内(图 3-11)。虫体定殖于宿主肠道时多为浅表性入侵，极少侵犯至固有层，但是其仍能被宿主的免疫系统所识别并能引起特异的体液免疫反应以及局部免疫反应(Jenkins and Richard，1986；Deplazes et al.，1994)。

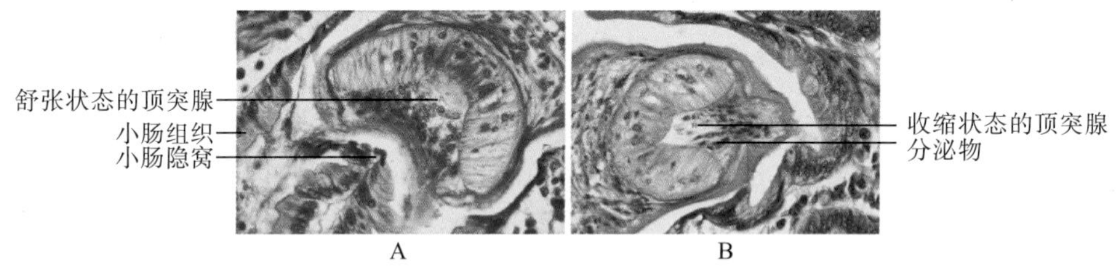

图 3-11 细粒棘球绦虫在终末宿主体内的定殖(Thompson，2017)

发育成熟的虫体上存在两种类型的微绒毛，在体节上微绒毛呈叶片状且长度相近，可能是为了将寄生虫和宿主的吸收表面分开，以利于营养成分的吸收(Thompson et al.，1982；Irshadullah et al.，1990)；在头节上微绒毛呈细长的小钩，该结构利于头节和宿主肠黏膜的接触并能够增强原头蚴的定殖能力，但其数量变化较大，一般有 28～60 个(Mettrick et al.，1974；Thompson et al.，1979)。在其他绦虫的成虫上虽有顶突腺的存在，但棘球绦虫的顶突腺可能具有更为特殊的功能，目前已知其具有黏附以及外排的功能，也可能参与到营养摄取、免疫调控以及免疫防御等过程(McCullough et al.，1989；Zd’arska et al.，2003；Thompson and Jenkins，2014；Thompson，2017)。棘球绦虫的顶突腺与宿主小肠黏膜隐窝处会形成一个较为疏松的空间，并通过顶突腺分泌蛋白实现寄生虫与宿主的互作(Smyth et al.，1964；Thompson，1977；Thompson and Eckert，1983；Siles-Lucas et al.，2017；Thompson and Jenkins，2014)(图 3-12)。顶突腺分泌的蛋白可能通过抑制或者灭活宿主消化酶以及免疫因子等实现虫体在宿主体内的长期存活。研究发现，细粒棘球绦虫 EgKI-2 蛋白在成虫阶段大量表达，其可能通过抑制宿主蛋白酶的杀伤来实现对虫体的保护(Ranasinghe et al.，2015)。随着虫体的进一步发育，在感染 30d 后开始逐步形成虫卵以及孕卵节片，此时顶突腺的分泌能力开始下降，这暗示腺体分泌可能与虫卵的成熟以及孕卵节片的脱落等过程存在着反馈调控的机制。目前关于顶突腺分泌蛋白的种类、数量、合成以及外排等机制尚不明确，亟须深入研究揭示相关蛋白对于寄生虫的生长发育、免疫逃避以及对宿主的调控等作用，这将为犬用绦虫疫苗的研制奠定理论依据。

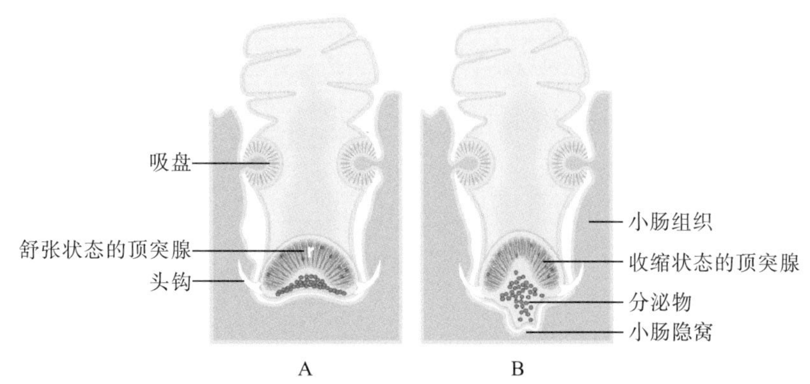

图 3-12　原头蚴的顶突腺黏附于宿主小肠的李氏腺(Thompson，2017)

(2) 分化与节片形成

细粒棘球绦虫的节片发育主要分为出节、生长、成熟以及分节四个阶段并具有严格的发育先后顺序(Smyth，1971；Smyth and Davies，1975；Thompson et al.，2006)。出节过程最先发生并形成棘球绦虫生长发育的基本单位，随着节片的进一步生长直至成熟后，通过分节逐步形成颈节、体节以及孕节。此外，上述节片发育过程涉及能量从胞质到线粒体代谢的转换，然而，细粒棘球绦虫成虫节片的形成仅由生发细胞参与到该过程(Constantine et al.，1998)。在一定的体外培养条件下，棘球绦虫生发细胞能够再生长形成成熟节片，但不会出现性成熟和分节现象。而在不同的宿主体内，虫体的生长速度、节片数目以及虫卵产量均存在差异，如猫科动物感染棘球绦虫后节片和虫卵的形成具有延迟产生的现象。

细粒棘球绦虫在终末宿主体内从外翻形态到产生孕卵节片的整个过程(图 3-13)为：在感染后的第 1d，经过脱包囊作用后溢出的原头蚴经激活后外翻，表现为吸盘、顶突腺以及吻钩从黏多糖的包被中翻出。在感染后的第 7d 左右，可以观察到排泄孔和排泄器官的初步形成，排泄系统以焰细胞为基本单位构成对称分布于虫体两侧的原肾管，起着收集以及排泄的作用，但是其具体的生理机制尚不明确。而在感染犬后的头几天内原头蚴体内含有丰富的石灰小体，其成分主要为有机和无机成分，是原头蚴在包囊内生长发育过程中逐渐累积下来的代谢产物(Ohnishi and Kutsumi，1991)，可能参与到分解代谢(Smyth，1969)、细胞凋亡(Thompson et al.，1995)以及细胞自噬(Loos et al.，2014)等过程。在感染后第 11d 左右，成虫产生颈节并且该节片与头节具有一条明显的分界线，而石灰小体逐渐消失。在感染后第 14d 左右出现生殖器官的雏形，并形成向外开口的排泄孔，而在感染后第 17d 左右第 1 个节片(颈节)便完全形成。感染后第 17～20d 时开始形成第 2 个节片(体节)，而早期睾丸随之产生。雄性生殖系统(睾丸、雄茎囊、输精管)在感染后的第 20～28d 时逐步发育成熟，而雌性生殖系统(卵巢、梅氏腺、卵黄腺)仍在继续发育。生殖系统在感染后的第 28～33d 左右基本成熟，但卵巢仍在逐步发育，并可能会形成孕卵节片。在感染后的第 33～37d 时经过受精过程后，子宫里充满了受精卵而生殖器官开始逐步退化，其中成熟的虫卵在感染后的第 45d 左右形成。

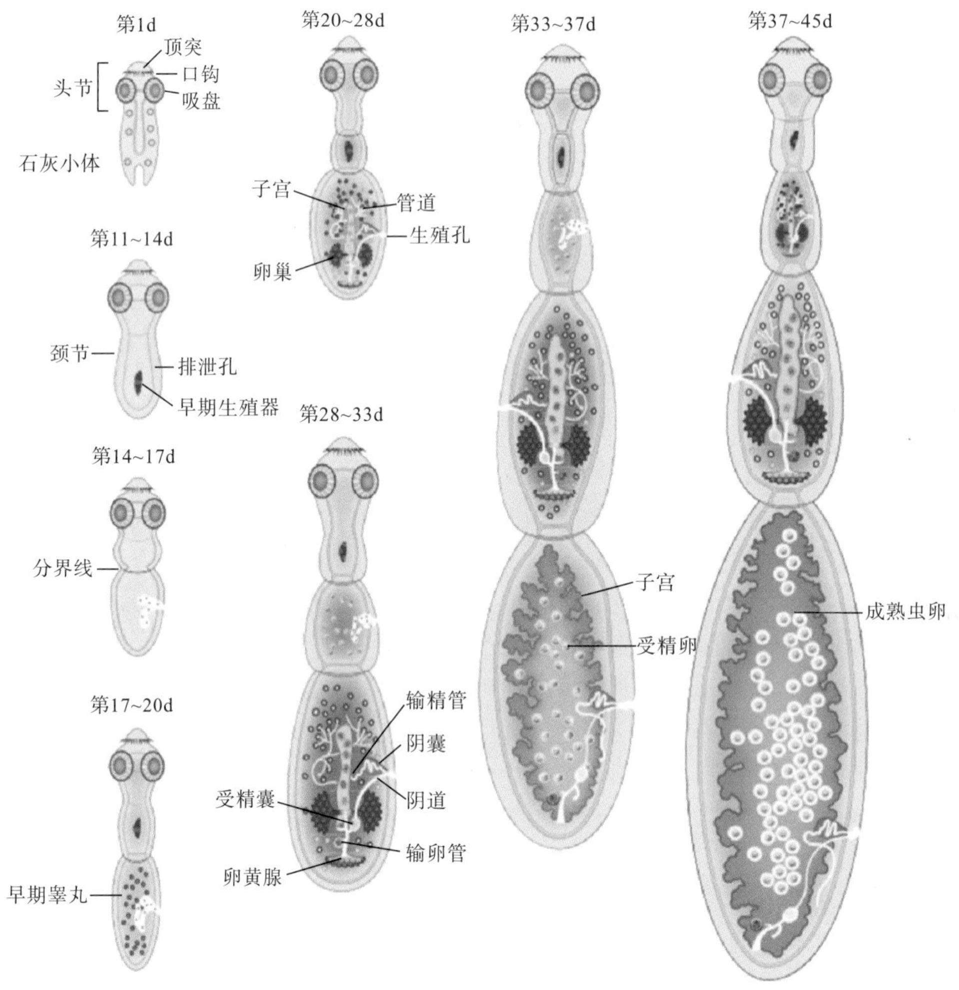

图 3-13 细粒棘球绦虫在终末宿主体内的发育阶段(Thompson，2017)

(3)有性生殖及虫卵形成

细粒棘球绦虫为雌雄同体，具有发达的生殖系统，其生殖器官随着体节的发育而逐步形成，但形成时间与虫株、宿主的不同而具有一定的差异。虫卵的受精主要以自体受精为主，然而在细粒棘球绦虫(Badaraco et al.，2008)、多房棘球绦虫(Knapp et al.，2007)以及伏氏棘球绦虫(Santos et al.，2012)上均发现了杂合基因型，这表明异体受精同样也可能在棘球绦虫中出现。体外培养实验发现，成虫在体外培养情况下不能通过自体受精产生虫卵，这表明自体受精过程可能需要终末宿主特异的因子或非特异的刺激才能产生(Smyth and Davies，1974；Smyth and Barrett，1979；Thompson and Jenkins，2014)。

成虫在终末宿主(犬等肉食动物)体内寿命一般大约为5个月，最长可达1～2年，排卵高峰期为3～6个月。不同虫株之间虫卵形成的时间是存在差异的，细粒棘球绦虫的虫卵形成一般在犬感染后的34～58d(Thompson et al.，1984；Kapel et al.，2006；Thompson et al.，2006)。随着孕卵节片脱落并经粪便排出(每个孕卵节片可含200～800枚虫卵)，虫卵便散布于环境中构成危害人畜的传染源。细粒棘球绦虫、多房棘球绦虫以及其他种属带科绦虫的虫卵在形态和结构上极其相似，通过显微镜和细微结构难以进行虫卵的分类鉴别。与其他带科绦虫虫卵需要在一定适宜的外环境条件发育成熟的特点不同的是，棘球绦虫虫卵随孕卵节片排出时，虫卵已基本成熟并且具备直接感染中间宿主的能力(Gemmell and Roberts，1995)。

二、多房棘球绦虫

1.中间宿主体内的发育

多房棘球绦虫的中绦期幼虫为多房棘球蚴(又称泡球蚴)，具有内殖性芽生和外殖性芽生两种发育方式。内殖性芽生的特点是母包囊壁局部的生发层突出增殖，继续延伸到对侧而形成隔膜，将母包囊分割为单房或多房，呈弥漫性浸润并形成无数个小包囊，但这种浸润性生长的泡球状蚴会受到包囊角质层诱导的宿主免疫应答的限制。外殖性芽生过程中，母囊壁向外突出生殖，产生单个或多个子包囊，称为一级芽生。子包囊又按同样增殖方式，产生孙包囊，称为二级芽生。按此逐渐芽生，可增殖为无数多级包囊，类似肿瘤浸润性扩散，直接侵犯邻近组织器官并能近乎完全占据所感染的器官组织。此外，脱落的生发细胞可以通过血液或淋巴液进行转移，并在转移后的感染部位进行发育分化再次形成新的病灶(Ali-Khan et al.，1983；Eckert et al.，1983；Mehlhorn et al.，1983；Ammann and Eckert，1996；Brunetti et al.，2010)。

多房棘球绦虫的包囊是最复杂的，泡状棘球蚴可在易感动物的多个部位寄生，并且其发育与细粒棘球绦虫截然不同。泡状棘球蚴由许多小包囊组成并呈多泡的浸润性结构，没有限制性的宿主组织屏障(外膜层)，因此可以通过网状的突起侵入宿主组织(Wilson and Rausch，1980；Braithwaite et al.，1985；Thompson，1995)(图3-14)。中绦期幼虫通常含有半固体基质而不是液体，囊内生发层可产生内源性和外源性芽生(Sakamoto and Sugimura，1970；Mehlhorn et al.，1983；Moro and Schantz，2009)。中绦期幼虫由生发层的丝状固体细胞突起的网络组成，这些突起负责渗透生长，转化成管状和囊性结构(Ali–Khan et al.，1983；Eckert et al.，1983；Mehlhorn et al.，1983)。多房棘球绦虫的六钩蚴入侵宿主后通常在14d内泡球蚴的生发层和角质层就可以形成，且泡球蚴的增长速度、发育方式及致病性可依宿主种类而异。多房棘球绦虫在适宜的中间宿主中会迅速发育，其包囊壁生发层通过无性繁殖在40～45d内就可以产生大量的原头蚴，这是对寿命较短的啮齿动物的一种适应(Rausch，1975；Woolsey et al.，2015)。此后，包囊的增殖受到限制，大小几乎没有进一步的增加(Rausch and Wilson，1973)。包囊呈现外周增殖、中心递减的变化(Ammann and Eckert，1996；Moro and Schantz，2009)。因此，坏死组织的体积逐渐增大，形成一个相对较薄的活的寄生虫增殖区。

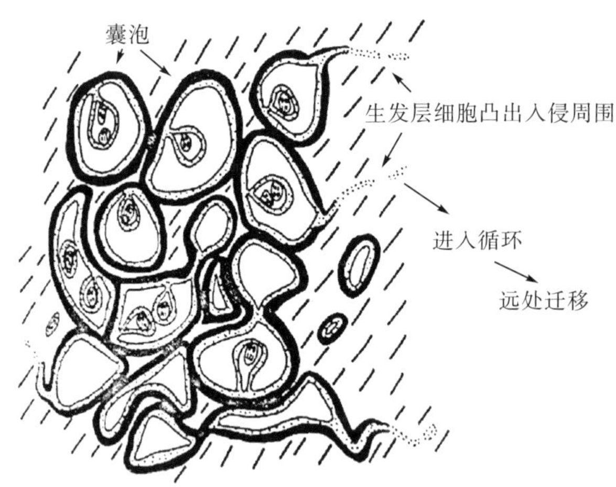

图 3-14 多房棘球蚴的转移方式

自从 1990 年德国第一次报道犬猫的肠外多房棘球蚴以来，欧洲和加拿大报告的病例越来越多(Geisel et al.，1990；Deplazes et al.，1997；Losson and Coignoul，1997；Weiss et al.，2010；Pergrine et al.，2012；Corsini et al.，2015)。尽管目前尚不清楚这种感染是直接由摄入虫卵引起的，还是由于先前获得寄生的蠕虫而直接由自身感染引起的，但均说明了多房棘球绦虫具有不寻常的发育潜力。

2.终末宿主体内的发育

多房棘球绦虫在终末宿主肠道内的分布情况是不均一的，但与细粒棘球绦虫成虫相同的是，多房棘球绦虫成虫也主要聚集于小肠李氏腺隐窝处。多房棘球绦虫发育成熟需要的时间以及排卵持续时间因终末宿主种类不同而存在差异。Vogel(1957)在德国用多房棘球蚴感染了 11 只犬、4 只狐狸和 6 只猫，7 条犬在感染 35d 后粪检查到虫卵，其中 6 条犬粪检有虫卵的现象持续了 14d 之久，而另 1 条犬则持续排虫卵多达 55d；3 只狐狸在感染 36d 后粪检查到虫卵，并持续排虫卵达 19d；1 只猫在感染 36d 后排虫卵，并持续排卵 14d(Geisel et al.，1990)。Thompson 等(1983)在瑞士用多房棘球蚴感染实验犬，在感染 28d 后粪检就查到成熟虫卵。日本学者 Nonaka 等(1996)对 4 只红狐进行了多房棘球蚴的人工感染，每只红狐感染约 15 万个原头蚴，在感染后 29～33d 对感染狐进行了粪检，发现在开始的 2～4 周内虫卵排出有一定的规律性，但后来就无规律性，且排卵只持续 4～7 周。日本另一学者 Yagi(1996)也用多房棘球蚴对 10 条犬和 4 只红狐进行了人工感染，发现在感染 26d 后就开始排出虫卵，排卵可持续 1.5～4 个月。

用小白鼠传代获得的多房棘球蚴人工感染家犬和家猫后，在犬猫体内均获得成熟的成虫。两者成虫的虫卵和孕节再感染小白鼠，同样都可发育为正常的多房棘球蚴。犬的粪检最早发现虫卵是在感染后的第 39d，从 60d 后持续至 90d 为排卵的高峰期。感染 39d 后的犬经剖检，发现成虫主要寄生于小肠，其中回肠成虫数量最多，计 1257 条，其次为空肠，计 975 条，十二指肠虫数最少，为 895 条。感染 15d 的猫剖检所见成虫寄生部位和犬基本相似，回肠虫数最高，计 717 条，空肠次之为 611 条，十二指肠有 503 条。比较犬、猫所得成虫数、孕节的含卵数、排卵的持续天数、成虫的发育状况以及成虫存活天数等发现，与家猫相比，家犬为多房棘球绦虫更适宜的终末宿主(洪凌仙和林宇光，1990)。

第三节 原头蚴的双向发育

细粒棘球绦虫和多房棘球绦虫的原头蚴具有在生长发育过程中进行双向发育的特殊生物学现象，即原头蚴可以向两个方向发育，既可发育为包囊，也可发育为成虫。早期体外培养细粒棘球绦虫以及多房棘球绦虫的原头蚴的尝试由于污染等问题而被阻碍。但近年来，细胞培养技术的进步让细粒棘球绦虫以及多房棘球绦虫原头蚴的长期体外培养得以实现，甚至实现了原头蚴向包囊或成虫两种方向的培养(Spiliotis et al.，2008；Spiliotis and Brehm，2009；Albani et al.，2010)

一、原头蚴双向发育途径

当中间宿主食入虫卵后，休眠的虫卵会被激活而形成一个非常有活力的六钩蚴。激活后的六钩蚴会进行复杂的节律性运动和分泌多种蛋白酶以使自身穿过肠壁进入血液，在血液循环的驱动下，六钩蚴被运送至适当的器官定居，发育成长为包囊，可育囊生发层上可生成数量不等的原头蚴。若包囊破裂，溢出的原头蚴又可在中间宿主体内逆向发育成新的包囊(继发性感染)，进而完成生活史的无性繁殖；若终末宿主食入含有可育囊的脏器后，原头蚴在犬的体内主要经过如下的变化：首先是在胃肠液以及胆汁的作用下被激活，外翻暴露头部，并在头部的口钩、吸盘以及顶突的共同作用下吸附在犬的小肠内，并开始了在终末宿主体内的寄生生活；随着虫体在犬小肠内发育为成虫，经过有性繁殖会产生大量的虫卵，虫卵随犬的粪便排出体外，从而完成生活史的有性繁殖(Colli et al.，1974；Breijo et al.，2008)。若原头蚴遗漏于中间宿主的腹腔，如人在手术过程中包囊破裂，或中间宿主在活动过程中摔倒，造成包囊破裂，其中原头蚴流入腹腔，原头蚴可在中间宿主的腹腔内又长出包囊，这也是引起人包虫病手术病例经常复发的根源。

在体外培养原头蚴时，研究发现将其置于 37℃ 的 CO_2 培养箱中进行培养时，原头蚴在单相培养基中可向成囊方向发育形成包囊，而在双相培养基中添加 5%犬胆汁后即可向成虫方向生长但并不能发育到性成熟阶段(Hijjawi et al.，1992；Zhang et al.，2005)(图 3-15)。

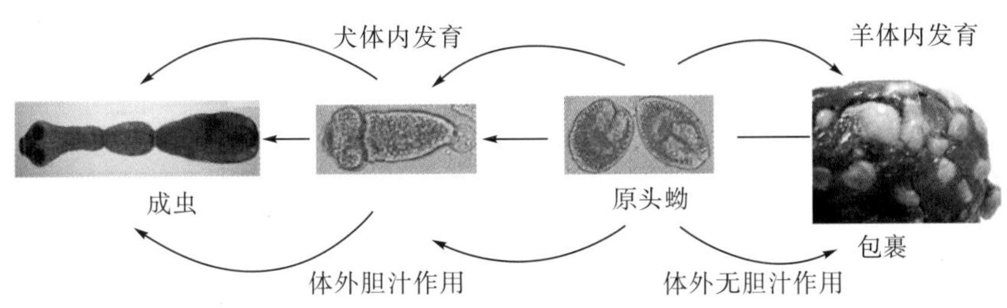

图 3-15 原头蚴双向发育(谢跃提供)

二、胆汁酸在原头蚴向成虫方向发育时的作用

胆汁由脊椎动物肝细胞分泌，储存于胆囊，其主要的活性成分为胆汁酸。胆汁酸常以钠盐或钾盐形式存在，形成胆汁酸盐。犬的胆汁主要以牛磺胆酸盐为主。牛磺胆酸盐可以刺激肠细胞的增殖，并可以作为分裂素促进结肠上皮细胞的有丝分裂。胆汁的成分可激活华支睾吸虫幼虫的趋化迁移，幼虫表现出对胆汁的趋化性和在胆汁中长成成虫，胆汁既能增强后囊蚴的脱囊也能增加它们的运动力，因而，胆汁被认为是肠道寄生虫或肠道细胞的重要激活剂之一(Kim et al.，2008；杨梅等，2016)。此外，胆汁酸在棘球蚴原头蚴向成虫发育过程中起到了至关重要的作用。

已知的胆汁酸受体包括G蛋白偶联受体5(TGR5)和核激素受体超家族(包括法尼酯X受体，FXR)。其中 FXR 可以调控一系列相关基因的表达，尤其在胆汁酸合成、转运和代谢中发挥重要作用(Lefebvre et al.，2009)。虽然通过基因组或转录组测序表明细粒棘球绦虫中没有发现 TGR5 样受体，但 Zheng 等研究发现细粒棘球蚴含有许多胆汁相关基因并确定了 4 个相关基因(EG_00119、EG_00780、EG_04405 和 EG_08428)，可作为胆汁酸信号的核受体候选基因，它们编码的蛋白与 FXR 有超过 20%的氨基酸一致性(Hirohashi et al.，2000；Zheng et al.，2013)；并且还有研究确定了编码 5 种胆汁酸钠协同转运蛋白及胆汁酸代谢相关基因，包括固醇调节元件结合蛋白 1 和胆汁酸β-葡萄糖苷酶相关蛋白的基因(Hernández et al.，2011)。因此，根据以上实验结论推测胆汁酸钠可能是通过类似的方式调控原头蚴的发育方向，即宿主的外源性胆汁酸可能通过胆汁酸钠共同转运蛋白到细胞内，并与核激素受体结合，在细粒棘球绦虫的发育中发挥作用(Zheng et al.，2013)。此外，与膜受体 TGR5(EC50：半最大效应浓度为 300～600nmol/L)相比，核受体 FXR(EC50 为 10～20μmol/L)的生理配体值较低，表现为胆汁酸结合不敏感，需要高浓度的胆汁酸，即当胆汁酸浓度高时(如在犬的肠道中)，FXR 可以结合胆汁酸，激活信号通路，使原头蚴向成虫发育；在较低的胆汁酸环境中，原头蚴向包囊方向发育。而这恰与事实相符，即只有在胆汁酸浓度高的环境中(如犬的肠道中)，细粒棘球蚴才向成虫发育，否则便发育为包囊。

目前对于胆盐与细粒棘球绦虫成虫发育相关的机制还不清楚，但胆盐的浓度和组成对原头蚴的外翻、成虫的定位和发育似乎是必要的因素。如果胆盐浓度过高，无论对宿主还是虫体都会产生毒性副作用，并有可能产生裂解作用(Zheng et al.，2013)。此外，尚无资料表明寄生虫可以合成胆汁酸，但像许多寄生性蠕虫一样，细粒棘球绦虫无论是在犬小肠内的成虫还是寄生在中间宿主的肝肺中的棘球蚴，都生活在含有胆汁环境的脏器中，这有可能是细粒棘球绦虫对于胆汁某种化学成分的生理需要所致(Smyth et al.，1969)。

第四节 虫卵和原头蚴的生物学特性

一、虫卵

棘球属绦虫的虫卵对环境变化具有极强的抵抗力，其能够承受数月甚至一年以上的各种极端环境的影响且保持活力(如在湿润的环境中可以耐受-40℃的气温并存活一年时间)，但环境温度和湿度仍会影响虫卵的活性和感染性(Gemmell et al.，1986；Schantz et al.，1995；Veit et al.，1995；Eckert et al.，2001)。

细粒棘球绦虫的虫卵对干燥和高温较敏感：虫卵在相对湿度为25%时，4d即可死亡；而相对湿度为0%时，只需1d。尽管虫卵不耐受极高的温度，但其对高温仍具有一定的抵抗能力，如在60～80℃煮10min或至少要煮沸5min才可保证虫卵被杀灭。此外，虫卵对低温的耐受力较好，在-70℃至少冻存96h或-80℃冻存48h才能杀灭虫卵，而在-20℃左右并不能完全杀灭虫卵，在冰中可活4个月，在2℃水中能活2.5年。综上可见，虫卵大约可以耐受±30℃范围内的温度，而不能耐受-70℃低温或者80℃高温。另外，虫卵对许多化学物质具有抵抗力，细粒棘球绦虫卵在酒精中(50%、70%、90%)5～60min仍具有活力，多数用于病毒和细菌消毒的商业消毒剂对虫卵无效。

多房棘球绦虫的虫卵对环境的抵抗力也非常强，在潮湿和低温环境下，一年内均有感染性；但对干燥和低温仍然敏感，过度干燥或极低温度可致虫卵溶解和死亡(Veit et al.，1995)。虫卵可抵抗北极圈地域的最低温度，其活性在-50℃可保持24h，但-70℃保持96h或-80～-83℃保持48h可致虫卵死亡。悬浮在水中的多房棘球绦虫卵在暴露于65℃后可存活2h(Federer et al.，2015)。因此，在实验室进行检虫前需让动物尸体、终末宿主肠道或粪便中的多房棘球绦虫的虫卵无害化，至少-70℃冻存4d或-80℃冻存2d(Eckert et al.，2001)。

二、原头蚴

相比于虫卵，原头蚴在环境中的耐受能力较差，在环境温度为-10～-5℃，原头蚴在动物体内可以存活5d；环境温度为-2～2℃可存活10d，10～15℃下可存活4d；20～22℃下可存活2d。

第五节 育囊与不育囊

一、育囊与不育囊的形态特征与分类

细粒棘球蚴的包囊主要寄生于中间宿主的肝脏和肺部，偶尔也寄生于骨骼肌、眼部或其他器官。成熟的包囊形态为单房囊肿，近球形，内含囊液，形状与大小因寄生部位不同而有很大的差异。包囊囊壁分为三层：最外层为外膜(adventitial layer，AL)，是一个密集和纤维状的区域，是包囊生长过程中引起宿主的炎症反应而形成的纤维组织，由可修饰的宿主细胞组成，通常称为外囊；中间层是乳白色的角质层(laminated layer，LL)，它是非细胞结构，起到营养物质通过和提供免疫屏障的作用；内层是生发层(germinal layer，GL)，具有丰富的细胞结构。其中角质层和生发层形成真正的囊壁，通常称为内囊。生发层向囊腔芽生出成群的细胞，这些细胞空泡化后形成小囊，并长出小蒂与胚层连接；在小囊内壁上生成数量不等的原头蚴，这样的囊被称为可育囊(fertile cyst)。然而有的胚层并不能长出原头蚴，没有原头蚴的囊称为不育囊(sterile 或 infertile cyst)。其中能够生成原头蚴的包囊被称为可育囊，而不含有原头蚴的包囊则被称为不育囊。其中不育囊不能对中间宿主造成二次感染，也不能感染终末宿主而使其生活史终结，但不育囊仍能对宿主组织器官造成机械压迫，使之萎缩或导致功能障碍(Brunetti，2012)。此外，在一些中间宿主，特别是在人类中，当形成异常的大包囊时，在包囊内可能会形成许多子囊并通常被隔膜分开而形成次级腔室，在超声下呈现由多条分隔光带构成“蜂房样”结构(Moro and Schantz，2009；Wen et al.，2019)。

此外，在可育囊中往往同时存在不同的发育阶段，如刚出芽的包囊、空泡化包囊、可育囊、子囊以及孙囊，这表明原头蚴在可育囊内的形成是不同步发生的。

一般来说，大约 80%的可育囊是分叶型，其余为球形，而不育囊大多呈球形且表面不规则。可育囊的角质层比不育囊的明显偏厚，可育囊的生发层总体比不育囊的发育情况良好(Bortoletti and Ferretti，1978；Yildiz and Gurcan，2003)，且 DNA、RNA 及多肽的含量明显高于不育囊，但是糖原与脂质含量却显著低于不育囊(Vatankhah et al.，2003)，表明可育囊可能参与了原头蚴的增殖发育过程，且为其提供了足够的必需营养(Gholami et al.，2011；Turčeková et al.，2009)。

根据其内容物的特征包囊又可分为：①内部充满囊液的包囊(0.5～1.5cm)，它以内部中隔划分出 3～10 个球形腔为特征；②腔内充满多层状组织的包囊，呈球形且表面较为规则，大部分为 1～4cm，有的甚至可达 8cm；③已钙化或正在钙化的包囊，大小在 0.5～15cm 之间；④干酪囊，肉眼观感类似囊，但囊内充满干酪样物质(Bortoletti et al.，1978)。同时，根据包囊的不同活性程度又可将其划分为三组：①高活性组(the “active” group)，这类包囊往往处于增殖分化阶段，属于可育囊；②过渡组(the “transitional” group)，包囊生长缓慢或开始退化，包含可育囊与不育囊；③无活性组(the “inactive” group)，包囊开始发生变性死亡或萎陷，出现部分或全部的钙化，一般为不育囊(Caremani et al.，1997；Perdomo et al.，1997；WHO Informal Working Group，2003)。

根据超声影像和病理分析资料，WHO 非正式工作组(WHO-IWGE)重新定义了包囊的不同阶段和分类标准，将包囊划分为五种类型(Caremani et al.，1997；Perdomo et al.，1997；Eckert et al.，2001)。

①CE1 型(单纯囊型)。可见完整内囊呈乳白色，囊液清晰。其典型病变的声像学特征为圆形或卵圆形独立的液性暗区，界限清晰，囊壁光滑而完整。随包虫的发育成熟，囊砂(头节)增多，显示为沉积于包囊底部的密集强回声点，具“落雪征”。

②CE2 型(内囊分离型)。系包虫代谢障碍、创伤、感染引起的内囊破裂漂浮于囊液中，囊液浑浊。声像图显示为内囊壁与外囊壁分离，内囊壁塌陷，囊液中可见不规则迂曲漂浮

的强回声光带，呈“水中百合花征”。

③CE3 型(多子囊型)。囊壁白色透明，囊液清亮，可见几个甚至上百、上千个半透明子囊，超声显示为边界清楚的圆形或椭圆形无回声病灶，壁厚，囊内可见大小不等的小囊状结构，形成包虫特有的“囊中囊”征象，子囊多时呈葡萄状，或由多条分隔光带构成“蜂房样”结构。

④CE4 型(实变型)。包虫囊内液体逐渐吸收，大量变性坏死的胶泥样内囊皮充满其间，子囊机化，内囊同外囊紧密相连，囊壁增厚，囊内可见破碎坏死伴有钙化的包囊、干酪样物及胶胨样黏稠液体。声像图表现为强回声肿块，有病变清楚的包膜，与周围组织分界明确，囊内显示密度强弱相间的实质性光团。

⑤CE5 型(钙化型)。囊壁如蛋壳，有钙盐沉着，囊内充满干酪样物质，囊液减少或干枯。声像学显示包囊壁增厚，钙化，呈强回声伴宽大声影，后壁显示不清晰。

其中 CE1 型和 CE2 型，这两类包囊往往处于增殖分化阶段，属于育囊；CE3 型包囊，生长缓慢或开始退化，包含育囊与不育囊；CE4 型和 CE5 型包囊，出现部分或全部的钙化，一般为不育囊。此外，还有一种包囊既不含原头蚴，又不存在生发层，这种包囊属于没有自生能力的包囊(non-viable cyst)(Osman et al.，2014)。

二、不育囊形成的外在影响因素

不育囊的产生是细粒棘球蚴存在的一种独特的生物学现象，但关于不育囊的相关研究较少，其形成机制以及参与调控的基因尚不明确。目前研究发现，不育囊的形成具有一定的宿主偏向性，这可能与棘球蚴的宿主的种类、年龄、生活环境、包囊在宿主体内的寄生部位等因素有关(Daryani et al.，2009；Addy et al.，2012；Tigre et al.，2016)。

1.宿主种类

根据文献资料的统计分析(表 3-1)，在细粒棘球蚴常见中间宿主中，骆驼体内不育囊比例为 2.00%～60.00%；除少数地区存在较高的不育囊比例(埃塞俄比亚：90.75%，希腊：96.21%)，绵羊体内不育囊的比例为 6.40%～55.03%。这两种宿主动物体内不育囊比例与其他物种相比相对较低，说明它们更适宜于细粒棘球蚴的生长增殖；而绵羊在全球大范围的饲养，更导致其对细粒棘球绦虫的物种保种与传播起到至关重要的作用(Elmajdoub and Rahman，2015)。如表 3-1 所示，对全球动物体内包虫数据汇总分析，不育囊占比为骆驼(26.06%)<绵羊(53.07%)<山羊(58.12%)<牛(69.87%)，其中奶牛(94.83%)、野猪(100.00%)、人(0%)的统计数量较少，不列入统计比较。综上所述，细粒棘球蚴在不同宿主体内均可形成不育囊，并在牛体内形成不育囊的比例最高，表明细粒棘球绦虫在中间宿主体内不育囊的形成具有一定的宿主偏向性。

表 3-1　不同地区及宿主体内细粒棘球蚴类型统计

地区	宿主	总计	可育囊		不育囊		钙化/干酪包囊	
			数量/只	比例/%	数量/只	比例/%	数量/只	比例/%
非洲	绵羊	1366	599	43.85	691	50.58	76	5.57

续表

地区	宿主	总计	可育囊		不育囊		钙化/干酪包囊	
			数量/只	比例/%	数量/只	比例/%	数量/只	比例/%
非洲	山羊	747	212	26.40	525	70.28	10	3.32
	牛	475	200	42.10	147	30.95	128	26.95
	骆驼	5	2	40.00	3	60.00	0	0
亚洲	绵羊	2166	946	43.67	845	39.01	375	17.32
	山羊	347	121	34.87	120	34.58	106	30.54
	牛	2517	476	18.91	1513	60.11	528	20.98
	骆驼	728	446	61.26	188	25.83	94	12.91
欧洲	绵羊	2556	479	18.74	1695	66.31	382	14.95
	山羊	243	49	20.16	132	54.32	62	25.51
	奶牛	58	3	5.17	45	94.83	0	0
	人	8	8	100.00	0	0	0	0
	野猪	14	0	0	14	100.00	0	0
南美洲	牛	2396	291	12.15	2105	87.85	0	0
总计	绵羊	6088	2024	33.25	3231	53.07	833	13.68
	山羊	1337	382	28.57	777	58.12	178	13.31
	牛	5388	967	17.95	3765	69.87	656	12.17
	骆驼	733	448	61.12	191	26.06	94	12.82

2.宿主年龄

细粒棘球蚴的可育率随宿主的年龄增大而增大(Alyaman et al.，1985；Pednekar et al.，2009；Ibrahim et al.，2010)。Kitani 等(2015)在 2010～2013 年间检测了屠宰场 282020 只动物(骆驼、牛、绵羊、山羊)，在所有的可育囊中，宿主年龄在 5 岁以上的占 54.4%(319/587)，3～5 岁的占 36.7%(216/587)，而 3 岁以下的仅占 8.9%(52/587)。研究表明细粒棘球蚴育囊更多地分布于年龄较大的宿主体内，这可能是由于随着宿主年龄的增加，暴露于易感环境的机会也越多，形成育囊的概率也越大(Ibrahim et al.，2010；Osman et al.，2014)。此外，包囊的形成需要数月的时间，在幼年动物体内，包囊往往很小且呈发育状态，这时大多为育雏囊，随着动物年龄的增长，包囊也发育完全成为可育囊(Tashani et al.，2002)。之前的报道中，牛体内的不育囊比例高于绵羊，而有学者调查了阿尔及利亚绵羊和牛体内的细粒棘球蚴，发现该地区牛体内包囊有着较高的感染率与可育率(Ouchene et al.，2014)。这可能是由于当地饲喂的绵羊大多为幼年，而牛大多为成年。

3.宿主生活环境

细粒棘球蚴可育率与宿主的饲养方式和生活环境也密切相关。在加拿大，驼鹿和驯鹿分布广泛，是细粒棘球绦虫重要的中间宿主，包囊在这两种动物体内的可育率显著高于麋鹿、白尾鹿等分布较少的动物，说明细粒棘球蚴在当地适应性地寄生于这两种动物体内

(Beato et al.，2013)。在法国，囊型包虫病主要分布于南部农牧地区，这些地区主要饲喂绵羊且以传统的游牧为主，该地区绵羊体内包囊可育率为 85%，表明细粒棘球蚴为适应当地的生存条件，选择更易传播的宿主(Umhang et al.，2013)。

4.寄生部位

根据在宿主体内定殖部位，不育囊的比例也有所不同。细粒棘球蚴通常寄生于动物的肝脏、肺，也有少量寄生于脾脏、心脏、以及肾等部位。相较于肝脏，肺的感染率以及包囊的可育率较高(Fathi et al.，2011)。早在 20 世纪 80 年代后期，研究发现，寄生于骆驼肺部的包囊数量大于肝脏，而可育囊的比例也相对更高(Abdul-Salam and Farah，1988)。经对绵羊、山羊、牛、水牛体内的包囊寄生部位的统计分析，结果均表明：大部分包囊寄生于宿主肺部(51.5%)，这可能与肺部疏松的结构有关。除了骆驼以外，其余宿主肝脏包囊的可育率均高于肺脏(Dalimi et al.，2002)。对不同宿主的不同脏器内分布的包囊分析可知，绵羊、山羊以及牛肝脏内分布的可育囊高于肺脏，说明肝脏更适宜于棘球蚴的寄生；尽管牛、骆驼肝脏内包囊的不育率低于肺脏，但其钙化包囊的比例显著高于肺脏(表 3-2)。

表 3-2　不同宿主体内细粒棘球蚴的主要寄生器官分布

宿主	寄生部位	总计	可育囊		不育囊		钙化/干酪包囊	
			数量/个	比例/%	数量/个	比例/%	数量/个	比例/%
绵羊	肝脏	1242	629	50.64	358	28.82	255	20.53
	肺脏	1014	426	42.01	304	29.98	284	28.01
山羊	肝脏	259	119	45.95	98	37.84	42	16.22
	肺脏	242	101	41.74	67	27.69	74	30.58
牛	肝脏	481	99	20.58	197	40.96	185	38.46
	肺脏	747	104	13.92	425	56.89	218	29.18
骆驼	肝脏	121	58	47.93	28	23.14	35	28.93
	肺脏	238	151	63.45	64	26.89	23	9.66
总计	肝脏	2103	905	43.03	681	32.38	517	24.58
	肺脏	2241	782	34.90	860	38.38	599	26.73

三、不育囊形成的内在影响因素

1.包囊结构及生化成分

生发层是带科绦虫特有的组织结构，具有自我更新和分化的能力，是包囊不断增殖发育的基础，并能为原头蚴的生长提供免疫屏障和抵御宿主免疫细胞的杀伤。生发层在不断增殖转化为可育的纤维化基质时，蛋白含量会上升而糖原含量随原头蚴的分化而降低(Leducq et al.，1992)。通过对比分析采自相同地区、同种宿主与寄生部位的可育囊与不育囊的包囊壁，发现它们的有机成分存在相当大的异质性，在可育囊的包囊壁中，糖原与脂质的含量显著低于不育囊，说明这些成分在子囊和原头蚴发育和形成过程中被利用

(Irshadullah et al.，2011)。核苷酸仅单独存在于生发层中(Kilejian et al.，1961)，而角质层则由多糖蛋白复合物组成(Kilejian and Schwabe，1971)。然而，育囊中的DNA和RNA却明显高于不育囊，这可能由于为进一步增殖分化为子囊和原头蚴作准备，并且可育囊的生发层较不育囊更为发达。同时，快速的细胞增殖也导致可育囊的生长更快速，而不育囊多为缓慢生长(Turčeková et al.，2009)。在对可育囊与不育囊包囊壁的多肽图谱对比分析中发现，为满足生发层与原头蚴的生长发育过程中对蛋白的需求，可育囊中的多肽含量明显高于不育囊(Irshadullah et al.，2011)。

包囊的存活与角质层的完整性密切相关，因为角质层能为包囊的生长提供物理化学屏障，阻止宿主免疫细胞的杀伤，如角质层能通过增加巨噬细胞中的精氨酸酶活性来阻碍巨噬细胞产生一氧化氮，从而保护包囊免受一氧化氮的杀伤(Coltorti and Varela-Diaz，1974；Amri and Touil-Boukoffa，2015)。当包囊的角质层遭到免疫系统的破坏后，角质层的完整性便下降，可能会导致大量的免疫细胞进入囊液内，造成原头蚴的死亡或者导致不育囊的产生。此外，细粒棘球蚴的囊液是包囊的重要组成部分，也是原头蚴赖以生存的内环境，其成分极其复杂，包含大量内源蛋白和宿主蛋白。通过对不育囊与育囊囊液蛋白组分对比分析，发现它们的蛋白种类与数量分布有所不同。其中，组织蛋白酶B在不育囊的囊液中含量较高，而热激蛋白家族与膜联蛋白A13仅在不育囊中存在，这暗示囊内应激压力与细胞凋亡现象可能会导致不育囊的形成(Aziz et al.，2011)。

2.基因型选择性

细粒棘球蚴种内变异现象广泛存在，至少分为9个主要的基因型(即G1，G3，G4～G8，G10)和细粒棘球绦虫狮株(*E.felidis*)。有研究显示，细粒棘球蚴包囊的可育率可能与其基因型有关。G1型(绵羊株)在绵羊体内的可育率接近60%，而在牛体内则大多为不育囊。在肯尼亚和埃塞俄比亚，尽管山羊棘球蚴的感染率总体较低，但其大部分的育囊属G6/7型(骆驼株、猪株)，说明在该地区除了骆驼以外，山羊也是重要的“骆驼株”的保种宿主。在牛体内寄生的大部分包囊属于G1/3型，且以不育囊为主。然而，不育囊的产生是否存在基因型选择性，还存在一定的争议。有学者将来自不同宿主的包囊进行分类鉴定和分型，发现包囊的可育率与其基因型并不存在必然联系，而可能是由宿主年龄和寄生部位共同决定的(Kamenetzky et al.，2000；Romig et al.，2017)。

四、不育囊形成的分子调控机制

1.细胞凋亡对不育囊形成的影响

细胞凋亡是细胞的一种基本生物学现象，在多细胞生物去除不需要或异常的细胞中起着必要的作用。它在生物体的进化、内环境的稳定以及多个系统的发育中起着重要的作用。寄生虫可通过细胞凋亡调节宿主体内的虫体数量，以有利于其本身的生存(Hwang et al.，2004)。凋亡程序的激活受细胞内和细胞外的多种不同信号的调节，而凋亡程序的某些成分在整个动物进化中一直被保存下来，广泛存在于蠕虫、昆虫和脊椎动物中。细胞凋亡是多蛋白严格控制的过程，它涉及一系列蛋白的激活、表达以及调控等的作用，其中caspase

家族蛋白、Bcl-2 家族蛋白、p53 蛋白以及 survivin 等在凋亡的信号转导中扮演着重要角色，而凋亡过程的紊乱可能与许多疾病的发生有直接或间接的关系。随着分子生物学技术的发展，对多种细胞凋亡的过程有了较为深入的认识，但是迄今为止凋亡过程确切的调控机制尚不完全清楚。

在细粒棘球蚴的不育囊中，可检测到相对育囊更高的 DNA 片段化水平和更高的半胱氨酸—天冬氨酸蛋白水解酶-3（Caspase-3）酶活性，因此推测细胞凋亡可能是导致包囊不育这个相对性状的原因（Paredes et al.，2007）。研究表明，氧化损伤可以通过多种途径激活细胞凋亡（Simon et al.，2000；Franco et al.，2009；Circu et al.，2010）。之后，在细粒棘球蚴不育囊的生发层和死亡的原头蚴中同时发现了大量的 DNA 氧化损伤与细胞凋亡现象，暗示育囊有更加活跃的 DNA 修复机制，并推测 DNA 修复机制可能在对抗原头蚴氧化损伤、维持包囊可育性上起着积极的作用（Cabrera et al.，2008）。此外，不育囊生发层中介导产生细胞凋亡的配体更多，也暗示了细胞凋亡可能是导致这一现象形成的原因（Spotin et al.，2012）。

2.宿主免疫对不育囊形成的影响

当细粒棘球蚴寄生于中间宿主体内，宿主出现先天免疫反应，如细胞凋亡、炎性反应、Toll 样受体和适应性免疫应答（如细胞免疫、体液免疫）。为了保证自身的存活，细粒棘球蚴至少通过以下三种策略来对抗宿主免疫反应：①通过转运包囊外的虫体抗原至囊内，降低包囊外虫体抗原的浓度，减少宿主免疫反应的强度；②细粒棘球蚴通过外泌体排出免疫调节分子（如 AgB 蛋白家族，HSP 蛋白家族，Ag5 蛋白等）进入宿主体内以实现对宿主免疫反应的调节；③通过形成角质层以借助其屏障作用来阻断宿主的免疫反应（Margutti et al.，1999；Ortona et al.，2001；Siles-Lucas et al.，2017；Gottstein et al.，2017）。宿主固有免疫系统需要通过招募虫体蛋白抗原复合物（如HSP90α蛋白）作为识别信号进而产生靶向细粒棘球蚴的免疫反应（Polly，2002；Triantafilou et al.，2004）。然而，细粒棘球绦虫会通过外泌体外排出 HSP90α 蛋白等，而该蛋白具有将虫体蛋白抗原复合物转移至膜内的功能，降低包囊外虫体抗原的浓度，继而阻断宿主免疫的识别来实现免疫逃避（Siles-Lucas et al.，2017；Oura et al.，2011）。

包囊在宿主体内生长过程中，可能首先受到 Th1 型免疫反应的作用，宿主通过巨噬细胞介导的活性氧及活性氮的杀伤来抑制包囊的进一步发育，最终导致不孕囊的形成或者包囊的钙化及死亡（Werling et al.，2006；Gonzalo et al.，2010）。在宿主固有免疫反应的作用下，部分动物体内的不育囊仍可发育得很大，如在四川牦牛体内发现的包囊甚至重达 14kg（杨光友，2017），表明宿主的固有免疫反应并不能完全抑制包囊的发育，而这可能与细粒棘球蚴免疫逃避机制有关。随着包囊的进一步发育，原头蚴逐渐形成，研究发现其会分泌某些有毒物质来降低巨噬细胞的活性，从而达到抑制固有免疫反应的目的（Janssen et al.，1993）。此外，包囊内外均富含 AgB 蛋白家族，该蛋白家族具有干扰宿主单核细胞的分化、抑制中性粒细胞移行到感染部位、调节 CD4+T 细胞朝 Th2 型细胞方向分化的能力，进而实现其在宿主体内的免疫逃避以及长期存活（Rachele et al.，2007；Siracusano et al.，2008）。

分别用不育囊和育囊囊液处理人淋巴细胞，研究发现经育囊囊液处理后，淋巴细胞Bax/Bcl-2的mRNA表达量比值和Caspase-3酶活性显著高于不育囊囊液处理组和空白对照组(Spotin et al.，2012)，这可能是由于可育囊中的原头蚴释放的凋亡诱导剂。虽然在之前的研究中显示，原头蚴对宿主巨噬细胞没有细胞毒性效应，但其仍会在体外分泌一些有毒物质来降低巨噬细胞的活性(Janssen et al.，1993)。由此可见，细粒棘球蚴对宿主免疫抑制增强，有助于包囊可育率的升高。而通过细粒棘球蚴包囊囊液蛋白组分的分析研究，发现其中包含的宿主蛋白与通常在血浆中存在的蛋白相似，说明宿主与寄生虫之间存在着一种蛋白转运机制。同时，在囊液中也发现了大量血浆中不常见的蛋白，这些蛋白可能和宿主的免疫反应有关。其中，细胞凋亡相关蛋白，如热休克蛋白、膜连蛋白A13以及组织蛋白酶B，特异性或大量出现在不育囊的囊液中，表明宿主的免疫反应引起细粒棘球蚴的凋亡和导致不育囊的产生(Aziz et al.，2011)。另外，有学者在对牛体内棘球蚴包囊的研究中发现，不育囊的生发层上有大量不同的免疫球蛋白IgG出现，而且这些IgG有的可以穿过生发层到达囊腔内，并且能穿过细胞膜而进入细胞内，特异性地与细胞核相结合，这些IgG或许能识别参与原头蚴形成时细胞增殖分化相关的抗原，这种抗原抗体之间的相互作用抑制了细胞的增殖与分化，并且可能诱导细胞凋亡(Paredes et al.，2011)。

综上所述，宿主的免疫反应能够杀伤包囊生发层细胞，抑制原头蚴的形成，而细粒棘球蚴亦通过角质层的屏障作用，外排免疫调节分子调节宿主免疫反应，转运包囊外的虫体抗原至囊内以减少宿主免疫系统的识别等方式来实现免疫逃避。此外，细粒棘球蚴的免疫逃避和宿主免疫杀伤可能存在着一种平衡关系，当宿主免疫反应强度大于虫体免疫逃避程度时，更多的包囊形成不育囊，反之，则形成可孕囊。

参考文献

曾诚, 2013. 青海省青南高原棘球绦虫新种-石渠棘球绦虫的形态学观察[J], 现代预防医学, (7): 1354-1356.

洪凌仙, 林宇光, 1990. 狗和家猫感染多房棘球蚴后的成虫发育比较和成虫及原头蚴的糖原分布[J]. 地方病通报, 5(3): 46.

肖宁, 邱加闽, Nakao M, 等, 2008. 青藏高原东部地区发现的新种: 石渠棘球绦虫的生物学特征[J]. 中国寄生虫学与寄生虫病杂志, 26(4): 307-312.

杨光友, 2017, 青藏高原细粒棘球绦虫的一些生物学问题[J]. 中国动物保健, 19(7): 45-47.

Abdul-Salam JM, Farah MA, 1988. Hydatidosis in camels in Kuwait[J]. Parasitology Research, 74: 267-270.

Addy F, Alakonya A, Wamae N, et al., 2012. Prevalence and diversity of cystic echinococcosis in livestock in Maasailand, Kenya[J]. Parasitology Research, 111(6): 2289-2294.

Albani CM, Cumino AC, Elissondo MC, et al., 2013. Development of a cell line from *Echinococcus granulosus* germinal layer[J]. ActaTropica, 128: 124-129.

Albani CM, Elissondo MC, Cumino AC, et al., 2010. Primary cell culture of *Echinococcus granulosus* developed from the cystic germinal layer: biological and functional characterization[J]. International Journal for Parasitology, 40: 1269-1275.

Ali-Khan Z, Siboo R, Gomersall M, et al., 1983. Cystolytic events and the possible role of germinal cells in metastasis in chronic alveolar hydatidosis[J]. Annals of Tropical Medicine Parasitology, 77: 497-512.

Alyaman FM, Assaf L, Hailat N, et al., 1985. Prevalence of hydatidosis in slaughtered animals from North Jordan[J]. Annals of

Tropical Medicine Parasitology, 79(5): 501-506.

Ammann RW, Eckert J, 1996. Cestodes: *Echinococcus*[J]. Gastroenterol Clinics of North America, 25: 655-689.

Amri M, Touil-Boukoffa C, 2015. A protective effect of the laminated layer on *Echinococcus granulosus* survival dependent on upregulation of host arginase[J]. Acta Tropica, 149: 186-194.

Aziz A, Zhang W, Li J, et al., 2011. Proteomic characterisation of *Echinococcus granulosus* hydatid cyst fluid from sheep, cattle and humans[J]. Journal of Proteomics, 74(9): 1560-1572.

Badaraco JL, Ayala FJ, Bart JM, et al., 2008. Using mitochondrial and nuclear markers to evaluate the degree of genetic cohesion among *Echinococcus* populations[J]. Experimental Parasitology, 119(4): 453-459.

Beato S, Parreira R, Roque C, et al., 2013. *Echinococcus granulosus* im Portugal: the first report of the G7 genotype in cattle[J]. Veterinary Parasitology, 198(12): 235-239.

Beveridge I, Rickard MD, 1975. The development of *Taenia pisiformis* in various definitive host species[J]. International Journal for Parasitology, 5: 633-639.

Brownlee DJ, Fairweather I, Johnston CF, et al., 1994. Immunocytochemical localization of serotonin(5-HT) in the nervous system of the hydatid organism, *Echinococcus granulosus*(Cestoda, Cyclophyllidea)[J]. Parasitology, 109: 233-241.

Blood BD, Lelijveld JL, 1969. Studies on sylvatic echinococcosis in southern South America[J]. Parasitology, 20: 475-482.

Borrie J, Gemmell MA, Manktelow BW, 1965. An experimental approach to evaluate the potential risk of hydatid disease from inhalation of *Echinococcus ova*[J]. The British Journal of Surgery, 52(11): 876-878.

Bortoletti G, Ferretti G, 1973. Investigation on larval forms of *Echinococcus granulosus* with eletron microscope[J]. Parasitology, 34: 89-110.

Bortoletti G, Ferretti G, 1978. Ultrastructural aspects of fertile and sterile cysts of *Echinococcus granulosus* developed in hosts of different species[J]. Parasitology, 8: 421-431.

Boufana B, Qiu J, Chen X, et al., 2013. First report of *Echinococcus shiquicus* in dogs from eastern Qinghai-Tibet plateau region, China[J]. Acta Tropica, 127(1): 21-24.

Braithwaite PA, Lomas R, Thompson RCA, 1985. Hydatid disease: the alveolar variety in Australia. A case report with commment on the toxicity of mebendazole[J]. The Australian and New Zealand Journal of Surgery, 55: 519-523.

Breijo M, Anesetti G, Laura Martinez, et al., 2008. *Echinococcus granulosus:* The establishment of the metacestode is associated with control of complement-mediated early inflammation[J]. Experimental Parasitology, 118: 188-196.

Brunetti E, Kern P, Vuitton DA, 2010. Writing Panel for the WHO-IWGE. Expert consensus for the diagnosis and treatment of cystic and alveolar echinococcosis in humans[J]. Acta Tropica, 114: 1-16.

Brunetti E, White AC, 2012. Cestode Infestations: Hydatid Disease and Cysticercosis[J]. Infectious Disease of North America, 26(2): 421-435.

Cabrera G, Cabrejos ME, Morassutti AL, et al., 2008. DNA damage, RAD9 and fertility/infertility of *Echinococcus granulosus* hydatid cysts[J]. Journal of Cellular Physiology, 216(2): 498-506.

Cameron TWM, Webster GA, 1969. The histogenesis of the hydatid cyst(*Echinococcus* spp.). Part 1. Liver cysts in large mammals[J]. Canadian Journal of Zoology, 47: 1405-1410.

Caremani M, Benci A, Maestrini R, et al., 1997. Ultrasound imaging in cystic echinococcosis. Proposal of a new sonographic classification[J]. Acta Tropica, 67(1-2): 91-105.

Camicia F, Herz M, Prada LC, et al., 2013. The nervous and prenervous roles of serotonin in *Echinococcus* spp.[J]. International

Journal for Parasitology, 43: 647-659.

Circu ML, Aw TY, 2010. Reactive oxygen species, cellular redox systems, and apoptosis[J]. Free Radical Biology & Medicine, 48(6): 749-762.

Colli CW, Williams JF, 1972. Influence of temperature on the infectivity of eggs of *Echinococcus granulosus* in laboratory rodents[J]. Parasitology, 58: 422-426.

Colli CW, Schantz PM, 1974. Growth and development of *Echinococcus granulosus* from embryophores in an abnormal host(*Mus musculus*)[J]. Parasitology, 60: 53-58.

Coltorti EA, Varela-Diaz VM, 1974. *Echinococcus granulosus:* penetration of macromolecules and their localization on the parasite membranes of cysts[J]. Experimental Parasitology, 35: 225-231.

Corsini M, Geissbuhler U, Howard J, et al., 2015. Clinical presentation, diagnosis, therapy and outcome of alveolar echinococcosis in dogs[J]. The Veterinary Record, 177: 569.

Constantine CC, Lymbery AJ, Jenkins DJ, et al., 1998. Factors influencing the development and carbohydrate metabolism of *Echinococcus granulosis* in dogs[J]. Parasitology, 84: 873-881.

Cucher M, Prada L, Mourglia-Ettlin G, et al., 2011. Identification of *Echinococcus granulosus* microRNAs and their expression in different life cycle stages and parasite genotypes[J]. International Journal for Parasitology, 41: 439-448.

Dalimi A, Motamedi G, Hosseini M, et al., 2002. Echinococcosis/hydatidosis in western Iran[J]. Veterinary Parasitology, 105(2): 161-171.

Daryani A, Sharif M, Amouei A, et al., 2009. Fertility and viability rates of hydatid cysts in slaughtered animals in the mazarndararn province, northern Iran[J]. Tropical Animal Health & Production, 41(8): 1701-1705.

Deplazes P, Arnold P, Kaser-Hotz B, 1997. Concurrent infections of the liver and intestine with *Echinococcus multilocularis* in dogs[J]. Archives of International Hydatidosis, 32: 201-202.

Diaz A, Casaravilla C, Irigoin F, et al., 2011a. Understanding the laminated layer of larval *Echinococcus I:* structure[J]. Trends in Parasitology, 27(5): 204-213.

Diaz A, Casaravilla C, Allen JE, et al., 2011b. Understanding the laminated layer of larval *Echinococcus* II: immunology[J]. Trends in Parasitology, 27(5): 263-272.

Eckert J, Gemmell MA, Meslin FX, et al., 2001. WHO/OIE manual on echinococcosis in humans and animals: a public health problem of global concern[J]. International Journal for Parasitology, 31(14): 1717-1718.

Eckert J, Thompson RCA, Mehlhorn H, 1983. Proliferation and metastases formation of larval *Echinococcus multilocularis.* I. Animal model, macroscopical and histological findings[J]. Zeitschrift Fur Parasitenkunde, 69: 737-748.

Edwards GT, 1981. Small fertile hydatid cysts in British horses[J]. The Veterinary Record, 108: 460-461.

Elmajdoub LO, Rahman WA, 2015. Prevalence of hydatid cysts in slaughtered animals from different areas of Libya[J]. Open Journal of Veterinary Medicine, 5(1): 1-10.

Fairweather I, Threadgold LT, 1981. Hymernolepis nana: the fine structure of the ‘penetration gland’ and nerve cells within the oncosphere[J]. Parasitology, 82: 445-458.

Fan YL, Lou ZZ, Li L, et al., 2016. Genetic diversity in *Echinococcus shiquicus* from the plateau pika(*Ochotona curzoniae*) in Darlag County, Qinghai, China[J]. Infection, Genetics & Evolution, 45: 408-414.

Federer K, Armua-Fernarndez MT, Hoby S, et al., 2015. In vivo viability of *Echinococcus multilocularis* eggs in a rodent model after different thermo-treatments[J]. Experimental Parasitology, 154: 14-19.

Franco R, Sánchez-Olea R, Reyes-Reyes EM, et al., 2009. Environmental toxicity, oxidative stress and apoptosis: Manage à Trois[J]. Mutation Research, 674(2): 3-22.

Galindo M, Paredes R, Marchant C, et al., 2003. Regionalization of DNA and protein synthesis in developing stages of the parasitic platyhelminth *Echinococcus granulosus*[J]. Journal of Cellular Biochemistry, 90: 294-303.

Geisel O, Barutzki D, Minkus G, 1990. Hunde als Finnentrager(Intermediarwirt) von *Echinococcus multilocularis*(Leuckart, 1863), Vogel 1957[J]. Kleintierpraxis, 35: 275-280.

Gemmell MA, Lawson JR, Roberts MG, 1986. Population dynamics in echinococcosis and cysticercosis: biological parameters of *Echinococcus granulosus* in dogs and sheep[J]. Parasitology, 92: 599-620.

Gemmell MA, Roberts MG, 1995. Modelling *Echinococcus* life cycles[M]//Thompson R C A, Lymbery A J. *Echinococcus* and Hydatid Disease[M]. CAB International, Wallingford: 333-354.

Gholami S, Irshadullah M, Mobedi I, 2011. Rostellar hook morphology of larval *Echinococcus granulosus* isolates from the Indian buffalo and Iranian sheep, cattle and camel[J]. Journal of Helminthology, 85(3): 239-245.

Gottstein B, Soboslay P, Ortona E, et al., 2017. Immunology of alveolar and cystic echinococcosis(AE and CE)[J]. Advances in Parasitology, 96: 1-54.

Gottstein B, Dai W, Walker M, et al., 2002. An intact laminated layer is important for the establishment of secondary *Echinococcus multilocularis* infection[J]. Parasitology Research, 88: 822-828.

WHO Informal Working Group, 2003. International classification of ultrasound images in cystic echinococcosis for application in clinical and field epidemiological settings[J]. Acta Tropica, 85(2): 253-261.

Gustafsson MKS, 1976. Basic cell types in *Echinococcus granulosus*(Cestoda, Cyclophyllidea)[J]. Acta Zoologic Fennica, 146: 1-16.

Harris A, Heath DD, Lawrence SB, et al., 1989. *Echinococcus granulosus*: Ultrastructure of epithelial changes during the first 8 days of metacestode development in vitro[J]. International Journal for Parasitology, 19(6): 621-629.

Heath DD, 1971. The migration of oncospheres of *Taenia pisiformis, T. serialis* and *Echinococcus granulosus* within the intermediate host[J]. Parasitology, 1: 145-152.

Heath DD, Lawrence SB, 1976. *Echinococcus granulosus:* development in vitro from oncosphere to immature hydatid cyst[J]. Parasitology, 73: 417-423.

Heath DD, 1973. The life cycle of *Echinococcus granulosus*[M]//Brown R W, Salisbury J R, White W E. Recent Advances in Hydatid Disease. Hamilton Medical and Veterinary Association, Victoria Australia: 7-18.

Hernandez-Bello R, Ramirez-Nieto R, Muñiz-Hernández S, et al., 2011. Sex steroids effects on the molting process of the helminth human parasite *Trichinella Spiralis*[J]. Journal of Biomedicine & Biotechnology, 2011: 625380.

Hemer S, Konrad C, Spiliotis M, et al., 2014. Host insulin stimulates *Echinococcus multilocularis* insulin signalling pathways and larval development[J]. BMC Biology, 12: 5.

Holcman B, Heath DD, 1997. The early stages of *Echinococcus granulosus* development[J]. Acta Tropica, 64: 5-17.

Howell MJ, Smyth JD, 1995. Cultivation[M]//Thompson R C A, Lymbery A J. *Echinococcus* and Hydatid Disease. CAB International, Wallingford, Oxon, UK: 200-232.

Hijjawi NS, Abdel-Hafez SK, Kamhawi SA, 1992. *Echinococcus granulosus:* Possible formation of a shelled egg in vitro[J]. International Journal for Parasitology, 22(1): 117-118.

Hirohashi T, Suzuki H, Takikawa H, et al., 2000. ATP-dependent transport of bile salts by rat multidrug resistance-associated protein 3(Mrp3)[J]. The Journal of Bilological Chemisitry, 275: 2905-2910.

Hwang JS, Kobayashi C, Agata K, et al., 2004. Detection of apoptosis during planarian regeneration by the expression of apoptosis-related genes and TUNEL assay[J]. Gene, 333(3): 15-25.

Ibrahim MM, 2010. Study of cystic echinococcosis in slaughtered animals in Al Baha region, Saudi Arabia: interaction between some biotic and abiotic factors[J]. Acta Tropica, 113: 26-33.

Irigoín F, Ferreira F, Fernandez C, et al., 2002. Myo-Inositol hexakisphosphate is a major component of an extracellular structure in the parasitic cestode *Echinococcus granulosus*[J]. The Biochemical Journal, 362: 297-304.

Irshadullah M, Rani M, 2011. Comparative studies on the biochemical composition and polypeptide profiles of the cyst walls from sterile and fertile hydatid cysts of *Echinococcus granulosus* from buffalo host[J]. Helminthologia, 48(2): 88-93.

Irshadullah M, Nizami WA, Ahmad M, 1990. Polymorphism in the microtriches of adult *Echinococcus granulosus:* scanning electron microscopy[J]. Zoologischer Anzeiger, 224: 321-327.

Jabbar A, Swiderski Z, Mlocicki D, et al., 2010. The ultrastructure of taeniid cestode oncospheres and localization of host-protective antigens[J]. Parasitology, 137: 521-535.

Janssen D, De Rycke PH, Osuna A, 1993. Dose-dependent effects of hydatid fluid toxins from *Echinococcus granulosus* on mouse peritoneal macrophages[J]. Folia Parasitologica, 40(2): 109-113.

Jenkins DJ, Rickard MD, 1986. Specific antibody responses in dogs experimentally infected with *Echinococcus granulosus*[J]. The American Journal of Tropical Medicine & Hygiene, 35: 345-349.

Kamenetzky L, Canova SG, Guarnera EA, et al., 2000. *Echinococcus granulosus:* DNA extraction from germinal layers allows strain dtermination in fertile and nonfertile hydatid cysts[J]. Experimental Parasitology, 95(2): 122-127.

Kapel CM, Torgerson PR, Thompson RCA, et al., 2006. Reproductive potential of *Echinococcus multilocularis* in experimentally infected foxes, dogs, raccoon dogs and cats[J]. International Journal for Parasitology, 36: 79-86.

Kilejiarn A, Schimazi LA, Schwabe CW, 1961. Host-Parasite Relationships im Echinococcosis. V. Histochemical Observations om *Echinococcus granulosus*[J]. Journal of Parasitology, 47(2): 181-188.

Kilejian A, Schwabe CW, 1971. Studies om the polysaccharides of the *Echinococcus granulosus* cyst, with observations on a possible mechanism for laminated membrane formation[J]. Comparative Biochemistry & Physiology B Comparative Biochemistry, 40(1): 25-36.

Kitani FAA, Riyami SA, Yahyai SA, et al., 2015. Abattoir based surveillance of cystic echinococcosis (CE) in the Sultanate of Oman during 2010-2013[J]. Veterinary Parasitology, 211(3-4): 208-215.

Knapp J, Bart JM, Glowatzki ML, et al., 2007. Assessment of use of microsatellite polymorphism analysis for improving spatial distribution tracking of *Echinococcus multilocularis*[J]. Journal of Clinical Microbiology, 45(9): 2943-2950.

Koziol U, Rauschendorfer T, Rodríguez LZ, et al., 2014. The unique stem cell system of the immortal larva of the human parasite *Echinococcus multilocularis*[J]. EvoDevo, 5: 10.

Kumaratilake LM, Thompson RCA, 1981. Maintenance of the life cycle of *Echinococcus granulosus* in the laboratory following in vivo and in vitro development[J]. Zeitschrift Fur Parasitenkunde, 65: 103-106.

Lascamo EF, Coltorti EA, Varela-Diaz VM, 1975. Fine structure of the germinal membrane of *Echinococcus granulosus* cysts[J]. Parasitology, 61: 853-860.

Leducq R, Gabrion C, 1992. Developmental changes of *Echinococcus multilocularis* metacestodes revealed by tegumental ultrastructure and lectin-binding sites[J]. Parasitology, 104(1): 129-141.

Lethbridge RC, 1980. The biology of the oncosphere of cyclophyllidean cestodes[J]. Helminthological Abstracts Series A, 49: 59-72.

Lefebvre P, Cariou B, Lien F, et al., 2012. Role of bile acids and bile acid receptors in metabolic regulation[J]. Physiological Reviews, 89: 147-191.

Li W, Guo Z, Duo H, et al., 2013. Survey on helminths in the small intestine of wild foxes in Qinghai, China[J]. The Journal of Veternary Medicine Science, 75(10): 1329-1333.

Loos JA, Caparros PA, Nicolao MC, et al., 2014. Identification and pharmacological induction of autophagy in the larval stages of *Echinococcus granulosus:* an active catabolic process in calcareous corpuscles[J]. International Journal for Parasitology, 44: 415-427.

Losson BJ, Coignoul F, 1997. Larval *Echinococcus multilocularis* infection in a dog[J]. The Veternary Record, 141: 49-50.

Marguitti P, Ortona E, Vaccari S, et al., 1999. Cloning and expression of a cDNA encoding an elongation factor 1beta/delta protein from *Echinococcus granulosus* with immunogenic activity[J]. Parasite Immunology, 21(9): 485-492.

Martínez C, Paredes R, Stock RP, et al., 2005. Cellular organization and appearance of differentiated structures in developing stages of the parasitic platyhelminth *Echinococcus granulosus*[J]. Journal of Cellular Biochemistry, 94: 327-335.

McCullough JS, Fairweather I, 1989. The fine structure and possible functions of scolex gland cells in *Trilocularia acanthiaevulgaris* (Cestoda, Tetraphyllidea) [J]. Parasitology Research, 75: 575-582.

Mehlhorn H, Eckert J, Thompson RCA, 1983. Proliferation and metastases formation of larval *Echinococcus multilocularis*[J]. Parasitology Research, 69(6): 749-763.

Mehlhorn H, Eckert J, Thompson RCA, 1983. Proliferation and metastases formationof larval *Echinococcus multilocularis.* II. Ultrastructural investigations[J]. Zeitschrift Fur Parasitenkunde, 69: 749-763.

Mettrick DF, Podesta RB, 1974. Ecological and physiological aspects of helminth-host interactions in the manmalian gastrointestinal canal[J]. Advances in Parasitology, 12: 183-277.

Monteiro KM, Carvalho MOD, Zaha A, et al., 2010. Proteomic analysis of the *Echinococcus granulosus* metacestode during infection of its intermediate host[J]. Proteomics, 10(10): 1985-1999.

Moro P, Schanta PM, 2009. Echinococcosis: a review[J]. International Journal of Infectious Diseases, 13: 125-133.

Morseth DJ, 1967. Fine structure of the hydatid cyst and protoscolex of *Echinococcus granulosus*[J]. Parasitology, 53: 312-325.

Ohnishi K, Kutsumi H, 1991. Possible formation of calcareous corpuscles by the brood capsule in secondary hepaticmetacestodes of *Echinococccus multilocularis*[J]. Parasitology Research, 77: 600-601.

Ortona E, Margutti P, Vaccari S, et al., 2001. Elongation factor 1 beta/delta of *Echinococcus granulosus* and allergic manifestations in human cystic echinococcosis[J]. Clinical & Experimental Immunology, 125(1): 7110-7116.

Osman FA, Mahmad GM, Mostafa HI, 2014. The prevalence and biochemical characters of hydatid cyst in sheep and goats slaughtered at El-Karhga, New-Valley Governorate, Egypt[J]. Sky Journal of Agricultural Research, 3(1): 17-24.

Ouchene N, Bitman I, Zeroual F, et al., 2014. Cystic echinococcosis in wild boars (*Sus scrofa*) and slaughtered domestic ruminants in Algeria[J]. Asian Journal of Animal & Veterinary Advances, 9: 767-774.

Oura J, Tamura Y, Kamiguchi K, et al., 2011. Extracellular heat shock protein 90 plays a role in translocating chaperoned antigen from endosome to proteasome for generating antigenic peptide to be cross-presented by dendritic cells[J]. International Immunology, 23(4): 223-237.

Paredes R, Godoy P, Rodríguez B, et al., 2011. Bovine (*Bos taurus*) humoral immune response against *Echinococcus granulosus* and hydatid cyst infertility[J]. Journal of Cellular Biochemistry, 112(1): 189-199.

Paredes R, Jiménez V, Cabrera G, et al., 2007. Apoptosis as a possible mechanism of infertility in *Echinococcus granulosus* hydatid cysts[J]. Journal of Cellular Biochemistry, 100(5): 1200-1209.

Parkinson J, Wasmuth JD, Salinas G, et al., 2012. A transcriptomic analysis of *Echinococcus granulosus* larval stages: implications for parasite biology and host adaptation[J]. PLoS Neglected Tropical Diseases, 6: e1897.

Pednekar RP, Gatne ML, Thompson RCA, et al., 2009. Molecular and morphological characterisation of *Echinococcus* from food producing animals in India[J]. Veterinary Parasitology, 165(1-2): 58-65.

Perdomo R, Alvarez C, Monti J, et al., 1997. Principles of the surgical approach in human liver cystic echinococcosis[J]. Acta Tropica, 64(1-2): 109-122.

Pergrine AS, Jenkins EJ, Barnes B, et al., 2012. Alveolar hydatid disease (*Echinococcus multilocularis*) in the liver of a Canadain dog in British Columbia, a newly endemic region[J]. The Canadian Veterinary Journal, 53: 870-874.

Polly M, 2002. The danger model: a renewed sense of self[J]. Science, 96(5566): 301-305.

Rachele R, Brigitta B, Elisabetta P, et al., 2007. *Echinococcus granulosus* antigen B impairs human dendritic cell differentiation and polarizes immature dendritic cell maturation towards a Th2 cell response[J]. Infection & Immunity, 75(4): 1667-1678.

Ranasinghe SL, Fischer K, Zhang W, et al., 2015. Cloning and characterization of two potent kunitz type protease inhibitors from *Echinococcus granulosus*[J]. PLoS Neglected Tropical Diseases, 9(12): e0004268.

Rausch RL, 1954. Studies on the helminth fauna of Alaska. XX. The histogenesis of the alveolar larva of *Echinococcus* species[J]. Journal of Infectious Dissease, 94: 178-186.

Rausch RL, 1975. Taeniidae[M]//Hubbert W T, McCulloch W F, Schurrenberger, P R. Diseases Transmitted From Animals to Man. Thomas Springfield IL: 678-707.

Rausch RL, D'Alessandro A, Rausch VR, 1981. Characteristics of the larval *Echinococcus vogeli* Rausch and Bernstein, 1972 in the natural intermediate host, the paca, *Cuniculus paca* L. (Rodentia: Dasyproctidae) [J]. The American Journal of Tropical Medicine & Hygiene, 30: 1043-1052.

Rausch RL, Wilson JF, 1973. Rearing of the adult *Echinococcus multilocularis* Leukart, 1863, from sterile from sterile larvae from man[J]. The American Journal of Tropical Medicine & Hygiene, 22: 357-360.

Regev A, Reddy KR, Berho M, et al., 2001. Large cystic lesions of the liver in adults: a 15-year experience in a tertiary center[J]. Journal of the American College of Surgeons, 193(1): 36-45.

Romig T, Deplazes P, Jenkins A, et al., 2017. Ecology and life cycle patterns of *Echinococcus* species[J]. Advances in Parasitology, 95: 213.

Roneus O, Christensson D, Nilsson NG, 1982. The longevity of hydatid cysts in horses[J]. Veterinary Parasitology, 11: 149-154.

Sakamoto T, Sugimura M, 1970. Studies on echinococcosis. XXIII. Electron microscopical observations on histogenesis of larval *Echnococcus multilocularis*[J]. Japanese Journal of Veternary Research, 18: 131-144.

Santos GB, Monteiro KM, Da Silva ED, et al., 2016. Excretory/secretory products in the *Echinococcus granulosus* metacestode: is the intermediate host complacent with infection caused by the larval form of the parasite[J]. International Journal for Parasitology, 46(13-14): 843-856.

Santos GB, Soares Mdo C, de F Brito EM, et al., 2012. Mitochondrial and nuclear sequence polymorphisms reveal geographic structuring in Amazonian populations of *Echinococcus vogeli* (Cestoda: Taeniidae) [J]. International Journal for Parasitology, 42(13-14): 1115-1118.

Schantz PM, Chai J, Craig PS, et al., 1995. Epidemiology and Control of Hydatid Disease[M]. CAB International, Wallingford: 233-331.

Schantz PM, 1982. Echinococcosis[M]//Steele J. CRC Handbook Series in Zoonoses, Section C: Parasitic Zoonoses. CRC Press: 231-277.

Siles-Lucas M, Sánchez-Ovejero C, González-Sanchez M, et al., 2017. Isolation and characterization of exosomes derived from fertile sheep hydatid cysts[J]. Veterinary Parasitology, 236: 22-33.

Simon HU, Hajyehia A, Levischaffer F, 2000. Role of reactive oxygen species(ROS) in apoptosis induction[J]. Apoptosis, 5(5): 415-418.

Siracusano A, Margutti P, Delunardo F, et al., 2008. Molecular cross-talk in host-parasite relationships: the intriguing immunomodulatory role of *Echinococcus* antigen B in cystic echinococcosis[J]. International Journal for Parasitology, 38(12): 1371-1376.

Slais J, 1973. Functional morphology of cestode larvae[J]. Advances in Parasitology, 11: 395-480.

Slais J, 1980. Experimental infection on sheep and pigs with *Echinococcus granulosus*(Batsch, 1786), and the origin of pouching in hydatid cysts[J]. Acta Veterinaria Academiae Scientiarum Hungaricae, 28: 375-387.

Slais J, Vanek M, 1980. Tissue reactions to spherical and lobular hydatid cysts of *Echinococcus granulosus*(Batsch, 1786)[J]. Folia Parasitologica, 27: 135-143.

Smyth JD, 1964. Observations on the scolex of *Echinococcus granulosus,* with special reference to the occurrence and cytochemistry of secretory cells in the rostellum[J]. Parasitology, 54: 515-526.

Smyth JD, 1969. Parasites as biological models[J]. Parasitology, 59: 73-91.

Smyth JD, 1971. Development of monozoic forms of *Echinococcus granulosus* during in vitro culture[J]. International Journal for Parasitology, 1: 121-124.

Smyth JD, Barrett NJ, 1979. *Echinococcus multilocularis:* further observations on strobilar differentiation in vitro[J]. Revista Ibérica De Parasitología, 39: 39-53.

Smyth JD, Davies Z, 1974. In vitro culture of the strobilar stage of *Echinococcus granulosus*(sheep strain): a review of basic problems and results[J]. International Journal for Parasitology, 4: 631-644.

Smyth JD, Davies Z, 1975. In vitro suppression of segmentation in *Echinococcus multilocularis* with morphological transformation of protoscoleces into monozoic adults[J]. Parasitology, 71: 125-135.

Smyth JD, Heath DD, 1970. Pathogenesis of larval cestodes in mamals[J]. Helminthology Abstract A, 39: 1-23.

Spiliotis M, Brehm K, 2009. Axenic in vitro cultivation of *Echinococcus multilocularis* metacestode vesicles and the generation of primary cell cultures[J]. Molecular Biology, 470: 245-262.

Spiliotis M, Lechner S, Tappe D, et al., 2008. Transient transfection of *Echinococcus multilocularis* primary cells and complete in vitro regeneration of metacestode vesicles[J]. International Journal for Parasitology, 38: 1025-1039.

Spotin A, Majdi MMA, Sankian M, et al., 2012. The study of apoptotic bifunctional effects in relationship between host and parasite in cystic echinococcosis: a new approach to suppression and survival of hydatid cyst[J]. Parasitology Research, 110(5): 1979-1984.

Spruance SL, 1974. Latent period of 53 years in a case of hydatid cyst disease[J]. Archives of Internal Medicine, 134: 741-742.

Stadelmann B, Spiliotis M, Muller J, et al., 2010. *Echinococcus multilocularis* phosphoglucose isomerase(EmPGI): a glycolytic enzyme involved in metacestode growth and parasite-host cell interactions[J]. International Journal for Parasitology, 40: 1563-1574.

Swiderski Z, 1983. *Echinococcus granulosus:* hook-muscle systems and cellular organisation of infective oncospheres[J].

Parasitology, 13: 289-299.

Tasharni OA, Zhang L, Boufana B, et al., 2002. Epidemiology and strain characteristics of *Echinococcus granulosus* in the Benghazi area of eastern Libya[J]. Annals of Tropical Medicine & Parasitology, 96(4): 369-381.

Thompson RCA, 1995. Biology and systematics of *Echinococcus. Echinococcus* and Hydatid Disease[J]. CAB International, Wallingford, Oxon, UK, pp. 1-50.

Thompson RCA, 2017. Biology and Systematics of *Eehinococcus*[J]. Advances in Parasitology, 95: 66-99.

Thompson RCA, McManus DP, 2002. Towards a taxonomic revision of the genus *Eehinococcus*[J]. Trends in Parasitology, 18(10): 452-457.

Thompson RCA, 1976. The development of brood capsules and protoscoleces in secondary hydatid cysts of *Echinococcus granulosus*[J]. Zeitschrift Fur Parasitenkunde, 51: 31-36.

Thompson RCA, Deplazes P, Eckert J, 1990. Uniform strobilar development of *Echinococcus multilocularis* in vitro from protoscolex to immature stages[J]. Parasitology, 76: 240-247.

Thompson RCA, Jenkins DJ, 2014. *Echinococcus* as a model system[J]. Parasitology, 44: 865-877.

Thompson RCA, Lymbery AJ, 2013. Lets not forget the thinkers[J]. Trends in Parasitology, 29: 581-584.

Thompson RCA, 1977. Growth, segmentation and maturation of the British horse and sheep strains of *Echinococcus granulosus* in dogs[J]. International Journal for Parasitology, 7: 281-285.

Thompson RCA, Kapel CM, Hobbs RP, et al., 2006. Comparative development of *Echinococcus multilocularis* in its definitive hosts[J]. Parasitology, 19: 1-8.

Thompson RCA, Dunsmore JD, Hayton AR, 1979. *Echinococcus granulosus*: secretory activity of the rostellum of the adult cestode in situ in the dog[J]. Experimental Parasitology, 48: 144-163.

Thompson RCA, Eckert J, 1982. The production of eggs by *Echinococcus multilocularis* in the laboratory following in vivo and in vitro development[J]. Zeitschrift Fur Parasitenkunde, 68: 227-234.

Thompson RCA, Eckert J, 1983. Observations on *Echinococcus multilocularis* in the definitive host[J]. Zeitschrift Fur Parasitenkunde, 69: 335-345.

Thompson RCA, Kumaratilake LM, Eckert J, 1984. Observations on *Echinococcus granulosus* of cattle origin in Switzerland[J]. International Journal for Parasitology, 14: 283-291.

Tigre W, Deresa B, Haile A, et al., 2016. Molecular characterization of *Echinococcus granulosus* s. l. cysts from cattle, camels, goats and pigs in Ethiopia[J]. V eterinary Parasitology, 215: 17-21.

Triantafilou M, Triantafilou K, 2004. Heat-shock protein 70 and heat-shock protein 90 associate with Toll-like receptor 4 in response to bacterial lipopolysaccharide[J]. Biochemical Society Transactions, 32(4): 636-639.

Turceková L, Šnábel V, Dudinák V, et al., 2009. Prevalence of cystic echinococcosis in pigs from Slovakia, with evaluation of size, fertility and number of hydatid cysts[J]. Helminthologia, 46(3): 151-158.

Umhang G, Richomme C, Boucher JM, et al., 2013. Prevalence survey and first molecular characterization of *Echinococcus granulosus* in France[J]. Parasitology Research, 112(4): 1809-1812.

Vatankhah A, Assmar M, Vatankhah GR, et al., 2003. Immunochemical characterization of alkaline phosphatase from the fluid of sterile and fertile *Echinococcus granulosus* cysts[J]. Parasitology Research, 90(5): 372-376.

Veit P, Bilger B, Schad V, et al., 1995. Influence of environmental factors on the infectivity of *Echinococcus multilocularis* eggs[J]. Parasitology, 110(1): 79-86.

Weiss AT, Bauer C, Köhler K, 2010. Canine alveolar echinococcosis: morphology and inflammatory response[J]. Journal of Comparative Pathology, 143: 233-238.

Wen H, Vuitton L, Tuxun T, et al., 2019. Echinococcosis: advances in the 21st century[J]. Clinical Microbiology Reviews, 32(2): 1-39.

Werling D, Piercy J, Cofeey TJ, 2006. Expression of TOLL-like receptors(TLR) by bovine antigen-presenting cells: Potential role in pathogen discrimination[J]. Veterinary Immunology & Immunopathology, 112(1): 2-11.

Whitfield PJ, Evans NA, 1983. Pathogenesis and asexual multiplication among parasitic platyhelminths[J]. Parasitology, 86: 121-160.

Williams JF, Colli CW, 1970. Primary cystic infection with *Echinococcus granulosus* and *Taenia hydatigena* in Meriones unguiculatus[J]. Parasitology, 56: 509-513.

Wilson JF, Rausch RL, 1980. Alveolar hydatid disease. A review of clinical features of 33 indigenous cases of *Echinococcus multiocularis* infection in Alaskan Eskimos[J]. The American Journal of Tropical Medicine & Hygiene, 29: 134-155.

Woolsey ID, Jensen PM, Deplazes P, et al., 2015. Establishment and development of *Echinococcus multilocularis* metacestodes in the common vole(*Microtus arvalis)* after oral inoculation with parasite eggs[J]. Parasitology International, 64: 571-575.

Xiao N, Nakao M, Qiu J, et al., 2006. Dual infection of animal hosts with different *Echnococcus* species in the eastern Qinghai-Tibet plateau region of China[J]. The American Journal of Tropical Medicine & Hygiene, 75(2): 292-294.

Xiao N, Qiu J, Nakao M, et al., 2005. *Echinococcus shiquicus* n. sp., a taeniid cestode from Tibetan fox and plateau pika in China[J]. Parasitology, 35(6): 693-701.

Yildiz K, Gurcan S, 2003. Prevalence of hydatidosis and fertility of hydatid cysts in sheep in Kirikkale, Turkey[J]. Acta Veterinaria Hungarica, 51(2): 181-187.

Zhang W, Jones MK, Li J, et al., 2005. *Echnococcus granulosus:* preculture of protoscoleces in vitro significantly increases development and viability of secondary hydatid cysts in mice[J]. Experimental Parasitology, 110(1): 88-90.

Zheng H, Zhang W, Zhang L, et al., 2013. The genome of the hydatid tapeworm *Echinococcus granulosus*[J]. Nature Genetics, 45(10): 1168-1175.

Zd'arska Z, Nebesarova J, 2003. Ultrastructure of the early rostellum of *Silurotaenia sluri*(Batsch, 1786) (Cestoda: Proteocephalidae) [J]. Parasitology Research, 89: 495-500.

第四章　起源、遗传变异与种群遗传结构

第一节　起　　源

棘球蚴病呈全球性广泛分布，主要分布于牧区（Eckert et al.，2000；McManus et al.，2003；McManus and Thompson，2003）。不同类型的棘球蚴病有着不同的地方性流行特点。

由于细粒棘球绦虫能适应多种中间宿主，因此遍布世界各大陆，包括温带、热带、亚热带和极地地区（Eckert et al.，1982）。其中，流行最为严重的区域是温带，包括非洲、中东、中亚、欧洲、美洲、新西兰和澳大利亚等地区（Eckert et al.，2001；Moro et al.，2006；Yang et al.，2006）。我国由于本病在牧区广泛分布而成为世界上包虫病发病率最高的国家之一。据报道，新疆、甘肃、青海、西藏、宁夏、四川、内蒙古、陕西、河北、山西、山东、广东、河南、天津、湖南、江西等 23 个省（自治区）的 344 个县市均有棘球蚴病的病例报道，其中，位于西部地区的新疆、青海、西藏、宁夏、四川、甘肃、内蒙古 7 个省区感染最为严重（史大中，2000）。目前，我国至少有 368 个县被确定为包虫病流行区（伍卫平等，2017）。

基于对青藏高原地区细粒棘球绦虫、多房棘球绦虫和石渠棘球绦虫基因序列信息的分析结果，有学者提出了关于棘球属绦虫起源的假说，即由于人类活动以及宿主动物的迁移，细粒棘球绦虫和多房棘球绦虫随感染动物由其他疫区传播进入青藏高原，并且大量繁殖形成种群扩张，而石渠棘球绦虫则是定殖于高原动物体内后，不断进化形成现今的种群（Nakao et al.，2010a）。基于对线粒体细胞色素 b 基因（*Cytb*）序列的对比分析发现，石渠棘球绦虫的碱基突变率高达 2.7，而细粒棘球绦虫和多房棘球绦虫则几乎不存在变异。在有限的地域和有限的动物宿主条件下，出现较高的种内变异水平，因此推测石渠棘球绦虫可能自远古时代就已经存在于青藏高原（肖宁等，2008）。随后，研究者根据线粒体 *cox1* 基因全序列分析中东地区细粒棘球绦虫的基因多态性，推测这种人畜共患寄生虫在该地区的进化发展史，认为自 10000～12000 年前有蹄类动物在中东被人类驯化后（Driscoll et al.，2009；Groeneveld et al.，2010），这种起源于中东的细粒棘球绦虫的单倍型就被传播到了欧洲、非洲以及世界各地（Yanagida et al.，2012；Casulli et al.，2012）。之后，又有学者利用线粒体 *cox1* 基因对分布于印度北部的细粒棘球绦虫进行分型，并将其结果和 GenBank 中公布的其他地区的序列信息进行对比分析，进一步论证了细粒棘球绦虫是从中东传播到世界各地，而后产生变异（Sharma et al.，2013）。

在我国，青藏高原地区是人和动物细粒棘球蚴感染最为严重的地区。青藏高原不仅是中国最高的高原，也是世界平均海拔最高的高原，素有“世界屋脊”的称号，大部分地区的海拔都在 3000～5000m，其生态条件、地理景观和生物群落十分特殊。青藏高原地形复杂，并且具有独特的高原大陆性气候，造成了该地区温差大、降水少、日照时间长和地域

差异大等特点。在这样一个特殊的地理环境中，生存着藏羊和牦牛以及多种野生动物，它们成为细粒棘球绦虫的中间宿主，宿主的多样性为细粒棘球绦虫发生变异提供了外在条件。对中国青藏高原和中东地区所有细粒棘球绦虫的线粒体 *cox1* 基因全长序列分析研究发现，中国青藏高原地区三个地理亚群（四川、青海、西藏）的优势单倍型为 C1（王凝等，2015），它与之前报道于中东的 EG01 呈 100%的相似性（Yanagida et al.，2012），该单倍型也曾在中国和秘鲁均有报道（GenBand 登录号：AB491414）（Nakao et al.，2010a），同时，欧洲的主要单倍型（EG1：GenBand 登录号：JF513058）也被认为和 EG01 为同一序列，尽管欧洲报道的序列并不是全长（Yanagida et al.，2012）。这就表明，单倍型 C1 是呈世界分布的，且是分布最广泛的原始单倍型。而我国的考古研究报道，生活在青藏高原地区的藏系绵羊原产于古代中东一带，自公元 651 年（唐高宗永徽二年）之后，通过丝绸之路进入中国（单乃铨，1986；薄吾成，1996）。藏系绵羊是细粒棘球绦虫最适宜的中间宿主，因此推测，细粒棘球绦虫很可能是由此从中东随宿主动物进入青藏高原地区，这一推论也再次支持了关于棘球属绦虫起源于中东的假设（王凝等，2015）。

多房棘球绦虫分布在北半球高纬度地带，从欧洲中部、欧亚中北部、远东地区（包括日本），一直到美国阿拉斯加和美国西北地区以及加拿大。在中欧地区，研究者通过对野生赤狐多房棘球绦虫感染情况的调查，发现该病的地理分布比之前报道的范围要广泛得多。20 世纪 80 年代末，只在奥地利、法国、德国、瑞士报道有多房棘球绦虫存在，但到 90 年代，又在比利时、捷克、丹麦、列支敦士登、卢森堡、波兰、斯洛伐克和荷兰均有报道。在北美洲和欧洲，多房棘球绦虫的流行范围还在扩大。20 世纪 60 年代该虫就从加拿大的北部扩散到美国的中部地区，由于捕猎野生狐狸和丛林狼使其从疫区转移到狩猎圈以外的美国东南地区的非疫区。

在中国，多房棘球绦虫分布于 3 个流行区：一是新疆；二是中西部，包括甘肃、宁夏、青海、西藏、四川、陕西；三是东北部，包括黑龙江和内蒙古。

第二节 遗传变异

一个物种通过不断的遗传变异来适应环境的变化，变异的程度体现为遗传多样性的高低。

棘球属（*Echinococcus*）绦虫是一类全球关注的人畜共患寄生虫，其中细粒棘球绦虫（*Echinococcus granulosus*）呈全球性广泛分布。在长期的进化和演变过程中，细粒棘球绦虫的虫种内存在大量变异，在不同的宿主体内以及不同的地理环境中，虫种的形态可出现变异，同时其致病性、抗原反应等也有所差异（Xiao et al.，2004，2005）。而多房棘球绦虫的分离株变异及种内变异均较小，可分成欧洲、亚洲和美洲进化支。

一、遗传多态性

遗传多态性是研究生物多样性的一个重要指标，为生态系统和物种多样性的研究打下基础。每个物种都拥有其独特的遗传结构和独立的基因库，因此，基因的多样性可以用来表现物种的多样性(施立明，1990)。从另一方面来看，物种构成了生物群落，而生物群落则发展为生态系统，生态系统的多样性依赖于物种的多样性，同样，也离不开物种所具备独立的遗传多样性(夏铭，1999)。一般来讲，对于任何一个物种，生命个体的寿命是有限的，但是独立的个体通过构成种群或种群系统而在时间上不断连续，构成了进化的基本单位(罗海燕和聂品，2002)。

遗传多态性有着体现方式多、表现范围广的特点，从形态到DNA分子水平均可体现，因此相应检测的方法也应该建立在不同的层次上。然而，不同的检测方法各有利弊，应当结合实际情况选择不同的方法。大体形态学以及细胞学的检测方法可以迅速对变异情况有一个大概的了解；DNA分析法具有准确、灵敏、快速等优点，可以同一时间采用一种或多种方法来研究物种遗传多态性的特点，彼此之间起到了补充的作用，能够多层次、多角度、更为全面地揭示种群或物种的遗传多样性水平(李国栋，2017)。

二、线粒体基因的特征

线粒体是真核生物中负责细胞氧化供能的细胞器，它拥有一套区别于细胞核染色体的基因组，但又与胞核基因组联系紧密，这个基因组称为线粒体DNA(mtDNA)。mtDNA在细胞程序性死亡、衰老、疾病以及新陈代谢等过程中起着重要作用(McManus and Bowles，1996)。mtDNA是一种环状、共价闭合的双链DNA分子，基因组具有很多独有的特征：严格的母系遗传，结构简单且数目稳定，进化速度快。这为研究真核生物的起源和线粒体基因演化提供了基础资料(Blouin，2002；Gasser and Newton，2000)。这些特征已在研究物种、基因的进化史以及种群分类等方面得到应用。

绦虫种类丰富，生活史复杂，与动物和人类联系紧密。其中，有许多种类的绦虫寄生于脊椎动物(包括人)的体内，对宿主的危害很大，并且造成了严重的经济损失。因此，基于mtDNA基因进一步研究绦虫的种群遗传特征及分类情况，可以更好地防控绦虫病，且对绦虫病诸多研究领域均有深远的意义。

细粒棘球绦虫的线粒体基因组结构与其他绦虫相似，为双链闭环分子，十分紧凑，核苷酸数为13.5～13.7kb，与目前已测序的后生动物线粒体基因组相比较小。细粒棘球绦虫mtDNA富含AT，AT含量约为67%(Nakao et al.，2002，2007)。在4种碱基成分中，T含量最高，约为48%；A和G分别为25%和19%，这种碱基的含量与细粒棘球绦虫线粒体基因组碱基组成略有不同；C含量最低，约为8%(Yang et al.，2005)。基因组结构紧密，其中蛋白质编码基因、tRNA基因和rRNA基因的核苷酸分别约占全基因组的75%、10%以及13%(Boore and Brown，1998；Nickisch-Rosenegk et al.，2001)。

细粒棘球绦虫mtDNA中36个编码基因(图4-1)，分别为12个蛋白质编码基因(Protein-coding gene)、22个tRNA编码基因(Transfer RNA gene)和2个rRNA编码基因(Ribosomal RNA gene)。其中，蛋白编码基因分别为用于编码细胞色素氧化酶的3个亚基(*cox1～3*)，用于编码细胞色素还原酶的1个亚基(*cytb*)，用于编码NADH脱氢酶的7个亚基(*nad1～6*及*nad4L*)和用于编码ATP合成酶的1个亚基(*atp6*)，缺少较高等动物所具有的*atp8*基因。此外，线粒体基因组还含有2个非编码区，分别称为第一非编码区和第二非编码区(Non-coding regions，NCR1 和 NCR2)。所有的基因都位于一条链(即重链)上，而基因转录和复制按照同一个方向，即顺时针方向进行(贾万忠等，2010a、b)，这个特征与有体腔的后生动物的线粒体基因组基因不同。蛋白质编码基因中不含内含子，一般被tRNA 或 rRNA 基因分隔开；各个基因之间有少数或无基因间隔区域，少数基因出现相互重叠的现象(如 *nad4* 和 *nad4L* 基因间)。细粒棘球绦虫的线粒体基因组基因序列排列顺序与线形动物门中的线虫和扁形动物门中的吸虫相比，相对而言较为稳定、缺少变化(Boore et al.，1995)。

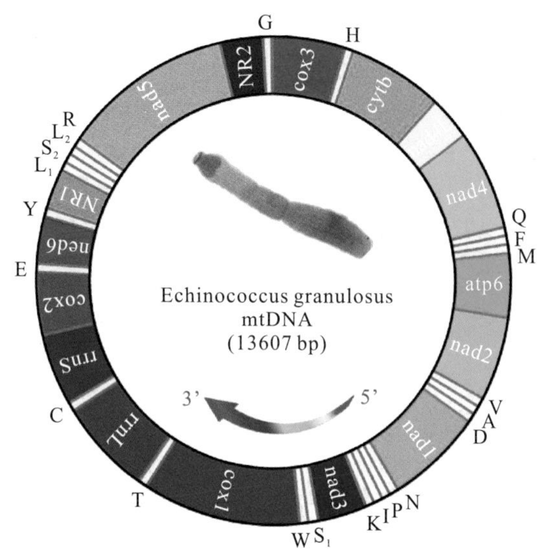

图 4-1 细粒棘球绦虫(G3 型)线粒体基因排列顺序(王凝提供)

三、细粒棘球绦虫的基因型

细粒棘球绦虫分布几乎遍及全球各个角落，在完成其生活史过程中可寄生在几十种动物体内。尤其是其幼虫(棘球蚴)所寄生的中间宿主范围十分广泛，致使该虫种在一定地理区域内的食肉动物与食草动物之间形成了较为固定的生活史循环链，并在长期的繁衍和演化过程中，发生了广泛的种内变异，形成了不同地理区域或不同宿主的变异性虫株(Strain)或基因型(Genotype)，不同虫株的致病机理及防治措施等均不完全相同(Alvarez et al.，2013)。一个物种形成地方性亚种或虫株(基因型)，至少要具备两个基本条件，即地理隔离和生殖隔离，并且地理隔离是生殖隔离的前提条件。由于地理分布上的差别和对宿主适应性的不同，细粒棘球绦虫在长期的进化过程中，其遗传物质发生了变异和进化。细粒棘球绦虫存在着实质性的基因遗传差异，而在基因水平上进行细粒棘球绦虫的分型，对疫苗、诊断制剂及抗寄生虫药物的研制和开发具有重要意义。

基于分子生物学技术对线粒体基因序列的分析研究，人们通过细胞色素 c 氧化酶亚基 1(cytochrome *c* oxidase subunit 1，*cox1*)、NADH 脱氢酶亚基 1(NADH dehydrogenase subunit 1，*nad1*）这两个线粒体基因以及核糖体第一内转录间隔区（first internal transcribed spacer，*ITS1*）的序列分析将细粒棘球绦虫分为 8 个不同的基因型（即 G1，G3，G4～G8，G10）和细粒棘球绦虫猫株（*E.felidis*）(Bowles et al.，1995；Romig，2003)。

由于细粒棘球绦虫种内变异现象十分突出，其分类和命名正发生着显著的变化。一些新的分子生物学和流行病学数据表明，先前命名的细粒棘球绦虫的虫株或基因型（如 G1～G10）中的一些应被视为独立的物种（Thompson and McManus，2002；Jenkins et al.，2005）。造成这种分类与命名变化的原因除了遗传距离上的差异以外，主要是在同一地区这些类群保持着遗传稳定性和宿主特异性方面的差异（Romig and Mackenstedt，2006）。研究人员通过对细粒棘球绦虫分离株样品线粒体 *cox1* 基因、*nad1* 基因以及核糖体 RNA 基因（rDNA）的部分片段序列、线粒体基因组（Mitochondrial genome，mtgenome）序列等分子遗传标记特征的分析，成功地对细粒棘球绦虫不同虫株进行了基因分型、进化关系分析及重新分类，将 G1～G10 型以及细粒棘球绦虫狮株（*E.felidis*）定名为细粒棘球绦虫广义种（*Echinococcus granulosus* sensu lato，缩写为 *Echinococcus granulosus* s.l.），细粒棘球绦虫 G1/G3 基因型定名为细粒棘球绦虫狭义种（*Echinococcus granulosus* sensu stricto，缩写为 *Echinococcus granulosus* s.s.）。其中 G4 定名为马棘球绦虫（*E.equinus*），G5 定名为奥氏棘球绦虫（*E.ortleppi*），G6、G7、G8 和 G10 定名为加拿大棘球绦虫（*E.canadensis*）(Nakao et al.，2010b)，见表 4-1。

表 4-1　棘球属绦虫 9 个虫种的流行病学特征（李立等，2014）

种名	虫株（基因型）	中间宿主	终末宿主	地理分布	人的病例
细粒棘球绦虫狭义种（*E.granulosus* s.s.）	绵羊株（G1）(sheep strain)	绵羊、牛、牦牛、猪、骆驼、山羊	犬、狐狸、澳洲野狗、土狼（鬣犬）	澳洲、欧洲、亚洲、非洲、南美洲、北美洲、大洋洲	常见
	水牛株（G3）(buffalo strain)	水牛、绵羊、山羊、牛	犬、狐狸	亚洲	常见
马棘球绦虫（*E.equinus*）	马株（G4）(horse strain)	马及其他马属动物	犬	欧洲、中东、南非、新西兰	未知
奥氏棘球绦虫（*E.ortleppi*）	牛株（G5）(cattle strain)	牛	犬	欧洲、南非、印度、斯里兰卡、俄罗斯	偶见
加拿大棘球绦虫（*E.canadensis*）	骆驼株（G6）(camel strain)	骆驼、山羊、绵羊、牛	犬	中东、非洲、中国、阿根廷、加拿大	偶见
	猪株（G7）(pig strain)	猪、野熊、海狸、牛	犬	欧洲、俄罗斯、南非、加拿大	偶见
	鹿株（G8）(cervid strain)	驼鹿、马鹿、绵羊	狼、犬	南美、欧亚大陆、加拿大、中国	偶见
	驯鹿株（G10）(fennoscandian cervid strain)	驼鹿、驯鹿、马鹿、牦牛	狼、犬	加拿大、中国	偶见
猫棘球绦虫（*E.felidis*）	狮株 (lion strain)	—	狮	非洲	未知
多房棘球绦虫（*E.multilocularis*）	分离株变异及种内变异较小，可分成欧洲、亚洲和美洲进化支	小型哺乳动物、家猪、野猪、猴、犬	狐狸、猫、犬、狼、貉、土狼（郊狼）	北半球	常见

续表

种名	虫株(基因型)	中间宿主	终末宿主	地理分布	人的病例
石渠棘球绦虫(*E.shiquicus*)	—	高原鼠兔、田鼠	藏狐、犬	中国青藏高原	未知
伏氏棘球绦虫(*E.vogeli*)	—	小型哺乳动物、天竺鼠、刺鼠、松鼠	丛林犬、犬	热带地区	偶见
少节棘球绦虫(*E.oligarthra*)	—	小型哺乳动物、天竺鼠、刺鼠	野生猫科动物、美洲虎、美洲豹、美洲狮、美洲山猫	新热带区	偶见

1.G1 基因型/普通绵羊株(common sheep strain)

G1 基因型/普通绵羊株呈世界性分布，也是我国羊、牦牛和人群中流行的常见虫株。

分子标记：*cox1* 基因部分片段(366bp，GenBank 登录号：JF513060)和 *nad1* 基因部分片段(471bp，GenBank 登录号：AJ237632)。

2.G3 基因型/水牛株(buffalo strain)

G3 基因型/水牛株最早是由 Bowles 等人根据其 *cox1* 基因(366bp，GenBank 登录号：M84663)和 *nad1* 基因(471bp，GenBank 登录号：AJ237634)部分片段序列测定与分析结果，并且最初从印度水牛上发现而进行命名的，称之为水牛株，沿用至今(Bowles et al.，1992)。

与 G1 基因型相比，G3 基因型的 *cox1* 和 *nad1* 分别与 G1 基因型的 *cox1* 和 *nad1* 序列差异性均为 0.6%，分别相差 2 个和 3 个核苷酸碱基，前者分别位于第 3 位和第 2 位密码子上，后者分别位于第 1 位、第 2 位和第 3 位密码子上；与 G2 基因型相比，也只在 *cox1* 基因片段上有 2 个碱基的差异，均位于第 2 位密码子上。

G3 基因型与 G1 基因型一样有着广泛的地理分布和宿主分布。已报道 G3 基因型分布于印度、伊朗、土耳其、中国、巴基斯坦、巴西、巴勒斯坦、阿根廷、日本、法国、意大利和希腊等国家。G3 基因型除存在于水牛外，还分布于牛、牦牛、绵羊、山羊、猪、骆驼、驴羚和人等中间宿主和终末宿主(犬)体内。

G3 基因型对宿主种类没有严格的选择，多种中间宿主是 G3 基因型的适宜宿主，可在不同中间宿主体内发育为育囊。同时，G3 与 G1 基因型一样，分布广泛，并且 G3 基因型与 G1 常在同一区域内重叠分布。

3.加拿大棘球绦虫 G6 基因型/骆驼株(camel strain)

加拿大棘球绦虫 G6 基因型呈世界性广泛分布，可以感染骆驼、牛、绵羊、山羊、人。

人类感染 G6 基因型的报道最早来自阿根廷(Rozenzvit et al.，1999)，G6 基因型已被列为人类感染包虫病除 G1 基因型(普通绵羊株)外的第二个常见基因型(图 4-2)。

在我国，四川、新疆等地也有报道发现 G6 基因型，G6 基因型存在于青海省的牦牛和绵羊中，所分离出来的 G6 型与哈萨克斯坦、伊朗(骆驼)分离株 *nad*1 基因序列完全一样。

分子标记：*cox1* 基因部分片段(366bp，GenBank 登录号：M84666)和 *nad1* 基因部分片段(471bp，GenBank 登录号：AJ237637)。

4.加拿大棘球绦虫 G7 基因型/猪株(pig strain)

加拿大棘球绦虫 G7 基因型分布于阿根廷、俄罗斯、意大利等，可以感染野猪、猪、人、牛、绵羊、山羊。G7 基因型主要寄生于猪的肝脏、肺脏，其他内脏少见，对猪有高度感染力，对羊感染力低。

目前有 7 个国家报道 G7 基因型棘球绦虫感染人，有 23 个国家的 6 种动物可作为中间宿主。在包括波兰、波罗的海和东欧地区，G7 基因型最常见的中间宿主是猪。在波兰、奥地利和南斯拉夫地区人感染 G7 型病例分别占 100%(30/30)、92.0%(23/25)和 33.3%(9/27)(Schneider et al.，2010；Dybicz et al.，2013)。

分子标记：*cox1* 基因部分片段(366bp，GenBank 登录号：JF513060)和 *nad1* 基因部分片段(471bp，GenBank 登录号：AJ237632)。

5.加拿大棘球绦虫 G8 基因型/鹿株(cervid strain)

加拿大棘球绦虫 G8 基因型主要感染鹿科动物，分布于加拿大、美国、爱沙尼亚等地区。目前已发现有人感染病例，在我国青藏高原的绵羊体内也有发现(Hua et al.，2019)。

分子标记：*cox1* 基因部分片段(366bp，GenBank 登录号：JF513060)和 *nad1* 基因部分片段(471bp)(GenBank 登录号：AJ237632)。

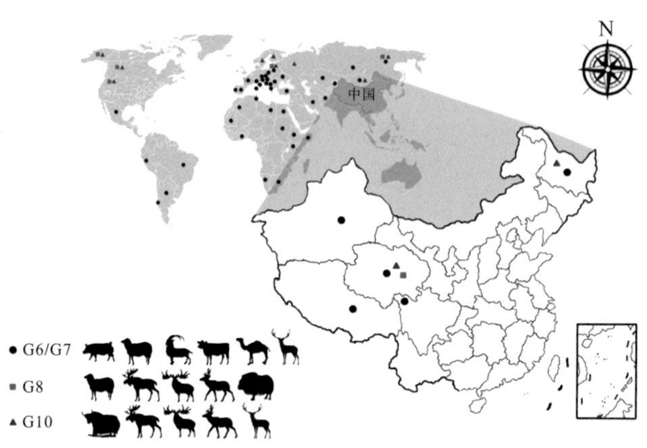

图 4-2 加拿大棘球绦虫的分布(华瑞其提供)

6.加拿大棘球绦虫 G10 基因型/驯鹿株(fennoscandian cervid strain)

加拿大棘球绦虫 G10 基因型最初发现于芬兰的鹿科动物(Lavikainen et al.，2003)，主要分布在亚欧大陆的北部和北美洲，主要见于鹿科动物(驼鹿、驯鹿等)，并在我国牦牛体内也有发现(Wu et al.，2018)。在蒙古和俄罗斯西伯利亚发现人感染病例(Jabbar et al.，2011)，在我国黑龙江省的病人体内也检测到 G10 基因型(Yang et al.，2015)。

分子标记：*cox1* 基因部分片段(366bp，GenBank 登录号：JF513060)和 *nad1* 基因部分片段(471bp，GenBank 登录号：AJ237632)。

四、加拿大棘球绦虫复合种的分类及意义

1.加拿大棘球绦虫复合种的分类

G6～G10 基因型线粒体序列差异不大，*cox1* 序列和 *nad1* 序列的相似性均达 96.5%以上，因此被合并为加拿大棘球绦虫复合种。目前的证据支持棘球绦虫的分离株 G6、G7、G8 和 G10 基因型是独立进化谱系，因此将其合并为加拿大棘球绦虫有一定的依据(图 4-3)。

以加拿大棘球绦虫中的 G6 基因型为参照，与细粒棘球绦虫其他虫株基因型的比较如下：

G6 基因型的 *cox1* 序列与 G1 基因型(GenBank 登录号：AF297617)的 *cox1* 序列相似性为 91.15%，G6 基因型的 *nad1* 与 G1 基因型的 *nad1* 序列相似性为 85.5%。

G6 基因型与 G4 基因型(GenBank 登录号：AB786665)的 *cox1* 序列和 *nad1* 序列相似性分别为 91.6%和 87.1%。

G6 基因型与 G5 基因型(GenBank 登录号：AB235846)的 *cox1* 序列和 *nad1* 序列相似性分别为 95.6%和 93.3%。

从分子标记基因序列比较可知，加拿大棘球绦虫与细粒棘球绦虫其他种构成姊妹种关系。

G6 与 G7 基因型 *cox1* 序列和 *nad1* 序列相似性最大，Thompson 认为 G6 和 G7 基因型应分为细粒棘球绦虫中间型(Thompson，2008)。但目前尚缺乏中间型 G6 和 G7 的形态、遗传、生态研究资料(Pawiowski and Stefaniak，2003)。研究者应用进化种概念揭示了 G6 和 G7 基因型之间的亲缘关系，认为它们代表一个种，不同于 G8 和 G10 基因型；G8 和 G10 基因型也是沿着不同的进化轨迹形成的，因而也应该认为是一个独立种；同时，建议将 G6/G7、G8 和 G10 基因型分别命名为以前曾用过的中间棘球绦虫、北方棘球绦虫和加拿大棘球绦虫(Lymbery et al.，2015)。

同时，从 G6～G10 基因型线粒体基因组全部基因变异位点的分析结果可以看出，基因变异位点的比例最大的是以下 4 个基因：*nad4*、*nad6* 均为 5.48%，*atp6* 为 5.85%，*nad5* 为 6.11%，因此这 4 个基因应是很好的分子标记(表 4-2)。

表 4-2　加拿大棘球绦虫线粒体基因组序列的比较(李双男等，2016)

基因	总位点数/个	始末位点	保守位点数/个	变异位点数/个	变异位点比例/%
nad5	1572	554～2125	1476	96	6.11
cox3	648	2374～3021	615	33	5.09
cob	1068	3090～4157	1019	49	4.59
nad4L	261	4173～4433	253	8	3.07
nad4	1260	4394～5653	1191	69	5.48
atp6	513	5848～6360	483	30	5.85
nad2	882	6369～7250	848	34	3.85
nad1	893	7481～8374	851	42	4.70

续表

基因	总位点数/个	始末位点	保守位点数/个	变异位点数/个	变异位点比例/%
nad3	348	8661～9008	341	7	1.82
cox1	1608	9157～10764	1534	74	4.60
cox2	576	12593～13168	554	22	3.82
nad6	456	13254～13709	431	25	5.48
srRNA	726	11867～12592	711	15	2.07
lrRNA	978	10824～11801	955	23	2.35

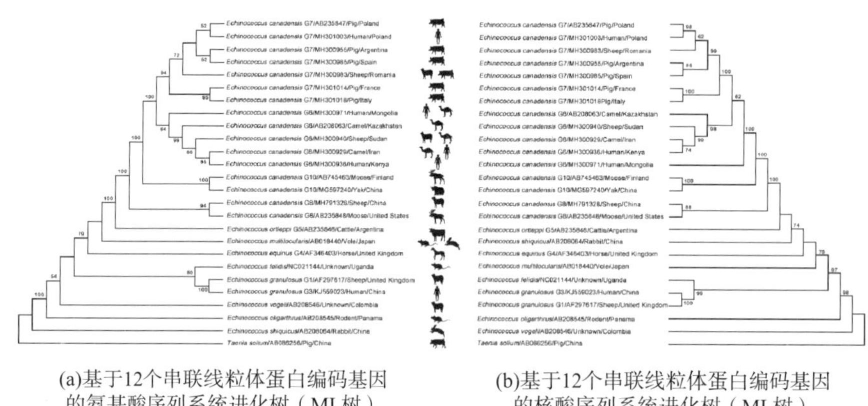

(a)基于12个串联线粒体蛋白编码基因的氨基酸序列系统进化树（ML树） (b)基于12个串联线粒体蛋白编码基因的核酸序列系统进化树（ML树）

图 4-3 棘球属绦虫不同种、基因型/虫株及其中间宿主系统进化树(华瑞其提供)

2.分布特征

在有蹄动物中，驼鹿、麋鹿和驯鹿因在狼多的地方生存而有较高的感染率和感染强度，因此鹿被认为是加拿大细粒棘球绦虫的适宜中间宿主(Thompson et al.，2006；Knapp et al.，2011；Schure et al.，2013)。气候变化、动物迁移、宿主灭绝以及土地利用变化在内的诸多因素影响加拿大棘球绦虫的感染率和地域分布(Schneider et al.，2010)。

加拿大细粒棘球绦虫 G6～G10 复合种群主要分布在加拿大，在有棘球蚴感染记录的93 头鹿科动物中，42%是麋鹿，37%是驼鹿，14%是北美驯鹿，6%是白尾长耳鹿。在这些感染动物中，有 83%的鹿只在肺脏中检测到包囊，8%的鹿在肺脏和肝脏中都能检测到包囊，6%的鹿在其他器官中检测到包囊(Schneider et al.，2010)。

近年分子研究发现加拿大棘球绦虫引起的包虫病病例在骆驼等家畜，包括牛、猪和山羊在内的动物中分布广泛，尤其在蒙古和西伯利亚，包虫病是常见的疾病。同时，在蒙古的乌兰巴托国际病理学中心证实的人类包虫病例中，通过分析其 *cox1* 序列确定这些病例主要感染的是加拿大棘球绦虫(72.11%)或是棘球绦虫狭义种(27.9%)，而感染加拿大棘球绦虫的病例中，以 G6 和 G7 株居多(Nakao et al.，2013；Ito et al.，2014)。通过数据分析表明加拿大棘球绦虫感染儿童较为普遍。在调查的儿童病例中，感染加拿大棘球绦虫的比例为 100%，乌兰巴托的 16 个包虫病患者中 13 例为加拿大棘球绦虫，感染率为 81.3%，而这 13 个患者中有 9 名是儿童，占 69.2%(Ito et al.，2014)。

在北美洲的一些土著地区，生活在驼鹿和狼并存的区域附近的人感染包虫病仍然是一个公共健康问题（Himsworth et al.，2010）。加拿大棘球绦虫的传播和分布可能会因气候和景观变化而加快，加之旅游和贸易日益全球化，对这类寄生虫的监测将对人和动物的健康具有重要意义（表 4-3）。

表 4-3　细粒棘球绦虫加拿大株 G6～G10 基因型已知中间宿主及地理分布统计（2018 年）

基因型	中间宿主	终末宿主	地理分布
E.canadensis G6/G7	骆驼、猪、牛、山羊、绵羊、驯鹿、人、熊、海狸	狼、犬	北美洲（1 国）：墨西哥 南美洲（4 国）：秘鲁、巴西、智利、阿根廷 非洲（12 国）：突尼斯、阿尔及利亚、利比亚、纳米比亚、毛里塔尼亚、加纳、埃及、南非、苏丹、埃塞俄比亚、肯尼亚、索马里 欧洲（17 国）：西班牙、葡萄牙、波兰、乌克兰、奥地利、匈牙利、罗马尼亚、塞尔维亚、俄罗斯、梵蒂冈、波斯尼亚和黑塞哥维那、斯洛伐克、法国（含科西嘉岛）、立陶宛、意大利、捷克、希腊 亚洲（10 国）：土耳其、伊朗、阿富汗、印度、尼泊尔、哈萨克斯坦、吉尔吉斯斯坦、蒙古、中国、阿曼
E.canadensis G8	驼鹿、麋鹿、麝牛、绵羊	狼、犬	美国、加拿大、爱沙尼亚、拉脱维亚、俄罗斯、中国
E.canadensis G10	驼鹿、麋鹿、驯鹿、马鹿、牦牛	狼、犬	加拿大、芬兰、瑞典、爱沙尼亚、拉脱维亚、蒙古、俄罗斯、美国、中国

3.分类的意义

通过对不同基因型细粒棘球绦虫的 Eg95 基因的比较研究，发现可以从加拿大棘球绦虫的 G6/G7 基因型中扩增出与细粒棘球绦虫狭义种 G1/G2 基因型 Eg95-1 序列相似性为 97.5%的基因（Eg95-a1）。Eg95-a1 的氨基酸序列与 Eg95-1 只有 7 个位点不同，且 Eg95-a1 比 Eg95-1 多一个与糖基化有关的 N-X-S/T 位点序列，二级结构多一个 β 片层，这些变化都说明 Eg95-a1 可能与 Eg95-1 的构象不同，Eg95-1 疫苗对加拿大棘球绦虫 G6/G7 基因型的交叉保护作用可能减少或消失（Chow et al.，2008；Rojas et al.，2012）。同时，研究发现来自 G6 型的 Eg95 蛋白与免疫 G1 型 Eg95 蛋白的绵羊产生的抗体不能全部结合（Alvarez et al.，2013）。因此，对细粒棘球绦虫进行分型定种对疫苗和诊断制剂的研制和开发是十分重要的。

气候环境的变化、动物的迁移以及全球化速度加快等因素都可能造成 G6～G10 基因型的传播，通过研究中间宿主的生活状态及遗传学背景，进一步分析 G6～G10 基因型在流行病学上的重要性和意义，将为包虫病防控措施的制订提供指导。由于 G6～G10 复合种均有感染人的病例，因此其感染途径与流行不可忽视。

在我国，四川、新疆、青海和甘肃等地的绵羊和牦牛中发现 G6 基因型、G7 基因型、G8 基因型和 G10 基因型，近来又有学者在黑龙江省棘球蚴病患者中发现有 G7 和 G10 基因型存在（Zhang et al.，2014；Yang et al.，2015）。实际上，随着分子流行病学调查工作的深入，加拿大棘球绦虫的分布范围正在逐渐扩大。

五、细粒棘球绦虫的遗传多态性

迄今为止，mtDNA 因其具有结构简单、进化速度快、重组率低、不同区域的进化速度存在差异等特征，被广泛应用于分子生物学和种群遗传学的研究。Bart 等利用三个线粒体 DNA 基因 *cox1*、*nad1* 和 *atp6* 检测了罗马尼亚的 26 个 Gl 型细粒棘球绦虫分离株的种内变异，得到了 3 个单倍型；此外，他还检测了来自我国新疆维吾尔自治区的 87 个细粒棘球绦虫分离株，在 G1 型内得到了 10 个单倍型(Bart et al.，2006a、b)。Maillard 等(2007)采用同样的方法分析了阿尔及利亚和埃塞俄比亚的 71 个细粒棘球绦虫分离株，在 G1 型内发现 22 个不同的单倍型变异株。为掌握我国青海南部高原地区(青南高原)细粒棘球绦虫的种内变异，马淑梅等检测了 55 个细粒棘球绦虫分离株，结果显示所有分离株均为普通绵羊株(G1 型)，并且检测到很高的种内变异率，获得了 13 个单倍型(马淑梅等，2009)。经过与 GenBank 上已经发表的序列比较，单倍型 G1M5、G1M6、G1M7、GIM8、G1M10 和 G1M12 在世界范围内广泛传播，这些单倍型遍布于不同地理环境(从平原到高原)、不同气候(从地中海气候，热带沙漠型气候到高原大陆性气候)的国家及不同的中间宿主及终末宿主体内。

之前的报道中，较多的研究仅扩增线粒体基因的部分序列(<400bp)，这导致了之后的遗传分析具有局限性(Yanagida et al.，2012，2017)。通过对细粒棘球绦虫线粒体基因的全序列扩增，得到的数据将更为全面，更具代表性，这样能进一步准确了解包虫病的流行特征，并对该病的预防和控制提供理论支持。目前，已经有越来越多的研究关注于对全序列的分析讨论(Laurimãe et al.，2018)。近年的报道中，通过对线粒体基因 *cox1* 全序列分析，发现中国青藏高原和新疆地区细粒棘球绦虫在引入新个体之后有了始祖效应；*E.shiquicus* 为青藏高原地区所隔离，未发生瓶颈效应(Nakao et al.，2010b)。

在我国，已有研究基于线粒体 *12S*、*16S*、*cox1*、*cytb*、*nad1*、*nad2*、*nad5*、*atp6* 基因全序列(表 4-4)，对采自青藏高原地区的青海、西藏和四川三个地理亚群的细粒棘球绦虫分离株变异特点和遗传多态性特征的分析，研究发现该地区细粒棘球绦虫的分离株大部分为 G1 型，遗传多样性较低，其中优势单倍型与中东优势单倍型相同，且该单倍型呈世界性分布(延宁等，2012；王凝等，2015；胡丹丹等，2013；Hu et al.，2015；Wang et al.，2015；Yan et al.，2013；Zhong et al.，2014)。相较于其他线粒体基因，对 43 个细粒棘球蚴样本的 *nad5* 基因的测定分析得到了 28 个单倍型，说明该基因的遗传变异性相对较大，更适合种及以下分类单元的鉴定(胡丹丹等，2013)。

表 4-4　中国青藏高原地区细粒棘球绦虫线粒体基因多态性分析

样品量	检测基因	单倍型数量/个	单倍型多样性	核苷酸多样性	参考文献
82	*nad1+apt6*	28			Yan et al.，2013
51	*nad2*	19	0.899	0.00500	王凝等，2014
45	*cytb*	10	0.626	0.00100	Zhong et al.，2014
70	*cox2*	18	0.667	0.00148	Hu et al.，2015；Wang et al.，2015

续表

样品量	检测基因	单倍型数量/个	单倍型多样性	核苷酸多样性	参考文献
62	*16S*	16	0.899	0.00500	Wang et al., 2015
42	*12S*	5	0.418	0.00066	延宁等，2012
43	*nad5*	27	0.940	0.00193	胡丹丹等，2013
47	*cox1*	10			王凝等，2015

六、遗传变异分析方法

细粒棘球绦虫的分型及种群遗传结构研究中使用的分子标记技术有：聚合酶链式反应连接的限制性片段长度多态性（PCR-RFLP）技术、随机扩增多态性DNA（RAPD）技术、聚合酶链式反应连接的单链构象多态性（PCR-SSCP）技术、微卫星 DNA 多态性技术以及DNA序列分析法。

1.PCR-RFLP 技术

（1）原理

PCR-RFLP（Polymerase chain reaction linked restriction fragment length polymorphism）是对传统限制性片段多态性（RFLP）技术的一种改进方法。RFLP技术可以有效地检测细粒棘球绦虫的种内遗传分化、物种的基因和检测基因组中非转录区发生的变异，尤为适合于生物种群的遗传多样性分析。但是由于传统RFLP技术所需模板DNA量较大，要求纯度高，操作复杂，费时费力，成本较高，因此不适于在实际使用中推广。与传统RFLP技术相比，PCR-RFLP技术的优点在于：只需微量模板DNA，对DNA纯度要求不高，快速简便，成本较低，更不必使用放射性同位素。

（2）技术操作

PCR-RFLP 技术具体方法是：先用普通 PCR 方法对基因组的某一段序列进行扩增，再将扩增产物用一种或多种限制性内切酶进行消化，然后对消化产物用琼脂糖凝胶电泳分离，经溴化乙啶染色后在紫外线照明条件下检测。PCR-RFLP技术可以对细粒棘球绦虫进行分类鉴定，利用种或基因型的特异性标记基因区分种间或种内的差异。

（3）应用情况

利用 PCR-RFLP-ITS-1 方法鉴别棘球绦虫（*Echinococcus*）的种株，发现 PCR-RFLP 技术可以应用到细粒棘球绦虫虫株的种群遗传研究（Bowles and McManus，1993）。

任敏等用 PCR-RFLP 方法对我国四川和宁夏两地区多房棘球绦虫的酶切图谱差异进行了比较，发现两地区的多房棘球绦虫与细粒棘球绦虫存在属间同源性（任敏和邱加闽，1995）。

有学者对阿根廷不同宿主和不同地区的囊型棘球蚴进行 *ITS1*、*cox1* 和 *nad1* 基因的PCR扩增与序列分析，同时对 *ITS1* 进行 RFLP 分析，结果显示至少存在3种基因型，分别是G1、G6和G7（Rozenzvit et al.，1999）。

González 对西班牙中部 53 个细粒棘球蚴样品进行了 RFLP 分析，并对猪源样品作了 *cox1* 和 *nad1* 的序列分析，发现 G1 和 G7 两种基因型(González et al.，2002)。

Harandi 对伊朗不同地区和不同宿主的细粒棘球蚴样品 *ITS1* 基因进行 RFLP 分析，发现 G1 和 G6 型，G1 型是优势型，并且 G6 型(骆驼型)能够感染人(Harandi et al.，2002)。

利用 RAPD、PCR-RFLP 及 *cox1* 序列的分析，对一个囊型棘球蚴病的患者的病原进行了鉴定，确定为 G5 型(Maravilla et al.，2004)。

M'rad 利用 *ITS1* 的 RFLP 分析及 *cox1* 基因序列，对突尼斯采自人、骆驼、牛和羊的细粒棘球蚴样品进行分子鉴定，采自人、牛、羊上的样品均鉴定为 G1 型，只有在骆驼样品中发现有 G6 型(M'rad et al.，2005)。

利用 ITS-1-PCR-RFLP 技术对伊朗境内的人、绵羊和骆驼上发现的细粒棘球蚴样品进行了分子鉴定，结果显示人源和绵羊源是同一基因型，而骆驼源样品属于不同的基因型(Ahmadi et al.，2006)。

利用 ITS-1-RCR-RFLP 技术及 *cox1* 的序列分析鉴定出阿根廷 Tierradel Fuego 省的羊棘球蚴病的病原都为 G1 型(Zanini et al.，2006)。

Villalobos 利用 ITS-I-PCR-RFLP、PCR-RFLP-Eg9、PCR-RFLP-Eg16 技术以及对 *cox1* 和 *nad1* 的序列测定分析方法对墨西哥猪感染的棘球蚴包囊进行了分子鉴定，结果发现有 G1 和 G7 两种基因型(Villalobos et al.，2007)。

通过线粒体 *cytb* 基因测序和以 *16S* 为靶基因的 PCR-RFLP 分析，证实 53 个人体病例样品中的 33 例是细粒棘球绦虫，基因型为 G1，其余 20 个样品被证实是多房棘球绦虫，没有发现石渠棘球绦虫的感染(Li et al.，2008)。

应用 PCR-RFLP 方法，对新疆不同地区 44 个囊型包虫病(CE)病人样品进行基因型鉴别，结果 43 个病人样品为细粒棘球绦虫 G1 基因型；1 个病人分离株为细粒棘球绦虫 G6 基因型(马秀敏等，2008)。

利用 PCR-RFLP 技术对土耳其 4 个隔离群的细粒棘球绦虫的 *ITS-1* 和 *cox1* 进行了遗传特征分析和基因型的鉴定，显示 G1 型是土耳其优势基因型(Utuk et al.，2008)。

Hüttner 等对寄生于东非野生肉食动物和家畜的棘球绦虫利用 PCR-RFLP 技术对 *nad1* 和 *cytb* 基因进行了分析，结果显示，来自非洲狮的 47 个样本中发现 34 个为 *E.felidis*，来自斑点鬣犬的 5 个样本中有一个为 *E.felidis*。同时，检测肯尼亚人、绵羊、牛、骆驼和山羊的 412 个棘球蚴包囊样本，但是未发现 *E.felidis*(Hüttner et al.，2009)。

利用 PCR-PFLP 技术对伊朗 Lorestan 地区的绵羊、山羊和奶牛的 140 个棘球蚴样品进行分析，PCR 的产物和 PCR-PFLP 分析结果显示，这一地区只有 G1 型一种基因型(Parsa et al.，2011)。

来自伊朗不同家畜的 112 个棘球蚴包囊样品经 PCR 扩增 *ITS1* 基因，并对其进行 RFLP 分析，结果显示来自绵羊、山羊、牛和大部分骆驼的样品是 G1 型，少部分骆驼样品是 G6 型(Sharbatkhori et al.，2010)。

采自伊朗伊斯法罕地区的人和动物的棘球蚴包囊样品经 *ITS1* 的 PCR-RFLP 分析以及 *cox1* 和 *nad1* 的测序分析，结果显示基因型为 G1 和 G6 型。虽然 G1 型仍然是最多、最常见的基因型，但是 G6 型的感染率呈上升趋势，占的比例不断扩大(Shahnazi et al.，2011)。

2.RAPD 技术

(1)原理

RAPD(random amplification of polymorphic DNA)，即随机扩增多态性 DNA，是对常规 PCR 方法的一种改进。RAPD 是用随机的、短的脱氧核苷酸序列(一般 9～10 个)作引物，对基因组 DNA 连续扩增而显示多态性片段。决定扩增片段的数量及特性的因素有引物序列、模板序列、所使用的 PCR 条件。

(2)特点

RAPD 与常规 PCR 相比有如下优点：引物随机(不需要事先知道 DNA 序列)，技术上简便、快速、成本低，只需微量 DNA 就能检测整个基因组。但是，RAPD 技术也有局限性，例如，实验结果的重复性差，污染的异源 DNA 可与目的 DNA 同时被扩增。

(3)应用情况

李文姝等利用RAPD技术，对细粒棘球蚴和多房棘球蚴的基因组DNA进行了扩增比较，对 7 种随机引物进行筛选，结果表明，其中 3 种引物 OPB16、OPB11 和 OPB10 的扩增产物可明显地将细粒棘球蚴和泡型棘球蚴在基因水平上区分开来(李文姝和史大中，2001)。

利用 RAPD 技术对采自西班牙羊、马、猪的细粒棘球绦虫样品的 *cox1* 和 *nad1* 基因序列进行分析，结果为：羊源的为 G1 型，马源的为 G4 型，猪源的为 G7 型。同时，发现山羊、猪、野猪均能被 G1 和 G7 两种基因型的棘球绦虫感染(Daniel et al.，2004)。

利用 RAPD、PCR-RFLP 及 *cox1* 序列的分析，对一个囊状棘球蚴病的患者的病原进行了鉴定，结果为牛株(Maravilla et al.，2004)。

采自印度的牛、水牛和绵羊的 22 个细粒棘球蚴样品经 26 个随机引物进行 RAPD 分析，只有 2 个引物能够将牛、水牛和绵羊的样品分开。随后，又对 *ITS1* 基因进行了 RFLP 分析，没有发现变异。因此，认为细粒棘球绦虫的基因多态性分析使用 RAPD 方法较合适(Bhattacharya et al.，2008)。

马学平等用单因素筛选方法建立 PCR-RAPD 分析体系对分离自宁夏不同地区 13 例包虫病病人的细粒棘球蚴进行 RAPD 指纹图谱分析，根据 RAPD 指纹图谱将 13 株人源细粒棘球蚴分为Ⅰ型(53.85%)、Ⅱ型(23.08%)、Ⅲ型(7.69%)和Ⅳ型(15.38%)4 个种内基因类群，认为宁夏地区人源细粒棘球蚴之间存在不同的种内遗传差异(马学平等，2010)。

3.PCR-SSCP 技术

(1)原理

SSCP(single strand conformation polymorphism)即单链构象多态性，与聚合酶链式反应(PCR)相结合，用 SSCP 技术来分析 PCR 扩增片段，因而被命名为 PCR-SSCP。PCR-SSCP 技术的基本原理是：PCR 产物经热变性或者化学变性后形成单链，在非变性聚丙烯酰胺凝胶中泳动表现出不同的迁移率，可将不同迁移率的条带从电泳胶上切下来，重新进行 PCR 扩增并测序，以确定核苷酸变异。中性条件下单链 DNA 分子的电泳迁移率与 DNA

片段的长度和单链 DNA 所形成的空间构象有关。由于单链 DNA 分子中的核苷酸之间碱基配对，单链 DNA 分子能够发生二级及三级构象，而这些构象是由单链 DNA 分子的长度、碱基组成、碱基配对区的位置及数量所决定的。当条件最佳时，单链 DNA 在长度一致条件下，其空间构象因核苷酸组成或顺序不同而不一样。甚至某一特定位置的一个碱基变化亦可改变分子构象，从而导致在聚丙烯酰胺凝胶中的电泳迁移率发生变化。

（2）特点

PCR-SSCP 技术具有操作简便、周期短、灵敏度高，适用于大量样本的筛选，对 DNA 模板纯度要求不高，成本低等优点。同时，SSCP 技术存在一些不足，有些潜在序列差异不能估计（例如有些突变不会引起构象的变化而不能被检测出来，还有很多单链 DNA 可以表现出相同的电泳带型），所以 SSCP 技术不能用于系统发生分析。

（3）应用

Sharbatkhori 等利用 SSCP 技术对来自伊朗的人和草食动物上的细粒棘球蚴样品进行 *cox1* 和 *nad1* 基因分析，分别显示出 5 种和 9 种条带，大部分人、反刍动物和骆驼上的细粒棘球蚴是 G1～G3 型（*E.granulosus* s.s.），还有部分骆驼上的细粒棘球蚴属于 G6～G10 型（*E.canadensis*）（Sharbatkhori et al.，2009）。

经对利比亚人、牛和骆驼的 176 个棘球蚴样品进行 *cox1* 和 *nad1* 基因的扩增及 SSCP 分析，发现每种基因产物都能出现 4 种条带，来自所有人和小部分牛的包囊属于 G1～G3 型，来自所有骆驼和大部分牛的包囊属于 G6～G10 型（Abushhewa et al.，2011）。

Jabbar 等对 50 个采自蒙古囊型棘球蚴病患者的样品进行 *cox1* 和 *nad1* 基因扩增及 SSCP 分析，每种基因都出现了 4 种条带，68%的样品是 G1～G3 型，主要来自蒙古东边；其余为 G6～G10 型，主要来自蒙古西边（Jabbar et al.，2011）。

运用 PCR-SSCP-cox1 方法对土耳其羊和牛的 54 个囊型棘球蚴包囊的样品进行分析，结果鉴定出 G1～G3、G5 和 G7 型，但无法区分 G1 和 G3 型（Simsek et al.，2011）。

4.微卫星 DNA

（1）原理

微卫星 DNA（microsatellite DNA）又称短串联重复序列（short tandem repeat，STR），而微卫星的多态性又称简单序列长度多态性（simple sequence length polymorphism，SSLP）。微卫星 DNA 是以 1～6 个碱基为核心单位串联重复而成的一类序列。该方法的原理：可以根据重复序列两端的保守序列设计一对特异引物，扩增每个位点的微卫星序列，然后比较扩增产物的长短变化，即可显示不同基因型的个体在每个微卫星 DNA 位点的多态性。

（2）特点

由于微卫星 DNA 有丰富的长度多态性，在群体中变异范围大、杂合性高、分布广、重组率低、易筛选的特点，已被广泛应用于亲缘关系较近的虫种或虫株的系统发生关系及种群遗传结构的研究。

(3)应用情况

利用微卫星 DNA 对细粒棘球绦虫进行分子遗传学研究，以 8 个不同的寡核苷酸为探针，应用核酸分子杂交技术，*E.granulosus* 的微卫星结构发现 GT、CAA、CATA 和 CT 4 种重复序列最多，AT 和 CG 未被显示。73 个事先被确定株系的细粒棘球绦虫样品，微卫星 DNA 位点分析显示：来自巴西的细粒棘球绦虫牛株和来自阿根廷的骆驼株是单态的，且有共同(CA)7 等位基因；阿根廷羊株、塔斯马尼亚羊株和巴西羊株分系 2 个等位基因(CA)8 和(CA)10；(CA)11 等位基因仅在巴西羊株有较低水平；在单个包囊中得到的单个原头蚴没有多态性，证实了来自同一个包囊的原头蚴生物学特性相同(Bartholomeisantos et al.，2003)。

5.DNA 序列分析法

(1)原理

DNA 序列分析是研究生物遗传变异的一种高效准确的方法。通过 PCR 产物测序得到的数据已被用于确定寄生虫的虫种、株特异性遗传标记以及重建寄生虫的种群系统发育。

(2)特点

DNA 序列分析方法有以下优点：①研究生物分类和进化过程中，可以克服 RFLP 分析、杂交等方法所遇到的局限性；②如碱基变化的转换与颠换、核苷酸的变化趋势等大量性状可直接观察到，这些变化在物种系统发育分析时都可以不同的方式表现出来；③研究学者可以直接利用公开发表的核苷酸序列进行所需的比较和分析，在更广的范围上进行生物进化和系统发育的研究。现在，PCR 产物直接测序已被广泛用于测定寄生虫的种株特异性遗传标记、鉴定隐藏种以及重建寄生虫的种群系统发育。

(3)应用情况

基于细粒棘球绦虫线粒体基因细胞色素 c 氧化酶亚单位 1 基因序列分析，从 56 个棘球属样品中分离出 11 个不同的基因型，其中细粒棘球绦虫有 7 个基因型(G1～G7)；又通过分析 mtDNA NADH 脱氢酶 1 核苷酸差异性等对细粒棘球绦虫进一步鉴别，对种系发育研究起到补充作用(Bowles et al.，1992，1994；Bowles and McManus，1993)。

在芬兰的东北部从 4 个驯鹿和 1 个麋鹿中收集的细粒棘球蚴样品，经 *nad1* 和 *ITS-1* 序列分析发现与 G8 基因型(鹿株)相似，但种系分析与 G5 和 G7 型有很密切的关系，确定为细粒棘球绦虫 G10 新基因型(Lavikainen et al.，2003)。

Bart 等对非洲北部五个国家的 40 个细粒棘球蚴样品进行了 *cox1*、*nad1* 和 *ITS-1* 的扩增，结果在采自人、绵羊和山羊的样品中发现了 G1 型，在采自骆驼、山羊和人的样品中发现了 G6 型(Bart et al.，2004)。

中国青藏高原的狐狸和鼠兔的棘球绦虫样品经线粒体 DNA 序列分析，发现与棘球属已知种均有明显差异，确定为棘球属的一个新种——石渠棘球绦虫(*E.shiquicus*)(Xiao et al.，2006)。

利用线粒体 *cox1* 和 *nad1* 基因对希腊伯罗奔尼撒半岛的 20 个细粒棘球蚴山羊样品和 20 个绵羊样品进行了分析，研究发现山羊样品都为 G7 型，而绵羊样品中有 2 株为 G3 型，其他为 G1 型（Varcasia et al.，2007）。

日本学者对从澳大利亚进口的山羊中发现的 66 株细粒棘球蚴样品进行了 *cox1*、*rrnS* 和 *nad1* 基因的扩增分析，发现有 3 株为 G3 型，其余为 G1 型，说明有 G1 型以外的基因型在澳大利亚的本土流行（Guo et al.，2011）。

Singh 等对采自印度北部牛、山羊、水牛、绵羊和猪的 10 个细粒棘球蚴样品进行 *cox1* 基因分析，发现牛、山羊、水牛和猪的样品都为 G3 型，绵羊样品为 G1 型，说明这两种基因型在印度北部的这 5 种动物体内有很高的适应性（Singh et al.，2011）。

土耳其的 9 个采自水牛的细粒棘球蚴样品经 *cox1* 基因分析，发现 6 个为 G1 型，3 个为 G3 型（Beyhan et al.，2011）。

Casulli 等分析了来自欧洲 4 个国家的 312 个细粒棘球蚴样品的 *cox1* 基因，发现了 24 种单倍型（Casulli et al.，2012）。

利用 *cox1* 基因对埃塞俄比亚细粒棘球蚴的 11 个绵羊样品、16 个牛样品和 16 个骆驼样品进行了比较分析，结果 87.5%为 *E.granulosus* s.s.，其余为 *E.canadensis*，其中 *E.granulosus* s.s.都为绵羊分离株（Hailemariam et al.，2012）。

Aaty 等对埃及细粒棘球蚴样品（47 个来自骆驼、6 个来自猪和 31 个来自人）进行了 *12S* 基因的分析，只发现了 1 个人源样品为 G1 型，其余的人源样品和所有动物源样品都为 G6 型，说明 G6 型是在埃及流行的细粒棘球绦虫的主要基因型（Aaty et al.，2012）。

通过对相应的基因测序获得序列数据，可结合已公开发表的基因型核苷酸序列进行比对和分析，来鉴定样本的物种及基因型，可在更广的范围上进行种群遗传结构及系统发生关系的研究。

第三节　种群遗传结构

研究者发现来自世界不同地理区域、不同中间宿主的细粒棘球绦虫种群内存在显著的表型和遗传的变异性，这些虫株的变异包括形态学、宿主范围、传播动力学、生命周期模式、致病性，以及对抗寄生虫药物的敏感性等。

一、种群遗传

1.物种分化

物种（species）是自然界中实际存在的生物群体单位。但生物界中物种的划分不是通过条件（特征）来进行逻辑分类所能完成的，而是必须进行综合的分析。实际上给物种下一个在理论上合乎逻辑性、在实际应用上又方便有效的定义是极其困难的。因此，有学者认为，物种概念仍是 21 世纪生物学上的一大难题。关于物种的概念和定义，在历史上有长久的争论和变化。但要弄清物种的概念，基本上要回答三个问题：①物种的定义；②物种变还是不变；③物种的分化。

种群是生物生存繁衍的基本单元，种群内存在着基因序列的多样性，不断产生着新的遗传变异；同时，在自然选择及随机因素的影响下，也会失去一些变异。大多数物种的不同地理种群由于所处的环境条件和气候的不同、面临的选择压力不同以及遗传漂变及种群建立时的随机效应等因素，必然在一定程度上不断产生并维持遗传上的变异。这些差异可以体现在表型、生态、生理和行为等方面的变异。在更多的情况下，则是潜在的遗传差异，为适应环境及进一步的分化提供遗传多样性基础，种群分化就是在这种情况下形成的。

2.种系进化史

棘球绦虫具有独特的繁殖方式：成虫为雌雄同体，以自体受精为主并伴有异体授精的发生；中绦期幼虫进行无性繁殖。棘球绦虫这种繁殖形式造就了它的生物多样性，这种双向发育和繁殖模式加速了遗传一致性种群的形成（Nakao et al.，2013）。一个突变体变为一克隆种群的趋势将影响棘球绦虫种的形成。因此，棘球绦虫突变体的宿主可能会在成虫和幼虫两个发育阶段切换中出现，而宿主可能对变异体的成功形成起到适应性选择作用。

假设棘球绦虫新热带区种的分化和食肉动物的扩张与巴拿马大陆桥介入动物迁徙相一致，将发生在约三百万年前的美洲动物大交换作为棘球绦虫核基因 DNA 分子进化的关键时间校准点，以新热带区的两种棘球绦虫最近的共同祖先存在时间定于三百万年前构建分子钟，那么这些推测会表明棘球绦虫在新近纪中新世结束时（580 万年前）已经开始分化（李立等，2014）。

3.种群遗传多样性

遗传多样性是生物多样性的重要组成部分。通常所说的遗传多样性主要是指物种内个体间的基因变化或者一个群体内不同个体的遗传变异的总和。

遗传多样性可以体现在种群、个体、细胞以及分子四个不同的水平上。遗传多样性不仅包括遗传变异的高低，也包括遗传变异的分布格局。遗传变异性的高低是遗传多样性最直接的表达形式，而种群遗传结构上的差异则是一种重要体现，一个物种的进化潜力和抵御不良环境的能力主要取决于种内遗传变异的大小，同时也有赖于遗传变异的种群结构，即群体遗传结构（沈浩和刘登义，2001）。对群体遗传结构的研究有助于估计群体的遗传多样性、种群间基因流的大小，推测祖先群体的遗传结构，建立种内群体间系统发育的关系等（黄原，1998）。通常，一个物种或群体遗传多样性越大或遗传变异越丰富，其对环境变化的适应能力就越强，越容易扩散其分布范围和开拓新的生存环境（葛颂和洪德元，1999）。

由于线粒体基因、核糖体基因以及重复序列（例如，微卫星）在大量的种内个体中表现出明显的变异性。因此，它们作为分子标记基因经常被应用于细粒棘球绦虫的种群遗传结构的研究中（Gasser et al.，2001；Gasser，2006）。

二、种群遗传结构

物种或群体的遗传多样性是生物长期进化的产物，也是其生存和发展的基础。一般来讲，种内遗传多样性或变异性越丰富，物种对环境变化适应能力越大，越容易扩散到其他分布范围和开拓新的环境。对种群遗传结构的研究可以揭示物种或群体的进化历史(如起源的时间和地点)，也能为进一步推测其进化潜力和未来的命运提供重要的资料。

在我国的青藏高原地区，学者们分别利用线粒体基因 *12S*、*16S*、*cox1*、*cytb*、*nad1*、*nad2*、*nad5* 和 *atp6* 等基因全序列对青海、西藏和四川三个地理亚群的细粒棘球绦虫种群结构进行了分析研究(延宁等，2012；胡丹丹等，2013；王凝等，2015；Wang et al.，2015；Yan et al.，2013；Zhong et al.，2014)，构建的系统发育进化树显示，仅检测到少量 G6 型，绝大部分细粒棘球绦虫均归于 G1～G3 型，这与中国西部主要流行基因型一致。在不同的单倍型中，大部分具有地理特异性。为了进一步确定单倍型的谱系关系，分别构建三个地理亚群的统计简约网络图，发现青藏高原种群的网络图结构较为简单，呈星状排列，大部分单倍型与中心单倍型之间仅有 1～2 步突变，这和青藏高原特定的地理环境有关(图 4-4)。由于其地理位置具有特殊的地理景观、生态条件、生物群落等，人和动物的迁徙很难越过这些自然屏障到达其他地域，故而形成了天然的地理隔离。

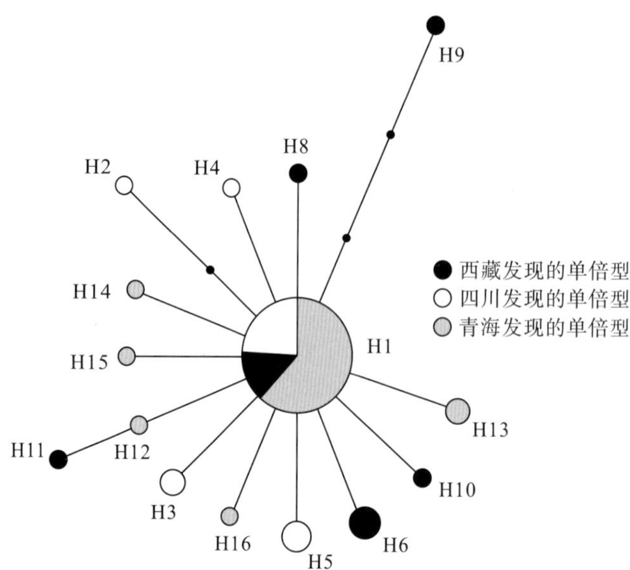

图 4-4　基于细粒棘球绦虫线粒体 *16S* 基因构建的单倍型网络图(王凝提供)

经对各个地理亚群进行 Tajima's *D* 和 Fu's *Fs* 中性检验，计算种群间基因流(*Nm*)，使用种群遗传差异分析(F_{st})来了解青藏高原细粒棘球绦虫的遗传结构，结果显示：青藏高原地区 Tajima's *D* 和 Fu's *Fs* 中性检测值均为负数，差异显著，这说明分布于该地区的细粒棘球绦虫可能曾经历过近期群体扩张或者遗传瓶颈，由一个较小的有效种群适应高原地区环境逐渐发展成现在的种群，而这个种群可能就是从中东进入的单倍型，这也可能是目前该地区细粒棘球绦虫遗传多样性总体较为贫乏的原因之一。而基因流水平较高，说明青藏高原地区的三个地理亚群并未完全分化为独立种群。

参考文献

薄吾成, 1996. 藏系绵羊是中国最古老的羊种[J], 农业考古, (1): 218-221.

单乃铨, 1983. 寒羊来源初探[J]. 中国半细毛羊, (3): 160-167.

葛颂, 洪德元, 1999. 濒危物种裂叶沙参及其近缘广布种泡沙参的遗传多样性研究[J]. 遗传学报, 26(4): 410-417.

胡丹丹, 王凝, 钟秀琴, 等, 2013. 青藏高原细粒棘球绦虫的分子鉴定与遗传变异分析[J]. 畜牧兽医学报, 44(9): 1438-1444.

黄原, 1998. 分子系统学: 原理、方法及应用[M]. 北京, 中国农业出版社.

贾万忠, 闫鸿斌, 郭爱疆, 等, 2010a. 带科绦虫线粒体基因组全序列研究进展[J]. 中国人兽共患病学报, 26(6): 596-600.

贾万忠, 闫鸿斌, 史万贵, 等, 2010b. 带属绦虫线粒体基因组全序列生物信息学分析[J]. 中国兽医学报, 30(11): 1480-1485.

李国栋, 2017. 青藏高原棘球属绦虫基因多态性研究[D]. 西宁: 青海大学.

李立, 娄忠子, 闫鸿斌, 等, 2014. 棘球属绦虫分子种系发生研究进展[J]. 中国人兽共患病学报, 30(11): 1155-1161.

李双男, 闫鸿斌, 李立, 等, 2016. 加拿大棘球绦虫的基因分型与分子流行病学研究进展[J]. 中国人兽共患病学报, 32(4): 392-399.

李文姝, 史大中, 2001. 细粒棘球蚴和多房棘球蚴的随机扩增多态性 DNA 分析[J]. 疾病预防控制通报, 16(2): 4-6.

罗海燕, 聂品, 2002. 寄生蠕虫的群体遗传学研究[J]. 遗传, 24(4): 477-482.

马淑梅, Maillar S, 赵海龙, 等, 2009. 青南高原细粒棘球绦虫 mtDNA 基因多态性分析[J]. 中国人兽共患病学报, 25(11): 1095-1099.

马秀敏, 吾拉木·马木提, 丁剑冰, 等, 2008. PCR-RFLP 在细粒棘球绦虫种株鉴定中的应用[J]. 中国病原生物学杂志, 3(4): 281-283.

马学平, 李丽, 秦迎旭, 等, 2010. RAPD 技术在宁夏人源细粒棘球蚴基因分型中的应用[J]. 中国病原生物学杂志, (1): 37-39.

任敏, 邱加闽, 1995. 四川与宁夏两地区泡球蚴基因组 DNA 酶切片段长度多态性的初步分析[J]. 实用寄生虫病杂志, (1): 10-11.

沈浩, 刘登义, 2001. 遗传多样性概述[J]. 生物学杂志, 18(3): 5-7.

施立明, 1990. 遗传多样性及其保存[J]. 生命科学, 2(4): 159-164.

史大中, 2000. 中国囊性包虫病的地理分布[J]. 疾病预防控制通报, (1): 74-75.

王凝, 古小彬, 汪涛, 等, 2015. 基于 cox1 基因对中国青藏高原地区细粒棘球绦虫遗传多态性的研究[J]. 畜牧兽医学报, 46(3): 453-460.

伍卫平, 2017. 我国两型包虫病的流行与分布情况[J]. 中国动物保健, 19(7): 7-9.

夏铭, 1999. 遗传多样性研究进展[J]. 生态学杂志, (3): 59-65.

肖宁, 邱加闽, Nakao M, 等, 2008. 青藏高原东部地区发现的新种: 石渠棘球绦虫的生物学特征[J]. 中国寄生虫学与寄生虫病杂志, 26(4): 307-312.

延宁, 聂华明, 蒋忠荣, 等, 2012. 基于线粒体 12S 基因对青海地区细粒棘球蚴种群遗传多态性研究[J]. 畜牧兽医学报, 43(6): 972-978.

Aaty HE, Abdel-Hameed DM, Alam-Eldin YH, et al., 2012. Molecular genotyping of *Echinococcus granulosus* in animal and human isolates from Egypt[J]. Acta Tropica, 121(2): 125-128.

Abushhewa MH, Abushhiwa MH, Nolan MJ, et al., 2010. Genetic classification of *Echinococcus granulosus* cysts from humans, cattle and camels in Libya using mutation scanning-based analysis of mitochondrial loci[J]. Molecular & Cellular Probes, 24(6):

346-351.

Ahmadi N, Dalimi A, 2006. Characterization of *Echinococcus granulosus* isolates from human, sheep and camel in Iran[J]. Infectiom Genetics & Evolution, 6(2): 85-90.

Alvarez Rojas CA, Gauci CG, Lightowlers M W, 2013. Antigenic differences between the EG95-related proteins from *Echinococcus granulosus* G1 and G6 genotypes: implications for vaccination[J]. Parasite Immunology, 35(2): 99-102.

Bart JM, Abdukader M, Zhang YL, et al., 2006b. Genotyping of human cystic echinococcosis in Xinjiang, PR China[J]. Parasitology, 133(5): 571-579.

Bart JM, Bardonnet K, Elfegoun MC, et al., 2004. *Echinococcus granulosus* strain typing in North Africa: comparison of eight nuclear and mitochondrial DNA fragments[J]. Parasitology, 128(2): 229-234.

Bart JM, Morariu S, Knapp J, et al., 2006a. Genetic typing of *Echinococcus granulosus* in Romania[J]. Parasitology Research, 98(2): 130-137.

Bartholomeisantos ML, Heinzelmann LS, Oliveira RP, et al., 2003. Isolation and characterization of microsatellites from the tapeworm *Echinococcus granulosus*[J]. Parasitology, 126(6): 599-605.

Beyhan YE, Umur S, 2011. Molecular characterization and prevalence of cystic echinococcosis in slaughtered water buffaloes in Turkey[J]. Veterinary Parasitology, 181(2-4): 174-179.

Bhattacharya D, Bera AK, Bera BC, et al., 2008. Molecular appraisal of Indian animal isolates of *Echinococcus granulosus*[J]. Indian Journal of Medical Research, 127(4): 383-387.

Blouin MS, 2002. Molecular prospecting for cryptic species of nematodes: mitochondrial DNA versus internal transcribed spacer[J]. International Journal for Parasitology, 32(5): 527-531.

Boore JL, Brown WM, 1998. Big trees from little genome: mitochondrial gene order as a phylogenetic tool[J]. Current Opinion in Genetics & Development, 8(6): 668-674.

Boore JL, Collins T, Stanton D, et al., 1995. Deducing the pattern of arthropod phytogeny from mitochondrial DNA rearrangements[J]. Nature, 376(6536): 163-165.

Bowles J, Blair D, McManus DP, et al., 1995. A molecular phylogeny of the genus *Echinococcus*[J]. Parasitology, 110(3): 317-328.

Bowles J, Blair D, McManus DP, 1992. Genetic variants within the genus *Echinococcus* identified by mitochondrial DNA sequencing[J]. Molecular & Biochemical Parasitology, 54(2): 165-173.

Bowles J, Blair D, McManus DP, 1994. Molecular genetic characterization of the cervid strain(‘northern form’) of *Echinococcus granulosus*[J]. Parasitology, 109(2): 215-221.

Bowles J, McManus DP, 1993. Rapid discrimination of *Echinococcus* species and strains using a polymerase chain reaction-based RFLP method[J]. Molecular & Biochemical Parasitology, 57(2): 231-239.

Casulli A, Interisano M, Sreter T, et al., 2012. Genetic variability of *Echinococcus granulosus* sensu stricto in Europe inferred by mitochondrial DNA sequences[J]. Infection Genetics & Evolution, 12(2): 377-383.

Chow C, Gauci CG, Vural G, et al., 2008. *Echinococcus granulosus:* variability of the host-protective EG95 vaccine antigenin G6 and G7 genotypic variants[J]. Experimental parasitology, 119(4): 499-505.

Daniel MK, Ponce-Gordo F, Cuesta-Bandera C, 2004. Genetic identification and host range of the Spanish strains of *Echinococcus granulosus*[J]. Acta Tropica, 91(2): 87-93.

Driscoll CA, Macdonald DW, O'Brien SJ, 2009. From wild animals to domestic pets, an evolutionary view of domestication[J]. Proceedings of the National Academy of Sciences of the United States of America, 106(s1): 9971-9978.

Dybicz M, Gierczak A, Dabrowska J, et al., 2013. Molecular diagnosis of cystic echinococcosis in humans from central Poland[J]. Parasitology International, 62(4): 364-367.

Eckert J, Conraths FJ, Tackmann K, 2000. Echinococcosis: an emerging or re-emerging zoonosis?[J]. International Journal for Parasitology, 30(12): 1283-1294.

Eckert J, Gemmell MA, Meslin FX, et al., 2001. WHO/OIE manual in echinococcosis in humans and animals[J]. International Journal for Parasitology, 31(14): 1717-1718.

Eckert J, Gemmell MA, Soulsby EJL, 1982. Echinococcosis/hydatidosis surveillance, prevention and control: FAO/UNEP WHO guidelines[J]. FAO Animal Production and Health Papers(FAO). no. 29.

Gasser RB, 2006. Molecular tools-advances, opportunities and prospects[J]. Veterinary Parasitology, 136(2): 69-89.

Gasser RB, Kennedy MW, Harnett W, 2001. Identification of parasitic nematodes and study of genetic variability using PCR approaches[J]. Canadian Association of Business Incubation, 53-82.

Gasser RB, Newton SE, 2000. Genomic and genetic research on bursate nematodes: significance, implications and prospects[J]. International Journal for Parasitology, 30(4): 509-534.

González LM, Daniel-Mwambete K, Montero E, et al., 2002. Further molecular discrimination of Spanish strains of *Echinococcus granulosus*[J]. Experimental Parasitology, 102(1): 46-56.

Groeneveld LF, Lenstra J A, Eding H, et al., 2010. Genetic diversity in farm animals: a review[J]. Animal Genetics, 41(Supplements 1): 6-31.

Guo ZH, Kubo M, Kudo M, et al., 2011. Growth and genotypes of *Echinococcus granulosus* found in cattle imported from Australia and fattened in Japan[J]. Parasitology International, 60(4): 498-502.

Hailemariam Z, Nakao M, Menkir S, et al., 2012. Molecular identification of unilocular hydatid cysts from domestic ungulates in Ethiopia: implications for human infections[J]. Parasitology International, 61(2): 375-377.

Harandi MF, Hobbs RP, Adams PJ, et al., 2002. Molecular and morphological characterization of *Echinococcus granulosus* of human and animal origin in Iran[J]. Parasitology, 125(4): 367-373.

Himsworth CG, Skinner S, Chaban B, et al., 2010. Multiple zoonotic pathogens identified in canine feces collected from a remote Canadian indigenous community[J]. The American Journal of Tropical Medicine and Hygiene, 83(2): 338-341.

Hu D, Song X, Wang N, et al., 2015. Molecular identification of *Echinococcus granulosus* on the Tibetan Plateau using mitochondrial DNA markers[J]. Genetics & Molecular Research, 14(4) 13915-13923.

Hüttner M, Siefert L, Mackenstedt U, et al., 2009. A survey of *Echinococcus* species in wild carnivores and livestock in East Africa[J]. International Journal for Parasitology, 39(11): 1269-1276.

Hua R, Xie Y, Song H, et al., 2018. *Echinococcus canadensis* G8 infection in a sheep, China, 2018[J]. Emerging Infectious Diseases, 25(7): 1420-1422.

Ito A, Dorjsuren T, Davasuren A, et al., 2014. Cystic Echinococcosis in Mongolia: molecular identification, serology and risk factors[J]. PloS Neglected Tropical Diseases, 8(6): e29371371.

Jabbar A, Narankhajid M, Nolan MJ, et al., 2011. A first insight into the genotypes of *Echinococcus granulosus* from humans in Mongolia[J]. Molecular & Cellular Probes, 25(1): 49-54.

Jernkins DJ, Romig T, Thompson RCA, 2005. Emergemce/re-emergernce of *Echinococcus* spp. —A global update[J]. International Journal for Parasitology, 35(11): 1205-1219.

Knapp J, Nakao M, Yanagida T, et al., 2011. Phylogenetic relationships within *Echinococcus* and *Taenia* tapeworms(Cestoda:

Taeniidae) an infererence from nuclear protein-coding genes[J]. Molecular Phylogenetics & Evolution, 61(3): 628-638.

Laurimäe T, Kinkar L, Romig T, et al., 2018. The benefits of analysing complete mitochondrial genomes: Deep insights into the phylogeny and population structure of *Echinococcus granulosus* sensu lato genotypes G6 and G7[J]. Infection Genetics & Evolution, 64: 85-94.

Lavikainen A, Lehtinen MJ, Meri T, et al., 2003. Molecular genetic characterization of the Fennoscandian cervid strain, a new genotypic group(G10) of *Echinococcus granulosus*[J]. Parasitology, 127(Pt 3): 207-215.

Li T, Ito A, Nakaya K, et al., 2008. Species identification of human echinococcosis using histopathology and genotyping in northwestern China[J]. Transactions of the Royal Society of Tropical Medicine & Hygiene, 102(6): 585-590.

Lymbery AJ, Jenkins EJ, Schurer JM, et al., 2015. *Echinococcus canadensis, E borealis,* and *E imtermedius.* What's in a name?[J]. Trends in Parasitology, 31(12): 23-29.

M'rad S, Filisetti D, Oudni M, et al., 2005. Molecular evidence of ovine(G1) and camel(G6) strains of *Echinococcus granulosus* in Tunisia and putative role of cattle in human contamination[J]. Veterinary Parasitology, 129(3): 267-272.

Maillard S, Benchikhelfegoun MC, Knapp J, et al., 2007. Taxonomic position and geographical distribution of the common sheep G1 and camel G6 strains of *Echinococcus granulosus* in three African countries[J]. Parasitology Research, 100(3): 495-503.

Maravilla P, Estcourt A, Ramirez SE, et al., 2004. *Echinococcus granulosus* cattle strain identification in an autochthonous case of cystic echinococcosis in central Mexico[J]. Acta Tropica, 92(3): 231-236.

McManus DP, Bowles J, 1996. Molecular genetic approaches to parasite identification: their value in diagnostic parasitology and systematics[J]. International Journal for Parasitology, 26(7): 687-704.

McManus DP, Thompson RCA, 2003. Molecular epidemiology of cystic echinococcosis[J]. Parasitology, 127(S1): 37-51.

McManus DP, Zhang W, Li J, et al., 2003. Echinococcosis[J]. Lancet, 362(9392): 1295-1304.

Moro PL, Schantz PM, 2006. Echinococcosis historical landmarks and progress in research and control[J]. Annals of Tropical Medicine & Parasitology, 100(8): 703-714.

Nakao M, Lavikainen A, Yanagida T, et a1., 2013. Phylogenetic systematics of the genus *Echinococcus*(Cestoda: Taeniidae) [J]. International Journal for Paratiology, 43: 1017-1029.

Nakao M, Li TY, Han XM, et al., 2010a. Genetic polymorphisms of *Echinococcus* tapeworms in China as determined by mitochondrial and nuclear DNA sequences[J]. International Journal for Parasitology, 40(3): 379-385.

Nakao M, McManus DP, Schantz PM, et al., 2007. A molecular phylogeny of the genus *Echnococcus* inferred from complete mitochondrial genomes[J]. Parasitology, 134(5): 713-722.

Nakao M, Yanagida T, Okamoto M, et al., 2010b. State-of-the-art *Echinococcus* and *Taenia:* phyogenetic taxonomy of human-pathogenic tapeworms and its application to molecular diagnosis[J]. Infection Genetics & Evolution, 10(4): 444-452.

Nakao M, Yangida T, Konyaev S, et al., 2013. Mitochondrial phylogeny of the genus *Echnococcus*(Cestoda: Taeniidae) with emphasis on relationships among *Echinococcus canadensis* genotypes[J]. Parasitology, 140(13): 1625-1636.

Nakao M, Yokoyama N, Sako Y, et al., 2002. The complete mitochondrial DNA sequence of the cestode *Echinococcus multilocularis*(Cyclophyllidea: Taeniidae) [J]. Mitochondrion, 1(6): 497-509.

Nickisch-Rosenegk MV, Brown WM, Boore JL, 2001. Complete sequence of the mitochondrial genome of the tapeworm *Hymenolepis diminuta*: gene arrangements indicate that platyhelminths are eutrochozoans[J]. Molecular Biology & Evolution, 18(5): 721-730.

Parsa F, Haghpanah B, Pestechian N, et al., 2011. Molecular epidemiology of *Echinococcus granulosus* strains in domestic herbivores of Lorestan, Iran[J]. Jundishapur Journal of Microbiology, 4(2): 123-130.

Pawiowski Z, Stefaniak J, 2003. The pig strain of *Echinococcus granulosus* in humans: a neglected issue[J]. Genomics, 31: 38-42.

Rojas CAA, Gauci CG, Nolan MJ, et al., 2012. Characterization of the *eg95* gene family in the G6 genotype of *Echinococcus granulosus*[J]. Molecular & Biochemical Parasitology, 183(2): 115-121.

Romig T, 2003. Epidemiology of echinococcosis[J]. Langenbeck's Archives of Surgery, 388(4): 209-217.

Romig T, Dinkel A, Mackenstedt U, 2006. The present situation of *Echinococcus* in Europe[J]. Parasitology, 55: S187-191.

Rozenzvit M, Zhang LH, Kamenetzky L, et al., 1999. Genetic variation and epidemiology of *Echinococcus granulosus* in Argentina[J]. Parasitology, 118(5): 523-530.

Schneider R, Gollackner B, Schindl M, et al., 2010. *Echinococcus canadensis* G7(pig strain): an under estimated cause of cystic echinococcosis in Austria[J]. The American Journal of Tropical Medicine & Hygiene, 82(5): 871-874.

Schurer J, Shury T, Leighton F, et al., 2013. Surveillance for *Echinococcus canadensis* genotypes in Canadian ungulates[J]. International Journal for Parasitology: Parasites and Wildlife, 2: 97-101.

Shahnazi M, Hejazi H, Salehi M, et al., 2011. Molecular characterization of human and animal *Echinococcus granulosus* isolates in Isfahan, Iran[J]. Acta Tropica, 117(1): 47-50.

Sharbatkhori M, Mirhendi H, Harandi MF, et al., 2010. *Echinococcus granulosus* genotypes in livestock of Iran indicating high frequency of G1 genotype in camels[J]. Experimental Parasitology, 124(4): 373-379.

Sharbatkhori M, Mirhendi H, Jex AR, et al., 2009. Genetic categorization of *Echinococcus granulosus* from humans and herbivorous hosts in Iran using an integrated mutation scanning-phylogenetic approach[J]. Electrophoresis, 30(15): 2648-2655.

Sharma M, Fomda BA, Mazta S, et al., 2013. Genetic diversity and population genetic structure analysis of *Echinococcus granulosus* sensu stricto complex based on mitochondrial DNA signature[J]. PLoS One, 8(12): e82904.

Simsek S, Balkaya I, Ciftci AT, et al., 2011. Molecular discrimination of sheep and cattle isolates of *Echinococcus granulosus* by SSCP and conventional PCR in Turkey[J]. V eterinary Parasitology, 178(3): 367-369.

Singh BB, Shama JK, Ghatak S, et al., 2012. Molecular epidemiology of Echinococcosis from food producing animals in north India[J]. Veterinary Parasitology, 186(3-4): 503-506.

Thompson RCA, McManus DP, 2002. Towards a taxonomic revision of the genus *Echinococcus*[J]. Trends in Parasitology, 18(10): 452-457.

Thompson RCA, 2008. The taxonomy, phylogeny and transmission of *Echinococcus*[J]. Parasitology, 119: 439-446.

Thompson RCA, Boxell AC, Ralston BJ, et al., 2006. Molecular and morphological characterization of *Echinococcus* in cervids from North America[J]. Parasitology, 132: 439-447.

Utuk AE, Simsek S, Koroglu E, et al., 2008. Molecular genetic characterization of different isolates of *Echinococcus granulosus* in east and southeast regions of Turkey[J]. Acta Tropica, 107(2): 192-194.

Varcasia A, Canu S, Kogkos A, et al., 2007. Molecular characterization of *Echinococcus granulosus* in sheep and goats of Peloponnesus, Greece[J]. Parasitology Research, 101(4): 1135-1139.

Villalobos N, González LM, Morales J, et al., 2007. Molecular identification of *Echinococcus granulosus* genotypes(G1 and G7) isolated from pigs in Mexico[J]. Veterinary Parasitology, 147(1): 185-189.

Wang N, Wang J, Hu D, et al., 2015. Genetic variability of *Echinococcus granulosus* based on the mitochondrial *16S* ribosomal RNA gene[J]. Mitochondrial DNA, 26(3): 396-401.

Wu Y, Li L, Zhu G, et al., 2018. Mitochondrial genome data confirm that yaks can serve as the intermediate host of *Echinococcus canadensis* (G10) on the Tibetan Plateau[J]. Parasite Vectors, 11: 166.

Xiao N, Li T, Qiu J, et al., 2004. The Tibetan hare *Lepus oiostolus:* a novel intermediate host for *Echinococcus multilocularis*[J]. Parasitology Research, 92 (4) : 352-353.

Xiao N, Qiu J, Nakao M, et al., 2005. *Echinococcus shiquicus* n. sp., a taeniid cestode from Tibetan fox and plateau pika in China[J]. International Journal for Parasitology, 35 (6) : 693-701.

Xiao N, Qiu J, Nakao M, et al., 2006. *Echinococcus shiquicus,* a new species from the Qinghai-Tibet plateau region of China: discovery and epidemiological implications[J]. Parasitology International, 55: S233-S236.

Yan N, Nie H, Jiang Z, et al., 2013. Genetic variability of *Echinococcus granulosus* from the Tibetan plateau inferred by mitochondrial DNA sequences[J]. Veterinary Parasitology, 196 (1-2) : 179-183.

Yanagida T, Lavikainen A, Hoberg EP, et al., 2017. Specific status of *Echinococcus canadensis* (Cestoda: Taeniidae) inferred from nuclear and mitochondrial gene sequences[J]. International Journal for Parasitology, 47: 971-979.

Yanagida T, Mohammadzadeh T, Kamhawi S, et al., 2012. Genetic polymorphisms of *Echinococcus granulosus* sensu stricto in the Middle East[J]. Parasitology International, 61 (4) : 599-603.

Yang D, Zhang T, Zeng Z, et al., 2015. The first report of human-derived G10 genotype of *Echinococcus canadensis* in China and possible sources and routes of transmission[J]. Parasitology International, 64 (5) : 330-333.

Yang Y, Rosenzvit MC, Zhang L, et al., 2005. Molecular study of *Echinococcus* in west-central China[J]. Parasitology, 131 (Pt4) : 547.

Yang Y, Sun T, Li Z, et al., 2006. Community surveys and risk factor analysis of human alveolar and cystic echinococcosis in Ningxia Hui Autonomous Region, China[J]. Bulletin of the World Health Organization, 84 (9) : 714-721.

Zanini F, Gonzalo R, Pĕrez H, et al., 2006. Epidemiological surveillance of ovine hydatidosis in Tierra del Fuego, Patagonia Argentina, 1997-1999[J]. Veterinary Parasitology, 138 (3) : 377-381.

Zhang T, Yang D, Zeng Z, et al., 2014. Genetic characterization of human-derived hydatid cysts of *Echinococcus granulosus* sensu lato in Heilongjiang Province and the first report of G7 genotype of *E. canadensis* in humans in China[J]. PLoS One, 9 (10) : e109059.

Zhong X, Wang N, Hu D, et al., 2014. Sequence Analysis of *cytb* Gene in *Echinococcus granulosus* from Western China[J]. Korean Journal of Parasitology, 52 (2) : 205-209.

第五章 组　　学

自人类基因组计划(human genome project)实施并进入功能基因组学研究以来，有关“组”和“组学”的研究发展迅猛，尤其是以线粒体基因组(mitogenomics)、基因组学(genomics)、转录组学(transcriptomics)、RNA 组学(RNomics)、蛋白质组学(proteomics)、分泌组学(secretomics)和代谢组学(metabolomics)为代表的组学研究，使得生物学、医学和兽医学在内的生命科学进入分子生物学的新纪元。同样地，这些组学研究对寄生虫学科的发展也起到了巨大的推动作用，相关研究不仅从分子水平揭示了寄生虫的进化与寄生本质，以及认识寄生虫的生长、发育、繁殖及其与宿主的寄生关系，而且为研发新的寄生虫病诊断试剂、药物设计和疫苗研制提供了技术导向和策略。本节将对动物包虫病两个主要病原——细粒棘球绦虫和多房棘球绦虫的线粒体基因组、基因组、转录组、非编码 RNA、蛋白质组、分泌组等方面的相关研究作简要概述，以希望这些组学研究内容为寻找治疗棘球蚴病新型药物、控制病原传播的预防性疫苗和诊断制剂提供信息参考和决策支持。

第一节　线粒体基因组

线粒体基因组(mitogenomics 或 mtDNA)是独立于胞核染色体外的遗传物质，多以闭合双链环状形式存在，长度在 13～20kb 之间，有自身转录与翻译体系，共编码 22 个 tRNA、2 个 rRNA 以及 12～13 个疏水性蛋白质多肽，其中 12～13 个多肽是构成线粒体呼吸链酶复合物 I、III、IV 和 V 亚基单位(*ND1*～*6* 和 *ND4L*)和 *CYTB*(复合物 III)、*COI*～*III*(复合物 IV)和 *ATP6* 或 *ATP8*(复合物 V)的主要组成部分，并直接参与细胞氧化磷酸化的生物学过程(Dujon，1981；Wolstenholme，1992；Lemire，2005；Chen and Butow，2005)。不同生物体的线粒体基因组有其自身的特征(廖顺尧和鲁成，2000)：①动物线粒体基因组很小，独立于胞核染色体基因组之外，但又与胞核染色体基因组紧密联系；②有相对稳定的基因数目，基本上是母系遗传，很少发生基因重组、基因位置的排列和遗传密码使用上的变化；③tRNA 的二级结构、碱基组成和变异等也有其自身特点。这为人们研究真核生物的起源和线粒体基因的演化提供了便利条件。线粒体基因组所有这些特征都已经在研究动物物种的分类、基因的进化、现有物种的进化史等方面得到应用(Dujon，1981；Sankoff et al.，1992；Chen and Butow，2005)。

目前，棘球绦虫(*Echinococcus* spp.)包括 5 个有效种(McManus et al.，2002；Moro and Schantz，2009；Deplazes et al.，2017；Thompson et al.，2017；Wen et al.，2019)，分别为细粒棘球绦虫(*Echinococcus granulosus*)(含 8 个虫株或基因型，即 G1、G3～G8 和 G10)、多房棘球绦虫(*Echinococcus multilocularis*)、少节棘球绦虫(*Echinococcus oligarthrus*)、伏氏棘球绦虫(*Echinococcus vogeli*)和石渠棘球绦虫(*Echinococcus shiquicus*)，前 4 种已被证

实具有重要的公共卫生意义。本节欲对棘球绦虫线粒体基因组研究成果做一概括，从而为认识它们的系统进化与发育、种群遗传特征、生态学、分子生物学、分子分类学以及分子流行病学等方面提供数据参考和基础。

一、线粒体基因组大小及碱基组成

自 2002 年第一个棘球绦虫——多房棘球绦虫线粒体全基因组序列被完整测序以来(Nakao et al.，2002)，截至目前，整个棘球属其余各虫种以及细粒棘球绦虫各虫株(基因型)的线粒体基因组均已被测序和公布(贾万忠等，2010；Wu et al.，2018)，见表 5-1。棘球绦虫 mtDNA 的结构与其他后生动物相似，为双链闭环分子，但更紧凑，核苷酸数目多为 13.5～13.8kb，在目前已测序的所有后生动物线粒体基因组中，属于最小的一类；编码区占基因组的 95%，其中蛋白编码区约为 74%，富含 AT 碱基，含量占编码区的 68%左右，棘球属 AT 含量稍低于带属的 AT 含量，在 4 种碱基成分中，T 含量最高(约占 48%)，其次为 G(约 24%)和 A(约 20%)，C 含量最低(约 8%)(贾万忠等，2010)。

表 5-1　棘球属绦虫线粒体基因组全序列及其特征

种(株)名称	虫体来源	地理来源	长度/bp	GC 含量/%	蛋白编码区/%	登录号
E.granulosus (G1)	绵羊	英国	13588	33	74	AF297617
E.granulosus (G3)	人	中国	13605	33	74	KJ559023
E.equinus (G4)	马	英国	13598	32	74	AF346403
E.ortleppi (G5)	牛	阿根廷	13717	32	74	AB235846
E.canadensis (G6)	骆驼	哈萨克斯坦	13721	32	74	AB208063
E.canadensis (G7)	猪	波兰	13719	32	74	AB235847
E.canadensis (G8)	驼鹿	美国	13717	32	74	AB235848
E.canadensis (G10)	驼鹿	芬兰	13603	32	74	AB745463
E.felidis	狮子	乌干达	13632	32	80	NC021144
E.multilocularis	棕背鼠	日本	13738	31	73	AB018440
E.oligarthrus	实验室小鼠	巴拿马	13791	31	73	AB208545
E.shiquicus	高原鼠兔	中国	13807	32	73	AB208064
E.vogeli	未知	哥伦比亚	13791	33	74	AB208546

二、线粒体基因组的基因组成及排列

棘球绦虫线粒体基因组共有 36 个编码基因，其中编码蛋白质的基因有 12 个，编码 tRNA 的基因有 22 个(其中编码丝氨酸-tRNA 和亮氨酸-tRNA 的基因各为 2 个，其余 18 种 tRNA 分子各有 1 个，呈单一排列或呈簇排列，高度体现了密码子简并性和生物利用资源的节约原则)，编码 rRNA 的基因有 2 个(贾万忠等，2010)。蛋白编码基因约占整个基因组的 60%，包括 NADH-Q 还原酶的 7 个亚基(*ND1*～*6*)和 *ND4L*，其余的用于编码细胞色素 b 还原酶的 1 个亚基(*CYTB*)、细胞色素氧化酶的 3 个亚基(*COI*～*III*)和 ATP 合成酶的 1 个亚基(*atp6*)，缺少较高等动物所具有的 *atp8* 基因。此外，线粒体基因组除 1～19 bp 小的非编码区外，还含有 2 个大的非编码区 NR1 和 NR2(NR1：第一非编码区，位于 *trnY* 和 *trnL1* 基因之间。NR2：第二非编码区，位于 *nad*5 和 *trnG* 基因之间)。所有基因都位于一条链(即重链)上；基因转录和复制按同一个方向即顺时针方向进行，见图 5-1。这与有体腔的后生动物线粒体基因组基因的转录以两个方向不对称进行不同。蛋白质基因中没有内含子，各蛋白质基因之间一般被 tRNA 基因分隔开；各个基因之间没有基因间隔或有少数基因间隔，部分基因之间还存在相互重叠现象(如 *ND4* 和 *ND4L* 基因之间)。总体上来说，棘球属绦虫线粒体基因组的基因序列排列与其他带科绦虫、吸虫以及线虫相比较稳定、缺少变化。

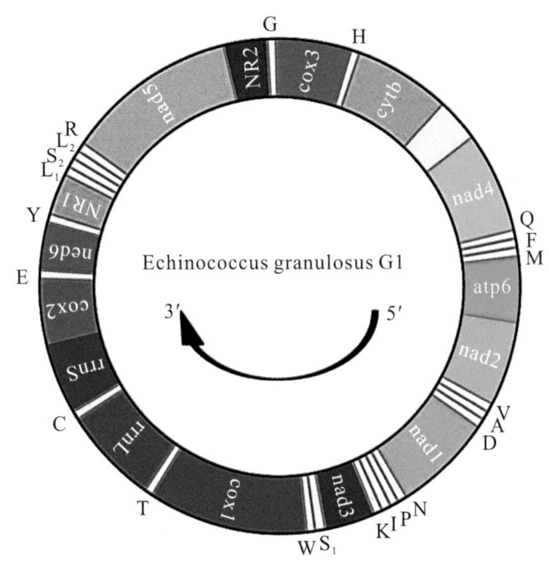

图 5-1　棘球属绦虫(*Echinococcus granulosus* G1 型)线粒体基因组图谱(谢跃提供)

三、rRNA

棘球绦虫线粒体编码 2 个 rRNA 基因，分别为 *rrnS*(*12S*)和 *rrnL*(*16S*)，大小分别为约 700bp 和约 970bp；前者位于 *trnC* 和 *COII* 基因之间，后者位于 *trnT* 和 *trnC* 基因之间。rRNA 基因转录产物具有复杂的二级结构，富含茎—环结构(贾万忠等，2010；Wu et al.，2018)。

四、tRNA 的二级结构

棘球绦虫线粒体 tRNA 长度约为 58～76bp，二级结构有 2 种形式：①多数(18 个)为典型的三叶草结构，如线粒体 *trnL1*，见图 5-2(a)；②*trnC*、*trnS1*、*trnS2* 和 *trnR* 四个则呈 D-loop 结构(缺配对的 DHU 臂)，见图 5-2(b)(贾万忠等，2010)。22 个 tRNA 结构相当保守：受体臂由 7 个碱基对组成，反密码子环由 5 个配对碱基对形成的茎和 7 个碱基的环组成，反密码子和其他带科绦虫相同，表现出高度保守性。此外，连接各茎环的碱基数目也比较恒定。

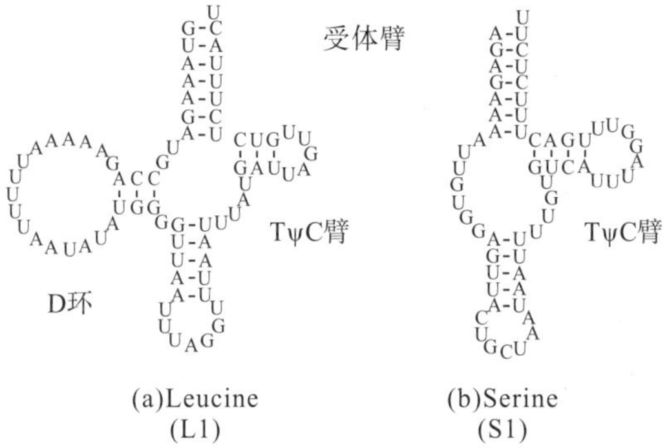

受体臂

TψC臂

D环

TψC臂

(a)Leucine
(L1)

(b)Serine
(S1)

图 5-2 棘球属绦虫(*Echinococcus* spp.)部分线粒体 tRNA 二级结构(谢跃提供)

五、NR1 和 NR2 与密码子使用

棘球绦虫线粒体基因组除 1～19bp 小的非编码区外，还含有 2 个大的非编码区 NR1(第一非编码区，位于 *trnY* 和 *trnL1* 基因之间)和 NR2(第二非编码区，位于 *nad5* 和 *trnG* 基因之间)。整个棘球属绦虫，除细粒棘球绦虫 G1 型、G3 型和 G4 型以及狮棘球绦虫线粒体基因组中的 NR1 长度与带属相似，其他虫种(株)NR1 和 NR2 两者长度相近，约为 180bp。这些非编码区富含反向重复序列和串联重复序列，碱基 A 和 T 含量通常特别高(AT-rich 区)，如多房棘球绦虫 NR2 区的核苷酸序列中 AATTTATCCGGTTTGATGTGCCT 序列单

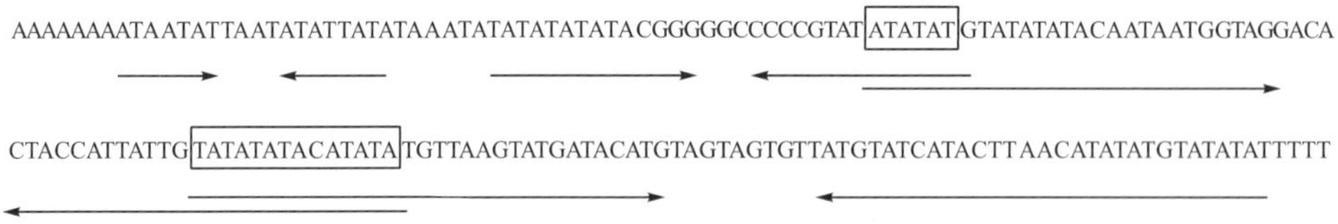

AAAAAAAATAATATTAATATATTATATAAATATATATATATACGGGGCCCCCGTATATATATGTATATATACAATAATGGTAGGACA

CTACCATTATTGTATATATACATATATGTTAAGTATGATACATGTAGTAGTGTTATGTATCATACTTAACATATATGTATATATTTTT

图 5-3 棘球属绦虫(*Echinococcus multilocularis*)线粒体 NR2 区反向重复序列(贾万忠等，2010)

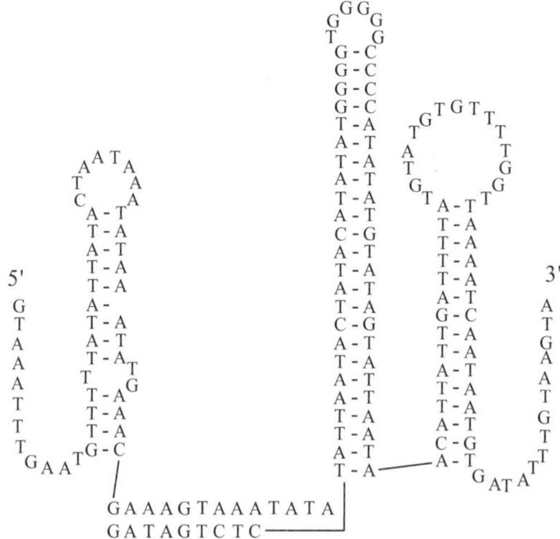

图 5-4 棘球绦虫(*Echinococcus granulosus* G1 型)线粒体 NR1 区的茎环结构(Le et al.，2002)

元共有 2 个，而它的反向序列 AGGCACATCAAACCGGATAAATT 也有 2 个，后者和前者相间排列，中间被其他短序列隔开(图 5-3)(贾万忠等，2010)。该区域序列即使是亲缘关系很近的扁形动物物种之间核苷酸差异性也很大，但是往往能形成富含茎环的复杂二级结构，如多房棘球绦虫 NR1 区的二级结构(图 5-4)(Le et al.，2002；贾万忠等，2010)。这些茎环结构类似于脊椎动物线粒体 DNA 中 D 环区附近的 3 个保守序列 CSB1～CSB3，是 DNA 与蛋白质结合时蛋白质(转录起始因子)的结合位点，因此该区域又被称为线粒体 DNA 复制与转录的调控区。

六、密码子使用

棘球绦虫的核染色体基因组采用生物体通用遗传密码子，而线粒体基因组采用扁形动物的线粒体遗传密码子(the echinoderm and flatworm mitochondrial code，transl_table9)，与核染色体基因组的通用遗传密码子(the standard code，transl_table1)相比，其特点为(贾万忠等，2010)：

①始密码子除广泛使用 ATG 作为起始密码子编码甲硫氨酸(蛋氨酸)外，部分基因如细粒棘球绦虫 *COII* 和 *ND4L* 基因利用 GTG 作为蛋白质翻译的起始密码子。此外，棘球绦虫线粒体基因利用 ATG 还是 GTG 作为起始密码子也是有一定规律的，如 *COIII* 基因的起始密码子均为 ATG，而 *COII* 基因的起始密码子几乎均为 GTG。

②终止密码子除使用 TAA 和 TAG 两个终止密码子外，有些基因如 *ND5* 基因的转录还使用 T/AA 作为终止信号，转录后加工时在 T 之后再插入 AA/A 作为蛋白翻译的终止密码子。TGA 在核基因组中是终止密码子，而在线粒体基因组中则编码色氨酸。棘球绦虫线粒体基因利用 TAA 还是 TAG 作为终止密码子也是有一定规律的，如 *ND5* 基因的终止密码子均为 TAA，*COII* 基因的终止密码子几乎均为 TAG，而 *CYTB* 基因的终止密码子 TAA 和 TAG 则约各占一半。

③使用与核基因组通用密码子不同的密码子，如 AGA 和 AGG 在线粒体中编码丝氨酸而非精氨酸，AAA 编码天冬酰胺(Asn)而非赖氨酸(Lys)。

七、棘球绦虫比较线粒体基因组学

①细粒棘球绦虫狭义种内 G1 与 G3 基因型线粒体基因组的比较：G1 和 G3 型线粒体基因组序列之间的比较表明，核苷酸的相似性为 99.49%，差异之处主要为单核苷酸多态性(SNP)，其次为碱基插入或缺失(Indels)，缺失长度为 1～4bp(贾万忠，2015)。

②加拿大棘球绦虫种内 G6～G10 基因型线粒体基因组的比较(除 G9 型外)：G6～G10 基因型的线粒体基因组长度几乎相同，G6 与 G7 之间核苷酸序列差异最小(0.43%)，而 G8 与其他 3 个基因型之间的核苷酸序列差异最大(3.21%～3.38%)。G6 和 G7 线粒体基因组之间的比较表明，差异之处也主要为单核苷酸多态性(SNP)，其次为碱基插入或缺失，缺失长度仅 1bp，且仅发生于 2 个位点；其次 G8 和 G10 线粒体基因组之间的比较表明，差异之处主要为单核苷酸多态性(SNP)，其次为碱基缺失或插入，缺失长度仅 1bp，且仅发生于 5 个位点(贾万忠，2015)。

八、线粒体基因组学研究的应用

传统的形态学方法有时难以对那些形态上相似，但在遗传方面却不同的虫种（隐藏种）加以鉴定。研究表明，核糖体 rRNA *18S* 基因、内部转录间隔区 1 和 2（*ITS1* 和 *ITS2*）被证明是鉴定绦虫可靠的遗传标记（Bowles and McManus，1993），但是使用线粒体基因来代替 rRNA 分子遗传标记用于分析和鉴定绦虫种类（特别是亲缘关系相近种或者虫株）、研究基因的变异现象等则可能更有效（Nakao et al.，2006）。

1.在棘球属绦虫分类学和进化研究中的应用

（1）棘球属绦虫分类学

目前棘球属绦虫的分子分类方法主要是基因分析法（Bowles et al.，1992；Moks et al.，2008），该方法在揭示棘球绦虫种株之间的关系方面显示了巨大的应用潜力。最初根据 *cox1* 和 *nad1* 基因片段的序列差异，人们将细粒棘球绦虫分为 G1～G10 型十种不同基因型，并且该分法与形态学、地理分布等传统方法所得到结果一致（Scott et al.，1997；Moks et al.，2008；Romig et al.，2015；Thompson et al.，2017）。之后，随着线粒体基因组序列的信息可视化，细粒棘球绦虫线粒体基因组序列研究表明，马株（G4 型）与其他虫株间的核苷酸差异在 10%以上，从这个意义上讲它完全具有独立种的分类学地位，命名为马棘球绦虫（Le et al.，2002）；牛株（G5 型）与其他虫株间的核苷酸差异在 6%以上，也具有独立种的地位，并命名为奥氏棘球绦虫（Nakao et al.，2006）。此外，普通绵羊株（G1）和水牛株（G3）间核苷酸差异很小，为细粒棘球绦虫狭义种外，G6、G7、G8 和 G10 型与普通绵羊株（G1 型）间核苷酸差异均超过 10%，因此它们应属于新种，命名为加拿大棘球绦虫（Nakao et al.，2006；Saarma et al.，2009）。此外，狮株线粒体基因组序列与 G1 型的差异也在 10%以上，因此也将其命名为狮棘球绦虫（Hüttner et al.，2008）。至此，有关细粒棘球绦虫内各虫株的分类地位得到初步解决。

（2）棘球属绦虫亲缘关系和分子进化分析

线粒体基因组序列分析不仅有效地解决了棘球绦虫属内种和株的分类学地位问题，而且也很好地解决了它们之间的亲缘关系或进化关系。棘球绦虫具有独特的繁殖方式：成虫为雌雄同体，以自体受精为主；中绦期（幼虫或者蚴）进行无性繁殖。棘球绦虫具有的双向发育和繁殖模式加速了遗传一致性种群的形成。而一个突变体变为一克隆种群的趋势将影响棘球绦虫种的形成，这又为其具有丰富的遗传多样性提供了可能。因此，棘球绦虫突变体的宿主可能会在成虫和幼虫间两个发育阶段切换中出现，而宿主可能对变异体的成功形成也起到适应性选择作用。根据线粒体基因组 12 个蛋白编码基因核苷酸序列构建的棘球属绦虫分子进化树（图 5-5）（Wu et al.，2018），其拓扑结构与 Nakao 等构建的系统发生树相似（Nakao et al.，2006）。

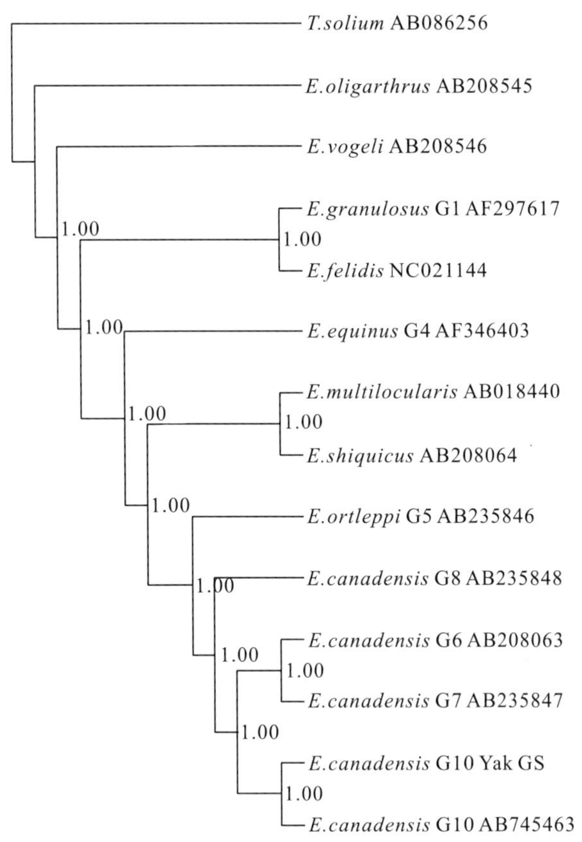

图 5-5　基于线粒体基因组的棘球属绦虫分子种系发生树（贝叶斯树）（Wu et al.，2018）

进化树显示（Wu et al.，2018）：①少节棘球绦虫和伏氏棘球绦虫位于进化树基部；②少节棘球绦虫与棘球属其他成员呈姊妹关系；③多房棘球绦虫与石渠棘球绦虫之间、细粒棘球绦虫狭义种（G1 和 G3 型）和狮棘球绦虫之间、奥氏绦虫和加拿大绦虫之间分别呈姊妹关系；④马棘球绦虫与加拿大棘球绦虫、奥氏棘球绦虫、多房棘球绦虫及石渠棘球绦虫形成一进化支；⑤加拿大棘球绦虫 G6～G10 基因型之间亲缘关系密切；⑥多房棘球绦虫和石渠棘球绦虫组成的节点与马棘球绦虫以及加拿大棘球绦虫几个基因型组成的节点之间的自展检验值比较低。

2.在分子流行病学调查中的应用

棘球绦虫的线粒体基因被视为有用的分子标记，愈来愈多地被应用于棘球绦虫种和基因型的鉴定与调查中。例如，利用线粒体基因序列分析发现，引起囊型棘球蚴病的病原体主要包括：细粒棘球绦虫狭义种（G1 和 G3 型），人、绵羊和牛等为中间宿主；加拿大棘球绦虫（G6 型），人、牛和骆驼等为中间宿主（Nakao et al.，2010；Rojas et al.，2014；Zhang et al.，2014；Yang et al.，2015）。另外，通过对来自病人和动物棘球蚴包囊样品的分子鉴定，可以确定棘球绦虫对人和动物致病性的强弱，对于棘球蚴病的防控具有重要意义。

3.在检测与诊断中的应用

棘球蚴病的有效防控取决于对病原体的准确鉴定与诊断。利用线粒体基因序列设计引物，通过 PCR、多重 PCR、RFLP-PCR 等方法可有效地对犬体内常见绦虫的卵等进行虫种鉴定，同时该类方法也可对形态学相似或者不易区分的棘球绦虫(蚴)的虫体、包囊或者虫卵进行区别，因此可用于现场大规模流行病学调查和基层推广，具有良好的应用潜力。例如，国内学者以线粒体 *ND6* 基因为分子标识，建立了直接 PCR 方法，可以快速、有效地对犬粪便以及中间宿主牛羊组织中的细粒棘球绦虫进行准确鉴定和区分，从而为动物棘球绦虫感染监测、环境中虫卵 DNA 检测、驱虫及防控效果的评价等提供便利(Zhan et al.，2019；詹佳飞等，2019)。

棘球绦虫线粒体基因组序列分析无论在分子分类、虫种鉴定、物种起源及分子进化，还是在疾病诊断与分子流行病学调查等多个领域都有着广阔的应用前景，并且在揭示棘球绦虫起源、分子进化、疾病传播等研究方面可能作用更为突出。

第二节 核基因组

世界卫生组织、世界动物卫生组织，以及许多国家都将棘球蚴病作为疫病防控的重点任务之一。中国已制定和颁布了《国家中长期动物疫病防治规划(2012—2020 年)》(国办发〔2012〕31 号)，其中将棘球蚴病防治作为 16 种优先防治病种之一。为了解决棘球蚴病诊断、治疗和控制中所面临的问题与挑战，2013 年英国剑桥大学维康基金会桑格研究所(wellcome trust sanger institute，WTSI)Berriman 博士领导的国际合作研究小组成功完成了对细粒棘球绦虫 G1 型和多房棘绦虫基因组序列的测序，相关成果发表在国际著名学术杂志《自然》(*Nature*)上(Tsai et al.，2013)。几乎与此同时，中国国家人类基因组南方研究中心、新疆医科大学第一附属医院、新畜牧科学院、中国科学院上海生命科学研究院、复旦大学、上海交通大学医学院附属瑞金医院、上海生物信息中心、上海超级计算中心等单位以及澳大利亚昆士兰医学研究所、立陶宛等国家的科学家，经过 4 年多的艰苦攻关，完成了细粒棘球绦虫 G1 型基因组测序和基因功能分析工作，相关论文发表在国际著名学术杂志《自然遗传》(*Nature Genetics*)上(Zheng et al.，2013)。2017 年阿根廷布宜诺斯艾利斯大学与巴西勒内拉佐研究中心和淡水河谷技术研究院合作，成功完成了对细粒棘球绦虫 G7 型(*E.canadensis*)基因组序列的测序，相关成果发表在国际学术杂志《BMC 基因组学》(*BMC Genomics*)上(Maldonado et al.，2017)。这些组学研究内容使得对棘球绦虫分子、细胞、组织、器官、个体及其生存环境等不同水平的研究更加深入和系统化，同时也为全面了解病原生物学、病理学以及寻找治疗棘球蚴病新型药物、控制病原传播的预防性疫苗和诊断制剂提供了理论依据和数据参考。本节将就细粒棘球绦虫和多房棘球绦虫基因组序列及其解析作一概述，以期为诊断制剂、药物、疫苗等的研制提供新的线索。

一、细粒棘球绦虫 G1/G7 型基因组

1.基因组特征

(1)基因组大小

借助 Roche 454 GS FLX 测序平台，细粒棘球绦虫 G1 型(绵羊株)的基因组被测定为 151.6Mb，与已知线粒体基因组全长序列(AF297617)比较，该基因组中线粒体基因组拼接的完整率达 97%，整个基因组草图序列准确率达 96%(Zheng et al.，2013)。此外，另一组研究人员对加拿大棘球绦虫 G7 型(猪株)的基因组测定发现，该基因组大小为 115Mb，但是由于测序深度所限(55x)，该基因组的完整性尚待进一步提高(Maldonado et al.，2017)。

(2)重复序列

细粒棘球绦虫 G1 型的基因组重复序列占基因组序列的 29.2%，加拿大棘球绦虫 G7 型的重复序列占基因组序列的 7.9%(Zheng et al.，2013；Maldonado et al.，2017)。同源注释表明，棘球绦虫基因组的重复序列具有种的特异性，重复序列不仅包括 *18S* rRNA 基因、*28S* rRNA 基因、微卫星序列、*Hsp70* 假基因等，还存在大量的 DNA 转座子(DNA transposons)、反转座子(retro-transponon)、长的散在核元件(long interspersed nuclear elements，LINEs)和短的散在核元件(short interspersed nuclear elements，SINEs)等，与其他扁形动物(如血吸虫)基因组的重复序列差异极大。

(3)编码基因预测

细粒棘球绦虫 G1 型的基因组预计编码 11325 个蛋白质基因，其中 4569 个蛋白具有同源基因信息注释，2949 个蛋白具有基因组百科全书数据库(KEGG)信息注释；此外整个基因组编码 158 个 tRNA 基因、5 个 *18S* rRNA 基因、3 个 *5.8S* rRNA 基因、1 个 *28S* rRNA 基因(Zheng et al.，2013)。加拿大棘球绦虫 G7 型的基因组预计编码 11449 个蛋白质基因，其中 6842 个蛋白具有同源基因、GO(gene ontology)或 KEGG 信息注释，4607 个蛋白被推测为假定蛋白；此外整个基因组编码 124 个 tRNA 基因、5 个 *18S* rRNA 基因、3 个 *5.8S* rRNA 基因、2 个 *28S* rRNA 基因、39 个 MicroRNA(Maldonado et al.，2017)。

2.扩增的基因/基因家族

通过基因组的比较证实，除了 B 抗原(EgAgB)为特异蛋白结构域家族，细粒棘球绦虫(G1/G7 型)扩增的基因或基因家族包括热休克蛋白 70(heat shock protein70，HSP70)基因家族、广谱应激蛋白家族(universal stress protein，USP)、动力蛋白轻链 1 型(dynein light chain type 1)、糖基转移酶家族 43(glycosyltransferase family 43)、前胸腺素(prothymosin)以及精氨酸 tRNA 蛋白转移酶(arginine-tRNA-protein transferase)等(Zheng et al.，2013；Maldonado et al.，2017)。

(1) **细粒棘球绦虫 B 抗原**

该家族又称“带科绦虫抗原家族”，属于分泌性抗原，广泛存在于 9 种扁形动物中，可用于棘球属和带属绦虫的特异性诊断。有关 B 抗原的功能将在第六章进行阐述，在此不再赘述。

(2) **热休克蛋白** 70 (HSP70)

该家族是生物生理活动中的一个重要的蛋白，在蛋白质折叠、应对细胞外界压力和细胞防御性应激过程中发挥着极其重要的作用。细粒棘球绦虫(G1/G7 型)拥有最多的 HSP 家族成员，且其表达量在棘球绦虫生活史的不同发育阶段呈现明显的阶段差异性，如 EG-09650 和 EG-10561 仅分别在成虫和包囊中表达，而 EG-08863 在细粒棘球绦虫发育的各个阶段均高表达。

(3) **广谱应激蛋白家族** (USP)

这类蛋白最初是从细菌中发现的，是一类与应激反应相关的小的细胞质蛋白。细粒棘球绦虫 G1 型中有 13 个 USP 家族成员，其数目多于日本分体吸虫(7 个)和曼氏分体吸虫(8 个)，而线虫不表达此类蛋白。该家族蛋白与 HSP70 在一起，推测可能是细粒棘球绦虫在漫长进化过程中所产生一套可用于应对来自宿主肠道中活性氧(reactive oxygen species，ROS)、多变 pH 和大量高活性蛋白酶等极端环境的应激反应机制。

(4) **动力蛋白轻链家族**

这类蛋白在真核生物纤毛、鞭毛的产力或者囊泡和细胞器在胞内的移动中发挥作用，其在细粒棘球绦虫呈现明显的扩增，表明这种蛋白可能与虫体组织入侵、适应不利寄生生活等相关。

3.营养与代谢

细粒棘球绦虫(G1/G7 型)基因组共编码 25 条完整通路(表 5-2) (Zheng et al.，2013；Maldonado et al.，2017)，其中包括糖酵解途径、三羧酸循环和戊糖磷酸途径，但缺失嘧啶、嘌呤以及大多数氨基酸的合成能力(仅可合成丙氨酸、天冬氨酸和谷氨酸)。研究发现，细粒棘球绦虫表达大量的蛋白酶或肽酶样蛋白(n=219)，如分泌性蛋白酶、细胞膜相关的蛋白酶、胞内的蛋白酶和(或)肽酶，以及 68 个蛋白质转运/氨基酸转运蛋白，因此虫体可以充分利用宿主的蛋白质和氨基酸，满足自身的营养需要。此外，细粒棘球绦虫由于没有角鲨烯合酶、角鲨烯单加氧酶等脂肪酸合成酶，与蛋白质合成一样，不能合成脂肪酸和脂肪；但是作为脂肪代谢上的补偿，细粒棘球绦虫通过编码 18 个脂肪酶、10 个低密度脂蛋白(LDL)受体、6 个清道夫受体、2 个三磷酸腺苷结合盒式转运体以及 1 个高密度脂蛋白受体(HDL)和 1 个长链脂肪酸转运蛋白，并结合胰岛素信号通路，可满足其生长发育对脂质和糖类的需要(图 5-6)。另外，细粒棘球绦虫基因组编码细胞质甾醇 O-酰基转移酶和跨膜的胆固醇酯酶，可以保证虫体从宿主中获得对胆固醇的需求。

表 5-2 细粒棘球绦虫完整的代谢途径(Zheng et al.，2013；Maldonado et al.，2017)

代谢途径	KO 编号
己糖二磷酸途径(embden-meyerhof-parnans pathway，EMP)	00010
三羧酸循环(TriCarboxylic acid cycle，TCA)	00020
戊糖磷酸途径(hexose monophophate pathway，HMP)	00030
半乳糖代谢(galactose metabolism)	00052
Ala，Asp，Glu 代谢(Ala，Asp，Glu metabolism)	00250
谷胱甘肽代谢(glutathione metabolism)	00480
甘油酯代谢(glycerolipid metabolism)	00561
丙酮酸代谢(pyruvate metabolism)	00623
硫辛酸代谢(lipoic acid metabolism)	00785
甘露糖代谢(mannose metabolism)	00051
MAPK 信号通路(MAPK signaling pathway)	04010
ERBB 信号(ERBB signaling)	04012
钙信号(calcium signaling)	04020
磷脂酰肌醇(phosphatidylinositol)	04070
沉默自噬调节通路(mTOR)	04150
Wnt 信号途径(Wnt)	04310
转化生长因子-β 途径(TGF-β)	04350
黏着斑(FOCAL adhesion)	04510
黏着连接(adherens junction)	04520
肌动蛋白细胞骨架调节(regulation of actin cytoskeleton)	04810
碱基切除修复(base excision repair)	03410
核苷酸切除修复(nucleotide excision repair)	03420
错配修复(mismatch repair)	03430
同源重组(homologous recombination)	03440
非同源末端连接(non-homologous end-joining)	03450

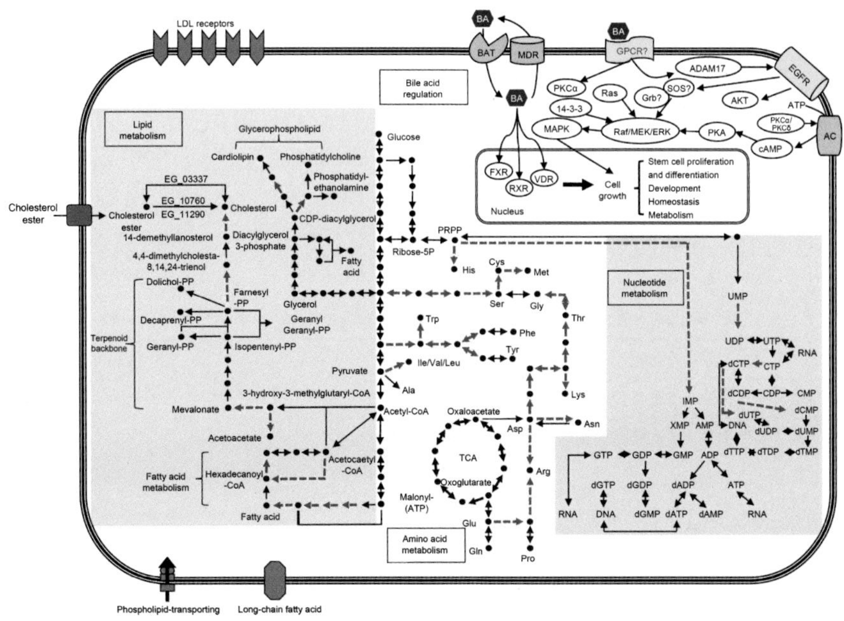

图 5-6 棘球绦虫葡萄糖、氨基酸、核酸和脂肪的合成与代谢途径(Zheng et al.，2013)

4.寄生相关信号通路

基因组测序发现，细粒棘球绦虫拥有 MAPK、ERBB 受体、Wnt、Notch、TGF-β、JAK-STAT 和胰岛素信号通路，但不编码成纤维细胞生长因子（FGF）和表皮生长因子（EGF），推测寄生虫可能使用宿主的信号蛋白或利用与宿主类似的同源基因和通路控制虫体细胞的增殖、分化以及细胞凋亡或死亡过程。此外，基因组注释信息表明，细粒棘球绦虫编码大量参与信号通路转导的酶和信号分子，包括 11 个细胞因子受体、12 个核受体、25 个 G 蛋白偶联受体（GPCRS）和其他的重要组成部分，它们共同参与细粒棘球绦虫细胞生理的调控过程。

5.免疫逃避与调控

细粒棘球蚴在人体内最长能存活 53 年，研究显示虫体能够选择性地产生一些成分来调控宿主的免疫反应，从而达到逃避宿主免疫攻击的效果。抗原 B 是细粒棘球蚴一个特异的抗原，细粒棘球绦虫基因组共编码 7 个 B 抗原基因，这些抗原能够分泌到体外，且具有一定的结构变化性，在免疫逃避中发挥重要作用。另外，细粒棘球绦虫还表达和释放蛋白酶，可消化宿主的蛋白质和蛋白酶抑制分子以避免被宿主蛋白酶消化，其中最具代表的是在成虫、六钩蚴和囊泡中高水平表达的分泌蛋白，这些蛋白可以充当细粒棘球绦虫和宿主之间的信使，影响宿主免疫系统的细胞因子网络和信号转导通路，甚至抑制一些重要的酶而导致宿主免疫抑制、转移和改变，从而达到调控宿主的免疫系统，实现逃避免疫反应目的。

6.药物靶标与疫苗候选

目前细粒棘球蚴病的治疗药物包括吡喹酮和苯并咪唑类，但疗效均不够理想，因此急需寻求新的抗虫药物或药物靶点。通过基因组分析，研究人员找到了 72 个潜在的新药物靶点，包括 GPCRs、丝氨酸/苏氨酸和酪氨酸蛋白激酶、丝氨酸蛋白酶和核激素（表 5-3）（Zheng et al.，2013）。同时，离子通道作为未来驱虫药物研发的理想目标，在细粒棘球绦虫基因组中，研究人员鉴定得到 29 个配体门控离子通道，39 个电压门控阳离子通道，5 个氯离子通道以及 9 个其他类型通道，其中包括 7 个烟碱乙酰胆碱受体，它们都是新药研制理想的作用靶点，对将来细粒棘球蚴病的药物治疗具有重要参考意义。

表 5-3 细粒棘球绦虫药物靶点候选（Zheng et al.，2013）

基因 ID	转录序列数				基因名称
	成虫	六钩蚴	原头蚴	包囊壁	
EG_00047	2	1	0	0	hypothetical protein
EG_00434	1	0	7	2	Muscarinic acetylcholine receptor M5
EG_00539	2	1	1	1	Orexin receptor type
EG_00585	4	0	4	2	Probable G-protein coupled receptor
EG_00654	0	1	2	0	FMRFamide receptor
EG_01208	1	0	1	0	conserved hypothetical protein
EG_01304	0	0	4	0	FMRFamide receptor

续表

基因 ID	转录序列数				基因名称
	成虫	六钩蚴	原头蚴	包囊壁	
EG_01417	0	0	2	2	conserved hypothetical protein
EG_01547	9	1	8	5	putative neuropeptide Y receptor
EG_01746	0	1	3	0	G-protein coupled receptor fragment
EG_01843	0	0	1	0	Kappa-type opioid receptor
EG_01868	0	0	1	0	probable G-protein coupled receptor
EG_02040	5	0	12	6	growth hormone secretagogue receptor type 1
EG_02068	2	0	0	5	peptide (allatostatin/somatostatin) -like receptor
EG_02268	2	0	10	2	pyroglutamylated RFamide peptide receptor
EG_02461	0	0	1	0	rhodopsin-like orphan GPCR
EG_02609	4	0	8	4	rhodopsin-like orphan GPCR
EG_02845	0	0	0	0	rhodopsin-like orphan GPCR
EG_03193	0	0	0	0	peptide (allatostatin/somatostatin) -like receptor
EG_03510	0	0	2	0	pyroglutamylated RFamide peptide receptor
EG_04671	0	0	6	1	FMRFamide receptor
EG_04681	3	0	3	0	rhodopsin-like orphan GPCR
EG_04846	1	0	1	0	neuropeptide Y receptor
EG_06242	0	0	0	10	neuropeptide Y receptor
EG_06357	1	0	0	7	rhodopsin-like orphan GPCR
EG_06560	0	0	0	1	neuropeptide Y receptor type 5
EG_06944	0	1	3	5	alpha-1A adrenergic receptor
EG_07190	1	0	0	0	hypothetical protein
EG_07906	3	0	8	0	probable muscarinic acetylcholine receptor gar-2
EG_08220	1	0	5	0	GH16314 gene product from transcript GH16314-RA
EG_08773	0	0	2	0	probable G-protein coupled receptor
EG_08861	1	0	0	1	neuropeptide S receptor
EG_01863	5	0	9	9	nuclear receptor subfamily 2 group C member 2
EG_04794	5	0	15	2	knirps-related protein
EG_08428	5	0	18	7	nuclear hormone receptor family member nhr-48
EG_06483	11	1	2	5	transmembrane protease
EG_07107	1	0	8	0	cytosolic carboxypeptidase
EG_00574	0	0	13	1	fibroblast growth factor receptor
EG_02691	3	0	7	13	macrophage colony-stimulating factor 1 receptor
EG_02729	2	0	11	11	ALK tyrosine kinase receptor
EG_06852	4	0	10	0	atrial natriuretic peptide receptor
EG_05704	3	0	2	3	carbonic anhydrase
EG_03052	1	0	0	1	lysine-specific histone demethylase
EG_08784	2	1	13	21	conserved hypothetical protein
EG_02143	1	0	1	0	phenmedipham hydrolase
EG_07475	1	0	3	3	cholinesterase
EG_08546	8	0	14	9	para-nitrobenzyl esterase
EG_01295	2	0	2	6	probable G-protein coupled receptor
EG_07810	4	3	13	4	EGF，latrophilin and seven transmembrane domain-containing protein

续表

基因 ID	转录序列数				基因名称
	成虫	六钩蚴	原头蚴	包囊壁	
EG_02585	24	0	9	17	glutamate receptor，ionotropic，invertebrate
EG_00409	4	0	1	0	conserved hypothetical protein
EG_01159	0	0	0	1	conserved hypothetical protein
EG_02351	0	0	0	0	conserved hypothetical protein
EG_03902	2	0	6	3	FMRFamide-activated amiloride-sensitive sodium channel
EG_04460	0	0	1	1	acid sensing ion channel 4 pituitary
EG_05520	0	0	1	0	conserved hypothetical protein
EG_05521	1	0	2	1	FMRFamide-activated amiloride-sensitive sodium channel
EG_05798	1	0	0	0	FMRFamide-activated amiloride-sensitive sodium channel
EG_06322	0	0	1	2	FMRFamide-activated amiloride-sensitive sodium channel
EG_06641	0	0	0	0	amiloride-sensitive sodium channel-related
EG_11272	0	0	1	0	amiloride-sensitive sodium channel-related
EG_10199	3	3	1	4	protein prenyltransferase alpha subunit repeat-containing protein
EG_00011	4	0	10	4	retrovirus-related Pol polyprotein from transposon
EG_01493	12	0	28	16	transposon Ty3-I Gag-Pol polyprotein
EG_01838	0	0	0	0	retrovirus-related Pol polyprotein from transposon
EG_05213	0	0	0	0	retrovirus-related Pol polyprotein from transposon
EG_06406	0	0	5	2	retrovirus-related Pol polyprotein from transposon
EG_07570	0	0	0	0	retrovirus-related Pol polyprotein from transposon
EG_05623	2	0	1	0	uncharacterized sodium-dependent transporter
EG_05624	4	1	3	3	uncharacterized sodium-dependent transporter
EG_05625	0	1	4	0	uncharacterized sodium-dependent transporter
EG_05136	4	0	1	1	galectin-3-binding protein A

此外，研究表明 Eg95 疫苗可以诱导绵羊产生几乎 100%的保护力抵抗细粒棘球绦虫感染。在细粒棘球绦虫基因组中，研究人员鉴定得到 7 个编码 Eg95 的基因以及相关基因，如蛋白酶抑制剂和四跨膜蛋白酶。这些基因在六钩蚴阶段呈现特异性高度表达，是棘球蚴病疫苗防控的理想疫苗候选(表 5-4)。

表 5-4 细粒棘球绦虫疫苗候选(Zheng et al.，2013)

基因 ID	转录序列数				基因名称
	成虫	六钩蚴	原头蚴	包囊壁	
EG_07633	2	2700	1	8	hypothetical protein
EG_05614	2	806	0	0	eg95
EG_07993	3	554	0	0	diagnostic antigen gp50
EG_00010	1	533	0	0	host-protective antigen
EG_08805	2	481	0	0	eg95
EG_05439	2	329	1	0	hypothetical protein
EG_10541	4	266	1	5	eg95
EG_08098	1	222	0	0	gli pathogenesis-related 1

续表

基因 ID	转录序列数				基因名称
	成虫	六钩蚴	原头蚴	包囊壁	
EG_06806	1733	209	21	83	antigen B3
EG_06928	1	185	0	0	eg95
EG_09040	16	133	0	0	hypothetical protein
EG_04940	2	125	13	1	novel hemicentin protein
EG_08721	6	108	0	0	serine protease inhibitor- with kunitz and wap domains 1
EG_04657	18	98	30	50	reticulon-4 (neurite outgrowth inhibitor)
EG_00394	0	72	0	0	e74-like factor 2 (ets domain transcription factor)
EG_05449	0	66	12	23	hypothetical protein
EG_04921	1	65	0	0	hypothetical protein
EG_03592	64	61	24	36	low-density lipoprotein receptor
EG_05345	48	55	11	42	proteasome (macropain) beta 1
EG_00715	146	33	69	154	tetraspanin 1-TSP6 [Echinococcus multilocularis]
EG_11122	0	30	0	0	eg95
EG_06751	2	27	0	0	eg95
EG_10281	79	24	12	12	eg95
EG_11043	2	10	0	82	tetraspanin 1-TSP1 [Echinococcus multilocularis]

二、多房棘球绦虫基因组

1.基因组特征

多房棘球绦虫染色体数目为 18 条，其中 3 号和 5 号染色体相对应于曼氏分体吸虫的性染色体 Z。整个基因组大小为 115Mb，是目前棘球属中组装质量最高、最完整的参考基因组，其大小比细粒棘球绦虫略小，但仅为曼氏分体吸虫基因组(380Mb)的 1/3，其原因可能与多房棘球绦虫基因组重复序列较少有关(Tsai et al.，2013)。此外，多房棘球绦虫全基因组共含有 308 个潜在多顺反子，其中最大的多顺反子由 4 个基因组成，基因在多顺反子中的排列次序在绦虫之间、绦虫与吸虫之间大体相似，反映了物种进化历史长河中多顺反子基因次序的保守性。根据转录组测序数据，多房棘球绦虫的基因组共编码 10345 个蛋白基因。

2.扩增或特有的基因/基因家族

与细粒棘球绦虫类似，多房棘球绦虫基因组中扩张最突出的基因家族为热休克蛋白 70(HSP70)家族，总拷贝数为 22 个，但是多房棘球绦虫 HSP70 缺乏典型细胞质 HSP70 特征，例如，不含 EEVD 基序和 GGMP 重复单元，同时表达水平很低，几乎不表达，而典型细胞质 HSP70 在不同的生活史阶段呈组成型表达。另外，多房棘球绦虫约 40%的 HSP70 样基因位于染色体亚端粒区域，包括 8 号染色体一个极端的例子(在 8 号染色体亚端粒区域有 8 个基因拷贝)(Tsai et al.，2013)。

永生化成体干细胞(neoblast)介导扁形动物的超强再生能力和发育的可塑性，但是绦虫和吸虫缺少干细胞 *vasa* 基因分子标记。相反，棘球绦虫拥有 2 个拷贝的另一个 dead-box 解旋酶基因(*PL10*)(dead-box 为 ATP 依赖的 RNA 解旋酶家族)，推测它可能行使 *vasa* 基因的功能。同样，绦虫和吸虫也丧失 *Piwi* 基因亚家族和含 *Piwi* 互作 tudor 功能域蛋白。相反，棘球绦虫具有一新的 Argonaut 亚家族蛋白，它可能结合一个新发现潜在小 RNA 前体分子。研究表明，*Piwi* 和 *vasa* 两个基因在调控动物生殖干细胞的命运方面是必要的，抑制 *vasa* 的表达常常造成动物不育或者死亡。这些发现说明，寄生性扁形动物中与干细胞相关的信号通路可能被高度修饰了。

3.营养与代谢

与细粒棘球绦虫类似，多房棘球绦虫基因组注释信息揭示，虫体总体的代谢能力显著降低，而对营养物质的吸收能力大大加强。多房棘球绦虫的主要能源来自碳水化合物的有氧代谢或者两种厌氧旁路代谢(乳酸酵解和苹果酸歧化反应)。在脂类代谢方面，多房棘球绦虫缺乏从头合成脂肪酸和胆固醇的能力。因此，与细粒棘球绦虫一样，虫体可利用自身脂肪酸转运蛋白和脂类延伸酶从宿主体内摄取及延伸必需脂肪酸。另外，虫体特有的蛋白家族，如某些脂肪酸结合蛋白(fatty acid binding protein，FABP)和载脂蛋白抗原 B 家族，也可以帮助参与脂肪酸的摄取。与吸虫一样，多房棘球绦虫丧失了许多与过氧化物酶体相关的基因，该酶体是进行脂肪酸氧化的主要酶类。在氨基酸代谢方面，棘球绦虫的这种能力进一步降低，多房棘球绦虫直接缺失丝氨酸和脯氨酸合成酶，同时参与钼喋呤生物合成途径的酶或者以钼喋呤作为辅助因子的酶也均在多房棘球绦虫中缺失。另外，同细粒棘球绦虫一样，多房棘球绦虫只拥有一种细胞色素 *P450* 基因，表明扁形动物氧化异源物质和类固醇的能力显著地低于宿主本身。值得注意的是，绦虫的硫氧还蛋白——谷胱甘肽还原酶(thioredoxin glutathione reductase，TGR)将氧化和还原两种功能融为一体，可有效维持机体氧化还原的平衡状态，同时这些丰富多样的硫氧还蛋白、谷氧还蛋白和谷胱甘肽 S 转移酶(glutathione S-transferase，GST)也增加了虫体对其防治药物的药代动力学的复杂性(Pakharukova et al.，2015)。

4.药物靶标

广泛用于抗多房棘球蚴(包囊)的药物只有一类，即苯并咪唑类。但是其有明显的副作用，以及使用时只能抑制包囊生长而不能杀灭包囊，因此研发新型药物和发现新的药物靶标在防治多房棘球蚴病上也同样迫在眉睫。通过比较多房棘球绦虫和动物或人类宿主基因组序列，寻找两者之间的差异，可有效鉴别对多房棘球绦虫病的新药物靶点。另外，通过寻找相似性，研究人员发现了一些现有药物活性作用靶点，将这些靶点用于已上市或批准用于其他用途治疗的一些药物，可以节约研发新药物的时间和金钱。例如，多房棘球蚴病的许多过程都类似于癌性肿瘤，表明绦虫有可能对癌症治疗药物敏感，如对抑制细胞分裂和阻止 DNA 复制的药物敏感。同时绦虫丧失合成对幼虫发育至关重要的必需脂肪和胆固醇的能力，但它们能从宿主体内获取这些物质，因此绦虫中最活跃的基因对于这一获取过程至关重要，它们是结合脂肪的蛋白质或脂肪酸结合蛋白的前体，使用现有药物破坏这些蛋白有可能是一种有效的治疗途径。

此外，通过对现有药物普通靶标的调查，发现了包括蛋白激酶、蛋白酶、G 蛋白偶联受体和离子通道等在内的目标分子，如 151 个蛋白酶、63 个多肽酶样蛋白质、22 个新的神经多肽酶、60 多个潜在的 G 蛋白偶联受体和 31 个配体门控离子通道。同时研究人员还揭示了目前部分药物治疗无效的生物学本质（Zheng et al.，2013）。例如，靶向乙酰胆碱可以成功用于治疗疟疾和吸虫，但却无法治疗棘球蚴病，其原因在于棘球蚴中乙酰胆碱酯酶的表达水平极低，说明了以其为药物靶标无疗效的原因。再者，一个电压门控性钙通道亚单位可能是吡喹酮的作用靶标，但是该基因在棘球蚴阶段不表达，因此该药物对棘球蚴（包囊）效果较差。基于此，如何得到更为可靠和有效的抗多房棘球蚴药物以及药物作用靶标成了当前研究的难点和热点。相关报道证实，德国维尔茨堡大学的 Brehm 所领导的研究小组目前正在利用实验室培养的绦虫细胞对基因组中鉴定出的许多潜在药物进行验证，以期获得更为有效的抗虫药物来解决当前治疗多房棘球蚴病所面临的困窘，从而减轻该病患者的精神痛苦和经济负担。

第三节　转　录　组

转录组（transcriptome）是指特定细胞在某一功能状态下所能转录出来的所有 RNA 的总和，包括 mRNA 和非编码 RNA（张春兰等，2012）。利用第二代甚至第三代测序技术结合高效的组装软件可以得出更庞大、可信度更高的转录本数据，再通过各种公共数据库对得到相应的功能或蛋白区域进行注释，可从分子层面解释棘球绦虫寄生现象和寄生本质提供理论依据。目前，利用高通量测序技术已获得的棘球绦虫转录组包括：细粒棘球绦虫 G1 和 G7 型以及多房棘球绦虫（Brehm et al.，2002；Parkinson et al.，2012；Zheng et al.，2013；Pan et al.，2014；Huang et al.，2016；Maldonado et al.，2017；Debarba et al.，2018）。

一、细粒棘球绦虫

细粒棘球绦虫 G1 型（绵羊株）呈世界性分布。Parkinson 等（2012）以细粒棘球绦虫 G1 型为模型，对其幼虫阶段的三个不同时期细粒棘球蚴包囊壁、原头节（存在于包囊内）以及蛋白酶/H^+激活原头节进行了转录组测序分析（Parkinson et al.，2012）。借助构建的 6 个全长 cDNA 文库，研究人员共获得 2700 个基因，约占虫体基因组总编码基因（n=11000）的 20%。比较分析表明，三个时期特异表达的 ESTs：囊壁 226 个、原头节 173 个、胃蛋白酶/H^+激活原头节 89 个。功能注释表明，三个时期存在大量的长非编码转录本，这些转录本与细粒棘球绦虫中等重复原件 EgBRept 同源，推测它们可能是作为一类活性分子或小 RNA 前体（如 piRNA）参与绦虫寄生过程。另外，研究人员在包囊壁发现与发酵和糖异生相关的通路基因（如乳酸脱氢酶 LDH 在糖代谢以及果糖-1，6-二磷酸酶 PEPCK 在糖异生）呈现表达量上调，揭示：①乳酸可能是细粒棘球绦虫糖代谢的主要终产物；②葡萄糖是细粒棘球绦虫能量代谢的主要底物，而糖原则是其最主要的能量储存物质。与此同时，尽管硫氧化蛋白谷胱甘肽还原酶（TGR）在这三个时期缺乏，但是直接或间接以 TGR 为中心的抗氧化酶如过氧化还原酶（PRX）、谷胱甘肽超氧化物酶（GPX）、硫氧还蛋白（TRX）、硒醇蛋白 W、氧还蛋白（GRX）和甲硫氨酸亚砜还原蛋白（MSR）均在上述三个阶段呈现高表达，反映了细粒棘球绦虫为应对来自宿主或虫体自身的氧化物或活性氧损害而形成自我抗氧化保护机制。此外，研究人员还在细粒棘球蚴包囊壁中找到了与其进行“无性增殖”可能相关的孤雌生殖候选基因，它们广泛富集黏蛋白样结构，因此推测与细粒棘球蚴生长、发育密切相关。目前，相关数据已上传 dbEST 数据库（https://www.ncbi.nlm.nih.gov/dbEST/index.html）。这些数据为深入研究和了解细粒棘球绦虫的生长、发育、代谢及寄生适应奠定了基础。最后，研究人员在细粒棘球蚴转录组中鉴定得到大量新的阶段特异高表达基因，它们是适宜的药物靶点，可用于将来棘球属绦虫的防控。通过对比 PFAM 数据库，2700 个基因中存在 2584 个肽段，经 ESTs 数据库比较，发现分布最多的四个区域属于冠轮动物，包括 WD 结构域、RNA 识别基序、锚蛋白重复序列和 EF 手型。另外，膜联蛋白和 Like-Sm 核糖体蛋白域（LSM）被确定作为绦虫特有蛋白。SimiTri 分析表明，细粒棘球绦虫的转录组与多房棘球绦虫和猪带绦虫接近，BLAST 揭示，细粒棘球绦虫转录组中有 391 个基因只与扁形动物门有序列相似性，因此这些序列可以筛选作为新的潜在的扁形动物门药物靶位点。

综上所述，细粒棘球绦虫 G1 型（绵羊株）转录组的测定揭示了：①多个与中等重组单元（EgBRep）有同源性的非编码转录本；②囊壁组织中参与发酵途径基因呈上调表达；③虫体存在以硫氧还原蛋白谷胱甘肽还原酶为枢纽的抗氧化体系；④细粒棘球蚴组织富含黏蛋白结构，这对其在中间宿主体内的生存至关重要；⑤鉴定得到扁形虫特异基因，为研发新的药物提供了信息参考。这些结论随后在细粒棘球绦虫 G1 型（绵羊株）的基因组学研究中被证实（Zheng et al.，2013）。最近，Maldonado 等完成了对细粒棘球绦虫 G7 型（猪株）棘球蚴转录组测序（Maldonado et al.，2017），同样相关结果与 Parkinson 等（2012）报道的类似。

此外，Debarba 等（2018）对细粒棘球绦虫 G1 型（羊株）原头蚴体外培养的四个阶段，即原头蚴刚分离时期、原头蚴胃蛋白酶处理、原头蚴体外培养 12h 及 24h 进行了转录组测序分析，以期发现原头蚴早期逐步形态改变过程中所涉及的基因及功能变化（Debarba et al.，2018）。结果表明，原头蚴早期四个阶段呈现差异表达的基因数目达 818 个，可细分为 8 个表达特征簇，涉及的功能主要包括虫体信号传导、酶以及蛋白质修饰。该研究获得的原头蚴早期发育相关基因为将来深入了解细粒棘球绦虫复杂发育及生活史过程提供了线索。

二、多房棘球绦虫

目前维康基金会桑格研究所在 SRA 数据库公布了多房棘球绦虫的转录组数据（26.2 Gb），包含了多房棘球绦虫再生培养 3 周的初生细胞（六钩蚴向续绦期转变的后期）、中绦期包含生发囊的囊泡（早熟的头节成分）以及成熟期阶段成虫的基因表达情况，可以说该转录组数据涵盖了多房棘球绦虫完整的生活史发育，为后续深入研究多房棘球绦虫生长、发育以及寄生适应提供了数据基础（Tsai et al.，2013）。除此之外，Huang 等（2016）还完成了多房棘球绦虫激活前、后六钩蚴以及中绦期早期三个不同阶段的转录测序，从中筛选的大量可用于血清学诊断和疫苗研究的抗原候选，如在激活六钩蚴时期表达的 gp50 和 Eg95、中绦期早期高表达的 B 抗原家族，以及三个阶段均表达的休克蛋白和抗原 II/3(Huang et al.，2016)。最近，Liu 等(2017)又在对多房棘球绦虫原头蚴的转录测序中证实其与细粒棘球绦虫类似，存在大量可变剪切事件(*n*=6644)。经 KEGG 注释表明，这些事件似乎与嘌呤、脂肪酸、半乳糖以及甘油酯代谢，Jak-STAT、VEGF、Notch 以及 GnRH 信号传导，RNA 转运以及 mRNA 监控路径等遗传信息处理过程相关。

第四节　非编码 RNA

人类基因组研究结果显示，蛋白编码基因只占了整个基因组的 1.5%，而剩余的绝大多数基因组被转录，同时产生了大量的不翻译为蛋白质的非编码 RNA(noncoding RNA，ncRNA)。非编码 RNA 根据分子量分为以下两类：一类是相对分子量较小的 RNA，包括核内小分子 RNA(small nuclear RNA，snRNA)、核仁小分子 RNA(small nucleolar RNA，snoRNA)、微小 RNA(microRNA 或 miRNA)、piwi-interacting RNA(piRNA)和干扰小 RNA(small interfering RNA，siRNA)；另一类是相对分子量较大的 RNA，包括长度大于 200 个核苷酸的长非编码 RNA(long non-coding RNA，lncRNA)和环状 RNA(circular RNA，circRNA)(Batista and Chang，2013；Bartel，2018；Lekka and Hall，2018)。研究表明，细粒棘球绦虫和多房棘球绦虫基因组的 86%～90%区域可转录为非编码 RNA(Tsai et al.，2013)，并且这些非编码 RNA 如 miRNA 和 lncRNA 可以直接参与虫体发育和分化中基因表达与疾病形成机制的调控(Ancarola et al.，2017；Yu et al.，2018)。因此本节将对细粒棘球绦虫和多房棘球绦虫这两个棘球属代表的 miRNA 和 lncRNA 研究现状作一简要概述，以期为棘球属绦虫发育、分化与致病调控机制研究提供参考。

一、微小 RNA

微小 RNA 广泛存在于动植物，甚至单细胞生物以及病毒中，是一类由内源基因编码的长度为 19～25 个核苷酸的非编码单链 RNA 分子，具有高度的进化保守性。其通过与靶标 mRNA 的 3′端的非翻译区(3′-Untranslated Region，3′-UTR)特异性结合，从而降解靶标 mRNA 或抑制其翻译，使其在转录后水平调控基因的表达(王明阳等，2018)。在细胞核中，编码 miRNA 的基因在 DNA 合酶 II 的作用下转录成 miRNA 前体(pre-miRNA)，再由细胞核内的 RNAse3-Drosha 酶经加工剪切为 70 个核苷酸，形成类似发夹结构的 pre-miRNA。pre-miRNA 在核转运蛋白 Exportin5 的作用下，从细胞核内运输到细胞质中，在细胞质中 RNAse3-Dicer 酶的作用下，pre-miRNA 被剪成双链的 miRNA，成熟的 miRNA 与其互补的序列结合成双螺旋结构，随后双螺旋解旋，其中一条与 RNA 诱导沉默复合物 RISC 结合，识别靶 mRNA 并阻止其翻译(Bartel，2004；Wang et al.，2016)(图 5-7)。

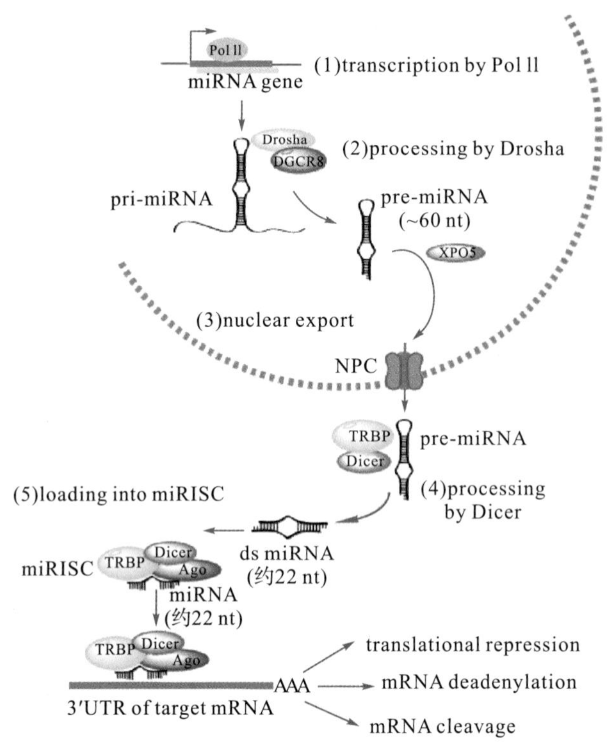

图 5-7 miRNA 的生物起源及作用方式(Lekka and Hall，2018)

2011 年，Cucher 等首次从细粒棘球绦虫中鉴定和预测到部分 miRNAs(Cucher et al.，2011)。随后越来越多的证据表明，miRNA 广泛表达于棘球属绦虫，并且在细粒棘球绦虫和多房棘球绦虫细胞内还发现大量呈现组织特异性和时序性表达的 miRNAs(Ancarola et al.，2017；Guo and Zheng，2017；Yu et al.，2018)。这些研究提示了 miRNA 在棘球属绦虫发育生物学及诱发疾病中的重要意义。目前有关细粒棘球绦虫和多房棘球绦虫 miRNA 的信息均可在专门的数据库(http://microrna.sanger.ac.uk/)中进行检索。

1.细粒棘球绦虫微小 RNA

Cucher 等(2011)测定了来源于猪肝脏和肺脏的细粒棘球绦虫原头蚴和二级棘球蚴(Secondary hydatid cysts)的miRNA表达谱，总共发现了34条miRNAs，其中有4条miRNAs和 5 条新 miRNAs，并发现 miR-new29 和 miR-new30 是细粒棘球绦虫特有的 miRNAs；miR-2 和 miR-125 是两条表达量最高的 miRNA，均在序列 3′端的第一个位点具有较大的变异性，推测在发育中发挥重要作用；miR-124b 和 miR-87 的表达水平高于其成熟 miRNA，说明它们可能在细粒棘球绦虫的发育过程中扮演着重要角色(Cucher et al.，2011)。另外，发现 miR-2b 和 miR-71 组成了长 288bp 的基因簇，另一个基因簇长 213bp，包括 miR-277 和 miR-new26。这些基因簇可能受到单一启动子调控，进而被转录为独立的多顺反子。此外，发现 miRNA 具有阶段表达和组织表达特异性，miR-2、miR-71、miR-9、miR-10、let-7 和 miR-277 在头节和二期包囊的囊壁表达，但是 miR-125 在子囊的头节中表达，miR-2 和 miR-71 在两种囊泡中均有表达，miR-2、miR-71 和 let-7 在头节和中绦期幼虫包囊壁中高表达，它们的靶基因参与了多个物种和细胞的发育时间及阶段转变的调控，由此推测 miR-125、miR-2 和 let-7 在细粒棘球绦虫发育过程中发挥着非常重要的作用(Cucher et al.，2011)(图 5-8)。

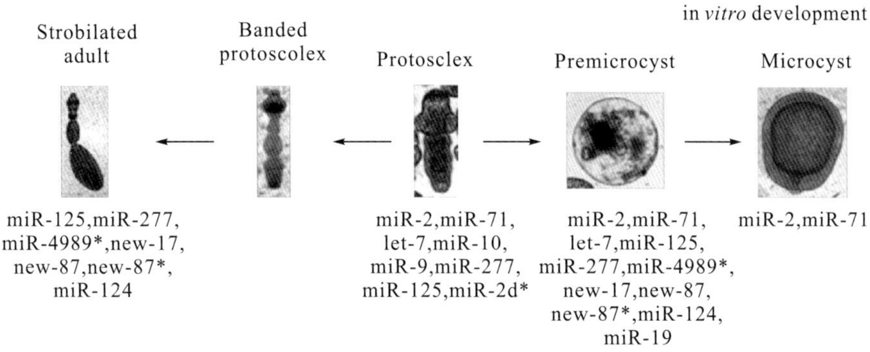

图 5-8　在细粒棘球绦虫不同发育阶段表达的 miRNA(Cucher et al.，2011)

随着高通量技术的发展，Bai 等(2014)对细粒棘球绦虫的 miRNA 进行了重测序，并对前人的数据进行了补充。从细粒棘球绦虫成虫、原头蚴和包囊壁的 miRNA 表达谱中，研究人员共发现了 94 条 pre-mRNAs(编码 91 条成熟 miRNAs 和 39 条 miRNAs)，其中有 42 条成熟 miRNA 和 39 条 miRNA 在三个发育阶段有不同的表达模式。miR-71 是表达量最为丰富的 miRNA，其表达模式与日本血吸虫和秀丽隐杆线虫相似。在成虫组织中鉴定出了 43 条 miRNAs(22 条上调和 21 条下调)，包囊壁中鉴定出了 42 条 miRNAs(4 条上调和 38 条下调)，并发现有 25 条 miRNAs(22 条上调和 3 条下调)和 24 条 miRNAs 分别特异性地在成虫和包囊阶段呈差异表达。miR-125、miR-277、miR-4989、new-17、new-87 和 new-87*在成虫阶段上调，但是在包囊壁中下调，而 miR-124a 和 miR-124b 的表达趋势与前面 6 条 miRNAs 相反，由此推测它们的功能可能与原头蚴发育为成虫或继发性棘球蚴包囊有关。GO 聚类显示差异表达 miRNA 及其靶基因可能参与了细粒棘球绦虫的双向发育、营养代谢和神经系统发育。此外，在细粒棘球绦虫中未发现可能与纤毛细胞、肠道和感觉器官有关的 22 个保守 miRNA 家族，提示扁形动物门中缺失的保守 miRNA 位点在寄生虫的系统发生学中并不是一个随机事件(Zheng et al.，2013)。

2.多房棘球绦虫微小 RNA

Cucher 等(2015)采用高通量技术测定了多房棘球绦虫中绦期幼虫的 miRNA，并分析了其与加拿大棘球绦虫(G7 型)中绦期幼虫 miRNA 表达谱的差异(图 5-9)(Cucher et al.，2015)，发现分别有 37 条和 32 条成熟 miRNAs 在多房棘球蚴和加拿大棘球蚴(G7 型)表达，两个绦虫种间有 99.1%的成熟序列具有一致性，但是仅有 85.7%是完全一致且两个虫种共有的，如 miR-10、let-7、bantam、miR-71 和 miR-9。多房棘球绦虫中有 50%的保守 miRNA 与曼氏血吸虫(*Schistosoma mansoni*)有遗传的线性关系(Cai et al.，2016)。miRNA 位于多房棘球绦虫的不同染色体中，50%的 pre-miRNA 主要分布在最大的两条染色体(1 号和 2 号染色体)中；在 7 号和 8 号染色体中没有分布，仅有一条新的 pre-miRNA(new-1)位于 8

号染色体；let-7 和 miR-1992 位于最小的 9 号染色体。多房棘球绦虫中 81.1%(30/37)的 pre-miRNAs 位于基因间区域，18.9%(7/37)位于蛋白编码基因的内含子中，已经注明了内含子来源的 pre-miRNAs，如 miR-96、miR-190、miR-3479b 和 miR-184。部分 miRNAs 的表达在多房棘球绦虫和加拿大棘球绦虫(G7 型)中绦期幼虫中有差异，miR-10-5p、miR-87-5p、miR-277-3p、miR-new-1-3p 和 miR-new-2-3p 仅在加拿大棘球绦虫(G7 型)幼虫中表达量上调，而 bantam-3p、miR-2a-3p、miR-2c-3p、miR-36a-3p、miR-36b-3p、miR-124a-3p、miR-124b-3p 和 miR-125-5p 在多房棘球绦虫蚴中上调。miRNA 的产生和表达具有物种特异性，miR-31-5p 和 miR-31-3p 仅在多房棘球绦虫中表达，而 miR-new-3-3p 和 miR-4990 仅在加拿大棘球绦虫(G7 型)中表达。有趣的是，多房棘球绦虫中 73%(27/37)

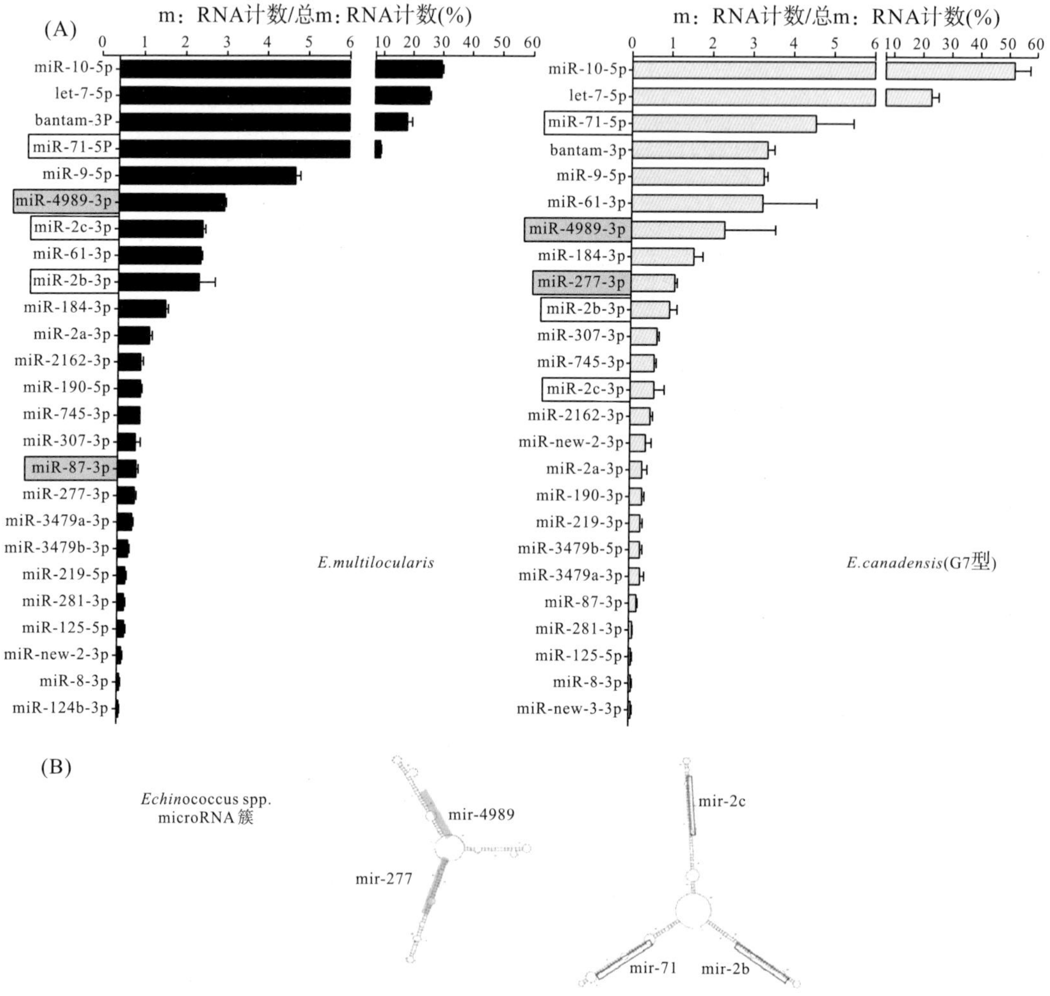

图 5-9 多房棘球绦虫和加拿大棘球绦虫(G7 型)miRNA 表达比较分析(Cucher 等，2015)

(A)多房棘球绦虫和加拿大棘球绦虫(G7 型)中表达最为丰富的前 25 条 miRNA。阴影和方框标注：显示 miRNA 来自不同的基因簇。坐标轴中数字：miRNA 在总的成熟序列中所占比例。所有数据均用平均数±标准差表示。(B)棘球属绦虫中的 miRNA 基因簇和加拿大棘球绦虫(G7 型)中 78.6%(33/42)的 miRNAs，在中绦期幼虫中均低表达，它们可能是细胞特异表达 miRNA。miR-4989 是多房棘球绦虫和加拿大棘球绦虫(G7 型)中绦期幼虫特异表达的 miRNA(Judice et al.，2016)，其可能在中绦期幼虫发育过程中发挥着重要的作用。研究确认 miR-4988 来源于 5p 臂，而非 3p 臂，故将棘球属 miR-4988-3p 重命名为 miR-184(Kamenetzky et al.，2016)。在多房棘球绦虫和加拿大棘球绦虫(G7 型)中绦期幼虫中测序获得的 miR-4991，根据 miRDeep2 模式发现它是测序计算预测的假阳性结果，并非真正存在的 miRNA。

此外，研究人员还发现棘球绦虫的 miRNA 具有尿苷化(Uridylation)的特征(Cucher et al.，2015)。多房棘球绦虫中绦期幼虫中的 miR-9-5p 和 miR-3479b-3p 均发生了 isomer-U 异质性。此外，基因簇中低表达的 miRNAs 也易发生高水平的尿苷化，比如基因簇 miR-71/2b/2c 和 miR-277/4989 中，仅 miR-2b、miR-71 和 miR-277 发生尿苷化，这与 miRNA 的转录后调控水平有关。另外，在多房棘球绦虫的 miRNA 表达谱中发现了棘球属中缺失的 miRNAs，包括 bantam、miR-31、miR-61、miR-133、miR-281、miR-2162、miR-36、miR-184 和 miR-1992(Judice et al.，2016)。其中，miR-36、miR-184、miR-281 和 miR-1992 也在加拿大棘球蚴(G7 型)中被发现，同时 miR-31 在多房棘球绦虫和细粒棘球绦虫基因组均有预测到，但是其表达水平仅在多房棘球绦虫中被证实。由此可见，棘球属中 miRNA 的丢失有可能是由于测序和分析技术有限所致，后续需要大量的实验进行验证。

Kamenetzky 等(2016)采用新的生物信息学方法对多房棘球绦虫基因组数据进行了 miRNA 预测，筛选到 886 条 miRNAs 前体，包括 3 条新的 miRNAs，如 emu_miR-new2-3p、emu_miR-new3-5p 和 emu-miR-new9-3p (Kamenetzky et al.，2016)。此外先前被认为缺失的 miRNAs，包括 miR-36、miR-307、miR-1992 和 miR-3479 也被重新发现。

二、长非编码 RNA

长非编码 RNA(long non-coding RNA，lncRNA)是一类本身不编码蛋白，但转录本长度超过 200bp 的长链非编码 RNA 分子，它可在多层面上(表观遗传调控、转录调控以及转录后调控等)调控基因的表达(Westholm et al.，2014)。lncRNAs 最初被认为是 RNA 聚合酶 II 转录的副产物，是一种“噪声”，不具有生物学功能(Jhong et al.，2016)。然而，近年来的研究表明，lncRNA 参与了 X 染色体沉默、染色体修饰和基因组修饰、转录激活、转录干扰、核内运输等过程，其调控作用正在被越来越多的人所研究(Abdelmohsen et al.，2015)。据统计，哺乳动物蛋白编码基因占总 RNA 的 1%，长链非编码 RNA 占总 RNA 的比例可达 4%～9%，大部分长链非编码 RNA 的功能都是未知的。目前发现的许多 lncRNA 都具有保守的二级结构、一定的剪切形式以及亚细胞定位。lncRNA 在基因组上相对于蛋白编码基因的位置，可以分为 5 种：正义链(sense)、反义链(antisense)、双向(bidirectional)、内含子间(intronic)、基因间(intergenic)，其所在的位置与其功能有一定的相关性(Wang et al.，2016)。长链非编码 RNA 的作用机制非常复杂，至今尚未完全清楚。根据目前的研究，lncRNA 的作用机制主要有以下方面：①编码蛋白的基因上游启动子区转录，干扰下游基因的表达；②抑制 RNA 聚合酶 II 或者介导染色质重构以及组蛋白修饰，影响下游基因的表达；③与编码蛋白基因的转录本形成互补双链，干扰 mRNA 的剪切，形成不同的剪切形式；④与编码蛋白基因的转录本形成互补双链，在 Dicer 酶的作用下产生内源性 siRNA；⑤与特定蛋白质结合，lncRNA 转录本可调节相应蛋白的活性；⑥作为结构组分与蛋白质形成核酸蛋白质复合体；⑦结合到特定蛋白质上，改变该蛋白质的细胞定位；⑧作为小分子 RNA（如 miRNA、piRNA）的前体分子（Hu et al.，2018）（图 5-10）。

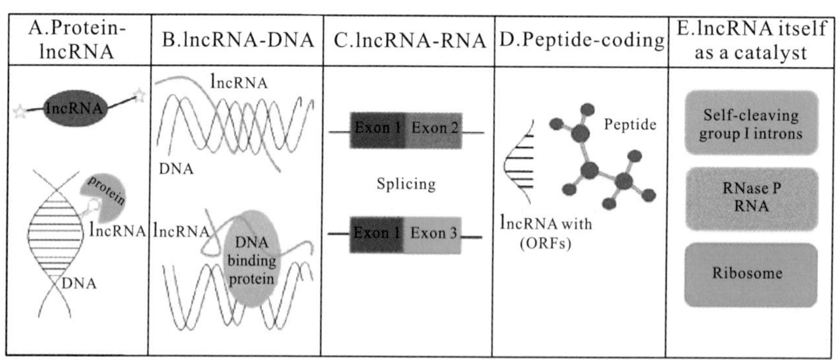

图 5-10　lncRNA 作用机制（Hu et al.，2018）

目前，还未见棘球属绦虫 lncRNA 表达谱的报道，但是其中间宿主和终末宿主 lncRNA 的表达已有相关报道，例如中间宿主小鼠（Yu et al.，2018）、绵羊（Yue et al.，2016）、山羊（Zhan et al.，2016）、骆驼（Kern et al.，2018）、猪（Gao et al.，2017）、马（Scott et al.，2017）和人（Zhao et al.，2015），以及终末宿主犬（Beguec et al.，2018）。前期研究表明，lncRNA 参与了小鼠感染棘球属绦虫后的免疫应激调控，是非常重要的免疫调节因子（Yu et al.，2018）。由此可见，lncRNA 在棘球属绦虫的生理生殖和感染宿主过程中扮演着重要的角色，也是研究寄生虫—宿主间互作关系的新的候选非编码 RNA 分子。

小鼠感染细粒棘球绦虫的原头蚴后，骨髓来源的抑制性细胞（myeloid-derived suppressor cells，MDSCs）大量聚集，并在 T 淋巴细胞的免疫应激中发挥关键作用（Yu et al.，2018）。MDSCs 是骨髓来源的一群异质性细胞，是树突状细胞（dendritic cells，DCs）、巨噬细胞和粒细胞的前体，具有显著抑制免疫细胞应答的能力。通过分析细粒棘球绦虫原头蚴感染小鼠模型中 MDSCs 的 lncRNA 表达谱，发现 649 条差异表达 lncRNAs（差异倍数≥2，P<0.05），其中有 582 条 lncRNAs 表达量上调，67 条 lncRNAs 表达量下调；对应地有 28 条 mRNAs 上调，1043 条 mRNAs 下调，均呈差异表达。lncRNA 与 mRNA 共表达分析显示，lncRNA 主要参与了肌动蛋白细胞骨架、沙门氏菌感染、利士曼原虫病和血管内皮生长因子（VEGF）信号通路调控，推测这些 lncRNAs 可能参与了细粒棘球绦虫原头蚴的感染及宿主的炎性反应。其中，lncRNA NONMMUT021591 可通过顺式元件作用方式调控视网膜母细胞瘤基因，参与异常单核 MDSCs 的分化，推测其可能在 MDSCs 的免疫抑制功能中发挥着作用。同时，还发现有 372 条 lncRNAs 与 60 条转录因子存在互作（图 5-11），其中 C/EBPβ（CCAAT/enhancer binding protein β）已被证明是 MDSCs 的转录因子。以上研究表明，lncRNA 可作为寄生虫感染宿主后单核 MDSCs 免

疫抑制机制研究的新靶标。

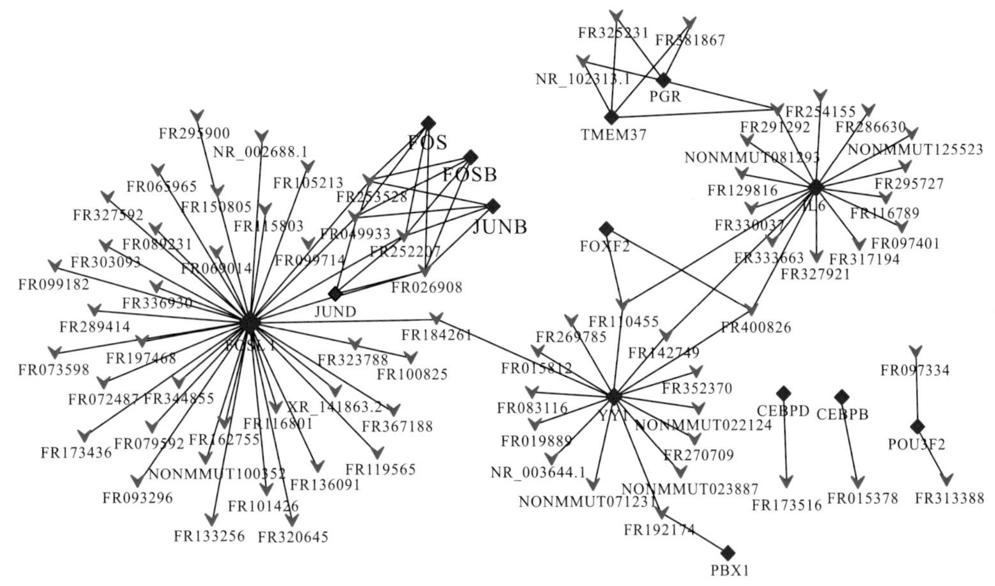

图 5-11　lncRNA 与转录组因子互作图谱（Yu et al.，2018）

红色，lncRNA；蓝色，转录因子

棘球属绦虫如多房棘球蚴在发育、组织分化和形态转化等方面与肿瘤有相似之处，通过对棘球属绦虫非编码 RNA 特别是 miRNA 和 lncRNA 在基因表达调控网络中的功能探索，将有助于研究人员对肿瘤发生机制的认识和了解。相信随着不断深入研究诸如 miR-7 在多房棘球蚴发育、分化和形态转化中表达的变化规律，可以有效确定其作用的靶标基因，解析其调控基因表达网络或途径，进而阐明其功能及作用机制，为新的用于疾病诊断的分子标记或者疾病治疗的药物靶标提供信息参考，并将最终为人类防治棘球蚴病，尤其是多房棘球蚴病以及肿瘤等疑难疾病奠定基础。

第五节　蛋 白 质 组

1994 年，Wilkins 提出蛋白质组指的是一个基因组、一个细胞或组织所表达的全部蛋白质。随后 Wasinger 等（1995）在文献中首次公开使用“Proteome”一词来描述生殖支原体全蛋白。自此，一门新兴学科——蛋白质组学（Proteomics）应运而生。已有研究表明，蛋白质组不是静态的概念，在一个高等生物体内，不同的组织或处于不同发育阶段的细胞，其蛋白质组的构成都会存在差异和变化；甚至在同一个组织或细胞内的不同时间，蛋白质组的构成都可能发生变化。本节将对棘球绦虫蛋白质组学的相关研究作一简要概述，以望促进读者对棘球绦虫后基因组时代研究进展有所认识和了解。

一、细粒棘球绦虫

近年来，随着测序技术和后基因组时代的到来，有关细粒棘球蚴蛋白质组学的研究也被陆续报道。最初，朱昌亮等(1988)采用改进的聚丙烯酰胺凝胶二维电泳技术研究了羊肝细粒棘球蚴包囊液，并得到111个多肽斑点，分布pH介于5.86～8.86(朱昌亮等，1988)。Chemale等(2003)利用蛋白质组学技术首次获得了细粒棘球绦虫幼虫的双向电泳图谱，通过肽质量指纹图谱(PMF)鉴定出15个蛋白点，共8种蛋白质，包括原肌球蛋白(tropomyosin)、肌动蛋白(actin)、副肌球蛋白(paramyosin)、硫氧还蛋白还原酶(thioredoxin reductase)、P-29抗原、亲环素(cyclophilin)、HSP70和HSP20等(Chemale et al.，2003)。Monteiro等(2010)对细粒棘球虫原头蚴、包囊壁生发层以及囊液进行了蛋白组分析，在细粒棘球虫原头蚴中鉴定得到94种蛋白，在包囊壁生发层中得到25种蛋白，在囊液中得到20种蛋白；同时研究人员在囊液中也鉴定了58种来自宿主牛的蛋白，证实细粒棘球绦虫与宿主间存在复杂的免疫互作现象。此外，杜鹃(2011)利用双向电泳结合质谱技术对人源细粒棘球蚴原头节及囊壁进行了分析，分别分离到233个和107个蛋白质斑点，共鉴定出了23种蛋白质。Aziz等(2011)对细粒棘球绦虫感染的绵羊、牛及人的囊液蛋白质进行了组学研究，鉴定出130种囊液蛋白质，其中有48种是虫源蛋白、82种为宿主来源的蛋白质。张倩等(2013)利用蛋白质组学技术对细粒棘球蚴囊液的蛋白质组成进行了分析，共获得30个蛋白质斑点，鉴定出3种蛋白质。同年Cui等(2013)利用二维液相色谱——串联质谱技术(2D-LC-MS/MS)，分离鉴定出157种成虫蛋白，1588种原节头蛋白，其中包括1290种新鉴定出来的蛋白质；同时结果表明成虫的蛋白质中主要是副肌球蛋白和B抗原(AgB)。此外，Ahn等(2017)借助切胶纯化与质谱分析对细粒棘球蚴囊液进行了蛋白质组测定，共获得120种蛋白质，其中虫体和宿主蛋白共56种，包括44种虫体蛋白和12种宿主蛋白；功能注释分析表明，细粒棘球蚴囊液富集的蛋白分别是B抗原、糖代谢酶、细胞外基质分子、发育相关蛋白。这些蛋白质组学研究结果为细粒棘球蚴病的诊断抗原鉴定以及分子疫苗和药物靶蛋白筛选等提供了信息参考。

二、多房棘球绦虫

相比细粒棘球绦虫，有关多房棘球绦虫蛋白质组学的研究则相对偏少。例如，Wang等(2009)对欧洲多房棘球绦虫原头节蛋白及抗原表达谱进行了研究，共分离到(485±18)个蛋白质斑点，鉴定出一些与寄生虫生长、发育、运动、调控相关的蛋白质；同时研究人员还比较了欧洲多房棘球蚴原头节与西伯利亚棘球蚴原头节蛋白表达谱、抗原蛋白谱之间的差异，结果发现两者之间在总体蛋白表达上差异不明显，但是它们的抗原蛋白谱之间有较明显的差异。Kouguchi等(2010)利用双向免疫印迹法对多房棘球绦虫原头蚴进了免疫原性蛋白鉴定，并从中获得了一种具有较强免疫与反应原性蛋白——HSP20(Kouguchi et al.，2010)。另外，Ahn等(2017)利用切胶纯化与质谱分析，测定和比较了多房棘球蚴与细粒棘球蚴包囊液的蛋白质组成，发现多房棘球蚴囊液存在66种虫体蛋白，与细粒棘球蚴包囊液蛋白功能类似，这些蛋白涉及脂质代谢、糖代谢、细胞外基质形成以及虫体发育，其中尤为需要注意的是细胞外基质分子显著表达在多房棘球蚴囊液中，暗示多房棘球绦虫与细粒棘球绦虫可能存在发育以及宿主寄生上的差异。这些蛋白质组学数据为将来鉴定和筛选有效的多房棘球绦虫病诊断标识、药物靶标以及疫苗候选提供了数据基础。

第六节 分 泌 组

棘球绦虫分泌组(secretome)是棘球绦虫排泄蛋白和分泌蛋白(excretory/secretory proteins，ESPs)的总称，由虫体表达产生，并直接释放进入宿主体液和组织，是寄生虫感染、寄生及宿主免疫调控和免疫逃避等过程的关键性分子；同时某些分泌蛋白也是引发宿主炎性反应的重要过敏原分子。考虑到棘球绦虫的 ESPs 广泛分布于宿主内环境，可直接与宿主免疫系统接触而触发抗原抗体反应，因此是理想的疫苗和免疫诊断候选抗原分子。本节将基于高通量测序以及质谱分析数据，对细粒棘球绦虫和多房棘球绦虫分泌组蛋白进行简要综述，相关结果为将来更好理解和认识棘球绦虫致病机制及与宿主免疫互作关系和研制更好的疫苗和诊断方法提供了信息参考。

一、细粒棘球绦虫

1.基于基因组的分泌组蛋白

借助完成的细粒棘球绦虫基因组和转录组数据，Zheng 等(2013)利用 TargetP 和 SignalP 等在线软件预测出 1748 种细粒棘球绦虫分泌蛋白，经过跨膜区与 GPI 锚定位点确认，其中 809 种可能是胞外分泌蛋白。通过对细粒棘球绦虫不同发育阶段(包括成虫、六钩蚴、细粒棘球蚴及包囊壁)中呈现上调表达的分泌蛋白功能预测，研究人员发现大量阶段或组织特异的高表达分泌蛋白(表 5-5)，证实细粒棘球绦虫分泌蛋白可能参与了对宿主感染、入侵以及免疫调控和免疫逃避等过程。之后，贾利芳等(2014)使用非信号肽跨膜结构蛋白、线粒体源蛋白、内质网驻留蛋白及具有糖基磷脂酰肌锚定信号蛋白等非分泌性的蛋白质等层析过滤法，对细粒棘球绦虫分泌蛋白组再次进行了预测，共鉴定到 984 种分泌蛋白，占总蛋白的 6.91%；其中经典途径分泌蛋白包含 596 种，占总分泌组蛋白的 60.6%。该结果与 Zheng 等(2013)预测存在较大差异，其原因可能与更多非分泌蛋白预测软件的加入以及参数设置改变有关。GO 注释表明，在 984 种分泌蛋白中，约 25.3%的蛋白参与了虫体自身的新陈代谢、16.3%的蛋白参与了细胞过程、16.4%的蛋白参与了发育、11.4%的蛋白参与了调节等生物学过程，涉及的功能包括催化、结合、抗氧化以及酶活性调节等(图 5-12)，与 Zheng 等(2013)结果一致。

表 5-5 细粒棘球绦虫成虫、六钩蚴、包囊及囊壁中上调表达分泌蛋白(Zheng et al.，2013)

基因 ID	成虫	六钩蚴	原头蚴	包囊	基因描述
a.原头蚴					
EG_00360	19	6	47	20	exocyst complex component 4
EG_02458	2	1	18	1	kallmann syndrome I sequence

续表

基因 ID	成虫	六钩蚴	原头蚴	包囊	基因描述
EG_03276	11	4	32	7	protein broad-minded-like
EG_03651	3	1	19	0	beige beach
EG_04409	0	0	27	0	glutamate receptor nmda
EG_04645	9	2	66	5	apolipophorin precursor protein
EG_05747	3	0	29	5	transforming growth factor-beta receptor-associated protein 1
EG_05820	5	3	37	2	agrin
EG_05842	24	1	47	13	hypothetical protein[Schistosoma mansoni]
EG_06934	7	4	42	6	transmembrane protein 131
EG_07157	19	0	45	21	adamts-like 3
EG_07163	4	0	21	3	epidermal growth factor receptor
b.成虫					
EG_00682	86	0	0	0	chorion class high-cysteine protein 12-line precursor
EG_00761	70	0	1	2	e3 ubiquitin-protein ligase cb1-b
EG_02251	501	0	5	1	retinoid x receptor alpha
EG_03871	113	0	25	11	virulence-associated trimeric autotransporter
EG_07148	165	0	10	16	hypothetical protein
EG_07242	46	0	1	5	serine protease inhibitor
EG_07562	65	0	5	2	heat shock protein 67b2
EG_08238	199	0	1	0	diagnostic antigen gp50
EG_08648	55	0	1	7	hypothetical protein
EG_08711	38	1	0	0	hypothetical protein
EG_08713	113	0	5	13	cadmium metallothionein precursor(mt-cd) (cd-mt)
EG_08716	155	0	0	0	kunitz-type protease inhibitor 3-like
EG_08725	97	0	0	0	ectonucleotide pyrophosphatase phosphodiesterase 5(function)
EG_09916	42	0	0	0	hypothetical protein
EG_10089	276	0	0	1	low molecular weight antigen 2
EG_10096	70	0	3	4	kunitz domain-containing
EG_10167	35	0	0	0	hypothetical protein
EG_10316	60	0	0	0	chorion class high-cysteine protein 12-like precursor
c.六钩蚴					
EG_00010	1	533	0	0	host-protective antigen
EG_02759	0	12	0	0	hypothetical protein
EG_03017	51	49	29	50	protein disulfide-isomerase a3
EG_03592	64	61	24	36	low-density lipoprotein receptor
EG_04921	1	65	0	0	hypothetical protein
EG_05345	48	55	11	42	proteasome(macropain) beta 1
EG_08543	12	29	4	0	exostoses-like 3 serine protease inhibitor-with kunitz and wap

续表

基因 ID	成虫	六钩蚴	原头蚴	包囊	基因描述
EG_08721	6	108	0	0	domains 1
EG_09040	16	133	0	0	hypothetical protein
EG_10234	3	11	8	2	fta-fl nuclear receptor-like protein
d.包囊					
EG_00428	88	4	31	58	t-complex protein 1 subunit delta
EG_02566	18	1	29	46	lamin dm0-like
EG_02699	3	0	5	31	cathepsin 1-like cysteine Peptidase
EG_05639	19	0	38	31	serine threonine-protein kinase n2
EG_06280	20	0	17	38	mastin precursor
EG_06427	17	10	18	91	hypothetical protein
EG_06748	167	9	57	116	phospholipid-hydroperoxide glutathione peroxidase
EG_06754	87	1	92	183	threonyl-trna isoform a
EG_06805	1	0	1	1920	antigen B subunit 1
EG_06932	82	16	135	154	heat shock 70kda protein 4
EG_08002	0	0	91	153	eg19 antigen
EG_08512	25	0	18	29	collagen alpha-1 chain
EG_08751	58	0	8	33	hypothetical protein
EG_08825	18	2	15	79	hypothetical protein
EG_09327	1	0	13	57	Zonadhesin
EG_09490	17	2	14	51	spon-1 protein
EG_09802	29	0	0	30	hypothetical protein[Schistosoma mansoni]

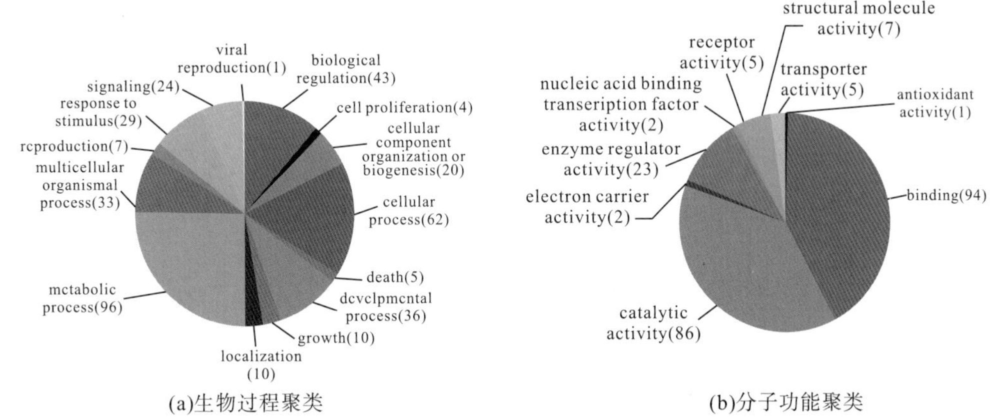

图 5-12　基于 GO 2 级注释的细粒棘球绦虫分泌蛋白聚类图(贾利芳等，2014)

2.基于质谱分析的分泌组蛋白

目前，二维凝胶电泳技术、计算机图像分析与数据处理技术以及质谱分析技术是蛋白质组学研究三大常用的技术。借助生物信息学分析，将得到的蛋白数据进一步与基于互联网的蛋白质组数据库进行配比、注释分析，得到蛋白质组完整的组成、类别及生物学特征数据。为此，Virginio 等(2012)运用液相色谱与串联质谱(LC-MS/MS)分析法，对体外培养 48h 的细粒棘球绦虫原头蚴进行了分泌蛋白测定，获得 32 种蛋白，其中包含 18 种全新蛋白，如 EG19、P29 和钙蛋白酶。另外，研究人员还发现原头蚴头节所分泌产生的诸如硫氧还蛋白过氧化物酶和 14-3-3 蛋白可能与细粒棘球绦虫免疫逃避有关(Virginio et al.，2012)。之后 Wang 等(2015)采用二维凝胶电泳与 MALDI-TOF/TOF(Matrix-Assisted Laser Desorption/Ionization Time-Of-Flight)相结合的方法，对细粒棘球绦虫成虫分泌蛋白进行了检测，发现 26 种蛋白，其中包含切割蛋白、假定蛋白 EGR_06319、磷酸丙糖异构酶、肌动蛋白和 T 型复合物蛋白 1ζ 亚基等 6 种全新蛋白，推测这些分泌蛋白可能与虫体寄生生活相关，该结果补充和完善了细粒棘球绦虫现有蛋白质组数据，为将来细粒棘球绦虫疫苗候选、药物靶标以及诊断标识挖掘提供了数据参考(Wang et al.，2015)。最近，Santos 等(2016)又利用 LC-MS/MS 对细粒棘球绦虫可育囊与不育囊囊液的分泌蛋白种类进行了测定和比较分析，结果获得 498 种分泌蛋白，其中可育囊与不育囊共有蛋白 74 种，可育囊特有蛋白 153 种，不育囊特有蛋白 271 种(Santos et al.，2016)。GO 功能注释(2 级)表明，在生物学过程中，无论可育囊、不育囊以及可育囊与不育囊共有分泌蛋白均高度富集于代谢过程(GO：0008152)、细胞过程(GO：0009987)和单生物过程(GO：0044699)，但细胞黏附(GO：0007155)相关分泌蛋白仅显著地富集于可育囊囊液，而不育囊特有分泌蛋白却缺失生物学黏附(GO：0022610)、反应物刺激(GO：0050896)、信号传导(GO：0023046)、发育过程(GO：0032502)以及定位(GO：0051179)等生物学功能；在分子功能中，细粒棘球绦虫包囊液分泌蛋白高度富集于结合(GO：0005488)和催化活性(GO：0003824)两个大类，但离子结合(GO：0043167)与水解酶活性(GO：0016787)相关分泌蛋白却显著富集于可育囊囊液；在细胞成分分析中，细粒棘球绦虫包囊液分泌蛋白高度富集于细胞(GO：0005623)、膜(GO：0016020)与巨型分子复合物(GO：0032991)三个大类，但细胞器(GO：0043226)和胞外区(GO：0005576)相关分泌蛋白却仅富集于可育囊与可育囊和不育囊共有囊液分泌蛋白。因此，结合细粒棘球绦虫包囊液中宿主分泌蛋白注释，研究人员认为，在可育囊与不育囊囊液中，寄生虫与宿主免疫反应之间可能存在一个所谓的“装备竞争”现象，寄生虫与宿主的“成败”导致了可育囊与不可育囊的形成。此外，该研究还指出细粒棘球绦虫包囊液中仍存在大量未被注释或有其他功能的分泌蛋白，值得进一步探究。

基于质谱分析的试验数据加深了研究人员对细粒棘球绦虫寄生生物学以及虫体与宿主免疫互作的认识，同时也为研究人员在组学生物信息预测数据基础上，获得更为有效的诊断、疫苗及药物靶标候选提供了便利和基础，对细粒棘球蚴病防控具有重要意义。

二、多房棘球绦虫

张颋等(2014)根据 GeneDB、CHGCS、Sanger Center 等公共数据中已有多房棘球绦虫基因组数据，依次采用 SignalP4.1、TMHMM v2.0、Phobius、Big-PIpredictor 和 TargetP1.1 等生物信息学软件，预测得到多房棘球绦虫 518 种分泌蛋白，占多房棘球绦虫基因组编码蛋白总数的 4.8%(张颋等，2014)。KEGG 通路注释表明，这些分泌蛋白主要参与人类疾病（6 种寄生虫感染相关蛋白）、新陈代谢过程（以糖代谢为主）、环境信息处理、有机系统、细胞过程和遗传信息处理等生物学通路。有趣的是，次年 Wang 等（2015）利用相似的多房棘球绦虫基因组数据（主要来源于 GeneDB 数据），借助自定义分泌蛋白预测流程（图 5-13），从基因组数据中，预测得到 673 种分泌蛋白，占基因组编码总蛋白的 6.4%，其中 617 种分泌蛋白有对应的转录组数据支持。经 InterProScan 结构域注释，这些分泌蛋白主要包括蛋白酶、蛋白酶抑制剂、糖苷水解酶、免疫球蛋白样前体及生长因子等（表 5-6）。GO 和 KEGG 注释揭示，这些分泌蛋白主要参与多房棘球绦虫的新陈代谢、细胞过程、发育、调节等生物学过程，涉及的功能包括催化、结合、抗氧化以及酶活性调节等，与细粒棘球绦虫存在极高的相似性。目前仍然缺少有效的多房棘球绦虫质谱实验数据，因此这些基于组学预测的分泌组蛋白组数据将为多房棘球绦虫病诊断抗原、疫苗候选及药物靶标筛选与试验佐证提供重要的数据资源和信息参考。

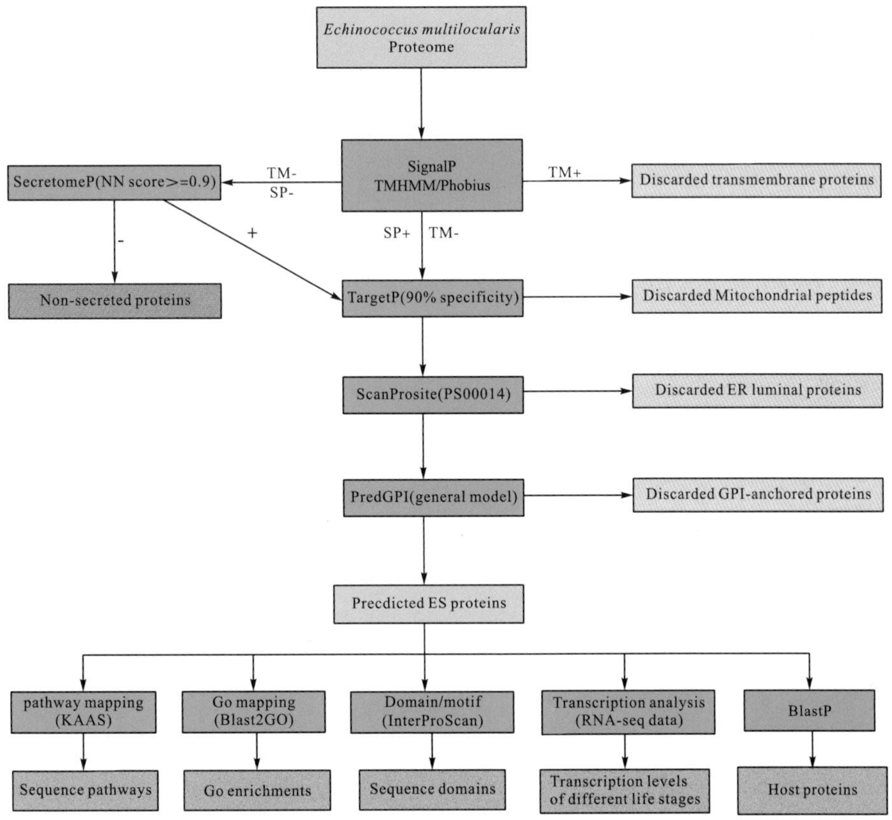

图 5-13　多房棘球绦虫分泌组蛋白预测流程图（Wang et al.，2015）

表 5-6　基于 InterProScan 预测的多房棘球绦虫分泌组（前 20）（Wang et al.，2015）

InterPro IDs	注释信息	分泌蛋白数量
IPR002223	Proteinase inhibitor 12，Kunitz metazoan	17（2.53%）
IPR013783	Immunoglobulin-like fold	15（2.23%）
IPR020901	Proteinase inhibitor 12，Kunitz，conserved site	15（2.23%）

续表

InterPro IDs	注释信息	分泌蛋白数量
IPR013128	Peptidase C1A	10(1.49%)
IPR017853	Glycoside hydrolase，superfamily	10(1.49%)
IPR000668	Peptidase C1A，papain C-terminal	10(1.49%)
IPR025660	Cysteine peptidase，histidine active site	10(1.49%)
IPR007110	Immunoglobulin-like domain	10(1.49%)
IPR000169	Cysteine peptidase，cysteine active site	10(1.49%)
IPR003599	Immunoglobulin subtype	9(1.34%)
IPR008860	Taeniid antigen	9(1.34%)
IPR014044	Cysteine-rich secretory protein family(CAP)	9(1.34%)
IPR013032	EGF-like，conserved site	9(1.34%)
IPR025661	Cysteine peptidase，asparagine active site	9(1.34%)
IPR000742	Epidermal growth factor-like domain	9(1.34%)
IPR013201	Proteinase inhibitor 129，cathepsin propeptide	8(1.19%)
IPR009057	Homeodomain-like	8(1.19%)
IPR013098	Immunoglobulin l-set	7(1.04%)
IPR001356	Homeobox domain	6(0.89%)
IPR007087	Zinc finger，C2H2	6(0.89%)

小　　结

通过对棘球属两个重要种类——细粒棘球绦虫和多房棘球绦虫基因组(线粒体和核基因组)、转录组、非编码RNA、蛋白质组、分泌组等的解析，揭示了两类绦虫的生物学特征以及虫体与宿主间的相互作用关系，拓展了棘球绦虫病分子生物学与分子进化等研究领域，为将来棘球蚴病的诊断试剂、治疗药物和预防疫苗的研制提供了一个基于组学数据的综合信息平台，极大地提升棘球蚴病诊断与治疗水平和加速棘球蚴病的控制。例如，细粒棘球绦虫和多房棘球绦虫基因组的比较分析，证实棘球绦虫已丢失大量与营养代谢相关的基因，如脂肪酸、氨基酸和胆固醇合成有关的基因等，因此它们必须从哺乳动物宿主获得营养物质，从而揭示了棘球绦虫对宿主的“严格”依赖性或寄生性。但与此同时两类绦虫在某些基因上却又出现明显的扩充，这些扩张的基因表达产物可以改变宿主的免疫反应，分解宿主产生的对该寄生虫有害的物质，减少宿主对寄生虫的伤害，进一步又反映了寄生虫与宿主的协同进化特性。

同时，结合转录组与分泌组学研究，细粒棘球绦虫和多房棘球绦虫的中绦期幼虫——棘球蚴像其他多细胞生物一样，具有与发育密切相关的多条重要分子信号途径，这些分子信号的传递是通过受体来完成的。研究表明，大量的寄生虫受体不仅可以接受寄生虫自身的激素和生长因子，而且还能接受来自宿主的激素或生长因子信号，因而能及时更新和调控自身生长和发育。值得注意的是，两种绦虫分泌特有的蛋白质还能有效地调节宿主的免疫反应，影响宿主细胞因子的表达，使宿主的细胞因子为寄生虫所用，这些信息加深了研究人员对棘球绦虫与宿主间免疫关系的认识和了解。

此外，借助基因组编码蛋白与两种绦虫试验所得蛋白质组数据的对比分析，可以获得大量关键性蛋白质，其中一些将有望成为新型抗虫药物开发的关键靶点候选分子，具有较高的应用价值。然而目前有关棘球绦虫可用的蛋白质组数据仍十分缺乏，需要研究者一方面对已有数据进行整合，并结合免疫学方法，去伪存真；另一方面需要不断补充和完善棘球绦虫蛋白质组数据，特别是涉及其发育各阶段的蛋白的种类与组成。因为这些蛋白质组将为阐述包虫病致病机制、发现新诊断和疫苗分子、筛选新药物靶点提供有力支撑。除此之外，鉴于当前有关棘球绦虫的非编码RNA研究内容较少的现状，未来加强对该领域的研究十分必要，其研究成果势必将进一步加深和拓宽研究人员对棘球绦虫生长、发育以及致病作用的认识，从而真正意义上揭示绦虫的生物学奥秘。随着基因组测序技术的迅猛发展以及后基因组时代的到来，通过对多组学数据库的深度挖掘和利用，结合基因功能分析和验证手段，解析棘球绦虫(蚴)生长发育、分化和形态转化中的基因表达规律，筛选抗绦虫(蚴)病药物及其作用靶标分子，阐明药物作用的分子机理，解析调控基因表达网络或途径，揭示重要蛋白质(酶)分子的功能及其作用机制，发现新的用于疾病诊断的分子标记以及疾病预防和治疗的药物以及疫苗靶标，寻找对抗绦虫感染的替代工具和治疗途径，最终使人类成功防治人和动物棘球蚴病等疑难疾病成为现实。

参考文献

杜娟, 2011. 细粒棘球绦虫原头蚴囊壁蛋白质组学的初步研究[D]. 银川: 宁夏医科大学.

贾利芳, 沈海默, 徐斌, 等, 2014. 基于组学研究的细粒棘球绦虫分泌蛋白组预测与分析[J]. 国际医学寄生虫病杂志, 41(3): 133-138.

贾万忠, 2015. 棘球蚴病[M]. 北京, 中国农业出版社.

贾万忠, 闫鸿斌, 郭爱疆, 等, 2010. 带科绦虫线粒体基因组全序列研究进展[J]. 中国人兽共患病学报, 26(6): 596-600.

廖顺尧, 鲁成, 2000. 动物线粒体基因组研究进展[J]. 生物化学与生物物理进展, 27(5): 508-512.

王明阳, 王光磊, 陈新亮, 等, 2018. MicroRNA的生物学功能及其与肿瘤诊断和治疗的研究进展[J]. 动物医学进展, 39: 95-98.

詹佳飞, 宋宏宇, 王凝, 等, 2019. 基于线粒体ND6基因检测犬感染细粒棘球绦虫的粪便PCR方法[J]. 中国人畜共患病学报, 35: 15-21.

张春兰, 秦孜娟, 王桂芝, 等, 2012. 转录组与RNA-seq技术[J]. 生物技术通报, 12: 51-56.

张倩, 李居怡, 赵嘉庆, 等, 2013. 细粒棘球蚴囊液蛋白质组学的分析研究[J]. 解放军医药杂志, 25(12): 48-51.

张쨘, 陈英, 贾利芳, 等, 2014. 基于组学的多房棘球绦虫分泌蛋白预测与分析[J]. 国际医学寄生虫病杂志, 41(6): 328-333.

朱昌亮, 叶炳辉, 朱晓龙, 等, 1988. 棘球蚴囊液、头节和囊壁抗原的多肽图谱初步研究[J]. 中国寄生虫学与寄生虫病杂志, 6(s1): 98.

Abdelmohsem K, Panda AC, De S, et al., 2015. Circular RNAs in monkey muscle: age-dependent changes[J]. Aging, 7(11): 903-910.

Ahn CS, Kim JG, Harn X, et al., 2017. Comparison of *Echinococcus multilocularis* and *Echinococcus granulosus* hydatid fluid proteome provides molecular strategies for specialized host-parasite interactions[J]. Oncotarget, 8(57): 97009.

Ancarola ME, Marcilla A, Herz M, et al., 2017. Cestode parasites release extracellular vesicles with microRNAs and immunodiagnostic protein cargo[J]. International Journal for Parasitology, 47(10-11): 675-686.

Aziz A, Zhang W, Li J, et al., 2011. Proteomic characterisation of *Echinococcus granulosus* hydatid cyst fluid from sheep, cattle and humans[J]. Journal of Proteomics, 74(9): 1560-1572.

Bai Y, Zhang Z, Jin L, et al., 2014. Genome-wide sequencing of small RNAs reveals a tissue-specific loss of conserved microRNA families in *Echinococcus granulosus*[J]. BMC Genomics, 15(1): 736.

Bartel DP, 2004. MicroRNAs: genomics, biogenesis, mechanism, and function[J]. Cell, 116(2): 281-297.

Bartel DP, 2018. Metazoan microRNAs[J]. Cell, 173(1): 20-51.

Batista PJ, Chang H, 2013. Long noncoding RNAs: cellular address codes in development and disease[J]. Cell, 152(6): 1298-1307.

Bowles J, Blair D, McManus DP, 1992. Genetic variants within the genus *Echinococcus* identified by mitochondrial DNA sequencing[J]. Molecular & Biochemical Parasitology, 54(2): 165-173.

Bowles J, McManus DP, 1993. Molecular variation in *Echinococcus*[J]. Acta Tropica, 53(3-4): 291-305.

Brehm K, Wolf M, Beland H, et al., 2003. Analysis of differential gene expression in *Echinococcus multilocularis* larval stages by means of spliced leader differential display[J]. International Journal for Parasitology, 33(11): 1145-1159.

Cai P, Gobert GN, McManus DP, 2016. MicroRNAs in parasitic helminthiases: current status and future perspectives[J]. Trends in Parasitology, 32(1): 71-86.

Chemale G, van Rossum AJ, Jefferies JR, et al., 2003. Proteomic analysis of the larval stage of the parasite *Echinococcus granulosus:* causative agent of cystic hydatid disease[J]. Proteomics, 3(8): 1633-1636.

Chen X, Butow RA, 2005. The organization and inheritance of the mitochondrial genome[J]. Nature Reviews Genetics, 6(11): 815-825.

Cucher M, Macchiaroli N, Kamenetzky L, et al., 2015. High-throughput characterization of *Echinococcus* spp. metacestode miRNomes[J]. International Journal for Parasitology, 45(4): 253-267.

Cucher M, Prada L, Mourglia-Ettlin G, et al., 2011. Identification of *Echinococcus granulosus* microRNAs and their expression in different life cycle stages and parasite genotypes[J]. International Journal for Parasitology, 41(3-4): 439-448.

Cui S, Xu L, Zhang T, et al., 2013. Proteomic characterization of larval and adult developmental stages in *Echinococcus granulosus* reveals novel insight into host-parasite interactions[J]. Journal of Proteomics, 84: 158-175.

Debarba JA, Monteiro KM, Gerber AL, et al., 2018. Transcriptomic analysis of the early strobilar development of *Echinococcus granulosus*[J]. BioRxiv, doi: https: //doi. org/10. 1101/271767.

Deplazes P, Rinaldi L, Rojas CAA, et al., 2017. Global distribution of alveolar and cystic echinococcosis[J]. Advances in Parasitology, 95: 315-493.

Dieterich C, Clifton SW, Schuster LN, et al., 2008. The *Pristionchus pacificus* genome provides a unique perspective on nematode lifestyle and parasitism[J]. Nature Genetics, 40(10): 1193-1198.

Dunjon B, 1981. Mitochondrial genetics and functions[J]. Cold Spring Harbor Monograph Archive, 11: 505-635.

Gao P, Guo X, Du M, et al., 2017. LncRNA profiling of skeletal muscles in Large White pigs and Mashen pigs during development[J]. Journal of Animal Science, 95(10): 4239-4250.

Guo X, Zheng Y, 2017. Expression profiling of circulating miRNAs in mouse serum in response to *Echinococcus multilocularis* infection[J]. Parasitology, 2017, 144(8): 1079-1087.

Hu G, Niu F, Humburg BA, et al., 2018. Molecular mechanisms of long noncodimg RNAs and their role in disease pathogenesis[J].

Oncotarget, 9(26): 18648-18663.

Huang F, Dang Z, Suzuki Y, et al., 2016. Analysis on gene expression profile in oncospheres and early stage metacestodes from *Echinococcus multilocularis*[J]. PLoS Neglected Tropical Diseases, 10(4): e0004634.

Hüttner M, Nakao M, Wassermann T, et al., 2008. Genetic characterization and phylogenetic position of *Echinococcus felidis*(Cestoda: Taeniidae) from the African lion[J]. International Journal for Parasitology, 38(7): 861-868.

Jhong SR, Li C, Sung TC, et al., 2016. Evidence for an induced-fit process underlying the activation of apoptotic BAX by an intrinsically disordered BimBH3 peptide[J]. The Journal of Physical Chemistry B, 120(10): 2751-2760.

Judice CC, Bourgard C, Kayarno AC, et al., 2016. MicroRNAs in the host-apicomplexan parasites interactions: a review of immunopathological aspects[J]. Frontiers in Cellular & Infection Microbiology, 6: 5.

Kamenetzky L, Stegmayer G, Maldonado L, et al., 2016. MicroRNA discovery in the human parasite *Echinococcus multilocularis* from genome-wide data[J]. Genomics, 107(6): 274-280.

Kern C, Wang Y, Chitwood J, et al., 2018. Genome-wide identification of tissue-specific long non-coding RNA in three farm animal species[J]. BMC Genomics, 19(1): 684.

Kouguchi H, Matsumoto J, Katoh Y, et al., 2010. *Echinococcus multilocularis:* two-dimensional Western blotting method for the identification and expression analysis of immunogenic proteins in infected dogs[J]. Experimental Parasitology, 124(2): 238-243.

Le T, Pearson MS, Blair D, et al., 2002. Complete mitochondrial genomes confirm the distinctiveness of the horse-dog and sheep-dog strains of *Echinococcus granulosus*[J]. Parasitology, 124(1): 97-112.

Lekka E, Hall J, 2018. Noncoding RNAs in disease[J]. FEBS letters, 592(17): 2884-2900.

Lemire B, 2005. Mitochondrial genetics[J]. WormBook, 37(12): 1-10.

Maldonado LL, Assis J, Araújo FMG, et al., 2017. The *Echinococcus canadensis*(G7) genome: a key knowledge of parasitic platyhelminth human diseases[J]. BMC Genomics, 18(1): 204.

McManus DP, Zhang W, Li J, et al., 2003. Echinococcosis[J]. Lancet, 362(9392): 1295-1304.

Moks E, Jõgisalu I, Valdmann H, et al., 2008. First report of *Echinococcus granulosus* G8 in Eurasia and a reappraisal of the phylogenetic relationships of 'genotypes' G5-G10[J]. Parasitology, 135(5): 647-654.

Monteiro KM, de Carvalho MO, Zaha A, et al., 2010. Proteomic analysis of the *Echinococcus granulosus* metacestode during infection of its intermediate host[J]. Proteomics, 10(10): 1985-1999.

Moro P, Schantz PM, 2009. Echinococcosis: a review[J]. International Journal of Infectious Diseases, 13(2): 125-133.

Nakao M, Li T, Han X, et al., 2010. Genetic polymorphisms of *Echinococcus* tapeworms in China as determined by mitochondrial and nuclear DNA sequences[J]. International Journal for Parasitology, 40(3): 379-385.

Nakao M, McManus DP, Schantz PM, et al., 2006. A molecular phylogeny of the genus *Echnococcus* inferred from complete mitochondrial genomes[J]. Parasitology, 134(5): 713-722.

Nakao M, Yokoyama N, Sako Y, et al., 2002. The complete mitochondrial DNA sequence of the cestode *Echinococcus multilocularis*(Cyclophyllidea: Taeniidae)[J]. Mitochondrion, 1(6): 497-509.

Pakharukova MY, Vavilin VA, Sripa B, et al., 2015. Functiomal analysis of the unique cytochrome P450 of the liver fluke *Opisthorchis feieus*[J]. PLoS Neglected Tropical Diseases, 9(12): e0004258.

Pan W, Shen Y, Ham X, et al., 2014. Transcriptome profiles of the protoscoleces of *Echinococcus granulosus* reveal that excretory-secretory products are essential to metabolic adaptation[J]. PLoS Neglected Tropical Diseases, 8(12): e3392.

Parkinson J, Wasmuth JD, Salinas G, et al., 2012. A transcriptomic analysis of *Echinococcus granulosus* larval stages: implications for parasite biology and host adaptation[J]. PLoS Neglected Tropical Diseases, 6(11): e1897.

Rojas CAA, Romig T, Lightowlers MW, 2014. *Echinococcus granulosus* sensu lato genotypes infecting humans-review of current knowledge[J]. International Journal for Parasitology, 44(1): 9-18.

Romig T, Ebi D, Wassermann M, 2015. Taxonomy and molecular epidemiology of *Echinococcus granulosus* sensu lato[J]. Veterinary Parasitology, 213(3-4): 76-84.

Saarma U, Jõgisalu I, Moks E, et al., 2009. A novel phylogeny for the genus *Echinococcus,* based on nuclear data, challenges relationships based on mitochondrial evidence[J]. Parasitology, 136(3): 317-328.

Sankoff D, Leduc G, Antoine N, et al., 1992. Gene order comparisons for phylogenetic inference: evolution of the mitochondrial genome[J]. Proceedings of the National Academy of Sciences of the United States of America, 89(14): 6575-6579.

Scott EY, Mansour T, Bellone RR, et al., 2017. Identification of long non-coding RNA in the horse transcriptome[J]. BMC Genomics, 18(1): 511.

Scott JC, Stefaniak J, Pawlowski ZS, et al., 1997. Molecular genetic analysis of human cystic hydatid cases from Poland: identification of a new genotypic group (G9) of *Echinococcus granulosus*[J]. Parasitology, 114(1): 37-43.

Thompson RCA, Deplazes P, Lymbery A, et al., 2017. *Echinococcus* and echinococcosis, Part A[J]. Advances in Parasitology, 95: 525.

Tsai IJ, Zarowiecki M, Holroyd N, et al., 2013. The genomes of four tapeworm species reveal adaptations to parasitism[J]. Nature, 496(7443): 57-63.

Virginio VG, Monteiro KM, Drumond F, et al., 2012. Excretory/secretory products from in vitro-cultured *Echinococcus granulosus* protoscoleces[J]. Molecular & Biochemical Parasitology, 183(1): 15-22.

Wang S, Wei W, Cai X, 2015. Genome-wide analysis of excretory/secretory proteins in *Echinococcus multilocularis*: insights into functional characteristics of the tapeworm secretome[J]. Parasites & Vectors, 8(1): 666.

Wang Y, Cheng Z, Lu X, et al., 2009. *Echinococcus multilocularis:* proteomic analysis of the protoscoleces by two-dimensional electrophoresis and mass spectrometry[J]. Experimental Parasitology, 123(2): 162-167.

Wang Y, Xiao D, Shen Y, et al., 2015. Proteomic analysis of the excretory/ secretory products and antigenic proteins of *Echinococcus granulosus* adult worms from infected dogs[J]. BMC Veterinary Research, 11(1): 119.

Wang K, Long F, Wang J, et al., 2016. A circular RNA protects the heart from pathological hypertrophy and heart failure by targeting miR-233[J]. European Heart Journal, 37(33): 2602-2611.

Wasinger VC, Cordwell SJ, Cerpa-Poljak A, et al., 1995. Progress with gene-product mapping of the Mollicutes: *Mycoplasma genitailum*[J]. Electrophoresis, 16(1): 1090-1094.

Wen H, Vuitton L, Tuxun T, et al., 2019. Echinococcosis: adavances in the 21st century[J]. Clinical Microbiology Reveiws, 32(2): e00075-18.

Westholm JO, Miura P, Olson S, et al., 2014. Genome-wide analysis of drosophila circular RNAs reveals their structural and sequence properties and age-dependent neural accumulation[J]. Cell Reports, 9(5): 1966-1980.

Wolstenholme DR, 1992. Animal mitochondrial DNA: structure and evolution[J]. International Review of Cytology, 141: 173-216.

Wu Y, Li L, Zhu G, et al., 2018. Mitochondrial genome data confirm that yaks can serve as the intermediate host of *Echinococcus canadensis* (G10) on the Tibetan Plateau[J]. Parasites & Vectors, 11(1): 166.

Yang D, Zhang T, Zeng z, et al., 2015. The first report of human- derived G10 genotype of *Echinococcus canadensis* in China and possible sources and routes of transmission[J]. Parasitology International, 64(5): 330-333.

Yu A, Wang Y, Yin J, et al., 2018. Microarray analysis of long non-coding RNA expression profiles in monocytic myeloid-derived suppressor cells in *Echinococcus granulosus*- infected mice[J]. Parasites & Vectors, 11(1): 327.

Yue Y, Guo T, Yuan c, et al., 2016. Integrated analysis of the roles of long noncoding RNA and coding RNA expression in sheep(*Ovis aries*) skin during initiation of secondary hair follicle[J]. PLoS One, 11(6): e0156890.

Zhan J, Wang N, Hua R, et al., 2019. Simultaneous detection and genotyping of hydatid cysts in slaughtered livestock via a direct PCR approach[J]. Iranian Journal of Prasitology, 14(4): 679-681.

Zhan S, Dong Y, Zhao W, et al., 2016. Genome-wide identification and characterization of long non-coding RNAs in developmental skeletal muscle of fetal goat[J]. BMC Genomics, 17(1): 666.

Zhang T, Yang D, Zeng z, et al., 2014. Genetic characterization of human-derived hydatid cysts of *Echinococcus granulosus* sensu lato in Heilongjiang Province and the first report of G7 genotype of *E. canadensis* in humans in China[J]. PloS One, 9(10): e109059.

Zhao z, Bai J, Wu A, et al., 2015. Co-LncRNA: investigating the lncRNA combinatorial effects in GO annotations and KEGG pathways based on human RNA-Seq data[J]. Database, 2015: bav082.

Zheng H, Zhang W, Zhang L, et al., 2013. The genome of the hydatid tapeworm *Echinococcus granulosus*[J]. Nature Genetics, 45: 1168-1175.

第六章　功 能 基 因

第一节　功能基因概述

包虫病（Hydatid disease）是由棘球属绦虫的中绦期幼虫引起的一种人畜共患寄生虫病，是全球性的公共卫生问题。目前，包虫病功能基因研究较多的是细粒棘球绦虫和多房棘球绦虫，主要涉及基因结构、表达、基因表达的定位、重组蛋白免疫诊断及免疫保护力等方面的研究。此外，少节棘球绦虫、伏氏棘球绦虫和石渠棘球绦虫也有少量功能基因结构的相关报道。棘球属绦虫的功能基因在其生活史中发挥着重要作用，了解这些基因的分布、种类和功能，对绦虫疫苗的研制和生物制剂的研发具有重要意义，功能基因的筛选研究已成为当今疫苗和药物靶点发现的重要途径。

第二节　功 能 基 因

一、细粒棘球绦虫

细粒棘球绦虫是棘球属功能基因的研究热点，目前已有 63 个基因被报道。

1.Eg95

Eg95 是一个基因家族，包含 7 个高度保守的基因，其中 1 个为假基因，4 个可在六钩蚴表达相同的 Eg95 蛋白，另外 2 个在此阶段不转录（Chow et al.，2001，2004）。从羊源新西兰株细粒棘球绦虫六钩蚴 cDNA 文库筛选出的 Eg95 基因长 715 bp，开放阅读框为 462bp，编码 153 个氨基酸，相对分子质量为 16.5kDa 的蛋白质，Eg95 含有的牵连蛋白III型结构域，在六钩蚴进入肠壁的过程中可能起重要作用。天然 Eg95 cDNA 编码蛋白的相对分子质量为 24.5kDa，较 Eg95 cDNA 编码蛋白的相对分子质量大，提示该 Eg95 cDNA 可能未包括 5′ 端的非翻译区和起始蛋氨酸，因而该克隆不是一个完整的 mRNA 拷贝。Eg95 基因在细粒棘球绦虫的六钩蚴、棘球蚴和成虫阶段表达，是其生长发育所必需的（Zhang et al.，2003a、b；Lin et al.，2003）。有学者发现在扩增不同基因型的细粒棘球蚴 Eg95 基因时，从细粒棘球绦虫的 G6/G7 基因型中扩增出相同的 Eg95 相似基因（Eg95-a1），与已报道的 Eg95-1 序列相似性为 97.5%，Eg95-a1 比 Eg95-1 多一个与糖基化有关的 N-X-S/T 序列，二级结构多一个 β 片层结构，这些变化说明 Eg95-a1 可能与 Eg95-1 的构象不同，提示 Eg95-1 疫苗对 G6/G7 基因型的交叉保护作用可能减少或消失（Chow et al.，2008）。

1999 年，Lightowlers 等用 Eg95-GST 蛋白加 1mg QuilA 皮下注射免疫 4～6 月龄绵羊 2 次，每月 1 次。第 2 次免疫后 2 周分别用 400、1000 个细粒棘球绦虫的虫卵攻击澳大利亚和新西兰试验区试验动物(绵羊)，在阿根廷试验区则是在 2 次免疫后 9 周用 1200 个虫卵进行攻击，结果发现 3 个试验区绵羊的减蚴率分别为 100%、96%和 98%，虫卵攻击后 1 年发现 86%的免疫羊体内无活着的细粒棘球蚴包囊(Lightowlers et al.，1999)。Heath 等对疫苗的安全性、有效性进行研究发现，该疫苗对怀孕或幼龄动物都是安全的，能使幼龄动物在人工感染虫卵后获得 83%～100%的保护率，如果 2 次免疫后 6～12 个月再加强免疫 1 次，能使保护力持续 3～4 年(Heath et al.，2012)。在我国新疆进行的动物试验显示，仅接受 2 次 Eg95 重组疫苗免疫的绵羊对抗自然感染细粒棘球蚴的最高保护率为 89%，接受 3 次免疫、4 次免疫的绵羊则能获得 94%和 98%的保护率(Heath et al.，2003)。后期，国内外学者用 Eg95 基因工程疫苗按照一定免疫程序免疫新疆细毛羊、山羊、巴音布鲁克羊、绵羊、牛、孕牛、小牛以及袋鼠，其免疫保护率都在 90%以上。最近的研究试验证明：Eg95 亚单位基因工程疫苗适用于不同海拔地区牦牛使用，安全并可产生较高的抗体水平(赵扬扬等，2016；阳爱国等，2017)。

有学者根据 Eg95 基因序列分段合成 25 个多肽，从中筛选出 4 条多肽，与白喉类毒素(DT)偶联后进行动物试验，这些多肽都可以诱导出特异性抗体，但并不能形成保护力，也不能杀伤六钩蚴。该学者继续研究了 Eg95 三段多肽(1～70、51～106 和 89～153)的 GST 融合表达产物，动物试验表明融合多肽几乎没有免疫保护效果。因此认为 Eg95 抗原的免疫反应取决于特定抗原表位及正确的空间构象，而不是线性的抗原表位(Woollard et al.，2000a、b)。

将 Eg95 与 Eg-ferritin 融合表达，其融合蛋白与包虫病人标准阳性血清具有良好的反应性(李红兵等，2015)。此外，有学者用 Eg95 抗体从噬菌体随机多肽文库中筛选出了 20 个多肽，其中只有 El4 与 Eg95 有序列同源性，且发现 Eg95 分子上的构象依赖性抗原表位至少有 4 个，其中的 E100 经 Eg95 抗血清纯化后，能产生补体依赖性的六钩蚴杀伤力(Read et al.，2009)，因此认为 E100 可成为 Eg95 多肽疫苗研究的一个基础。最近有研究者用 Eg95-1、Eg95-2、Eg95-3 重组抗原免疫小鼠后，随着免疫次数的增加和时间的延长，小鼠血清 IgG 水平升高，小鼠脾淋巴细胞在体外经 ConA 和 Eg95 抗原刺激诱导发生增殖，认为构建的 3 个表位均为 Eg95 的有效抗原表位，用重组抗原 Eg95-1、Eg95-2、Eg95-3 免疫小鼠后均可诱导产生以 IgG 为主的体液免疫应答(兰希等，2016)。

除上述 Eg95 基因工程疫苗及多肽疫苗外，现已报道了用甲醇酵母表达体系(胡旭初和徐劲，2003)、卡介苗表达体系(李文桂和朱佑明，2007)、减毒鼠伤寒沙门氏菌(王志昇等，2014)的 Eg95 载体，以及真核昆虫表达系统中的表达(黎明等，2014)。

国内外临床试验结果显示，Eg95 基因工程亚单位疫苗对家养动物(绵羊、山羊和牛)均有很好的免疫保护作用，且对怀孕和幼龄动物均安全(钟秀琴和杨光友，2014)。中国从国外引进了 Eg95 基因工程亚单位疫苗的生产技术，于 2007 年获得国家一类新兽药证书，已在 2010 年投入大规模的商业化生产。需要注意的是该疫苗对已经感染细粒棘球蚴，并形成包囊的动物并没有保护作用，因此每年新生的动物都应按照程序进行免疫，才能使整群动物建立起较为完全的免疫保护力。

2.FABP

细粒棘球蚴的原头蚴中表达两种脂肪酸结合蛋白(fatty acid binding protein，FABP)，分别为 EgFABP1 和 EgFABP2。经序列同源性和空间结构分析，EgFABP1 属于心型脂肪酸结合蛋白家族(H-FABPS)(Alvite et al.，2001)，有 10 个 β 折叠结构，是典型胞内脂质连结蛋白；结构上非常类似于 P2 髓磷脂蛋白(Myelin P2)，电子密度分析显示在其内部有一个限制性配体，推测是软脂酸的结合部位(Jakobsson et al.，2003)。以髓磷脂 P2 和 I-FABP(Intestine FABP)为模板，利用分子动力学技术分析 EgFABP1 蛋白的三维结构，发现软脂酸和油酸定位在 EgFABP1 内(Paulino et al.，1998)。EgFABP1 是细粒棘球绦虫脂肪储存和转运中的重要蛋白。国内学者对内蒙古和新疆采集到的细粒棘球蚴 EgFABP 进行研究，构建了原核表达载体，发现国内 EgFABP 基因与国外的序列同源性在 99%以上(郭中敏和陆家海，2002；郝慧芳等，2010)。

EgFABP2 基因的编码区与 EgFABP1 的同源性很高，氨基酸残基的同源性达 96%，两个基因中部有一个内含子，而这个区域在脊椎动物脂肪酸结合蛋白中是第三个内含子，发现 EgFABP2 基因的几个启动子区域与其他 H-FABPS 顺式作用元件相似(Esteves et al.，1993，2003)。两种 EgFABP 在同一个阶段表达，提示这两种脂肪酸结合蛋白可能有不同的生理功能，或者具有不同的表达调节模式。EgFABP1 异构体存在于细胞质、核、线粒体和微粒体部分中(Alvite and Esteves，2016)。随着对 EgFABP 基因的调控元件的进一步研究，将为阐明 EgFABP 的生理功能和寄生虫与宿主的适应性提供线索。

3.EgM 基因家族

EgM 基因家族包括 EgM4(641 bp)、EgM9(628 bp)和 EgM123(657 bp)，它们序列完整，有很高的重复性，但 EgM4 的 mRNA 缺失帽子结构。最近研究表明：成虫阶段 EgM 家族基因表达量极显著高于原头蚴阶段。在发育的同一阶段，EgM123 基因极显著高于 EgM4、EgM9 基因的表达量(毛丽萍等，2017)，重组的 EgM123 具有免疫原性(王慧等，2017)。有研究表明，EgM4、EgM9 和 EgM123 重组蛋白对犬有部分的免疫保护效果(Zhang et al.，2006)。EgM123 蛋白免疫犬三次，每次免疫间隔 2 周，第 5 周经口服感染原头蚴，三免后一周抗体水平达到最高，攻击原头蚴后，抗体水平随之下降，免疫时间达到 16 周。第 5 周时各组血清中 IFN-γ 的含量均达到最高(阿帕克孜·麦麦提等，2015)。

4.EgA31

EgA31 基因长 1836 bp，ORF 为 1803 bp，编码 600 个氨基酸，相对分子质量为 70kDa，可能是肌纤维蛋白家族成员之一。生物信息分析显示，EgA31 是一个相对不稳定的亲水蛋白，其二级结构主要由 82.36%的 α 螺旋组成，其次由 10.32%的不规则卷曲，4.16%的 β 折叠和 3.16%的 β 转角组成，并具有 6 个 T 细胞表位和 5 个 B 细胞表位(Zhao et al.，2019)。通过对 EgA31 分子的研究，发现其 5′ 端第 1 位至第 1137 位碱基经过基因重组，所表达的重组蛋白能引起机体强烈的体液和细胞免疫反应(Fu et al.，1999；Fu et al.，2000)。有学者将 EgA31 与 Eg95 进行融合表达，形成融合表达蛋白 EgA31-Eg95(约 46 kDa)。用 EgA31

与原肌球蛋白(EgTrp)制成的沙门氏菌口服疫苗EgA31-EgTrp免疫犬后，犬的细粒棘球绦虫荷虫量显著减少(70%～80%)，其余绦虫的发育速度也明显减慢，为后续该融合蛋白的免疫特性研究奠定了基础(Petavy et al.，2008；Li et al.，2014)。

5.EgTPx

中国青海株细粒棘球绦虫硫氧还蛋白过氧化物酶(*Echinococcus granulosus* thioredoxin peroxidas，EgTPx)，开放阅读框为582 bp，编码193个氨基酸，与已知的EgTPx基因核苷酸序列及其编码蛋白氨基酸序列对比后发现，其同源性达99%(李航等，2008)。EgTPx具有典型的2-Cys型过氧化物氧还蛋白催化性位点Cys48和Cys169，以及周围保守的FVCP和VCPA序列。EgTPx基因的ORF对应的基因组序列包含2个外显子和1个69 bp的内含子，免疫定位研究提示EgTPx蛋白在原头蚴的各个组织及育囊中表达(李航等，2004；Li，2004)。在毕赤酵母表达系统中表达的EgTPx蛋白分子质量单位约为22kDa，该蛋白可被鼠抗EgTPx多抗识别，且具有较强的抗氧化活性(Marguttia et al.，2008；王慧等，2014)。当利用RNA干扰EgTPx基因的翻译后，原头蚴在H_2O_2诱导的氧化应激作用下的存活率明显降低，而在体和离体实验也表明当EgTPx蛋白的表达受到抑制后，原头蚴向包囊方向的发育会被一定程度地抑制，具体表现为体外培养更少的原头蚴发育成为包囊，而小鼠体内则产生数量更少的包囊，这表明EgTPx蛋白可能对原头蚴在中间宿主体内发育过程中，起着重要的抗氧化损伤作用(Wang et al.，2018)。

6.AgB

AgB是细粒棘球蚴囊液中的一种分子量120～160kDa耐热脂蛋白(Monteiro et al.，2007)。Gonzalez等在AgB的低聚体中发现了两个不同的8kDa单体(Gonzalez et al.，1996)。AgB基因被分成5个不同的亚基(EgAgB1～EgAgB5)，每个EgAgB基因由1个5′端外显子(47～59bp)、1个内含子(67～164bp)和1个3′端外显子(199～214bp)组成。第一个外显子编码信号肽，第二个外显子编码成熟的多肽(Monteiro et al.，2008)。用来自四种棘球属绦虫(细粒棘球绦虫、多房棘球绦虫、伏氏棘球绦虫和少节棘球绦虫)的27条AgB核酸序列与78条已发表的序列比对，构建的AgB多基因家族的最大似然系统发育树(ML树)表明AgB多基因家族由四个族群构成，每个物种一个族群(AgB1、AgB2、AgB3和AgB4)，AgB1有4个B细胞优势表位和4个T细胞优势表位(马秀敏等，2013)。AgB5序列与AgB3聚为一个分支，其原因可能是AgB基因进化受异类选择压力的影响(Haag et al.，2006)，AgB5抗原蛋白分别存在3个B细胞抗原表位和4个T细胞抗原表位(刘学磊等，2015)。合成的AgB1作为阶段敏感性抗原，有望作为多抗原的一部分，值得作为包囊活力的标志物进行进一步的研究(Pagnozzi et al.，2018)。从细粒棘球绦虫中克隆表达12kDa AgB的一个亚单位，证明该基因的重组蛋白可作为诊断抗原(González et al.，2000；Abdi et al.，2010)。抗原B亚单位EgAgB8/1和EgAgB8/2在诊断水牛细粒棘球蚴病时分别有75%和78.6%的敏感性，具有较高的免疫诊断价值(Rialch et al.，2018)。

对中国新疆、甘肃和四川来源的细粒棘球蚴和多房棘球蚴虫体AgB基因研究发现，AgB抗原的5个亚单位基因中，EmAgB的5个亚单位基因序列高度保守，而EgAgB的亚单位基因变异性较大。细粒棘球蚴和多房棘球蚴的种间差异分析显示，相同亚单位基因的序列一致性为 87.69%～100%。AgB1、AgB2 和 AgB4 三个亚单位抗原中无规卷曲所占比例较高。EgAgB 和 EmAgB 亚单位抗原表位区的大部分序列一致或相似，预测的 10 个表位区主要位于序列 N 端，AgB1、AgB2 和 AgB4 的抗原性较高(江莉等，2010)。

7.HSP

热休克蛋白(heat shock protein，HSP)在棘球蚴和成虫中均表达，是重要的疫苗和诊断候选基因。HSP 具有分子伴侣和维护细胞内环境稳定的作用，参与蛋白质的折叠、转运和抗原递呈等过程(Morana et al.，2007)。HSP70 蛋白在生物体内高表达，在生物的生长发育过程中起抗氧化功能，是目前研究的热点基因之一。EgHSP70 的 C 端可变区域(称为 Eg2HSP70)序列与粉尘螨和人的 HSP70 有很高的同源性(Ortona et al.，2003)。有学者建立了重组 HSP70 蛋白的胶体金检测方法，用于细粒棘球蚴的血清检测(于晶晶等，2008；Zhuo et al.，2017)；也有学者用蛋白组学结合免疫学的方法，发现 HSP20 可作为潜在的囊型包虫病的标志蛋白(Vacirca et al.，2011)。以往研究表明，宿主固有免疫系统需要通过招募多个寄生虫源的抗原蛋白来实现对寄生虫感染后的识别，其中这些抗原蛋白包括热休克蛋白 HSP90(Triantafilou and Triantafilou，2004)。然而，HSP90 蛋白又能将胞外的抗原转移至胞质内，从而降低胞外的抗原浓度，减少宿主固有免疫系统的识别，进而实现免疫逃避的能力(Oura et al.，2011)。最近，在羊源细粒棘球绦虫包囊分泌的外泌体中发现了 HSP70 及 HSP90 蛋白，这暗示了细粒棘球绦虫可能通过外泌体分泌出 HSP 蛋白家族，调节宿主免疫系统以实现免疫逃避(Siles-Lucas et al.，2010)。

8.P-29

细粒棘球蚴 P-29 蛋白是一种在免疫上与细粒棘球蚴相关但与抗原 5 不同的中绦期特异性成分，ORF 长 717bp，编码 238 个氨基酸，在棘球蚴的原头节表达，重组 EgP-29 蛋白作为疫苗免疫小鼠，其保护效果可达到 96.6%(González et al.，2000；师志云等，2007；Shi et al.，2009)；免疫绵羊保护效果达 94.8%，是较好的抗包虫病的疫苗候选分子(高富，2015；Wang et al.，2016)。P-29 同时也是潜在囊型棘球蚴病的治疗后监测(尤其是年轻患者)诊断抗原标记物(Boubaker et al.，2014)。

9.EPC1

钙结合蛋白(*Echinococcus* protoscolex calcium binding protein 1，EPC1)基因的 cDNA 为 420bp，ORF 为 231bp，编码 76 个氨基酸(Li et al.，2003)。通过比对发现，EPC1 基因与细粒棘球绦虫假定钙结合 EF 手蛋白的部分序列具有 100%的同源性，表明 EPC1 基因可能属于细粒棘球绦虫假定钙结合蛋白的一部分。钙结合蛋白是寄生虫寄生于宿主所不可缺少的蛋白，钙结合 EF 家族蛋白是钙结合蛋白的一种，很多钙结合蛋白具有较好的反应原性(彭鸿娟等，2002)。有研究发现，重组谷胱甘肽 S-转移酶融合钙结合蛋白(rEPC1-GST)在人囊型包虫病血清学诊断的敏感性和特异性上具有较好的效果(Li et al.，2003；Zhang et al.，2007)。在诊断水牛细粒棘球蚴病时有 89.3%的敏感性，但特异性较差，只有

51.5%(Rialch et al.，2018)。

10.EgG1Y162

EgG1Y162 基因的 DNA 序列长度为 1680bp，从 cDNA 克隆得到的片段长度 459 bp。基因序列相似性比较表明，EgG1Y162 基因序列与 EmY162 相似性最高为 91%，而它们的 cDNA 序列相似性为 95%(曹春宝等，2008)。EgG1Y162 基因序列由 3 个外显子和 2 个内含子组成，外显子区域分别为 1～70，1064～1380 和 1577～1648。位于疏水端 1～16 位氨基酸构成 EgG1Y162 信号肽序列，35～115 位氨基酸形成一个大的纤黏连蛋白剪接体 FN3，133～152 位氨基酸构成羧基端跨膜区域。测序结果显示 EgG1Y162 基因长度为 360 bp，编码 120 个氨基酸，该基因在原头蚴、生发层、成虫和虫卵内都有表达。生物信息分析显示，EgG1Y162 是一个相对稳定的亲水蛋白，其二级结构由 33.33%的 α 螺旋，35.29%的不规则卷曲，25.49%的 β 折叠和 5.88%的 β 转角组成，并具有 6 个 T 细胞表位和 3 个 B 细胞表位(Zhao et al.，2019)。重组蛋白 rEgG1Y162 与细粒棘球绦虫感染的人和犬血清都有免疫反应(Zhang et al.，2014)。研究人员利用 BCG-EgG1Y162 重组免疫疫苗接种 BALB/C 小鼠后，可诱导小鼠产生特异的 IgG 和 IgE 抗体以及细胞免疫反应，并能使小鼠继发感染细粒棘球绦虫后的荷虫量下降(Ma et al.，2016)。EgG1Y162-1/2 可诱导小鼠产生血清 IgG 水平和 Th1 细胞免疫应答，增强细粒棘球蚴攻击小鼠的保护性免疫，可作为潜在的疫苗候选抗原(Zhang et al.，2018)。

11.GST

谷胱甘肽 S-转移酶(glutathione S-transferase，GST)是一种具有多种生理功能的酶，存在于各种生物体内需氧组织的细胞液中，其通过催化作用促进还原性谷胱甘肽(GSH)与有害异物相结合或以非酶结合方式将各种有害物亲脂性化合物从体内排出，达到解毒目的(Fernandez et al.，2000)。细粒棘球蚴谷胱甘肽 S-转移酶基因长 660bp，其氨基酸序列与 EmGST1 氨基酸序列同源性达 99%，存在 8 个 B 淋巴细胞表位和 7 个 T 淋巴细胞表位(李宗吉等，2015)。有证据表明 EgGST2 和 EgGST3，两个系统进化上遥远的细粒棘球绦虫 GST 可以自然形成异质二聚结构(Lopez-Gonzalez et al.，2018)。此外，GST 还参与了寄生虫抗杀虫剂及逃避宿主免疫反应，具有免疫调节作用，因此，寄生性蠕虫的 GST 被认为是最具有吸引力的对蠕虫感染有免疫预防与化学治疗的理想目标分子(Brophy and Pritchard，1994；Fernández et al.，2000)。最新研究表明，重组蛋白 rEg-GST 能够促进脾淋巴细胞的增殖并同时活化辅助性 T 细胞 1 型(Th1)与 2 型(Th2)细胞(朱明星等，2018)。

12.Egzw-5

Egzw-5 基因长度为 624 bp，编码 207 个氨基酸，其中带有负电荷的氨基酸有 37 个(天冬氨酸和谷氨酸)，带有正电荷的氨基酸共有 26 个(赖氨酸和精氨酸)，不存在分泌型信号肽，也无跨膜结构，无细胞核、线粒体、溶酶体和过氧化酶体等亚细胞定位序列；其蛋白空间结构不规则，含有线性 B 细胞表位，且 N 端与 C 端位于蛋白表面(于晶晶等，2012)。

13.EgTK

细粒棘球绦虫转酮醇酶基因(*Echinococcus granulosus* transketolase，EgTK)由 7 个外显子，6 个内含子构成，CDS 为 1878bp，编码 625 个氨基酸，相对分子量为 67.76kDa，预测转酮醇酶可能为跨膜蛋白，位于细胞质，二级结构主要以 α 螺旋、无规则卷曲为主；有 16 个潜在的 B 细胞线性表位，11 个 CTL 细胞表位，13 个 Th 细胞表位，与人类转酮醇酶一致性仅为 58.68%。重组蛋白(rEgTK)与囊型包虫病病人血清反应阳性率大于75%(张耀刚等，2017)，可较好地区分棘球蚴病患者和非棘球蚴病患者，但无法区分细粒棘球蚴病和多房棘球蚴病患者(曹得萍等，2018)。

14.EgEno

烯醇酶(Enolase，Eno)能催化从 2-磷酸甘油酸形成高能化合物磷酸烯醇式丙酮酸的酶，是糖酵解中的关键酶之一。细粒棘球绦虫烯醇酶基因全长 1449 bp，由 3 个外显子和 2 个内含子组成，CDS 为 1302bp，编码 433 个氨基酸，相对分子量、等电点、不稳定指数分别为 46.56kDa、6.48、32.97，半衰期较长，为稳定蛋白。烯醇酶亲水性、柔性区域、抗原性、表面可及性得分较高的氨基酸区域分别有 9 个、12 个、19 个、8 个，可能的 B 细胞线性表位有 15 个，CTL 细胞表位和 Th 细胞表位各有 10 个，二级结构中主要以 α 螺旋、无规则卷曲为主，与人类烯醇酶氨基酸序列一致性为 66.23%。重组蛋白与囊型包虫病病人血清反应阳性率大于 75%，CE 与 AE 有部分交叉反应(张耀刚等，2017)。

15.EgKIs

EgKIs 是细粒棘球绦虫基因组中鉴定出的与分泌有关的单结构域 Kunitz 型蛋白酶抑制剂。研究者共鉴定出细粒棘球绦虫具有两种类型的 Kunitz 蛋白酶抑制剂：EgKI-1 和 EgKI-2。EgKI-1 和 EgKI-2 基因 cDNA 的 ORF 分别为 240 bp 和 252 bp，分子量分别为 8.08kDa 和 8.3kDa，EgKI-1 有 6 个保守半胱氨酸残基，而 EgKI-2 只有 5 个。EgKI-1 在六钩蚴阶段高度表达，是一种有效的糜蛋白酶和中性粒细胞弹性蛋白酶抑制剂，在局部炎症模型中能结合钙离子并减少中性粒细胞浸润。EgKI-2 在成虫中高表达，是胰蛋白酶的有效抑制剂。研究者认为 EgKI 在防止蛋白水解酶攻击从而确保细粒棘球绦虫在哺乳动物宿主内的存活方面可能起着关键的保护作用(Ranasinghe et al.，2015)，并参与寄生虫与宿主之间的交流(González et al.，2009)。此外，进一步的研究发现，EgKI-1 蛋白能够抑制体外培养的人乳腺癌、宫颈癌以及黑色素瘤的肿瘤细胞的转移和生长，且对正常细胞没有生长抑制性。在体实验表明，相对于对照组而言，经 EgKI-1 蛋白治疗的具有乳腺癌的小鼠体内的肿瘤生长明显受到抑制，这为人类抗肿瘤的治疗提供了新的思路和线索(Ranasinghe et al.，2018)。

16.EgKUs

EgKUs 是细粒棘球绦虫中的单结构域 Kunitz 型蛋白多基因家族(EgKU-1～EgKU-8)，有证据表明有的 EgKUs 基因可从幼虫及其他阶段中分泌出来到达宿主界面。功能研究和同源性分析表明，与动物毒液中的单结构域 Kunitz 家族相似，细粒棘球绦虫这些基因家族可以包括肽酶抑制剂和通道阻滞剂。酶动力学和全细胞膜片钳技术证明，EgKUs 功能比较多样。具体而言，它们中的大多数表现为胰凝乳蛋白酶(EgKU-2，EgKU-3)或胰蛋白酶(EgKU-5，EgKU-8)的高亲和性抑制剂，而 EgKU-1 和 EgKU-4 的功能是封闭电压依赖性钾通道(Kv)，以及 pH 依赖性钠通道(ASICs)，同时显示出零(EgKU-1)或边缘(EgKU-4)肽酶抑制活性。这种分泌的绦虫蛋白家族的成员具有通过高亲和力相互作用阻断宿主对应物(肽酶或阳离子通道)的功能，并有助于感染的建立和持续生存。研究者认为，来自寄生虫分泌物与动物毒液的 Kunitz 抑制剂的多基因家族显示出相似的功能多样性，宿主—寄生虫共同进化也可能驱动与 Kunitz 相关的新功能的出现(González et al.，2009；Fló et al.，2017)。

17.Eg-SOD

细粒棘球绦虫超氧化物歧化酶基因(*Echinococcus granulosus* superoxide dismutase，Eg-SOD)全长 2356 bp，CDS 序列 459bp，编码 152 个氨基酸。经原核表达出的重组 Eg-SOD 蛋白为可溶性蛋白，以羟胺法测定其酶学活性，可达(464.55±19.99)U/mg，该蛋白质能够被实验室人工感染细粒棘球蚴的小鼠阳性血清所识别，具有较强的免疫原性，ELISA 分析显示，重组 Eg-SOD 对人工感染细粒棘球蚴的小鼠血清和自然感染包虫病的绵羊血清检出率均为 100%，而对细颈囊尾蚴的交叉反应为 37.5%，提示该蛋白质可以作为潜在的诊断候选分子。免疫荧光定位显示该蛋白质广泛分布于成虫和原头蚴的组织间隙，少量分布于表皮(宋星桔等，2016)。

18.EgHR3

细粒棘球绦虫激素受体 3 样基因(*Echinococcus granulosus* hormone receptor 3-like，EgHR3)cDNA 包含一个 1890bp 的开放阅读框，编码一个包含 629 个氨基酸的蛋白质，该蛋白质具有 DNA 结合域(DBD)和配体结合域(LBD)。该蛋白定位于原头蚴和成虫的实质，在原头蚴和成虫阶段都有表达，成虫时期表达量显著高于其他发育阶段，在胆汁酸诱导的成虫发育早期，EgHR3 表达量尤其高。EgHR3 可能在早期成虫发育和维持成虫生物学过程中起重要作用，可能成为研制棘球蚴病的新药物或疫苗靶点(Yang et al.，2017)。

19.Eg-cystatin

半胱氨酸蛋白酶抑制剂(cystatin)是半胱氨酸蛋白酶类可逆性紧密结合抑制剂，根据其结构将其分为 4 个大家族，即 I 型(the stefin)、II 型(the cystatin)、III型(the kininogen)和Ⅳ型(the fetuin)。其中，II 型 cystatin 属于分泌性蛋白，在 N 末端有信号肽序列，该家族蛋白一般分泌到细胞外参与外源蛋白的调节。在对寄生性线虫半胱氨酸蛋白酶抑制剂的研究中发现，该酶对宿主具有干预抗原呈递过程、调节细胞因子生成、活化巨噬细胞等作用。因此，它在线虫逃避宿主免疫应答和适应寄生生活中发挥着重要作用。细粒棘球绦虫 Eg-cystatin 基因含一个 N 端信号肽以及 cystatin 结构域，是典型的II 型半胱氨酸蛋白酶抑制剂，进化树分析显示 Eg-cystatin 属于绦虫 cystatin Ⅱ型，免疫荧光定位发现该蛋白质主要分布在原头蚴的表皮和顶突钩、生发层以及成虫虫体内部和虫卵中，且 Eg-cystatin 在成虫和幼虫时期均有表达(吴茂迪等，2018)。

20.Eg19

Eg19是原头蚴特异性基因，其cDNA包含534个核苷酸，编码177个氨基酸，等电点为4.54。该多肽含有2个N端酰基化位点，1个PKC磷酸化位点，1个CKⅡ磷酸化位点，1个ATP/GTP结合位点基序A(P-loop)，抗原表位区集中在20～93、96～146位，为亲水性蛋白。重组蛋白Eg19抗原能与细粒棘球蚴病阳性血清发生特异性反应，具有较强的反应原性(陈英等，2018)。

21.EgTAL

细粒棘球绦虫转醛醇酶(*Echinococcus granulosus* transaldolase，EgTAL)cDNA长981bp，编码的蛋白含326个氨基酸，理论相对分子质量为36.33kDa，等电点为5.11，含TAL标识序列(DATTNPSLI)及酶活性催化部位，EgTAL与人TAL的同源性为62%。三级结构分子建模显示，EgTAL具有A和B两条完整的蛋白链。重组蛋白EgTAL可在大肠杆菌BL21中获得高效表达，主要以可溶性形式存在，可被细粒棘球蚴病患者血清识别，具有高效酶活性和潜在免疫诊断价值(辛奇等，2017)。

22.EgTPI/EgTIM

磷酸丙糖异构酶(Triosephosphate isomerase，TPI/TIM)，在糖酵解中催化磷酸二羟基丙酮和3-磷酸甘油醛的转化过程中发挥着不可取代的作用，同时也促使糖类发生糖酵解反应产生大量能量。细粒棘球绦虫磷酸丙糖异构酶(Eg-TIM)基因ORF为750bp，没有信号肽和跨膜区结构，包含8个α螺旋与8个β折叠，且相间排列，活性中心包含在10个高度保守的氨基酸序列(AYEPVWAIGTG)中。rEg-TIM主要分布于细粒棘球绦虫原头蚴可外翻的颈节以及顶突钩、生发层以及成虫时期的虫体薄壁层上。rEg-TIM具有抗原性，有学者建立的绵羊细粒棘球蚴病间接ELISA诊断方法，诊断特异性和敏感性分别为53.6%(59/110)和87.5%(21/24)，与绵羊脑多头蚴和山羊细颈囊尾蚴存在交叉反应42.86%(6/14)(Wu et al.，2018b)。磷酸丙糖异构酶可能有6个形成B细胞表位的区域，5个优势性T细胞表位区域，EgTPI与人类TPI的一致性为8%。重组EgTPI的分子量在27kDa左右。EgTPI细粒棘球蚴病患者阳性检出率为86.48%，多房棘球蚴患者阳性检出率为72.41%，与健康人群比较，差异具有统计学意义，但囊型包虫病和泡型包虫病间差异没有显著性，说明细粒患者与多房患者之间存在交叉反应(李超群，2017)。

23.EgEF-1

对于延伸因子-1(*Echinococcus granulosus* elongation factors I，EgEF-1)，重组蛋白EgEF-1的分子量在34kDa左右，有4个B细胞表位区域，6个优势性T细胞表位区域，EgEF-1的二级结构中α螺旋占32.81%、β折叠占22.54%、β转角占10.94%、无规则卷曲占33.71%；序列比对表明，EgEF-1与人类EF-1的一致性为35.06%(李超群，2017)。

24.H3

细粒棘球绦虫基底膜特异性硫酸乙酰肝素聚糖核心蛋白基因(basement membrane specific heparan sulfate proteoglycan core protein，命名为H3)长度约4027 bp，通过生物学信息分析推测，存在58个抗原表位，该基因编码蛋白可诱导体液免疫反应。重组H3抗原检测囊型包虫病患者血清的敏感性为84.0%(68/81)，该重组蛋白在囊型包虫病诊断上具有潜在的应用价值(朱慧慧等，2016)。

25.Eg-ANX

细粒棘球绦虫膜联蛋白B33(*Echinococcus granulosus* annexin，Eg-ANX)开放阅读框为996 bp，编码的蛋白含331个氨基酸，理论相对分子质量为37.3kDa，等电点为5.9，预测无信号肽，比对分析发现该基因核心区域含有4个膜联蛋白重复域，每个重复含有52～62个氨基酸残基。该基因具有钙依赖性磷脂结合特性，主要分布于成虫的表皮和虫卵及原头蚴的钙质小体附近，并能分泌到细粒棘球蚴包囊液和细粒棘球蚴包囊与宿主肝脏之间的结缔组织中。脂质体仅在Ca^{2+}存在下与rEg-ANX结合，Eg-ANX在虫体内发挥重要生理功能，并且这些生理功能与钙离子相关(Song et al.，2016b)。

26.Eg18

Eg18基因编码区长498 bp，二级结构中α螺旋结构占氨基酸残基总数的98.1%，无规则卷曲占1.9%，无β折叠结构，预测Eg18抗原可能有4个B细胞表位且为构象表位，有4个T细胞抗原表位(王永顺等，2011；张耀刚等，2017)。

27.Eg PI3K P110 RTK

用细粒棘球绦虫PI3K P110亚基酪氨酸激酶区(Eg PI3K P110 RTK)重组蛋白免疫家兔，收集免疫血清，免疫印迹检测所制备抗体与Eg PI3K P110 RTK蛋白的免疫反应性。经0.8mmol/L IPTG诱导，表达出相对分子质量约66kDa的Eg PI3K P110 RTK重组蛋白，制备获得效价在5.12×10^5以上的多克隆抗体，该抗体能够与Eg PI3K P110 RTK重组蛋白发生特异性反应(赵辉和刘辉，2016)。PI3K是一种高度保守的胞内磷脂酰肌醇激酶，由调节亚基P85和催化亚基P110构成，具有丝氨酸/苏氨酸(Ser/Thr)激酶和磷脂酰肌醇激酶的活性，是PI3K/AKT信号通路的关键成员，参与调节细胞生长、细胞周期进入、细胞迁移、细胞代谢和细胞存活等多种生物学过程。PI3K激酶在寄生虫的存活和代谢等基本生理功能方面也具有重要的作用。

28.Eg-01883

Eg-01883基因是在筛选包虫病特异性诊断抗原时从细粒棘球绦虫不同发育阶段基因的表达谱中筛选出的，其开放阅读框为948bp，在六钩蚴中不表达，原头蚴中高表达，重组蛋白Eg-01883具有较好的免疫原性和抗原性，能识别包虫病人血清，具有成为临床诊断抗原的潜在价值(赵殷奇，2016)。

29.EgSBACT

胆汁酸钠协同转运蛋白(*Echinococcus granulosus* sodium-bile acid cotransporter，EgSBACT)cDNA 长 654 bp，编码 217 个氨基酸，预测其等电点为 9.28(杨梅等，2016)。

30.EgCamKⅡ

CamKⅡ基因在细粒棘球绦虫成虫阶段高表达，是包囊生发层的 20295 倍，在原头蚴的表达量是包囊生发层的 1152 倍，其相对表达量 SQ/Actin 为 13.4，该基因在细粒棘球绦虫各发育阶段的表达量具有显著的差异(刘欢元等，2015)。CamKⅡ基因是钙信号通路成员，是一种钙/钙调蛋白依赖性蛋白激酶，广泛参与基因的转录调节、神经递质的合成以及骨架蛋白磷酸化等。CamKII 基因在寄生虫不同发育阶段的差异表达会造成吡喹酮药物作用的不同效果，因此推测该基因可能是吡喹酮药物作用的潜在靶标。

31.$EgCa_v\beta_I$

$EgCa_v\beta_I$ 基因是钙信号通路成员，$EgCa_v\beta_I$ 在成虫的表达量是包囊生发层的 5526 倍，在原头蚴的表达量是包囊生发层的 636 倍，其相对表达量 SQ/Actin 为 1.9，该基因在细粒棘球绦虫各发育阶段的表达量具有显著的差异(刘欢元等，2015)。

32.EgCaM

细粒棘球绦虫钙调素 EgCaM 基因 ORF 为 450bp，编码 149 个氨基酸，是一个高度保守的钙蛋白，广泛表达于原头蚴和成虫阶段，以及囊壁的生发层，其表达量随 H_2O_2 的增加而增加，但随原头蚴细胞凋亡的增加，表达量开始逐渐下降。rEgCaM 可被绵羊的细粒棘球蚴阳性血清所识别，实验表明作为诊断抗原具有较高的敏感性(90.3%)，但特异性较低(47.1%)(Wang et al.，2017)。

33.Eg-CaN

钙调磷酸酶(CaN)是一种钙调蛋白，能被丝氨酸—苏氨酸蛋白磷酸酶激活，可结合局部或全局钙信号，在生理发育过程中控制重要的细胞功能。细粒棘球绦虫钙调磷酸酶 Eg-CaN 基因催化亚单位异构体有 613 个和 557 个氨基酸序列，除了 C 端外，与人类同源序列基本相似。研究者克隆了 CaN(Eg-CaN-A)的两种催化亚基异构体之一的 cDNA，以及 Eg-CaN-B 基因的唯一拷贝，两者都转录在所有棘球绦虫的幼虫阶段，并负责产生功能性活性异二聚体。Eg-CaN-A 在原肠细胞、吸器和排泄囊的细胞质中被免疫定位。随着细胞内 Ca^{2+}水平的降低，Eg-CaN-B 转录本表达下调，与酶活性降低相一致(Nicolao and Cumino，2015)。

34.Eg-PHB

抗增殖蛋白(prohibitin，PHB)是一种分布广泛且高度保守的分子伴侣蛋白，具有抗细胞增殖、衰老和凋亡的作用，具有抑制细胞增殖的活性，参与调节细胞周期并维持线粒体的结构和功能。细粒棘球蚴抗增殖蛋白其 ORF 有 870bp，共编码 289 个氨基酸，与其他寄生虫和哺乳动物的 PHB 具有 42.66%～97.31%的同源性。天然抗增殖蛋白的分子质量为 32.1kDa，氨基酸序列与多房棘球绦虫的序列相似性高达 99%。细粒棘球绦虫重组增殖蛋白能够与人工感染细粒棘球蚴的小鼠阳性血清发生反应，具有一定的免疫反应性。抗增殖蛋白主要位于原头蚴的表皮层和原头蚴内部以及成虫的虫体内部，并在生发层中广泛分布(Zhong et al.，2016)。

35.Eg-TSP1

细粒棘球绦虫四跨膜蛋白 1(*Echinococcus granulosus* tetraspanin I，Eg-TSP1)与尿路上皮蛋白 1(Uroplakin Ⅰ)同源，主要分布在成虫和原头蚴的表皮层以及原头蚴吻突部，对原头蚴进行的体外 RNA 干扰实验发现，以特异性的 siRNA 经浸泡法转染原头蚴，使靶基因的 mRNA 表达量下降 64.3%后，干扰组原头蚴的虫体皮层明显比对照组的更薄，提示 Eg-TSP1 可能与细粒棘球蚴的皮层生成、成熟或稳定性有关。重组 Eg-TSP1 具有良好的反应原性，将重组 Eg-TSP1 蛋白对小鼠进行免疫，可诱导小鼠产生大量特异性 IgG，且 IgG2a 呈显著上升趋势，提示诱导产生了 Th1 型免疫保护反应，细胞水平上可引起小鼠 IFN-γ、IL-12 以及 IL-10 水平显著上升(Hu et al.，2015)。

36.Eg-GAPDH

3-磷酸甘油醛脱氢酶(glyceraldehyde-3-phosphate dehydrogenase，GAPDH)是糖酵解途径中的关键酶，并在抗寄生虫方面具有广泛的应用价值。细粒棘球绦虫 3-磷酸甘油醛脱氢酶基因(Eg-GAPDH)全长 1011 bp，编码 336 个氨基酸，是由 4 个结构相同的单体蛋白(O、P、Q、R)组成的一个同源四聚体，具有 3 个酶功能区域和多个免疫结合位点，rEg-GAPDH 具有强的免疫原性(王家海等，2015)。该重组蛋白表达产物主要以可溶形式分布于裂解上清，具有高效酶活性(吴巨龙等，2014)。

37.Eg14-3-3

14-3-3 蛋白广泛存在于植物、酵母、蠕虫、原虫、昆虫以及人类等多种哺乳动物真核细胞内，是高度保守的多功能蛋白质，它能够与靶蛋白磷酸化的丝氨酸或苏氨酸的位点结合，参与细胞内信号传递，在细胞发育、分化、增殖、凋亡、免疫应答反应以及肿瘤的转化等过程中都起到非常重要作用。Eg14-3-3zeta 基因全长为 771 bp，编码 256 个氨基酸，其编码的蛋白相对分子量理论预测值和等电点分别是 29.4 kDa 和 5.04。预测该蛋白无信号肽和跨膜区，二级结构含 8 个 α 螺旋和 12 个 β 折叠股，氨基酸序列中有 9 个潜在抗原表位(符瑞佳，2015)。另外，细粒棘球蚴 14-3-3 亚型的表达特征也已被较为细致地分析(Teichmann et al.，2015)。

细粒棘球绦虫原头蚴重组蛋白 14-3-3(rEg14-3-3)能够诱导小鼠产生高水平的特异性体液免疫反应，该蛋白免疫小鼠 8 周后进行细粒棘球蚴原头蚴攻击感染，有 85.3%的保护率(王强等，2014)。该重组蛋白还可作为预防细粒棘球蚴的候选亚单位疫苗或重组疫苗的有效免疫抗原(李宗吉和赵巍，2015)。对细粒棘球蚴重组抗原 14-3-3 诱导宿主 DC-CD4～+T 细胞免疫应答机制的研究发现，与线粒体苹果酸脱氢酶(rEgmMDH)相比，抗原

rEg14-3-3 容易诱导宿主树突状细胞(DC)的成熟，rEg14-3-3 负载 DC 后优势诱导初始 CD4+T 细胞活化为高水平的 Th1、Th2 细胞亚群(王玉姣等，2014)。

38.EgRPS9

核糖体蛋白 S9(EgRPS9)基因 ORF 为 564 bp，编码 188 个氨基酸，预测分子质量为 22.0kDa，等电点为 10.32。该基因具有较高的保守性，与曼氏血吸虫、日本血吸虫及华支睾吸虫亲缘关系较近。在细粒棘球绦虫的不同发育阶段均有表达(肖云峰等，2014；Wen et al.，2017)。

39.Eg-LAP

细粒棘球绦虫亮氨酸氨基肽酶(*Echinococcus granulosus* leucine aminopeptidase，Eg-LAP)基因全长 1824 bp，编码 607 个氨基酸，分子质量为 65.8kDa，与多房棘球绦虫 LAP 基因的相似性为 95.8%。蛋白分布于细粒棘球绦虫原头蚴体表、顶突钩、生发层、成虫虫体表皮、薄壁层，虫卵内也有微量分布。蛋白序列包含亮氨酸氨基肽酶 M17 家族的标志性八肽(NTDAEGRL)，同时作为一种金属肽酶也包含 5 个金属离子结合位点，与多房棘球绦虫亲缘关系最近。rEg-LAP 蛋白具有抗原性，可作为候选诊断抗原(Wu et al.，2018a)。

40.Eg10

Eg10 蛋白是细粒棘球蚴原头蚴表面的一种亲水性蛋白抗原，其与 Em10 蛋白有高度同源性，可能与虫体的生长代谢有关。用 rEg10 免疫小鼠，8 周后进行细粒棘球蚴原头蚴攻击感染，与对照组小鼠相比，rEg10 免疫组小鼠无免疫保护力(王强等，2014)。

41.EgPDH

丙酮酸脱氢酶(pyruvate dehydrogenasea，PDH)是三羧酸循环中的关键酶。细粒棘球绦虫丙酮酸脱氢酶(EgPDH)基因约 1080bp，是具有信号肽的分泌蛋白，并含转酮酶结构域，其高度保守酶活性位点分别为 Glu57、Leu72、Ile86、Phe114。它与多房棘球绦虫 PDH 基因亲缘关系最近(陈英等，2015)。

42.Egnanos

nanos 基因最早在果蝇中发现，目前被认为在生殖细胞的发育中起到关键作用。细粒棘球绦虫 nanos 基因 ORF 为 687 bp，编码 228 个氨基酸，等电点为 5.08；细粒棘球绦虫 nanos 蛋白由 3 个 α 螺旋和 4 个 β 片层组成；发现共有 1 个丝氨酸位点，1 个苏氨酸位点，2 个酪氨酸位点，可能的磷酸化位点是 7、8、13、18、19、23 位(叶倩等，2015)。

43.EgCatB

细粒棘球绦虫组织蛋白酶 B(*Echinococcus granulosus* cathepsin B，EgCatB)基因，用无缝克隆技术和麦胚无细胞表达体系克隆表达后，该基因获得可溶性表达，蛋白分子量 35.9 kDa、理论等电点 6.37，为含信号肽的分泌蛋白，酶活性位点高度保守(张颋等，2014)。

44.EgFBPA

细粒棘球绦虫果糖二磷酸醛缩酶（*Echinococcus granulosus* fructose-1，6-bisphosphate aldolase，EgFBPA）基因全长 1092 bp，编码 363 个氨基酸，其等电点为 8.34，分子质量单位为 39.8kDa。亚细胞定位分析该蛋白为无信号肽的细胞质蛋白，属于稳定蛋白。生物信息学预测 EgFBPA 可能是潜在的药物靶点。重组质粒 pET30a（+）-FBPA 在大肠埃希菌 BL21 中成功表达，表达产物具有酶促活性（王绚等，2014）。

45.EgMKK

重组丝裂原活化蛋白激酶 MKK1 和 MKK2 分子质量单位分别为 44.96kDa 和 64.01kDa，以包涵体形式存在。表达产物纯化后的可溶性蛋白 EgMKK1 和 EgMKK2 含量分别为 0.64mg/mL 和 1.2mg/mL，表达蛋白可用于动物免疫（张传山等，2014）。

46.Egp38

p38 蛋白是丝裂原激活蛋白激酶信号通路的重要成员，可调节细胞迁移、凋亡、细胞因子表达、细胞周期和细胞骨架识别等关键生物学功能。细粒棘球绦虫 Egp38 基因约 1100bp，原核表达后的重组蛋白约 46kDa，制备的 Egp38 重组蛋白能与其多克隆抗体发生特异性反应（吕国栋等，2014）。

47.TβR Ⅰ-Ⅰ

转化生长因子 β Ⅰ 型受体胞内域序列长 1314bp，重组蛋白分子质量单位为 48kDa，纯化后获得的重组蛋白为可溶性蛋白（杨乐等，2013）。

48.Eg-DHFR

细粒棘球绦虫二氢叶酸还原酶（*Echinococcus granulosus* dihydrofolate reductase，DHFR），基因 ORF 为 576 bp，编码 191 个氨基酸，预测分子量为 21.9kDa，等电点为 6，无信号肽和跨膜区。该还原酶广泛分布于细粒棘球绦虫生活史的各个阶段，细粒棘球绦虫重组 Eg-DHFR 显示出典型的二氢叶酸还原酶活性，且对氨甲蝶呤和氨基蝶呤的抑制非常敏感，DHFR 的体外抑制作用不大，是绵羊细粒棘球蚴病诊断的有效抗原（Song et al.，2017）。

49.Eg-00512

Eg-00512 基因编码 203 个氨基酸，分子质量单位为 23kDa，其抗原表位主要位于 1～15、55～93、111～119、126～149、166～194 和 199～202 氨基酸残基及其附近，仅在细粒棘球蚴原头蚴阶段高表达。重组蛋白 rEg-00512 具有较好的抗原性，可作为棘球蚴病免疫诊断的候选抗原（佟雪琪等，2017）。

50.Ediag A864

利用 SEREX 技术对细粒棘球绦虫 cDNA 文库中进行抗原筛选时得到 Ediag A864 基

因，该基因有 864 bp 的开放性阅读框序列，与多房棘球绦虫诊断抗原 gp50 的氨基酸序列的同源性为 92%，经原核表达得到大小约为 51 kDa 的重组蛋白，经免疫印迹分析具有良好的反应原性(刘原源等，2016)。

51.Eg-07279

细粒棘球绦虫 Eg-07279 基因分子大小为 1890 bp，是编码膜蛋白的基因，该基因只在棘球蚴阶段的原头蚴和囊壁中表达，而在六钩蚴中不表达，经重组克隆、表达后，用亲和层析法纯化获得的重组蛋白 rEg-07279 具有较好的免疫原性，是诊断抗原候选分子(徐士梅等，2018)。

52.Eg-01042

Eg-01042 最初从细粒棘球绦虫转录组测序数据中筛选得到，该基因在六钩蚴中不表达，只在原头蚴中高表达，重组的 rEg-01042 蛋白具有较好的免疫原性(李娜等，2016)。

53.Eg-tubulin

微管蛋白(tubulin)是一种高度动态的结构，在细胞结构、细胞分裂、运动和信号转导等方面具有多种重要功能，并且被认为是抗包虫药物(苯并咪唑类)主要的作用靶点。微管蛋白有两种构型：α 微管蛋白(α-tubulin)和 β 微管蛋白(β-tubulin)，这两种微管蛋白具有相似的三维结构和分子量(约 55 kDa)，能够紧密地结合成二聚体，作为微管组装的亚基。研究者从中国羊源细粒棘球绦虫原头蚴 cDNA 文库中克隆扩增并通过大肠埃希菌原核表达得到 Eg α_9-tubulin 和 Eg β_4-tubulin 两种亚型的微管蛋白，ORF 分别为 1356bp 和 1332bp，分别编码 451 个和 443 个氨基酸，分子大小分别为 50.17kDa 和 49.70kDa(Liu et al.，2018)。序列分析显示，Eg α_9-tubulin 的第 40 位氨基酸为赖氨酸，为不同种属寄生虫以及人类微管蛋白共同的保守氨基酸位点。Eg β_4-tubulin 也具有保守的氨基酸位点，分别为：①第 6 位组氨酸；②第 50 位酪氨酸；③第 165 位天冬酰胺；④第 167 位苯丙氨酸；⑤第 198 位谷氨酸；⑥第 200 位酪氨酸；⑦第 241 位精氨酸，而上述位点的氨基酸若发生突变，则可能导致寄生虫、真菌以及植物对苯并咪唑类药物产生耐药。通过聚合实验和透射电镜观察证实了原核表达的 Eg α_9-tubulin 和 Eg β_4-tubulin 在体外特定条件下能够聚合形成二聚体。随着将来对微管蛋白其他型研究的深入，将会为抗包虫药物的研制和耐药机制提供一定的线索。

54.M26

细粒棘球绦虫六钩蚴副肌球蛋白(M26)基因经原核表达得到大小约为 41kDa 的重组蛋白，该重组蛋白作为抗原采用间接 ELISA 法能够有效诊断出绵羊感染早期包虫病(袁方园，2017)。

55.水通道蛋白(AQP)基因

水通道蛋白(aquaporin，AQP)是一种主要内在蛋白家族成员，具有通透水及其他小分子溶质的功能，参与虫体渗透稳态、物质转运等过程。细粒棘球蚴基因组中存在 7 个编码 AQP 的基因，但验证试验未见该蛋白具有水通道功能(刘许诺等，2018)。

56.Eg-Fis1

线粒体裂变蛋白 1（fission protein I，Fis1）cDNA 长 474 bp，编码 157 个氨基酸，无信号肽，但含有一个跨膜区域（aa129～157），预测分子量为 16.93kDa。进化分析显示 Fis1 基因氨基酸序列与绦虫和线虫具有相似性。该基因在细粒棘球蚴不育囊中表达，所表达蛋白广泛分布于细粒棘球绦虫原头蚴、生发层以及成虫实质区。原头蚴经 H_2O_2 氧化处理后，Eg-Fis1 的 mRNA 相对表达量开始上调，8h 后表达量最高，用 RNA 干扰法研究表明，Eg-Fis1 蛋白的缺失会减少细粒棘球蚴的细胞凋亡现象。推测 Eg-Fis1 蛋白可能通过促进氧化损伤而触发细胞凋亡，从而进一步诱导不育囊的形成（Wang et al.，2018）。

57.Eg-PDCD6

程序性细胞死亡蛋白 6（programmed cell death protein VI，PDCD6）的 ORF 为 525 bp，编码 174 个氨基酸，无信号肽和跨膜区域，预测分子量为 20.34kDa。所表达蛋白广泛分布细粒棘球绦虫原头蚴、生发层以及成虫实质区。原头蚴经 H_2O_2 氧化处理后，Eg-PDCD6 的 mRNA 相对表达量开始上调，8h 后表达量最高，用 RNA 干扰法研究表明，在 Eg-PDCD6 干扰组，原头蚴检测出的荧光信号与未干扰组差异较小，未发生明显变化，推测 Eg-PDCD6 不是其细胞凋亡过程中关键的调控基因，它可能不参与调控细胞凋亡（Wang et al.，2018）。

58.Eg-Grx1

细粒棘球绦虫谷氧还蛋白 1（glutaredoxin Ⅰ，Grx1）ORF 为 351 bp，编码 116 个氨基酸，预测蛋白大小为 13.2kDa，等电点为 8.8，氨基酸序列上没有信号肽和跨膜区，有典型的 CXXC 活性结构，是一种双巯基谷氧还蛋白。Eg-Grx1 蛋白主要位于原头蚴的表皮层以及成虫虫体内部，并在生发层中广泛分布。免疫印迹显示 rEg-Grx1 蛋白能与自然感染细粒棘球蚴病的绵羊阳性血清发生反应，具有一定的免疫原性。间接 ELISA 结果显示，该方法灵敏度为 1∶3200，特异性为 64.3%，但与细颈囊尾蚴交叉反应严重。Eg-Grx1 可作为绵羊细粒棘球蚴病血清学诊断抗原，用于畜群活体检疫初筛试验（Song et al.，2016a）。

59.Eg-ZFP

锌指蛋白（zinc finger peotein，ZFP）是一类通过结合 Zn^{2+}稳定的短且可自我折叠形成“手指”结构的蛋白质，在真核生物中，锌指蛋白表达广泛，参与多种重要生命过程，具有广泛的生物学功能，如 DNA 识别，RNA 包装、转录及转录后调控，蛋白折叠与装配，脂质结合，并在肿瘤形成和机体免疫干预等过程中起作用。细粒棘球绦虫锌指蛋白（Eg-ZFP）具有完整的开放阅读框（852bp），编码 283 个氨基酸，预测表明分子质量大小及等电点分别为 31.6kDa 和 8.89；qPCR 检测发现，Eg-ZFP 在原头蚴及成虫阶段均有表达，且在成虫阶段表达量高。此外，在原头蚴上还发现锌指蛋白能够在转录和翻译水平上调控宿主基因的表达，使宿主的内环境适合原头蚴的生长发育（Cui et al.，2013；Pan et al.，2014）。

60.Eg-Smads

细胞增殖、胚胎发生过程中细胞命运的确定、分化和细胞死亡通常是由多种细胞信号通路所控制的，细胞失去这种控制将带来毁灭性的后果，而在这些调控信号中最突出的是转化生长因子β(transforming growth factor-β，TGF-β)超家族信号通路，该信号通路参与广泛的生理过程，如细胞增殖、识别、分化、炎症凋亡等。而在TGF-β超家族信号通路中，Smad蛋白家族在整个信号通路的传导、调控等过程中起着重要的作用。研究人员从细粒棘球绦虫原头蚴cDNA文库中鉴定出了2个Smad蛋白，分别为EgSmadD和EgSmadE，且与多房棘球绦虫Smad蛋白家族具有很高的同源性。EgSmadD具有完整的开放阅读框，长2160bp，编码719个氨基酸蛋白，相对分子质量为77.5kDa；EgSmadE具有完整的开放阅读框，长1119bp，编码372个氨基酸蛋白，相对分子质量为42.4kDa。qPCR显示，相比于包囊和未激活的原头蚴，激活后的原头蚴EgSmadD和EgSmadE具有很高的转录水平，免疫荧光组织化学显示两种蛋白表达于原头蚴的皮层和皮下层；酵母双杂交实验显示，EgSmadD和EgSmadE蛋白能够发生互作，暗示这两种蛋白可能参与到细粒棘球绦虫TGF-β信号通路，从而调控虫体的生长发育及与宿主的互作等生物过程(Zhang et al.，2014)。

61.EgHbx2

EgHbx2基因是由果蝇基因同源比对发现，在细粒棘球绦虫中，该基因编码区长427bp，其mRNA及蛋白表达在凋亡小体处，免疫印记显示其蛋白相对分子质量大小约为46kDa，而随着凋亡小体的成熟，EgHbx2蛋白的表达也随之增加，暗示该基因可能参与到细粒棘球蚴的凋亡过程(Chalar et al.，2016)。

62.EgVAL

细粒棘球绦虫致敏样蛋白(venom allergen like，VAL)通过与其他寄生虫的相似蛋白进行氨基酸序列同源比对而得以发现，其中EgVAL1的部分编码区长495bp，编码165个氨基酸；EgVAL2的部分编码区长618bp，编码206个氨基酸。荧光免疫组织化学定位显示EgVAL1和EgVAL2表达于原头蚴的顶突，通过系统建树发现这两种蛋白与其他寄生虫的蛋白酶抑制相关蛋白聚类，这暗示了细粒棘球绦虫顶突处VAL蛋白可能具有蛋白酶的水解功能(Silvarrey et al.，2016)。

63.EgCS

柠檬酸合成酶(citrate synthase，CS)是催化来自糖酵解或其他异化反应的乙酰CoA与草酰乙酸缩合合成柠檬酸反应的酶，合成的柠檬酸会进入三羧酸循环反应并产生大量能量。柠檬酸合成酶是一个变构酶，受NADH、ATP和α-酮戊二酸的别构抑制，并作为三羧酸循环的限速酶。基因组和蛋白组均显示，细粒棘球绦虫具有编码整个完整过程三羧酸循环反应所有酶的基因以及酶，暗示三羧酸循环可能对于其能量代谢具有重要的意义(Tsai et al.，2013；Cui et al.，2013)。然而，目前关于细粒棘球绦虫三羧酸循环反应中的酶仅有柠檬酸合成酶被克隆和鉴定(Wang et al.，2019)。EgCS是一个高度保守的蛋白，由 466 个氨基酸组成，相对分子质量为 51kDa，预测等电点为 8.26，其与多房棘球绦虫柠檬酸合成酶氨基酸序列相似度达 98.71%。免疫印记显示，通过大肠杆菌 BL21 原核表达的 rEgCS 能被兔的多克隆抗体识别，暗示 rEgCS 具有良好的抗原性和免疫原性，而间接 ELISA 显示其敏感性为 93.55%，特异性为 80.49%，这表明 rEgCS 具有作为包虫病诊断候选抗原的潜力。免疫组织化学显示，EgCS 广泛分布于原头蚴、包囊以及成虫阶段，而当原头蚴暴露于 H_2O_2 诱导的氧化应激下，其 EgCS 的 mRNA 转录水平显著提高了 2 倍以上。综上可见，EgCS 在细粒棘球绦虫整个生活史阶段均广泛分布，并可能对其生长存活具有重要的作用。

二、多房棘球绦虫

目前，对多房棘球绦虫已做了研究的功能基因有 22 个。

1.Em2

Gottstein 等最早发现了一种特异的泡球蚴抗原，并命名为 Em2。通过 ELISA 法，用 Em2 检测 31 例 AE 病人和 26 例 CE 病人血清中 IgG 抗体，可检测出近 97%的 AE 病人血清中的 IgG 抗体，但有近 8%的 CE 患者血清出现交叉反应(Gottstein et al.，1983)。Em2 仅存在于角质层组织中(Deplazes and Gottstein，1991)，因此 67%经根治术治疗的患者，在 1 年后 IgG 抗体可转阴；而经药物治疗或自愈钙化的患者血检抗体仍为阳性。因而 Em2 可广泛应用于包虫流行区的大范围流行病学调查(Gottstein et al.，1987，1989；Craig et al.，2000；Bartholomot et al.，2002)。Koizumi 等人工合成了含有寡聚糖生物标记素的 Em2 的合成肽 H、I、K，经 ELISA 鉴定其中合成肽 H 的敏感性最高(高达 95%)，证实该类合成肽对泡型包虫病诊断具有较好潜能(Koizumi et al.，2011)。

2.EmⅡ/3 和 EmⅡ/3-10

EmⅡ/3 是 Lightowlers 等从大肠杆菌的多房棘球绦虫棘球蚴 cDNA 文库中，以泡型包虫病病人血清筛选得到的特异性多肽(Lightowlers et al.，1989)。EmⅡ/3 不仅具有良好的免疫学诊断价值，ELISA 检测的敏感性为 98%(40/41)，而特异性也达 96%(74/77)，此外该蛋白也具有较好的抗原性，是多房棘球绦虫疫苗研究最有希望的候选分子之一(Vogel et al.，1988)。Felleisen 等发现 EmⅡ/3 编码基因可表达 89kDa 的 GST 融合蛋白，随后降解为 43kDa 的蛋白，诊断 AE 的敏感性和特异性分别为 94%(26/28)和 93.3%(28/30)(Felleisen and Gottstein，1994)。Muller 等通过原核表达分离纯化出重组抗原 II/3-10。EmⅡ/3 和 EmⅡ/3-10 的 cDNA 片段分别编码 255 个和 188 个氨基酸，分别产生分子质量单位为 29.5kDa 和 21.5kDa 的蛋白质(Muller et al.，1989；Felleisen and Gottstein，1993)，这与 Vogel 等研究结果一致(Vogel et al.，1988)。用 EmⅡ/3-10 进行 ELISA 法检测 88 例 AE 血清，敏感性为 90%。研究者将泡球蚴 EmⅡ/3 的 cDNA 克隆到大肠埃希菌—分枝杆菌穿梭表达载体 pBCG 中，经研究鉴定，成功构建了重组 EmⅡ/3 疫苗(王鸿等，2006)。

1993 年，Gottstein 等通过 ELISA 检测不同地域的多房棘球蚴病患者血清以评价 Em2 和 EmⅡ/3-10 抗原，检测结果显示，两种抗原对不同地域多房棘球蚴病，诊断敏感性存在差异，但都显示出了对 AE 和 CE 较好的鉴别诊断能力(Gottstein et al.，1993)。随后，Gottstein 等又将 Em2 和 EmⅡ/3-10 两种抗原联合为一种新的抗原(Em2 Plus)，其 ELISA 诊断 AE 敏感性和特异性均达 95%以上，但与 CE 存在 25.8%的交叉反应，除细粒棘球蚴病外，其鉴别诊断率达到 93.2%，相比之下显示出更好的诊断与鉴别价值，同时，还弥补了上述两种抗原诊断多房棘球蚴病时，在不同区域间敏感性的差异。另外，EmⅡ/3-10 和 Em2 Plus 亦被应用于药物疗效评价，其中 EmⅡ/3-10 更适于药物治疗的复查(Felleisen et al.，1993)；而 Em2 Plus 更适用于手术治疗后的复查(Tappe et al.，2009)。

3.Em14-3-3

14-3-3 蛋白家族至少有 7 个亚型，已报道的 α 和δ亚型分别是 β 和 ζ 亚型的磷酸化形式。Em14-3-3 中的 Em14-3-3.1 和 Em14-3-3.2 属于 δ 亚型一簇，而 Em14-3-3.3 属于 ε 亚型。Em14-3-3.1 开放阅读框长度为 420 bp，可编码 140 个氨基酸片段，ORF 后有 114bp 的未翻译区，包含有信号肽序列和 3′ 多聚腺苷酸尾，该基因为单拷贝。14-3-3.2 基因，其 ORF 为 774 bp，可编码 248 个氨基酸，其基因序列中包含 2 个内含子。14-3-3.2 的氨基酸序列与 14-3-3.1 基因的氨基酸序列有 88%的同源性，与 14-3-3.3 编码的氨基酸有 52%的同源性，为肿瘤生长相关的同型分子(Nunes et al.，2004)。

Siles-Lucas 等以抗酿酒酵母蛋白 14-3-3 的抗体从泡球蚴 cDNA 表达文库中鉴定出一个特异单拷贝基因 14-3-3.1。研究显示 14-3-3 蛋白可表达于棘球蚴的各生长阶段，且表达水平具有时间特异性，在棘球蚴期的表达水平最高。通过免疫定位显示 14-3-3 蛋白主要位于多房棘球蚴的生发层。认为 14-3-3 蛋白与促进多房棘球蚴在宿主组织内的进行性、侵入性、无限性生长有关(Siles-Lucas et al.，2000)。14-3-3 蛋白并不是多房棘球绦虫所特有，在其他寄生虫中亦有表达(Aitken et al.，1992；Schechtman et al.，1995；Lally et al.，1996)。Siles-Lucas 等发现多房棘球绦虫中存在另一种 14-3-3 基因，经特异性扩增后得到 Em14-3-3.2 基因片段，并可编码 14-3-3 蛋白质家族中的 3 种蛋白质(Wang et al.，1996；Siles-Lucas et al.，2000)。Em14-3-3.2 天然蛋白是分泌性的，非 Em 所特异性的抗原。但该蛋白可能与多房棘球蚴在宿主组织内无限性生长有关。因此，对 14-3-3 蛋白加以研究，可初步探索棘球蚴的致病机制，并可作为抗多房棘球蚴病疫苗候选分子。

王鸿等构建了 Em 重组质粒 pBCG-EmII/3 和 pBCG-Em14-3-3 及相应的 rBCG-Em 疫苗，并成功诱导表达出具有特异的抗原性的 EmII/3 和 Em14-3-3 重组蛋白。而后，经鼻腔黏膜接种，免疫了 BALB/c 小鼠，能诱导小鼠较强且特异性的 CD4+Th1 型细胞免疫产生、体液免疫发生和微弱的 CD8+CTL 反应作用，且 rBCG-Em 疫苗诱导宿主产生的保护力强于 pCD-EmDNA 疫苗组(王鸿等，2006)。杨梅等利用重组双歧杆菌(Bb)-EmII/3-Em14-3-3 疫苗免疫小鼠后，可诱导攻击感染小鼠产生 Th1 型细胞免疫应答，并可抑制感染多房棘球蚴小鼠脾脏细胞发生凋亡，增加 CD4+T 细胞的数量，诱导小鼠产生免疫保护对抗多房棘球蚴病原头节感染(杨梅等，2007a，2008a、b)。多房棘球绦虫 EmⅡ/3-Em14-3-3 融合基因在大肠埃希菌 BL21(DE3)中表达成功，表达出的 EmII/3-Em14-3-3 重组蛋白具有特异的抗原性，能诱导 BALB/c 小鼠产生较强的特异性 CD4+Th1 型细胞免疫、体液免疫和微弱的 CD8+CTL 反应，并产生一定的保护力，对抗 Em 原头节的攻击(杨梅等，2007b)。

4.Em4

Hemmings等以26kDa的日本血吸虫GST融合蛋白形式，高水平地表达Em抗原Em4，ELISA检测Em后达100%的特异性，但对囊型包虫病血清诊断的敏感性只有37%（18/49），提示天然Em4可能存在翻译后修饰（Hemmings et al.，1991）。Leggatt等对Em4与pEm10的序列同源性进行对比分析后发现，Em4与pEm10核酸水平的同源性为98%、氨基酸水平为92%，发现Em4与序列较长的 pEm10的羧基端几乎完全相同，同时存在2个不完全相同的区域（Leggatt et al.，1992）。

5.EmAgB 和 Em6

多房棘球绦虫AgB基因有五个亚单位（EmAgB8/1～EmAgB8/5），是潜在的候选诊断抗原基因。EmAgB8/1、EmAgB8/2、EmAgB8/3、EmAgB8/4和EmAgB8/5这5个基因均能表达EmAgB8蛋白，而核苷酸和氨基酸序列分析表明，EmAgB8/1～EmAgB8/4的基因序列与EgAgB1、EgAgB4的编码区，同源性很高，可高于90%。提示抗原B可用于多房棘球蚴病和细粒棘球蚴病的诊断，而EmAgB8/5基因组序列的同源性略低于细粒棘球蚴的AgB，EmAgB8/5是编码EmAgB蛋白（分子量为8kDa）的一个新基因，属于EmAgB基因家族成员。另外，Mamuti等将重组的EmAgB8/1抗原用于多房棘球蚴病的诊断，其敏感性约为 37.8%～40.6%，且与细粒棘球蚴病患者的血清交叉反应率高，表明该抗原不适宜用于泡型包虫病的特异性诊断；而EmAgB8/2和EmAgB8/3作为AE诊断抗原，有待进一步验证（Mamuti et al.，2004，2006）。Em原头节cDNA文库分离的编码Em6蛋白的Ag5与Eg6基因达99%的同源性，但尚无文献对Em6蛋白作为AE诊断抗原的报道（Siles-Lucas et al.，1998）。

6.Em10 和 Em13

Em10是Frosch等从Em原头节的cDNA文库中筛选出的阳性克隆，cDNA长度为2204bp，ORF为1677 bp，相对分子质量65kDa，表达于育囊的生发层和多房棘球绦虫原头节体表（Frosch et al.，1991）。Em13则是来自多房棘球绦虫幼虫期的cDNA文库的阳性克隆，cDNA长度为1778 bp，ORF为1280 bp（Frosch et al.，1993）。Helbig等用ELISA检测发现Em10抗原诊断多房棘球蚴病的敏感性和特异性均较高，与细粒棘球蚴病血清交叉反应较低（3.1%）（Helbig et al.，1993）。Tappe等研究证实Em10作为泡型包虫病的诊断抗原，也可用于AE复查（Tappe et al.，2009）。通过ELISA检测重组表达的Em10，可用于棘球蚴病的诊断（王昌源等，2006）。但Em10用于多房棘球病和细粒棘球病鉴别的诊断抗原价值，结果较Helbig的研究结果低（Helbig et al.，1993）。重组Em13用ELISA的方法检测28例多房棘球病患者血清，其中抗体阳性者占82%；55例囊型包虫病和15例非包虫的其他蠕虫感染者血清均为阴性，证明重组Em13抗原对泡型包虫病有一定的诊断价值（Frosch et al.，1993）。

7.Em18

Ito等用免疫印迹实验研究发现一种分子质量为18kDa的特异性抗原组分。研究显示，半纯化的此抗原组分在用于 AE 血清学诊断的特异性和敏感性分别为 96.8%和 97%，并可用于多房棘球病的复查(Ito et al.，1999)。研究者对 214 份血清，用天然 Em18 抗原进行免疫印迹检测，发现其可用于两型包虫病的鉴别诊断(江莉等，1999)，但是粗抗原是一种既含包虫病的特异抗原，又存在着交叉反应抗原和宿主抗原成分的复杂的抗原混合物，因此，仍与细粒棘球病存在交叉反应。此后，Ito 通过等电聚集纯化(IEFE)从多房棘球绦虫的原头节中提取了纯化的 Em18 抗原，Em18 纯化抗原具有高敏感性和低交叉反应率的特点，因此在早期诊断、鉴别诊断等方面可通过纯化的 Em18 抗原进行。但抗原蛋白的纯化周期长、难度大、产量低，因此基于 Em18 抗原的新抗原蛋白的寻找十分必要(Ito et al.，2002)。

重组多房棘球蚴 18 抗原(rEm18)，在高特异性、低交叉反应率、大量生产等方面，比粗抗原和纯化抗原更有优势。Ito 等用 rEm18 对血清进行免疫印迹及 ELISA 检验，结果显示 AE 血清学阳性率可高达 95%，CE 低于 10%(Ito et al.，2002)。Sako 等通过 ELISA 方法用 rEm18 检测了 89 份血清中的抗体，敏感性和特异性分别为 87.10%和 98.30%，仅有 1.12%的血清存在交叉反应(Sako et al.，2002)。Xiao 等用人工重组多房棘球蚴 18 抗原 ELISA 检测了 208 份包虫病人血清，19 份 AE 病人血清呈阳性结果，2 例两型包虫混合感染的病人血清检测后呈弱阳性，其余血清样本均呈阴性反应(Xiao et al.，2003；王俨等，2005)。因此，rEm18 可作为 AE 血清学诊断的抗原之一。

江莉等将重组 Em18-1 抗原和 Em18-2 抗原进行酶联免疫吸附试验和蛋白免疫印迹试验，结果显示两抗原对泡型包虫病患者的血清诊断效率达 90%以上(江莉等，2004；Jiang et al.，2004)。随着重组 Em18 抗原的不断研究，其诊断价值被应用于试剂盒的研发。其中日本“重组 Em18 抗原免疫层析 ICT 试剂盒”，可于 20min 内快速检测，具有快速、操作简便、敏感性和特异性高等特点(Sako et al.，2009；Ito et al.，2010)。

张春桃等原核表达出重组蛋白 Em18.1-GST、Em18.2-GST 和 Em18.3-GST，并证实 3 种重组蛋白均具有良好的抗原性(张春桃等，2006)。林仁勇等进一步对截短的 Em18.3 抗原重组蛋白研究，显示对多房棘球蚴病患者血清诊断的敏感性、特异性分别为 10.7%(6/56)和 99.4%(55/56)(林仁勇等，2007)。由于棘球绦虫是多细胞寄生虫，其抗原结构非常复杂，因此筛选出 Em18 的多个模拟抗原表位，形成复合抗原多肽，可能获得理想的免疫诊断效果。据研究，使用纯化的重组 Em18-GST 蛋白免疫接种小鼠，发现 Em18 抗血清能特异结合重组的 Em18-GST 蛋白(王俊芳等，2007)。此外，有研究者将 Em18-GST 重组表达并纯化后接种于新西兰白兔，酶联免疫吸附试验检测后，抗体滴度达 1：51200(杨晨晨等，2007)。以上研究表明，Em18 抗原可作为抗泡型包虫病疫苗的候选蛋白。

高春花等将 Em18 基因片段克隆入 pGEX-3X 表达载体得到重组蛋白，标记抗人免疫球蛋白 G 单克隆抗体制备胶体金。将重组 Em18 抗原制成胶体金免疫层析试条，进一步研究显示该方法检测多房棘球蚴病的敏感性和特异性均较高(高春花等，2012)。

8.Em70 和 Em90

Em70 和 Em90 两种多房棘球蚴的抗原蛋白，在多房棘球绦虫的中绦期中表达。天然 Em70 抗原和 Em90 抗原，在泡型包虫病病人血清检测中，呈较高敏感性和特异性反应，与囊型包虫病病人有 0.02%的交叉反应。因此，Em70 和 Em90 抗原在多房棘球蚴病的诊断价值潜力较大(Korkmaz et al.，2004)。

9.Em95

Gauci 等最早克隆了 Em95 基因，Em95 基因长度为 234bp，有 3 个外显子及 2 个内含子(Gauci et al.，2002)。Em95 基因的分子结构基本相似于 Eg95 基因(Chow et al.，2001)。胞外型和分泌型蛋白为疫苗候选分子的有利条件，进一步对 Em95 的核苷酸及氨基酸序列研究后，发现 Em95 蛋白恰具有此特征，因此，Em95 蛋白可成为抗泡型包虫疫苗的候选蛋白之一(Lightowlers et al.，1999)。

重组 Em95 免疫小鼠后可获得 78.5%～82.9%的有效保护率(Gauci et al.，2002)。相较于 Eg95 预防免疫绵羊，Em95 蛋白的保护率略低(Lightowlers et al.，1996)。刘献飞等通过生物信息学预测 Em95 的 T 细胞、B 细胞联合表位为 52～59、92～98、110～115，为进一步研究和筛选 Em95 抗原 T 细胞、B 细胞优势抗原表位以及 T-B 联合表位的免疫原性及研制高效的多价疫苗提供了理论指导(刘献飞等，2012)。最近，有研究认为 Em95 重组蛋白对继发性多房棘球蚴病具有一定的保护作用，能明显抑制多房棘球蚴的生长(李建秋等，2015)。

10.EmY162

EmY162 基因的 DNA 片段长 1803bp，cDNA 为 646bp，ORF 为 461bp。该基因包含 3 个外显子，2 个内含子。EmY162 基因在多房棘球绦虫生活史的原头蚴、中绦期、未成熟节片及成熟节片都有表达(Katoh et al.，2008)。Li 等利用生物信息学软件对 EmY162 的抗原表位预测分析，共预测出 5 个 T 细胞和 7 个 B 细胞抗原表位(Li et al.，2013)，存在潜在优势抗原性表位(庞明泉等，2016)。EgG1Y162 抗原在系统发育上最接近 EmY162 抗原，相似性超过 90%，他们的差异为内含子区(Zhang et al.，2014)。在感染多房棘球绦虫虫卵小鼠实验中，重组 EmY162 抗原能产生显著的 IgG 免疫反应，证明重组 EmY162 抗原能与泡型包虫病病人血清产生显著的反应；其重组抗原免疫犬获得的阳性血清，免疫印迹分析检测到强烈的 IgG 免疫反应(Kouguchi et al.，2007；Katoh et al.，2008)。

11.Em-TSP3

TSP3 存在潜在优势抗原性表位，其 3 个优势 B 细胞抗原表位为 T18～33、T45～55、T110～122；4 个 Th1 型优势抗原表位为 T33～42、T45～55、T80～90、T110～122；3 个 Th2 型优势抗原表位为：T45～55、T68～77、T92～104(庞明泉等，2016)。经研究，TSP3 的 7 种多房棘球绦虫幼虫跨膜蛋白已被用于开发针对多房棘球绦虫感染的疫苗，能激发机体产生显著的保护水平(Dang et al.，2009)。值得注意的是，接种融合有重组 Em-TSP1 和 Em-TSP3 的疫苗均可诱导小鼠 IgG 高水平表达，并且超过 85%的肝囊肿病灶数减少(Dang et al.，2012)。

12.EmCLP

组织蛋白酶属于半胱氨酸蛋白酶(cathepsin L peptidases，CLP)，存在于人类、寄生虫等多种动物体内，包括组织蛋白酶 B、H 和 L（Barrett and Kirschke，1981）。半胱氨酸蛋白酶是寄生虫的主要消化酶，对寄生虫的生存（如虫体的营养摄取与消化、囊壁形成与脱囊等）及与宿主的相互关系（寄生虫对宿主的入侵、致病和免疫逃避等）具有重要作用（Ghoneim and Klindert，1995；Choi et al.，1999）。该基因在寄生虫成囊、组织侵袭和降解宿主的 IgG 等方面起作用，是潜在的抗寄生虫化学治疗的靶点（刘琼等，2008）。

有学者首次从多房棘球绦虫中绦期克隆出两个编码半胱氨酸肽酶类的 cDNA，并命名为 EmCLP1 和 EmCLP2，这两个序列与 cathepsin L-like peptidases 的序列非常相似，免疫印迹分析表明天然 EmCLP1 和 EmCLP2 出现在分泌排泄物中。免疫组织化学分析表明天然 EmCLP1 和 EmCLP2 总是一起出现在生发囊、育囊和原头蚴中，而其重组蛋白均能降解 IgG、白蛋白、Ⅰ型与Ⅳ型胶原和纤连蛋白，推测与寄生虫入侵宿主有关（Sako et al.，2007）。

13.Em20.9/Emu-Teg11

多房棘球绦虫囊壁蛋白（*Echinococcus multilocularis* 20.9kDa tegumental protein，Em20.9/Emu-Teg11）是一种大小为 20.9kDa 的表皮蛋白，其在虫体与宿主的相互作用（如信号转导、钙离子获取以及免疫入侵等）过程中发挥着重要作用。Em20.9 基因的 ORF 大小为 543bp，可编码 180 个氨基酸，且具有多个抗原表位，主要表达于多房棘球蚴的角皮层。重组蛋白 rEm20.9，分子大小约 26 kDa，能被多房棘球蚴感染血清发生特异性识别，是潜在的候选诊断基因（苏梦等，2017）。免疫印记显示 Em20.9 蛋白主要通过胞外囊泡途径进行分泌定位至多房棘球包囊和原头蚴的表皮处，而凝胶迁移率实验表明该蛋白几乎不参与钙离子的结合；但其能够显著提高巨噬细胞产生 NO 的能力和影响部分抗炎以及促炎基因的表达，这表明了 Em20.9 蛋白可能在多房棘球绦虫感染过程中起着调节宿主免疫反应的作用，进而利于其在宿主体内存活（Zheng et al.，2018）。

14.Em-myophilin

亲肌肉蛋白（Myophilin）为棘球绦虫的一种平滑肌蛋白，是特异的天然抗原，在囊型包虫病的免疫研究中已取得良好的效果。多房棘球绦虫重组亲肌肉蛋白（rEm-myophilin）可被泡型和囊型包虫病患者血清识别，而不被正常人血清识别，其对泡型和囊型包虫病患者血清的诊断敏感性分别为 80.70%和 78.79%。具有较高的免疫原性，对包虫病具有较好的免疫诊断价值（何顺伟，2017）。

15.Em-LDH

乳酸脱氢酶（lactate dehydrogenase，LDH）主要催化无氧糖酵解途径中丙酮酸与乳酸之间的可逆反应，释放能量供机体所用，是寄生虫良好的免疫诊断分子。多房棘球绦虫重组乳酸脱氢酶重组蛋白（rEm-LDH）可被泡型和囊型包虫病患者血清识别，而不被正常人血清识别，其对泡型和囊型包虫病患者血清的诊断敏感性分别为 84.21%和 84.85%。具有较高的免疫原性，对包虫病具有较好的免疫诊断价值（何顺伟，2017）。

16.EmHSP20

EmHSP20 基因全长 1261 bp，编码序列长 945 bp，编码 314 个氨基酸，理论相对分子质量为 35.84kDa，等电点为 5.92。EmHSP20 无信号肽，无跨膜区，属胞内蛋白。EmHSP20 含有典型的两个 α 晶体结构域；富含 4 种类型的蛋白质功能位点，主要是磷酸化位点，说明磷酸化是其重要的翻译后修饰；含有 8 个蛋白质结合位点，可与多种蛋白质相结合(孙萃萍等，2015)。

17.EmOCT4

OCT4 基因是维持干细胞多潜能性的内源性因子，在保持泡球蚴生发层细胞具有很强自我更新能力和分化能力方面起着重要作用。因此，推测 EmOCT4 在泡球蚴生发层细胞多潜能性的维持中可能发挥了重要作用。泡球蚴 OCT4 全长为 cDNA 序列，该基因全长 2031 bp，无内含子序列，编码 676 个氨基酸。生物信息学分析显示，EmOCT4 氨基酸序列与哺乳动物的 OCT4 氨基酸序列相比，其功能域 POU domain 具有高度保守性，而功能域以外的序列差异较大。预测 EmOCT4 三级结构显示，POU 特异性结构域与 POU 同源性结构域以二聚体形式结合，POU 特异性结构域呈现 4 个 Gt 螺旋，POU 同源性结构域为 3 个Ⅸ螺旋，这种结构可能在 EmOCT4 与 DNA 或蛋白的相互作用中发挥重要作用。EmOCT4 在泡球蚴囊泡和原头蚴的细胞核中表达。用 EmOCT4 基因替代小鼠 OCT4 基因，能成功诱导出多能干细胞，表明 EmOCT4 是鼠 OCT4 蛋白的功能同源物，在鼠成纤维细胞重编程的过程中发挥了重要作用，该结果为进一步探究 EmOCT4 在泡球蚴生发层细胞多潜能性维持中的作用提供了帮助(商桂华等，2014)。

18.EmSOX2

Sox2 是哺乳动物胚胎干细胞核心转录因子之一，对干细胞多潜能性的维持和调控起关键作用。EmSOX2 基因全长为 1422 bp，开放阅读框为 1185 bp，EmSOX2 基因只存在一种转录形式，编码 394 个氨基酸，EmSOX2 蛋白的表达主要定位于泡球蚴生发层细胞的细胞核中，该蛋白在包囊的表达量明显高于原头蚴(武坚坚等，2014)。当用 EmSOX2 基因替换小鼠干细胞 Sox2 基因后，能诱导小鼠干细胞向体细胞方向分化，表明 EmSOX2 基因与小鼠 Sox2 基因功能类似，对于维持和调控小鼠胚胎干细胞的多潜能性起关键作用，是哺乳类 Sox2 的功能同源基因(Cheng et al.，2017)。

19.EmSEVERIN

肌切蛋白(SEVERIN)是一种重要的细胞骨架调节蛋白，属于凝溶胶蛋白超家族，具有 Ca^{2+}依赖的微丝切割活性，在细胞免疫、细胞分泌、细胞运动及肿瘤发生发展过程的调节方面发挥重要作用。EmSEVERIN 开放阅读框为 1002bp，编码 333 个氨基酸，等电点为 6.10，含有 3 个类凝溶胶蛋白结构域，属于凝溶胶蛋白超家族。通过生物信息学方法筛选，多房棘球绦虫 SEVERIN 蛋白含有 5 个 T 细胞、B 细胞联合表位，这为抗棘球蚴病短肽疫苗的研制提供了理论基础(王芬等，2019a)。肌切蛋白也与肿瘤的发生相关，但具体作用因不同组织来源的肿瘤而有一定差异。为了探究该蛋白在多房棘球绦虫中的作用，通过构建 EmSEVERIN 基因慢病毒过表达载体后感染人正常肝 L02 细胞，经 Transwel 和划痕试验表明过表达 EmSEVERIN 蛋白的 L02 细胞侵袭、迁移能力显著提高，提示 EmSEVERIN

可能在泡球蚴侵袭、转移相关信号通路中发挥重要作用(王芬等，2019b)。

20.水通道蛋白(AQP)基因

多房棘球蚴基因组中存在6个编码AQP的基因，目前只成功扩增了EmAQP4和EmAQP9两个基因，并且成功构建水通道蛋白基因的体外转录表达载体，在异源表达系统非洲爪蟾卵母细胞中验证了 EmAQP4 和 EmAQP9 这两个蛋白未显示具有水通道功能(刘许诺，2018)。

21.EmSerpins

丝氨酸蛋白酶抑制剂蛋白家族(serine protease inhibitor，Serpins)参与并调节多种生物学功能，如细胞生长、炎症反应以及补体免疫系统。目前，多房棘球绦虫已经鉴定出 3 种 Serpins 蛋白，通过免疫印记实验证实 EmSerpins2 及 EmSerpins3 在多房棘球绦虫囊内以及分泌蛋白中均有存在，而通过免疫染色表明多房棘球绦虫的 3 种 Serpins 蛋白均位于包囊的生发层(Sasaki 和 Sako，2016)。

22.EmGLUT

葡萄糖转运蛋白(Glucose transporter，GLUT)是一类调控细胞外葡萄糖进入细胞内的跨膜蛋白家族，参与糖代谢、炎性反应和免疫应答等过程。葡萄糖的代谢取决于细胞对葡萄糖的摄取，然而，葡萄糖无法自由通过细胞膜脂质双层结构进入细胞，细胞对葡萄糖的摄入需要借助细胞膜上的葡萄糖转运蛋白的转运功能才能得以实现。葡萄糖转运体存在于身体各个组织细胞中，它分为两类：一类是钠依赖的葡萄糖转运体(SGLT)，以主动方式逆浓度梯度转运葡萄糖；另一类为易化扩散的葡萄糖转运体(GLUT)，以易化扩散的方式顺浓度梯度转运葡萄糖，其转运过程不消耗能量。根据猪带绦虫的 2 个葡萄糖转运基因设计引物，利用 RACE 法，成功克隆得到多房棘球绦虫的 2 个 GLUT 基因的完整编码区，其中EmGLUT1基因长1530bp，编码509个氨基酸，相对分子质量大小为55kDa；EmGLUT2基因长 1503bp，编码 500 个氨基酸，相对分子质量大小为 54kDa。系统进化树表明，EmGLUT1 和 EmGLUT2 基因与细粒棘球绦虫葡萄糖转运基因具有很高的同源性，而在异源表达系统非洲爪蟾卵母细胞中验证 EmGLUT1 基因具有葡萄糖转运能力，而 EmGLUT2 未见有该功能。此外，EmGLUT1 转运蛋白并不属于钠依赖的葡萄糖转运体，且不依赖 H^+。免疫印记显示，体外培养的多房棘球绦虫及其原头蚴的 2 种葡萄糖转运蛋白均稳定表达，这暗示 EmGLUT1 和 EmGLUT2 蛋白可能对于多房棘球绦虫的葡萄糖摄取等过程扮演重要的作用(Takuya et al.，2018)。

三、少节棘球绦虫

少节棘球绦虫的功能基因研究较少，仅见 AgB 和 Eo95 基因报道。

1.AgB

从少节棘球绦虫获得 10 个 AgB 抗原基因的阳性克隆，分别有 3 个(克隆序号

Eo-4,5,6)、4 个(Eo-2,3,8,11)和 1 个克隆(Eo-16)位于 AgB1、AgB2 和 AgB4 亚基进化支。而在 AgB3 和 AgB5 聚为一支，其中包括 2 个 EoAgB 克隆(Eo-7,15)。其中，Eo-6 部分 DNA 序列长 414bp，CDS 为 1～20bp 和 173～377bp。Eo-8 部分 DNA 序列为 302bp，CDS 为 1～14bp 和 95～302bp。Eo-15 部分 DNA 序列长 408bp，CDS 为 1～20bp 和 167～371bp。Eo-16 部分 DNA 序列长 299 bp，CDS 为 1～14bp 和 92～299bp。EoAgB3 与细粒棘球绦虫鹿型 AgB5(Q)亚基聚为一支，而与细粒棘球绦虫的 AgB3(R 等位基因)亚基不相关。EoAgB2 与 EgAgB2 序列相似，但与细粒棘球绦虫其他基因型的 AgB2 能够很好地分开(Haag et al.，2006)。

2.Eo95

Eo95 基因的 DNA 序列长为 1263bp，编码区域为 5～74bp、679～984bp 和 1167～1261bp。贝叶斯进化树显示 Eo95 与 Em95 和 Eg95-5，6，7 基因具有同源性(Haag et al.，2009)。

四、伏氏棘球绦虫

伏氏棘球绦虫的功能基因仅见 AgB 和肌动蛋白(ActII)的报道。

1.AgB

从伏氏棘球绦虫获得 6 个 AgB 抗原基因的阳性克隆，分别有 2 个(克隆序号 Ev-2，6)、2 个(Ev-3,7)和 2 个(Ev-9,14)位于 AgB1、AgB3/5 和 AgB4 亚基进化支。而在 AgB2 亚基进化支，未有 Ev 的克隆分布，可能是由于实验的原因所致。其中，克隆 Ev2 的部分 DNA 序列长 343bp，CDS 为 1～20bp 和 108～306bp；Ev3 部分 DNA 序列长 414 bp，CDS 为 1～20 bp 和 173～377 bp；Ev14 部分 DNA 序列长 290 bp，CDS 为 1～14 bp 和 83～290 bp。因此，推测 Ev 的 AgB 基因可作为诊断抗原(Haag et al.，2006)。

2.肌动蛋白(ActII)

伏氏棘球绦虫肌动蛋白基因部分序列为 266bp，编码区为 16～266bp，EvActII 与 EgActII 和 EmActII 的序列相似性为 93%～95%。肌动蛋白的编码序列高度保守，非编码序列有较大的变异，可反映其进化上的时间进程(贺淹才等，2002)。

五、石渠棘球绦虫

石渠棘球绦虫的功能基因仅见 Es95 的报道。

Es95 基因长为 1330bp，序列分析含有 3 个外显子和 2 个内含子，有 1 个糖基化位点，N 端有一信号肽序列(16 个氨基酸)，C 端有跨膜区(23 个氨基酸)，亲水性低，B 细胞抗原表位预测有 Es95 潜在抗原表位 6 个(李建秋等，2015)。

参考文献

阿帕克孜·麦麦提, 2015. EgM9、EgM123蛋白免疫犬持续期抗体检测与免疫组织化学研究[D]. 乌鲁木齐: 新疆农业大学.

曹春宝, 马秀敏, 丁剑冰, 等, 2008. 细粒棘球蚴 egG1Y162 抗原基因的克隆及蛋白质序列分析[J]. 中国病原生物学杂志, 3(12): 903-906.

曹得萍, 张耀刚, 李超群, 等, 2018. 细粒棘球绦虫转酮醇酶克隆表达及免疫性分析[J]. 中国血吸虫病防治杂志, 30(2): 155-160.

陈英, 奥·乌力吉, 张颋, 等, 2015. 细粒棘球绦虫丙酮酸脱氢酶的重组表达及生物信息学分析[J]. 中国血吸虫病防治杂志, 27(4): 376-380.

陈英, 乔军, 孟庆玲, 等, 2018. 细粒棘球蚴 EG19 抗原基因的克隆表达及重组蛋白反应原性研究[J]. 畜牧与兽医, 50(3): 63-67.

符瑞佳, 吕刚, 尹飞飞, 2015. 细粒棘球绦虫 14-3-3zeta 蛋白的生物信息学分析[J]. 分子诊断与治疗杂志, 7(3): 151-155+175.

高春花, 石锋, 汪俊云, 等, 2012. 快速诊断多房棘球蚴病胶体金免疫层析试条方法的建立与评价[J]. 中国寄生虫学与寄生虫病杂志, 2: 90-94.

高富, 2015. 细粒棘球绦虫重组蛋白 P29 诱导绵羊的免疫保护力及其免疫机制研究[D]. 银川: 宁夏医科大学.

郭中敏, 陆家海, 2002. 包虫疫苗候选抗原基因 FABP 的克隆与序列分析[J]. 热带医学杂志, 2(2): 143-146.

郝慧芳, 王志钢, 高连山, 等, 2010. 细粒棘球蚴 FABP 基因的原核表达及蛋白鉴定[J]. 生物技术通报, (7): 92-95.

何顺伟, 2017. 多房棘球蚴 myophilin、LDH 蛋白的免疫原性与循环核酸检测研究[D]. 西宁: 青海大学.

贺淹才, 2002. 肌动蛋白和肌动蛋白基因的研究进展[J]. 生命的化学, 22(3): 248-250.

胡旭初, 徐劲, 2003. 细粒棘球蚴 Eg95 全长基因的克隆与在甲醇酵母中的表达[J]. 热带医学杂志, 3(1): 28-31.

江莉, 冯正, 胡薇, 等, 2010. 棘球蚴 AgB 抗原家族基因的克隆及抗原表位的预测分析[J]. 中国寄生虫学与寄生虫病杂志, 28(5): 368-371.

江莉, 冯正, 薛海筹, 等, 2004, 多房棘球蚴病特异性诊断抗原 Em18 的基因克隆、表达和血清学评价[J]. 中国寄生虫学与寄生虫病杂志, 4: 1-6.

江莉, 温浩, 李雄, 等, 1999. 18kDa 抗原诊断泡型包虫病的评价[J]. 中国寄生虫学与寄生虫病杂志, 17: 78-80.

兰希, 王倩, 刘玉梅, 等, 2016. 细粒棘球蚴 Eg95 重组表位蛋白的免疫特性研究[J]. 中国病原生物学杂志, 113(3): 242-245.

黎明, 张晓霞, 赵嘉庆, 等, 2014, 细粒棘球蚴 95 抗原在真核昆虫表达系统中表达、纯化及免疫原性初步分析[J]. 宁夏医科大学学报, 36(9): 949-953.

李超群, 2017, 细粒棘球蚴延伸因子-1 和磷酸丙糖异构酶基因克隆表达及免疫诊断研究[D]. 西宁: 青海大学.

李航, 李文卉, 苟惠天, 等, 2008, 细粒棘球绦虫 TPx 基因的克隆及序列分析[J]. 中国兽医科学, 38(3): 191-195.

李红兵, 杨文, 陈健茂, 等, 2015, 细粒棘球蚴 Eg95-Eg. ferritin 融合基因在昆虫细胞/杆状病毒的表达[J]. 宁夏医科大学学报, 37(2): 120-124+234.

李建秋, 2015, 多房棘球蚴 Em95 基因克隆、原核表达及应用[D]. 北京: 中国农业科学院.

李建秋, 李立, 闫鸿斌, 等, 2015. 石渠棘球绦虫 Eg95 基因克隆及序列分析[J]. 安徽农业科学, 43(18): 33-36.

李娜, 赵嘉庆, 赵殷奇, 等, 2016, 细粒棘球蚴抗原 Eg-01042 的筛选、表达、纯化及免疫原性的初步研究[J]. 宁夏医科大学学报, 38(6): 609-614.

李文桂, 朱佑明, 2007. 细粒棘球绦虫重组 BCC-Eg95 疫苗诱导的保护力观察[J]. 免疫学杂志, 23: 383-389.

李宗吉, 楚元奎, 于欣, 等, 2015. 细粒棘球蚴 GST 抗原表位的生物信息学预测[J]. 国际检验医学杂志, 36: 1818-1820.

李宗吉, 赵巍, 2015. 细粒棘球蚴 14-3-3 重组抗原诱导小鼠体液免疫应答的研究[J]. 中国预防兽医学报, 37(8): 636-640.

林仁勇, 张春桃, 温浩, 等, 2007. Eml8. 3 重组蛋白的表达及免疫诊断特性的研究[J]. 新疆医科大学学报, 30(4): 332-335.

刘欢元, 李军, 王慧, 等, 2015. 细粒棘球绦虫 CamK Ⅰ 及 Cavβ1 基因在虫体发育过程中的表达[J]. 中国病原生物学杂志, 10(11): 1002-1006.

刘琼, 骆学农, 郭爱疆, 等, 2008. 猪囊尾蚴半胱氨酸蛋白酶 TSCL-1 基因在毕赤酵母中的表达[J], 中国农业科学, (8): 680-684.

刘献飞, 丁剑冰, 李玉娇, 等. 2012. 多房棘球绦虫 95 抗原 T-B 联合表位分析[J]. 中国病原生物学杂志, 10: 770-773, 786.

刘许诺, 2018. 多房棘球绦虫水通道蛋白基因的研究[D]. 重庆: 重庆医科大学.

刘许诺, 王芬, 吴宏烨, 等, 2018. 两种棘球绦虫的水通道蛋白基因克隆及功能特性的比较[J]. 中国人兽共患病学报, 34(6): 501-508.

刘学磊, 刘玉梅, 曹文艳, 等, 2015. 细粒棘球绦虫 AgB5 抗原表位的生物信息学预测[J]. 中国病原生物学杂志, 10(1): 38-41.

刘原源, 安红燕, 杨爽, 等, 2016. 细粒棘球绦虫免疫相关抗原基因的筛选及原核表达[J]. 黑龙江畜牧兽医, (21): 149-151, 155.

吕国栋, 王红丽, 刘辉, 等, 2014. 细粒棘球绦虫 p38 蛋白原核表达及多克隆抗体制备[J]. 中国人兽共患病学报, 30(1): 27-31.

马秀敏, 胡晓安, 阿尔孜古丽·吐尔逊, 等, 2013. 细粒棘球绦虫 AgB1 抗原表位的生物信息学预测[J]. 科技导报, 31(27): 27-30.

毛丽萍, 工正荣, 王伟, 等, 2017. 细粒棘球绦虫 EgM123 基因序列分析及 EgM 家族基因在虫体不同发育阶段的差异表达分析[J]. 动物医学进展, 38(10): 20-26.

庞明泉, 2016. 多房棘球蚴抗原蛋白 Emy162 及 TSP3 的抗原表位的预测及鉴定[D]. 西宁: 青海大学.

彭鸿娟, 2002. 血吸虫钙结合蛋白研究进展[J]. 国外医学寄生虫病分册, 29(1): 1-3.

商桂华, 2014. 多房棘球绦虫 OCT4 基因的克隆及功能鉴定[D]. 厦门: 厦门大学.

师志云, 王娅娜, 马锐, 等, 2007. 细粒棘球蚴中国大陆株诊断抗原 P-29 基因的克隆和序列分析[J]. 宁夏医学院学报, 29(4): 337-339.

宋星桔, 胡丹丹, 钟秀琴, 等, 2016. 细粒棘球绦虫铜锌超氧化物歧化酶基因的表达与特征分析[J]. 畜牧兽医学报, 47(2): 346-353.

苏梦, 2017. 多房棘球蚴 20. 9kD 囊壁蛋白基因的原核表达、组织定位及 ELISA 检测方法的建立[D]. 兰州: 甘肃农业大学.

孙萃萍, 2015. 多房棘球绦虫 HSP20 蛋白的生物信息学分析、重组表达及泡球蚴的体外培养[D]. 兰州: 兰州大学.

佟雪琪, 赵殷奇, 李子华, 等, 2017. 包虫病诊断抗原分子 Eg-00512 的筛选、重组表达及抗原性鉴定[J]. 中国病原生物学杂志, 12(1): 46-50.

王昌源, 张洪花, 陈雅棠, 等, 2006. 重组泡球蚴主要表面抗原在棘球蚴病免疫诊断中的效果[J]. 中华检验医学杂志, 8: 722-724.

王芬, 赵明才, 胡容, 等, 2019a. 多房棘球绦虫 SEVERIN 蛋白基因的克隆及 T、B 细胞表位预测[J]. 中国病原生物学杂志, 14: 171-177.

王芬, 赵明才, 胡容, 等, 2019b. 多房棘球绦虫 severin 基因过表达慢病毒载体的构建及对人正常肝细胞侵袭、迁移能力的影响[J]. 中国病原生物学杂志, 14(3): 304-310.

王鸿, 2006. 多房棘球绦虫重组 BCG-EmII/3 和 BCG-Eml4-3-3 疫苗构建及其免疫机制研究[D]. 重庆: 重庆医科大学.

王鸿, 李文桂, 2006. 多房棘球绦虫重组 BCG-EmII/3 疫苗的构建及鉴定[J]. 中国人兽共患病杂志, 22(5): 44-47.

王慧, 李军, 张富春, 等, 2014. 细粒棘球绦虫硫氧还蛋白过氧化物酶基因在毕赤酵母中的分泌表达及生物学功能鉴定[J]. 中国病原生物学杂志, 9(3): 220-224.

王慧, 齐文静, 何黎, 等, 2017. 细粒棘球绦虫成虫相关基因 EgM123 的克隆、表达及鉴定[J]. 中国病原生物学杂志, 12(1): 38-41.

王家海, 王凝, 胡丹丹, 等, 2015. 细粒棘球绦虫三磷酸甘油醛脱氢酶基因的克隆、表达及其分子特征的生物信息学分析[J]. 畜牧兽医学报, 46(9): 1629-1637.

王俊芳, 林仁勇, 张春桃, 等, 2007. 泡球蚴 Eml8 多克隆抗血清的制备和鉴定[J]. 新疆医科大学学报, 30(4): 336-338.

王强, 王娅娜, 王程铖, 等, 2014. 细粒棘球蚴重组蛋白 14-3-3 和 Eg10 免疫差异的初步研究[J]. 四川大学学报(自然科学版), 51(3): 592-596.

王绚, 吴巨龙, 吕刚, 等, 2014. 细粒棘球绦虫果糖二磷酸醛缩酶的生物信息学分析及其表达与活性检测[J]. 中国病原生物学杂志, 9(3): 236-241.

王俨, 林仁勇, 丁建冰, 等, 2005. 泡球蚴 Em18 重组蛋白的表达及其抗原性检测的研究[J]. 中国寄生虫病防治杂志, 1: 38-41.

王永顺, 韩秀敏, 王虎, 等, 2011. 细粒棘球绦虫 Eg18 基因的克隆、表达和重组抗原免疫检测的初步评价[J]. 中国血吸虫病防治杂志, 23(2): 192-196.

王玉姣, 2014. 细粒棘球蚴重组抗原 14-3-3 和苹果酸脱氢酶诱导宿主 DC-CD4~+T 细胞免疫应答机制的研究[D]. 银川: 宁夏医科大学.

王志昇, 吴璟, 林源, 等, 2014. 细粒棘球蚴 Eg95 蛋白减毒沙门氏菌重组株的构建与免疫原性分析[J]. 中国寄生虫学与寄生虫病杂志, 32(5): 339-343.

吴巨龙, 王绚, 吕刚, 等, 2014. 细粒棘球绦虫 GAPDH 蛋白的生物信息学分析及其重组表达纯化和酶活性检测[J]. 中国人兽共患病学报, 30(2): 125-129.

吴茂迪, 宋星桔, 闫敏, 等, 2018. 细粒棘球绦虫半胱氨酸蛋白酶抑制剂基因的克隆、表达及诊断价值的初步评价[J]. 畜牧兽医学报, 49(3): 572-579.

武坚坚, 2014. 多房棘球绦虫 Sox2 基因的克隆与功能鉴定[D]. 厦门: 厦门大学.

肖云峰, 刘辉, 吕国栋, 等, 2014. 细粒棘球绦虫核糖体蛋白 S9 基因克隆鉴定及其在不同发育阶段表达分析[J]. 中国病原生物学杂志, 9(2): 150-154.

辛奇, 景涛, 宋晓霞, 等, 2017. 细粒棘球绦虫转醛醇酶基因的克隆、表达及其潜在免疫诊断价值的研究[J]. 中国寄生虫学与寄生虫病杂志, 35(4): 333-338.

徐士梅, 赵殷奇, 朱明星, 等, 2018. 细粒棘球蚴特异性诊断抗原 Eg-07279 的制备及免疫原性研究[J]. 中国人兽共患病学报, 34(2): 118-123.

阳爱国, 周明忠, 袁东波, 等, 2017. 牛包虫病基因工程亚单位疫苗 EG95 免疫牦牛效果及安全性评价试验[J]. 中国兽医学报, 37(10): 1919-1923.

杨晨晨, 张蓓, 王俊芬, 等, 2007. 抗泡球蚴重组 Eml8 抗原多克隆抗体的纯化与鉴定[J]. 新疆医科大学学报, 30: 336-342.

杨乐, 王丽敏, 张传山, 等, 2013. 细粒棘球蚴转化生长因子 β1 型受体胞内域原核表达载体的构建及蛋白纯化[J]. 中国病原生物学杂志, 8(12): 1089-1092.

杨梅, 李文桂, 2008. 多房棘球绦虫重组 Bb-EmII/3-Em14-3-3 疫苗诱导小鼠细胞因子变化的研究[J]. 细胞与分子免疫学杂志, 8: 781-784.

杨梅, 李文桂, 朱佑明, 2007a. 多房棘球绦虫重组质粒 pGEX-EmII/3-Em14-3-3 在大肠埃希菌 BL21(DE3) 表达效率的研究[J]. 中国病原生物学杂志, 6: 424-427.

杨梅, 李文桂, 朱佑明, 2008. 多房棘球绦虫重组 Bb-EmII/3-Em14-3-3 疫苗对小鼠脾细胞凋亡的影响[J]. 中国人兽共患病学报, 11: 1032-1035.

杨梅, 李文桂, 朱佑明, 等, 2007b. 多房棘球绦虫重组 Bb-EmII/3-Em14-3-3 疫苗的构建及鉴定[J]. 中国人兽共患病学报, 23(10): 1026-1029.

杨梅, 梁小弟, 李军, 等, 2016. 细粒棘球绦虫新疆株胆汁酸钠协同转运蛋白基因的克隆及序列分析[J]. 科技导报, 34(2): 215-220.

叶倩, 马勋, 薄新文, 等, 2015. 细粒棘球绦虫 nanos 基因的分子克隆及序列分析[J]. 黑龙江畜牧兽医, (7): 32-34, 38, 246.

于晶晶, 王娅娜, 赵巍, 2012. 细粒棘球绦虫(中国大陆株)抗原 zw-5 结构与功能的生物信息学分析[J]. 医学信息, 25(6): 58-59.

于晶晶, 于辛酉, 王娅娜, 等, 2008. 细粒棘球蚴重组 HSP70 基因的表达、纯化及免疫学鉴定[J]. 宁夏医学院学报, 30(2): 140-142.

袁方园, 2017. 细粒棘球绦虫六钩蚴 M26 基因的克隆、表达及阳性杂交瘤细胞的筛选[D]. 石河子: 石河子大学.

张传山, 杨乐, 王丽敏, 等. 2014. 细粒棘球蚴 MKK1 和 MKK2 基因原核表达载体的构建及其诱导表达[J]. 中国病原生物学杂志, 9(1): 43-47.

张春桃, 林仁勇, 王俊芳, 等, 2006. 3 种截短的泡球蚴 Em18 基因原核表达质粒的构建、表达及鉴定[J]. 中国病原生物学杂志, 1(3): 189-192.

张颋, 贾利芳, 陈英, 等, 2014. 细粒棘球绦虫组织蛋白酶 B 的重组表达及生物信息学分析[J]. 中国血吸虫病防治杂志, 26(6): 642-647.

张耀刚, 2017. 细粒棘球绦虫原头节和囊壁抗原筛选与烯醇酶和转酮醇酶生物信息学分析[D]. 西宁: 青海大学.

张耀刚, 曹得萍, 李超群, 等, 2017. 细粒棘球绦虫转酮醇酶生物信息学分析[J]. 中国病原生物学杂志, 12(3): 233-237.

张耀刚, 李超群, 曹得萍, 2017. 细粒棘球绦虫 Eg18 抗原表位预测[J]. 中国公共卫生, 33(5): 737-739.

赵辉, 刘辉, 2016. 细粒棘球绦虫 PI3K P110 亚基酪氨酸激酶区蛋白原核表达及其多克隆抗体制备[J]. 新疆医科大学学报, 39(5): 569-572.

赵扬扬, 樊汶樵, 李春燕, 等, 2016. 细粒棘球蚴 Eg95 重组蛋白疫苗临床免疫效果研究[J]. 中国预防兽医学报, 38(9): 743-747.

赵殷奇, 李子华, 王浩, 等, 2016. 细粒棘球绦虫原头节抗原分子 Eg-01883 的克隆、表达及免疫原性分析[J]. 中国寄生虫学与寄生 虫病杂志, 34(3): 208-213.

钟秀琴, 杨光友, 2014. 细粒棘球绦虫 EG95 疫苗的研究进展[J]. 畜牧兽医学报, 45(8): 1207-1212.

朱慧慧, 高春花, 汪俊云, 等, 2016. 细粒棘球绦虫 H3 蛋白的克隆表达及囊型包虫病检测效果评价[J]. 中国血吸虫病防治杂志, 28(5): 541-544, 593.

朱明星, 徐士梅, 赵殷奇, 等, 2018. 细粒棘球蚴重组蛋白 GST 诱导小鼠脾细胞增殖及对细胞因子水平的影响[J]. 现代预防医学, 45(9): 1667-1670, 1678.

Abdi J, Kazemi B, Mohebali M, et al., 2010. Geme cloning, expression and serological evaluation of the 12-kDa arntigem-B subunit from *Echinococcus granulosus*[J]. Annals of Tropical Medicine & Parasitology, 104(5): 399-407.

Aitken A, Collinge DB, Van H, et al., 1992. 14-3-3 proteins: a highly conserved, widespread family of eukaryotic proteins[J]. Trends in Biochemical Sciences, 17(12): 498-501.

Alvite G, Esteves A, 2016. *Echinococcus granulosus* fatty acid binding proteins subcellular localization[J]. Experimental Parasitology, 164: 1-4.

Alvite G, Santiago M, Jose A, et al., 2001. Binding properties of *Echinococcus granulosus* fatty acid binding protein[J]. Biochimica et Biophysica Acta(BBA) -Molecular and Cell Biology of Lipids, 1533(3): 293-302.

Barrett AJ, Kirschke H, 1981. Cathepsin B, cathepsin H, and cathepsin L[J]. Methods in Enzymology, 80: 535-561.

Bartholomot G, Vuitton DA, Harraga S, et al., 2002. Combined ultrasound and serologic screening for hepatic alveolar echinococcosis in central China[J]. The American Journal of Tropical Medicine & Hygiene, 66(1): 23-29.

Boubaker G, Gottstein B, Hemphill A, et al., 2014. *Echinococcus* P29 antigen: molecular characterization and implication on post-surgery follow-up of CE patients infected with different species of the *echinococcus granulosus* complex[J]. PLoS One, 9(5): e98357.

Brophy PM, Pritchard DI, 1994. Parasiteic helminth glutathione S-transferases: an update on their potential as targets for immuno- and chemotherapy[J]. Experimental Parasitology, 79(1): 89-96.

Chalar C, Martínez C, Brauer MM, et al., 2016. eghbx2, a homeobox gene involved in the maturation of calcified structures in *Echinococcus granulosus*[J]. Gene Reports, 3: 39-46.

Cheng Z, Liu F, Dai M, et al., 2017. Identification of EmSOX2, a member of the Sox family of transcription factors, as a potential regulator of *Echinococcus multlocularis* germinative cells[J]. International Journal for Parasitology, 47: 625-632.

Choi MH, Choe SC, Lee SH, 1999. A 54 kDa cysteine protease purified from the crude extract of *Neodiplostomum seoulense* adult worms[J]. Korean Journal of Parasitology, 37(1): 39-46.

Chow C, Gauci C, Cowman A, et al., 2004. *Echinococcus granulosus:* oncosphere-specific transcription of gens enconding a host-protective antigen[J]. Experimental Parasitology, 106(3-4): 183-186.

Chow C, Gauci C, Vural G, et al., 2008. *Echinococcus granulosus:* variability of the host-protective EG95 vaccine antigen in G6 and G7 genotypic variants[J]. Experimental Parasitology, 119(4): 499-505.

Chow C, Gauci C, Cowman AF, et al., 2001. A gene family expressing a host-protective antigen of *Echinococcus granulosus*[J]. Molecular & Biochemical Parasitology, 118(1): 83-88.

Craig PS, Giraudoux P, Shi D, et al., 2000. An epidemiological and ecological study of human alveolar echinococcosis transmission in south Gansu, China[J]. Acta Tropica, 77(2): 167-177.

Cui S, Xu L, Zhang T, et al., 2013. Proteomic characterization of larval and adult development stages in *Echinococcus granulosus* reveals novel insight into host-parasite interactions[J]. Journal of Proteomics, 84: 158-175.

Dang Z, Yagi K, Oku Y, et al., 2009. Evaluation of *Echinococcus multilocularis* tetraspanins as vaccine candidates against primary alveolar echinococcosis[J]. Vaccine, 27: 7339-7345.

Dang Z, Yagi K, Oku Y, et al., 2012. A pilot study on developing mucosal vaccine against alveolar echinococcosis(AE) using recombinant tetraspanin 3: vaccine efficacy and immunology[J]. PLoS Neglected Tropical Diseases, 6(3): e1570.

Deplazes P, Gottstein B, 1991. A monoclonal antibody against *Echinococcus multilocularis* Em2 antigen[J]. Parasitology, 103: 41-49.

Esteves A, Dallagiovarnna B, Ehrlich R, 1993. A developmentally regulated gene of *Echinococcus granulosus* codes for a 15. 5-kilodalton polypeptide related to fatty acid binding proteins[J]. Molecular & Biochemical Parasitology, 58(2): 215-222.

Esteves A, Portillo V, Ehrlich R, 2003. Genomic structure and expression of a gene coding for a new fatty acid binding protein from *Echinococcus granulosus*[J]. Biochimica et Biophysica Acta(BBA) - Molecular & Cell Biology of Lipids, 1631(1): 26-34.

Felleisen R, Gottstein B, 1993. *Echinococcus multiloculaiis:* molecular and immunochemical characterization of diagnostic antigen II/3-10[J]. Parasitology, 107(3): 335-342.

Felleisen R, Gottstein B, 1994. Comparative analysis of full-length antigen II/3 from *Echinococcus multilocularis* and *E. granulosus*[J]. Journal of Parasitology, 109(2): 223-232.

Fernández V, Chalar C, Martínez C, et al., 2000. *Echinococcus granulosus:* molecular cloning and phylogenetic analysis of an inducible glutathione transferase[J]. Experimental Parasitology, 96(3): 190-194.

Fló M, Margenat M, Pellizza L, et al., 2017. Functional diversity of secreted cestode Kunitz proteins: Inhibition of serine peptidases and blockade of cation channels[J]. PLoS Pathogens, 13(2): e1006169.

Frosch PM, Frosch M, Pfister T, 1991. Cloning and characterization of an immunodominant major surface antigen of *Echinococcus multilocularis*[J]. Molecular & Biochemical Parasitology, 48(2): 121-130.

Frosch PM, Geier C, Kaup FJ, et al., 1993. Molecular cloning of an echinococcal microtrichal antigen immunoreactive in *Echinococcus multilocularis* disease[J]. Molecular & Biochemical Parasitology, 58(2): 301-310.

Fu Y, Marchal ISA, Marchal T, et al., 2000. Cellular immune response of lymph nodes from dogs following the intradermal injection of a recombinant antigen corresponding to a 66 kDa protein of *Echinococcus granulosus*[J]. Veterinary Immunology & Immunopathology, 74(3-4): 195-208.

Fu Y, Martínez C, Chalar C, et al., 1999. A new potent antigen from *Echinococcus granulosus* associated with muscles and tegument[J]. Molecular & Biochemical Parasitology, 102(1): 43-52.

Gauci C, Merli M, Muller V, et al., 2002. Molecular cloning of a vaacine antigen against infection with the larval stage of *Echinococcus multilocularis*[J]. Infection & Immunity, 70(7): 3969-3972.

Ghoneim H, Klindert MQ, 1995. Biochemical properties of purified cathepsin B from *Schinstosoma mansoni*[J]. Internation Journal for Parasitology, 25(12): 1515-1519.

González G, Nieto A, Fernandez C, et al., 1996. Two different 8 kDa monomers are involved in the oligomeric organization of the native *Echinococcus granulosus* antigen B[J]. Parasite Immunology, 18(12): 587-596.

González G, Spinelli P, Lorenzo C, et al., 2000. Molecular characterization of P29, a metacestode-specific component of *Echinococcus granulosus* which is immnologically related to, but distinct from antigen 5[J]. Molecular & Biochemical Parasitology, 105: 177-184.

González G, Fló M, Margenat M, et al., 2009. A familiy of diverse Kunitz inhibitors from *Echinococcus granulosus* potentially involved in host-parasite cross-talk[J]. PLoS One, 4(9): e7009.

González G, Lorenzo C, Nieto A, et al., 2000. Improved immunodiagnosis of cystic hydatid disease by using a synthetic peptide with higher diagnostic value than that of its parent protein *Echinococcus granulosus* antigen B[J]. Journal of Clinical Microbiolgy, 38(11): 3979-3983.

Gottstein B, Jacquier P, Bresson-Hadni S, et al., 1993. Improved primary immunodiagnosis of alveolar echinococcosis in humans by an enzyme-linked immunosorbent assay using the Em2plus antigen[J]. Journal of Clinical Microbiolgy, 31(2): 373-376.

Gottstein B, Kert J, Fey H, 1983. Serological differentiation between Echinococcus granulosus and Echinococcus multilocularis infections in man[J]. Zeitschrift Fur Parasiternkuade, 69: 347-356.

Gottsteirn B, Lengeler C, Bachmann P, et al., 1987. Sero-epidemiological survey for alveolar echinococcosis(by Em2-ELI$A) of blood donors in an endemic area of Switzerland[J]. Transactions of the Royal Society of Tropical Medicine & Hygiene, 81(6): 960-964.

Gottstein B, Tschudi K, Eckert J, et al., 1989. Em2-ELISA for the follow-up of alveolar echinococcosis after complete surgical resection of liver lesions[J]. Transactions of the Royal Society of Tropical Medicine & Hygiene, 83(3): 389-393.

Haag KL, Gottstein B, Ayala FJ, 2009. The EG95 antigen of *Echinococcus* spp. contains positively selected amino acids, which may influence host specificity and vaccine efficacy[J]. PLoS One, 4(4): e5362.

Haag KL, Zanotto PMA, Alves-Junior L, et al., 2006. Searching for antigen B genes and their adaptive sites in distinct strains and species of the helminth *Echinococcus*[J]. Infection, Genetics & Evolution, 6(4): 251-261.

Helbig M, Frosch P, Kern P, et al., 1993. Serological differentiation between cystic and alveolar echinococcosis by use of recombinant larval antigens[J]. Journal of Clinical Microbiology, 31(12): 3211-3215.

Hemmings L, McManus DP, 1991. The diagnostic value and molecular characterisation of an *Echinococcus multUocularis* antigen gene clone[J]. Molecular & Biochemical Parasitology, 44(1): 53-61.

Heath DD, Robinson C, Shakes T, et al., 2012. Vaccination of bovines against *Echinococcus granulosus* (cystic echinococcosis) [J]. Vaccine, 30: 3076-3081.

Heath DD, Jensen O, Lightowlers MW, et al., 2003. Progress in control of hydatidosis using vaccine-a review of formulation and delivery of the vaccine and recommendations for practical use in control programms[J]. Acta Tropica, 85: 133-143.

Hu D, Song X, Xie Y, et al., 2015. Molecular insights into a tetraspanin in the hydatid tapeworm *Echinococcus granulosus*[J]. Parasites & Vectors, 8: 311.

Ito A, Agvaarndaram G, Bat-Ochir OE, et al., 2010. Histopathological, serological, and molecular confirmation of indigenous alveolar echinococcosis cases in Mongolia[J]. The American Journal of Tropical Medicine & Hygiene, 82(2): 266-269.

Ito A, Ma L, Schantz PM, et al., 1999. Differencial serodiagnosis for cystic and alveolar echinococcosis using fractions of *Echinococcus granulosus* cyst fluid (antigen B) and *E. multilocularis* protoscolex (Em18) [J]. The American Journal of Tropical Medicine & Hygiene, 60: 188-192.

Ito A, Xiao N, Liance M, et al., 2002. Evaluation of an enzyme-linked immunosorbent assay (ELISA) with affinity-purified Em18 and an ELISA with recombinant Em18 for differential diagnosis of alveolar echinococcosis: results of a blind test[J]. Journal of Clinical Microbiology, 40(11): 4161-4165.

Jakobsson E, Alvite G, Bergfors T, et al., 2003. The crystal structure of *Echinococcus granulosus* fatty-acid-binding protein 1[J]. Biochimica et Biophysica Acta (BBA) - Proteins & Proteomics, 1649(1): 40-50.

Jiang L, Xu X, Li X, et al., 2004. Identification of the immunodominant regions of the Em18 antigen and improved serodiagnostic specificity for alveolar echinococcosis[J]. Parasite Immunology, 26(10): 337-338.

Katoh Y, Kouguchi H, Matsumoto J, et al., 2008. Characterization of emY162 encoding an immunogenic protein cloned from an adult worm-specific cDNA library of *Echinococcus multilocularis*[J]. Biochimica et Biophysica Acta (BBA)-General Subjects, 1780(1): 1-6.

Koizumi A, Yamano K, Schweizer F, et al., 2011. Synthesis of the carbohydrate moiety from the parasite *Echinococcus multilocularis* and their antigenicity against human sera[J]. European Journal of Medicinal Chemistry, 46(5): 1768-1778.

Korkmaz M, Inceboz T, Celebi F, et al., 2004. Use of two sensitive and specific immunoblot markers, em70 and em90, for diagnosis of alveolar echinococcosis[J]. Journal of Clinical Microbiology, 42(7): 3350-3352.

Kouguchi H, Matsumoto J, Katoh Y, et al., 2007. The vaccination potential of EMY162 antigen against *Echinococcus multilocularis* infection[J]. Biochemical & Biophysical Research Communications, 363(4): 915-920.

Lally NC, Jenkins MC, Dubey JP, 1996. Development of a polymerase chain reaction assay for the diagnosis of neosporosis using the Neospora caninum 14-3-3 gene[J]. Molecular & Biochemical Parasitology, 75(2): 169-178.

Leggatt GR, McManus DP, 1992. Sequence homology between two immunodiagnostic fusion proteins from *Echinococcus multilocularis*[J]. International Journal for Parasitology, 22(6): 831-833.

Li J, Zhang W, Loukas A, et al., 2004. Functional expression and characterization of *Echinococcus granulosus* thioredoxin peroxidase suggests a role in protection against oxidative damage[J]. Gene, 326: 157-165.

Li J, Zhang W, Wilson M, et al., 2003. A novel recombinant antigen for immunodiagnosis of human cystic echinococcosis[J]. The Journal of Infectious Diseases, 188(12): 1951-1960.

Li Y, Liu X, Zhu Y, 2013. Bioinformatic prediction of epitopes in the Emy162 antigen of *Echinococcus multilocularis*[J]. Experimental & Therapeutic Medicine, 6(2): 335-340.

Li Y, Zhang F, Mohammed H, et al., 2014. Construction and identification of the recombinant plasmid pET30a-EgA31-Eg95 of *Echinococcus granulosus*[J]. Experimental & Therapeutic Medicine, 7(1): 204-20.

Lightowlers MW, Jensen O, Fernandez E, et al., 1999. Vaccination trials in Australia and Argentina confirm the effectiveness of the EG95 hydatid vaccine in sheep[J]. International Journal for Parasitology, 29(4): 531-534.

Lightowlers MW, Lawrence SB, Gauci CG, et al., 1996. Vaccination against hydatidosis using a defined recombinant antigen[J]. Parasite Immunology, 18(9): 457-462.

Lightowlers MW, Liu D, Haralambous A, et al., 1989. Subunit composition and specificity of the major cyst fluid antigens of *Echinococcus granulosus*[J]. Molecular & Biochemical Parasitology, 37(2): 171-182.

Lin R, Ding J, Wen H, et al., 2003. Cloning, homological analysis and construction of Eg95 Xinjiang strain DNA vaccine[J]. Hepatobiliary & Pancreatic Diseases International, 2: 545-548.

Liu C, Yao J, Yin J, et al., 2018. Recombinant α- and β-tubulin from *Echinococcus granulosus* expression, purification and polymerization[J]. Parasite, 25: 62.

Lopez-Gonzalez V, La-Rocca S, Arbildi P, et al., 2018. Characterization of catalytic and non-catalytic activities of EgGST2-3, a heterodimeric glutathione transferase from *Echinococcus granulosus*[J]. Acta Tropica, 180: 69-75.

Ma X, Zhao H, Zhang F, et al., 2016. Activity in mice of recombinant BCG-EgG1Y162 vaccine for *Echinococcus granulosus* infection[J]. Human Vaccines, 12(1): 6.

Mamuti W, Sako Y, Xiao N, et al., 2006. *Echinococcus multilocularis:* Developmental stage-specific expression of Antigen B 8-kDa-subunits[J]. Experimental Parasitology, 113(2): 75-82.

Mamuti W, Yamasaki H, Sako Y, et al., 2004. Molecular cloning, expression, and serological evaluation of an 8-kilodalton subunit of antigen B from *Echinococcus multilocularis*[J]. Journal of Clinical Microbiology, 42(3): 1082-1088.

Marguttia P, Ortonaa E, Delunardo F, et al., 2008. Thioredoxin peroxidase from *Echinococcus granulosus:* a candiadate to extend the antigenic panel for the immunodiagnosis of human cystic echinococcosis[J]. Parasitology, 60(3): 279-285.

Monteiro K, Zaha A, Ferreira HB, et al., 2008. Recombinant subunits as tools for the structural and functional characterization of *Echinococcus granulosus* antigen B[J]. Experimental Parasitology, 119(4): 490-498.

Monteiro KM, Scapin SMN, Navarro MVAS, et al., 2007. Self-assembly and structural characterization of *Echinococcus granulosus* antigen B recombinant subunit oligomers[J]. Biochimica et Biophysica Acta(BBA)-Proteins & Proteomics, 1774(2): 278-285.

Morana KA, 2007. New tricks for an old dog: the evolving world of Hsp70[J]. New York Academy of Sciences, 1113: 1-14.

Muller N, Gottstein B, Vogel M, et al., 1989. Application of a recombinant *Echinococcus multilocularis* antigen in an enzyme-linked immunosorbent assay for immunodiagnosis of human alveolar echinococcosis[J]. Molecular & Biochemical Parasitology, 36(2): 151-159.

Nicolao MC, Cumino AC, 2015. Biochemical and molecular characterization of the calcineurin in *Echinococcus granulosus* larval stages[J]. Acta Tropica, 146: 141-151.

Nunes CP, Zaha A, Gottstein B, et al., 2004. 14-3-3 gene characterization and description of a second 14-3-3 isoform in both

Echinococcus granulosus and *E multilocularis*[J]. Parasitology Research, 93(5): 403-409.

Ortona E, Margutti P, Delunardo F, et al., 2003. Molecular and immunological characterization of the C-terminal region of a new *Echinococcus granulosus* Heat Shock Protein 70[J]. Parasite Immunology, 25(3): 119-126.

Oura J, Tamura Y, Kamiguchi K, et al., 2011. Extracellular heat shock protein 90 plays a role in translocating chaperoned antigen from endosome to proteasome for generating antigenic peptide to be cross-presented by dendritic cells[J]. International Immunology, 23, 223-237.

Pagnozzi D, Tamarozzi F, Roggio AM, et al., 2018. Structural and Immunodiagnostic Characterization of Synthetic Antigen B Subunits From *Echinococcus granulosus* and Their Evaluation as Target Antigens for Cyst Viability Assessment[J]. Clinical Infectious Diseases, 66(9): 1342-1351.

Pan W, Shen Y, Han X, et al., 2014. Transcriptome Profiles of the Protoscoleces of *Echinococcus granulosus* Reval that Excretory-Secretory Products Are Essential to Metabolic Adaptation[J]. PLoS Neglected Tropical Diseases, 8(12): e3392.

Paulino M, Esteves A, Vega M, et al., 1998. Modelling a 3D structure for EgDf1 from shape *Echinococcus granulosus:* putative epitopes, phosphorylation motifs and ligand[J]. Journal of Computer-aided Molecular Design, 12(4): 351-360.

Petavy AF, Hormaeche C, Lahmar S, et al., 2008. An oral recombinant vaccine in dogs against *Echinococcus granulosus,* the causative agent of human hydatid disease: a pilot study[J]. PLoS Neglected Tropical Diseases, 2(1): e125.

Ranasinghe SL, Boyle GM, Katja F, et al., 2018. Kunitz type protease inhibitor EgKI-1 from the canine tapeworm *Echinococcus granulosus* as a promising therapeutic against breast cancer[J]. PLoS One, 13(8): e0200433.

Ranasinghe SL, Fischer K, Zhang W, et al., 2015. Cloning and Characterization of Two Potent Kunitz Type Protease Inhibitors from *Echinococcus granulosus*[J]. PLoS Neglected Tropical Diseases, 9(12): e4268.

Read AJ, Casey JL, Coley AM, et al., 2009. Isolation of antibodies specific to a single conformation-dependant antigenic determinant on the EG95 hydatid vaccine[J]. Vaccine, 27(7): 1024-1034.

Rialch A, Raina OK, Tigga MN, et al., 2018. Valuation of *Echinococcus granulosus* Recombinant EgAgB8/1, EgAgB8/2 and EPC1 Antigens in the Diagnosis of Cystic Echinococcosis in Buffaloes[J]. Veterinary Parasitology, 252: 29-34.

Sako Y, Fukuda K, Kobayashi Y, et al., 2009. Development of an immunochromatographic test to detect antibodies against recombinant Em18 for diagnosis of alveolar echinococcosis[J]. Journal of Clinical Microbiology, 47(1): 252-254.

Sako Y, Nakao M, Nakaya K, et al., 2002. Alveolar echinococcosis: characterization of diagnostic antigen Em18 and serological evaluation of recombirnaat Em18[J]. Journal of Clinical Microbiology, 40(8): 2760-2765.

Sako Y, Yamasaki H, Nakaya K, et al., 2007. Cloning and characterization of cathepsin L-like peptidases of *Echinococcus multilocularis* metacestodes[J]. Molecular & Biochemical Parasitology, 154(2): 181-189.

Sasaki M, Sako Y, 2016. The putative serine protease inhibitor(serpin) genes encoded on *Echinococcus multilocularis* genome and their expressions in metacestodal stage[J]. Veterinary Parasitology, 233: 20-24.

Schechtman D, Ram D, Tarrab-Hazdai R, et al., 1995. Stage-specific expression of the mRNA encoding a 14-3-3 protein during the lifecycle of *Schistosoma mansoni*[J]. Molecular & Biochemical Parasitology, 73(1-2): 275-278.

Shi Z, Wang Y, Li Z, et al., 2009. Cloning, expression, and protective immunity in mice of a gene encoding the diagnostic antigen P-29 of *Echinococcus granulosus*[J]. Acta Biochimica et Biophysica Sinica, 41(1): 79-80.

Siles-Lucas M, Gottstein B, Felleisen RS, 1998. Identification of a differentially expressed *Echinococcus multilocularis* protein Em6 potentially related to antigen of *Echinococcus granulosus*[J]. Parasite Immunology, 20(10): 473-481.

Siles-Lucas M, Nunes CP, Zaha A, et al., 2000. The 14-3-3 protein is secreted by the adult worm of *Echinococcus granulosus*[J].

Parasite Immunology, 22(10): 521-528.

Siles-Lucas M, Sánchez-Ovejero C, González-Sánchez M, et al., 2017. Isolation and characterization of exosomes derived from fertile sheep hydatid cysts[J]. Veterinary Parasitology, 236: 22-33.

Silvarrey MC, Echeverría S, Costábile A, et al., 2016. Identification of novel CAP superfamily protein members of *Echinococcus granulosus* protoscoleces[J]. Acta Tropica, 158: 59-67.

Song X, Hu D, Yan M, et al., 2017. Molecular Characteristics and Serodiagnostic Potential of Dihydrofolate Reductase from *Echinococcus granulosus*[J]. Scientific Reports, 7(1): 514.

Song X, Hu D, Zhong X, et al., 2016a. Characterization of a Secretory Annexin in *Echinococcus granulosus*[J]. The American Journal of Tropical Medicine & Hygiene, 94(3): 626-633.

Song X, Yan M, Hu D, et al., 2016b. Molecular characterization and serodiagnostic potential of a novel dithiol glutaredoxin 1 from *Echinococcus granulosus*[J]. Parasites & Vectors, 9: 45.

Takuya K, Shingo K, Misaki Y, et al., 2018. Molecular and functional characterization of glucose transporter genes of the fox tapeworm *Echinococcus multilocularis*[J]. Molecular & Biochemical Parasitolgy, 225: 7-14.

Tappe D, Forsch M, Sako Y, et al., 2009. Close relationship between clinical regression and specific serology in the follow-up of patients with alveolar echinococcosis in different clinical stages[J]. The American Journal of Tropical Medicine & Hygiene, 80(5): 792-797.

Teichmann A, Vargas DM, Monteiro KM, 2015. Characterization of 14-3-3 isoforms expressed in the *Echinococcus granulosus* pathogenic larval stage[J]. Journal of Proteome Research, 14(4): 1700-1715.

Triantafilou M, Triantafilou K, 2004. Heat-shock protein 70 and heat-shock protein 90 associate with Toll-like receptor 4 in response to bacterial lipopolysaccharide[J]. Biochemical Society Transactions, 32(4): 636-639.

Tsai IJ, Zarowiecki M, Holroyd N, et al., 2013. The genomes of four tapeworm species reveal adaptations to parasitism[J]. Nature, 496(7443): 57-63.

Vaciraca D, Perdichio M, Campisi E, et al., 2011. Favourable prognostic value of antibodies anti-HSP20 in patients with cystic echinococcosis: a differential immunoproteomic approach[J]. Parasite Immunology, 33(3): 193-198.

Vogel M, Gottstein B, Muller N, 1988. Production of a recombimant antigem of *Echinococcus multilocularis* with high immumodiagnostic sensitivity and specificity[J]. Molecular & Biochemical Parasitology, 31(2): 117-125.

Wang H, Li J, Zhang C, et al., 2018. *Echinococcus granulosus* sensu stricto: silencing of thioredoxin peroxidase impairs the differentiation of protoscoleces into metacestodes[J]. Parasite, 25: 57.

Wang H, Li Z, Gao F, et al., 2016. Immunoprotection of recombinant EgP29 against *Echinococcus granulosus* in sheep[J]. Veterinary Research Communications, 40: 7.

Wang N, Zhan J, Guo C, et al., 2018. Molecular Characterisation and Functions of Fis1 and PDCD6 Genes from *Echinococcus granulosus*[J]. International Journal of Molecular Sciences, 19(9): 2669.

Wang N, Zhong X, Song X, et al., 2017. Molecular and biochemical characterization of calmodulin from *Echinococcus granulosus*[J]. Parasites & Vectors, 10: 597.

Wang N, Zhu H, Zhan J, et al., 2019. Cloning, expression, characterization, and immunological properties of citrate synthase from *Echinococcus granulosus*[J]. Parasitology Research, 118: 1811-1820.

Wang W, Shakes DC, 1996. Molecular evolution of the 14-3-3 protein family[J]. Journal of Molecular Evolution, 43(4): 384-398.

Wen L, Lü G, Zhao J, et al., 2017. Molecular Cloning and Characterization of Ribosomal Protein RPS9 in *Echinococcus granulosus*[J]. Journal of Parasitology, 103(6): 699-707.

Woollard DJ, Heath DD, Lightowlers MW, 2000a. Assessment of protectie immune responses against hydatid disease in sheep by immunization with synthetic peptide antigens[J]. Parasitology, 121(2): 145-153.

Woollard DJ, Gauci CG, Heath DD, et al., 2000b. Protection against hydatid disease induced with EG95 vaccine is associated with conformational epitopes[J]. Vaccine, 19(4-5): 498-507.

Wu M, Yan M, Xu J, et al., 2018a. Expression, tissue localization and serodiagnostic potential of *Echinococcus granulosus* leucine aminopeptidase[J]. International Journal of Molecular Sciences, 19(4): 1063.

Wu M, Yan M, Xu J, et al., 2018b. Molecular characterization of trisephosphate isomerase from *Echinococcus granulosus*[J]. Parasitology Research, 117(10): 3169-3176.

Xiao N, Mamuti W, Yamasaki H, et al., 2003. Evaluation of use of recombinant Em18 and affinity-purified Em18 for serological differentiation of alveolar echinococcosis from cystic echinococcosis and other parasitic infections[J]. Journal of Clinical Mircobiology, 41(7): 3351-3353.

Yang M, Li J, Wu J, et al., 2017. Cloning and characterization of an *Echinococcus granulosus* ecdysteroid hormone nuclear recptor HR3-like gene[J]. Parasite, 24: 36.

Zhang C, Wang L, Wang H, et al., 2014. Identification and characterization of functional Smad8 and Smad4 homologues from *Echinococcus granulosus*[J]. Parasitology Research, 113: 3745-3757.

Zhang F, Li S, Zhu Y, et al., 2018. Immunization of mice with egG1Y162-1/2 provides protection against *Echinococcus granulosus* infection in BALB/c mice[J]. Molecular Immunology, 94: 183-189.

Zhang F, Ma X, Zhu Y, et al., 2014. Identification, expression and phylogenetic analysis of EgG1Y162 from *Echinococcus granulosus*[J]. International Journal of Clinical & Experimental Pathology, 7(9): 5655-5664.

Zhang W, Li J, Li Q, et al., 2007. Identification of a diagnostic antibody-binding region on the immunogenic protein EPC1 from *Echinococcus granulosus* and its application in population screening for cystic echinococcosis[J]. Clinical & Experimental Immunology, 149(1): 80-86.

Zhang W, Li J, You H, et al., 2003a. A gene family from *Echinococcus granulosus* differentially expressed in mature adult worms[J]. Molecular & Biochemical Parasitology, 126(1): 25-33.

Zhang W, Li J, You H, et al., 2003b. Short report: *Echinococcus granulosus* from Xinjiang, PR China: cDNA encoding the EG95 vaccine antigen are expressed in different life cycle stages and are conserved in the oncosphere[J]. The American Journal of Tropical Medicine & Hygiene, 68(1): 40.

Zhang W, Zhang Z, Shi B, et al., 2006. Vaccination of dogs against *Echinococcus granulosus*, the cause of cystic hydatid disease in humans[J]. The Journal of Infectious Diseases, 194(7): 966-974.

Zhao X, Zhang F, Li Z, et al., 2019. Bioinformatics analysis of EgA31 and EgG1Y162 proteins for designing a muti-epitotpe vaccine against *Echinococcus granulosus*[J]. Infection, Genetics & Evolution, 73: 98-108.

Zheng Y, Guo X, Su M, et al., 2018. Identification of emu-TegP11, an EF-hand domain-containing tegumental protein of *Echinococcus multilocularis*[J]. Veterinary Parasitology, 255: 107-113.

Zhong X, Song X, Wang N, et al., 2016. Molecular identification and characterization of prohibitin from *Echinococcus granulosus*[J]. Parasitology Research, 115(2): 897-902.

Zhuo X, Yu Y, Chen X, et al., 2017. A development of a colloidal gold immunochromatographic strip based on HSP70 for the rapid detection of *Echinococcus granulosus* in sheep[J]. Veterinary Parasitology, 240: 34-38.

第七章　免　疫　学

第一节　抗 原 类 型

棘球蚴结构复杂，生活史多样，不同地理来源、不同发育时期、不同宿主，甚至同一宿主不同寄生部位的虫体抗原亦不相同。棘球蚴抗原的成分也极为复杂，常见的有囊液抗原、原头蚴抗原和囊壁生发层抗原等（邹莹，1990）。

一、细粒棘球绦虫

细粒棘球绦虫的抗原包括天然抗原和重组及人工合成抗原，天然抗原主要来源于棘球蚴的囊液、原头节、囊壁和分泌排泄物。目前，已报道了 31 种细粒棘球绦虫的重组及人工合成抗原。这些抗原的鉴定，为该虫种诊断和疫苗抗原的筛选提供了基础资料。

1.天然抗原

（1）囊液抗原

棘球蚴的包囊液被认为是最好的诊断抗原来源，包含糖类、蛋白质、碳水化合物、盐类、虫体代谢产物和部分宿主组织成分等。免疫电泳显示：囊液抗原至少有 10 种寄生虫虫源性抗原和 9 种宿主源性抗原（邹莹，1990；朵红，2011）。囊液部分纯化抗原、囊液粗抗原能被细粒棘球蚴病患者血清识别，且敏感性分别为 74.6%和 88.7%，特异性分别为 96.1%和 80.4%（焦伟等，2013）。

1）抗原 5

Ag5 是一种不耐热的脂蛋白，由 60～70kDa 的蛋白组分构成，最早由 Carpron 等（1967）发现。SDS-PAGE 的结果表明该抗原主要由 67kDa 和 57kDa 的蛋白组分组成（Di Felice et al.，1986），而在还原条件下则由 38kDa 和 22kDa 的两个亚基组成（Lightowlers et al.，1989）。作为一种分泌型蛋白，只有当六钩蚴在中间宿主体内发育成生发囊和原头蚴以后，Ag5 才能被检测到（Lorenzo et al.，2003）。

2）抗原 B（AgB）

细粒棘球绦虫 B 抗原（AgB）主要是细粒棘球绦虫的中绦期幼虫分泌的疏水脂蛋白，是一个组成复杂的抗原蛋白家族，是副肌球蛋白（paramyosin）的同源蛋白。AgB 天然蛋白平均分子量大约为 230kDa（Obal et al.，2012），具有耐热性，能耐受 100℃、15min 而抗原性不变。AgB 蛋白成分属于绦虫特异的疏水绑定蛋白家族，由多基因家族编码 5 种不同 8kDa 子单位自发聚合形成，称为 AgB8/1-5（Maddison et al.，1989；Valeria et al.，2015）；天然 AgB 由 AgB8 低聚体自我聚合形成 16kDa、24kDa 和 32kDa 大小的多聚体（Gonzalez et al.，

2000a)。AgB 作为脂蛋白，脂质成分在天然 AgB 中占其分子量的 50%(Obal et al.，2012；Pagnozzi et al.，2017)，并且携带多种细粒棘球绦虫不能自身合成的中性、极性脂质，因此推断 AgB 具备摄取、储存和转运脂质的功能(Lee et al.，2007)。

AgB 在包囊的囊液、原头蚴、囊壁等部位均有表达，但主要由生发层分泌(Pagnozzi et al.，2017)。在原头蚴表皮细胞中含有 AgB，但含量很少，在生发层中是一个高表达蛋白(Yahzabal et al.，1977)。在细粒棘球绦虫的不同发育阶段，不同亚型的 AgB 表达量有所差异，天然蛋白中主要表达 AgB1 和 AgB2 两个亚型(Ahn et al.，2015)。AgB1 到 AgB4 主要由细粒棘球绦虫中绦期幼虫表达，AgB5 主要在成虫阶段表达。中绦期幼虫的 AgB1、AgB2 和 AgB4 主要由生发层细胞分泌，AgB3 主要由原头蚴细胞分泌(Zhang et al.，2010)。在不同基因型的细粒棘球绦虫中，不同亚型的 AgB 表达量也有较大差异，如细粒棘球绦虫 G7 型囊液中 AgB1 占总 AgB 蛋白含量的 71%，AgB4 占 15.5%，AgB3 占 13.2%，AgB5 占 0.3%且没有发现 AgB2(Folle et al.，2017)。

天然 AgB 是人类囊型包虫病血清学诊断的靶向抗原，有较好的诊断价值(Ioppolo et al.，2010)。其中，天然 AgB 亚单位对人作为宿主的囊型包虫病血清学诊断价值中具有最大诊断价值的是 AgB1，其次分别为 AgB4、AgB2、AgB5 和 AgB3(Jiang et al.，2012)；其中，AgB1 和 AgB2 特异性高达 97.2%，AgB1 在 CE1、CE2 和 CE3 阶段中具有较高的敏感性，尤其在 CE1 阶段其敏感性高达 100%，但在 CE4、CE5(慢性发育阶段)敏感性很低(Pagnozzi et al.，2017)。AgB 比囊液更适合用于囊型包虫病的血清学诊断(Reiterová et al.，2014)。

3)囊液中的其他抗原

囊液中还鉴别出分子量分别为 48kDa(Eg48)(Al-Yaman and Knobloch，1989)，116kDa、100 kDa 和 130kDa(Kanwar et al.，1992)及 116kDa(Shambesh et al.，1995)的抗原，均具有一定的诊断价值。其中，116kDa 蛋白在还原时，可分解为 75 kDa、66 kDa 和 45kDa 的亚基。

(2)原头节抗原

原头节抗原 P-29，推测分子质量为 27.1kDa。P-29 位于原头节外壳、顶突和包囊的生发层，在包囊液和成虫提取物中未发现有表达(González et al.，2000a)。P-29 中的一些片段与 Eg6(构成 Ag5 抗原表位的一段序列)编码的氨基酸序列相同，已经证明两者在免疫学上有相关性，但它们是不同的蛋白质。

从水牛的肺囊虫和肝囊虫的原头蚴中分离出的 F1～F6 六种水溶性蛋白，能被人工感染绦虫的患犬血清相识别，但各成分在不同组织中的含量不同。F5 在肝内的含量高于肺，而 F1 在肺内的含量高于肝。此外，它们的抗原性也有所不同。在感染的 4d 内，F1、F2 和 F6 与 IgG 的反应较弱，随着感染时间的延长，IgG 与这些抗原的反应逐渐增强(Ahmad et al.，2001)。此外，还从原头蚴的粗提取物中发现了 14 kDa、20 kDa、27 kDa、35 kDa、43 kDa 和 94kDa 的抗原片段。

（3）囊壁抗原

从囊壁上提取到一种细粒棘球蚴碱性磷酸酶（EgAP）蛋白，是一种较好的诊断抗原（Mahmoud and Gamra，2005）。

（4）排泄分泌抗原（ESP）

原头蚴的排泄分泌蛋白（ESP）中含有 20 种主要蛋白质成分，这些物质中磷酸酶、脂酶和糖苷酶具有活性，但是蛋白酶没有活性。细粒棘球蚴生发层细胞和囊液中分别含有 52kDa 和 38kDa 的特异性抗原，而囊壁中也含有这两种抗原。生发层细胞中的 52kDa 抗原可识别感染小鼠血清中的特异性抗体，也可识别包虫病患者血清中的特异性抗体，而与囊虫病病人和正常人血清则无反应条带，表明 52kDa 成分可能是一种特异性抗原（冯建军和汪俊云，1993）。用包虫病人的血清从这些蛋白中鉴别出了分子量为 89 kDa 和 74kDa 的两种蛋白质，它们具有作为人包虫病诊断抗原的潜力（Carmena et al.，2004）。ESP 与原头蚴匀浆成分的提取物有很多的相同组分，但与囊液成分的相同组分较少（Carmena et al.，2005）。

2.重组及人工合成抗原

（1）重组抗原 5（Ag5）

38kDa 亚基 N 末端的氨基酸序列中某些位置存在可变残基，表明 Ag5 可能与 AgB 相似，有不同的亚型，由多基因家族编码表达，但是这些假设还需要更多分子层面的研究来证实（Zhang and McManus，2010）。Ag5 基因编码一条多肽链，经处理后形成 22kDa 和 38kDa 的两个亚基。22kDa 亚基含有大量高度保守的糖胺聚糖结合中心，使得 Ag5 存在于棘球蚴与宿主组织相接的部位；38kDa 亚基被归为胰蛋白族的丝氨酸蛋白酶类（Lorenzo et al.，2003）。与天然抗原相比，重组 Ag5 和 38kDa 亚基的血清学反应敏感性显著下降（Lorenzo et al.，2005）。

（2）重组抗原 B 及抗原 B 合成肽

AgB 是由一个多基因编码的家族，至少有 5 个基因型：AgB1、AgB2、AgB3、AgB4 和 AgB5（Fernández et al.，1996；Chemale et al.，2001；Arend et al.，2004；Haag et al.，2004）。目前的种系发育分析无法区分 AgB3 和 AgB5。AgB 的 3 个亚基 AgB1、AgB2 和 AgB3 分子可自发聚合成 16kDa、24kDa 甚至超过 100kDa 的寡聚体，该寡聚体对热稳定，具有螺旋环状二色光谱特性，类似天然 AgB（Monteiro et al.，2007；李文桂和陈雅棠，2008）。

目前，重组 AgB 的血清学诊断主要集中于 AgB1 和 AgB2（Rott et al.，2000；Virginio，2003）；重组 AgB8/3 对人囊型包虫病的诊断价值与 AgB8/1 没有统计学差异，但 AgB8/2 的敏感性明显高于二者，表明重组 AgB2 是最具诊断价值重组抗原（高春花等，2011），这点在水牛囊型包虫病的诊断中亦得到证实，重组 AgB2 对水牛囊型包虫病的诊断特异性高于重组 AgB1，表明 AgB2 的诊断价值高于 AgB1（Rialch et al.，2018），但在 G7 基因型的细粒棘球绦虫中 AgB2 是假基因，若作为诊断抗原会出现假阴性，故不具备诊断价值（Folle et al.，2017）。重组 AgB8/1 对人囊型包虫病有 93%的敏感性和 92%的特异性，具备较高的血清学诊断价值（Savardashtaki et al.，2017）。

目前，已有 AgB1 和 AgB2 合成多肽的研究，其可作为诊断抗原，具有易于标准化和可大量简化、节约成本、高度纯净和无内毒素的优点（Petrone et al.，2017）。从 AgB1 亚基的 N 末端延伸出来形成合成多肽——38-mer 肽（p176），该合成肽在牛囊型包虫病的血清学诊断中较天然 AgB 具有更高的诊断灵敏度和特异性（González et al.，2000b）；针对囊型包虫病 AgB 合成多肽的 T 细胞诊断方法具有 71%的敏感性和 82%的特异性（Petrone et al.，2017）；对 AgB1 和 AgB2 序列 N 端区域的合成多肽对牛囊型包虫病的诊断敏感性和特异性均优于其他区段（González et al.，2000b）。由此可见，AgB 合成多肽或许是未来囊型包虫病诊断的一种抗原。

（3）钙结合蛋白 EpC1

推测 EpC1 蛋白分子量为 8.4kDa。EpC1 蛋白的抗原肽段（P1～P10）中，肽段 5（P5）能被实验感染六钩蚴的小鼠和 CE 病人的血清识别，而囊虫病病人的血清则不与用于检测的任何一种肽段反应。与猪带绦虫的氨基酸序列相比，P5 有 4 个氨基酸被取代，它们可能参与形成 CE 病人血清可以识别的抗原表位（Zhang et al.，2010）。重组 EpC1 对水牛囊型包虫病的诊断敏感性高于重组 AgB1 和 AgB2，但其特异性低于重组 AgB（Rialch et al.，2018）。

（4）硫氧还蛋白过氧化物酶（TPx）

硫氧还蛋白过氧化物酶（TPx）属于过氧化物氧还蛋白基因超家族（Prx）中的一员，预测分子量 22.15kDa。TPx 是一种巯基特异性抗氧化剂蛋白，用于清除机体正常细胞产生的活性氧族如 H_2O_2 等。EgTPx 在细粒棘球绦虫发育各个阶段均有表达，且在原头蚴阶段表达量最大，其蛋白位于虫体皮层与皮下层（李航等，2008），其重组蛋白能与细粒棘球绦虫阳性血清反应，具有良好的反应原性（陈英等，2018d）。

（5）重组抗原 P29（recP29）

细粒棘球蚴原头蚴重组抗原 P29（recP29）的分子量约为 11kDa，对 CE 患者的术后监测有一定的作用（Ben et al.，2009）。10μg 重组 EgP29 蛋白免疫 ICR 小鼠 3 次，每次间隔 2 周，最后一次免疫后 2 周，用 2000 个原头蚴攻击，可使 ICR 小鼠产生 96.6%的保护率，且免疫组包囊平均直径约 0.9mm，小于未免疫组小鼠的包囊直径（8.1mm）（Shi et al.，2009），同时用 50μg 的重组 EgP29 蛋白，经 2 次免疫，4 周后攻击感染 3000 个虫卵，可使绵羊产生 94.5%的保护率（Wang et al.，2016）。

（6）Eg95

Eg95 蛋白的分子量为 16.5kDa，是目前最有应用价值的疫苗抗原。Eg95 和其他带科绦虫保护性抗原一样，含有纤连蛋白Ⅲ型结构域，与免疫球蛋白超家族、细胞黏附分子、细胞表面受体和糖结合蛋白有部分同源性。Eg95 的天然分子为 24.5kDa，在细粒棘球绦虫六钩蚴入侵小肠绒毛上皮的过程中起重要作用。

(7)脂肪酸结合蛋白(FABP)

胞质膜脂肪酸结合蛋白是一种广泛存在于多细胞生物的细胞质中的多基因家族，被认为是潜在疫苗候选分子(Esteves and Ehrlich，2006)。棘球蚴 FABP 蛋白质(EgDfl)的分子质量为 15.5kDa，主要在原头蚴体表表达，在生发层未检测到，提示 EgDfl 是原头蚴早期发育的生发层组成成分(Esteves et al.，1993)。EgFABP1 亚型存在于原头蚴的胞质、胞核、线粒体和微粒体部分，表明这些分子可能参与核脂质合成、脂滴形成或基因表达调控(Alvite 和 Esteves，2016)。

(8)EgM 蛋白家族

EgM 基因家族为成熟虫体的特异性基因片段。EgM 蛋白富含半胱氨酸，是由 24 个氨基酸组成的重复序列，在 EgM4、EgM9、EgM123 中分别有 6、4、5 个重复序列，该重复序列形成的 α 螺旋散在排列使正负电荷交替分布，构成亲水性通道。EgM 家族蛋白在成虫阶段表达，是终末宿主良好的保护性抗原(Zhang et al.，2006；Zhang and McManus，2008)。EgM 家族基因表达载体与谷胱甘肽构建融合蛋白，免疫 3 次后间隔 2 周攻虫犬，其保护率达到 97%～100%(Zhang et al.，2006)。EgM 家族基因对细粒棘球绦虫终末宿主具有较好的免疫原性，其中 EgM123 主要分布于成熟细粒棘球绦虫的睾丸中，其次为子宫上皮细胞，主要调节精子的产生和受精后表达一种虫卵膜蛋白，表明该蛋白质可能具有候选疫苗的潜力。EgM123 蛋白主要位于细胞核(65.2%)，少量分布于细胞质(13%)、线粒体(13%)，该蛋白可能主要在细胞核中发挥生物学作用(Zhang et al.，2003b)，成虫阶段 EgM4、EgM9、EgM123 基因表达量极显著高于原头蚴阶段，表达量分别为原头蚴阶段 18、15、32 倍。在成虫阶段，EgM123 基因极显著高于 EgM4、EgM9 基因的表达量。原头蚴、成虫发育阶段各基因均有表达，但在成虫阶段表达较为旺盛，尤其 EgM123 表达量较高(毛丽萍等，2017)。

(9)EgA3l

EgA31 蛋白分子质量约 66kDa，与蠕虫副肌球蛋白质有较高的同源性，且其二级螺旋结构和抗原表位十分相似，并在第 383～521 位氨基酸间形成典型的肌纤维卷曲螺旋结构的氨基酸排列，推测 EgA31 可能是肌纤维蛋白质家族成员之一(Fu et al.，1999，2000)。

EgA31 蛋白在细粒棘球绦虫的各发育期均有表达，位于各期虫体的皮层、皮下肌层及其表面，并且发现当原头蚴顶突和吸盘翻出后，EgA31 在吸盘上的含量显著增加(傅玉才等，2002，2003a，2003b)，推测 EgA31 蛋白可能与吸盘的吸附功能有关。EgA31 部分序列的重组蛋白质免疫动物后，能引起强烈的体液和细胞免疫反应(Fu et al.，2000)，且获得较高的减虫率(Petavy et al.，2008)。EgA31 抗原是一个很有希望的疫苗候选分子。

(10)热休克蛋白(HSP)

热休克蛋白是原核细胞和真核细胞在不良因素作用下产生的一组可溶性的应激蛋白质，进化上高度保守，包括 HSP110、HSP90、HSP70、HSP60 及小 HSP 家族；该类蛋白质能作用于抗原递呈细胞而刺激细胞因子的分泌，参与免疫细胞的发育、分化与激活。多种寄生虫的热休克蛋白质参与了蛋白质的折叠、转运、细胞的凋亡、机体免疫等多种生理功能，且具有较强的免疫原性，在基因疫苗中还可提高免疫效能的专一性。EgHSP70 重组蛋白质具有较好的免疫原性和抗原性(丁淑琴等，2005；于晶晶等，2008)。研究发现 EgHSP70 是一种新的抗原分子，可以引发相应的细胞和体液免疫反应，提示 EgHSP70 有成为疫苗分子的可能。EgHSP20 属于小分子热休克蛋白家族的一员，在六钩蚴和原头蚴阶段高效表达，且表达量远超 HSP70(Zhang et al.，2013)，其原核表达蛋白能与细粒棘球绦虫阳性血清发生特异性反应，表明具有较强的反应原性(陈英等，2018a)。

(11)**谷胱甘肽** S-**转移酶**(GST)

谷胱甘肽 S-转移酶是由多基因编码的蛋白质，主要功能是催化谷胱甘肽的巯基对一些亲电子类有毒物质(如杀虫剂、醌类化合物及过氧化物等)进行轭合反应，从而保护 DNA 及一些蛋白质，使其免受损伤。6His-GST 重组蛋白质分子量约 28kDa，具有一定免疫活性(李宗吉等，2007)。重组 GST 蛋白质能诱导小鼠产生 89.39%的免疫保护力，该重组蛋白质是具有发展前途的抗包虫病候选疫苗(高鹏等，2011)。

(12)**谷胱甘肽** S-**转移酶** mu2(GST-mu2)

谷胱甘肽 S-转移酶 mu2 参与宿主—寄生虫之间的相互作用，并对细胞黏附，信号传导、移动以及侵袭等生命活动有重要的影响，同时还参与细胞的抗氧化和自由基的抗损害作用，具有很强的免疫调控功能，在逃避宿主免疫反应过程中扮演着极其重要的角色。细粒棘球蚴的 GST-mu2 蛋白能特异性识别细粒棘球绦虫阳性血清，证实此蛋白具有较好的反应原性，有望作为候选诊断抗原分子(陈英等，2018c)。

(13)**延伸因子** 1(EF-1)

延伸因子 1 是一种在细胞内普遍存在且大量表达的多聚核糖体蛋白质，在基因表达的翻译过程中起重要作用(Gregers and Nyborg，2003)。EgEF-1 的基因由四个亚基组成，分别是 α、β、γ和δ(Margutti et al.，2010)。EgEF-1d 蛋白质由 244 个氨基酸残基组成，在该虫种的原头蚴中表达，并发现 EgEF-1 重组蛋白质具有一定的免疫原性(王健等，2008)。EF-1 有 4 个可能形成 B 细胞表位的区域、6 个优势性 T 细胞表位区域，EF-1 具有较高的保守性，可作为免疫诊断和药物治疗靶点(李超群等，2017)。

(14)Eg19

Eg19 抗原来源于囊型细粒棘球蚴，分子质量为 19kDa，可与感染细粒棘球蚴的绵羊阳性血清识别，具有作为囊型包虫病的候选诊断抗原的潜力(Delunardo et al.，2010；陈英等，2018b)。

(15)EgG1Y162

EgG1Y162 蛋白质分子质量为 16.8kDa，是一种新的抗原(曹春宝等，2008b)。重组 EgG1Y162 可诱导小鼠产生特异性体液免疫应答，促进增殖活性，脾细胞凋亡发生率降低，提示该蛋白质可能是包虫病的潜在疫苗候选抗原(刘晓霞等，2013)。

（16）乳酸脱氢酶（LDH）

细粒棘球绦虫 LDH 的基因全长 1233bp，其二级结构中 α 螺旋占 37.16%，β 折叠占 9.67%，无规则卷曲占 53.17%，存在 4 个跨膜区；预测获得 7 个潜在的 B 细胞表位区域，体外合成 4 个氨基酸长序列的 B 细胞表位 PP-1（215～228）、PP-2（189～200）、PP-4（79～89）和 PP-7（21～33），对棘球蚴病患者血清的敏感性分别为 52.9%（18/34）、61.8%（21/34）、82.3%（28/34）和 50%（17/34）（闫帅等，2017）。

（17）14-3-3 蛋白

细粒棘球蚴的 14-3-3 蛋白由 247 个氨基酸组成，分子质量约 27.9kDa。该重组蛋白质免疫小鼠后经原头蚴攻击，可引起小鼠产生高水平的 IgG 及 IFN-γ 和 IL-2 的含量，且能显著引起淋巴细胞增殖，产生 84.47%的保护力。由此可见，该重组蛋白能够有效诱导高水平的保护性免疫应答（Li et al.，2012）。

（18）Eg-07279

从细粒棘球绦虫不同发育阶段转录组数据中，筛选出诊断抗原分子 Eg-07279，该分子能够在棘球蚴原头节中高表达，而六钩蚴阶段不表达，是棘球蚴阶段特异性表达的分子。该重组蛋白能与感染后 2 周小鼠的血清发生阳性反应，可能成为具有高效诊断价值的诊断抗原候选分子（徐士梅等，2018）。

（19）转酮醇酶

转酮醇酶属于棘球绦虫磷酸戊糖途径中的酶。重组转酮醇酶分子能够被细粒棘球蚴病、多房棘球蚴病患者血清识别，但无法对两型棘球蚴病患者进行区分，两者存在交叉反应（曹得萍等，2018）。

（20）Eg-08002

Eg-08002 的基因片段主要在原头节中表达，在六钩蚴中不表达；其重组蛋白质可识别原头节感染的小鼠血清，对健康小鼠血清不识别，具有较好的免疫反应性；且 ELISA 检测棘球蚴病患者血清较健康人血清具有更好的免疫反应性，表明有望作为人细粒棘球蚴病的免疫诊断抗原分子（杨慧等，2017）。

（21）Eg-00512

Eg-00512 仅在原头蚴阶段表达，其重组蛋白质具有良好的抗原性和免疫原性，有望作为特异性诊断抗原候选分子，用于囊型包虫病的诊断（佟雪琪等，2017）。

（22）铜锌超氧化物歧化酶基因

铜锌超氧化物歧化酶作为超氧自由基清除剂，广泛地分布于各种生物器官之中，清除细胞内的氧自由基，从而保护机体细胞。细粒棘球绦虫的铜锌超氧化物歧化酶蛋白主要分布于成虫和原头蚴的组织间隙，以及少量分布于表皮，该重组蛋白质能被小鼠阳性血清、绵羊阳性血清识别，该蛋白质可能是潜在的诊断候选分子(宋星桔等，2016)。

(23)膜联蛋白(ANX)

膜联蛋白是一类广泛分布于动植物各种组织和细胞中的依赖钙离子的磷脂结合蛋白质家族，具有与磷脂膜可逆结合及与钙离子结合的能力。细粒棘球蚴膜联蛋白B33(Eg-ANX)存在于虫体的排泄物(分泌物)和囊液中(Aziz et al.，2011；Virginio et al.，2012)；Eg-ANX 存在于细粒棘球绦虫的被膜和虫卵上，在生发层亦有少量分布，以及在原头蚴的胞液和细胞膜上有分布，同时在中间宿主的组织内仍有少量分布，表明膜联蛋白可能在寄生虫—宿主的相互作用中起重要作用(Song et al.，2016a)。

(24)二氢叶酸还原酶(DHFR)

二氢叶酸还原酶是一种普遍存在的酶类，它是利用 NADPH 还原二氢叶酸产生四氢叶酸的一种氧化还原酶。Eg-DHFR 基因的可读框(open reading frame，ORF)长 576bp，预测其蛋白质分子量约 21.9kDa，与多房棘球绦虫的同源蛋白质相似性约 96.34%。Eg-DHFR 在原头蚴中主要定位于实质部分，在成虫中分布于实质及被膜中，特别是在头节的顶突和吸盘中分布最多；以该蛋白建立的间接 ELISA 具有 95.83%的敏感性、89.53%的特异性(Song et al.，2017)。

(25)谷氧还蛋白 1(Eg-Grx1)

Eg-Grx1 是一种经典的二巯基 Grx，天然 Eg-Grx1 蛋白分布在原头蚴的被膜、成虫的整个生发层和实质组织中；重组 Eg-Grx1 对感染细粒棘球蚴的绵羊阳性血清具有良好的免疫反应性；且该抗原建立的间接 ELISA 方法具有 64.3%(9/14)的特异性，与尸检结果诊断符合率为 97.9%(47/48)(Song et al.，2016b)。

(26)蜕皮激素核受体 HR3 样蛋白(EgHR3)

EgHR3 基因在原头节和成虫中均有表达，进一步分析发现该蛋白质分布于原头蚴和成虫的实质区域；干扰到 69%～78%的 EgHR3 基因，可在体外培养 10d 后出现 43.6%～60.9%的死亡率，表明 EgHR3 可能在成虫早期发育和维持成虫生物过程中发挥重要作用，可作为一种新的抗棘球蚴病药物或疫苗靶点(Yang et al.，2017)。

(27)亮氨酸氨基肽酶(LAP)

亮氨酸氨基肽酶是 M17 肽酶家族中具有调节分解代谢和合成代谢平衡、细胞维持、生长和防御功能的酶。EgLAP 蛋白分布于原头蚴的被膜和角质钩，以及成虫的整个生发层和实质组织；该重组蛋白质能与感染细粒棘球蚴的绵羊阳性血清识别，且具有潜在的诊断价值(Wu et al.，2018a)。

(28)硫酸乙酰肝素聚糖核心蛋白(H3)

用囊型包虫病患者血清从细粒棘球蚴 cDNA 表达文库中筛选出基底膜特异性硫酸乙酰肝素聚糖核心蛋白的基因(H3)，与人、鼠基因无同源性，其重组蛋白被囊型包虫病患者血清识别，具有潜在的诊断价值(朱慧慧等，2016)。

(29) Eg-01883

Eg-01883 在原头蚴阶段高度表达，但在六钩蚴阶段不表达，该重组蛋白质对小鼠具有较高的免疫原性(赵殷奇等，2016)。

(30) 亲肌肉抗原(myophilin)

重组的细粒棘球蚴亲肌肉抗原可使小鼠包囊降低 86.11%，是一种潜在的抵抗细粒棘球绦虫感染的有效疫苗(Sun et al.，2011)，50μg 重组的细粒棘球蚴亲肌肉抗原免疫 2 次后，能产生 92%的保护率(Zhu et al.，2016)。

(31) 磷酸丙糖异构酶

磷酸丙糖异构酶(TPI 或 TIM)是一种能够催化丙糖磷酸异构体在二羟丙酮磷酸和 D 型甘油醛-3-磷酸之间转换的酶，在糖酵解中具有重要作用，在能量生成中是必不可少的。天然 Eg-TIM 位于原头蚴的颈和钩，以及成虫的被膜和实质组织及整个生发层；重组 Eg-TIM 能与绵羊血清阳性反应，具有良好的免疫原性，但该重组蛋白建立的间接 ELISA 仅有 53.6%的特异性和 87.5%的敏感性，故该重组蛋白不适用于绵羊诊断标识(Wu et al.，2018b)。

二、多房棘球绦虫

目前已报道了多房棘球绦虫的多种天然抗原和 14 种重组及人工合成抗原，为该虫种的防治提供了诊断和疫苗候选抗原。

1.天然抗原

(1) 粗抗原

多房棘球绦虫粗抗原来自虫体全组织匀浆抽提物或原头节组织抗原，其能与细粒棘球绦虫病患者血清呈广泛的交叉反应(江莉，2003)。

(2) Em2 抗原

Em2 抗原分子量约 54kDa(Gottstein，1985)，是通过亲和吸附法将多房棘球绦虫抗原中与细粒棘球绦虫共有的组分 Em1 吸附后，获得的不吸附组分即为 Em2(Gottstein et al.，1983)。Em2 具有阶段特异性，位于虫体角质层和体外培养 13d 的六钩蚴中，在生发层、原头节、成虫及新鲜孵出的六钩蚴中未发现(Deplazes and Gottstein，1991)。

(3) Em492 抗原

Em492 抗原为一种分泌性糖蛋白，碳水化合物比为 0.25，能与一系列外源凝集素反应，主要分布于角质层和正在发育的生发层周边。Em492 能刺激感染多房棘球蚴小鼠的腹腔巨噬细胞产生更多的 NO，还能抑制脾淋巴细胞的增殖。在多房棘球蚴感染过程中，Em492

可能对虫体周围细胞环境起着调节作用(Walker et al., 2004; Gottstein and Hemphill, 2008)。

(4) EmA9

EmA9 抗原是一种高分子量的糖复合物，分布于多房棘球绦虫成虫表层(Hülsmeier et al., 2010)。

(5) Em18 抗原

从多房棘球绦虫原头节组织抗原中鉴定出分子质量约为 18kDa 和 16kDa 的抗原组分，分别命名为 Em18 和 Em16(Ito et al., 1993)。Em18 是存在于泡球蚴囊液、原头节、囊壁角质层和生发层等的一种蛋白质(Nirmalan and Craig, 1997)，分子量为 18kDa(Sako et al., 2002)。Em18 是 Em10 经半胱氨酸蛋白酶水解后产生的一个新片段(Ito et al., 2002)。

(6) 糖脂抗原

从多房棘球绦虫泡球蚴组织中分离到了特异的中性和酸性糖脂(Persat et al., 1990)，至少含有 2 个糖残基的中性糖脂能与 AE 患者血清中的抗体结合(Persat et al., 1991, 1992)，而酸性糖脂无反应。

2. 重组及人工合成抗原

(1) EmⅡ/3 和 EmⅡ/3-10

EmⅡ/3 是应用基因工程技术研究较早的抗原(Vogel et al., 1988)。EmII-3 蛋白具有较高的遗传学稳定性、较强的免疫原性和较好的表面暴露性，适合作为泡球蚴病疫苗研究的候选分子。EmⅡ/3 融合表达蛋白在细胞内被迅速降解为两个分子质量为 31kDa 和 33kDa 的多肽，它们能与患者血清特异性结合。将 EmⅡ/3 抗原切割成片段 EmII/3-10，能稳定产生 β 半乳糖苷酶融合蛋白。EmⅡ/3-10 的天然抗原在成虫和中绦期均有表达，间接免疫荧光显示该抗原位于生发层和发育中的原头节膜结构内，且抗 EmII/3-10 的抗体能识别不同地理株的细粒棘球绦虫抗原相同分子量条带上的抗原表位和一些其他绦虫抗原(Felleisen and Gottstein, 1993)。

(2) Em4 和 Em10

Em4 的天然抗原存在于原头节内，是排泄(分泌)抗原。Em4 的抗原表位位于分子质量为 62kDa、49kDa 和 44kDa 的抗原上(Hemmings and McManus, 1989)。Em4 天然抗原由一个单拷贝基因编码。Em4 的 GST 融合表达蛋白分子质量为 26kDa，是一种可溶性、非变性、易纯化的融合蛋白(Hemmings and McManus, 1991)；用该蛋白检测 AE 患者血清的特异性为 100%。Em10 重组抗原的分子质量为 65kDa，免疫荧光证实该抗原位于多房棘球绦虫原头节皮层和育囊生发层内(Frosch et al., 1993)。Em10 抗原具有种特异性、虫体表面暴露特性和高度抗原性，是诊断抗原研制的候选分子(Helbig et al., 1993)。

(3) Em6

Em6 抗原与细粒棘球蚴抗原的一个免疫表位 Eg6 重组抗原有高度的序列同源性。Em6

在不育囊中不存在，且对 Em6 的研究有助于弄清抗原 5 和抗原 6 的关系，及育囊与不育囊发生的机制(Siles-Lucas et al.，2010)。

(4) Em13

Em13 位于多房棘球绦虫原头节及幼虫表面的微毛中，在少节棘球绦虫囊液和幼虫体内未发现(Frosch et al.，1993)。采用 Northern 印迹发现 Em13 的 mRNA 存在于多房棘球绦虫和少节棘球绦虫幼虫的 RNA 提取物中；少节棘球绦虫幼虫期的 Eg13 与多房棘球绦虫的 Em13 的核苷酸和氨基酸同源性分别为 96.3%和 96.6%。抗 Em13 血清能与重组 Eg13 抗原交叉反应，推测转录后的调节机制使少节棘球绦虫失去了 Eg13 表型(江莉，2003)。

(5) Em18

Em18 抗原被认为是一种在鉴别诊断和病程随访中极具应用价值的种特异性诊断抗原(Ito et al.，1995)。与天然 Em18 粗抗原和 Em18 纯化抗原相比，人工重组 Em18(RecEm18)具有特异性高、交叉反应率低和可大量生产等优点(王俨等，2004)。用 RecEm18 ELISA 方法检测 89 份血清(AE31 份，CE33 份，NCC15 份，健康 10 份)抗体，敏感性为 87.1%，特异性为 98.30%，交叉反应率为 1.12%；60 份血清检测结果显示，AE 血清阳性率为 95.00%，CE 为 8.50%，NCC 为 0(Ito et al.，2002；Xiao et al.，2003)。因此，RecEm18 是潜在的血清学诊断抗原。

(6) E24

E24 抗原为一个四旋蛋白，经氨基酸序列和进化分析，发现与 T24 类似。E24 抗原位于多房棘球蚴的生发层，是一种潜在的诊断和疫苗抗原(Dang et al.，2009)。抗 E24 功能大细胞外环域蛋白的抗体，能特异性识别分子量约为 25kDa 的重组蛋白质和包囊分泌抗原。

(7) AgB

AgB 是一个 160kDa 的多聚体，存在于多房棘球绦虫囊液中，有五个亚基(EmAgB8/1～EmAgB8/5)，已经在小囊泡、头节等处被检测到。不同发育时期各个亚基的表达情况有差异，可能与各个亚基在不同发育阶段所发挥的功能有关。

EmAgB 亚基抗原表位区的大部分序列一致或相似，预测抗原表位分别为：AgB1，1～7 位和 21～27 位；AgB2，1～7 和 29～36 位；AgB3，1～11 位和 18～28 位；AgB4，1～13 位、27～37 位和 39～60 位；AgB5，1～11 位。这些预测表位均位于 N 末端。AgB1、AgB2 和 AgB4 具有较强的抗原性(江莉等，2010)。

(8) EmPGI

EmPGI 在泡球蚴的角质层、囊泡和生发细胞层表达。多房棘球蚴的 EmPGI 与细粒棘球蚴和人的同源基因序列相似性分别为 64%和 86%，重组 EmPGI 蛋白也具有分解糖的功能。免疫了 EmPGI 蛋白的小鼠对再次感染原头蚴具有较强的抵抗力(Stadelmann et al.，2010)。

(9) EmY162

EmY162 基因推导编码一种分泌蛋白质，该蛋白质与 Em95 蛋白具有相似的结构特征，是一种宿主保护性抗原。EmY162 的氨基酸序列与 Em95 具有 31.4%的同源性，但是它们的二级结构有差别。EmY162 在多房棘球绦虫的各个生活史阶段表达量均高于 Em95。重组 EmY162 蛋白能与多房棘球蚴病人的血清相识别(Kouguchi et al., 2007)。

(10) Em95

推测 Em95 蛋白是一种分泌蛋白，与免疫相关，是一种候选疫苗抗原。重组 Em95 蛋白与皂素联合免疫时，可诱导小鼠产生 82.9%的抵抗力(Gauci et al., 2002)。

(11) 10P1

10P1 基因的蛋白质分子质量为 21.2kDa。用抗 10P1 谷胱甘肽融合蛋白的抗体，在发育期细粒棘球绦虫的肌肉中发现了 22kDa 的天然蛋白抗原，且其氨基酸序列与一些肌肉蛋白相似，被称为“嗜肌肉蛋白”。从多房棘球绦虫中克隆得到的部分 10P1 cDNA 序列，与细粒棘球绦虫的嗜肌肉蛋白基因有 99%的相似性(Martin et al., 1995)。

(12) 乳酸脱氢酶(LDH)

多房棘球绦虫的 LDH 基因的核苷酸序列与细粒棘球绦虫的 LDH 同源性为 99%，该基因重组蛋白质的分子质量为 38kDa，且与泡型包虫病患者和囊型包虫病患者血清进行特异性识别，与正常人血清无反应，具有较高的免疫原性，对包虫病具有较好的免疫诊断价值(何顺伟等，2017)。

第二节　免疫反应类型

由于棘球蚴抗原成分较多，且在生活史的不同阶段表达特定的抗原，产生不同的特异性免疫应答，因此棘球蚴的免疫应答机制复杂，包括宿主感染的炎症反应，以及随后的特异性体液免疫、细胞免疫和过敏反应等(朱佑明和李文桂，2007)。棘球蚴病的免疫是免疫保护和免疫损伤并存，以细胞免疫造成的保护和危害为主(吕海龙和彭心宇，2007)。

一、非特异性免疫反应

1.宿主的种特性

细粒棘球绦虫成虫仅寄生于犬科动物，表现出明显的宿主特异性，作为自然宿主的多数哺乳动物不易感染成虫，可能与不同动物的消化液尤其是胆汁的特性有关(王进成和由弘，2004)。中绦期幼虫有着非常广泛的中间宿主群，但仍表现出宿主易感性具有差异。从细粒棘球绦虫虫卵感染到包囊的形成，可能会受到宿主的年龄、性别和生理状态等因素的影响(朱佑明和李文桂，2007)。此外，不同株系小鼠对细粒棘球绦虫易感性存在差异；

不同种属的宿主对细粒棘球绦虫易感性也不同(Rogan and Craig，1997)。如接种小鼠的六钩蚴和原头节中，仅有不到 10%的虫体发育成包囊；无胸腺的 T 细胞缺乏的小鼠因具有大量的单核细胞(Monocytes，MOs)和自然杀伤细胞(natural killer cell，NK)细胞，其经口服虫卵是不会感染，但小鼠经地塞米松处理后会变得易感(Armua-Fernandez et al.，2016)。

2.巨噬细胞

激活的巨噬细胞对棘球蚴在宿主体内的寄生、生长和发育有明显的影响。激活的巨噬细胞能黏附虫体，可通过血清抗体或补体增强吞噬机能，也可通过趋化作用使吞噬细胞向病原物移动。依赖巨噬细胞的原头节杀伤效应可通过细胞因子 IFN-γ 水平的升高，以及寄生虫有丝分裂刺激淋巴细胞所产生的细胞因子所调控。此外，激素(如可的松)可提高动物的易感性，这主要是因为使用激素后，巨噬细胞的吞噬机能降低(朵红，2011)。

3.补体

在棉鼠活体内用眼镜蛇毒素因子 CVF 灭活补体后，能促使多房棘球蚴提前发育增殖且转移扩散加快，故认为血清中抗原头节和成虫的有效成分之一为补体，其作用可能是经过经典途径或旁路途径而激活补体。补体引起原头节和成虫死亡的原因可能是由于补体介导的皮层溶解，继而形成穿透膜的通道，随之流入水和电解质，引起虫体肿胀、变形甚至破裂而死亡(朵红，2011)。细粒棘球蚴原头蚴及成虫在中间宿主的新鲜血清或感染鼠血清中 15min～24h 后出现溶解和死亡，而缺乏补体 C5 的鼠血清不被溶解，若将血清中补体去掉后，其抗原头蚴和成虫的作用均被抑制。通过补体 C5 介导的效应，建立感染保护和控制已形成囊肿的生长，有助于宿主的免疫防御(Ferreira et al.，2000；朵红，2011)。由此可见，补体保护宿主的机理或是防止棘球蚴的入侵，或是限制成虫在宿主体内的生长。因此，宿主的抵抗力与血清中的补体水平相关(朵红，2011)。

二、特异性免疫反应

1.体液免疫

小鼠腹腔接种多房棘球蚴原头节后，肝包囊尚未形成的前 30d，在血清中检测到低效价的 IgM 抗体；随着囊泡不断长大，90d 时血清中抗体以 IgG 为主，而 IgM 开始降低。用细粒棘球蚴的原头节感染小鼠，2 周后血清中出现特异性抗体，46 周后抗体水平达到高峰，以后趋于稳定。因此，认为抗包虫特异性 IgM 抗体的检测，不仅可作为感染包虫早期诊断指征，也可作为手术治疗效果预后观察的指标(王进成和由弘，2004)。

哈萨克绵羊感染细粒棘球蚴后，血清 IgE 中水平较感染前极显著下降，而 IgM 较感染前极显著增加，而感染后各阶段间 IgM 差异不显著，揭示棘球蚴感染过程中血清 IgE 下降、IgM 升高的变化规律可为临床诊断该病提供一定的理论依据(李亚强等，2017)。

病人的体液免疫应答强弱不仅与包虫生活状态和寄生部位有关，而且与包囊的大小、数量呈正相关。接种包虫数量越多抗体越早产生，且滴度随包囊增大而增高(朱兵和徐明谦，1997；王进成和由弘，2004)。人体感染包虫后 2～4d 开始出现 IgM 抗体，包虫囊壁表面有 IgG1、IgG2a、IgG2b 和 IgM(朵红，2011)。比较初次感染或近期未接触过虫卵的宿主与已对幼虫产生免疫力或反复接触虫卵的宿主，在幼虫期和发育成囊初期的免疫应答不同，首次感染细粒棘球蚴的宿主体内抗体形成相对较慢(郑宏等，2002)。绵羊感染棘球蚴后 1 周出现抗幼虫的 IgG1；小白鼠感染后 1 周和绵羊感染后 2 周出现抗囊液抗原的 IgG(Yong et al.,1984)；美洲猴感染 4 周后血清中出现抗囊液和抗头节的 IgG_1(Rogan et al.，1993)。在高发流行区，羊群对细粒棘球蚴的感染具有一定的抵抗力，这与羊群接触虫卵的次数和宿主对寄生虫在长期进化过程中的相互作用及相互适应时间的长短而有差异；类似的情况也存在于高发区的人群。

在细粒棘球蚴高发区，人体内即使没有包囊，血清中仍有特异性抗体，且这种血清对棘球蚴有杀伤作用，可能是抗体依赖补体介导所起的作用(Williams，1979；郑宏等，2002)。将含有特异性 IgG1 和 IgG2(尤其是 IgG2a)的棘球蚴患者血清注射啮齿类动物，可产生被动免疫力；其他抗体如 IgE 和 IgA 的免疫效应也非常重要，尤其是在肠道内(Williams，1979)。绵羊经人工感染棘球绦虫虫卵后体内抗体水平呈周期性波动，而美洲猴及某些自然感染细粒棘球蚴的患者抗体呈现周期性下降(Wen et al.，1995)。包虫病患者血清中的抗囊液抗原的特异性 IgG1 和 IgG4 占优势，其中 IgG1 亚型主要识别抗原 5，IgG4 则识别抗原 B。大部分细粒棘球蚴患者的血清中 IgG、IgM、IgA 和 IgE 的浓度均高于正常人，其中 IgG 含量的增加较 IgM 和 IgA 更常见(朵红，2011)，临床上活动性或慢性发展状态的棘球蚴病患者其体内往往伴随着 IgE 水平不断升高；IgE 水平的下降，IgG 水平的升高预示着机体免疫防御机能趋于主导作用，此时棘球蚴处于停止生长期或逐渐钙化到死亡期(Ortona et al.，2004)。宿主产生的抗体类型和抗体水平可因包囊寄生于不同组织器官而存在差异，IgG 在肝脏中的检出率最高，其次为肺脏；IgM 在肺脏的检出率最高，其次为肝脏(郑宏等，2002)。在约 30%的典型病例中，血清中特异性循环抗体呈阴性，感染的绵羊也出现了类似的结果，其机制仍不清楚(郑宏等，2002)。近期包囊破裂的患者血清中 IgM 水平急剧增高；幼儿患者 IgG 水平明显低于成人，表明体液免疫应答与年龄有关(朵红，2011)。

2.细胞免疫

细胞免疫是由淋巴细胞、巨噬细胞及炎症细胞介导的免疫效应。在对早期原头蚴的杀伤作用中，主要以细胞介导的炎症反应为主，该反应强弱与寄生虫的活力呈负相关(朵红，2011)。绵羊在感染六钩蚴 12h 左右，在肝脏的病灶周围有单核细胞浸润；感染细粒棘球蚴 3～5d 后，出现巨噬细胞和中性粒细胞浸润，25～30d 达到高峰，以嗜酸性粒细胞、淋巴细胞和巨噬细胞浸润为主，这与显著的细胞炎性反应和感染虫卵引起的病理学反应有关(朵红，2011)。外囊中可见围绕虫体的角皮层碎片、上皮样细胞和多核巨细胞浸润，形成肉芽肿，周围有单核细胞、淋巴细胞及中性粒细胞浸润。T 淋巴细胞减少时，多房棘球绦虫迁徙增加，在无胸腺裸鼠体内多房棘球绦虫的发育十分快速。在感染早期，宿主产生了特异性抗寄生虫的细胞介导的免疫反应，这种反应可杀死细粒棘球绦虫虫卵(王进成和由弘，2004)。

根据发育成囊初期的实验观察，Th2 细胞在免疫应答中占主导地位。到目前为止仍不知是否为宿主对寄生虫感染的先天免疫所致，还是寄生虫所释放的趋化因子或依赖于Th0/Th1 细胞因子(郑宏等，2002)。采用人的棘球蚴囊液及原头节观察淋巴细胞的转化(LT)，发现包虫病人 LT 显著高于正常人。棘球蚴感染早期，淋巴细胞转化功能增强。体外淋巴细胞转化试验结果表明，细粒棘球绦虫原头节能使小鼠的淋巴细胞迅速母细胞化并进行分裂，对 ^{3}H-胸腺嘧啶的摄入量也增加，对棘球蚴早期的生长和转移具有控制作用。而感染后期 T 淋巴细胞减少，转化功能降低，细胞免疫反应受到抑制，造成棘球蚴在体内长期寄生并发育生长。

棘球蚴感染过程中细胞因子可能与囊肿生长的抑制有关。治疗成功的棘球蚴病患者具有低水平的 IL-10，缺乏 IL-4，并伴有高水平的 IFN-γ；反之具有高水平的 IL-10、IL-4 且伴有低水平的 IFN-γ 的患者，治疗通常没有效果(吕海龙等，2007)。啮齿类动物继发感染后血清中 IL-10 升高，129d 后 IFN-γ 水平下降，但感染后前 3 个月 IFN-γ 和 IL-10 水平升高(郑宏等，2002)。宿主感染棘球蚴后，血清中出现高浓度的 IL-4、IL-5、IL-6、IL-10 和 IFN-γ(Matowickakarna et al.，2004)。初次感染棘球蚴病的患者体内出现高水平的 IL-2、IFN-γ 及 IL-5，随感染的不断发展，患者体内 IL-4、IL-10 浓度随之升高(Zhang et al.，2003a)。

细粒棘球蚴感染者血清中 IL-10 和 TGF-β 水平显著增高(赵慧等，2018)。人感染棘球蚴后，外周血中 IL-9 mRNA 的水平增高(庞楠楠等，2014)；细粒棘球蚴和多房棘球蚴患者肝脏组织中 IL-8 mRNA 水平增高(单骄宇等，2018)。

小鼠感染细粒棘球蚴后 60d、90d 血清中 IL-10 显著升高，脾脏中 IL-10 mRNA 水平在感染后 90d 达到峰值(彭珊珊等，2016)。

Th17 是一类不同于 Th1 和 Th2 细胞的 $CD4^{+}$T 细胞亚群，此类细胞通过分泌前炎症介质白细胞介素 17 介导炎症反应参与宿主自身免疫，导致宿主组织器官的炎性损伤，在寄生虫感染免疫应答中具有重要作用。肝脏泡型病人外周血清中 IL-17A 和 IL-17F 等细胞因子高表达(Lenchner et al.，2014)；小鼠体内亦发现 IL-17 增加，细粒棘球蚴抗原 B 可引起体外小鼠淋巴细胞分泌 IL-17 的含量增加(金一帮等，2012)；在多房棘球蚴感染小鼠脾脏及脾细胞培养上清，Th17 细胞比例及 IL-17 水平增高(马海长等，2014)。

第三节　免 疫 逃 避

包虫幼虫(棘球蚴)侵入中间宿主诱发感染的过程中，可抑制宿主体内的免疫反应，从而能在宿主体内增殖、长期存活，产生免疫逃避现象，而引起这种免疫逃避的机制较为复杂。大体上，棘球蚴逃避宿主免疫反应机制分为主动免疫逃避与免疫调节。

一、主动免疫逃避

1.物理屏障

在感染早期，六钩蚴外部有一层主要由高分子量的多糖构成的特殊组织角质层，该层可抑制补体激活，抑制宿主巨噬细胞分泌 NO(Steers et al.，2001；Vuitton and Gottstein，

2010)，该层是成功感染的关键因素；六钩蚴成功感染宿主后，六钩蚴的分泌物溶解宿主组织促进角质层的形成，伴随嗜酸性粒细胞、中性粒细胞等的浸润，随着包囊的增长，逐渐形成纤维囊壁(外囊)(Wu et al.，2004；Bortolett et al.，2004；陈小林和陈雪玲，2013)，从而形成一种物理屏障，阻断了宿主免疫系统细胞和分子与虫体内部的生发层、育囊和包囊在内的原头节的接触，使得棘球蚴虫体能逃避宿主免疫系统的攻击。已有研究证实绵羊体内包囊的角质层与宿主慢性炎症区间有一细胞坏死带，表明其毒性产物能破坏周围的宿主淋巴细胞(Smyth and Heath，1970)。宿主体内的棘球蚴囊壁和囊液中均发现宿主免疫球蛋白。棘球蚴的包囊壁可与宿主的 IgG 结合，角质层上的抗原决定簇可与特异性抗体 IgG、IgG2a、IgG2b、IgM 相结合；且包囊四周发现有宿主特异性的抗包虫免疫球蛋白沉淀(孙新等，2005；曹春宝等，2008a；米新江和张示杰，2008)。由此可见，在包囊角质层四周可构成棘球蚴的免疫屏障，有利于保护棘球蚴的生发层。棘球绦虫成虫的体外培养物具有溶解蛋白质的酶活性，且棘球蚴的原头节可促使 T 细胞、B 淋巴细胞系的有丝分裂，但不会增加 B 细胞的数量，从而促进 T 细胞、B 细胞的凋亡，进一步破坏宿主的免疫系统，使棘球蚴得以长期生存(Macintyre and Dixon，2001；曹春宝等，2008a)。

2.囊液抗原

棘球蚴的囊液中包含耐热稳定的约 160kDa 的蛋白质，该蛋白质可分泌到囊液中，在 90%的细粒棘球蚴病人和 40%的泡球蚴病人血清中均能查到相应的抗体(曹春宝等，2008a；陈小林和陈雪玲，2013)；且在体外试验中发现，棘球蚴囊液通过抑制 T 细胞的增长和降低人外周血淋巴母细胞 CD2 的表达，引起 T 细胞无法行使功能或凋亡(Macintyre and Dixon，2001)。

3.抗原性的改变

棘球蚴存在抗原变异和抗原伪装。寄生虫表面抗原变异是逃避宿主免疫攻击非常重要的途径(刘寒冬等，2018)。棘球蚴由于抗原成分多且在特定的生活史阶段表达特定的抗原，且同一虫种不同虫株间亦存在抗原变异，即使在同一发育阶段，亦可产生抗原变化，呈现多态性，从而引起宿主不同的免疫应答(Gostein，1991；孙新等，2005)。

棘球蚴中发现有 5 个 AgB 基因，中绦期 AgB 可通过张弛的剔出性选择来维持变异，这种寄生虫抗原产生与宿主特异性抗体的合成出现时间差，使抗体无法发挥作用，从而寄生虫得以存活(Wen and Craig，1994)。棘球蚴的角质层和纤维囊壁(外囊)能吸附宿主的 IgG 等蛋白成分，从而进行伪装，逃避宿主的免疫系统攻击(Wen et al.，1995)。

4.分子模拟

正常人体和小鼠免疫球蛋白可与泡球蚴有明显的免疫反应，表明泡球蚴可能利用与宿主免疫球蛋白某些分子相同或类似的成分，通过“分子模拟”逃避宿主免疫攻击(景涛，1999；陈小林和陈雪玲，2013)。

二、调节和抑制宿主的免疫系统

棘球蚴可分泌多种活性物质如酶类、细胞因子等来影响宿主的免疫反应从而逃避宿主的免疫反应攻击（米新江和张示杰，2008）。

1.抑制免疫活化

（1）抑制补体活化

补体在包虫病感染中的作用是防止棘球蚴侵入或限制其在宿主体内生长或控制继发感染。机体能通过补体C5介导的免疫效应来限制囊肿的生长，提高宿主的防御功能（Steers et al.，2001）；缺少补体C5的感染鼠血清不能溶解原头蚴和成虫，而正常的中间宿主的新鲜血清或感染鼠血清在15min～24h内可将原头蚴及成虫溶解和致死，提示补体可能参与溶解作用（陈小林和陈雪玲，2013）。

包囊壁能隔绝宿主体的C3b灭活促进因子（H因子），从而抑制C3转化酶的形成，抑制补体的激活（Diaz et al.，1999）；同时，包囊壁外部的角质层能抑制补体旁路途径B因子的激活，阻断了补体系统直接对包虫虫体的溶解破坏作用（Irigoin et al.，2010）。

（2）抑制单核细胞和巨噬细胞等天然免疫反应

棘球绦虫分泌的活性物质，以及囊壁、囊液及虫体本身等均对宿主的淋巴细胞增殖具有抑制或杀灭作用（刘寒冬等，2018）。棘球蚴的角质层结构可降低NO的水平，从而抑制巨噬细胞的激活；包囊液能抑制外周血单核细胞向树突状细胞分化成熟（Steers et al.，2001；João and Benjamin，2006）。

2.抑制树突状细胞的分化和免疫细胞凋亡

棘球蚴能减弱宿主活化淋巴细胞的免疫能力并促进细胞的凋亡（孙新等，2005）。多房棘球蚴可以引起寄生部位免疫细胞相关凋亡基因C-cyc、TGF-β mRNA表达上调，抗凋亡相关基因Bcl-2 mRNA表达下调，从而诱导宿主成熟$CD4^{+}T$细胞发生显著凋亡，CD8+T细胞增多，$CD4^{+}T/CD8^{+}T$细胞比值快速下降，诱导免疫细胞凋亡，最终形成以CD8+T细胞为主的免疫抑制状态，使多房棘球蚴组织快速增殖而达到持续感染的目的（Bresson-Hadni et al.，1990，1994；Vuitton，2003；Vuitton et al.，2006）。抗原B和囊液抗原可下调CD1a分子的表达，从而抑制树突状细胞分化成熟（Kanan and Chain，2006；Rigano et al.，2007）；同时抗原B还能上调CD86，促进Th2免疫反应的活化（Amri et al.，2009）。多房棘球蚴的囊液抗原可引起人单核细胞来源的DCs的共刺激分子（CD80、CD86和CD83）的表达下调及TGF-β的上调（Bellanger et al.，2015）。多房棘球蚴病患者血清中IL-17A表达的增加与保护机制有关，而IL-17F表达的上调可能既有助于形成保护机制也有利于形成发病机制（Lechner et al.，2014）。

3.改变宿主免疫反应类型

棘球蚴可通过细胞因子调节宿主Th1细胞因子与Th2细胞因子的平衡，逃避宿主的免疫杀伤。棘球蚴感染的早期以Th1细胞占优势，淋巴细胞转化功能明显增强，有利于控制棘球蚴早期生长和转移；而后期以Th2细胞占优势，淋巴细胞转化能力明显降低，细胞免疫反应受抑制，有利于棘球绦虫在体内长期寄生、发育，增殖速度加快(Rigano et al.，1995；Pit et al.，2015)。泡球蚴病患者体内主要分泌IL-10(Th2型)，而IFN-γ(Th1型)分泌减少，而增多的IL-10会降低外周血单核细胞产生NO的水平(Wellinghausen et al.，1999；Dai et al.，2001；Mondragón-de-la-Peña et al.，2002)。治愈的棘球蚴病病人具有低水平的IL-10，缺乏IL-4，并伴有高水平的IFN-γ，而未治愈者表现出高水平的IL-10、IL-4且伴有低水平的IFN-γ(Amri et al.，2009)。由此可见，包虫病稳定期宿主体内Th1淋巴细胞起主要作用，在过渡期和活跃期以Th2淋巴细胞作用为主(陈小林和陈雪玲，2013)。最近研究表明，小鼠初次感染2～8d后，血清中IL-4比预期中出现时间更早(Wang et al.，2014)。

4.负向调节宿主免疫

棘球蚴还可负向调控宿主免疫。负性协同刺激分子包括程序性死亡1(PD-1)/程序性死亡配体1PD-L1(B7-H1)和配体2PD-L2(B7-DC)、细胞/毒性T淋巴细胞抗原4(CTLA-4)/配体B7-1等，其在抗感染免疫中起着负性调节作用，可抑制或下调T细胞的活化和某些细胞因子的产生及对病原体的清除能力，增强机体对病原体的耐受从而促进免疫抑制(Ghiotto et al.，2010；McGrath and Najafian，2012)。在多房棘球蚴病的不同阶段研究PD-1/PD-L1途径与Treg之间的关系。PD-1是T细胞上的共抑制受体，在衰竭中扮演重要角色，这是由于抗原持久性引起的效应细胞功能障碍所致；衰竭T细胞存在效应器功能缺陷，包括增殖受损、细胞毒性能力降低和细胞因子产生，包括IL-10和转化生子因子β(刘寒冬等，2018)。

多房棘球蚴持续性感染小鼠期间PD-1和CTLA-4水平明显升高，表明负调节宿主免疫反应有利于虫体在体内的生长(Lee et al.，2007)。小鼠感染多房棘球蚴绦虫的中后期(第30～330d)，PD-1$CD4^+CD25^+$Treg和PD-$L1^+CD11c^+$主要组织相容性复合物(MHC)II类树突状细胞的百分比及PD-1、Foxp3、IL-10和TGF-β mRNA均明显升高并维持在较高水平，可能在促进$CD4^+CD25^+$T细胞扩增方面发挥重要作用；通过T细胞耗竭手段维持慢性多房棘球绦虫感染期的外周耐受和免疫逃避(La et al.，2015)。多房棘球蚴感染后，$CD4^+CD25^+$Treg细胞通过钝化针对特定抗原的免疫应答或抑制促炎细胞因子的分泌(特别是通过IL-10和TGF-β的释放)(Takahashi et al.，2000)；小鼠腹腔内的感染性实验导致与Treg细胞分化相关的$CD4^+$T细胞低反应(Mejri et al.，2011)，从而影响小鼠的免疫反应。小鼠感染多房棘球蚴后，肝脏中纤维蛋白原样蛋白2(FGL2)mRNA水平显著上调(Gottstein et al.，2010)；同时，FGL2缺失性小鼠较野生型小鼠感染的多房棘球蚴虫体数量和增殖活性显著下降，但对伴刀豆球蛋白A诱导的T细胞增殖能力增加，Treg细胞数量减少、功能降低，Th1极化和树突状细胞成熟的能力不断增加(Wang et al.，2015)。由此可见，FGL2在协调慢性多房棘球蚴病中是免疫调节的关键参与者之一。

5.宿主遗传背景对免疫逃避的影响

不同的遗传背景下，宿主主要组织相容性复合物分子的保护性免疫作用存在差异。由于人类白细胞抗原（human leukocyte antigen，HLA）具有多态性，不同的宿主对包虫病的易感性也是有区别的，即不同类型宿主对包虫病的免疫作用是有差别的（米新江和张示杰，2008；陈小林和陈雪玲，2013）。如 HLA-DR3 和 HLA-DR1 单倍体型的病人，在细粒棘球蚴的感染中表现出与易感性高度的线性关系，提示该基因型病人感染棘球蚴的可能性变大（Azab et al.，2004）。

由此可见，在棘球蚴的感染过程中，宿主的免疫应答机制是十分复杂的。目前，对棘球蚴引起的免疫逃避的机制及功能成分的了解仍有限，还有待进一步的探究。深入了解棘球蚴在宿主体内的免疫逃避机理，并采取相应的措施调整恢复机体的正常免疫功能，对于包虫病的诊断、治疗和预防有非常重要的意义。

第四节 疫 苗

一、Eg95 疫苗

1.Eg95 蛋白

Lightowlers 等从细粒棘球绦虫羊源新西兰株六钩蚴 cDNA 文库中筛选获得 Eg95 cDNA，可编码含 153 个氨基酸，分子质量为 16.5kDa 的蛋白质（Lightowlers et al.，1996）。和其他带科绦虫保护性抗原一样，Eg95 含有的纤连蛋白III型结构域在六钩蚴钻入肠壁的过程中可能起重要作用。天然 Eg95 蛋白的分子质量是 24.5kDa，较 Eg95 cDNA 编码蛋白的分子质量大，提示该 Eg95 cDNA 可能未包括 5′ 端的非翻译区和起始蛋氨酸，该克隆不是一个完整的 mRNA 拷贝。

Eg95 cDNA 与基因组 DNA 的杂交试验证实 Eg95 分子是一个基因家族，包括 7 个成员，其中 1 个为假基因，4 个可在六钩蚴中表达相同的 Eg95 蛋白，另外 2 个在此阶段不转录（Chow et al.，2001）；成员基因之间基因组序列和结构高度保守。对 Eg95 基因的研究发现，在细粒棘球绦虫的六钩蚴、原头蚴和成虫 3 个阶段的噬菌体文库和总 RNA 中均可克隆出 Eg95 基因，从而证明 Eg95 基因在细粒棘球绦虫不同发育阶段均有表达，提示 Eg95 在其生长发育过程中是必不可少的（Zhang et al.，2003c；林仁勇等，2003）。

在不同基因型细粒棘球绦虫的 Eg95 基因研究中发现，可以从细粒棘球绦虫的 G6/G7 基因型中扩增出相同的 Eg95 相似基因（Eg95-a1），与报道的 G1 的基因型 Eg95-1 序列的相似性为 97.5%。Eg95-a1 的氨基酸序列与 Eg95-1 有 7 个不同，且 Eg95-a1 比 Eg95-1 多 1 个与糖基化有关的 N-X-S/T 序列，二级结构多一个 β 片层，这些变化都说明 Eg95-a1 可能与 Eg95-1 的构象不同，也就是说 Eg95-1 疫苗对 G6/G7 基因型的交叉保护作用可能减少或消失（Chow et al.，2008）。最近的研究也显示来自 G6 型的 Eg95 蛋白与免疫了 G1 型 Eg95 蛋白羊产生的抗体不能全部结合（Alvarez Rojas et al.，2013）。

2.Eg95 基因工程亚单位疫苗

1999 年，Lightowlers 等用 50 μg Eg95-GST 蛋白加 1mg QuilA 皮下注射免疫 4～6 月

龄绵羊 2 次，每月 1 次。在 2 次免疫后 2 周分别用 400 个、1000 个细粒棘球绦虫的虫卵攻击澳大利亚和新西兰试验区的试验动物，在阿根廷试验区则是 2 次免疫后 9 周用 1200 个虫卵进行攻击，结果发现 3 个试验区绵羊(5 只、7 只、10 只)的减蚴率分别为 100%，96%和 98%；虫卵攻击后 1 年发现 86%免疫体内无活的细粒棘球蚴包囊(Lightowlers et al.，1999)。Heath 等对疫苗的安全性、有效性进行研究发现，该疫苗对妊娠动物以及幼龄动物都是安全的，能使幼龄动物在人工感染虫卵后获得 83%～100%的保护率；如果在 2 次免疫后的 6 个月至 1 年期间进行第 3 次免疫，能使这种保护力持续 3 年或 4 年；而在中国新疆进行的动物试验显示，仅接受 2 次 Eg95 重组疫苗免疫的绵羊对抗自然感染细粒棘球蚴的最高保护率为 89%，而接受过 3 免、4 免的绵羊则能获得 94%和 98%的保护率(Heath et al.，2003，2012)。

张壮志等以绵羊包虫病基因工程疫苗(His-Eg95)对新生新疆细毛羊(85 只)、山羊(20 只)、巴音布鲁克羊(37 只)进行 2 次免疫，间隔期为 1 个月，试验结果显示第 2 次免疫后进行人工攻虫感染的保护率分别为新疆细毛羊 86%～97.4%，山羊 82.2%～100%；自然感染的保护率分别为新疆细毛羊 83.6%～88.1%，巴音布鲁克羊 83%左右，基本达到对中间宿主的防治(张壮志等，2008)。胡夏田等在新疆用棘球蚴基因工程疫苗对 8380 只绵羊进行了 2 次免疫，首免后 6～22 周的血清样品抗体阳性率均在 97%以上，免疫组的羊细粒棘球蚴包囊感染率仅为 3.33%，说明该疫苗对绵羊的棘球蚴感染具有很好的免疫保护作用(胡夏田等，2008)。Morariu 等在罗马尼亚用 2mL Eg95 重组蛋白免疫 10 只绵羊 2 次，每月 1 次；2 次免疫后 2 周用 2000 个细粒棘球绦虫的虫卵攻击绵羊，12 个月后剖杀，显示免疫羊能产生 97%的保护力(Morariu et al.，2010)。2009～2012 年，Larrieu 等在阿根廷用 Eg95 重组疫苗对每年新生羔羊(2009～2010 年，2721 只；2010～2011 年，2138 只；2011～2012 年，1110 只)进行 3 次免疫，分别在 30 日龄、60 日龄、12 月龄进行，能使其获得的免疫保护力持续到 3 岁(Larrieu et al.，2013)。2015 年，Larrieu 等报道了对 2725 只出生一年内的羔羊注射了 Eg95 疫苗并在一年后进行了加强免疫，同时进行了长达 6 年的观察，发现与引入疫苗之前相比，感染率降低了 62%(Larrieu et al.，2015)。2017 年 Larrieu 等报道了用 Eg95 接种潜在中间宿主可以减少包虫病的传播，并且发现在第 3 次疫苗接种后的抗体滴度高于第 2 次免疫后的抗体滴度(Larrieu et al.，2017)。

有研究表明用 250 μg Eg95-GST 蛋白加 5mg Quil A 皮下注射免疫 14 只 6 月龄牛，2 次免疫后能获得 90%的保护率，并能持续一年；在 2 次免疫 12 个月后进行 3 免能使保护率提高到 99%；随后以 250 μg Eg95-GST 蛋白加 5mg Quil A 皮下注射 2 次免疫孕牛，将其生产的小牛分组，分别在小牛 3 周、9 周、13 周、17 周周龄时进行细粒棘球绦虫的虫卵攻击试验，试验结果显示小牛获得的保护率依次是 0、88%、34%、94%，可见这种免疫保护力可以由预防接种的孕牛传递给新生小牛(Heath et al.，2012)。另外，以 50 μg Eg95-GST 蛋白加 1mg Quil A 免疫 20 只尤金袋鼠 2 次，间隔 4 周；分别在 2 次免疫 1 个月以及 9 个月后对其中 10 只攻击 8000 个细粒棘球绦虫虫卵，结果显示 2 组尤金袋鼠获得的保护力分别为 100%、96%(Barnes et al.，2009)。阳爱国等以羊棘球蚴病基因工程亚单位疫苗对若尔盖县求吉南哇村(2069 只)、理塘县托热村(176 只)、芒康村(399 只)和萨戈村(566 只)的藏绵羊间隔 1 个月进行首免和二免后对羊棘球蚴抗体进行检测，发现二免后抗体阳性率分别为93.04%、81.25%、91.67%和94.12%(阳爱国等，2015)。2017年阳爱国等报道了关于牛包虫病基因工程亚单位疫苗Eg95对牦牛(450头)的免疫效果和安全性进行评价的试验，结果显示首免后28d免疫抗体阳性率为71.33%，加免后28d抗体阳性率为83%，较首免提高了11.67%(阳爱国等，2017)。贺奋义等在甘肃地区用羊棘球蚴病基因工程亚单位疫苗进行了免疫试验，结果显示二免前阳性率为73.13%～85.57%，首免后90d阳性率为81.54%～98.44%，并且发现羊棘球蚴病基因工程亚单位疫苗反应在羊只品种上有差异，山羊上有反应，而藏绵羊上无反应(贺奋义等，2016)。赵扬扬等对3个地区12个养殖场的1637头3月龄至4月龄绵羊和山羊进行了18个月的免疫后抗体滴度水平监测，结果显示Eg95重组蛋白疫苗在14d时可以诱导免疫动物产生特异性抗体，抗体滴度水平在28d达到峰值，免疫保护大于3个月。在首免28d后进行第二次免疫，抗体滴度显著增加并持续12个月以上(赵扬扬等，2016)。巴桑德吉等对已经免疫棘球蚴Eg95疫苗的4299份羔羊血清进行抗体检测，发现全区22个试点的羔羊免疫抗体合格数为3627份，平均合格率达84.37%(巴桑德吉等，2017)。董瑞凯等将重组Eg95蛋白分别与常规佐剂QuliA、pUC18-CpG和CpG ODN混合制备基因工程亚单位疫苗样品免疫小鼠，结果显示CpG ODN对细粒棘球蚴Eg95抗原的免疫增强作用优于pUC18-CpG(董瑞凯等，2016)。Pirestani等利用重组Eg95蛋白疫苗免疫BALB/C小鼠，以每只小鼠20 μg的剂量进行免疫，首免后14d和28d分别进行加强免疫，结果显示小鼠均达到一个高抗体水平，并且产生了大量的IFN-γ和IL-12，说明重组Eg95蛋白可以引起较强的细胞免疫和体液免疫(Pirestani et al.，2014)。

国内外的临床试验结果显示，Eg95基因工程亚单位疫苗对家养动物(绵羊、山羊、牛)均有很好的免疫保护作用，对妊娠动物以及幼龄动物均安全。中国从国外引进了Eg95基因工程亚单位疫苗的生产技术，近年已商业化生产。

目前基因工程技术生产Eg95基因工程亚单位疫苗抗原的技术路线主要有两种表达系统。

大肠杆菌表达系统：产物为融合蛋白，呈包涵体形式表达，重组抗原不溶，需要复性，抗原难以维持天然蛋白构象，无糖基化修饰，免疫效果较好，但目的蛋白不易纯化，制苗工艺复杂。

毕赤酵母表达系统：产物呈分泌性表达，重组抗原可溶，抗原能维持天然蛋白构象，有糖基化修饰作用，培养上清中蛋白表达量可达2g/L，目的蛋白纯度在90%以上，无需纯化，制苗工艺较复杂(贾万忠，2017)。但需要注意的是，酵母表达系统可能具有下述缺点：酵母表达周期较长(为4～7d)；表达蛋白易被污染；表达蛋白易被过度糖基化。

3.其他类型Eg95疫苗

(1)多肽疫苗

有学者通过ELISA从25个合成的细粒棘球绦虫Eg95多肽中筛选出4条多肽，与白喉类毒素(DT)偶联后进行动物试验，这些多肽都可以诱导出特异性抗体，但并不能形成保护力，也不能杀伤六钩蚴(Woollard et al.，1999)。该学者继续研究了Eg95三段多肽(1～

75、51～106 和 89～153)的谷胱甘肽 S-转移酶(Glutathione S transferase，GST)融合表达产物，因此认为 Eg95 抗原的免疫反应取决于特定抗原表位及正确的空间构象，而不是线性的抗原表位(Woollard et al.，2000)。Read 等研究提示 Eg95 分子上至少有 4 个构象依赖性抗原表位，其中的 E100 经 Eg95 抗血清纯化后，可以与重组或天然的 Eg95 抗原反应，并能产生补体依赖性杀伤六钩蚴的作用(Read et al.，2009)。近年，也有学者分析预测了 Eg95 的 B 细胞表位和 T 细胞表位，为研制安全、高效的优势表位多肽疫苗奠定了基础(李玉娇等，2011)。Esmaelizad 等将 EgGST、EgA31、Eg95、EgTrp 和 P14-3-3 五个基因的 T 细胞表位整合在一起形成了一个多 T 细胞表位的抗原，该抗原能够刺激体外培养的小鼠脾细胞产生高于对照组的干扰素 γ。动物试验表明该抗原疫苗对人工感染原头蚴的小鼠的保护率高达 99.6%(Esmaelizad et al.，2013)。

(2)核酸疫苗

Scheerlinck 等先用编码 Eg95 的质粒 DNA 通过肌肉注射对羊进行免疫，再用 Eg95 蛋白加强免疫，可诱导高水平的 IgG1 抗体(Scheerlinck et al.，2001)。林仁勇等构建的 pcDNA3-Eg95 真核表达质粒，免疫小鼠后可诱发小鼠产生特异性的体液免疫和细胞免疫应答(林仁勇等，2002，2004)。丁剑冰等构建重组真核表达质粒 pcDNA-Eg95，对不同途径免疫小鼠的体液免疫应答情况进行了比较研究，发现在相同剂量的条件下，肌肉、皮下和静脉注射 3 种免疫途径均可诱导产生特异性抗体，且产生抗体反应的强度依次递增。与 Eg95 重组蛋白分别进行免疫接种，结果提示该核酸疫苗对小鼠的保护作用和诱导产生体液应答的能力都弱于重组蛋白质，其抗感染作用可能以 Th1 型应答为主(丁剑冰等，2003)。

(3)重组卡介苗(BCG)疫苗

有学者通过克隆 Eg95 基因，构建了细粒棘球绦虫重组 BCG-Eg95 疫苗，并通过热诱导表达出 12%的目的蛋白(朱佑明和李文桂，2006)。该疫苗还可诱导小鼠产生高水平的 IgG、IgG2a 和 IgG2b 抗体，在免疫后 4～18 周升高，且鼻腔内接种优于口服免疫，提示该疫苗在免疫早期即可诱导小鼠产生 Th1 型保护性免疫反应。用原头蚴对免疫的小鼠进行腹腔接种感染，各组的减蚴率为 18.2%～92.46%(李文桂等，2007a)。此外，该疫苗还可一直使感染鼠 $CD8^+$T 细胞亚群发生凋亡，从而使 $CD4^+$T 细胞亚群数量增加(李文桂等，2007b)。

(4)重组酵母疫苗和双歧杆菌疫苗

胡旭初等将 Eg95 基因插入分泌表达型甲醇酵母穿梭质粒 pMETαA 构建 pMET-Eg95，转化甲醇酵母 PMD16，获得 3 个非同源重组酵母菌。用甲醇诱导非同源重组酵母菌进行蛋白表达与 Eg95CDs 编码蛋白分子质量接近的 17kDa 蛋白，表达蛋白主要位于酵母表面(胡旭初等，2003)。有学者成功构建细粒棘球绦虫重组双歧杆菌(Bb)与 Eg95、EgA31 的融合基因(Bb-Eg95-EgA31)融合基因疫苗，该疫苗可诱导小鼠产生 41.3%～70.7%的细粒棘球蚴囊虫减少率，提示该蛋白可诱导小鼠产生一定的保护力；免疫后攻击感染原头蚴，小鼠脾细胞凋亡发生率显著降低，提示重组蛋白 Bb-Eg95-EgA31 可抑制受攻击感染小鼠的脾细胞发生凋亡(周必英等，2009)。细粒棘球绦虫重组 Bb-Eg95 疫苗免疫小鼠，也能有效地诱导小鼠产生保护性的免疫作用(周必英等，2010)。

(5)重组病毒疫苗和转基因苜蓿疫苗

Marsland 等将 Eg95 编码基因克隆至 pVU485 构建 pVU-Eg95,与 ORF 病毒进行重组，插入到病毒基因组的 G1L 区，从而构建 Eg95 重组 ORF 病毒疫苗，将其感染初级小羊睾丸细胞，孵育 5d，免疫印迹结果显示重组 ORF 病毒疫苗能够表达 Eg95 蛋白(Marsland et al.,2003)。在绵羊中进行试验研究表明,ORF 与 Eg95 的重组疫苗可产生针对 ORF 和 Eg95 的特异性抗体，并且针对 Eg95 的抗体水平与用纯化后 Eg95 免疫的动物的抗体水平相当。重组疫苗的单次免疫注射具有引发羔羊产生针对 Eg95 抗体的潜力，并且能加强再次注射 Eg95 蛋白的免疫反应(Tan et al.，2012)。Dutton 等将 Eg95 基因的编码区插入 VV399 中，成功构建了 Eg95 的重组病毒疫苗，动物试验显示该疫苗能诱导免疫的绵羊和小鼠产生特异性的抗体，而且免疫后动物的血清对体外培养的六钩蚴也有一定杀伤作用(Dutton et al.，2012)。有研究表明细粒棘球绦虫转 Eg95-EgA31 融合基因苜蓿疫苗口服接种可抑制免疫鼠脾细胞发生凋亡，诱导免疫鼠脾 T 细胞增殖，产生 Th1 型细胞免疫应答以对抗细粒棘球绦虫原头蚴的攻击感染，$CD4^{+}$T 细胞亚群、IgG、IgG2b 和 IgE 在疫苗诱导的保护力中起重要作用(叶艳菊和李文桂，2010)。

二、犬用细粒棘球绦虫疫苗

在全球范围内，细粒棘球绦虫中间宿主的数量要远远大于终末宿主的数量，据统计在我国新疆地区，羊和犬的比例约为 45∶1(赵莉等，2013)。用细粒棘球绦虫原头蚴感染犬的实验发现，年龄小的犬感染虫体数量要比感染过的年龄大的犬多，说明了犬可以获得免疫性保护，从而降低荷虫量(Budke et al.，2005；Buishi et al.，2006；Torgerson，2006)。犬经过反复感染原头蚴可以提高抗感染能力，且原头蚴生长受阻，发育缓慢(张文宝等，2018)。因此，免疫犬是控制包虫病的理想选择。

犬用疫苗保护性抗原一般有两种：一种是虫体本身及其排泄分泌物；另一种是虫体生长发育以及其排泄分泌物里面的某个或多个蛋白质。对于保护抗原的筛选，目前主要的方法如下：一是用感染血清筛选病原体抗原，二是根据已知保护性抗原，克隆同源蛋白抗原，三是根据蛋白在病原体发育的重要性定向并有目的地筛选病原体抗原(张文宝等，2018)。

1.天然蛋白疫苗

20 世纪 30 年代，Turner 等将细粒棘球绦虫原头蚴和虫体表面膜抗原免疫犬，发现犬体内虫体的数量减少并且抑制虫体的生长发育，但是仅表现出部分免疫(Turner et al.，1933，1936)；1962 年，Gemmell 等用冻干的原头蚴粉状物免疫犬，发现可以抑制虫体末端体节的发育，口服灭活的原头蚴也可以减少成虫产生孕节(Gemmell，1962)。Movsesijan 和 Amini 等利用被辐射过的原头蚴口服免疫犬，发现虫体数量减少且抑制虫体发育到产卵阶段(Movsesijan et al.，1968，1970；Amini et al.，1980)。Herd 等利用发育成熟虫体的排泄分泌抗原免疫犬，减少犬的带虫数同时抑制了虫卵的发育，但是对照组同样出现了虫卵减少的情况，表明可能是犬的个体差异导致(Herd et al.，1975，1977)。张文宝等从细粒棘球绦虫原头蚴中分离出天然蛋白，为了检测该天然蛋白的免疫保护作用，分别以低剂量组(0.25mg、0.125mg、0.125mg)和高剂量组(0.5mg、0.25mg、0.25mg)对犬进行 3 次皮下注射免疫，每次间隔 3 周；以 EgM4、EgM9 和 EgM123 作为对照组并且按照试验组的免疫程序，每次加入 80μg 的重组蛋白进行免疫。结果显示天然蛋白显著抑制了虫卵的产生和虫体的发育，具体表现为高剂量组的犬体内仅有 1.8%虫体携带虫卵，并且高剂量组和低剂量组虫体成熟率分别为 58%和 92%(Zhang et al.，2006)。

2.重组蛋白疫苗

目前只有少数的蛋白分子用于疫苗评估。

(1)EgA31

1999 年，Fu 等从细粒棘球绦虫成虫 cDNA 文库中筛选出一个大小约为 66kDa 的纤维蛋白(EgA31)(Fu et al.，1999)。该蛋白质与副肌球蛋白同源性较高，分布于虫体的表皮、皮内和皮下肌层，特别在幼体成虫的吸盘上分布最多。免疫实验的结果显示 EgA31 可以引起比较明显的细胞免疫反应(Fu et al.，1999；Saboulard et al.，2003)。在另一项模拟免疫实验中，用肠道细胞作为肠道的模拟细胞，发现单独的 EgA31 或者与别的抗原联合可以诱导产生针对原头蚴的细胞因子(Fraize et al.，2004)。Petavy 等将 EgA31 和副肌球蛋白融合导入鼠伤寒沙门氏菌口服免疫犬，不仅诱导产生肠道特异性免疫，荷虫数也降低了 70%～80%(Petavy et al.，2008)。

(2)EgFABP

脂肪酸结合蛋白(FABPs)大小约为 14～15kDa，属于小分子胞质蛋白质(Nie et al.，2013)。在细粒棘球绦虫中已经鉴定出该蛋白质的两种亚型(FABP1 和 FABP2)(Esteves et al.，2003)，这两种亚型在原头蚴中都属于差异表达的阶段特异性基因。FABP1 参与细粒棘球绦虫脂肪酸的摄取、存储和转运(Porfido et al.，2012)。作为载体蛋白在将宿主的脂质分子递送到寄生虫细胞中起中间作用(Esteves and Ehrlich，2006)。因此 FABPs 具有作为针对一种或几种寄生虫的疫苗候选基因的潜力(Ramos et al.，2009)。1997 年，Chabalgoity 等将 rEgFABP1 作为疫苗，研究其对细粒棘球绦虫免疫的可行性。该试验将 rEgFABP 导入鼠伤寒沙门氏菌，口服免疫小鼠，小鼠产生了较高的抗体滴度(Chabalgoity et al.，1997)。为了优化口服疫苗，Chabalgoity 等将口服疫苗免疫狗，同样产生了特异性抗体和细胞免疫应答(Chabalgoity et al.，2000)。

(3)EgM

Zhang 等用差异显示 PCR 技术从细粒棘球绦虫成熟虫体和虫卵中分离出三个表达序列：EgM4、EgM9 和 EgM123，它们属于新的 EgM 蛋白家族，该家族是一系列可溶性天然蛋白质，仅在细粒棘球绦虫成虫阶段表达，可能参与到成虫的成熟和虫卵发育(Zhang et al.，2003b)。将重组 EgM9 和 EgM123 免疫犬，可以产生 95%的减虫免疫保护(Zhang et al.，2006)。2018 年，Zhang 等为了探索 EgM 家族基因的这种保护效果是否可以用犬的佐剂来维持，他们将 EgM9 和 EgM123 与 Quil A 或 ISCOM 混合免疫犬，发现这两种佐剂具有与弗氏佐剂相似的保护效力。该试验内容为：试验一组包括 2 组试验动物，每组 7 只比格犬。一组用 EgM9-GST 作为试验组接种，另一组用 GST 与 Quil A 作为对照组接种，每剂疫苗将 100 μg 可溶性重组 EgM9-GST 或 GST 和 100 μg QuilA 溶解在 250 μL PBS 中。试验二组则使用新疆当地的犬，共计三组，第一组包括 12 只接种 GST 的犬；第二组包括用 EgM4 接种的 9 只犬，第三组包括 9 只用 EgM123 接种的犬。所有蛋白质都与 Quil A 混合。每次接种之间间隔 2 周，犬通过皮下注射接受一次初次接种和两次加强免疫接种。为了确定 ISCOM 是否可以提高保护效力，将 100 μg EgM9-GST，EgM123-GST 或 GST 重组蛋白质与 100μg ISCOM（AbISCO-100，Isconova AB，Sweden）混合，并使用该制剂接种新疆本地品种的犬，发现接种 EgM9 的犬体内虫体减少了 47%（Zhang et al.，2018）。

参考文献

巴桑德吉，格桑卓玛，德吉玉珍，等，2017. 羔羊包虫病（棘球蚴）疫苗抗体检测效果分析[J]，西藏科技，(12)：60-61.

曹春宝，丁剑冰，马秀敏，2008a. 棘球蚴感染中的免疫逃避相关分子[J]，中国病原生物学杂志，3(10)：788-791.

曹春宝，马秀敏，丁剑冰，等，2008b. 细粒棘球蚴 egGlY162 抗原基因的克隆及蛋白质序列分析[J]，中国病原生物学杂志，3(12)：903-906.

曹得萍，张耀刚，李超群，等，2018. 细粒棘球绦虫转酮醇酶克隆表达及免疫性分析[J]. 中国血吸虫病防治杂志，30(2)：155-160.

陈小林，陈雪玲，2013. 棘球蚴逃避宿主免疫反应机制研究进展[J]. 中国免疫学杂志，(29)：210-223.

陈英，乔军，孟庆玲，等，2018a. 细粒棘球蚴 EgHSP20 蛋白基因的分子特征、表达及其反应原性研究[J]. 西南农业学报，31(5)：1547-1552.

陈英，乔军，孟庆玲，等，2018b. 细粒棘球蚴 EG19 抗原基因的克隆表达及重组蛋白反应原性研究[J]. 畜牧与兽医，50(3)：63-67.

陈英，乔军，孟庆玲，等，2018c. 细粒棘球蚴 GST-mu2 蛋白基因的分子特征、表达及其反应原性研究[J]. 家畜生态学报，39(1)：19-24.

陈英，乔军，孟庆玲，等，2018d. 细粒棘球蚴 TPx 蛋白的分子特征与反应原性[J]. 贵州农业科学，46(1)：68-73.

丁剑冰，魏晓丽，林仁勇，等，2003. Eg95 基因疫苗不同免疫途径的体液免疫应答比较[J]. 新疆医科大学学报，26(3)：219-221.

丁淑琴，赵嘉庆，王娅娜，等，2005. 细粒棘球蚴热休克蛋白 70 基因的克隆和序列分析[J]. 宁夏医学杂志，27(8)：507-509.

董瑞凯，郭晓宇，袁维峰，等，2016. 不同类型 CpG 基序对细粒棘球蚴 Eg95 抗原的免疫增强作用研究[J]，中国畜牧兽医，43(10)：2716-2723.

朵红，2011. 棘球蚴病免疫学研究进展[J]. 中国畜牧兽医，38(5)：244-247.

冯建军，汪俊云，1993. 细粒棘球蚴生发细胞特异性抗原的 ELIB 分析[J]. 中国寄生虫学与寄生虫病杂志，11(1)：63-65.

傅玉才，Peyrol S，王进成，等，2003a. 细粒棘球绦虫 66 kDa 抗原的超微结构定位[J]. 汕头大学医学院学报，16(4)：193-194.

傅玉才，王进成，张立民，等，2003b. 用核酸原位杂交技术观察细粒刺球绦虫 66kDa 抗原 mRNA 在虫体上的细胞定位[J]. 汕头大学医学院学报，16(2)：65-66.

傅玉才，许世锷，金立群，等，2002. 细粒棘球绦虫 66kDa 抗原基因在成虫吸盘上的表达[J]. 中国人兽共患病学报，18(2)：41-43.

高春花，崔刚，汪俊云，等, 2011. 我国细粒棘球绦虫新疆分离株AgB8/3亚基克隆表达及其检测囊型包虫病价值分析[J]. 中国人兽共患病学报, 27(11): 966-969.

高鹏，雄英，杜娟，等, 2011. 细粒棘球绦虫(中国大陆株)谷胱甘肽 s-转移酶重组蛋白(rEgGST)的免疫保护性研究[J]. 中国人兽共患病学报, 27(3): 238-240.

何顺伟，李洪清，李晓燕，等, 2017. 多房棘球蚴 LDH 基因的克隆及免疫原性研究[J]. 中国人兽共患病学报, 33(11): 967-971.

贺奋义，陈昌，高生智，等, 2016. 羊棘球蚴(包虫)病基因工程亚单位疫苗(Eg95)在甘肃地区的免疫试验[J]. 中国草食动物科学, 36(2): 48-50.

胡夏田，孙淑荣，江宇, 2008. 棘球蚴基因工程疫苗免疫绵羊的保护效果观察[J]. 草食家畜, (2): 56-58.

胡旭初，徐劲，陆家海，等, 2003. 细粒棘球蚴 Eg95 全长基因的克隆与在甲醇酵母中的表达[J]. 热带医学杂志, (1): 28-31, 95.

贾万忠, 2017. 棘球蚴病防控技术研究与应用[J]. 中国动物保健, 19(7): 42-44.

江莉, 2003. 棘球蚴病免疫诊断抗原研究进展[J]. 国外医学寄生虫病分册, 30(6): 251-258.

江莉，冯正，胡薇，等, 2010. 棘球蚴 AgB 抗原家族基因的克隆及抗原表位的预测分析[J]. 中国寄生虫学与寄生虫病杂志, 28(5): 368-376.

焦伟，付承，刘万里，等, 2013. 细粒棘球绦虫 5 种天然抗原制剂诊断效能的初步评价[J]. 中国寄生虫学与寄生虫病杂志, 31(5): 357-362.

金一帮，周洋，王俊华，等, 2012. 细粒棘球蚴抗原B对体外培养人外周血单个核细胞Th17细胞的影响[J]. 中华实验外科杂志, 29(1): 52-54.

景涛, 1999. 一种可能的泡球蚴免疫逃避行为——泡球蚴免疫组织化学研究[J]. 寄生虫与医学昆虫学报, 6(4): 211-214.

李超群，樊海宁，张耀刚，等, 2017. 细粒棘球绦虫延伸因子 1 生物信息学分析[J]. 中国公共卫生, 33(4): 607-610.

李航，李文卉，苟惠天，等, 2008. 细粒棘球绦虫 TPx 基因的克隆及序列分析[J]. 中国兽医科学, (3): 191-195.

李文桂，陈雅棠, 2008. 细粒棘球绦虫 AgB 研究进展[J]. 中国人兽共患病学报, 24(2): 170-172.

李文桂，朱佑明，王鸿, 2007a. 细粒棘球绦虫重组 BCG-Eg95 疫苗免疫小鼠后 IgG 及其亚类和 IgE 的动态观察[J]. 重庆医科大学学报, (1): 1-3.

李文桂，朱佑明，王鸿, 2007b. 细粒棘球绦虫重组 BCG-Eg95 疫苗诱导小鼠脾细胞亚群变化的研究[J]. 免疫学杂志, 23(6): 657-659.

李亚强，蒋松，王绪海，等, 2017. 细粒棘球蚴侵染哈萨克绵羊早期血清 IgE、IgM 的变化规律研究[J]. 现代畜牧科技, (3): 8-9.

李玉娇，王晶，赵慧，等, 2011. 细粒棘球绦虫 Eg95 抗原表位的生物信息学预测[J]. 中国人兽共患病学报, 27(10): 892-896.

李宗吉，黄瑾，张静，等, 2007. 细粒棘球蚴谷胱甘肽 S-转移酶重组抗原的高效融合表达、纯化及免疫特性的研究[J]. 中国人兽共患病学报, 23(1): 76-79.

林仁勇，丁剑冰，卢晓梅，等, 2004. 细粒棘球绦虫Eg95抗原基因疫苗体外瞬时表达及对小鼠诱导的免疫应答[J]. 中国寄生虫学与寄生虫病杂志, 22(4): 203-208.

林仁勇，丁剑冰，温浩，等, 2002. 全长细粒棘球蚴 95 抗原基因的克隆及 DNA 疫苗的构建[J]. 新疆医科大学学报, 25(4): 359-361.

林仁勇，丁剑冰，温浩，等, 2003. 新疆株细粒棘球绦虫不同发育阶段95抗原基因克隆及序列分析[J]. 中国寄生虫学与寄生虫病杂志, 21(3): 170-172.

刘寒冬，王宏宾，樊海宁，等, 2018. 多房棘球蚴病的免疫逃避机制[J]. 中国寄生虫学与寄生虫病杂志, 36(5): 1-6.

刘晓霞，马海梅，朱明，等, 2013. 细粒棘球蚴 egGlY162 疫苗对小鼠免疫应答的研究[J]. 中国人兽共患病学报, 29(3): 226-233.

吕海龙, 彭心宇, 2007. 肝细粒棘球蚴病的免疫研究进展[J]. 中国寄生虫学与寄生虫病杂志, 25(5): 426-429.

马海长, 吐尔洪江・吐逊, 沙地克・阿帕尔, 等, 2014. 多房棘球蚴感染小鼠辅助 Th17 细胞、转录因子 ROPγT 及相关细胞因子的实验研究[J]. 中国病原生物学杂志, 9(8): 694-698.

毛丽萍, 王正荣, 王伟, 等, 2017. 细粒棘球绦虫 EgM123 基因序列分析及 EgM 家族基因在虫体不同发育阶段的差异表达分析[J]. 动物医学进展, (10): 24-30.

米新江, 张示杰, 2008. 棘球蚴免疫逃避机制研究进展[J]. 医学综述, 14(21): 3201-3204.

庞楠楠, 刘朝华, 张峰波, 等, 2014. Th9 细胞和白介素-9 在细粒棘球蚴感染小鼠的免疫调控作用研究[J]. 免疫学杂志, 1(30): 49-52.

彭珊珊, 王亮, 古丽扎尔・阿不都纳斯尔, 等, 2016. IL-10 在细粒棘球蚴感染小鼠的免疫调控作用研究[J]. 中国病原生物学杂志, 11(1): 41-49.

宋星桔, 胡丹丹, 钟秀琴, 等, 2016. 细粒棘球绦虫铜锌超氧化物歧化酶基因的表达与特征分析[J]. 畜牧兽医学报, 47(2): 346-353.

单骄宇, 热比亚・努力, 李瑞, 等, 2018. 调节性 T 细胞转录因子 FoxP3 和 H-8 在棘球蚴病患者肝组织病灶中的表达[J]. 中国寄生虫学与寄生虫病杂志, 36(3): 218-223.

孙新, 李朝品, 张进顺, 2005. 实用医学寄生虫学[M]. 北京: 人民卫生出版社.

佟雪琪, 赵殷奇, 李子华, 等, 2017. 包虫病诊断抗原分子 Eg-00512 的筛选、重组表达及抗原性鉴定[J]. 中国病原生物学杂志, 12(1): 46-50.

王健, 师志云, 赵巍, 2008. 细粒棘球蚴延伸因子-1 重组蛋白对小鼠的免疫保护性研究[J]. 中国药房, (31): 2408-2409.

王进成, 由弘, 2004. 棘球蚴病的免疫学研究进展[J]. 中国兽医杂志, 40(6): 42-44.

王伾, 林仁勇, 丁剑冰, 等, 2004. Em18 抗原及其血清学诊断价值的研究进展[J]. 中国病原生物学杂志, 17(6): 381-383.

徐士梅, 赵殷奇, 朱明星, 等, 2018. 细粒棘球蚴特异性诊断抗原 Eg-07279 的制备及免疫原性研究[J]. 中国人兽共患病学报, 34(2): 114-123.

闫帅, 严萍, 莫筱瑾, 等, 2017. 细粒棘球绦虫乳酸脱氢酶 B 细胞表位的预测及鉴定[J]. 中国寄生虫学与寄生虫病杂志, 35(6): 554-560.

阳爱国, 侯巍, 邓永强, 等, 2015. 羊棘球蚴病基因工程亚单位疫苗 EG95 免疫绵羊的抗体检测[J]. 中国兽医杂志, 51(9): 58-59.

阳爱国, 周明忠, 袁东波, 等, 2017. 牛包虫病基因工程亚单位疫苗 EG95 免疫牦牛效果及安全性评价试验[J]. 中国兽医学报, 37(10): 1919-1923.

杨慧, 赵殷奇, 李子华, 等, 2017. 细粒棘球蚴原头节抗原分子 Eg-08002 的克隆、表达及免疫反应性分析[J]. 中国寄生虫学与寄生虫病杂志, (35): 559-562.

叶艳菊, 李文桂, 2010. 细粒棘球绦虫转 Eg95-EgA31 融合基因苜蓿疫苗诱导小鼠免疫应答的研究[J]. 细胞与分子免疫学杂志, 30(2): 140-142.

于晶晶, 于辛酉, 王娅娜, 等, 2008. 细粒棘球蚴重组 HSP70 基因的表达、纯化及免疫学鉴定[J]. 宁夏医科大学学报, 30(2): 140-142.

张文宝, 张壮志, 郑雪婷, 等, 2018. 棘球蚴(包虫)病预防疫苗的研制与应用[J], 中国人兽共患病学报, 34(9): 834-838.

张壮志, 石保新, 张文宝, 等, 2008. 绵羊包虫病基因工程疫苗(Eg95)免疫试验[J]. 中国人兽共患病学报, 24(3): 252-256.

赵慧, 王亮, 张峰波, 等, 2018. 细粒棘球蚴感染者中 Tim-3+CD4+CD25+Treg 细胞及相关因子的表达[J]. 免疫学杂志, 34(6): 513-518.

赵莉, 张旭, 张壮志, 等, 2013. 包虫病诊断技术与预防疫苗的研究进展[J]. 疾病预防控制通报, 28(2): 84-87.

赵扬扬, 樊汶樵, 李春燕, 等, 2016. 细粒棘球蚴 Eg95 重组蛋白疫苗临床免疫效果研究[J]. 中国预防兽医学报, 38: 743-747.

赵殷奇, 李子华, 王浩, 等, 2016. 细粒棘球绦虫原头节抗原分子 Eg-01883 的克隆、表达及免疫原性分析[J]. 中国寄生虫学与寄生虫病学杂志, 34(3): 208-213.

郑宏, 徐志新, 汪师贞, 等, 2002. 宿主感染细粒棘球蚴免疫反应的研究进展[J]. 中国病原生物学杂志, 15(1): 55-58.

周必英, 陈雅棠, 李文桂, 等, 2009. 细粒棘球绦虫重组 Bb-Eg95-EgA31 融合基因疫苗构建及鉴定[J]. 中国人兽共患病学报, 25(6): 502-506.

周必英, 陈雅棠, 李文桂, 等, 2010. 细粒棘球绦虫重组 Bb-Eg95-EgA31 蛋白对感染小鼠脾细胞凋亡的抑制作用[J]. 中国寄生虫学与寄生虫病杂志, 28(1): 26-29.

朱兵, 徐明谦, 1997. 包虫病抗体免疫应答与包虫大小和数量关系的实验观察[J]. 疾病预防控制通报, (3): 20-22.

朱慧慧, 高春花, 汪俊云, 等, 2016. 细粒棘球绦虫 H3 蛋白的克隆表达及囊型包虫病检测效果评价[J]. 中国血吸虫病防治杂志, 28(5): 541-544.

朱佑明, 李文桂, 2006. 细粒棘球绦虫 Eg95 抗原编码基因在 BCG 中的表达效率研究[J]. 中国病原生物学杂志, 1(2): 95-97.

朱佑明, 李文桂, 2007. 囊性棘球蚴病免疫发病机制研究进展[J]. 中国寄生虫学与寄生虫病杂志, 25(1): 73-76.

邹莹, 1990. 棘球蚴病免疫研究进展[J]. 中国兽医杂志, (6): 46-48.

Ahmad G, Nizami W A, Saifullah M K, 2001. Analysis of potential antigens of protoscoleces isolated from pulmonary and hepatic hydatid cysts of *Bubalus bubalis*[J]. Comparative Immunology, Microbiology & Infectious Diseases, 24(2): 91-101.

Ahn C S, Han X, Bae Y A, et al., 2015. Alteration of immunoproteome profile of *Echinococcus granulosus* hydatid fluid with progression of cystic echinococcosis[J]. Parasites & Vectors, 8(1): 10.

Alvarez Rojas C A, Gauci C G, Lightowlers M W, 2013. Antigenic differences between the EG95-related proteins from *Echinococcus granulosus* G*1* and G6 genotypes: implications for vaccination[J]. Parasite Immunology, 35(2): 99-102.

Alvite G, Esteves A, 2016. *Echinococcus granulosus* fatty acid binding proteins subcellular localization[J]. Experimental Parasitology, 164: 1-4.

Al-yaman F M, Knobloch J, 1989. Isolation and partial characterization of species-specific and cross-reactive antigens of *Echinococcus granulosus* cyst fluid[J]. Molecular & Biochemical Parasitology, 37(1): 101-107.

Amini M, Pourshahbaz A, Mohammadkhani P, et al., 1980. Immunoprophylaxis of hydatidosis in animals[J]. Trudy Uzbek Nauchno-issled Veternary Institution, 30: 15-18.

Amri M, Mezioug D, Touil-Boukoffa C, 2009. Involvement of IL-10 and IL-4 in evasion strategies of *Echinococcus granulosus* to host immune response[J]. European Cytokine Network, 20(2): 63-68.

Arend A C, Zaha A, Ayala F J, et al., 2004. The *Echinococcus granulosus* antigen B shows a high degree of genetic variability[J]. Experimental Parasitology, 108(1-2): 76-80.

Azab M E, Bishara S A, Ramzy R M, et al., 2004. The evaluation of HLADRB1 antigens as susceptibility markers for unilocular cystic echinococcosis in Egyptian patients[J]. Parasitology Research, 92(6): 473-477.

Aziz A, Zhang W, Li J, et al., 2011. Proteomic characterisation of Echinococcus granulosus hydatid cyst fluid from sheep, cattle and humans[J]. Journal of Proteomics, 74(9): 1560-1572.

Barnes T S, Hinds L A, Jenkins D J, et al., 2009. Efficacy of the EG95 hydatid vaccine in a macropodid host, the tammar wallaby[J]. Parasitology, 136(4): 461-468.

Bellanger A P, Pallandre J R, Gbaguidi-Haore H, et al., 2015. Investigating the impact of vesicular fluid on human cells from healthy blood donors[J]. Journal of Immunological Methods, 417: 52-59.

Ben N N, Gianinazzi C, Gorcii M, et al., 2009. Isolation and molecular characterization of recombinant *Echinococcus granulosus* P29 protein(recP29) and its assessment for the post-surgical serological follow-up of human cystic echinococcosis in young patients[J]. Transactions of the Royal Society of Tropical Medicine & Hygiene, 103(4): 355-364.

Bortoletti G, Gabriele F, Conchedda M, 2004. Natural history of cystic echinococcosis in humans[J]. Parassitologia, 46: 363-366.

Bresson-Hadni S, Liance M, Meyer J P, et al., 1990. Cellular immunity in experimental infection. II. Sequential and comparative phenotypic study of the periparasitic mononuclear cells in resistant and sensitive mice[J]. Clinical & Experimental Immunology, 82(2): 378-383.

Bresson-Hadni S, Petitjean O, Monno-Jacquard B, et al., 1994. Cellular localisations of interleukin-1 beta, interleukin-6 and tumor necrosis factor-alpha mRNA in a parasitic granulomatous disease of the liver, alveolar echinococcosis[J]. European Cytokine Network, 5(5): 461-468.

Budke C M, Qiu J, Craig P S, et al., 2005. Modeling the transmission of *Echinococcus granulosus* and *Echinococcus multilocularis* in dogs for a high endemic region of the Tibetan plateau[J]. International Journal for Parasitology, 35(2): 163-170.

Buishi I, Njoroge E, Zeyhle E, et al., 2006. Canine echinococcosis in Turkana(north-western Kenya): a coproantigen survey in the previous hydatid-control area and an analysis of risk factors[J]. Pathogens & Global Health, 100(7): 601-610.

Carmena D, Martínez J, Benito A, et al., 2004. Characterization of excretory-secretory products from protoscoleces of *Echinococcus granulosus* and evaluation of their potential for immunodiagnosis of human cystic echinococcosis[J]. Parasitology, 129(3): 371-378.

Carmena D, Martinez J, Benito A, et al., 2005. Shared and non-shared antigens from three different extracts of the metacestode of *Echinococcus granulosus*[J]. Memórias Do Insituto Oswaldo Cruz, 100(8): 861.

Chabalgoity J A, Harrison J A, Esteves A, et al., 1997. Expression and immunogenicity of an *Echinococcus granulosus* fatty acid-binding protein in live attenuated *Salmonella* vaccine strains[J]. Infection & Immunity, 65(6): 2402-2412.

Chabalgoity J A, Moreno M C H, Dougan G, et al., 2000. *Salmonella typhimurium* as a basis for a live oral *Echinococcus granulosus* vaccine[J]. Vaccine, 19(4): 460-469.

Chemale G, Hagg K L, Ferreira H B, et al., 2001. *Echinococcus granulosus* antigen B is encoded by a gene family[J]. Molecular & Biochemical Parasitology, 116(2): 233-237.

Chow C, Gauci C G, Cowman A F, et al., 2001. A gene family expressing a host-protective antigen of *Echinococcus granulosus*[J]. Molecular & Biochemical Parasitology, 118(1): 83-88.

Chow C, Gauci C G, Vural G, et al., 2008. *Echinococcus granulosus*: variability of the host-protective EG95 vaccine antigen in G6 and G7 genotypic vaiants[J]. Experimental Parasitology, 119(4): 499-505.

Dai W, Hemphill A, Waldvoge A, et al., 2001. Major Carbohydrate Antigen of *Echinococcus multilocularis* Induces an Immunoglobulin G Response Independent of $\alpha\beta^+$ $CD4^+$ T Cells[J]. Infection & Immunity, 69(10): 6074-6083.

Dang Z, Watanabe J, Kajino K, et al., 2009. Molecular cloning and characterization of a T24-like protein in *Echinococcus multilocularis*[J]. Molecular & Biochemical Parasitology, 168(1): 117-119.

Delunardo F, Ortona E, Margutti P, et al., 2010. Identification of a novel 19 kDa *Echinococcus granulosus*[J]. Acta Tropica, 118(1): 42-47.

Deplazes P, Gottstein B, 1991. A monoclonal antibody against *Echinococcus multilocularis* Em2 antigen[J]. Parasitology, 103(1): 41-49.

Di Felice G, Pini C, Afferni C, et al., 1986. Purification and partial characterization of the major antigen of *Echinococcus granulosus* (antigen 5) with monoclonal antibodies[J]. Molecular & Biochemical Parasitology, 20(2): 133-142.

Díaz A, Irigonín F, Ferreira F, et al., 1999. Control of host complement activation by the *Echinococcus granulosus* hydatid cyst[J]. Immunopharmacology, 42(1-3): 91-98.

Dutton S, Fleming S B, Ueda N, et al., 2012. Delivery of *Echinococcus gramulosus* arntigen EG95 to mice and sheep using recombimant vaccinia virus[J]. Parasite Immunology, 34(6): 312-317.

Esmaelizad M, Ahmadian G, Aghaiypour K, et al., 2013. Induction of protective T-helper 1 immune response against *Echinococcus granulosus* in mice by a multi-T-cell epitope antigen based on five proteins[J]. Memorias Do Instituto Oswaldo Cruz, 108(4): 408-413.

Esteves A, Dallagiovanna B, Ehrlich R, 1993. A developmentally regulated gene of *Echinococcus granulosus* codes for a 15.5-kilodaton polypeptide related to fatty acid binding proteins[J]. Molecular & Biochemical Parasitology, 58(2): 215-222.

Esteves A, Ehrlich R, 2006. Invertebrate intracellular fatty acid binding proteins[J]. Comparative Biochemical and Physiology. Toxicology & Pharamacology: CBP, 142(3-4): 262-274.

Esteves A, Portillo V, Ehrlich R, 2003. Genomic structure and expression of a gene coding for a new fatty acid binding protein from *Echinococcus gramulosus*[J]. Biochimica et Biophysica Acta, 1631(1): 26-34.

Felleisen R, Gottstein B, 1993. Molecular and immunochemical characterization of diagnostic antigen II/3-10[J]. Parasitology, 107: 335-342.

Fernández V, Ferreira B, Fernández C, et al., 1996. Molecular characterisation of a novel 8-kDa subunit of *Echinococcus granulosus* antigen B[J]. Molecular & Biochemical Parasitology, 77: 247-250.

Ferreira A, Irigoin F, Breijo M, et al., 2000. How *Echinococcus granulosus* deals with complement[J]. Parasitology Today, 16: 168-172.

Folle A M, Kitano E S, Arnalía Lima, et al., 2017. Characterisation of antigen B protein species present in the hydatid cyst fluid of *Echinococcus canadensis* G7 Genotype[J]. PLoS Neglected Tropical Diseases, 11(1): e0005250.

Fraize M, Sarciron M E, Saboulard D, et al., 2004. An in vitro model to evaluate the cytokine response in *Echinococcus* infections[J]. Parasitology Research, 92(6): 506-512.

Frosch P M, Geier C, Kaup F J, et al., 1993. Molecular cloning of an echinococcal microtrichal antigen immunoreactive in disease[J]. Molecular & Biochemical Parasitology, 58: 301-310.

Fu Y, Martinez C, Chalar C, et al., 1999. A new potent antigen from *Echinococcus granulosus* associated with muscles and tegument[J]. Molecular & Biochemical Parasitology, 102(1): 43-52.

Fu Y, Saint-André Marchal I, Marchal T, et al., 2000. Cellular immune response of lymph nodes from dogs following the intradermal injection of a recombinant antigen corresponding to a 66 kDa protein of *Echinococcus granulosus*[J]. Veterinary Immunology & Immunopathology, 74: 195-208.

Gauci C, Merli M, Muller V, et al., 2002. Molecular Cloning of a Vaccine Antigen against Infection with the Larval Stage of *Echinococcus multilocularis*[J]. Irnfection & Immunity, 70(7): 3969-3972.

Gemmell M A, 1962. Natural and acquired immunity factors interfering with development during the rapid growth phase of *Echinococcus granulosus* in dogs[J]. Immunology, 5(5): 496.

Ghiotto M, Gauthier L, Serriari N, et al., 2010. PD-L1 and PD-L2 differ in their molecular mechanisms of interaction with PD-1[J]. International Immunology, 22(8): 651-660.

González G, Lorenzo C, Nieto A, 2000b. Improved immunodiagnosis of cystic hydatid disease by using a synthetic peptide with higher diagnostic value than that of its parent protein, *Echinococcus granulosus* antigen B[J]. Journal of Clinical Microbiology, 38: 3979-3983.

González G, Spinelli P, Lorenzo C, et al., 2000a. Molecular characterization of P-29, a metacestode-specific component of *Echinococcus granulosus* which is immunologically related to, but distinct from antigen 5[J]. Molecular & Biochemical Parasitology, 105(2): 177-185.

Gostein B, 1991. *Echinococcus multilocularis* antigenic variance between different parasite isolates[J]. Parasitology Research, 77(4): 359-361.

Gottstein B, 1985. Purification and characterization of a specific antigen from *Echinococcus multilocularis*[J]. Parasite Immunology, 7: 201-212.

Gottstein B, Eckert J, Fey H, 1983. Serological differentiation between *Echinococcus granulosus* and *E. multilocularis* infections in man[J]. Parasitology Research, 69: 347-356.

Gottstein B, Hemphill A, 2008. *Echinococcus multilocularis:* the parasite-host interplay[J]. Experimental Parasitology, 119: 447-452.

Gottstein B, Wittwer M, Schild M, et al., 2010. Hepatic gene expression profile in mice perorally infected with *Echinococcus multilocularis* eggs[J]. PLoS One, 5(4): e9779.

Gregers R A, Nyborg J, 2003. Elongation factors in protein biosynthesis[J]. Trends in Biochemical Sciences, 28(8): 434-441.

Haag K L, Alves-Junior L, Zaha A, et al., 2004. Contingent, non-neutral evolution in a multicellular parasite: natural selection and gene conversion in the *Echinococcus granulosus* antigen B gene family[J]. Gene, 333: 157-167.

Heath D D, Jensen O, Lightowlers M W, 2003. Progress in control of hydatidosis using vaccination-a review of formulation and delivery of the vaccine and recommendations for practical use in control programmes[J]. Acta Tropica, 85(2): 133-143.

Heath D D, Robinson C, Lightowlers M W. 2012. Maternal antibody parameters of cattle and calves receiving EG95 vaccine to protect against *Echinococcus granulosus*[J]. Vaccine, 30(50): 7321-7326.

Heath D D, Robinson C, Shakes T, et al., 2012. Vaccination of bovines against *Echinococcus granulosus* (cystic echinococcosis) [J]. Vaccine, 30(20): 3076-3081.

Helbig M, Frosch P, Kern P, et al., 1993. Serological differentiation between cystic and alveolar echinococcosis by use of recombinant larval antigen[J]. Journal of Clinical Microbiology, 31(12): 3211-3215.

Hemmings L, McManus D P, 1989. The isolation, by differential antibody screening, of *Echinococcus multilocularis* antigen gene clones with potential for immunodiagnosis[J]. Molecular & Biochemical Parasitology, 33(2): 171-182.

Hemmings L, McManus D P, 1991. The diagnostic value and molecular characterisation of an *Echinococcus multilocularis* antigen gene clone[J]. Molecular & Biochemical Parasitology, 44(1): 53-61.

Herd R P, 1977. Resistance of dogs to *Echinococcus granulosus*[J]. International Journal for Parasitology, 7(2): 135-138.

Herd R P, Chappel R J, Biddell D, 1975. Immunization of dogs against *Echinococcus granulosus* using worm secretory antigens[J]. International Journal for Parasitology, 5(4): 395-399.

Hülsmeier A J, Deplazes P, Naem S, et al., 2010. An *Echinococcus multilocularis* corproantigen is a surface glycoprotein with unique O-gycosylatiorn[J]. Glycobiology, 20(1): 127-135.

Ioppolo S, Notargiacomo S, Profumo E, et al., 2010. Immunological responses to arntigen B from *Echinococcus granulosus* cyst fluid in hydatid patients[J]. Parasite Immunology, 18(11): 571-578.

Irigoin F, Laich A, Ferreira A M, et al., 2010. Resistance of the *Echinococcus granulosus* cyst wall to complement activation: analysis of the role of InsP6 deposits[J]. Parasite Immunology, 30(6-7): 354-364.

Ito A, Nakao M, Kutsumi H, et al., 1993. Serodiagnosis of alveolar disease by Western blotting[J]. Transactions of the Royal Society of Tropical Medicine & Hygiene, 87(2): 170-172.

Ito A, Schantz P M, Wilson J F, et al., 1995. Em18, a new serodiagnostic marker for differntiation of active and inactive cases of alveolar hydatid disease[J]. The American Journal of Tropical Medicine & Hygiene, 52: 41-44.

Ito A, Xiao N, Liance M, et al., 2002. Evaluation of an enzyme-linked immunosorbent assay (ELISA) with affinity-purified Em18 and an ELISA with recobinant Em18 for differential diagnosis of alveolar echinococcosis: results of a blind test[J]. Journal of Clinal Microbiology, 40(11): 4161-4165.

Jiang L, Zhang Y, Liu M, et al., 2012. Analysis on the reactivity of five subunits of antigen B family in serodiagnosis of echinococcosis[J]. Experimental Parasitology, 131(1): 85-91.

João H C K, Benjamin M C, 2006. Modulation of dendritic cell differentiation and cytokine secretion by the hydatid cyst fluid of *Echinococcus granulosus*[J]. Immunology, 118(2): 271-278.

Kanwar J R, Kaushik S P, Sawhney I M S, et al., 1992. Specific antibodies in serum of patients with hydatidosis recognised by immunoblotting[J]. Journal of Medical Microbiology, 36(1): 46-51.

Kouguchi H, Matsumoto J, Katoh Y, et al., 2007. The vaccination potential of EMY162 antigen against *Echinococcus multilocularis* infection[J]. Biochemical & Biophysical Research Communications, 363(4): 915-920.

La X, Zhang F, Li Y, et al., 2015. Upregulation of PD-1 on $CD4^+$ $CD25^+$ T cells is associated with immunosuppression in liver of mice infected with *Echinococcus multilocularis*[J]. International Immunopharmacology, 26(2): 357-366.

Larrieu E, Herrero E, Mujica G, et al., 2013. Pilot field trial of the EG95 vaccine against ovine cystic echinococcosis in Rio Negro, Argentina: early impact and preliminary data[J]. Acta Tropica, 127(2): 143-151.

Larrieu E, Mujica G, Gauci C G, et al., 2015. Pilot field trial of the EG95 vaccine against ovine cystic echinococcosis in Rio Negro, Argentina: second study of impact[J]. PLoS Neglected Tropical Diseases, 9(10): e0004134.

Larrieu E, Poggio T V, Mujica G, et al., 2017. Pilot field trial of the EG95 vaccine against ovine cystic echinococcosis in Rio Negro, Argentina: humoral response to the vaccine[J]. Parasitology International, 66(3): 258-261.

Lechner C J, Grüner B, Huang X, et al., 2014. Parasite-specific IL-17-type cytokine responses and soluble IL-17 receptor levels in alveolar echinococcosis patients[J]. Clinical & Developmental Immunology, 2012: 735342.

Lee E G, Kim S H, Bae Y A, et al., 2007. A hydrophobic ligand-binding protein of the *Taenia solium* metacestode mediates uptake of the host lipid: implication for the mainteance of parasitic cellular homeostasis[J]. Proteomics, 7(21): 4016-4030.

Li Z, Wang Y, Wang Q, et al., 2012. *Echinococcus granulosus* 14-3-3 protein: A potential vaccine candidate against challenge with *Echinococcus granulosus* in mice[J]. Biomedical & Environmental Sciences, 25(3): 352-358.

Lightowlers M W, Jensen O, Fernandez E, et al., 1999. Vaccination trials in Australia and Argentina confirm the effectiveness of the EG95 hydatid vaccine in sheep[J]. International Journal for Parasitology, 29(4): 531-534.

Lightowlers M W, Lawrence S B, Gauci C G, et al., 1996. Vaccination against hydatidosis using a defined recombinant antigen[J]. Parasite Immunology, 18(9): 457-462.

Lightowlers M W, Liu D, Haralambous A, et al., 1989. Subunit composition and specificity of the major cyst fluid antigens of *Echinococcus granulosus*[J]. Molecular & Biochemical Parasitology, 37(2): 171-182.

Lorenzo C, Last J A, González-Sapienza G G, 2005. The immunogenicity of *Echinococcus granulosus* antigen 5 is determined by its post-translational modifications[J]. Parasitology, 131(5): 669-677.

Lorenzo C, Salinas G, Brugnini A, et al., 2003. *Echinococcus granulosus* antigen 5 is closely related to proteases of the trypsin family[J]. Biochemical Journal, 369(1): 191-198.

Macintyre A R, Dixon J B, 2001. *Echinococcus granulosus:* regulation of leukocyte growth by living protoscoleces from horse, sheep and catlle[J]. Experimental Parasitology, 99(4): 198-205.

Mahmoud M S E, Gamra M M M A, 2005. Alkaline phosphatase from *Echinococcus granulosus* metacestodes for immunodiagnosis of human cystic echinococcosis[J]. Journal of the Egyptian Society of Parasitology, 34(3): 865-879.

Margutti P, Ortona E, V accari S, et al., 2010. Cloning and expression of a cDNA encoding an elongation factor 1beta/delta protein from *Echinococcus granulosus* with immunogemic activity[J]. Parasite Immunology, 21(9): 485-492.

Marsland B J, Tisdall D J, Heath D D, et al., 2003. Construction of a recombinant of virus that expresses an *Echinococcus granulosus* vaccine antigen from a novel genomic insertion site[J]. Archives of Virology, 148(3): 555-562.

Martin R M, Gasser R B, Jones M K, et al., 1995. Identification and characterization of myophilin, a muscle-specific antigen of *Echinococcus granulosus*[J]. Molecular & Biochemical Parasitology, 70(1-2): 139-148.

Matowickakarna J, Kemona H, Pamasiuk A, 2004. The evaluation of concentrations IL-5 and IL-6 in echinococcosis[J]. Wiadomości Parazytologiczne, 50(3): 435-438.

McGrath M M, Najafian N, 2012. The role coinhibitory signaling pathways in transplantation and tolerance[J]. Frontiers in Immunology, 3: 47.

Mejri N, Mller J, Gottsteim B, 2011. Intraperitoneal murine *Echinococcus multilocularis* infection induces differentiation of TGF-β expressing DCs that remain immature[J]. Parasite Immunology, 33(9): 471-482.

Mondragón-de-la-Peña C, Ramos-Solis S, Barbosa-Cisneros O, et al., 2002. *Echinococcus granulosus* down regulates the hepatic expression of inflame a orycyokines IL-6 and TNF-β in BALB/c mice[J]. Parasite, 9(4): 351-356.

Monteiro K M, Scapin S M, Navarro M V, et al., 2007. Self-assembly and structural characerization of *Echinococcus granulosus* antigen B recombinnant subunit oligomers[J]. Biochimica et Biophysica Acta - Proteins & Proteomics, 1774(2): 278-285.

Morariu S, Lightowlers M W, Cosoroabă L, et al., 2010. Utilization of EG95 vaccine for sheep immunization against cystic echinococcosis in Romania[J]. Scientia Parasitologica, 11: 29-34.

Movsesijan M, 1970. Active immunization of dogs against *Echinococcus granulosus*[J]. Veterinarski Glansnik, 24: 189-193.

Movsesijan M, Sokolic A, Mladenovic Z, 1968. Studies on the immunological potentiality of irradiated *Echinococcus granulosus* froms: immunization experiments im dogs[J]. British Veterinary Journal, 124(10): 425-428.

Nie H, Xie Y, Fu Y, et al., 2013. Cloning and characterization of the fatty acid-binding protein gene from the protoscolex of *Taenia multiceps*[J]. Parasitology Research, 112(5): 1833-1839.

Nirmalan N, Craig P S, 1997. Immunoblot evaluation of the species-specificity of Em18 and Em16 antigens for serodiagnosis of human alveolar echinococcosis[J]. Transactions of the Royal Society of Tropical Medicine & Hygiene, 91(4): 484-486.

Obal G, Ramos A L, Silva V, et al., 2012. Characterisation of the native lipid moiety of *Echinococcus granulosus* Antigen B[J]. PLoS Neglected Tropical Diseases, 6(5): e1642.

Ortona E, Margutti P, Delunardo F, et al., 2004. Recombinant antigens of *Echinococcus granulosus* recognized by IgE and IgG4 of sera from patients with cystic echinococcosis[J]. Parasitologia, 46(4): 435-436.

Pagnozzi D, Tamarozzi F, Roggio A M, et al., 2017. Structural and immunodiagnostic characterization of synthetic Antigen B subunits from *Echinococcus granulosus* and their evaluation as target antigens for cyst viability assessment[J]. Clinical Infectious Diseases, 66(9): 1342-1351.

Persat F, Bouhours J F, Mojon M, et al., 1990. Analysis of the monohexosylceramide fraction of *Echinococcus multilocularis* metacestodes[J]. Molecular & Biochemical Parasitology, 41(1): 1-6.

Persat F, Bouhours J F, Mojon M, et al., 1992. Glycosphingolipids with Gal beta 1-6Gal sequences in metacestodes of the parasite *Echinococcus multilocularis*[J]. Journal of Biological Chemistry, 267(13): 8764-8769.

Persat F, Vincent C, Mojon M, et al., 1991. Detection of antibodies against glycolipids of *Echinococcus multilocularis* metacestodes in sera of patients with alveolar hydatid disease[J]. Parasite Immunology, 13(4): 379-389.

Petavy A F, Hormache C, Lahmar S, et al., 2008. An oral recombinant vaccine in dogs against *Echinococcus granulosus,* the causative agent of human hydatid disease: a pilot study[J]. PLoS Neglected Tropical Diseases, 2(1): e125.

Petrone L, Vanini V, Amicosante M, et al., 2017. A T-cell diagnostic test for Cystic Echinococcosis based on Antigen B peptides[J]. Parasite Immunology, 39(12): e12499.

Pirestani M, Dalimi A, Sarvi S, et al., 2014. Evaluation of immunogenicity of novel isoform of EG95(EG95-5G1) from *Echinococcus granulosus* in BALB/C Mice[J]. Iranian Journal of Parasitology, 9(4): 491-502.

Pit D S, Polderman A M, Schulz-key H, 2015. Prenatal immune priming with helminth infections: parasite-specific cellular reactivity and Th1 and Th2 cytokine responses in neonates[J]. Allergy, 55(8): 732-739.

Porfido J L, Alvite G, Silva V, et al., 2012. Direct interaction between EgFABP1, a fatty acid binding protein from *Echinococcus granulosus,* and phospholipid membranes[J]. PLoS Neglected Tropical Diseases, 6(11): e1893.

Ramos C R R, Spisni A, Oyama S Jr, et al., 2009. Stability improvement of the fatty acid binding protein Sm14 from *S. mansoni* by Cys replacement: structural and functional characterization of a vaccine candidate[J]. Biochimica et Biophysica Acta, 1794(4): 655-662.

Read A J, Casey J L, Coley A M, et al., 2009. Isolation of antibodies specific to a single conformation-dependent antigenic determinant on the EG95 hydatid vaccine[J]. Vaccine, 27(7): 1024-1031.

Reiterová K, Auer H, Altintaś N, et al., 2014. Evaluation of purified antigen fraction in the immunodiagnosis of cystic echinococcosis[J]. Parasitology Research, 113(8): 2861-2867.

Rialch A, Raina O K, Tigga M N, et al., 2018. Evaluation of *Echinococcus granulosus* recombinant EgAgB8/1, EgAgB8/2 and EPC1 antigens in the diagnosis of cystic echinococcosis in buffaloes[J]. Veterinary Parasitology, 252: 29-34.

Rigano R, Buttari B, Profumo E, et al., 2007. *Echinococcus granulosus* antigen B impairs human dendritic cell differentiation and polarizes immature dendritic cell maturation towards a Th2 cell response[J]. Infection & Immunity, 75(4): 1667-1678.

Rigano R, Profumo E, Ioppolo S, et al., 1995. Immunological markers indicating the effectiveness of pharmacological treatment in human hydatid disease[J]. Clinical Experimental Immunology, 102(2): 281-285.

Rogan M T, Craig P S, 1997. Immunology of *Echinococcus granulosus* infections[J]. Acta Tropica, 67(1): 7-17.

Rogan M T, Marshall I, Reid G D, et al., 1993. The potential of vervet monkeys (*Cercopithecus aethiops*) and baboons (*Papio anubis*) as models for the study of the immunology of *Echinococcus granulosus* infections[J]. Parasitology, 106(5): 511-517.

Rott M B, Fernández V, Farias S, et al., 2000. Comparative analysis of two different suburnits of antigen B from *Echinococcus granulosus:* gene sequences, expression in *Escherichia coli* and serological evaluation[J]. Acta Tropica, 75(3): 331-340.

Saboulard D, Lahmar S, Petavy A F, et al., 2003. The *Echinococcus granulosus* antigen EgA31: localization during development and immunogenic properties[J]. Parasite Immunology, 25(10): 489-501.

Sako Y, Nakao M, Nakaya K, et al., 2002. Alveolar Echinococcosis: characterization of diagnostic antigen Em18 and serological evaluation of recombinant Em18[J]. Journal of Clinical Microbiology, 40(8): 2760-2765.

Savardashtaki A, Sarkari B, Arianfar F, et al., 2017. Immunodiagnostic value of *Echinococcus Granulosus* recombinant B8/1 subunit of antigen B[J]. Iranian Journal of Immunology, 14(2): 111-122.

Scheerlinck J P, Casey G, Mcwaters P, et al., 2001. The immune response to a DNA vaccine can be modulated by co-delivery of cytokine genes using a DNA prime-protein boost strategy[J]. Vaccine, 19(28): 4053-4060.

Shambesh M K, Craig P S, Gusbi A M, et al., 1995. Immunoblot evaluation of the 100 and 130 kDa antigens in camel hydatid cyst fluid for the serodiagnosis of human cystic echinococcosis in Libya[J]. Transactions of the Royal Society of Tropical Medicine & Hygiene, 89(3): 276-279.

Shi Z, Wang Y, Li Z, et al., 2009. Cloning, expression, and protective immunity in mice of a gene encoding the diagnostic antigen P-29 of *Echinococcus granulosus*[J]. Acta Biochimica et Biophysica Sinica, 41(1): 79-85.

Siles-Lucas M, Gottstein B, Felleisen R S J, 2010. Identification of a differentially expressed *Echinococcus multilocularis* protein Em6 potentially related to antigen 5 of *Echinococcus granulosus*[J]. Parasite Immunology, 20(10): 473-481.

Silva-Álvarez V, Franchini G R, Pórfido J L, et al., 2015. Lipid-free antigen B subunits from *Echinococcus granulosus:* oligomerization, ligand bingding, and membrane interaction properties[J]. PLoS Neglected Tropical Diseases, 9(3): e0003552.

Smyth J D, Heath D D, 1970. Pathogenesis of larval cestodes in mammals[J]. Helminthological Abstracts, 9(5): 1-23.

Song X, Hu D, Yan M, et al., 2017. Molecular characteristics and serodiagnostic potential of dihydrofolate reductase from *Echinococcus granulosus*[J]. Scientific Reports, 7(1): 514.

Song X, Hu D, Zhong X, et al., 2016a. Characterization of a secretory annexin in *Echinococcus granulosus*[J]. The American Journal of Tropical Medicine & Hygiene, 94(3): 626-633.

Song X, Yan M, Hu D, et al., 2016b. Molecular characterization and serodiagnostic potential of a novel dithiol glutaredoxin 1 from *Echinococcus granulosus*[J]. Parasites & Vectors, 9(1): 456.

Stadelmann B, Spiliotis M, Muller J, et al., 2010. *Echinococcus multilocularis* phosphoglucose isomerase(EmPGI): a glycolytic enzyme involved in metacestode growth and parasite-host cell interactions[J]. International Journal for Parasitology, 40(13): 1563-1574.

Steers N J, Rogan M T, Heah S, et al., 2001. In vitro susceptibility of hydatid cysts of *Echinococcus granulosus* to nitric oxide and the effect of the laminated layer on nitric oxide production[J]. Parasite Immunology, 23(8): 411-417.

Sun J, Wang Y, Li Z, et al., 2011. *Echinococcus granulosus:* immunoprotection accompanyied by humoral and cytokine response against secondary hydatidosis in mice immunized with rEg. myophilin[J]. Veterinary Research Communications, 35: 193-200.

Takahashi T, Tagami T, Yamazaki S, et al., 2000. Immunologic self-tolerance maintained by $CD25^+$ $CD4^+$ regulatory T cells constitutively expressing cytotoxic T lymphocyte-associated antigen 4[J]. Journal of Experimental Medicine, 199(2): 303-310.

Tan J, Ueda N, Heath D D, et al., 2012. Development of orf virus as a bifuntional recombinant vaccine: surface display of *Echinococcus granulosus* antigen EG95 by fusion to membrane structural proteins[J]. Vaccine, 30(2): 398-406.

Torgerson P R, 2006. Canid immunity to *Echinococcus* spp. : impact on transmission[J]. Parasite Immunology, 28(7): 295-303.

Turmer E L, Berberian D A, Dennis E W, 1936. The production of artificial immunity in dogs against *Echinococcus gra£iulosus*[J]. The Journal of Parasitology, 22(1): 14-28.

Turner E L, Berberian D A, Dennis E W, 1933. Successful aritificial immunization of dogs against *Taenia Echinococcus*[J]. Experimental Biology & Medicine, 30(5): 618-619.

Virginio V G, Hernandez A, Rott M, et al., 2003. A set of recombinant antigens from *Echinococcus granulosus* with potential for use in the immunodiagnosis of human cystic hydatid disease[J]. Clinical & Experimental Immunology, 132: 309-315.

Virginio V G, Monteiro K M, Drumond F, et al., 2012. Excretory/secretory products from in vitro-cultured *Echinococcus granulosus* protoscoleces[J]. Molecular & Biochemical Parasitology, 183(1): 15-22.

Vogel M, Gottstein B, Muller N, et al., 1988. Production of a recombinant antigen of with high immunodiagnostic sensitivity and specificity[J]. Molecular & Biochemical Parasitology, 31: 117-125.

Vuitton D A, 2003. The ambiguous role of immunity in echinococcosis: protection of the host or of the parasite[J]. Acta Tropica, 85(2): 119-132.

Vuitton D A, Gottstein B, 2010. *Echinococcus multilocularis* and its intermediate host: a model of parasite-host interplay[J]. Journal of Biomedicine & Biotechnology, (1): 923193.

Vuitton D A, Zhang S, Yang Y, et al., 2006. Survival strategy of *Echinococcus multilocularis* in the human host[J]. Parasitology International, 55: 51-55.

Walker M, Baz A, Dematteis S, et al., 2004. Isolation and characterization of a secretory component of *Echinococcus multilocularis* metacestodes potentially involved in modulating the host-parasite interface[J]. Infection & Immunity, 72(1): 527-536.

Wang H, Li Z, Gao F, et al., 2016. Immunoprotection of recombinant Eg. P29 against *Echinococcus granulosus* in sheep[J]. Veterinary Research Communications, 40(2): 73-79.

Wang J, Lin R, Zhang W, et al., 2014. Transcriptional profiles of cytokine/chemokine factors of immune cell-homing to the parasitic lesions: a comprehensive one-year course study in the liver of *E.* multilocularis-infected mice[J]. PLoS One, 9(3): e91638.

Wang J, Vuitton D A, Müller N, et al., 2015. Deletion of fibrinogen-like protein 2(FGL-2), a novel $CD4^+$ $CD25^+$ Treg effector molecule, leads to improved control of *Echinococcus multilocularis* infection in mice[J]. PLoS Neglected Troppical Diseases, 9(5): e0003755.

Wellinghausen N, Gebert P, Kern P, et al., 1999. Interleukin IL-4, IL-10 and IL-12 Profile in serum of patients with alveolar echinococcosis[J]. Acta Tropica, 73(2): 165-174.

Wen H, Bresson-Hadni S, Vuitton D A, et al., 1995. Analysis of immunoglobulin G subclass in the serum antibody responses of alveolar echinococcosis patients after surgical treatment and chemotherapy as an aid assessing the outcome[J]. Transactions of The Royal Society of Tropical Medicine & Hygiene, 89(6): 692-697.

Wen H, Craig P S, 1994. IgG subclass responses in human cystic and alveolar echinococcosis[J]. The American Journal of Tropical Medicine & Hygiene, 51(6): 741-748.

Williams J F, 1979. Recent advances in the immunology of cestode infections[J]. The Journal of Parasitology, 65(3): 337-349.

Woollard D J, Gauci C G, Heath D D, et al., 2000. Protection against hydatid disease induced with EG95 vaccine is associated with conformational epitopes[J]. Vaccine, 19(4): 498-507.

Woollard D J, Gauci C G, Lightowlers M W, 1999. Synthetic peptides induce antibody against a host-protective antigen of *Echinococcus granulosus*[J]. Vaccine, 18(9-10): 785-794.

Wu M, Yan M, Xu J, et al., 2018a. Expression, tissue localization and serodiagnostic potential of *Echinococcus granulosus* leucine aminopeptidase[J]. International Journal of Molecular Sciences, 19(4): 1063.

Wu M, Yan M, Xu J, et al., 2018b. Molecular characterization of triosephosphate isomerasefrom *Echinococcus granulosus*[J]. Parasitology Research, 117: 3169-3176.

Wu X, Peng Y, Zhang J, et al., 2004. Formation mechanisms of the fibrous capsule around hepatic and splenic hydatid cyst[J]. Zhong Guo Ji Sheng Chong Xue Yu Ji Sheng Chong Bing Za Zhi, 22(1): 1-4.

Xiao N, Mamuti W, Yamasaki H, et al., 2003. Evaluation of use of recombinant Em18 and affinity-purified Em18 for serological differentiation of alveolar echinococcosis from cystic echinococcosis and other parasitic infections[J]. Journal of Clinical Microbiology, 41(7): 3351-3353.

Yahzabal L A, Dupas H, Bout D, et al., 1977. *Echinococcus granulosus:* the distribution of hydatid fluid antigens in the tissues of the larval stage: II. Localization of the thermostable lipoprotein of parasitic origin(antigen B) [J]. Experimental Parasitology, 42(1): 115-120.

Yang M, Li J, Wu J, et al., 2017. Cloning and characterization of an *Echinococcus granulosus* ecdysteroid hormone nuclear receptor HR3-like gene[J]. Parasite, 24: 36.

Yong W K, Heath D D, Van K F, 1984. Comparison of cestode antigens in an enzyme-linked immunosorbent assay fot the diagnosis of *Echinococcus granulosus, Taenia hydatigena* and *T. ovis* infections in sheep[J]. Research in Veterinary Science, 36(1): 24-31.

Zhang H, Zhang W, Zhang L, et al., 2013. The genome of the hydatid tapeworm *Echinococcus granulosus*[J]. Nature Genetics, 45(10): 1168-1175.

Zhang L, McManus D P, 2010. Purification and N-teriminal amino acid sequencing of *Echinococcus granulosus* antigen 5[J]. Parasite Immunology, 18(12): 597-606.

Zhang W, Li J, Li Q, et al., 2010. Identification of a diagnostic antibody-binding region on the immunogenic protein EpCl from *Echinococcus granulosus* and its aplication in population screening for cystic echinococcosis[J]. Clinical & Experimental Immunology, 149(1): 80-86.

Zhang W, Li J, McManus D P, 2003a. Concepts in immunology and diagnosis of hydatid disease[J]. Clinical Microbiology Reviews, 16(1): 18-36.

Zhang W, Li J, You H, et al., 2003b. A gene family from *Echinococcus granulosus* differentially expressed in mature adult worms[J]. Molecular & Biochemical Parasitology, 126(1): 25-33.

Zhang W, Li J, You H, et al., 2003c. Short report: *Echinococcus granulosus* from Xinjiang, PR CHINA: cDNAS encoding the EG95 vaccine antigen are expressed in different life cycle stages and are conserved in the oncosphere[J]. The American Journal of Tropical Medicine & Hygiene, 68(1): 40-43.

Zhang W, McManus D P, 2008. Vaccination of dogs against *Echinococcus granulosus:* a means to control hydatid disease?[J]. Trends in Parasitology, 24(9): 419-424.

Zhang W, Zhang Z, Shi B, et al., 2006. Vaccination of dogs against *Echinococcus granulosus,* the cause of cystic hydatid disease in humans[J]. The Journal of Infectious Diseases, 194(7): 966-974.

Zhang Z, Guo G, Li J, et al., 2018. Dog vaccination with EgM proteins against *Echinococcus granulosus*[J]. Infectious Diseases of Poverty, 7(1): 61.

Zhu M, Gao F, Li Z, et al., 2016. Immunoprotection of recombinant Eg. myophilin against *Echinococcus granulosus* infection in sheep[J]. Experimental & Therapeutic Medicine, 12(3): 1585-1590.

第八章　实验动物模型与体外培养

第一节　实验动物模型

在实验室建立包虫病动物模型是开展包虫病科学研究的重要条件，包虫病动物模型可分为原发性动物模型和继发性动物模型。原发性动物模型是给实验动物喂以细粒棘球绦虫或多房棘球绦虫虫卵或六钩蚴，六钩蚴钻入肠壁后，随门静脉血流携带至肝脏，在内脏器官内逐渐发育形成囊型或泡型包虫；而继发性动物模型是给实验动物接种取自细粒棘球蚴或泡球蚴的原头蚴，或者移植泡球蚴囊泡，使之继发囊型或泡型包虫。

一、动物模型的种类

按实验方法的不同，包虫病动物模型可分为以下 4 种。

1.原发性实验感染动物模型

取棘球绦虫的虫卵或孕卵节片，通过灌胃途径进行感染，从而在模型动物的内脏形成棘球蚴包囊。

2.继发性实验感染动物模型

取细粒棘球蚴包囊内的原头蚴直接注入小鼠皮下或腹腔；或切取多房棘球蚴的小块组织(约 0.1cm×0.1cm)通过手术移植到小鼠腹腔内。通过这种方式建立的动物模型为第 1 代动物模型。

3.同种连续传代动物模型

在多房棘球绦虫的动物模型中使用较多。即用原发感染的多房棘球蚴组织材料，移植接种于同种动物不同个体的腹腔内，从而实现连续多代传代接种。据报道，一般每隔半年左右接种传代 1 次，可连续成功传代达 13 代动物以上。同时，细粒棘球蚴包囊也可通过手术途径直接移植到其他动物的腹腔内。据报道可成功传种至第 4 代动物，包囊直径最大达 2.5cm。这种模型具有以下优点：①不受原发感染包虫的限制；②能随时提供包虫活材料；③模型动物感染成功率高；④细粒棘球蚴包囊或多房棘球蚴的生长速度均较快。

4.异种多次接种移植动物模型

先将原发感染的包虫原头蚴接种于易感性高的中间宿主腹腔内，待接种成功后，再剖解动物获取包囊或包囊组织块后接种于另一种动物的腹腔内形成另一种动物模型。如：羊源细粒棘球蚴原头蚴接种小鼠(或沙鼠)后，再取其包囊接种大鼠。建立这种模型可加速包虫包囊的生长，从而为药物筛选、免疫学与分子生物学等相关研究提供更加合适的动物模型。

二、细粒棘球绦虫和多房棘球绦虫的主要动物模型

1.细粒棘球绦虫

细粒棘球绦虫的适宜模型动物为小鼠和沙鼠。一般认为雌雄均可，但有的主张用雌性小鼠。较年轻小鼠的敏感性高。48 日龄或更幼的小白鼠对腹腔接种细粒棘球蚴原头蚴的易感性高，71 日龄或大于此龄的小白鼠则降低。在接种前一般常规使用皮质类激素对小鼠进行处理。家兔也可感染，而大鼠和豚鼠接种细粒棘球蚴的原头蚴难以感染。

接种途径有：经口饲感染、皮下注射、腹腔注射、脑室注射和腹腔移植等，其中以腹腔注射或移植途径的感染成功率最高，且经腹腔接种后，包囊生长速度远高于皮下接种感染方式。在接种过程中，鉴定原头蚴死活的最简单方法是将滴在载玻片上的原头蚴加温至38℃，置显微镜下直接观察原头蚴活动力及口器收缩情况。

(1)原发性动物模型

有报道给小鼠灌喂 300 个细粒棘球绦虫的虫卵，感染率为 40%，若将虫卵量增至 1000 个，感染率可达 100%。

(2)继发性动物模型

Heath(1970)给 36 只雌鼠的腹腔均注入 1000 枚细粒棘球绦虫的原头蚴，包虫感染率达 90%，8～9 月后包囊内出现原头蚴。

有报道给 6 周龄小鼠腹腔接种细粒球球绦虫的原头蚴(300 个/只)或给 5 周龄小鼠腹腔注射原头蚴(2000 个/只)，成功率均可达 100%。

也有报道用羊源细粒棘球绦虫的原头蚴注入 6 周龄小鼠腹腔内，若接种剂量为 450 个/只、2000 个/只和 4000 个/只，感染率分别为 72.35%、82.7%和 92.4%(郭鹞，1990)。

蒋次鹏(1982)将细粒棘球绦虫的原头蚴腹腔接种 50 只小鼠，每鼠注入原头蚴 2000～3000 枚不等，4 个月后解剖动物，在游离腹腔、大网膜、肠系膜和肝表面查见多个棘球蚴包囊，至接种后 1 年，腹腔包虫包囊数多达 12 个，直径大者 1cm，囊壁组织切片显示发育良好的生发层和角质层，并见育囊和胚胎性原头蚴(蒋次鹏，1982)。

不同宿主来源的细粒棘球绦虫的原头蚴接种后感染率存在一定差异。

有研究者报道接种来自青海的羊源或牛源细粒棘球绦虫原头蚴小鼠的感染率(可达 90%以上)高于人源细粒棘球绦虫原头蚴的感染效率(48.6%)，小鼠感染后 6 个月剖检，接种羊源原头蚴继发感染的腹腔包囊数目较多(蒋次鹏，1994)。

也有报道宁夏羊源和人源细粒棘球绦虫的原头蚴腹腔接种 35 只 7 周龄昆明小鼠，接种量分为 3 个组(1000 个/只、3000 个/只和 5000 个/只)，感染 70～587d 之后全部动物剖检，感染率为 65.7%，羊源原头蚴和人源原头蚴接种后感染率分别为 78.6%和 57.1%，但二者统计学无明显差异，三个不同接种剂量的感染率亦无显著差别。感染后 201d 开始出

现原头蚴，多数育囊在 300～587d 之间出现，与棘球蚴包囊的大小不成比例，23 只阳性感染小鼠中，有 10 只出现育囊，包囊可育率为 43.5%(蒋次鹏，1994)。

在我国新疆、青海、宁夏和甘肃 4 省(自治区)的研究表明，给小鼠腹腔接种取自人、牛、羊的细粒棘球蚴原头蚴，均能继发感染包虫病，但接种感染的小鼠包囊内能否形成育囊存在差异，这可能是源于虫株的不同(图 8-1～图 8-4)。

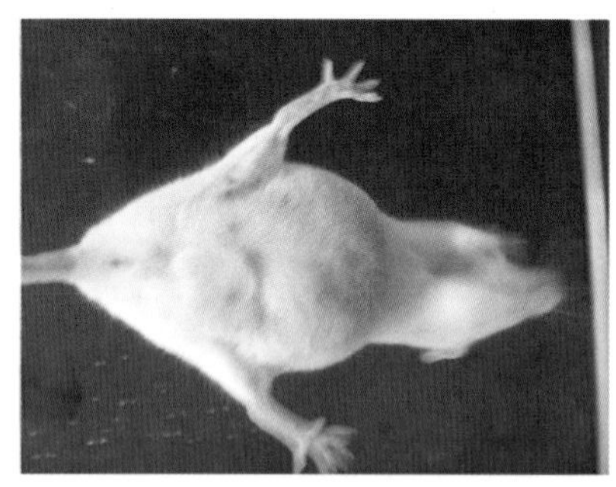

图 8-1　接种小鼠腹部肿大(杨光友提供)

图 8-2　小鼠脾脏上的单个包囊(杨光友提供)

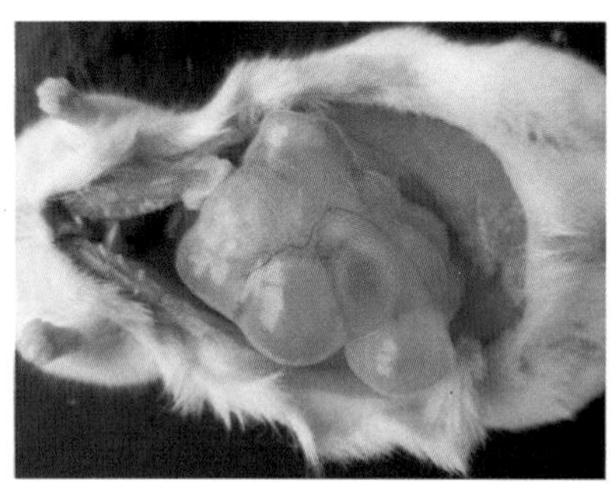

图 8-3　小鼠腹腔内的成簇包囊(杨光友提供)

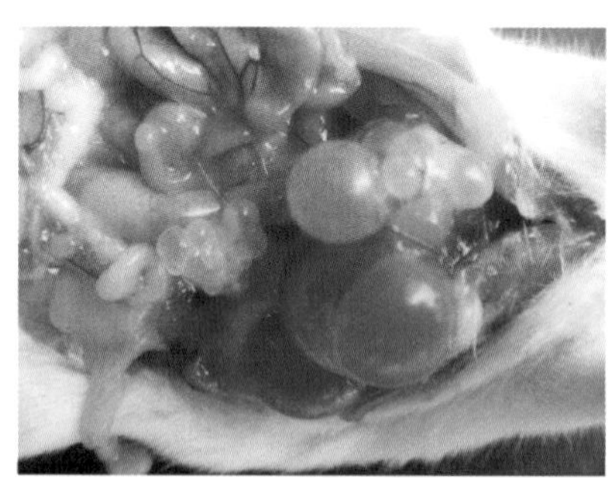

图 8-4　小鼠腹腔内的多个成簇包囊(杨光友提供)

2.多房棘球绦虫

在适宜宿主体内只需少量虫卵、原头蚴或包囊，多房棘球绦虫就能较快发育，一般经 2～3 个月即可发生原头蚴和子囊，能反复传代，供长期保种和研究之用。

(1)适宜模型动物

在正常中间宿主(啮齿动物)体内，多房棘球绦虫的泡球蚴发育很快，并可产生大量原头蚴，随后增殖即延缓；而在人体内，原头蚴数量很少，但其增殖却可无限制地继续。

(2)原发性实验感染动物模型

四川省寄生虫病防治研究所报告(1985)从野犬肠检获多房棘球绦虫，取孕节 30～35 枚一次灌入小鼠胃内，44 只小鼠的肝泡球蚴感染率达 99.9%，最早在感染后 60d 发现原头蚴(蒋次鹏，1994)。

(3)继发性动物模型

新疆仓鼠可作为接种泡球蚴的适宜实验动物，不仅发育迅速，而且能较长期保存虫株。据报道沙鼠或棉鼠可接种传代 9 次之多，可保持泡球蚴存活达 3 年以上。

第二节　原头蚴及生发层细胞的体外培养

细粒棘球绦虫的原头蚴在不同宿主体内有两种不同的发育方向，在中间宿主(绵羊或人)体内向包囊方向发育；但在终末宿主(犬或狐狸)体内向成虫方向发育，在发育过程中不同的宿主影响着它不同的发育方向。同时，研究已表明，将细粒棘球绦虫的原头蚴进行体外培养时，原头蚴也可向两个方向发育：包囊型及成虫型(Smyth，1967)。

随着培养技术的完善，研究人员能够在原头蚴离体培养的情况下观察虫体的发育过程，采集不同发育时期的虫体，既可为分离不同发育阶段虫体的差异基因提供 RNA 材料，也可为筛选差异基因进行原位杂交提供结合点，同时还可对筛选出的差异基因通过超表达或基因干扰影响虫体发育提供不同发育阶段的虫体材料，从而为细粒棘球绦虫的生理生化、免疫学、疫苗制备、发育生物学以及特异性发育的功能基因组学提供良好的研究平台。

从生发层获得的繁殖细胞还可用于体外培养。与绦虫的原头蚴相比较，绦虫的细胞培养在解决抗原来源、了解寄生虫的组织学和细胞生物学特性方面可能是更实际的途径。绦虫细胞培养的研究建树颇多，但主要集中在棘球属绦虫上。在棘球绦虫的包囊期幼虫阶段，其包囊的内层(生发层)是由增殖细胞(生发细胞)组成，它可以产生子囊或分化为原头蚴。

一、细粒棘球绦虫原头蚴向包囊方向体外培育

1.原头蚴体外培养的历程

早在 1926 年，Dévé 就在体外简易地用 2mL 包囊囊液与 0.5～1mL 新鲜的马血清培育原头蚴，在 40 多天后原头蚴发育形成了囊泡，体积约为之前的 2～3 倍(Dévé，1926)。之后，Dévé 又将囊液与人的腹腔液按相同比例混匀以培育原头蚴，在显微镜下观察到在 43d 后形成的囊泡外部有角质层的出现(Dévé，1928)。

1962 年，Smyth 将收集到的绵羊源及牦牛源原头蚴用 pH=2 的胃蛋白酶液在 38℃消化 10min 后，将其培养于含鸡胚胎提取物、牛胚胎提取物、囊液、牛的羊水及小牛血清的 199 培养基中，每 2d 换一次培养液。从原头蚴到包囊形成可持续 4 个月，其发育主要表现为原头蚴形成囊泡，随着培养时间的延长，囊泡增大并形成层状的外壳(Smyth，1962)。

薛弘燮等(1992)用囊液、199 培养基对新疆不同宿主来源的细粒棘球绦虫原头蚴进行体外培养，原头蚴在培养基内约有 70%～80%膨胀囊化。羊源原头蚴 9d 后可成囊并形成角质囊壁。牛源、人源原头蚴分别于 12～14d 后形成具有角皮层的囊(薛弘燮等，1992)。

Zhang 等(2005)从自然感染包虫的绵羊肝脏中分离出原头蚴，采用以 RPMI-1640 为主的液体单相培养液[RPMI-1640、20%胎牛血清、0.45%酵母提取物、双抗(青霉素及链霉素)及 0.4%葡萄糖]对原头蚴进行体外培养，56d 后发现约有 10%的原头蚴可发育成囊，囊泡

肉眼可见，囊泡外围有一层薄的透明的角质层结构。同时，观察发现由新生牛血清经过加热凝固形成的固相培养基作为培养的底垫不是原头蚴成囊发育的关键因素，仅仅是液体培养基就可给予足够的营养物质(Zhang et al.，2005)。

袁丽英(2008)通过原头蚴在两种细胞培养液中(RPMI-1640 和 MEM)培养，比较其存活、生长及发育情况，初步表明含有 10%小牛血清的细胞培养基 RPMI-1640 较适合原头蚴的生长发育，在普通培养箱中培养，最适温度在 37～40℃，培养液 pH=7.2。含有小牛血清的培养液中的原头蚴成活率、成囊率较不含小牛血清的同种培养液要高(袁丽英等，2008)。筛选出适宜原头蚴生长的培养条件和培养基之后，袁丽英等(2009)在体外培养原头蚴 100d 内，原头蚴的成囊率达 90%以上，最大的囊可达 2mm。在形态方面和张文宝等进行体外培养 56d 的结果一致，但是成囊率却高很多，这可能与选取的虫株及培养条件不同有很大的关系(袁丽英等，2009)。

2.原头蚴体外培养的条件优化

在原头蚴体外培养过程中，最适合原头蚴体外生长条件的探索研究是十分关键且必要的，在体外培养中需注意以下几个方面。

(1)活力强、新鲜的原头蚴

培养前用含双抗(青霉素和链霉素)的无菌生理盐水或 PBS 将原头蚴漂洗 2～3 次，漂去死亡的原头蚴及育囊壁，避免污染。

(2)严格的无菌条件和无菌操作

由于培养的连续性，要求操作绝对无菌。在普通温箱内无消毒装置，因此在更换培养基时必须在无菌条件下进行，对细胞瓶、培养板、培养液及操作用具等要特别注意，严防细菌及霉菌污染。

(3)最佳的虫体密度

有学者对体外培养原头蚴的最佳密度作了筛选研究，RPMI-1640 培养基中加入双抗、10%犊牛血清之后，每毫升中含 1800 个原头蚴为最优培养虫体密度。虫体密度大小是决定虫体活力的因素，密度较小，虫体生长缓慢甚至休眠；虫体密度太大，同样虫体生长缓慢甚至大部分虫体死亡(Lin et al.，2013)。

(4)pH 值适中

原头蚴在 pH 为 7～8 的环境中都可以生长，但以 7.6～7.8 为宜。Moazeni 等试验了原头蚴在 pH 为 1、2、3、4 及 11、12、13、14 的培养基中的生长情况，结果表明过酸或过碱的生活环境均对原头蚴的活性有着不同的杀灭作用。当 pH 分别为 1、2、3、4 时，原头蚴 5min 内的死亡率分别为 100%、99.6%、98.7%、15.5%。当 pH 分别为 14、13、12、11 时，原头蚴 5min 内的死亡率分别为 100%、97.5%、29.33%和 24.5%(Moazeni and Larki，2010)。

(5)胰蛋白酶的消化刺激作用

冉巍等(2015)对分离自病羊肝中的细粒棘球绦虫原头蚴进行体外培养，观察了胰蛋白酶对原头蚴的刺激作用。培养基成分为30%葡萄糖5.6mL、RPMI-1640原液260mL、5%酵母36mL、10%胎牛血清100mL、双抗4mL及5%犬胆汁1.4mL。培养结果表明在不同浓度胰蛋白酶作用下，原头蚴活力有着不同程度的改变。以不大于0.50%的胰蛋白酶对原头蚴发育的刺激作用较强，对0.50%～1.00%胰蛋白酶的耐受性较弱。由此推断在体外培养过程中，胰蛋白酶不仅对原头蚴有消化作用，而且可作为刺激因子，增强原头蚴对培养基中某些必需营养因子的利用，同时也消除了培养基中其他成分及细粒棘球绦虫代谢产物的毒素干扰作用，从而建立有利于原头蚴生长的大环境(冉巍等，2015)。

二、细粒棘球绦虫原头蚴向成虫方向体外培育

1.原头蚴体外培养的历程

1967年，Smyth首次建立了细粒棘球绦虫体外双相培养系统，即基础的液体培养基和由新生牛血清经76℃加热45min凝固后形成的固相培养基，在培育60多天后，原头蚴成功发育出第三体节，但是没有达到性成熟。他发现在体外将原头蚴向成虫方向培育时，头节外翻及适宜的营养环境是原头蚴分节必不可少的因素(Smyth，1967)。

Smyth(1974)首次将细粒棘球绦虫原头蚴培养至性成熟的成虫，但是培养成功的性成熟成虫却从未见到含有发育能力的虫卵，这说明体外并未发生受精作用。细粒棘球绦虫要在体外完成全部生活史，受精作用仍然是个需要克服的主要问题。利用人工授精，使在体外成功地受精对促进包虫病的研究有很大价值(Smyth and Davies，1974a)。之后，Smyth(1990)从绵羊的包囊中分离出原头蚴，利用双相和单相体系进行原头蚴的体外培养，结果表明体外培养时原头蚴的生长发育速度落后于在犬体内的生长(1～4d)。同时，他发现在基础培养基中原头蚴向包囊方向发育，而在添加了犬胆汁或胆盐后则向成虫方向发育，表明犬胆汁或胆盐是决定原头蚴发育方向的关键因素。Thompson等通过培养绵羊源原头蚴也证实了这一观点，即相比于原头蚴在终末宿主中发育，其在体外培养时不仅发育时间变长而且无法发育为完整的成虫结构并产生虫卵(Thompson et al.，2014)。

Mohammadzadeh等(2012)对之前体外培养原头蚴向成虫方向发育的培养条件进行了改良，使得原头蚴在体外发育至第五体节出现。双相培养基配方为：液体培养基中包含了260mL CMRL 1066培养基、100mL犊牛血清、36mL 5%酵母提取物、5.6mL的30%葡萄糖、1.4mL 5%犬胆汁、100U/mL双抗、20mmol/L HEPES缓冲液和10mmol/L $NaHCO_3$。固体培养基则由牛血清在76℃下凝固20～30min。囊液中的原头蚴用PBS洗净3次后，将其培育在液体培养基中24～48h检查是否污染，之后将约10000个PSC转移到含有20mL培养基的过滤器的培养瓶中，并在含有5%CO_2的CO_2培养箱中于37℃温育。之后，Mohammadzadeh等(2014)利用改良的培养基，研究分析原头蚴在体外培养时不会发育至产生虫卵的原因，一个原因可能在于其生理成熟不完全，另外一个原因也可能是缺少了适宜的受精条件(图8-5、图8-6)。

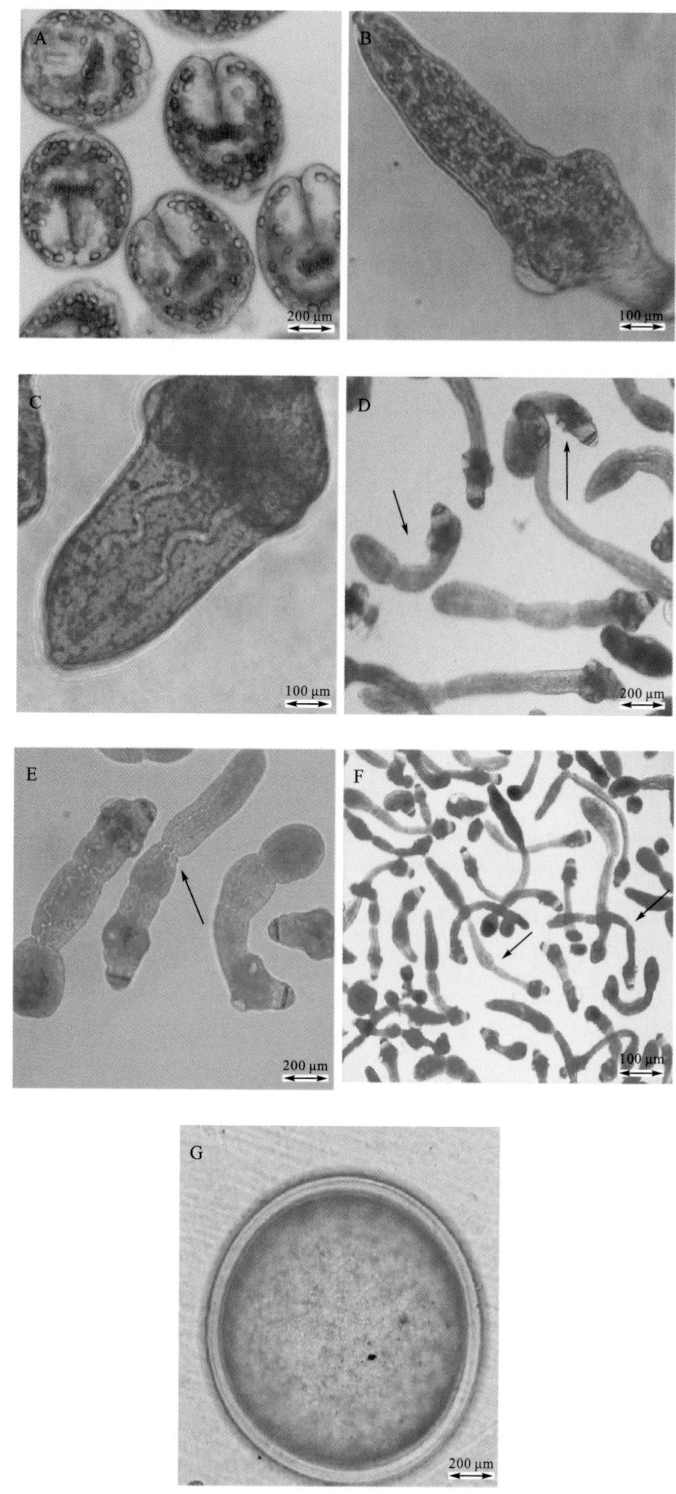

图 8-5 原头蚴体外培养（Dezaki et al.，2016）

A.内陷原头蚴；B.外翻原头蚴；C.原头蚴出现排泄腔；D.第一体节出现；E.第二体节出现；F.第三体节甚至更多体节出现；G.原头蚴在双相培养基中培养 6 周后

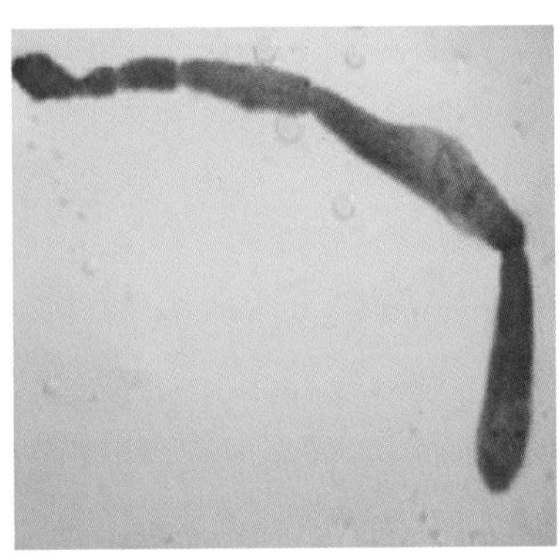

图 8-6 原头蚴在体外发育至第五体节出现(Mohammadzadeh et al.，2012)

2.不同源原头蚴体外培育时生长情况存在差异

Smyth 和 Davies 首次报告了应用体外培养方法发现英国绵羊源和马源细粒棘球绦虫原头蚴在个体发育生物学上的明显区别，即马源原头节在体外培养中不能分节，而羊源原头节可以发育形成第二体节。他们认为马源和羊源细粒棘球绦虫是两个不同的“生理株”。这一发现为其后的研究所证实，成为确定细粒棘球绦虫马株的重要依据(Smyth and Davies，1974b)。

1985 年，Macpherson 和 Smyth 对采自肯尼亚的人、绵羊、山羊和印度水牛的细粒棘球绦虫原头蚴进行了体外培养的研究，结果发现人源和绵羊源的原头蚴能产生第一体节，山羊源的原头节可形成第二体节，而印度水牛源的原头蚴发育最慢，几乎没有体节产生(Macpherson and Smyth，1985)。

Hijjawi 对约旦的绵羊源及驴源原头蚴进行体外培养，结果发现羊源原头蚴可长至第三、第四体节出现，但是驴源原头蚴在培育 67d 后几乎没有生长发育，甚至根本没有出现分节(Hijjawi et al.，1992)。

焦伟等应用体外培养的方法比较观察了新疆不同来源细粒棘球蚴原头蚴到成虫的发育生物学特点，样本包括乌鲁木齐绵羊肝和肺细粒棘球蚴、和田绵羊肝细粒棘球蚴、乌鲁木齐牛肝和骆驼肺细粒棘球蚴，他将原头蚴用犬胆汁激活 2h 后加入培养基，培养基配方如下。

液体培养基：199 培养基 650mL、30% D-葡萄糖溶液 14.5mL、5%牛磺胆酸钠 4mL、5%酵母浸出液 90mL、碳酸氢钠 4.2g、HEPES 20mmol/L、庆大霉素 10mg/100mL、青霉素和链霉素各 500IU/mL、小牛血清 20%，pH 7.2。

固相培养基：在细胞培养用小方瓶中加小牛血清 1.5mL，置 78℃水浴中处理 90min 使血清凝固形成薄膜，在室温中冷却待用。

结果表明，乌鲁木齐羊肝和骆驼肺样本的第一体节分节时间各为 30d 和 36d；牛肝和羊肺样本各为 44d 和 42d。和田羊肝的棘球蚴原头蚴不能分节；乌鲁木齐羊肝、肺和骆驼肺来源的虫体各在 49d、48d 和 60d 长出第二体节，而牛源标本则不能长出第二体节。此外，培养 45d 后虫体长度的均值乌鲁木齐牛肝、骆驼肺、和田羊肝、乌鲁木齐羊肝和羊肺样本各为(816.09±75.28)μm、(815.22±63.54)μm、(499.95±26.82)μm、(924.15±60.81)μm

和(1079.55±59.38)μm。在体外培养中的最长维持时间各为54d、75d、47d、57d和79d。其中，只有骆驼源原头蚴出现了生殖器官，这表明不同来源的原头蚴在体外培养时有着不同的发育特征(焦伟等，1992a、b)。

三、细粒棘球绦虫生发层细胞的体外培育

20世纪80年代，就有学者开始了寄生虫细胞系建立的研究工作。此后，相继有成功建立细粒棘球蚴和多房棘球蚴包囊期幼虫细胞系的研究报道。

陆家海等从18例棘球蚴病病人包囊中分离培育出一株细粒棘球蚴细胞系(细粒棘球蚴细胞系13G.5)并培育了140d，传至21代(陆家海和郭中敏，1997)。通过体外培育棘球蚴细胞系(株)，不仅可以观察棘球蚴的发育代谢特性和建立药物筛选的体外模型，还可以不受限制地提供特异性抗原(细胞系细胞及其代谢和分泌产物)，为开展免疫预防提供条件(陆家海等，1998)。他们从临床确诊的细粒棘球蚴患者的肝脏中取出包囊，以生发层和原头节为培养材料，采用RPMI-1640、199和改良的DMEM培养液，用鼠尾胶原蛋白包被和不包被的培养瓶进行对比观察，结果发现：以胶原蛋白作为支撑材料、应用改良的DMEM培养液培养的人源细粒棘球蚴生发层和原头节效果优于其他，已经成功培育了人源细粒棘球蚴细胞系，并传至20代。原代培养需要28～45d，3代以内细胞为多形态，从而建立了适合人源细粒棘球蚴细胞系体外培养的方法(Dezaki et al.，2016)。

参 考 文 献

郭鹞, 1990. 人类疾病的动物模型[M]. 北京: 人民卫生出版社.

蒋次鹏, 1982. 小白鼠接种感染及包虫组织发生过程的研究[J]. 中华医学杂志, 62(1): 49.

蒋次鹏, 1994. 棘球绦虫和包虫病[M]. 济南: 山东科学技术出版社.

焦伟, 柴君杰, 瞿群, 1992a. 骆驼源细粒棘球绦虫成虫体外培养的观察[J]. 疾病预防控制通报, (1): 47-50.

焦伟, 柴君杰, 瞿群, 等, 1992b. 新疆不同来源细粒棘球绦虫在体外培养中的比较观察[J]. 疾病预防控制通报, (1): 37-41.

陆家海, 程维兴, 郭中敏, 等, 1998. 细粒棘球蚴细胞系13G-5培育[J]. 中国兽医学报, (5): 479-482.

陆家海, 郭中敏, 1997. 棘球蚴细胞系(株)的培育及其在免疫预防中的应用研究[J]. 中国兽医学报, (5): 473-474.

冉巍, 王芳丽, 李冰玉, 等, 2015. 胰蛋白酶对原头蚴体外培养的作用[J]. 中国病原生物学杂志, (2): 170-172.

薛弘燮, 康金凤, 吴炳洪, 1992. 细粒棘球绦虫(Eg)原头蚴的简易培养[J]. 新疆医科大学学报, (3): 151-154.

袁丽英, 张壮志, 石保新, 等, 2008. 细粒棘球绦虫——原头蚴在两种细胞培养液中体外培养的初步观察[J]. 畜牧兽医杂志, 27(5): 16-18.

袁丽英, 张壮志, 石保新, 等, 2009. 细粒棘球蚴-原头蚴体外培养成囊模型的建立[J]. 畜牧与兽医, 41(7): 29-31.

Dévé F, 1926. Evolution vesicular du scolex echirnococcique obtenue in vitro. La culture artificielle de kyste hydatique[J]. Comptes Rendus de la Scociété Biologique, 26(11): 912-915.

Dévé F, 1928. Scoliciculture hydatique en sac de collodioin et in vitro[J]. Comptes Rendus de la Scociété Biologique, (98): 1176-1177.

Dezaki E S, Yaghoubi M M, Spiliotis M, et al., 2016. Comparison of ex vivo harvested and in vitro cultured materials from *Echinococcus granulosus* by measuring expression levels of five genes putatively involved in the development and maturation of adult worm[J]. Parasitology Research, 115(11): 4405-4416.

Hijjawi N S, Abdel-Hafez S K, Al-yaman F M, 1992. In vitro culture of the strobilar stage of *Echinococcus granulosus* of sheep and donkey origin from Jordan[J]. Parasitology Research, 78(7): 607-616.

Lin C, Zhang H, Yin J, et al., 2013. *Echinococcus granulosus*: suitable in vitro protoscolices culture density[J]. Biochemical & Environmental Sciences, 26(11): 912-915.

Macpherson C N, Smyth J D, 1985. In vitro culture of the strobilar stage of *Echinococcus granulosus* from protoscoleces of human, camel, cattle, sheep and goat origin from Kenya and buffalo origin from India[J]. International Journal for Parasitology, 15(2): 137-140.

Moazeni M, Larki S, 2010. In vitro effectiveness of acidic and alkline solutions on scolices of hydatid cyst[J]. Parasitology Research, 106(4): 853-856.

Mohammadzadeh T, Sadjjadi S M, Rahimi H R, et al., 2012. Establishment of a modified in vitro cultivation of protoscoleces to adult *Echinococcus granulosus;* an important way for new investigations on hydatidosis[J]. Iranian Journal of Parasitology, 7(1): 59-66.

Mohammadzadeh T, Sadjjadi S M, Rahimi H, 2014. Still and moving image evidences for mating of *Echinococcus granulosus* reared in culture media[J]. Iranian Journal of Parasitology, 9(1): 129-133.

Smyth J D, 1962. Studies on tapeworm physiology. X. Axenic cultivation of the hydatid organism, *Echinococcus granulosus*; establishment of a basic technique[J]. Parasitology, (3-4): 441-457.

Smyth J D, 1967. Studies on tapeworm physiology. XI. In vitro cultivation of *Echinococcus granulosus* from the protoscolex to the strobilate stage[J]. Parasitology, (1): 111-133.

Smyth J D, 1990. In Vitro Cultivation of Parasitic Helminths[M]. Macmillan Education UK: 77-154.

Smyth J D, Davies Z, 1974a. In vitro culture of the strobilar stage of *Echinococcus granulosus* (sheep strain): a review of basic problems and results[J]. International Journal for Parasitology, 4(6): 631-644.

Smyth J D, Davies Z, 1974b. Occurrence of physiological strains of *Echinococcus granulosus* demonstrated by in vitro culture of protoscoleces from sheep and horse hydatid cysts[J]. International Journal for Parasitology, 4(4): 443-445.

Thompson RC, Jenkins DJ, 2014. *Echinococcus* as a model system: biology and epidemiology[J]. International Journal of Parasitology, 44(12): 865-877.

Zhang W, Jones M K, Li J, et al., 2005. *Echinococcus granulosus:* Pre-culture of protoscoleces in vitro significantly increases development and viability of secondary hydatid cysts in mice[J]. Experimental Parasitology, 110(1): 88-90.

Zhang W, Jones M, Li J, et al., 2005. *Echinococcus granulosus*: pre-culture of protoscoleces in vitro significantly increases development and viability of secondary hydatid cysts in mice[J]. Experimental Parasitology, 110(1): 88-90.

第九章　流行病学

包虫病(棘球蚴病)是一种古老的人兽共患病，早在公元前，古希腊医生希波克拉底(Hippocrates)和阿雷提乌斯(Aretaeus)等就认识到人的这种疾病。在我国，1905 年由 Uthemann 在青岛首先发现囊型包虫病患者。

包虫病呈世界性分布，其完整的生活史包括两类哺乳动物。成虫寄生于终末宿主的肠道，成熟的虫卵通过终末宿主的肠道排出进入环境中，进而被中间宿主经口吞食，在中间宿主的器官内发育为中绦期幼虫。成熟的中绦期幼虫能产生大量的原头蚴，这些原头蚴被易感的终末宿主吞食后发育为成虫。其中，在自然循环中不起重要作用的人和其他异常宿主也会感染与发病。当中绦期幼虫(棘球蚴)寄生于中间宿主的器官(如肝脏和肺脏等)，则会导致严重的包虫病，甚至引起人和动物死亡。

在我国包虫病有两种类型：细粒棘球绦虫引起的囊型包虫病(cystic echinococcosis，CE，单房型)、多房棘球绦虫引起的泡型包虫病(alveolar echinococcosis，AE，多房型)。泡型包虫病又被称为“虫癌”，是高度致死性疾病，其分布多见于青海、西藏、甘肃、四川、新疆的部分地区。在我国以囊型包虫病为主，囊型包虫病的患病率远高于泡型包虫病，主要流行于我国西部地区的牧区和半农半牧区。

第一节　病原分布

一、细粒棘球绦虫

1.全球分布情况

细粒棘球绦虫在 100 多个国家有分布，涵盖极地、温带、亚热带及热带。高度流行区主要在欧亚大陆(地中海区域、俄罗斯及相邻各国)、非洲(北部和东部区域)、大洋洲、南美洲(西南部区域)和北美地区(西北部区域)。

欧洲：①北欧包括冰岛、丹麦、挪威、芬兰、立陶宛、拉脱维亚和爱沙尼亚，其中细粒棘球绦虫在冰岛已根除，主要在犬、狼与驯鹿或犬与猪之间循环；②欧洲西部与西南部包括英国、爱尔兰、法国、西班牙和葡萄牙；③中欧包括比利时、卢森堡、瑞士、德国、奥地利、荷兰、斯洛伐克和匈牙利；④欧洲南部和东部包括意大利和巴尔干半岛区域(塞尔维亚、罗马尼亚、保加利亚和希腊等)。

地中海东部国家：约旦、巴勒斯坦、以色列、叙利亚、黎巴嫩以及土耳其和塞浦路斯。

海湾国家：阿曼、也门、阿联酋、卡塔尔、巴林、科威特、沙特阿拉伯、伊拉克和伊朗。

俄罗斯及周边国家：俄罗斯、白俄罗斯、乌克兰、格鲁吉亚、亚美尼亚、阿塞拜疆、哈萨克斯坦、土库曼斯坦、乌兹别克斯坦、塔吉克斯坦、吉尔吉斯斯坦、蒙古、中国。

南亚地区：巴基斯坦、尼泊尔、不丹、孟加拉国、印度和斯里兰卡。

大洋洲：新西兰、澳大利亚(大陆及塔斯马尼亚岛)。

非洲：北非国家(摩洛哥、阿尔及利亚、突尼斯、利比亚和埃及)以及撒哈拉沙漠以南国家(苏丹、南苏丹、埃塞俄比亚、肯尼亚、乌干达、毛里塔尼亚)。

北美：美国和加拿大。

中美洲和南美洲：中美洲(墨西哥、危地马拉、萨尔瓦多、洪都拉斯)；南美洲(阿根廷、玻利维亚、巴西、智利、秘鲁、乌拉圭)。

2.我国分布情况

曾经报道在黑龙江、吉林、辽宁、内蒙古、山西、陕西、宁夏、甘肃、新疆、西藏、四川、江苏、上海、浙江、江西、福建、广东、广西、贵州和云南共 20 个省区市的犬和猫体内发现细粒棘球绦虫。

细粒棘球蚴：在黑龙江、吉林、辽宁、内蒙古、河北、天津、山西、宁夏、甘肃、青海、新疆、西藏、四川、湖北、河南、山东、江苏、安徽、浙江、湖南、福建、广东、广西、贵州和云南共 25 个省区市的家畜体内曾查到细粒棘球蚴(沈杰和黄兵，2004)。

目前我国西藏、甘肃、青海、新疆、四川、宁夏、云南、内蒙古和陕西等 9 省(自治区)的 368 个县被确定为细粒棘球蚴病流行县(伍卫平，2017)。

二、多房棘球绦虫

1.全球分布情况

多房棘球绦虫主要分布于整个北半球高纬度地带，从欧洲中部、欧亚中北部、远东地区(包括日本)，一直到北美的加拿大和美国西北地区(包括阿拉斯加)。20 世纪 80 年代末，只在奥地利、法国、德国、瑞士报道有多房棘球绦虫存在，但是到了 90 年代末，又在比利时、捷克、丹麦、列支敦士登、卢森堡、波兰、斯洛伐克和荷兰均有报道，至少有 17 个国家(图 9-1)。

欧洲地区：丹麦、爱沙尼亚、立陶宛、比利时、荷兰、卢森堡、法国、德国、瑞士、奥地利、意大利、捷克、斯洛伐克、波兰、瑞典、匈牙利、希腊、英国、芬兰、斯洛文尼亚、保加利亚和罗马尼亚等。

东地中海和北非地区：土耳其、突尼斯。

俄罗斯及周边国家：俄罗斯、白俄罗斯、乌克兰、格鲁吉亚、亚美尼亚、阿塞拜疆、哈萨克斯坦、土库曼斯坦、乌兹别克斯坦、塔吉克斯坦、吉尔吉斯斯坦、蒙古、中国和日本。

北美地区：阿拉斯加和加拿大北部的冻土地带；北极圈的南部地区。

2.我国分布情况

在我国报道见于内蒙古、宁夏、甘肃、青海、新疆、西藏和四川的犬、猫体内(沈杰和黄兵，2004)。

目前我国四川、青海、西藏、新疆、甘肃、内蒙古、宁夏 7 省(自治区)的 119 个县确定存在多房棘球蚴病的流行(伍卫平，2017)。

在我国，多房棘球绦虫分布于 3 个明显的流行区：一是新疆维吾尔自治区；二是我国的中西部，包括甘肃、宁夏、青海、西藏、四川；三是北部的内蒙古。

三、石渠棘球绦虫

目前报道分布于我国四川西北部的石渠县及青海省果洛州的班玛县和久治县以及玉树州的治多县等地。

四、少节棘球绦虫与伏氏棘球绦虫

少节棘球绦虫主要分布于美洲热带地区，包括哥斯达黎加、墨西哥、美国得克萨斯州、尼加拉瓜、智利、巴西、巴拿马、哥伦比亚、厄瓜多尔、阿根廷和乌拉圭等(Schantz et al.，1995；Salinas-López et al.，1996；D’Alessandro，1997)。

伏氏棘球绦虫主要分布于美洲热带地区，包括尼加拉瓜、智利、巴西、巴拿马、巴拉圭、哥伦比亚、厄瓜多尔、阿根廷和乌拉圭等(D’Alessandro，1997)。

第二节　我国包虫病流行区及流行特征

一、我国包虫病流行区

我国包虫病高发流行区主要集中在高山草甸地区及气候寒冷、干旱少雨的牧区及半农半牧区，以新疆、青海、甘肃、宁夏、西藏、内蒙古、四川和云南等地较为严重。

在国家卫生和计划生育委员会的推动和支持下，2012～2016 年中国疫病预防控制中心在全国共抽样调查 11 省(自治区)413 个县，其中内蒙古、四川、西藏、甘肃、青海、宁夏、云南、陕西和新疆等 9 省(自治区)的 368 个县被确定为棘球蚴病流行县，119 个县存在细粒棘球蚴病和多房棘球蚴病混合流行。全国范围内以县为单位，没有单纯的泡型包虫病疫区，基本上都是以囊型和泡型包虫病混合方式存在。

我国包虫病流行的地区分布如下。

四川(35 个县)：阿坝、甘孜、炉霍、松潘、巴塘、黑水、泸定、天全、白玉、红原、马尔康、汶川、宝兴、金川、茂、乡城、丹巴、九龙、木里、小金、道孚、九寨沟、壤塘、新龙、稻城、康定、若尔盖、雅江、得荣、理塘、色达、越西、德格、理县、石渠。

西藏(74 个县)：巴宜、达孜、康马、聂拉木、措美、当雄、拉孜、聂荣、巴青、丁青、朗、普兰、亚东、定结、浪卡子、琼结、安多、定日、类乌齐、曲水、昂仁、堆龙德庆、林周、曲松、八宿、噶尔、隆子、仁布、白朗、改则、洛隆、日喀则市、班戈、岗巴、洛扎、日土、比如、革吉、芒康、萨嘎、边坝、工布江达、米林、萨迦、波密、贡嘎、墨脱、桑日、察雅、贡觉、墨竹工卡、申扎、察隅、吉隆、那曲、双湖、昌都、加查、乃东、索、城关、嘉黎、南木林、谢通门、措勤、江达、尼玛、扎朗、错那、江孜、尼木、札达、仲巴、左贡。

青海(39 个县)：班玛、贵德、乐都、同德、称多、贵南、玛多、同仁、达日、海晏、玛沁、乌兰、大通、河南、门源、兴海、德令哈、互助、民和、循化、都兰、化隆、囊谦、玉树、甘德、湟源、平安、杂多、刚察、湟中、祁连、泽库、格尔木、尖扎、曲麻莱、治多、共和、久治、天峻。

新疆(81 个县)：阿舍奇、巩留、民丰、尉犁、阿克苏、哈巴河、墨玉、温泉、阿克陶、哈密、木垒、温窖、阿勒泰、和布克赛尔、尼勒克、乌尔禾、阿图什、和静、皮山、乌鲁木齐、阿瓦提、和硕、奇台、乌恰、巴楚、呼图壁、且末、乌什、巴里坤、霍城、青河、乌苏、拜城、吉木乃、若羌、新和、博湖、吉木萨尔、沙湾、新源、博乐、经济技术开发区(头屯)、沙雅、焉耆、布尔津、精河、莎车、叶城、策勒、喀什、鄯善、察布查尔、柯坪、疏附、伊宁、昌吉、克拉玛依、塔城、伊宁、达坂城、库车、塔什库尔干塔吉克、伊吾、额敏、库尔勒、特克斯、英吉沙、福海、轮台、吐鲁番、于田、阜康、玛纳斯、托克逊、裕民、富蕴、米东、托里、昭苏、伽师、水磨沟。

新疆建设兵团(13 个县市)：第一师(阿拉尔)、第二师(铁门关)、第三师(图木舒克)、第四师(可克达拉)、第五师(双河)、第六师(五家渠)、第七师(奎屯)、第八师(石河子)、第九师(额敏)、第十师(北屯)、第十二师(乌鲁木齐)、第十三师(哈密)和第十四师(昆玉)。

甘肃(56 个县)：阿克塞、华亭、碌曲、渭源、安定、环县、玛曲、夏河、白银、会宁、民乐、永昌、迭部、积石山、民勤、永登、敦煌、金川、岷县、永靖、甘州、金塔、宁县、榆中、皋兰、景泰、平川、玉门、高台、靖远、庆城、张家川、古浪、静宁、山丹、漳县、瓜州、康乐、肃北、镇原、广河、凉州、肃南、正宁、合作、临潭、肃州、舟曲、和政、临夏、天祝、庄浪、华池、临夏、通渭、卓尼。

内蒙古(25 个县)：锡林浩特、阿巴嘎旗、西乌珠穆沁旗、苏尼特左旗、苏尼特右旗、东乌珠穆沁旗、太仆寺旗、正镶白旗、正蓝旗、镶黄旗、化德、四子王旗、扎鲁特旗、科尔沁、巴林右旗、克什克腾旗、巴林左旗、达茂旗、乌拉特前旗、阿拉善左旗、新巴尔虎右旗、陈巴尔虎旗、额尔古纳、鄂托克旗、鄂托克前旗。

宁夏(19 个县)：金凤、泾源、平罗、西夏、海原、利通、青铜峡、盐池、贺兰、灵武、沙坡头、永宁、红寺堡、隆德、同心、原州、彭阳、西吉、中宁。

云南(24 个县)：香格里拉、德钦、维西、洱源、云龙、剑川、鹤庆、漾濞、宾川、玉龙、古城、兰坪、福贡、泸水、贡山、隆阳、腾冲、昭阳、大关、牟定、大姚、宣威、会泽、石林。

陕西(2 个县)：定边和靖边。

二、我国包虫病流行特征

在我国有四个主要的疫源地，分别是：六盘山区域和甘肃南部的中部疫源地；西藏、青海南部高原和四川西部甘孜等地形成的青藏高原疫源地；以呼伦贝尔草原为主的动物疫源地；以天山、阿尔泰山、塔尔巴哈台山和巴尔鲁克山等山区形成的西部疫源地。这些疫源地均有共同的特点，自然地理条件均为高寒山区，气候寒冷，人烟稀少，患者多为少数民族牧民。其中，青藏高原东部牧区是世界上最严重的泡型包虫病(AE)疫区，该病已成为我国高原牧区最为严重的公共卫生安全问题之一。

我国青藏高原所属的西藏、四川和青海两型包虫病流行程度最重，与这些地区气温低、存在大量的家犬和无主犬有关。在青藏高原地区，棘球绦虫的种类有细粒棘球绦虫、多房棘球绦虫和石渠棘球绦虫三种，在生物群落中，并存有石渠棘球绦虫和多房棘球绦虫的严重感染，为国内外罕见(图 9-1)。

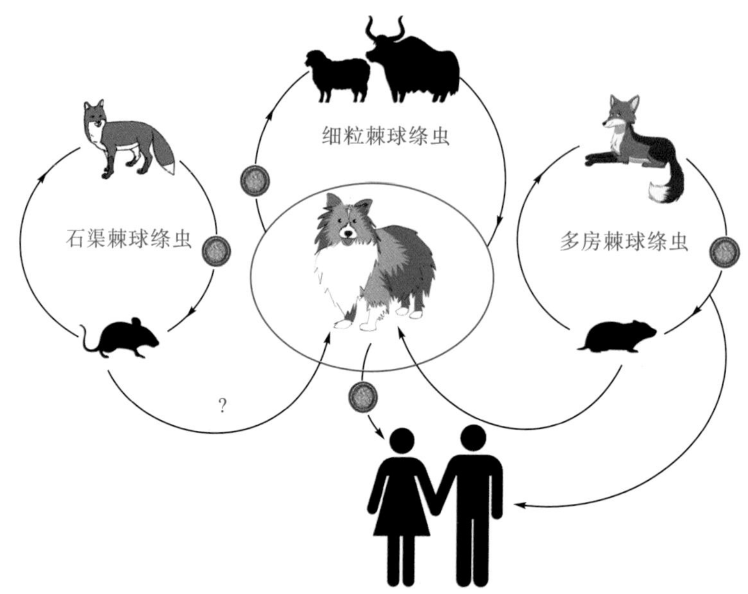

图 9-1 青藏高原地区 3 种棘球绦虫的生活史循环(谢跃提供)

第三节 终末宿主的种类与生物学

一、终末宿主的种类

1.细粒棘球绦虫

终末宿主包括犬(家犬和野犬)、鬣狗、澳洲野犬、狼、白极狐(*Alopex lagopus*)、红狐(赤狐，*Vulves vulves*)、藏狐(*Vulves ferrilata*)、沙狐(*Vulpes corsac*)和鞑靼狐等犬科肉食动物，猫科动物(狮和雪豹等)也可充当细粒棘球绦虫的终末宿主。

在我国以家犬和野犬(流浪犬或无主犬)为细粒棘球绦虫的主要终末宿主。

2.多房棘球绦虫

终末宿主以狐狸为主，包括北极狐、红狐、藏狐、沙狐、灰狐和鞑靼狐等犬科动物；其次是犬、狼、丛林狼和家猫等犬科和猫科动物。

我国境内发现的终末宿主有红狐、藏狐、沙狐、犬(家犬和野犬)和狼等。

野生犬科动物和猫科动物在包虫病自然疫源地的形成中发挥重要作用。全世界已报道的野生犬科动物(Canidae)有13属35种(附录一)，在我国分布有4属6种。同时，我国还分布有13种野生猫科动物(附录二)。

3.石渠棘球绦虫

目前发现的终末宿主主要为藏狐、沙狐和犬。

4.伏氏棘球绦虫和少节棘球绦虫

伏氏棘球绦的终末宿主有犬和虎猫。

少节棘球绦虫的终末宿主包括家猫、家犬、长尾猫，以及美洲中部和南部的野生猫科动物(美洲狮、美洲虎、豹猫、南美草原猫和虎猫)和墨西哥的美洲野猫。

二、终末宿主的生物学特征

1.犬

各种家犬和野犬(无主犬或流浪犬)是细粒棘球绦虫的主要终末宿主。同时，在青藏高原地区犬也是多房棘球绦虫的重要终末宿主和传染源。生活在青藏高原地区的独特犬种(藏獒)在该地区囊型包虫病和泡型包虫病的流行环节中发挥重要作用(图9-2、图9-3)。

图9-2　藏獒1(邓世金提供)

图9-3　藏獒2(蔡金山提供)

藏獒主要栖息在高海拔的高寒地带，是犬类动物中唯一没有被时间和环境所改变的雪域高原的活化石。藏獒适应了高海拔、低氧压、强辐射、多降雨、严寒劲风的恶劣自然条件，具备耐饥劳，抗瘟病的生存能力。藏獒是一年一次的季节性发情动物。它具有杂食性和广食性的摄食特点或食性。由于藏獒生活在青藏高原广大牧区，偏肉食性，包括马、牛、羊等家畜和生活在青藏高原的多种野生动物的肉、奶、骨、内脏等都可为藏獒所摄食。同时，藏獒有非常广泛的食谱，除食肉、骨等动物性食物外，也吃大量的植物性食物，例如各种谷物、蔬菜，藏獒都能良好摄食。

我国青藏高原地区草原鼠类数量多，天气晴朗时，鼠兔就会钻出来晒太阳。家养藏獒、流浪藏獒以及处于放养状态的夏季牧场藏獒，可以自由活动，因此鼠兔和其他野生鼠类容易被藏獒捕食，这就造成犬很容易捕食到大量感染有棘球蚴的鼠兔和其他野生鼠类而感染多房棘球绦虫，成为泡型包虫病的重要传染源。

2.狼

狼以中小型有蹄类和啮齿类等为食，也偷盗家畜、家禽。适应性较强，除热带地区外，在山地丘陵、森林、草原、平原及荒漠冻原均有其踪迹。独栖或成对同栖，北方的狼多在冬天集群，每群不超过 20 只。听觉、嗅觉和视觉均发达。行动敏捷，性情多疑、机警。晨昏或夜晚觅食。每天活动范围可达 50～60km（图 9-4）。

图 9-4　狼

3.狐

（1）藏狐

藏狐昼行性，独居，主要选择草原和草甸作为生活环境，主要在晨昏活动。在青藏高原地区，高原鼠兔和其他小型啮齿类动物及大型哺乳类动物的残骸是它们的主要食物组成。除此之外，还有一些昆虫、蚯蚓和植物等。藏狐的昼间活动与其猎物（高原鼠兔）的昼行性生活习性有关，藏狐的全天活动主要是用来捕食（图 9-5）。

图 9-5　藏狐（Vulpes ferrilata）

（2）红狐

红狐食物主要是小的穴居哺乳动物，如各种鼠类。除此之外，红狐还捕食青蛙、蛇、昆虫、蝴蝶以及蔬菜等；喜欢夜间活动并且善于储存食物，一天的活动范围达 10km，冬天较夏天活动性强。分布于青藏高原地区的红狐为杂食性动物，大多数通过捕食寄生多房棘球蚴的高原鼠兔和其他小型啮齿类动物，使其感染多房棘球绦虫。在每天近 10km 的活动范围内，红狐通过粪便排出多房棘球绦虫的虫卵，成为泡型包虫病的传播者（图 9-6）。

图 9-6　红狐（Vulpes vulpes）

（3）沙狐

沙狐更具群居性，甚至多只个体共住同一洞穴。沙狐白天非常活跃，听觉、视觉、嗅觉皆灵敏，四处流浪，无固定居住区域。以啮齿类动物为主要食物，沙狐有一套捕捉啮齿动物的高效办法，捕捉时先跃入空中，再扑向猎物，猎物很少有机会逃脱，借助一双宽大的耳朵，它们能准确定位猎物的跑动方向（图 9-7）。

图 9-7　沙狐（Vulpes corsac）

4.猫

家猫和流浪猫(野猫)可因捕食鼠兔和野生鼠类而感染多房棘球绦虫，成为泡型包虫病的传染源。

第四节　中间宿主种类

一、细粒棘球绦虫

细粒棘球绦虫可感染多种家养动物、野生动物以及人。家养动物主要包括牛(牦牛、黄牛、水牛)、羊(绵羊、山羊)、猪、马和骆驼，但绵羊是最适宜的中间宿主。此外，多种野生动物也可受到感染，已报道有鹿科动物(驯鹿、麋鹿等)、长颈鹿、羚羊、斑马、林麝、岩羊、野猪、疣猪、金丝猴、长尾猴、罗猴、猕猴、狐猴、无尾猴、狒狒、巨松鼠、灰袋鼠和野兔等 50 多种哺乳动物。

在我国已报道有 11 种有蹄类家畜(绵羊、山羊、牦牛、黄牛、犏牛、水牛、骆驼、马、驴、骡以及猪)可感染细粒棘球蚴。

二、多房棘球绦虫

多房棘球绦虫的中间宿主以啮齿目动物为主。据统计全世界有 8 科 20 属 40 多种鼠类可感染多房棘球绦虫，8 科鼠类包括：鼹鼠科(鼹鼠)、松鼠科(松鼠、地松鼠、达乌尔黄鼠和土拨鼠)、仓鼠科(仓鼠、中华鼢鼠、沙鼠和林鼠)、田鼠科(普通田鼠、根田鼠、布氏田鼠、北极田鼠、兔尾鼠和棕色旅鼠)、鼠科(黑线姬鼠和小林姬鼠)、跳鼠科(小跳鼠)、鼠兔科(鼠兔)和海狸鼠。

在我国报道有：达乌尔黄鼠、中华鼢鼠、布氏田鼠、小家鼠、赤颊黄鼠、黑唇鼠兔、灰尾鼠、长爪沙鼠、伊犁田鼠、根田鼠、青海田鼠、松田鼠和长尾仓鼠等 13 种，在青藏高原黑唇鼠兔是多房棘球绦虫和石渠棘球绦虫的主要中间宿主。

三、石渠棘球绦虫

目前仅知的中间宿主为高原鼠兔和田鼠。

四、伏氏棘球绦虫和少节棘球绦虫

无尾刺豚鼠(*Cuniculus paca*)、刺豚鼠(*Dasyprocta* spp.)、地棘鼠(*Proechimys* spp.)和人均可作为伏氏棘球绦虫的中间宿主。

少节棘球绦虫常见的中间宿主有刺豚鼠(*Dasyprocta punctata*、*D.rubrata*、*D.leporina* 和 *D.fuliginosa*)、无尾刺豚鼠(*Cuniculus paca*)、托氏地棘鼠(*Proechimys semispinosus*)和圭亚那原针鼠(*P.guyannensis*)，偶尔寄生负鼠(*Didelphis marsupialis*)、佛罗里达棉尾兔(*Sylvilagus floridanus*)及人。

第五节　感染与传播途径

在包虫病流行环节中，中间宿主和终末宿主的感染途径均为经口感染。

一、细粒棘球绦虫

犬、狼和狐狸等犬科动物是散播棘球绦虫虫卵的主要传染源。在牧区，犬(牧羊犬、野犬)、狼和狐粪中排出的虫卵及孕卵节片，可通过污染牧草、牧地以及饮水而引起牛、羊等家养及野生动物的感染；而终末宿主(如犬、狐等)吞食带虫的动物内脏，从而造成该虫在家养动物与犬科动物之间的循环感染与传播。

人可通过直接接触犬、狐等动物致使虫卵粘在手上经口感染，或因通过被虫卵污染的蔬菜、水果、饮水和生活用具等，误食虫卵而引起感染。猎人或牧民因直接接触犬和狐狸的毛皮等，感染机会也较多。

高原地区由于缺水，据调查 90.7%的调查对象不清洗蔬菜就直接生食，82.9%的牧民在接触了土壤或者犬的排泄物后并不洗手，因此感染概率很高。

蝇类也可以携带和散播虫卵污染食物，引起人和动物的感染。

二、多房棘球绦虫

泡型棘球蚴病的病原主要由流行区的啮齿动物和狐类(狐属和北极狐属)传播。成虫在终末宿主的小肠内发育，幼虫在中间宿主的肝、肺脏等脏器中发育。当感染有泡球蚴的鼠类等中间宿主被狐、犬和狼等终末宿主吞食后，吞入的原头蚴在终末宿主的小肠内发育为成虫。虫卵随宿主粪便排出体外，再被中间宿主吞食并在小肠中孵出六钩蚴，六钩蚴经门静脉系统输送到肝脏等脏器，逐渐发育成泡球蚴。如此反复，使得该病原在中间宿主和终末宿主之间依次轮转，呈周期性地循环。

此外，据报道地甲虫由于喜食狐类、犬类的粪便，从而在消化道和体表携带多房棘球绦虫的虫卵，麝鼠因喜食地甲虫而被感染，此时的地甲虫对该病的传播也起了相当大的促进作用。人类误食由犬、狐或猫从粪便中排出的成熟虫卵后，即可感染泡型棘球蚴。

在欧亚大陆和北美的广大地区(包括人类居住区)都存在着泡球蚴病原与多宿主的共聚状态，因此使得泡型棘球蚴病的流行情况更加复杂化。当人类及其驯养的动物与流行地区的天然宿主之间因共栖而构成一个流行与感染环时，泡球蚴常成为人兽共患的重要致病原。特别是在聚居区内养犬成风，犬类又捕食感染有泡球蚴的野生啮齿动物时，该病原对人类的危害则尤为严重。

三、石渠棘球绦虫

藏狐和犬通过摄食感染石渠棘球绦虫的高原鼠兔的内脏而感染，藏狐排出的虫卵或节片通过水草及周边环境而致使高原鼠兔感染。

四、少节棘球绦虫和伏氏棘球绦虫

少节棘球绦虫的终末宿主是猫科动物，由于虫体在家猫体内发育很快，常成为流行区潜在的传染源之一。人常因卫生习惯不良而增加感染的危险性，猎人因处理野猫尸体而受感染。

伏氏棘球绦虫的终末宿主为薮犬和家犬。由于薮犬属于野生动物，故将该虫种传播给人的概率较低。因此，在人类感染该虫过程中，家犬起着重要作用。家犬通过食入感染伏氏棘球蚴的无尾豚鼠的内脏而感染，当家犬排出来的虫卵污染环境时又可引起人和动物的感染(Basset et al.，1998；Rausch，2002)。

第六节 我国人群和动物棘球蚴感染情况

我国是世界细粒棘球绦虫和多房棘球绦虫混合流行的高发地区之一，对人和家养动物危害严重。

一、人群感染情况

据 2004 年全国人体重要寄生虫病现状调查结果显示，包虫病流行区人群平均患病率为 1.08%。

2012～2016 年中国疾病预防控制中心在全国共抽样调查 11 省(自治区)413 个县，其中内蒙古、四川、西藏、甘肃、青海、宁夏、云南、陕西和新疆等 9 省(自治区)的 368 个县被确定为棘球蚴病流行县，119 个县存在细粒棘球蚴病和多房棘球蚴病混合流行(伍卫平，2017)。对其中 364 个流行县进行了流行程度的调查，人群棘球蚴病检出率为 0.51%。推算流行区人群患病率为 0.28%，受威胁人口约 5000 万，患病人数大约 17 万。

从西藏 74 个地市县的调查结果来看，患病率最高的是那曲和阿里地区。根据对西藏囊型和泡型包虫病的推算，西藏的 74 个县中有 47 个县发现泡型包虫病。综合 2012～2016 年的调查结果，西藏全区人群患病率为 1.66%(1371/80384)。病例以囊型为主(87.67%)，危害严重的泡型病例构成比超过 10%(11.16%)，全区推算患病人数达 49935 人。全区 74 个县均有包虫病流行，其中发现泡型包虫病的县有 47 个，占 64%。

二、动物感染情况

1.细粒棘球绦虫

(1)中间宿主的细粒棘球蚴感染情况

1)羊

在我国羊棘球蚴病主要发生于青海、新疆、西藏、甘肃、四川、内蒙古和宁夏等省(自治区)。其中，青海省羊细粒棘球蚴感染率大多在 20%以上(表 9-1～表 9-4)。

表 9-1　青海省羊细粒棘球蚴感染情况

调查地点	宿主	调查数量/只	感染率/%	检查方法	报告人与时间
共和县	绵羊	2632	48.90	宰后内脏检查	吕才福等，2000
	绵羊	825	62.91	宰后内脏检查	吴献洪等，2001
	绵羊	1700	48.12	宰后内脏检查	多杰才让，2008
	羊	618	23.95	宰后内脏检查	冯成兰等，2008
贵南县	绵羊	567	43.74	宰后内脏检查	陈彩英等，2005
	绵羊	556	64.03	宰后内脏检查	河生德，2007
	羊	136	38.97	宰后内脏检查	常明华等，2008
民和县	绵羊	1175	26.64	宰后内脏检查	冶文先等，2007
	羊	530	34.15	宰后内脏检查	张海英，2009
乌兰县	绵羊	1450	32.55	宰后内脏检查	刘永梅，2009
	半细毛羊	1450	32.55	宰后内脏检查	张长英，2008
	绵羊	2189	52.54	宰后内脏检查	李启强，2009
泽库县	羊	617	42.79	宰后内脏检查	都占林等，2003
称多县	羊	1735	53.37	宰后内脏检查	荣尕，2006
久治县	羊	200	31	宰后内脏检查	沈延银等，2006
互助县	羊	515	32.04	宰后内脏检查	祁守忠等，2006
	羊	773	5.85	宰后脏器检查	王文勇等，2017
玛沁县	藏系羊	1127	61.40	宰后内脏检查	措毛吉，2006
尖扎县	绵羊	1841	46.06	宰后内脏检查	徐新明等，2008
玉树州	绵羊	2576	63.12	宰后内脏检查	程海萍等，2008
	山羊	32	71.88		
果洛州	绵羊	2008	54.08	宰后内脏检查	程海萍等，2008
黄南州	绵羊	576	84.90	宰后内脏检查	程海萍等，2008
	山羊	168	26.79	宰后内脏检查	程海萍等，2008
	羊	210	29.52	宰后内脏检查	万玛加，2016
	牛、羊	102	3.92	宰后内脏检查	娘尕才让，2017
湟源县	羊	315	39.68	宰后内脏检查	郭志宏，2008
	羊	1170	29.7	宰后内脏检查	陈长江等，2016
西宁市	羊	102	46.08	宰后内脏检查	姬生俭等，2008
化隆县	绵羊	581	29.78	宰后内脏检查	王海刚等，2008
	羊	1000	0.30	宰后内脏检查	马玉兰，2014
门源县	绵羊	243	20.99	宰后内脏检查	张海成等，2009
	羊	150	73.33	宰后内脏检查	张莲，2017
兴海县	绵羊	15230	29.97	宰后内脏检查	铁永梅等，2010
祁连县	羊	358	17.59	宰后内脏检查和血清学检查	许莉鲜等，2014
海晏县	羊	183	44.30	宰后内脏检查	铁富萍等，2015

续表

调查地点	宿主	调查数量/只	感染率/%	检查方法	报告人与时间
大通县	羊	818	26.20	宰后内脏检查	李国平等，2016
	羊	375	7.42	宰后内脏检查	顾冬花等，2017
全省各地	寒羊	1391	28.61	ELISA	傅义娟等，2015
	羊	2028	10.65	宰后内脏检查	
海晏等 5 县	羊	993	57.40	宰后内脏检查	李伟，2017

表 9-2 新疆维吾尔自治区羊细粒棘球蚴感染情况

调查地点	宿主	调查数量/只	感染率/%	检查方法	报告人与时间
各地区	绵羊	7715	68.39	宰后脏器检查	柴君杰等，1989
博州	羊	10779	49.27	宰后脏器检查	安宁等，2006
兵团农三师	绵羊	439	22.78	ELISA	骆志强等，2008
10 个地区	绵羊	624	11.54	宰后脏器检查	努斯来提等，2010
12 个地区	绵羊	6409	48.93	宰后脏器检查	努斯来提等，2010
伊宁市	绵羊	250	63.00（羔羊） 33.65（成年羊） 50.00（老龄羊）	宰前检疫和宰后脏器检查	艾山江・塔斯坦，2010
玛纳斯县	细毛羊	1556	6.49	宰后脏器检查	李培勇等，2014
	细毛羊	5090	6.01	宰后脏器检查	阿赞・喀力等，2017
北屯市	羊	1000	1.60	宰后脏器检查	文琴音，2013
布克赛尔自治县	羊	180	3.80	B 超检查	李海涛等，2013
生产建设兵团	羊	1450	0.97	宰后脏器检查	刘洋等，2014
和田地区	绵羊	226	76.00	宰后脏器检查	祖力胡马力・尼拉木丁等，2014
	羊	6244	3.30	宰后脏器检查	艾德尔艾力・阿有甫等，2016
额敏县	羊	12510	2.70	宰后脏器检查	杨诗杰等，2015
	绵羊	742	36.93	超声诊断和宰后脏器检查	吴爱免，2014
伊犁州	羊	1066	19.51	宰后脏器检查	陈荣贵等，2015
巴音布鲁克奎克乌苏达板地区	绵羊	—	36.90	超声影像检查	董建等，2015
十四地州	羊	18374	9.80	宰后脏器检查	努斯来提・依不拉音等，2015
温宿县	羊	2479	22.80	宰后脏器检查	杨帆等，2015
托克逊县	羊	254	5.12	宰后脏器检查	祁巧芬，2016
裕民县	羊	797	33.70	宰后脏器检查	闫京阳，2016
巴州	牛、羊	2868	10.63	宰后脏器检查	宋迎春等，2013
乌鲁木齐市	羊	1000	6.50	宰后脏器检查	王文秀等，2017
奎屯垦区	家畜	6414	1.93	宰后脏器检查	方娟等，2017

表 9-3　甘肃省羊细粒棘球蚴感染情况

调查地点	宿主	调查数量/只	感染率/%	检查方法	报告人与时间
甘南区	绵羊	890	13.93	宰后脏器检查	李敏等，1996
高台县	羊	1005	0.19	宰后脏器检查	蒲秀华等，2013
天祝县	绵羊	373	10.05	宰后脏器检查	王淑芳，2013
	羊	6255	3.73	宰后脏器检查	种宝林等，2017
会宁县	羊	718	0.84	宰后脏器检查	何斌，2013
	羊	3344	0.78	宰后脏器检查	何昕等，2016
夏河县	绵羊	854	44.89	宰后脏器检查	王芳，2014
甘南州	羊	15587	25.93	宰后脏器检查	丁玲等，2015
刚察县	羊	302	17.55	宰后脏器检查	鲁瑛，2015
环县	山羊	534(2007 年)	7.80		王鹏忠，2016
		500(2008 年)	6.00		
		539(2009 年)	7.10		
		500(2010 年)	6.80		
		1000(2011 年)	4.60		
		1012(2012 年)	4.05		
		1200(2013 年)	4.40		
		1450(2014 年)	4.80		
永登县	羊	533	6.75	宰后脏器检查	包善庆，2016
甘州区	羊	2500	10.30	宰后脏器检查	闻兵等，2017
阿克塞县	牛、羊	451	10.42	宰后脏器检查 血清学检查	阿合提，2017
	牛、羊	130	30.00		
敦煌市	羊	2060	0.33	宰后脏器检查	郭炳风，2017
肃北、阿克塞县	牛、羊	2101	11.47	宰后脏器检查	张翠花等，2018
瓜州县	牛、羊	334	15.57	ELISA	张翠花等，2018
玛曲县	羊	67	8.96	宰后脏器检查	李永霞，2017
环县	羊	454	5.51	宰后脏器检查	李永霞，2017
天祝县	羊	40	30.00	宰后脏器检查	李永霞，2017
皇城羊场	羊	204	0.98	宰后脏器检查	李永霞，2017

表 9-4　四川、西藏、内蒙古和宁夏羊细粒棘球蚴感染情况

调查地点	宿主	调查数量/只	感染率/%	检查方法	报告人与时间
四川阿坝州	绵羊、牦牛	3336	3.39	宰后脏器检查	黎能金等，2010
四川甘孜、阿坝(18 县)	羊	6573	5.34	宰后脏器检查	阳爱国等，2016
西藏山南市	羊	30	100.00	宰后脏器检查	胡雄贵等，2017

续表

调查地点	宿主	调查数量/只	感染率/%	检查方法	报告人与时间
西藏阿里地区	羊	195	33.33	宰后脏器检查	雷彦明等，2018
内蒙古各地	羊	10169	0.86	宰后脏器检查	石雪英等，2017
		5930	0.61		
		7380	0.58		
宁夏平罗县	羊	1011	0.09	宰后脏器检查	郑博等，2014
宁夏湟中县	羊	477	6.70	宰后脏器检查	奎军，2014
宁夏 17 个区(县)	羊	10512	1.31	宰后脏器检查	吴向林等，2015
宁夏部分地区	羊	2029	3.39	宰后脏器检查	周海宁等，2016
		2080	40.39	ELISA	

2) 牛

在我国牛细粒棘球蚴的感染多发生于青海、四川、西藏、甘肃甘南和新疆等地区。其中，在青海省牛细粒棘球蚴感染率较高(表 9-5、表 9-6)。

表 9-5 青海省牛细粒棘球蚴感染情况

调查地区	宿主	调查数量/头	感染率/%	检查方法	报告人与时间
共和县	牦牛	78	46.15	宰后内脏检查	吴献洪等，2001
	牛	96	56.25	宰后内脏检查	多杰才让，2008
	牛	391	20.72	宰后内脏检查	冯成兰等，2008
	牦牛	540	48.70	宰前检疫和宰后内脏检查	吕望海，2009
	牛	327	21.71	宰后内脏检查	文进明，2010
贵南县	牦牛	100	58.00	宰后内脏检查	陈彩英等，2005
	牦牛	128	56.25	宰后内脏检查	河生德，2007
	菜牛	116	44.83	宰后内脏检查	常明华等，2008
久治县	牦牛	346	57.23	宰后内脏检查	旦巴，2003
	牛	200	45.00	宰后内脏检查	沈延银等，2006
	牛	966	58.18	宰后内脏检查	梁廷堂等，2007
	牦牛	515	32.04	宰前检疫和宰后脏器检查	胡青攀等，2008
	牛	518	32.43	宰后内脏检查	周毛等，2009
乌兰县	牦牛	280	18.57	宰后内脏检查	张长英，2008
	牦牛	343	20.99	宰后内脏检查	李启强，2009
甘德县	牛	50	54.00	宰后内脏检查	梁廷堂等，2007
班玛县	牛	167	49.10	宰后内脏检查	梁廷堂等，2007
达日县	牛	50	22.00	宰后内脏检查	梁廷堂等，2007
玛沁县	牛	103	7.77	宰后内脏检查	梁廷堂等，2007
	牛	50	28.00	宰后内脏检查	梁廷堂等，2007
果洛州	牦牛	490	8.16	宰后内脏检查	措毛吉，2006

续表

调查地区	宿主	调查数量/头	感染率/%	检查方法	报告人与时间
天峻县	牦牛	576	18.23	宰前检疫和宰后脏器检查	张晓强等，2007
玉树州	牦牛	129	25.58	宰后内脏检查	彭毛，2010
称多县	牛	121	43.80	宰后剖检脏器	荣尕，2006
西宁市	牛	59	38.98	宰后剖检切片法	姬生俭等，2008
泽库县	牛	107	65.42	宰后内脏检查	都占林等，2003
尖扎县	牛	210	53.33	宰后内脏检查	徐新明等，2008
玉树州	牛	577	79.55	宰后内脏检查	程海萍等，2008
果洛州	牦牛	1241	70.59	宰后内脏检查	程海萍等，2008
黄南州	牦牛	384	79.69	屠宰后内脏检查	程海萍等，2008
甘德县	牛	50	54.00	宰后脏器检查	王玉柱，2013
祁连县	牛	300	5.67	宰后脏器检查和血清学检查	许莉鲜等，2014
海晏县	牦牛	74	45.90	宰后脏器检查	铁富萍等，2015
青海全省	牛	1491	17.91	ELISA	傅义娟等，2015
		1982	7.11	宰后脏器检查	
大通县	牛	401	12.70	宰后脏器检查	李国平等，2016
	牛	500	1.00	宰后脏器检查	顾冬花等，2017b
湟源县	牦牛和奶牛	280	20.10	宰后脏器检查	陈长江等，2016
黄南州	牛	315	21.27	宰后脏器检查	万玛加，2016
互助县	牛	503	10.50	宰后脏器检查	王文勇等，2017
门源县	牛	100	30.00	宰后脏器检查	张莲，2017

表 9-6　甘肃、四川、新疆和宁夏牛细粒棘球蚴感染情况

调查地区		宿主	调查数量	感染率/%	检查方法	报告人与时间
甘肃	甘南州	牦牛	125	16.80	宰后脏器检查	李敏等，1996
	天祝县	牦牛和黄牛	224	3.15	宰后脏器检查	王淑芳，2013
	夏河县	牦牛	328	42.40	宰后脏器检查	王芳，2014
	甘南州	牛	2191	24.99	宰后脏器检查	丁玲等，2015
	甘州区	牛	500	1.00	宰后脏器检查	闻兵等，2017
	玛曲县	牛	42	59.52	宰后脏器检查	李永霞，2017
	天祝县	牛	121	13.22	宰后脏器检查	李永霞，2017
四川	石渠县和甘孜县	牦牛	429	50.80	宰后脏器检查	何金戈等，2000
	壤塘县	牦牛	516	3.88	宰后脏器检查	吕华等，2014
	甘孜州	牛	5521	12.21	宰后脏器检查	阳爱国等，2016
	阿坝州	牛	5764	4.80	宰后脏器检查	阳爱国等，2016
新疆	博州	牦牛	4053	5.01	宰后脏器检查	安宁等，2006
	伊犁州	牛	284	15.49	宰后脏器检查	陈荣贵等，2015
	十四地州	牛	3380	10.71	宰后脏器检查	努斯来提·依不拉音等，2015

续表

调查地区		宿主	调查数量	感染率/%	检查方法	报告人与时间
新疆	温宿县	牛	348	2.60	宰后脏器检查	杨帆等，2015
	托克逊县	牛	200	7.50	宰后脏器检查	祁巧芬，2016
	乌鲁木齐市	牛	400	3.50	宰后脏器检查	王文秀等，2017
	裕民县	牛	108	17.60	宰后脏器检查	闫京阳，2016
宁夏	17 个区(县)	牛	2851	0.28	宰后脏器检查	吴向林等，2015

3) 马

在内蒙古呼伦贝尔草原调查 7482 匹马，其细粒棘球蚴感染率为 18.39%(李魁伟，1998)。

4) 骆驼

新疆北部地区是骆驼棘球蚴病的高发地区，1996 年的调查报告中，375 只骆驼中有 185 只感染，感染率为 49.33%(柴君杰等，1998)。此外，对内蒙古阿拉善左旗的骆驼分别于 1998 年和 2003 年进行细粒棘球绦虫感染情况调查，结果显示感染率分别为 9.6%(12/125)和 24.63%(67/272)(图布新等，2003)。

5) 猪

奎军对青海省湟中县屠宰场屠宰的猪进行棘球蚴感染情况调查，屠宰后脏器检查猪 148 只，感染率为 3.3%，肝、肺包囊数在 1～6 个之间(奎军，2014)。2014 年，阳爱国等在四川阿坝州通过基线调查发现该区域半农半牧区县猪感染率为 18.0%(阳爱国等，2016)。

6) 羚羊

有人在西藏可可西里地区解剖 6 只藏羚羊，发现感染率为 33.33%(吴海生等，2009)。

2.终末宿主(犬)细粒棘球绦虫感染情况

我国青海地区是犬细粒棘球绦虫感染的高发区(表 9-7)，其次是新疆和四川地区(表 9-8、表 9-9)。青海地区的感染率为 4.26%～68.42%，称多县、玉树藏族自治州、果洛藏族自治州和泽库县的感染率均大于 60%，其中果洛藏族自治州的感染率最高(68.42%)。

表 9-7　青海犬细粒棘球绦虫感染情况

调查地区	宿主	调查数量/只	感染率/%	报告人与时间	备注
德令哈市	犬	59	23.73	李莲芳等，2002	溴酸槟榔碱泻下法
泽库县	犬	60	65.00	都占林等，2003	溴酸槟榔碱泻下法
贵南县	犬	60	28.33	陈彩英等，2005	溴酸槟榔碱泻下法
班玛县	藏獒	10	20.00	韩秀敏等，2006	粪抗原 ELISA
柴达木地区	犬	59	23.73	李永福，2006	溴酸槟榔碱泻下法
共和县	犬	63	34.92	多杰才让，2008	溴酸槟榔碱泻下法
	犬	78	28.21	魏有梅等，2006	溴酸槟榔碱泻下法

续表

调查地区	宿主	调查数量/只	感染率/%	报告人与时间	备注
贵南牧场	犬	54	25.93	河生德，2007	溴酸槟榔碱泻下法
治多县	犬	193	6.22	吴献洪等，2007	溴酸槟榔碱泻下法
天峻县	犬	94	4.26	许正林等，2007	溴酸槟榔碱泻下法
海晏县	犬	26	11.53	李伟，2007	粪抗原 ELISA
湟源县	犬	65	6.15	郭志宏，2008	溴酸槟榔碱泻下法
尖扎县	犬	56	42.86	徐新明等，2008	粪便检查
玉树州	犬	48	60.42	程海萍等，2008	剖检小肠
果洛州	犬	38	68.42	程海萍等，2008	剖检小肠
黄南州	犬	12	41.67	程海萍等，2008	剖检小肠
	犬	302	14.57	万玛加，2016	ELISA
	犬	569	12.13	娘尕才让，2017	犬粪检查
称多县	藏獒	57	61.40	尕着，2008	溴酸槟榔碱泻下法
青海省牧区	犬	83	18.07（蔗糖离心尼龙网筛法） 15.66（福尔马林乙醚沉淀法） 13.25（饱和蔗糖漂浮法）	李志宁，2009	粪便检查
乐都区	家犬	339	3.24	盛永华，2013	ELISA
大通县	家犬	320	11.87	赵明奎等，2014	粪抗原检查
	犬	923（ELISA） 12（剖检）	2.28 —	顾冬花等，2017a	ELISA 和剖检
祁连县	牧犬	15	40.00	许莉鲜等，2014	氢溴酸槟榔碱泻下法
湟源县	牧犬	20（剖检） 200（粪抗原 ELISA）	10.00	陈长江等，2016	剖检和粪抗原 ELISA
青海多个地区	牧羊犬或藏犬	536（氢溴酸槟榔碱泻下法） 28（剖检）	22.76 64.29	阚威等，2017	氢溴酸槟榔碱泻下法 剖检
门源县	犬	7（剖检） 270（ELISA）	42.86 21.48	张莲，2017	屠宰后脏器检查 ELISA
智多县	犬	34	11.76	李永霞，2017	氢溴酸槟榔碱泻下法
达日县	犬	30	16.67	李永霞，2017	剖检

表 9-8 新疆犬细粒棘球绦虫感染情况

调查地区	宿主	调查数量/只	感染率/%	报告人与时间	备注
各地区	家犬	542	34.87	柴君杰等，1989	粪抗原 ELISA
北部农牧区	犬	305	6.13	柴君杰等，2003	粪抗原 ELISA

续表

调查地区	宿主	调查数量/只	感染率/%	报告人与时间	备注
北部地区	犬	539	28.39	柴君杰等，2004	粪抗原 ELISA
福海县、布尔津县等 7 个县	犬	848	26.40	瞿群等，2003	粪抗原 ELISA
和静县巴音布鲁克草原	藏犬	30	1 只雌性牧羊犬小肠内发现棘球绦虫成虫 1 万条以上	温浩等，2006	剖检小肠及虫体 DNA 测序鉴定
12 个地区	犬	552	28.00	努斯来提等，2010	粪抗原 ELISA
和静县天山山区	犬	46	15.22	席耐等，2010	粪抗原 ELISA
新疆生产建设兵团	犬	5391	0.69	李凡卡等，2015	粪抗原 ELISA
玛纳斯县	犬	1134	6.26	李培勇等，2014	粪抗原 ELISA
		4830	2.67	阿赞・喀力等，2017	粪抗原 ELISA
玛纳斯县	家犬		44.32	苏圣等，2014	粪抗原 ELISA
阿合奇县	家犬	500	8.20	马论文，2013	粪抗原 ELISA
北屯市	犬	320	0.31	文琴音，2013	犬粪检测
第四师七十七兵团	犬	60	3.30	陈新华，2013	犬粪检查
察布查尔县	犬	720	4.58～8.75	马增光等，2013	粪抗原 ELISA
十四地州	犬	3842	9.84	努斯来提・依不拉音等，2015	粪抗原 ELISA
皮山县	犬	88	2.27	祖力胡马力・尼拉木丁等，2014	粪抗原 ELISA
策勒县	犬	88	10.22	祖力胡马力・尼拉木丁等，2014	粪抗原 ELISA
和田县	犬	88	23.86	祖力胡马力・尼拉木丁等，2014	粪抗原 ELISA
木垒县	家犬	88	43.32	罗永强等，2015	粪抗原 ELISA
温宿县	犬	730	9.70	杨帆等，2015	粪抗原 ELISA
十四地州	犬	3842	9.84	努斯来提等，2015	粪抗原 ELISA
和田地区	犬	1401	2.36	艾德尔艾力・阿有甫等，2016	粪抗原 ELISA
裕民县	犬	360	6.90	闫京阳，2016	粪抗原 ELISA
沙湾县	犬	2167	16.20	樊丽等，2017	粪抗原 ELISA
奎屯垦区	家犬	5236	3.06	方娟等，2017	粪抗原 ELISA

表 9-9 四川、甘肃、宁夏、内蒙古和西藏犬细粒棘球绦虫感染情况

调查地区		宿主	调查数量/只	感染率/%	报告人与时间	备注
四川	甘孜州	犬	16	43.75	何金戈等，2000	剖检
	定结县和当雄县	犬	997	8.53	德吉等，2015	粪抗原 ELISA
	阿坝州	牧羊犬	5814	17.01	黎能金等，2010	粪抗原 ELISA
	色达县	家犬和野犬	55	65.45	朱依柏，1996	剖检
	石渠县	野犬	888	1.13	何伟等，2018	粪抗原 ELISA
	甘孜州	犬	6021	23.23	阳爱国等，2016	粪抗原 ELISA

续表

调查地区		宿主	调查数量/只	感染率/%	报告人与时间	备注
四川	木里县	犬	1450	4.44	周儒鹏等，2017	粪抗原 ELISA
甘肃	高台县	犬	487	7.39	蒲秀华，2013	粪抗原 ELISA
	甘南州	牧犬和野犬	123	48.50	丁玲等，2015	剖检
	会宁县	家犬	8800	3.56	何昕等，2016	粪抗原 ELISA
	玛曲县、天祝县、环县	犬		12.29	潘永红等，2015	氢溴酸槟榔碱泻下法和剖检
	环县	家犬	60（2007 年）	21.67	王鹏忠，2016	犬粪检测
			700（2008 年）	16.29		
			1400（2009 年）	14.29		
			2500（2010 年）	12.32		
			2037（2011 年）	11.40		
			1500（2012 年）	10.25		
			2500（2013 年）	12.40		
			2500（2014 年）	10.40		
	阿克塞县	牧羊犬	180	8.33	阿合提，2017	粪抗原 ELISA
	天祝县	家犬	17410	9.52	种宝林等，2017	粪抗原 ELISA
	甘州区	犬	1506	2.66	刘晓梅，2017	粪抗原 ELISA
	肃北县、阿克塞县、瓜州县	犬	540	7.22	张翠花等，2018	粪抗原 ELISA
	天祝县	犬	119	5.88	李永霞，2017	粪抗原 ELISA
	环县	犬	90	14.44	李永霞，2017	粪抗原 ELISA
	玛曲县	犬	92	18.48	李永霞，2017	粪抗原 ELISA
宁夏	西吉县	家犬	12	8.33	马天波等，2014	剖检
	平罗县	犬	320	1.56	郑博等，2014	粪抗原 ELISA
	部分地区（12 个县）	犬	4620	4.05	周海宁等，2016	粪抗原 ELISA
内蒙古	全区	犬	11671	2.74	石雪英等，2017	粪抗原 ELISA
			12504	1.93		
			11577	0.74		
	兴安盟	犬	2318	3.20	朱海滨，2017	犬粪检测
西藏	阿里地区	犬	424	8.02	雷彦明等，2018	粪抗原 ELISA

2.多房棘球绦虫

(1)中间宿主(啮齿类动物)泡球蚴感染情况

在泡球蚴病的流行环节中，主要以啮齿目动物为中间宿主(表 9-10)。青海各地区高原野生动物的感染率为0.41%～20.00%。新疆地区各鼠类感染率较低(0.01%～2.94%)，其中伊宁县的感染率(2.94%)高于其他已报道的地区。而四川西部藏区灰田鼠的感染率高达25%。

表9-10 青海、新疆、四川和宁夏鼠类多房棘球蚴感染情况

调查地区		宿主	数量/只	感染率/%	报告人与时间
青海	称多等四县	黑唇鼠兔	319	3.45	王虎等，2000
		灰尾兔	8	12.50	
	青海南部高原	高原鼠兔	224	15.18	赵海龙，2002
		高原兔	5	20.00	
		青海田鼠	5	20.00	
		小家鼠	9	11.11	
	班玛县	高原鼠兔	133	0.75	韩秀敏等，2006
		田鼠	244	0.41	
	治多县	高原鼠兔	93	15.05	吴献洪等，2007
	玉树州	高原鼠兔	72	14.99	程海萍等，2008
	果洛州	高原鼠兔	152	13.16	程海萍等，2008
	黄南州	高原鼠兔	319	3.45	程海萍等，2008
新疆	塔城地区	赤颊黄鼠	2211	0.09	林宇光等，1993
		小家鼠	6980	0.01	
	塔城等四县	鼠类	9832	0.09(赤颊黄鼠) 0.014(小家鼠)	林宇光等，1993
	尼勒克县	伊犁田鼠	916	0.76	将卫等，2000
	额敏县	水鼩	1	100.00	傅承等，2001
	伊宁县	伊犁田鼠等	68	2.94	徐琪毅等，2002
四川	西部藏区	黑唇鼠兔	233	5.58	何金戈等，2000
		灰尾兔	14	7.14	
		松田鼠	12	25.00	
		小家鼠	70	—	
宁夏	西吉县	鼠类	681	5.27	马天波等，2014

(2)终末宿主(犬科动物)多房棘球绦虫感染情况

犬科动物中的犬、狐和狼均为多房棘球绦虫的终末宿主。青海地区狐的感染率为5.08%～33.33%，治多县狼的感染率最高(35.71%)；甘肃省环县犬的感染率较高，为21.98%；四川西部藏区是藏狐多房棘球绦虫病的高发区，感染率高达44.44%～59.10%；

新疆地区红狐和狼的感染率为 17.86%～100%（表 9-11）。

表 9-11　青海、甘肃、新疆、宁夏、四川犬科动物多房棘球绦虫感染情况

调查地区		宿主	调查数量/只	感染率/%	报告人（时间）	备注
青海	班玛县	藏犬	10	10.00	韩秀敏等，2006	粪抗原 ELISA
		藏狐	23	21.74	韩秀敏等，2006	粪抗原 ELISA
	治多县	狼	14	35.71	吴献洪等，2007	粪抗原 ELISA
	玉树州	狐	3	33.33	程海萍等，2008	剖检
	化隆县	犬	320	16.56	马玉兰，2014	粪抗原 ELISA
	西宁市	犬	1072	1.49	马小丽，2014	粪抗原 ELISA
甘肃	漳县	犬	59	10.17	史大中等，1993	剖检
	环县	牧羊犬或守门犬	173	21.98	杨雪霖等，1993	溴酸槟榔碱泻下法
	会宁县	家犬	320	5.37	何斌，2013	犬粪抗原检查
新疆	托里县	红狐	56	17.86	瓦提汉等，1987	剖检
	塔城、额敏等 4 县	赤狐	36	30.06	王伟等，1989	剖检
	裕民县	狼	2	50.00	王伟等，1989	剖检
	塔城	狼	1	100.00	王伟等，1989	剖检
	建设兵团	犬	320	0.63	刘洋等，2014	粪抗原 ELISA
	第十师兵团	犬	2650	5.06	贺晓烨等，2014	犬粪 ELISA
	额敏县	犬	11767	1.83	杨诗杰等，2015	—
四川	石渠县	赤狐 藏狐	21 22	57.10 59.10	邱加闽等，1995	剖检
	石渠县和甘孜县	藏狐	171	44.44	何金戈等，2000	剖检
	色达	犬	358	15.41	喻文杰等，2013	粪抗原检查
			256	3.21		
	四川全省	犬	145541	16.82	何伟等，2016	—
宁夏	西吉县等 9 县区	狐狸	5	—	马天波等，2014	ELISA
		鼬	16	6.25		
		犬	12493	20.68		
甘肃	天祝县	犬	10360	17.34	朱建民等，2015	ELISA

2011～2013 年，李伟等在青海试验地区进行了部分犬、狐狸棘球绦虫感染情况调查，对收集到的 38 只狐狸在-70℃冰箱中进行 3 周的处理后进行解剖，结果显示：狐狸棘球绦虫感染率为 15.8%（6/38），其中石渠棘球绦虫的感染强度为 1827（247～4400）条，多房棘球绦虫的感染强度为 865（116～1640）条。捕捉野犬 1 条，多房棘球绦虫感染强度高达 10000 多条（李伟，2017）。

第七节 流 行 趋 势

多房棘球绦虫主要通过野生动物之间，特别是狐类与鼠类之间的自然循环而流行不息，家犬、家猫和家鼠在一些流行病区也参与该病的流行与循环。人类活动增加了包虫病的流行与传染机会。在法国，泡型棘球蚴从牧区疫源地扩展到城镇，导致了感染棘球蚴的田鼠在郊区和近城区出现。

在北美和欧洲，泡型棘球蚴的流行范围还在扩大。20世纪60年代该虫就从加拿大的北部扩展到美国的中部地区，在美国怀俄明州部分地区、内布拉斯加州、艾奥瓦州、伊利诺伊州、印第安纳州和俄亥俄州都曾出现。由于捕捉野生狐狸和丛林狼，使其从疫区转移到追逐圈以外的美国东南地区的非疫区，增加了自然传播，这是一个重要的传播方式（Davidson et al.，1972；Lee et al.，1993）。

自然生态、生物因素，人群的生产方式、生活习惯、植被生物群落和气候温差的不同，以及防病知识的缺乏；家养和野生动物之间的混合循环链，犬和狐狸成为人感染棘球蚴病的重要来源，导致我国西部地区囊型和泡型包虫病的高发。同时，在我国，随着社会的发展，人口流动的增加，宠物犬和无主野犬的数量日益增多，包虫病向城市蔓延的趋势愈加明显。由于各地区间犬以及畜产品的流通等原因，包虫病已由牧业区向农业区和城区扩散，并呈现由西部和北部向东部和南部蔓延的趋势。

第八节 流行相关因素

在我国，主要分布有囊型和泡型包虫病。包虫病这种自然疫源性疾病的发生，有其复杂的生物学因素和深刻的社会根源。与本病有关的流行因素涉及面较广，包括自然地理因素、社会因素、经济因素和宗教文化因素等。

一、农牧区特定的生态环境

我国包虫病主要流行在西部地区，特别是青藏高原独特的自然条件和生态环境，为包虫病的流行创造了条件。当地海拔较高，气候阴湿多雨，严冬冰冻，邻近山脉的狐狸和野鼠活动频繁，成为多房棘球绦虫传播流行的有利条件。高寒潮湿的环境为包虫病病原的生存提供了“天然温床”。冬季因气候寒冷冻死的家畜，常作为犬和野生犬科动物的食物。此外，草场植被低矮，虫卵易暴露在外，也容易造成动物的感染。

二、犬类动物管理的无序

在我国青藏高原的牧民及半农半牧区，农民实质是一个以饲养牦牛、藏羊为主要生产方式的群体，饲养牲畜又是以游牧为主要生产方式，长期的野外生活需要饲养放牧犬。加之藏区群众防病意识薄弱，其宗教意识浓厚，有饲喂野犬和拒绝杀生的习俗，使野犬数量泛滥，大幅度地增加了包虫病的传染源。在牧区对犬只的管理不到位，家犬和流浪犬(野犬)的无序繁衍，出现大量的流浪犬(野犬)；而且牧犬和家犬绝大多数都是未加约束、自由活动。犬较容易通过食入死亡家畜或屠宰家畜寄生有细粒棘球蚴包囊的内脏或捕食寄生有多房棘球蚴的鼠兔和野鼠而感染。流浪犬(野犬)数量的不断增大，犬粪随处可见，严重污染了草场、水源以及居民区的环境(图 9-8～图 9-15)。

图 9-8　无主犬(蔡金山提供)

图 9-9　街上活动的流浪犬(邓世金提供)

图 9-10　街上的流浪犬(邓世金提供)

图 9-11 垃圾桶搜寻食物的流浪犬(邓世金提供)

图 9-12 餐馆周围活动的流浪犬(邓世金提供)

图 9-13 肉铺周围活动的流浪犬(邓世金提供)

图 9-14　垃圾场内活动的流浪犬（邓世金提供）

图 9-15　居民区周围活动的流浪犬（邓世金提供）

三、中间宿主的种类多、数量大

在我国充当细粒棘球绦虫的中间宿主有绵羊、牦牛和猪等 11 种家畜。高原的生态环境保护较好，有大量野生动物存在，对包虫病的传播也起到了重要作用。在我国棘球绦虫生活史除家畜环之外，还存在森林环。近年来，野生动物保护区的建立与有效管理，在保持自然生态平衡的同时，野生动物种群数量的增加为多房棘球绦虫自然疫源地的形成提供了有利条件。

草原过度放牧导致生态恶化，中间宿主的鼠、兔等小型哺乳动物的密度增高，增加了包虫病传播的风险。据四川省石渠县草原站监测报道，全县鼠类（中间宿主）数量在 12 亿只以上，因其数量大，嗜食草根，对草场破坏极大，大量鼠类的存在极有利于多房棘球绦虫的流行（图 9-16、图 9-17）。

图 9-16 鼠兔 1(邓世金提供)

图 9-17 鼠兔 2(邓世金提供)

四、传统的生产与生活方式

(1)农牧区经济基础较为薄弱，科技文化教育与医疗卫生发展滞后，缺乏充足的健康教育。卫生意识淡薄，受传统生活习惯和观念的影响，对包虫病的自我防护意识匮乏，从而导致该病大肆流行。

(2)广大牧区牧民的居住条件较差。农牧区人犬畜同居一室现象较普遍，在寒冷而漫长的冬季更为突出，这也是造成包虫病高发的主要原因。

(3)在牧区大部分地区不具备安全的屠宰和无害化处理动物感染内脏的条件。农牧民非法对未经检疫的家畜随地进行屠宰，致使牛羊等家畜内脏随意处理，多将带虫内脏随意抛弃，任犬抢食，进而无意中使犬感染棘球绦虫，从而构成包虫病疫情在人畜间的灾难性循环(图 9-18)。随意堆放的肉品极易受到虫卵污染，因此牧民生食肉品的习惯也是造成包虫病高发的原因之一。

图 9-18　牧民私自屠宰(蔡金山提供)

(4)地区间活畜及畜产品的贸易与流通缺乏严格的检疫与监管，造成病原的扩散。

(5)较差的生活环境，特别是缺乏水龙头的饮水方式，饮用水的不安全性也是高发原因之一。由于传染源(犬类动物)活动的不确定性，对其粪便无法进行无害化处理，造成了包括水源在内的环境污染。绝大多数农牧民的生活用水多是居住地附近的沟、溪和塘等地表水或浅层地下水，水常被虫卵污染，从而导致包虫病的高发。广大牧民过着游牧生活，人畜共饮污染严重的坑塘水、地表水和浅沟水，易感染包虫病。

(6)牛粪作为牧区最主要的燃料，制作牛粪饼是藏族妇女主要家务劳动。在收集、制作和翻晒牛粪等过程中未穿戴橡胶手套等防护用具，都不可避免地会与地面上的犬粪接触，导致人的感染。

(7)人在平常的生产活动中，可能误食虫卵，造成直接感染，如猎狐、饲养狐和加工等。狐皮的交易和贩运也可能导致泡球蚴病的扩散。

(8)生食被虫卵污染的蔬菜、水果等也可造成间接感染。

由于青藏高原独特的自然环境、社会经济状况、宗教信仰和较差的卫生条件，绝大多数的藏族游牧民仍然保留着古朴的生活方式，且与牲畜、犬和野生动物密切接触，因此当地居民棘球蚴的感染率极高(图 9-19、图 9-20)。

图 9-19　玩犬 1(蔡金山提供)

图 9-20 玩犬 2(四川省动物疫病预防控制中心提供)

据报道石渠县的儿童包虫病感染率很高，且发现时感染情况已非常严重，究其主要原因就是当地的小孩特别喜欢跟犬玩耍，调查资料显示：玩犬的人患囊型包虫病可能性比不玩犬的人高 2.3 倍，最高可达到 7.4 倍；患泡型包虫病的可能性也要高 6.4 倍，最高可以达到 9.8 倍。

居住点微环境对包虫病流行具有显著意义。包虫病在牧民居住点 3km^2 范围内高度传播的原因主要是犬只，这是犬主要活动区域，又有屠宰区，且各类小型哺乳类感染密度较高。在此范围内，过度放牧参数增加一个单位，犬感染多房棘球绦虫概率就提高 5%，人群多房棘球蚴患病率就提高 2.2%。水源大多数都是在 1km^2 范围内的，饮用不洁净水源的患病率可能增加一倍。

五、虫卵和原头蚴的生存力

文献报道多房棘球绦虫的孕节平均含有约 300 枚虫卵，一只带有 1 万条多房棘球绦虫成虫的狐狸，理论上每天可以排出 800～1400 节孕节片，也就是 24 万～42 万枚虫卵。虫卵随终末宿主的粪便排到外界环境，就会造成环境的污染。

棘球绦虫的虫卵在环境中具有很强的生存能力，可以抵御温度很低的环境，在-4～8℃可以存活一年以上。因此，青藏高原高湿低温的环境对于病原(棘球绦虫虫卵)具有很好的自然保护作用，导致具备活力的虫卵更容易感染动物。

据报道小鼠离体的多房棘球蚴在-30℃条件下可保存半年，并不会丧失感染力(蒋次鹏，1992)。家畜屠宰(或死亡)后，其内脏中的棘球蚴包囊中的原头蚴生存活力可达 3d 以上。由于虫卵和原头蚴在外环境具有较强的生存能力，因而极易引起中间宿主或终末宿主的感染。

参考文献

阿合提, 2017. 阿克塞哈萨克族自治县畜间包虫病流行情况调查[J]. 中国动物保健, 19(7): 80-81.

阿赞•喀力, 努尔吉别克•叶鲁巴衣, 海依拉提•波坦, 等, 2017. 新疆玛纳斯县包虫病流行病学监测分析[J]. 疾病预防控制通报,(1):84-86.

艾德尔艾力·阿有甫,买买提江·吾买尔,伊斯拉音·乌斯曼,2016. 新疆和田地区棘球蚴病流行病学调查[J]. 疾病预防控制通报,(6):32-35.

艾山江·塔斯坦,2010. 绵羊棘球蚴病感染情况的调查研究[J]. 中国牧业通讯,(20):42-43.

安宁,余泽新,山巴,等,2006. 新疆博州牛、羊棘球蚴病的调查与分析[J]. 中国兽医寄生虫病,14(3):5.

包善庆,2016. 永登县包虫病流行病学调研与对策[J]. 中国畜牧兽医文摘,32(12):7.

柴君杰,蒋卫,付承,等,2003. 新疆北部多房棘球绦虫动物宿主研究初报[J]. 中国人兽共患病杂志,19(5):89-91.

柴君杰,焦伟,伊斯拉音,2004. 新疆北部地区囊型包虫病的流行现状[J]. 热带病与寄生虫学,(3):139-143.

柴君杰,焦伟,伊斯拉音,等,1998. 新疆北部双峰驼细粒棘球蚴感染调查[J]. 中国寄生虫学与寄生虫病杂志,16(3):193-196.

柴君杰,叶尔江,常青,等,1989. 新疆包虫病流行病学基线的调查研究——II. 家犬和绵羊中细粒棘球绦虫感染[J]. 地方病通报,11(4):9-14.

常明华,多杰措,2008. 牛羊棘球蚴病调查[J]. 中国畜禽种业,(12):61-62.

陈彩英,李启芳,刘进,等,2005. 贵南县包虫(棘球蚴)病基线调查[J]. 青海畜牧兽医杂志,35(3):26-27.

陈荣贵,徐曼,钟旗,等,2015. 2014年伊犁州家畜棘球蚴病(包虫病)防控调查[J]. 兽医导刊,(8):127.

陈新华,2013. 兵团第四师七十七团包虫病感染调查[J]. 新疆农垦科技,(6):33-33,34.

陈长江,范秀兰,王国仓,2016. 湟源县包虫病流行情况调查[J]. 青海畜牧兽医杂志,46(3):24-25.

程海萍,刘小蓉,2008. 青南地区高原动物两型包虫病感染调查[J]. 高原医学杂志,18(2):56-58.

措毛吉,2006. 玛沁县牛、羊棘球蚴病的调查[J]. 青海畜牧兽医杂志,36(3):31.

旦巴,2003. 久治县牛棘球蚴病的调查[J]. 中国兽医杂志,39(5):33.

德吉,德吉拉姆,拉巴卓玛,等. 2015. 2011～2015年西藏部分县开展动物疫病流行病学、病原学和免疫抗体监测调查报告[J]. 西藏科技,(12):47-49.

丁玲,张艳丽,马雷,2015. 甘南州藏区牛羊包虫病感染情况调查[J]. 中国畜禽种业,11(11):31-32.

董建,杨凌菲,张文宝,等,2015. 新疆巴音布鲁克奎克乌苏达板地区2014年绵羊肝囊型包虫病现患率调查[J]. 中国流行病学杂志,36(2):136-138.

都占林,娘吉先,仓娘盖,等,2003. 泽库地区包虫(棘球蚴)病基线调查[J]. 青海省畜牧兽医杂志,33:12-13.

多杰才让,2008. 棘球蚴(包虫)病流行与感染情况调查[J],中国畜牧兽医,(7):101-102.

樊丽,蒲芳,2017. 2011-2015年某县包虫病监测结果分析[J]. 临床研究,25(8):13-14.

方娟,杨海东,徐洁,等,2017. 奎屯垦区2011年-2015年包虫病流行病学及防治[J]. 中国卫生检验杂志,27(7):1044-1045.

冯成兰,严爱萍,2008. 共和地区牛羊棘球蚴感染情况调查[J]. 中国兽医杂志,(4):44.

傅承,伊斯拉音·乌斯曼,焦伟,等,2001. 新疆额敏县首次发现水鼠平感染多房棘球蚴[J]. 地方病通报,(11):39-40.

傅义娟,王生祥,林元清,等,2015. 青海省牛羊棘球蚴病流行情况调查与分析[J]. 畜牧与兽医,47(7):150-151.

尕着,2008. 藏獒细粒棘球绦虫感染调查[J]. 中国畜禽种业,4(17):65.

顾冬花,杨继元,伊平昌,等,2017. 大通县包虫病中间宿主感染状况调查[J]. 山东畜牧兽医,38(12):69-70.

郭炳风,2017. 敦煌市家畜棘球蚴流行病学调查[J]. 中国畜牧兽医文摘,33(4):102+115.

郭志宏,2008. 犬和藏羊棘球蚴病的感染调查及流行概况[J]. 青海畜牧兽医杂志,38(4):333.

韩菲,王炳全,李凡卡,等,2013. 新疆兵团包虫病患病和感染情况调查结果分析[J]. 兵团医学,38(4):44-46.

韩菲,王炳全,李凡卡,等,2015. 2011—2013年兵团家犬驱虫前后细粒棘球绦虫感染情况调查[J]. 现代预防医学,(42):906-907.

韩秀敏, 王虎, 邱加闽, 2006. 青海省班玛县泡型和囊型包虫病流行现状调查分析[J]. 中国人兽共患病杂志, 22(2): 189-190.

何斌, 2013. 甘肃省会宁县包虫病流行情况调查[J]. 中国媒介生物学及控制杂志, (24): 177.

何金戈, 邱加闽, 刘凤洁, 等, 2000. 四川西部藏区包虫病流行病学研究[J]. 中国人兽共患病杂志, 16(5): 62-64.

何伟, 尚婧烨, 陈凡, 等, 2018. 四川省包虫病流行区犬感染棘球绦虫规律性研究[J]. 预防医学情报杂志, 34(2): 136-139.

何伟, 尚靖晔, 黄燕, 等, 2016. 2007—2013 年四川省包虫病疫情监测结果分析[J]. 预防医学情报杂志, 32(1): 83-85.

何昕, 宋刊芳, 巩转萍, 等, 2016. 甘肃省会宁县包虫病防治现状调查[J]. 疾病预防控制通报, (4): 39-41.

河生德, 2007. 青海省贵南牧场人畜棘球蚴感染情况的调查[J]. 中国兽医杂志, 43(8): 52.

贺晓烨, 刘晓娜, 王建武, 等, 2014. 新疆兵团第十师包虫病流行状况调查[J]. 疾病预防控制通报, (3): 22-23.

胡青攀, 昂青卓玛, 2008. 久治县白玉乡牦牛棘球蚴感染情况调查[J]. 青海畜牧兽医杂志, 38(5): 17.

胡雄贵, 康向阳, 2017. 包虫病流行情况调查与防治建议[J]. 湖南农业, (11): 17.

姬生俭, 余刚, 2008. 西宁市棘球蚴病感染情况调查与分析[J]. 上海畜牧兽医通讯, (4): 66-67.

将卫, 郑强, 伊斯拉音 • 乌斯曼, 等, 2000. 新疆尼勒克县首次发现伊犁田鼠感染多房棘球蚴[J]. 地方病通报, (1): 36-37.

蒋次鹏, 1992. 泡球蚴冰冻保存后感染力的初步观察[J]. 中国寄生虫学与寄生虫病杂志, 10(4): 307-310.

阚威, 赵全邦, 马睿麟, 等, 2017. 青海地区犬感染棘球绦虫的调查[J]. 中国兽医杂志, (1): 47-49.

奎军, 2014. 青海湟中县中间宿主包虫病感染状况调查[J]. 中国兽医杂志, 50(1): 44-45.

雷彦明, 雪莲, 肖丹, 等, 2018. 西藏阿里地区包虫病流行现状分析[J]. 西藏医药, (3): 83-86.

黎能金, 张霞, 邱海勇, 等, 2010. 2008 年四川省阿坝藏族羌族自治州人与家畜棘球蚴病流行病学调查研究[J]. 中国循证医学杂志, 10(1): 26-29.

李凡卡, 王邦龙, 韩菲, 等, 2015. 兵团包虫病流行特点和防治技术调查研究[J]. 兵团医学, (1): 1-4.

李国平, 伊平昌, 2016. 大通县中间宿主包虫病感染状况调查[J]. 青海畜牧兽医杂志, 46(2): 36.

李海涛, 宋涛, 段新宇, 等, 2013. 新疆和布克赛尔蒙古自治县人群和羊群肝包虫病现场筛查报告[J]. 中华流行病学杂志, 34(12): 1176-1178.

李魁伟, 1998. 呼伦贝尔草原马棘球蚴感染情况的调查[J]. 中国兽医寄生虫病, (1): 31-32.

李莲芳, 李永福, 马青, 等, 2002. 犬细粒棘球绦虫病感染调查[J]. 中国动物检疫, 19(10): 41.

李敏, 李富荣, 1996. 甘肃省合作牦牛多房棘球蚴自然感染的病理观察[J]. 兰州医学院学报, (3): 15-16.

李培勇, 韩宇荣, 热比古丽 • 阿不都因, 等, 2014. 2013 年玛纳斯县包虫病流行病学研究分析[J]. 中国卫生检验杂志, (19): 2830-2832.

李启强, 2009. 乌兰县牛羊棘球蚴感染情况调查[J]. 青海畜牧兽医杂志, 39(2): 3.

李伟, 2007. 放牧草场和农耕地区犬细粒棘球绦虫调查[J]. 青海畜牧兽医杂志, (1): 30-31.

李伟, 2017. 包虫病防控技术研究[J]. 中国动物保健, 19(7): 36-41.

李永福, 2006. 柴达木地区犬细粒棘球绦虫的防治[J]. 四川畜牧兽医, 33(3): 52.

李永霞, 2017. 我国包虫病的流行现状及其防控策略[J]. 兽医导刊, (17): 17-18.

李永霞, 2017. 我国包虫病的流行现状及其防控策略[J]. 兽医导刊, (17): 17-18.

李志宁, 2009. 检测青海省藏獒棘球绦虫虫卵方法的比较[J]. 青海畜牧兽医杂志, (4): 23.

梁廷堂, 薛艰省, 2007. 果洛州牛棘球蚴病的感染情况调查[J]. 中国动物检疫, 24(3): 39.

林宇光, 洪凌仙, 杨文川, 等, 1993. 新疆塔城地区多房棘球蚴的鼠类宿主考察[J]. 地方病通报, (2): 29-33.

刘晓梅, 2017. 张掖市甘州区 2015 年包虫病流行情况调查分析[J], 国外医学医学地理杂志, 38(1): 35-37.

刘洋, 关文萍, 皇雅军, 等, 2014. 新疆生产建设兵团农四师包虫病流行现状分析[J]. 现代预防医学, 41(2): 343-348.

刘永梅, 2009. 茶卡地区绵羊棘球蚴病感染调查[J]. 青海农牧业, 39(4): 34.

鲁瑛, 2015. 刚察县绵羊包虫病的调查与防治[J]. 当代畜牧, (14): 61-62.

罗永强, 赵文博, 2015. 新疆木垒县囊型包虫病流行病学调查分析[J]. 医药前沿, (30): 44-45.

骆志强, 郑朝锋, 袁超, 等, 2008. 农三师包虫病流行病学调查与综合防治[J]. 新疆农垦科技, 31(2): 42-43.

吕才福, 李晓勇, 李淑英, 等, 2000. 共和地区绵羊棘球蚴病调查[J]. 青海畜牧兽医杂志, 30(2): 48.

吕华, 康吉, 2014. 壤塘县包虫病流行现状及风险因素分析[J]. 兽医导刊, (7): 102.

吕望海, 2009. 共和县牦牛棘球蚴感染情况调查[J]. 山东畜牧兽医, 30(12): 72.

马论文, 2013. 2010 年新疆阿合奇县包虫病监测结果分析[J]. 疾病预防控制通报, (3): 21.

马天波, 吴向林, 马荣, 等, 2014. 宁夏两型包虫病主要宿主动物感染现况调查[J]. 宁夏医学杂志, 36(4): 376.

马小丽, 2014. 2013 年西宁市包虫病流行情况调查[J]. 青海医药杂志, (10): 72-74.

马玉兰, 2014. 2012 年青海省化隆县包虫病筛查与分析[J]. 医学动物防制, 30(5): 577.

马玉兰, 2014. 2012 年青海省化隆县包虫病筛查与分析[J]. 医学动物防制, 30(5): 577.

马增光, 张壮志, 张旭, 等, 2013. 新疆察布查尔县家畜和犬细粒棘球绦虫感染情况调查[J]. 疾病预防控制通报, (6): 16-17.

娘尕才让, 2017. 黄南州包虫病流行病学调查报告分析[J]. 世界最新医学信息文摘(电子版), (93): 210.

努斯来提, 马力克, 王文, 等, 2010. 新疆家畜棘球蚴病感染情况调查[J]. 草食家畜, (3): 80-83.

努斯来提·依不拉音, 马力克·艾则孜, 闫浩, 等, 2015. 新疆十四地州 2014 年家畜棘球蚴病(包虫病)感染情况调查[J]. 新疆畜牧业, (10): 39-43.

潘永红, 李跃增, 2015. 甘肃省家畜棘球蚴病流行情况与防控对策[J]. 中兽医医药杂志, (1): 78-80.

彭毛, 2010. 青海玉树牦牛棘球蚴病的感染情况调查[J]. 中国兽医杂志, 46(1): 46.

蒲秀华, 陈睿, 康中北, 2013. 2012 年甘肃省高台县包虫病流行情况调查报告[J]. 疾病预防控制通报, (6): 44.

祁巧芬, 2016. 托克逊县人畜间棘球蚴病流行病学调查报告[J]. 当代畜牧, (3): 40-41.

祁守忠, 赵金财, 王文光, 等, 2006. 互助县屠宰羊棘球蚴感染情况调查[J]. 青海畜牧兽医杂志, 36(5): 27.

邱加闽, 陈兴旺, 任敏, 等, 1995. 青藏高原泡球蚴病流行病学研究[J]. 实用寄生虫病杂志, (3): 106-109.

瞿群, 焦伟, 伊斯拉音, 等, 2003. 包虫病流行地区家犬中细粒棘球绦虫感染的监测研究[J]. 疾病预防控制通报, 18(3): 45.

荣尕, 2006. 称多县牛羊棘球蚴病调查报告[J]. 青海畜牧兽医杂志, 36(6): 8.

沈杰, 黄兵, 2004. 中国家畜家禽寄生虫名录[M]. 北京: 中国农业科学技术出版社.

沈延银, 才让东周, 2006. 久治县牛羊棘球蚴病调查[J]. 青海畜牧兽医杂志, 36(1): 29.

盛永华, 2013. 青海省乐都县包虫病感染现状调查[J]. 青海医药杂志, (5): 68-69.

石雪英, 赵金, 刘晓光, 等, 2017. 内蒙古肝包虫病高发地区犬羊感染和控制情况调查[J]. 现代预防医学, (12): 148-152.

史大中, Craig PS, 刘德山, 等, 1993. 甘肃省漳县多房棘球绦虫及其终宿主的发现[J]. 中国寄生虫病防治杂志, (6): 27-29.

宋迎春, 宫玉玲, 席耐, 等, 2016. 新疆巴州牛羊屠宰场包虫病感染情况调查[J]. 兽医导刊, (16): 70.

苏圣, 苏汉良, 2014. 探讨玛纳斯县包虫病流行现状及防控效果有关影响因素[J]. 医学信息, (21): 613.

铁富萍, 才仁卓玛, 2015. 青海海晏人畜间包虫病的流行病学调查[J]. 中国兽医杂志, (7): 49-50.

铁永梅, 马建霞, 王永殿, 2010. 兴海地区绵羊棘球蚴病调查[J]. 青海农牧业, (1): 16.

图布新, 张文林, 张文彬, 等, 2003. 内蒙古阿拉善左旗骆驼中细粒棘球蚴感染的调查[J]. 地方病通报, 18(2): 99.

瓦提汉, 排祖拉, 张雁声, 1987. 多房棘球绦虫在新疆狐体内的发现[J]. 新疆畜牧业, (2): 36-38.

万玛加, 2016. 青海省黄南州家畜包虫病流行与预防[J]. 农业工程技术, (29): 63.

王芳, 2014. 甘南州牧区包虫病的调查及防治措施[J]. 中国畜牧兽医文摘, (7): 68.

王海刚, 姚海儒, 2008. 化隆县扎巴镇绵羊棘球蚴感染情况调查[J]. 青海畜牧兽医杂志, 38(2): 44.

王虎, Schantz PM, 刘凤杰, 等, 2000. 青海省人与动物多房棘球绦虫的感染[J]. 中国寄生虫病防治杂志, 13(2): 120-123.

王鹏忠, 2016. 环县包虫病流行现状及对策[J]. 农民致富之友, (20): 238.

王淑芳, 2013. 家畜棘球蚴(包虫)病流行情况调查[J]. 中国兽医杂志, (1): 41-42.

王伟, 吴勇, 吴季高, 等, 1989. 新疆塔城地区多房棘球绦虫调查——国内狼体多房棘球绦虫新记录[J]. 地方病通报, (2): 8-11.

王文秀, 李玉婷, 王涛, 等, 2017. 2016 年乌鲁木齐市包虫病流行病学调查报告[J]. 新疆畜牧业, (1): 18-19.

王文勇, 刘宝汉, 解安敏, 等, 2017. 青海省互助县畜间包虫病流行病学的调查[J]. 中国兽医杂志, (3): 91-92.

王玉柱, 2013. 甘德县牛棘球蚴病的感染情况调查[J]. 中国畜牧兽医文摘, 29(2): 110.

魏有梅, 文进明, 2006. 犬感染细粒棘球绦虫调查[J]. 中国兽医杂志, 42(7): 66-67.

温浩, 张亚楼, Bart JM, 等, 2006. 犬体内细粒棘球绦虫和多房棘球绦虫的混合感染[J]. 中国寄生虫学与寄生虫病杂志, 24(1): 3-13.

文进明, 2010. 共和地区牦牛棘球蚴情况与建议[J]. 中国畜禽种业, 6(8): 29.

文琴音, 2013. 2012 年新疆建设兵团十师包虫病流行病学调查分析[J]. 中国预防医学杂志, (7): 512.

闻兵, 陈玲, 2017. 甘州区牛羊包虫病感染情况调查[J]. 甘肃畜牧兽医, 47(10): 120-121.

吴爱免, 2015. 新疆额敏县 2014 年绵羊肝囊型包虫病现患率调查[J]. 心理医生, 21(9): 240-241.

吴海生, 杨宁, 陈洪舰, 等, 2009. 藏羚羊包虫病及体表寄生虫调查报告[J]. 青海畜牧兽医杂志, 39(6): 28-29.

吴献洪, 何多龙, 2001. 青海省共和县包虫病流行病学调查[J]. 地方病通报, (1): 29-31.

吴献洪, 王虎, 张静宵, 等, 2007. 青海省治多县棘球蚴病流行病学调查报告[J]. 中国寄生虫学与寄生虫病杂志, 25(3): 230-231.

吴向林, 买买提江・吾买尔, 2015. 2012 年宁夏家畜包虫病感染现况调查[J]. 宁夏医学杂志, 37(3): 277-278.

伍卫平, 严信留, 薛垂召, 等, 2017. 西藏自治区人体泡型包虫病分布及中间宿主感染调查[J]. 中国病原生物学杂志, 12(12): 1175-1179.

席耐, 宋迎春, 雪吾盖, 等, 2010. 新疆和静县天山山区牧羊犬细粒棘球绦虫感染情况调查[J]. 中国动物传染病学报, 18(5): 59-62.

徐琪毅, 蒋卫, 郑强, 等, 2002. 伊宁县阿恰勒发现伊犁田鼠感染多房棘球蚴[J]. 地方病通报, (2): 83.

徐新明, 马贞华, 2008. 青海省尖扎县棘球蚴病感染情况的调查[J]. 畜牧与兽医, 40(5): 79.

许莉鲜, 刘贵元, 刘玉莲, 2014. 青海省祁连县 2013 年牛羊寄生虫病防治情况调查[J]. 畜牧兽医科技信息, (12): 42-43.

许正林, 李福寿, 尚海忠, 2007. 青海天峻地区犬细粒棘球绦虫感染情况初步调查[J]. 四川动物, 26(3): 627.

闫京阳, 2016. 新疆裕民县家畜包虫病感染情况调查[J]. 中国畜牧兽医文摘, (4): 109, 124.

阳爱国, 郭莉, 邓永强, 等, 2016. 四川省家畜包虫病流行情况调查研究[J]. 兽医导刊, (8): 155-156.

杨帆, 张壮志, 岳城, 等, 2015. 新疆温宿县家畜包虫病感染情况调查[J]. 草食家畜, (2): 35-39.

杨诗杰, 王钦琰, 王静, 等, 2015. 2007—2013 年新疆维吾尔自治区额敏县包虫病监测结果分析[J]. 疾病监测, 30(2): 130-133.

杨雪霖, 郭清印, 李跃增, 等, 1993. 甘肃省环县家犬棘球绦虫的感染情况[J]. 中国兽医科技, (7): 32-33.

冶文先, 张学功, 2007. 民和县绵羊棘球蚴感染情况调查[J]. 青海畜牧兽医杂志, 37(5): 27.

喻文杰, 黄亮, 黄燕, 等, 2013. 四川省西部藏族地区包虫病流行区犬只感染棘球绦虫季节性规律研究[J]. 中国人兽共患病学报, 29(3): 309-311.

张翠花, 王得文, 2018. 家畜包虫病流行病学调查及综合防控报告[J]. 畜牧兽医杂志, 37(1): 42-43.

张海成，张玉青，2009. 门源县珠固乡犬和绵羊棘球蚴感染情况调查[J]. 畜牧与兽医，41(8): 109.

张海英，2009. 民和县屠宰羊棘球蚴感染情况调查[J]. 中国动物检疫，26(12): 42.

张莲，2017. 青海省门源县畜间包虫病的流行病学调查[J]. 畜牧与饲料科学，38(4): 106-108.

张晓强，万马单智，2007. 天峻县牦牛棘球蚴病的调查[J]. 中国动物检疫，24(5): 36.

张长英，2008. 乌兰县牦牛和半细毛羊棘球蚴病感染调查及其防治[J]. 青海畜牧兽医杂志，38(1): 40.

赵海龙，2002. 青海省南部地区小型兽类多房棘球绦虫感染调查[J]. 青海医学院学报，23(2): 12-14.

赵明奎，闫立娟，任更生，2014. 青海省大通县 2012 年包虫病流行病学调查报告[J]. 医学动物防制，30(4): 437-438.

郑博，王东丽，王晖，2014. 平罗县包虫病流行情况调查分析[J]. 中国保健营养旬刊，(6): 3910.

种宝林，李玉花，张秀萍，2017. 甘肃天祝包虫病流行与预防[J]. 医药前沿，(7): 397.

周海宁，王进香，张雯，等，2016. 宁夏 2015 年畜间包虫病流行病学调查[J]. 中国动物检疫，33(9): 11-13.

周毛，杨金萍，2009. 久治县屠宰牛棘球蚴感染情况调查[J]. 青海畜牧兽医杂志，(4): 29.

周儒鹏，曾梅，冯秋菊，等，2017. 四川省木里藏族自治县畜间包虫病流行概况与防控措施[J]. 中国动物保健，19(7): 78-79.

朱海滨，2017. 兴安盟包虫病流行及防治[J]. 兽医导刊，(21): 46-47.

朱建民，王建勋，沈丽丽，等，2015. 天祝县 2008-2012 年犬粪中包虫抗体测定结果分析[J]. 医学动物防制，(1): 26-27.

朱依柏，1996. 青藏高原色达县犬细粒棘球绦虫及带状绦虫感染调查[J]. 实用寄生虫病杂志，(3): 133.

祖力胡马力・尼拉木丁，努斯来提，马力克，等，2014. 和田地区包虫病流行与防治检测体会[J]，新疆畜牧业，(5): 36-37.

Basset D, Girou C, Nozais IP, et al., 1998. Neotropical echinococcosis in Suriname: *Echinococcus oligarthrus* in the orbit and *Echinococcus vogeli* in the abdomen[J]. The American Journal of Tropical Medicine & Hygiene, 59(5): 787-790.

D'Alessandro A, 1997. Polycystic echinococcosis in tropical America: *Echinococcus vogeli* and *E. oligarthrus*[J]. Acta Tropica, 67(1-2): 43-65.

Davidson FF, Glazier JB, Murray JF, 1972. The components of the alveolar-arterial oxygen tension difference in normal subjects and in patients with pneumonia and obstructive lung disease[J]. The America Journal of Medicine, 52(6): 745-762.

Lee GW, Lee KA, Davidson RW, 1993. Evaluation of fox-chasing enclosures as sites of potential introduction and establishment of *Echinococcus multilocularis*[J]. Journal of Wildlife Disease, 29(3): 498-501.

Richards FO, 2003. Cestode zoonoses: echinococcosis and cysticercosis: an emergent and global problem[J]. Emerging Infectious Diseases, 8(11): 1362.

Salinas-López N, Jiménz-Guzmán F, Cruz-Reyes A, 1996. Presence of *Echinococcus oligarthrus*(Diesing, 1863) Lühe, 1910 in Lynx Rufus Texensis Allen, 1895 from San Fernando, Tamaulipas State, in North-East Mexico[J]. International Journal for Parasitology, 26(7): 793-796.

Wen H, Vuitton L, Tuxun T, et al., 2019. Echinococcosis: advances in the 21st Century[J]. Clinical Microbiology Reviews, 32(2): e00075-18.

第十章　致病作用、临床症状与病理解剖病变

第一节　致病作用与临床症状

一、致病作用

1.中间宿主

(1)细粒棘球蚴

棘球蚴寄生于中间宿主体内所导致的直接危害为机械性损害和毒素作用，其严重程度主要取决于棘球蚴的大小、数量和寄生部位。棘球蚴生长缓慢，往往在感染后5～20年才出现症状(李雍龙，2008)。棘球蚴主要寄生于肝脏、肺脏、脾脏、肾脏、脑部、腹腔和盆腔等部位，随着囊泡的增大压迫周围组织，引起组织萎缩和脏器功能障碍。当肝脏、肺脏有大量虫体寄生时(多达50个以上，甚至200个)，由于肝、肺实质受到压迫而发生高度萎缩，可引起死亡。当肝脏被严重感染时，由于胆汁的分泌和进入肠内过程受到破坏而发生消化失调；肝容积增大，妨碍膈的运动，并可能压迫食道和门静脉。当肝脏被重度感染时，肝脏和肺脏同时感染，表面凹凸不平，重量增大，肝脏可达16～50 kg，肺脏达8～32 kg。颅脑棘球蚴大多数发生在脑内，少数发生在硬脑膜和颅骨等处。有时棘球蚴会发生钙化或化脓(赵辉元，1998)。棘球蚴一旦破裂后，囊液溢出，可使患者产生变态反应，轻则出现荨麻疹，重则发生过敏性休克而致死。如囊肿继发混合性细菌感染，可造成变性衰亡，囊液变浑浊，甚至干涸，囊内子囊等似胶体状(蒋次鹏，1994)(图10-1、图10-2)。

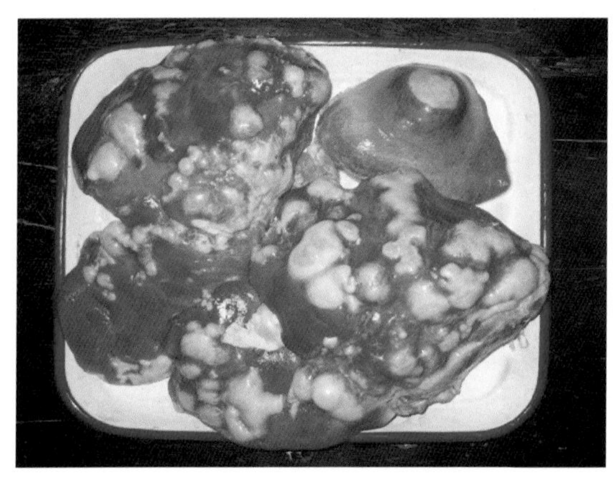

图10-1　寄生于羊肝脏的细粒棘球蚴(蔡金山提供)

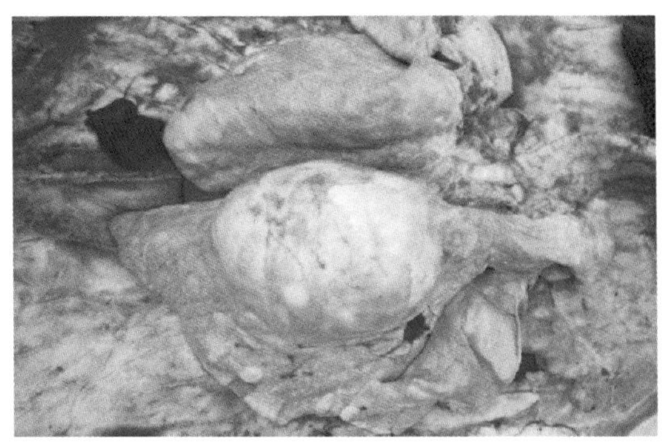

图 10-2　寄生于羊肺脏的细粒棘球蚴（蔡金山提供）

（2）多房棘球蚴

多房棘球蚴主要能造成肝损伤伴随类似肝癌的增生而引起动物组织和器官的功能障碍。由于虫体逐渐增大，对周围组织呈现剧烈压迫，引起组织萎缩和机能障碍。由于泡球蚴在肝实质内芽生蔓延，直接破坏和取代肝组织，可形成巨块状的泡球蚴，并常发生缺血性坏死、崩解液化而形成空腔或钙化，呈蜂窝状，囊泡内含胶状物或豆渣样碎屑，无原头蚴，故仅凭肉眼难以与肝癌鉴别。此过程中产生的毒素又进一步损害肝实质。四周的组织则因受压迫而发生萎缩、变性甚至坏死，由此肝功能严重受损。若胆管受压迫和侵蚀，可引起黄疸。泡球蚴若侵入肝门静脉分支，则沿血流在肝内广泛播散，形成多发性寄生虫结节，出现肉芽肿反应，可诱发肝硬化和胆管细胞型肝癌；侵入肝静脉则可随血液循环转移到肺和脑，引起相应的呼吸道和神经系统症状，如咯血、气胸和癫痫、偏瘫等。

2.终末宿主

棘球绦虫成虫寄生于终末宿主（如犬和狐狸）的肠道，易导致宿主营养的丢失及肠道疾病的出现。发育期虫体通过吸盘紧抓肠绒毛基底部上皮而附着于肠壁上，小钩仅是浅浅地钻入肠黏膜上皮，按其形状起着类似锚状物的作用，以防止虫体脱落。细粒棘球绦虫居于小肠的前 1/4，多房棘球绦虫居于小肠后段，这可能与小肠前段和后段不同的生理环境及所能提供的营养有关（蒋次鹏，1994）。在成虫固定于特定小肠的特定部位时，会对小肠壁造成机械性损害，可能导致小肠黏膜出血。成虫主要是依靠皮层外的微绒毛吸收营养物质，进而造成宿主营养物质的丢失，影响宿主生长发育。此外，成虫聚集成团，可堵塞肠腔，导致腹痛、肠扭转甚至破裂（图 10-3）。

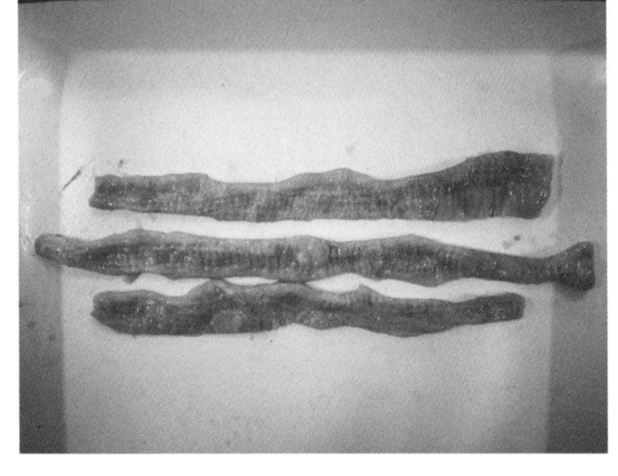

图 10-3　犬感染细粒棘球绦虫（18d）肠道病变（杨光友提供）

二、临床症状

1.中间宿主

(1)绵羊

绵羊对棘球蚴比较易感，死亡率较高。肺部被感染时，有明显的咳嗽，一般在连续咳嗽后绵羊遂躺卧在地，不能立即起立。严重感染时，绵羊肥育不良，被毛逆立，易脱落(宋铭忻和张龙现，2009)。

(2)牛

牛轻度感染时，通常没有明显症状。肺脏被严重感染时，出现长期慢性呼吸困难和微弱的咳嗽；病初症状不明显，而后逐渐产生呼吸障碍并加剧。肝脏被严重感染时，牛出现营养不良，反刍无力，时常发生臌气、消瘦。当棘球蚴破裂时，患畜全身症状明显发生变化，迅速衰弱而终以窒息死亡(赵辉元，1998)。

(3)其他家养动物

猪、骆驼等家畜感染棘球蚴后，症状不如牛感染明显，通常呈现带虫免疫现象(宋铭忻和张龙现，2009)。

(4)野生动物

囊型棘球蚴多寄生在驼鹿的肺脏中，常寄生在肺脏的表面，也可以深入到胸腔。严重感染的驼鹿活动能力减弱，在被狼追逐时易被捕食(Messier et al.，1989)。

患棘球蚴病的环尾狐猴可见嗜睡、腹腔膨大、食欲降低等症状(Shahar and Aizenberg，1995)。

棘球蚴病对非人灵长类动物的危害亦较为严重。金丝猴感染棘球蚴后发病严重，病情迅速恶化而死亡。灵长类动物患棘球蚴病有时呈现腹胀或局限性皮下肿胀等症状。

(5)人

1)细粒棘球蚴病

人患细粒棘球蚴病时，临床表现极其复杂，常见的症状有(李雍龙，2008)：①局部压迫和刺激症状，受累部位有轻微疼痛和坠胀感；②过敏症状，常见于荨麻疹、血管神经性水肿和过敏性休克；③中毒和胃肠功能紊乱，如食欲减退、体重减轻、消瘦、发育障碍和恶病质现象。

2)多房棘球蚴病

人患多房棘球蚴病的临床表现与囊型棘球蚴病有明显区别。肝为其100%的原发性部位，肝部的多房棘球蚴可通过淋巴或血液转移到其他部分，导致脑、肺等继发多房棘球蚴病(贾万忠，2015)。

肝棘球蚴病：主要有上腹隐痛或肿块，肝右叶顶部向上增大，晚期患者肝肿大明显，部分患者可出现皮肤瘙痒、食欲减退等症状。肺多房棘球蚴病：患者表现为咯血，严重者出现咳嗽、气促等症状。脑多房棘球蚴病：患者因病变部位不同，多表现为局限性癫痫。

2.终末宿主

终末宿主棘球绦虫病的症状研究很少。人工大量感染原头节后，患犬表现为腹部增大，食欲不振，有时经过 1.5～2 个月死亡。自然感染犬表现为体温正常，腹部增大；血细胞容量轻微降低（降低到 36.1%左右），红细胞和血小板均降低，轻微的血白蛋白减少（Antolová et al.，2018）。

第二节　病理剖检变化

一、中间宿主

1.细粒棘球蚴

（1）绵羊

棘球蚴包囊可分布在肝脏和肺脏的任何部位，形态有圆形、长圆形和不规则形，有时可见数个包囊相互交织，大小从黄豆样至拳头大不等，多数包囊内含清亮透明的液体，少数包囊内含微黄色或黏稠的液体。包囊由内囊和外囊组成，外囊系厚实的纤维结缔组织，内囊、外囊紧密相贴，无空隙。内囊则是寄生虫本体，其囊壁由角质层和生发层组成，角质层连外囊，为较厚的板层状结构，纹理及间隔清晰，由红染或蓝染的粗细不等的线条相间，呈直线或波纹状，无细胞结构。生发层较薄，基质疏松，胚层细胞单层或多层，比白细胞略小，分布稀落或密集，核小而圆。生发层附于基底膜上，并与角质层相连。包囊囊液中含有难以计数的原头蚴，绝大多数原头蚴为内陷型，头钩呈环形排列，清晰可见（王虎等，1990）。肺脏上的包囊体积较小，且含囊液不多（胡慧民，1990）。

支气管腔扩张，管腔周围炎性细胞增多；结缔组织层内含扩张的毛细血管和嗜中性粒细胞、嗜酸性粒细胞、淋巴细胞等炎性细胞；细支气管增生和扩张，管腔内可见大量炎性细胞和炎性渗出物；肺泡间质增厚，个别肺泡间质纤维化，肺泡内含有大量浆液或炎性细胞；肺泡壁可见多量尘细胞（胡慧民，1990）。肝脏和肺脏除压迫性组织萎缩外，肺脏还有间质增生炎症、囊液外渗引起的过敏反应等，而肝脏多伴随结缔组织及胆管大量增生造成的肝硬化（李宏民等，2012）。病理切片显示，肝细胞排列紊乱，中央静脉扩张，肝细胞空泡变性或细胞膜破裂，细胞核消失或整个细胞崩解，但有的外囊与肝组织连接处的肝细胞未见任何异常病变。

（2）牦牛

大多数包囊塌陷呈瘢痕状硬性结节。囊内含少量液体或不含液体，部分包囊液体呈酱红色。肺脏的纤维层结缔组织中血管高度扩张，肺泡增厚，肺泡腔极度扩张，呈蜂窝状。肝细胞索细长、疏松、断裂。肝索旁附有红细胞，犹如肺泡结构。外囊下的肝细胞呈长圆形或长梭形环绕包囊分布(胡慧民，1990)。

(3)猪

病理变化以肝的变化为主，其次为肺。肝表面散发包囊状物，肝、肺表面凹凸不平，有时可以在表面明显看到棘球蚴。切开肝脏后，流出液体，将液体沉淀，在显微镜下可以看到生发囊和原头蚴(黄厚宝，2011)。另外，偶尔会见到钙化的棘球蚴或化脓灶。镜下观察棘球蚴体壁分两层，内壁薄，由少量大的圆形细胞呈单层排列，并向囊腔延伸形成多个生发囊。苏木精-伊红染色(H-E 染色)显示外层为均质红染无结构，有时游离。囊壁外围细胞分四层结构：最内层以嗜酸性粒细胞包绕，细胞较致密，已发生变性坏死；外围以嗜酸性粒细胞、上皮样细胞、多核巨细胞为主；再外围以淋巴细胞、嗜酸性粒细胞为主；最外层细胞成分减少，主要由成纤维细胞和少量淋巴细胞、嗜酸性粒细胞构成，外围肝细胞萎缩变性或坏死(王晓华，2001)。

(4)人

包虫以单发肝脏最多，肺脏次之，多发脏器较少；包虫表现为结节或囊肿，单发或多发，病变组织与周围组织分界清楚，呈灰白与灰黄色相间(楚慧等，2015)。

肝包虫外囊组织质韧，呈黄白色，表面较光滑；可见树枝状的 Glisson 系统内血管及胆管失去原有的解剖位置，包绕、附着于外囊表面，管道与外囊粘连紧密；外囊及附着的肝内管道的切面可见，黏附于外囊的管道略隆起，近肝门段管道管腔残存而远端闭锁；肝动脉管径减小，动脉壁厚薄不一，且内膜、中膜、外膜分界不清晰；门静脉管径明显减小，管腔扁平，管壁变薄；胆管管腔不规则，管径变小，胆管壁变厚；肝包虫囊肿周围的肝组织结构形态异常、萎缩，汇管区结构不清，肝细胞大小不均、变性和坏死(杨宏强等，2012)。

肺包囊呈半透明或乳白色，界面不清且外表不光滑；外囊及周围组织由周围结缔组织构成，早期呈肉芽肿改变，即上皮样组织呈栅栏状排列，外有纤维组织包绕，有淋巴细胞、嗜酸性粒细胞与浆细胞浸润(最典型病变)；外囊有的呈透明变性，可见坏死，内有大小不等、结构模糊的空腔；包虫外囊内见细支气管或支气管及由胚胎性肺泡上皮构成的肺泡，腔内有上皮细胞团，其结构模糊；包囊呈条索状平行排列(卢慎，1983)。

2. 多房棘球蚴

多房棘球蚴以感染啮齿类动物为主。

(1)达乌尔黄鼠

泡状囊肿多呈巨块型，累及肝脏的 1～4 叶，呈灰白色或微黄色，大小不一(0.5～2.5cm)。泡状囊肿由无数大小不等的半透明的小囊泡团集而成，略突出于肝表面，边缘不整齐。切面多孔呈海绵状，质地硬如软骨。病灶外围无明显的纤维性包膜，与正常肝组织不易分离。病变区失去肝脏正常组织结构，病灶区有无数大小不等的圆形、椭圆形及不规则的囊泡。囊泡有 40%为不育囊，其中心有坏死的组织碎片。囊泡间连接紧密，仅在个别部位有少量结缔组织。囊泡外围有大量的多核巨细胞增生，少量的结缔组织，以及少量的淋巴细胞和嗜酸性粒细胞浸润。囊泡囊肿周围的肝细胞发生萎缩，肝细胞发生变性，甚至坏死溶解，能见到肝细胞再生，有些病例可见到汇管区结缔组织增生，将肝小叶分割成许多假小叶，病灶内肝组织有淤胆现象（李维新等，1987）。

(2) 小白鼠

肝脏病变呈巨块形，有的几乎占据所有肝叶，其形态、结构与达乌尔黄鼠相似。镜检发现病变区的肝组织失去原有结构，由许多大小不等的囊泡占据，肺部所见的囊泡多为不育囊。囊泡外围有多核巨细胞增生，结缔组织、淋巴细胞和较多的嗜酸性粒细胞浸润，有少量浆细胞和上皮样细胞浸润。病灶周围的肝组织有明显的坏死溶解，其中残存的肝细胞发生变性。有些坏死部位有肉芽组织增生，残存在肝组织中有淋巴细胞及嗜酸性粒细胞浸润。未看到假小叶形成现象。脾滤泡萎缩、坏死、脾索排列不规则，髓窦扩大、脾红髓、白髓、小梁和脾小结等正常结构被破坏。中央动脉的周围淋巴鞘和胸腺依赖区内的小淋巴细胞几乎消失，有中性多核白细胞和浆细胞浸润（李维新等，1987；洪凌仙和林宇光，1987）。

(3) 中华鼢鼠

腹腔内有大量大小不均的囊泡团寄生，呈菜花状或葡萄状。育囊生发层较厚，角质层较薄，囊腔内含有许多小的子囊，子囊内有数目不等的原头节。泡囊内 60%～80%为育囊，囊泡组织反应不严重，纤维组织增生也不明显。肺组织的囊泡团块呈散在分布，一般没有连接成长串。肺切片显示囊泡发育良好，含有中等量的原头节，其 50%为育囊，大部分肺泡、支气管和肺泡间质充满中性白细胞、淋巴球、浆细胞和红细胞。肺组织毛细血管普遍扩张、充满红细胞，呈广泛弥漫性炎症，未见显微组织和毛细血管增生（洪凌仙和林宇光，1987）。

(4) 沙鼠

沙鼠肝脏出现大小不等的泡状棘球蚴组织，腹腔内存在部分棘球蚴组织；该棘球蚴组织由含有囊液及原头节的囊泡组成；棘球蚴组织存在血管新生现象。肝组织与囊壁间有肉芽肿组织构成的纤维囊，可见周围肝脏气球样变（李琪等，2016）。

(5) 人

由于不是适宜的中间宿主，囊蚴和周围组织常凝固性坏死。早期囊蚴的周围有大量淋巴细胞、浆细胞和嗜酸性粒细胞浸润。晚期则为成纤维细胞增生。多房棘球蚴全部坏死时周围形成异物肉芽肿，组织细胞栅栏状排列间有多核异物巨细胞围绕。当多个多房棘球蚴及周围组织坏死时，常造成大片凝固性坏死。有时可见由于血管壁慢性炎症、管壁内膜增厚，血流受阻，终致组织完全坏死。坏死原因不明，可能与囊内的毒素外溢、抗原抗体结合形成的变态反应有关（张继增，2001）。

3.伏氏棘球蚴

(1) 无尾刺豚鼠

常寄生于肝脏表面，在四个肝叶、肝韧带区和靠近盲肠的肠系膜均发现伏氏棘球蚴包囊寄生(D'Alessandro et al.，1981)。包囊在肝脏表面呈椭圆形或不对称分布，内充满囊液，直径可达30mm，被一层薄膜包裹。包囊内包含了大量由生发层和片层组织内生增殖形成的囊泡，由生发层发育而来的育囊呈不规则排列(Rausch et al.，1981)。

(2)人

伏氏棘球蚴以侵犯肝脏为主，囊肿大小0.2～8cm不等，呈单发性或小囊泡群，囊泡内含液体、育囊和原头节，可向邻近组织扩散，但其浸润程度不如多房棘球蚴的严重。因囊泡壁生发膜和角质层显内生性增殖，故可形成继发性亚分(secondary subdivision)(蒋次鹏，1999)。

4.少节棘球蚴

(1)刺豚鼠

腹腔内的脾脏、靠近腰大肌的腹膜后区域、隔膜和腹膜均有少节棘球蚴寄生，而肝脏未发现有该虫种的幼虫。在其他部位也观察到幼虫包囊，如四肢和皮肤肌肉组织、心脏、腰大肌、肺脏、肝脏和泌尿生殖器官(D'Alessandro et al.，1981)。

(2)刺鼠

从刺鼠的右肩胛部肌肉、左侧腹、肝脏、肾脏、心脏和隔膜均发现有少节棘球蚴寄生。包囊外为一个囊泡，但切片显示里面包含了多个小囊泡，小囊泡群被隔膜分开。包囊非常多，直径为10～18mm，里面包含了超过100个育囊和成丛的原头节(Sousa，1970)。

(3)兔

在委内瑞拉一只野兔的心包膜发现了2个少节棘球蚴包囊，直径分别为2.8cm和2.2cm；包囊的囊液中有大量的原头节。同时，在美国的旧金山也在一只兔体内发现了大量的少节棘球蚴包囊，寄生部位为左肾脏和大腿部肌肉组织；这些包囊的直径为1.5～2.0cm，囊液中也存在原头节。包囊内的育囊外膜较厚，直径为515～540μm；发育成熟的原头节直径为120～157μm(平均为136μm)，最长的小钩直径为31.3～34.8μm(平均为32.6μm)(Meléndez et al.，1984)。患脑泡状棘球蚴病的新西兰大白兔的病灶位于脑皮质，靠近颅底脑膜及基底动脉环，病灶附近有炎性细胞反应，大量中性粒细胞和淋巴细胞浸润，伴钙化(田兄玲等，2014)。

(4)人

人感染少节棘球蚴后常被侵犯肝脏，需与肝多房棘球蚴鉴别。尸检心包增大，左心室发现2个单房包囊，直径均为1.5cm，内含透明胶状物和生发囊。组织切片和染色显示，棘球蚴结构分为角质层、生发膜和含原头节的育囊。但大部分均已变性，角质层增厚水肿，有许多染色深浅不一的带。生发膜见许多石灰小体，已崩解呈空杯样，外层有单核细胞浸润和由成纤维细胞形成的纤维组织。囊内可见脱落的原头节和小钩，小钩较大，背面很直，钩棘位于小钩中央，呈典型的少节棘球蚴绦虫外观(王维，1996)。

5.石渠棘球蚴

幼虫在高原鼠兔的肝脏和肺脏内发育为直径约 10mm 的微小单囊，囊内含有大量的育囊，但未见子囊。发育完全的育囊与生发层紧密连接，内含大量原头节。囊的角质层较厚，但其外围由宿主形成的纤维层却很薄(肖宁等，2008)。

二、终末宿主

1.犬科动物

终末宿主犬、狼小内寄生的成虫可达数千至上万条。犬尸体消瘦，贫血，剖检可见肠黏膜增厚。

2.蒙古沙鼠

每只蒙古沙鼠感染 2500 个伏氏棘球蚴原头节，感染后的第 7d 即在小肠上段收集到虫体；第 14d，观察到了第 2 个节片和睾丸组织的原基；第 21d，在第 2 个节片中观察到受精囊中的精子和子宫内发生了卵裂的卵子；第 28d，发现子宫内运动的卵细胞；第 34d，观察到卵壳成分(胚膜)。首次在感染后的第 35d，检测到粪便中出现虫卵，并观察到虫卵中有黄褐色的厚胚膜包裹的成熟六钩蚴。在感染后第 7d，能在粪便中检测到粪抗原。虫体在发育过程中呈“S”形，包括 1 个头节和 2 个节片。头节上有 28～34 个小钩和 4 个较大的吸盘。第 1 个节片较小，较宽；第 2 个节片呈矩形，生殖孔位于该节片的中部(Matsuo et al.，2000)。

参 考 文 献

楚慧, 王志强, 张巍, 2015. 包虫病 668 例临床病理学分析[J]. 新疆医科大学学报, 38(1): 73-76.

洪凌仙, 林宇光, 1987. 多房棘球蚴在动物和人体内的发育与组织病变考察[J]. 地方病通报, 2(2): 51-61.

胡惠民, 1990. 细粒棘球蚴对藏绵羊和年牦肝肺的病理损伤及宿主组织学反应比较研究[J]. 上海畜牧兽医通讯, (4): 27.

黄厚宝, 2011. 猪棘球蚴病的识别与防治[J]. 农技服务, 28(6): 827.

贾万忠, 2015. 棘球蚴病[M]. 北京: 中国农业出版社.

蒋次鹏, 1994. 棘球绦虫和包虫病[M]. 济南: 山东科学技术出版社.

蒋次鹏, 1999. 棘球蚴病的临床与基础研究[M]. 济南: 山东科学技术出版社.

孔祟华, 王石林, 徐克诚, 1986. 猪肝棘球蚴超微结构和棘球蚴病病理形态学观察[J]. 中国人民解放军兽医大学学报, 6(4): 365-369.

李宏民, 屈亚锦, 李娟, 等, 2012. 绵羊棘球蚴病的病原学鉴定及组织病理学观察[J]. 中国兽医科学, 42(9): 949-953.

李琪, 金亮, 蔡飞, 等, 2016. 血管内皮生长因子和微血管密度在接种肝泡状棘球蚴沙鼠体内的表达及意义[J]. 中华肝胆外科杂志, 22(4): 268-272.

李维新, 裴明, 张国才, 1987. 多房棘球蚴在不同中间宿主体内引起的病理变化[J]. 地方病通报, 2(3): 36-39.

李雍龙, 2008. 人体寄生虫学[M]. 7 版. 北京: 人民卫生出版社.

卢慎, 1983. 新疆肺、肝包虫囊的病理学研究[J]. 寄生虫学与寄生虫病杂志, 1(3): 176-177.

宋铭忻，张龙现，2009. 兽医寄生虫学[M]. 北京：科学出版社.

田兄玲，刘丛学，张黎敏，等，2014. 脑泡状棘球蚴病兔脑动物模型建立[J]. 新疆医科大学学报，37(7)：866-868.

王虎，南绪孔，娘吉先，等，1990. 丙硫咪唑治疗藏羊原发性细粒棘球蚴的病理形态学观察[J]. 青海畜牧兽医杂志，(1)：11-14, 21.

王维，1996. 人体感染少头棘球绦虫第 2 例病例报告[J]. 国外医学：寄生虫病分册，23(3)：127-128.

王晓华，2001. 屠宰猪肝脏寄生虫病理损伤的观察[J]. 中国兽医寄生虫病，9(3)：59-60.

肖宁，邱加闽，Nakao M，等，2008. 青藏高原东部地区发现的新种：石渠棘球绦虫的生物学特征[J]. 中国寄生虫学与寄生虫病杂志，26(4)：307-312.

杨宏强，王菊，李江，等，2012. 囊性肝包虫囊肿周围肝内管道的病理解剖学观察[J]. 中国人兽共患病学报，28(4)：371-374.

张继增，2001. 泡状棘球蚴病[J]. 诊断病理学杂志，8(5)：261-262.

赵辉元，1998. 人兽共患寄生虫病学[M]. 延吉：东北朝鲜民族教育出版社.

Antolová D, Víchová B, Jarosošá J, et al., 2018. Alveolar echinococcosis in a dog: analysis of clinical and histological findings and molecular identification of *Echinococcus multilocularis*[J]. Acta Parasitologica, 63(3): 486-494.

D'Alessandro A, Rausch RL, Morales GA, et al., 1981. *Echinococcus* infections in Colombian animals[J]. The American Journal of Tropical Medicine & Hygiene, 30(6): 1263-1276.

Matsuo K, Shimizu M, Nonaka N, et al., 2000. Development and sexual maturation of *Echinococcus vogeli* in an alternative definitive host, Mongolian gerbil(*Meriones unguiculatus*)[J]. Acta Tropica, 5(3): 323-330.

Meléndez RD, Yépez MS, Coronado A, 1984. *Echinococcus oligarthrus* cysts of rabbits in Venezuela[J]. Journal of Parasitology, 70(6): 1004-1005.

Messier F, Rau ME, McNeill MA, et al., 1989. *Echinococcus granulosus*(Cestoda: Taeniidae) infections and moose-wolf population dynamics in southwestern Quebec[J]. Canadian Journal of Zoology, 67(1): 216-219.

Rausch RL, D'Alessandro A, Rausch VR, 1981. Characteristics of the larval *Echinococcus vogeli* Rausch and Bernstein, 1972 in the natural intermediate host, the paca, *Cuniculus paca* L.(Rodentia: Dasyproctidae)[J]. The American Journal of Tropical Medicine & Hygiene, 30(5): 1043-1052.

Shahar R, Aizenberg HI, 1995. Nonhuman primate issue ii disseminated hydatidosis in a ring-tailed lemur(Lemur catta): a case report[J]. Journal of Zoo & Wildlife Medicine, 26(1): 119-122.

Sousa OE, 1970. Development of adult *Echinococcus oligarthrus* from hydatids of naturally infected agoutis[J]. The Journal of Parasitology, 56(1): 197-198.

第十一章　诊断与检疫技术

第一节　生前(活体)诊断与检疫

一、家畜棘球蚴病诊断与检疫

主要是针对中间宿主(牛、羊、猪等)活体家畜细粒棘球蚴感染的诊断与检疫。生前诊断与检疫主要包括影像学和免疫学诊断方法等。

1.影像学诊断方法

影像学技术主要在筛选实验动物或针对特别珍贵动物、种畜以及进出口动物棘球蚴病的诊断与检疫时使用。

(1)X 射线

X 射线具有穿透、荧光和感光作用，能用于动物体的荧光透视和摄影检查。使检查部位在荧光屏上或 X 射线片上所显示的组织器官和周围组织产生不同密度的对比阴影。因此 X 射线用于诊断主要取决于 X 射线的特殊性质、动物体组织器官密度差异和人工造影技术的应用。

X 射线放射仪很早就应用于棘球蚴病的诊断上，通过胸透诊断肺和肝的病变时能够看到椭圆形且边缘界限清晰、质地均匀的完整包囊。腹部 X 射线检查时能够检查出肝包虫的钙化情况，钙化现象往往出现在外囊并且呈现典型的弧形，而内囊出现钙化现象则显示出斑影。

(2)B 型超声诊断(B 超)

B 型超声诊断是应用最广的超声检查。这种方法是在声束穿过动物机体时，各层组织所构成的界面和组织内结构的反射回声以光点的明暗反映其强弱，由众多的光点有序地排列组成相应切面的图像。

B 超具有无侵袭性、便宜等优点，它能区分包囊与实质包块，并能提示囊内膜的存在。在临床诊断及流行病学调查中具有较高的应用价值。世界卫生组织(WHO，2003)公布了各类包虫病的超声学分类标准，通过与该标准对比可得出该类棘球蚴病的确诊结果。但超声诊断检测羊肝棘球蚴病时敏感性较低，而羊肺棘球蚴病完全不能检测(Lahmar et al.，2007)。

(3)计算机断层扫描(CT)

CT 是用 X 射线束对动物机体某部位一定厚度的层面进行扫描，由探测器接收透过该层面的 X 射线，转变为可见光后，由光电转换变为电信号，再经模拟/数字转换器转为数字，输入计算机处理。图像形成的处理有如将选定层面分成若干个体积相同的长方体，称之为体素(voxel)，扫描所得信息经计算而获得每个体素的 X 射线衰减系数或吸收系数，再排列成矩阵，即数字矩阵(digital matrix)，数字矩阵可存储于磁盘或光盘中。经数字/模拟转换器(digital/analog converter)把数字矩阵中的每个数字转为由黑到白不等灰度的小方块，即像素(pixel)，并按矩阵排列，即构成 CT 图像。

在 CT 检查肺小叶动脉内的包囊时利用影像对比度加强囊壁显影,可对包囊精准定位。在 CT 下囊壁的显影加倍，血栓却无变化，故包囊与血栓区分明显。

(4) 核磁共振技术

磁共振成像(magnetic resonance imaging，MRI)是一种生物磁自旋成像技术，它是利用原子核自旋运动的特点，在外加磁场内，经射频脉冲激发后产生信号，用探测器检测并输入计算机，经过处理转换在屏幕上显示图像。MRI 提供的信息量不但大于医学影像学中的其他许多成像术，而且不同于已有的成像术，因此，它对疾病的诊断具有很大的潜在优越性。它可以直接作出横断面、矢状面、冠状面和各种斜面的体层图像，不会产生 CT 检测中的伪影；不需注射造影剂；无电离辐射，对机体没有不良影响。

MRI 已开始应用于人多房棘球蚴病的诊断，特别适用于没有发生钙化的棘球蚴病诊断。该技术能检测出包虫寄生部位邻近组织的详细情况，为器官大面积切除和移植提供参考。

2.免疫学诊断方法

家畜(羊、牛、猪等)的生前诊断可采用间接血凝试验(IHA)、酶联免疫吸附试验(ELISA)、斑点酶联免疫吸附试验(Dot-ELISA)和免疫金渗滤试验等血清学诊断方法进行辅助诊断。

(1) 免疫学方法的类型

1) 间接血球凝集试验(IHA)

间接血球凝集试验(indirect hemagglutination assay，IHA)原理是：将抗原(或抗体)包被于红细胞表面，使其为致敏载体，然后与相应的抗体(或抗原)结合，从而使红细胞聚集在一起，出现可见的凝聚反应。该方法诊断家畜棘球蚴病阳性率为 71%～100%，假阳性率为 0%～14.2%。具有良好的敏感性、特异性、器材简单、操作方法简便、凝集清晰、易于判定等优点，是较早应用于棘球蚴病的免疫学诊断方法。

可使用冻干的致敏血球和热稳定蛋白抗原,使其与新鲜血球具有相同的敏感性和特异性。也可以将收集到的羊血放入枸橼酸钠，接着用磷酸盐缓冲溶液(PBS)洗涤三次以除去血浆和血沉棕黄层。配制 7%血细胞 PBS 悬浮溶液以及等体积的 7%甲醛 PBS 溶液。这些醛化的羊血红细胞用 PBS 冲洗 8～10 次，最终制成含 0.025%叠氮化钠的 2.5%羊血红细胞混悬液，4℃保存(Moosa and Abdel-Hafez，1994)。

实验操作方法见附录三。

2）酶联免疫吸附试验（ELISA）

早在1975年，酶联免疫吸附试验就开始用于人体包虫病的诊断。该方法是用已知抗原或抗体，定性或定量测定特异性抗体（间接法）或抗原（夹心法），按照显色反应的速率和强度判断结果。在棘球蚴病诊断中，该法优于免疫电泳（IEP）和酶联免疫电转印迹法（EITB）。

ELISA法的原理：将抗原或抗体结合到某种固相载体表面，并保持其免疫活性。同时使抗原或抗体与某种酶连接成酶标抗原或抗体，这种酶标抗原或抗体既保留了其免疫活性，又保留了酶的活性。在测定时，把受检标本（测定其中的抗体或抗原）和酶标抗原或抗体按不同的步骤与固相载体表面的抗原或抗体起反应。用洗涤的方法使固相载体上形成的抗原抗体复合物与其他物质分开，最后结合在固相载体上的酶量将与标本中受检物质的量成一定的比例。加入酶反应的底物后，底物被酶催化变为有色产物，产物的量与标本中受检物质的量直接相关，故可根据颜色反应的深浅定性或定量分析。由于酶的催化频率很高，故可极大地放大反应效果，从而使测定方法达到很高的敏感度。

实验操作方法见附录三。

3）斑点酶联免疫吸附试验（Dot-ELISA）

斑点酶联免疫吸附试验是在常规ELISA的基础上，将抗原（抗体）吸附于硝酸纤维素膜（NC膜）上，通过包被与待检抗体（抗原）反应，再与酶标记物结合，最后将反应结果固定在NC膜上。

斑点酶联免疫吸附试验可使用加样抽滤使抗原均匀牢固地吸附于硝酸纤维素膜上，从而简化了包被抗原过程，缩短酶标二抗与抗体抗原结合物反应的时间（叶尔江等，1990）。有研究者利用白色聚乙烯（PVC）代替硝酸纤维素膜制作的Dot-ELISA试剂诊断盒对四川甘孜、阿坝两地进行人体包虫病筛查，并用X光和B超进行验证。结果显示，符合率高达95.2%；并且利用白色聚乙烯代替硝酸纤维素膜能够减少血清稀释加样误差，PVC载体洗涤方便、快速，试验时间也被大大缩短（陈兴旺等，2005）。

此外，用活化生物素标记特异抗细粒棘球蚴抗原单克隆抗体（McAb）成功建立了McAb-Dot-ELISA，用于检测包虫病患者的循环抗原。

实验操作方法见附录三和附录四。

4）免疫金渗滤试验

胶体金作为标记物具有操作简单、易行、省事、无毒、无致癌性物质和无须昂贵仪器等特点。同时，它具有高度的特异性和敏感性。固相金斑免疫试验（DIGFA）以微孔滤膜为固相载体，抗原抗体在膜上结合，由于渗滤浓缩促进了反应，再以胶体金作为指示剂显示出直观反应。以双抗体夹心法为例，在硝酸纤维素膜的膜片中央滴加纯化的抗体，为膜所吸附。当滴加在膜上的标本液体渗滤过膜时，标本中所含抗原被膜上抗体捕获，其余无关蛋白等被滤出膜片。其后，加入的胶体金标记也在渗滤中与已结合在膜上的抗原相结合。因胶体金本身呈红色，阳性反应即在膜中央显示红色斑点。

有人将粗提细粒棘球蚴包囊液抗原EgCF、纯化的囊液抗原AgB、原头蚴抗原EgP以及多房棘球蚴体壁抗原Em2作为诊断抗原建立固相金斑试剂盒，取得了良好的特异性和敏感性（冯晓辉等，2002）。

(2)免疫学方法存在的问题

目前市面上出现的商业化检测试剂盒或检测试纸条，存在敏感性和特异性不高、交叉反应严重等问题。因此，尚需进一步研究、筛选与开发敏感性、特异性高，而与其他寄生虫交叉反应低的抗原。

二、动物棘球绦虫的诊断与检疫

终末宿主(犬、狐、狼)的生前诊断与检疫可采用虫卵检查、槟榔碱试验、粪抗原免疫吸附试验(Copro-ELISA)和聚合酶链式反应(PCR)诊断技术。终末宿主是包虫病最重要的传染源，及时准确地检测终末宿主棘球绦虫的感染情况，对人和动物包虫病的防控具有重要意义。

1.虫卵检查法

粪便经漂浮集卵后，在显微镜下观察有无带科绦虫卵。该法直观、简便、快速和成本低，但存在带科虫卵在形态上无法鉴别，成熟期前也无法检测到虫体存在的缺陷。在严格的安全防护下，现场收集犬粪样品后送实验室进行检测，检测时应进行超低温冰箱冷冻处理(或热处理)，粪样灭活虫卵后才开展检测。该法主要在科研工作需要时使用。

2.虫体检查法

槟榔碱测试法(亦称槟榔碱泻下法)曾是国内外进行大规模流行病学调查的唯一方法，便于现场操作，检测速度快，成本低，方法简单，易于操作。

原理：用槟榔碱按 1mg/kg 体重对犬进行投服，投药前须禁食 12～13h。槟榔碱为拟副交感神经药物，可增加肠紧张和平滑肌蠕动，促进排便。槟榔碱直接作用于虫体时可使虫体麻痹而脱离肠壁，但不致死；被驱下的虫体还可用于形态学鉴定。该试验既可定性，又能定量，一般用于细粒棘球绦虫的摸底调查，是犬带科绦虫感染流行病学调查最有效的方法。

材料：氢溴酸槟榔碱、超低温冰箱和显微镜等。

操作步骤如下：

①准备足量的氢溴酸槟榔碱(氢溴酸槟榔碱配制成 1%溶液，按每 10 kg 体重 1.5mL 剂量口服驱虫)，向待测犬进行不同药物浓度及间隔投药；

②投药后 1～2h 犬排出带有黏液的粪便，如蛋清样，称标准粪样；

③标准粪样与虫体检出率呈正相关，投药后能获取标准粪样为有效检测，投药后无标准粪样为无效检测；

④收集被检犬排出的标准粪样，用 5%的福尔马林浸泡沉淀后，弃去上清液，收集虫体，逐条计数、登记，通过对棘球绦虫的检测率确定犬的感染情况。

结果判定：通过两次灌服槟榔碱后，检测排泄物中是否含有棘球绦虫虫体或虫体碎片，然后作为阳性和阴性的判定标准。

该法的缺点：犬易受药物影响，槟榔碱泻下法其导泄率一般只有70%左右，且检出率低，易错检和漏检，可能会造成环境污染，且检测者存在感染风险。因此，使用该法必须进行严格的安全防护。

从事包虫病现场防治的工作人员应穿着适当的防护服，包括长筒胶靴、手套、口罩、帽子、工作服。在采集槟榔碱处理犬的粪样时，应将犬圈在特定的、便于净化的隔离区域内，处理后的地面应翻埋，或彻底焚烧消毒。犬粪应在现场煮沸消毒，或者包装在安全、防泄漏的转运箱内运送。

3.粪抗原免疫吸附试验法

粪抗原免疫吸附试验(Copro-ELISA)法是检测犬科动物感染棘球绦虫的免疫学诊断方法。双抗体夹心酶联免疫吸附试验的粪抗原检测方法具有操作简便易行、方便计算和统计、敏感性高、虫体在成熟期前就能被检查到的优点。同时，检测时不需要新鲜粪便样本，粪便在自然环境中一个月或-20℃冻存半年，仍然可以用于检测，方便采样、送样和保存样本。对检测样本要求不严格，适合在基层推广使用。

粪抗原免疫吸附试验在早期诊断野生犬科动物自然感染棘球绦虫病中也具有很高的应用价值。该技术可诊断出处于潜在期的棘球绦虫感染。

原理：粪抗原在感染后的第2～3周可检出，检测方法可同时用于对细粒棘球绦虫和多房棘球绦虫感染的诊断。其原理是虫体寄生于宿主的小肠内，其代谢物、分泌物、节片和虫卵等虫体组织随着宿主粪便排到体外，这些物质被称为粪抗原(棘球绦虫的粪抗原主要成分为碳水化合物)。利用抗原与抗体能够特异结合的原理，制备特异抗体检测粪抗原物质。

实验操作方法：见附录四。

存在的问题：粪抗原免疫吸附试验的诊断效果与寄生的虫量有关。当犬感染5条虫体时即可在其感染16d后检测出阳性，具有早期诊断价值(张旭等，2012)。该法的特异性虽可高达97%，敏感性却受到感染程度的影响，其中感染虫体数在100条以上时敏感性可达92.0%，但在100条以下时，其敏感性也随之降低(焦伟等，1999；Deplazes et al.，1999；Lahmar et al.，2007)。此外，该方法在带科绦虫的种属相近虫体之间可能会出现严重的交叉反应。因此，粪抗原免疫吸附试验法检测结果可能出现较高的假阳性。

为提高诊断敏感性，从细粒棘球蚴原头蚴分泌抗原免疫兔中获得兔抗原头蚴IgG，将其纯化后偶联上生物素酶类可检测犬科动物粪中的分泌性抗原(黄燕等，2008)。此外，在提高粪抗原免疫吸附试验诊断特异性方面，也有多项技术出现。如利用杂交瘤细胞接种SCID小鼠制备EmA9单克隆抗体，用于Sandwich-ELISA，可诊断红狐感染多房棘球绦虫。也有人制备了两种鼠抗细粒棘球绦虫原头蚴分泌抗原单克隆抗体(*E.granulousus* E/S IgM MAbs)，分别命名为EgC1和EgC2。将两种单克隆抗体应用于犬科动物细粒棘球绦虫的诊断，结果显示该单克隆抗体在攻虫后35d和试验结束的55d都能发生良好反应，且未出现假阳性(Casaravilla et al.，2005)。

4.抗体检测法

利用棘球绦虫特异性抗原检测犬科动物血清中相应抗体，是一项诊断犬科动物棘球绦虫病的免疫学诊断方法。有研究者发现一种细粒棘球绦虫虫体分泌抗原蛋白 PSM，能与感染细粒棘球绦虫的犬血清抗体特异地发生反应(Gasser et al., 1992)。

原理:犬科动物在感染棘球绦虫2～3周后其血清中出现特异性抗体(IgG、IgA和IgE)，可利用特异性的棘球绦虫抗原检测特异性抗体，进而诊断该病。

存在的问题：用血清学诊断法对犬肠道寄生的细粒棘球绦虫和狐狸肠道寄生的多房棘球绦虫进行诊断时，也存在敏感性和特异性不高以及早期感染缺乏有效的特异性抗体等问题。近年来，在家犬和动物园动物体内发现多房棘球绦虫感染的案例越来越多。在这种情况下，活体准确诊断就变得尤为重要。犬既能作为多房棘球绦虫的终末宿主也能作为特异的中间宿主，血清学联合粪抗原检测或粪源 DNA 检测，更能准确地反映犬肠道的感染情况。

5.PCR 检测方法

(1)粪便 PCR 方法

动物粪便易于收集保存且粪便中感染源的数量庞大，其病原体遗传物质可以来源于寄生虫的虫卵，或寄生虫虫体的细胞及组织碎片等，仅用少量的粪便即可提取到目的基因(McManus et al., 2003；张亚楼等，2006)，因此粪便 PCR 检测法也逐渐成了检测动物疾病的重要途径。相比于病原学检测和免疫学检测方法，PCR 检测方法具有快速、准确、敏感、特异等优点，也可实现对形态难以区分的带科绦虫的虫种鉴定(Osman et al., 2012)。

自 1993 年报道用 PCR 技术从狐狸粪 DNA 中检测多房棘球绦虫感染之后，该技术在犬粪棘球绦虫卵检测中也得到广泛的应用(Bretagne et al., 1993)。应用巢式 PCR 检测法对多房棘球绦虫 *12S* 片段(373bp)进行了扩增，结果最低可检测到 1 个虫卵，而细粒棘球绦虫等 11 种其他绦虫均无非特异性扩增，特异性为 100%(Dinkel et al., 1998)。对细粒棘球绦虫 G1 株的 *12S* 片段(255bp)进行 PCR 扩增，敏感性达到对一个虫卵的检测，同时对细粒棘球绦虫另外 5 种基因型和其他 14 种绦虫基因进行扩增，结果仅特异性地扩增出细粒棘球绦虫 G1 型(Stefanić et al., 2004)。此外，Dinkel 等还根据细粒棘球绦虫 G1 株线粒体 *12S* 基因序列(254bp)设计引物，鉴别了绦虫不同属和细粒棘球绦虫不同基因型，其特异性达 100%，同时其敏感度也达到 0.25pg 的 DNA 含量(Dinkel et al., 2004)。

以上研究中所选用的靶基因均为较短片段，所包含的遗传信息有限。四川农业大学动物医学院动物寄生虫病研究中心近年成功建立了一种基于线粒体 *ND6* 基因全序列(456bp)作为分子诊断标识检测犬感染细粒棘球绦虫的粪便 PCR 方法，具有很高的特异性(与多房棘球绦虫、多头带绦虫、泡状带绦虫、豆状带绦虫、犬复孔绦虫、曼氏迭宫绦虫和犬弓首蛔虫等寄生虫无交叉)和灵敏性(DNA 最低检测量 4pg 或 1 个虫卵)，并能够在感染早期(感染后 13d)及时检测出犬粪便中的细粒棘球绦虫 DNA，可用于犬感染细粒棘球绦虫的流行病学调查。同时，PCR 阳性目的条带经测序比对后还可对细粒棘球绦虫进行基因分型及种群遗传结构的分析(詹佳飞等，2019)。

在绦虫不同感染期，不同粪便检测方法的敏感性有差异。有研究者报道在多房棘球绦虫感染时，在潜伏期(感染 2～29d)粪抗原免疫吸附试验检测法最敏感，在高显露期(感染后 30～70d)所有检测方法敏感性都很高，但是在低显露期(感染 71～90d)，镜检和虫卵 DNA PCR 检测比粪抗原免疫吸附试验法和粪便 PCR 检测的敏感性高(Al-Sabi et al.，2007)。

(2)LAMP 检测法

环介导等温扩增技术(LAMP)针对靶基因的 6 个区域设计 4 对引物，利用具有链置换活性的 BstDNA 聚合酶在恒温条件(65℃)下约 1h 即可扩增出目的片段。该法所需设备简单，反应快速，产物检测便捷，特异性强。

有报道当犬感染细粒棘球绦虫大于 10000 条时，在其感染后 18d 即可检测到(陈璐等，2011)。在对犬粪便进行检测时，BstDNA 聚合酶的活性几乎不受粪便抑制物的影响，这也使得 LAMP 法的灵敏度比常规 PCR 高(Ni et al.，2014)。

存在的问题：因其过高的灵敏度，少量的基因污染就会导致该法实验结果呈假阳性(甘文佳和胡旭初，2010)；且 LAMP 法的电泳图为多条带，即使有非特异性扩增的产生，也不易辨认出来(黄火清和郁昂，2012)。同时，也因非单一条带，LAMP 法无法通过基因测序而进行基因分型。

第二节 宰后(死后)诊断与检疫

一、棘球蚴包囊肉眼及形态学检测

屠宰牲畜(牛、羊、猪、马、驴、骆驼和兔等)的棘球蚴包囊感染情况的检查与检疫是包虫病流行病学调查及防控效果评估的“金标准”方法，在屠宰动物或死亡动物的脏器内查到棘球蚴即可确诊。检查与检疫方法包括家畜宰后棘球蚴包囊的肉眼观察和棘球蚴包囊形态学的实验室检查。

1.棘球蚴包囊的形态特征

(1)细粒棘球蚴

细粒棘球蚴寄生在中间宿主(牛、羊、猪、马、驴、骆驼和兔等)的肝脏和肺脏，骨骼肌和眼睛等部位也有寄生(图 11-1、图 11-2)。

细粒棘球蚴包囊大小不等，可单发或多发。包囊一般近似球形，小的仅有黄豆大，巨大的包囊直径达 50cm，可含囊液 10L 以上。囊体内部为充盈的囊液，内层为具弹性而无细胞结构的角质层和由生发细胞组成的生发层。可育囊囊液中有游离的育囊、原头蚴和子囊，肉眼看去像砂粒。原头蚴上有小钩、吸盘及微细的石灰质颗粒。

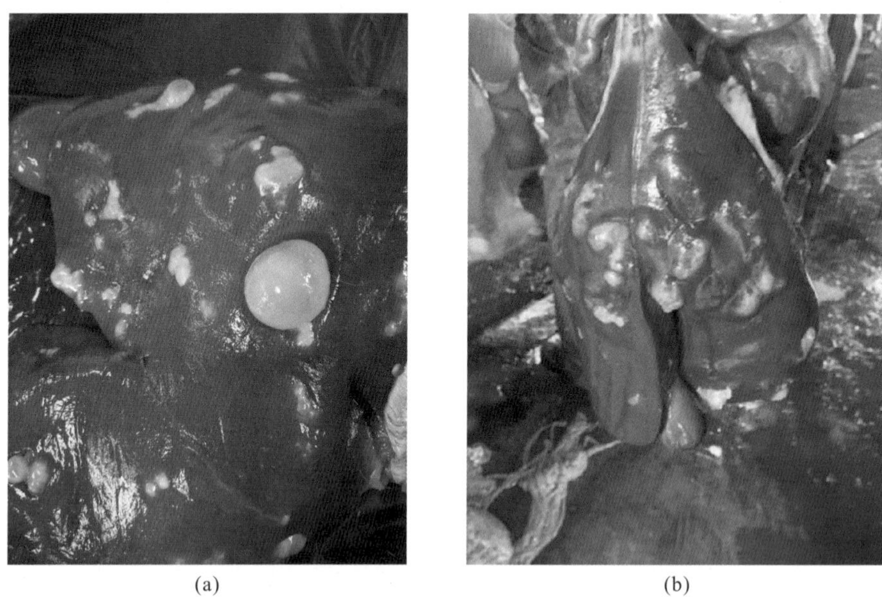
(a) (b)

图 11-1 寄生于羊肝脏的细粒棘球蚴（杨光友（a）和蔡金山（b）提供）

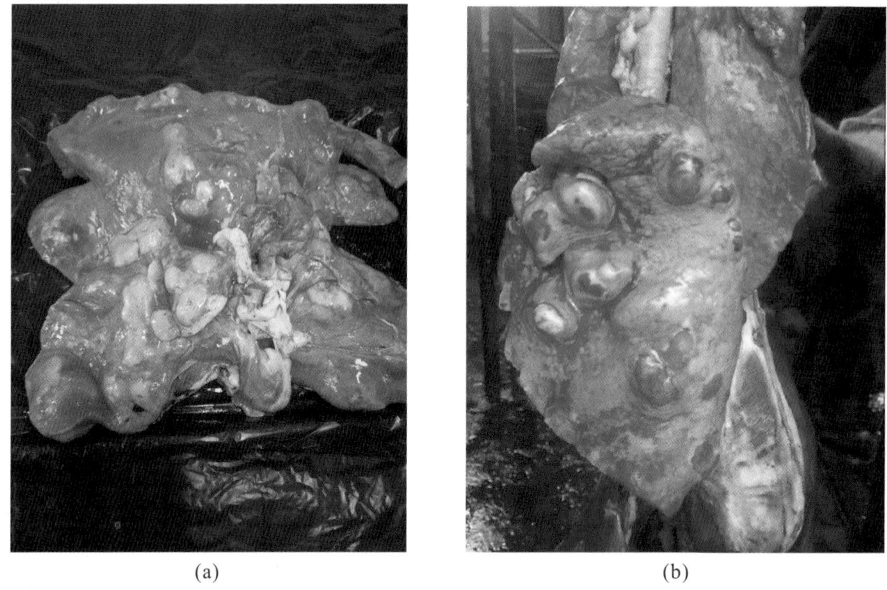
(a) (b)

图 11-2 寄生于羊肺脏的细粒棘球蚴（杨光友（a）和蔡金山（b）提供）

（2）多房棘球蚴

多房棘球蚴（又称泡球蚴）主要寄生于中间宿主（鼠类）的肝脏、肺脏和脑部等部位（可参考第 2 章图 2-22、图 2-23），但在犬也偶有发生。

多房棘球蚴呈无数圆形或卵圆形的小囊泡或小结节，为淡黄色或白色，大小由豌豆大到核桃大，包囊内含透明囊液和许多原头蚴或含胶状物而无原头蚴。囊泡外壁角皮层很薄且常不完整，泡球蚴聚集成囊泡群或块状物，质地坚硬，表面凹凸不平，呈浸润性生长，呈葡萄状的囊泡群向器官表面蔓延至体腔内，犹如恶性肿瘤。整个泡球蚴与宿主组织无限制性纤维组织被膜分割，故与周围宿主组织界限不清(蒋次鹏，1994；李雍龙，2008)。

诊断方法可参见附录四。

(3) 石渠棘球蚴

为石渠棘球绦虫的中绦期幼虫，主要寄生于高原鼠兔的肝脏和肺脏内，也可寄生于肾、脾等脏器内(可参考第 2 章图 2-27)。

石渠棘球蚴为直径约 10mm 的微小单囊，囊内含有大量的育囊，但未见子囊。发育完全的育囊与生发层紧密相连，内含大量原头节。囊的角质层较厚，但其外围由宿主形成的纤维层却很薄。

2.与其他绦虫蚴及寄生虫包囊的形态鉴别

(1) 细颈囊尾蚴

细颈囊尾蚴(*Cysticercus tenuicollis*)为泡状带绦虫(*Taenia hydatigena*)的中绦期幼虫，主要寄生于家畜(绵羊、山羊、猪和牛)的肝脏浆膜、大网膜和肠系膜等部位。

包囊呈乳白色，囊泡状，囊内充满透明液体，俗称水铃铛，大小如鸡蛋或更大，直径约有 8cm，囊壁薄，在其一端的延伸处有一白结为头节。在肝、肺等脏器中的包囊，体外还有一层由宿主组织反应产生的不透明的厚膜包囊，易与棘球蚴混淆(图 11-3、图 11-4)。

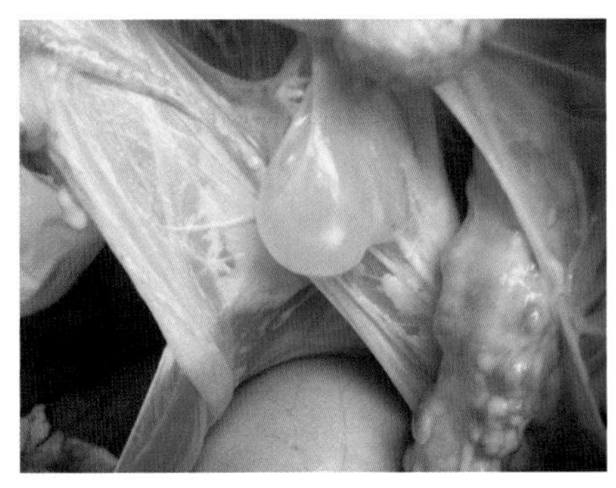

图 11-3　寄生于羊肠系膜的细颈囊尾蚴(杨光友提供)

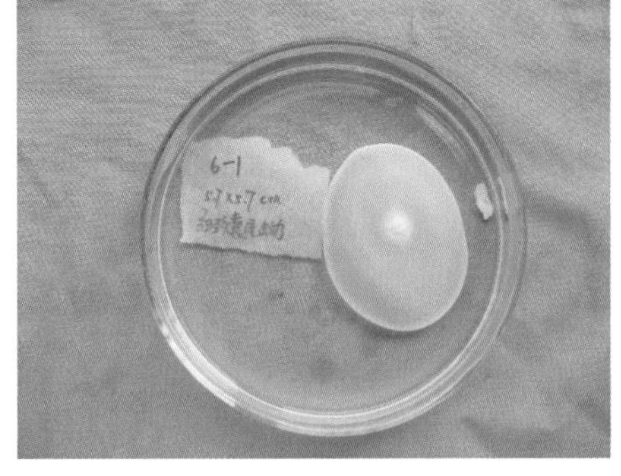

图 11-4　细颈囊尾蚴(杨光友提供)

(2) 脑多头蚴

脑多头蚴(*Coenurus cerebralis*)(俗称脑包虫)为多头带绦虫(*Taenia multiceps*)的中绦期幼虫，主要寄生于绵羊、山羊、黄牛和牦牛等偶蹄类动物的脑组织或脊髓，在皮下、外嚼肌、腹肌、肩部、颈部肌肉间、腹壁等处也有寄生。

脑多头蚴呈囊泡状，囊体由豌豆大到鸡蛋大，囊内充满透明液体。囊壁由两层膜组成，外膜为角质层，内膜为生发层，其上有许多原头蚴，原头蚴直径为 2～3mm，数目为 100～250 个(图 11-5～图 11-8)。

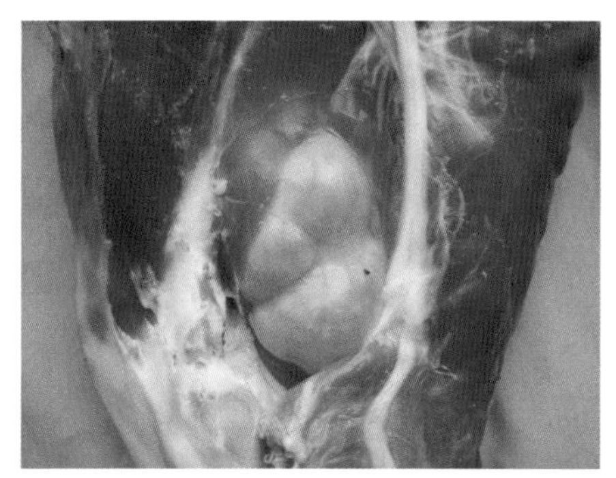

图 11-5　寄生于腿部肌间的脑多头蚴(杨光友提供)

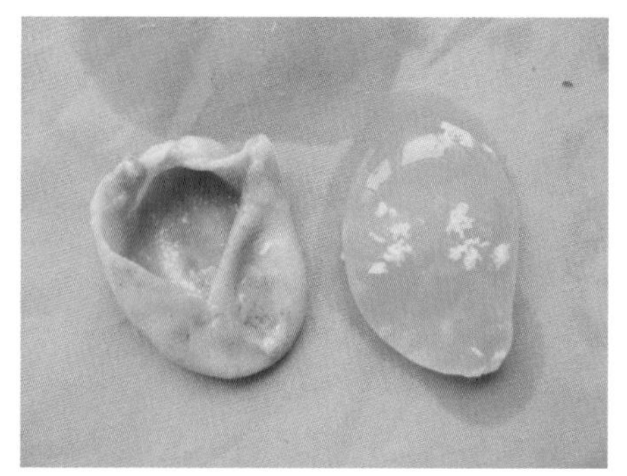

图 11-6　腿部肌间取出的脑多头蚴(杨光友提供)

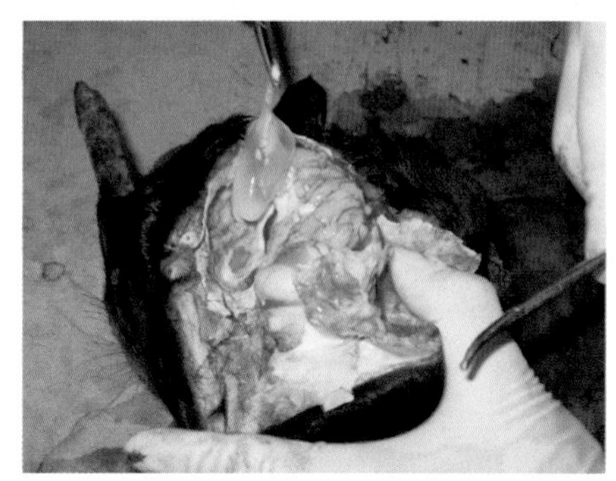

图 11-7　寄生于脑部的脑多头蚴(杨光友提供)

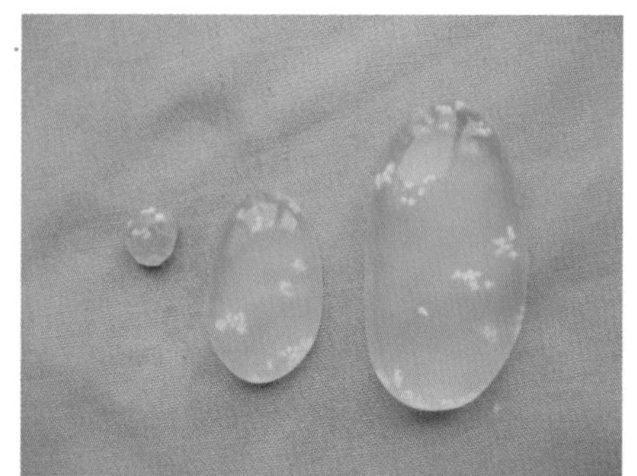

图 11-8　脑部取出的脑多头蚴(杨光友提供)

(3) **牛囊尾蚴**

牛囊尾蚴(*Cysticercus bovis*)(俗称牛囊虫)为牛带绦虫(*Taenia saginata*)的中绦期幼虫，主要寄生于牛和牦牛的股、肩、心、舌和颈部等肌肉内。

牛囊尾蚴呈灰白色，外形与猪囊尾蚴相似，大小为(5～9) mm×(3～6) mm，内含一个头节，头节上无顶突和小钩。

(4) **羊囊尾蚴**

羊囊尾蚴(*Cysticercus ovis*)(俗称羊囊虫)为羊带绦虫(*Taenia ovis*)的中绦期幼虫，主要寄生于绵羊和山羊的横纹肌内。

羊囊尾蚴与猪囊尾蚴相似，呈卵圆形，大小为(4～9) mm×(2～3) mm，囊壁一端有一凹入囊内的头节。

(5) **猪囊尾蚴**

猪囊尾蚴(*Cysticercus cellulosae*)(俗称猪囊虫)为猪带绦虫(*Taenia solium*)的中绦期幼虫，寄生于猪的横纹肌和大脑等处。

包囊呈椭圆形囊泡状，大小为(6～10) mm×5mm，囊内充满液体，囊壁是一层包膜，壁上有一圆形粟粒大的乳白色小结，其内有一内陷的头节，头节呈球形(图 11-9、图 11-10)。

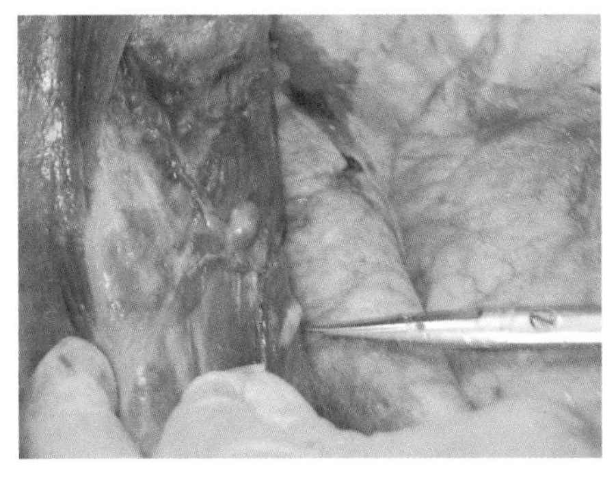

图 11-9　寄生于肌肉的猪囊尾蚴 1（杨光友提供）

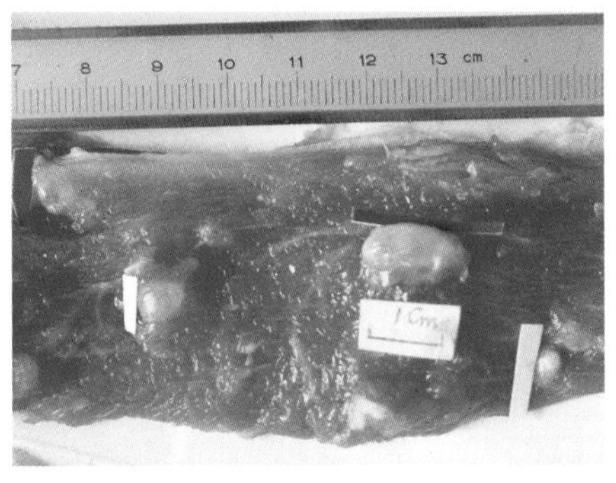

图 11-10　寄生于肌肉的猪囊尾蚴 2（杨光友提供）

（6）豆状囊尾蚴

豆状囊尾蚴（*Cysticercus pisiformis*）为豆状带绦虫（*Taenia pisiformis*）的中绦期幼虫，主要寄生于家兔及野兔的肝脏、胃大网膜和肠系膜等部位。

豆状囊尾蚴为白色囊泡，如豌豆大小；呈透明囊泡状，卵圆形，大小为（6～12）mm×（4～6）mm；囊内含有透明液体和一个小头节（图 11-11）。

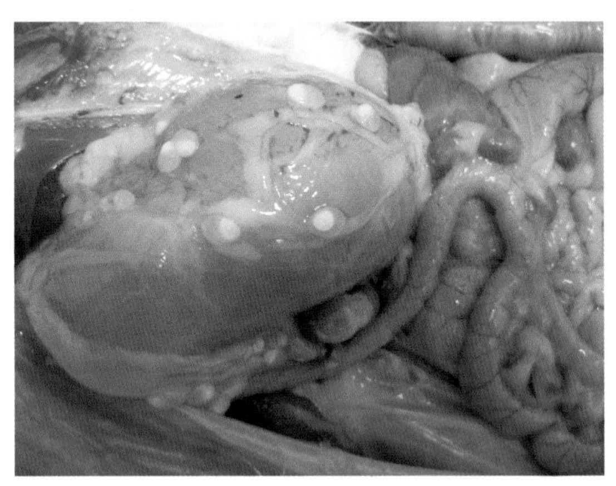

图 11-11　寄生于兔大网膜的豆状囊尾蚴（杨光友提供）

（7）孟氏裂头蚴

孟氏裂头蚴（*Sparganum mansoni*）为曼氏迭宫绦虫（*Spirometra mansoni*）的中绦期幼虫，主要寄生于蛙、蛇、鸟类和一些哺乳动物（猪等）中，也寄生于人的眼、四肢躯体皮下、口腔颌面部和内脏。

囊包直径为 1～6cm，具囊腔，腔内盘曲的裂头蚴可有 1～10 余条不等。裂头蚴呈长带形，白色，大小约 0.3mm×0.7mm，头端膨大，中央有一明显凹陷，与成虫的头节相似；体不分节但具不规则横皱褶，后端多呈钝圆形，活动时伸缩能力很强（图 11-12）。

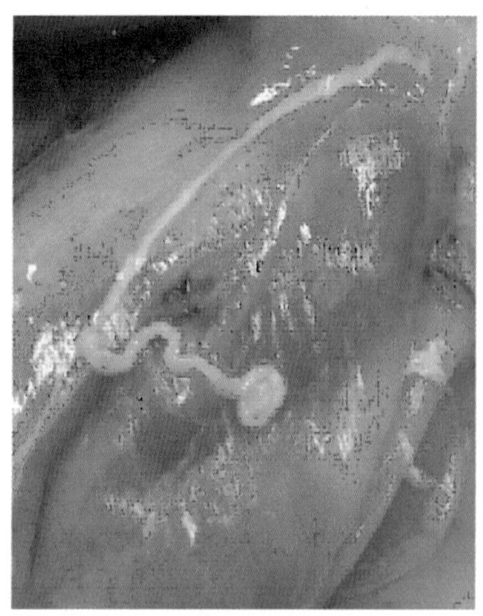

图 11-12 孟氏裂头蚴(李明伟提供)

(8)**链尾蚴**

链尾蚴(*Cysticercus fasciolaris*)为带状带绦虫(*Taenia taeniaeformis*)的中绦期幼虫，主要寄生于鼠类的肝脏。链尾蚴形似长链，长约 20cm，头节裸露不内陷，后接一个假分节的链体结构，后段有一小尾蚴(图 11-13)。

图 11-13 链尾蚴(杨光友提供)

⑼住肉孢子虫包囊

在屠宰畜(牛、羊、猪)的肌肉或内脏器官时还可见住肉孢子虫包囊。

住肉孢子虫是孢子虫纲、真球虫目、肉孢子虫科、住肉孢子虫属原虫，常见于宿主的肌肉组织内。文献记载住肉孢子虫属有130多个虫种，其中寄生于家畜(牛、羊、猪、马等)的有20多种。住肉孢子虫在终末宿主(主要为犬、猫)体内进行有性生殖，产生的孢子化卵囊或孢子囊随犬、猫粪排到外界环境中，中间宿主(牛、羊、猪、马)食入了被孢子化卵囊或孢子囊污染的饲料或水而感染。

寄生在动物(中间宿主)的肌肉(食道肌、喉肌、舌肌、心肌等)中的包囊(又称米氏囊)，多呈纺锤形、圆柱形或卵圆形，色灰白或乳白，大的可达数厘米。囊壁由两层组成，内壁向囊内延伸，构成很多中隔，将囊腔分为若干小室。发育成熟的包囊，小室中藏着许多肾形或香蕉形的慢殖子(滋养体，又称为南雷氏小体)，长为10～12μm，宽为4～9μm，一端稍尖，一端稍钝。

在肌肉组织中肉眼可见与肌纤维平行的白色带状包囊。制作涂片时可取病变肌肉压碎，在显微镜下检查香蕉形的慢殖子，也可用吉姆萨染色法染色后观察。作组织切片时，可见到住肉孢子虫囊壁上有辐射状棘突，包囊中有中隔，小室内有慢殖子(图11-14)。

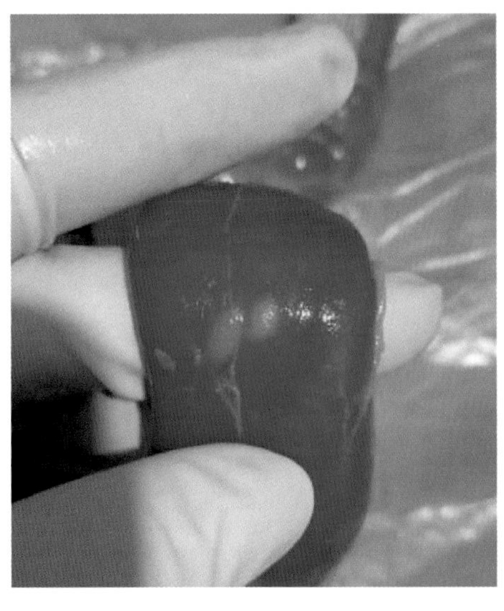

图11-14　羊食道肌的巨型住肉孢子虫包囊(刘晶提供)

二、包囊直接PCR检测法

对携带细粒棘球蚴的动物内脏进行检测、检疫与无害化处理是包虫病防控工作的一个重要环节。目前多采用记录屠宰场宰后动物感染情况的方式对家畜棘球蚴病进行检测。

在屠宰动物中，除细粒棘球蚴外，细颈囊尾蚴也寄生于绵羊、山羊、黄牛、牦牛、水牛和猪；羊囊尾蚴主要存在于绵羊和山羊；牛囊尾蚴主要寄生于黄牛、牦牛和水牛；猪囊尾蚴及亚洲带绦虫囊尾蚴寄生于猪。此外，某些囊肿样病变(如非特异性肉芽肿、肿瘤、脓肿和脂肪变性)的特征由于类似于包虫囊肿的特征，如果仅用肉眼观察可导致结果假阳性。同时，细粒棘球蚴的形态随着其不同的生长发育状况而不同。

世界卫生组织(WHO)针对包虫的不同活性程度将其划分为三组：①高活性组(The "active" group)，这类包囊往往处于增殖分化阶段，属于可育囊，包囊内包含数量不等的原头蚴；②过渡组(The "transitional" group)，包囊生长缓慢或开始退化，包含可育囊与不育囊，不育囊内没有原头蚴；③无活性组(The "inactive" group)，包囊开始发生变性死亡或萎陷，出现部分或全部的钙化，一般为不育囊(Caremani et al.，1997；Perdomo et al.，1997；WHO Informal Working Group，2003)。同时，随着棘球蚴的生长、发育、退变及死亡的病理变化，包囊内容物有着由液性—胶冻样—干酪样—钙化的变化过程。成熟包囊直径一般为 1～15cm 不等，小的仅黄豆大小，大的甚至直径可达几十厘米。如剖检包囊后在显微镜下发现囊液中含有原头蚴可判断为可育囊，从而确诊该家畜已感染细粒棘球蚴。但是对于早期未成熟小包囊、部分成熟的不育囊及钙化包囊，由于体积小(特别是直径在 0.2cm 以下)，发育不完全或寄生部位不常见等原因，眼观上很容易与其他带科绦虫的中绦期幼虫及其他"小白点状"的病理异常结节(如囊肿、脓肿、肌肉坏死等)相混淆。屠宰场通常只靠肉眼观察的方式进行判断，并不经过组织学鉴定，判断错误率可高达 15.4%(Barnes et al.，2012)。

四川农业大学动物医学院动物寄生虫病研究中心近年利用动物组织直接 PCR 试剂盒以细粒棘球绦虫 *ND6* 基因全序列作为分子诊断标识建立了一种直接快速 PCR 方法，该方法具有很高的特异性和灵敏性。细粒棘球蚴包囊经裂解液处理快速释放 DNA 后，裂解产物可直接用于 DNA 聚合酶优化后的快速 PCR 体系，这使整个反应不仅在操作上更加简单便捷，而且大大缩短了操作所需时间。同时，PCR 阳性目的条带经测序比对后还可对细粒棘球绦虫进行基因分型及种群遗传结构的分析。因此，该方法适用于屠宰动物细粒棘球蚴感染情况的检测以及基因分型与种群遗传结构的分析(Zhan et al.，2019)。

从屠宰动物收集到的疑似细粒棘球蚴包囊用组织裂解液在 65℃条件下 10min 进行消化，以裂解产物为模板直接进行 PCR 扩增，该方法采用的 PCR 体系，1h 即可完成快速 PCR 循环。从释放包囊 DNA 到 PCR 凝胶电泳结果观察不到 2h 即可完成。该方法与带科绦虫的虫种无交叉反应，种属特异性高；最低 DNA 检测量为 4pg，具有很高的灵敏度，即使是很小的包囊也可以通过直接快速 PCR 方法检测到。该方法采用独特的裂解缓冲液，可快速将 DNA 从细粒棘球蚴中释放出来用于 PCR 检测，操作简单，所需时间较短，并且可保留样品的全部 DNA，不会造成样品组织的浪费。同时，还降低了交叉污染的风险。因此，特别适合大规模基因检测及高通量分析(图 11-15)。

对野生动物棘球蚴感染的分子检测可参考附录四。

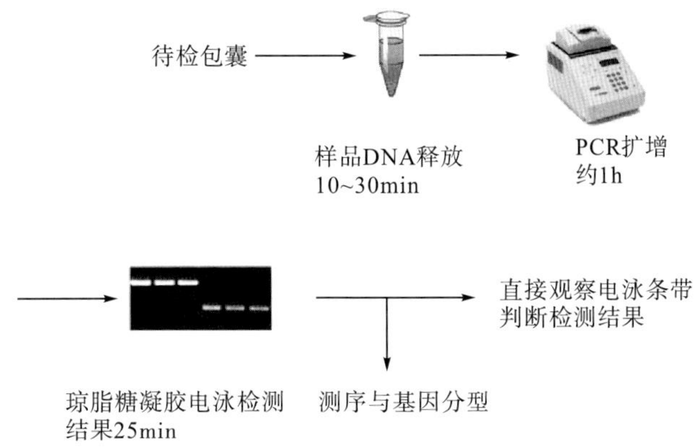

图 11-15　直接 PCR 操作流程图(詹佳飞提供)

三、犬及犬科动物的剖解检查法

犬科动物感染棘球绦虫的检测或诊断比较困难，原因在于：①在棘球蚴病流行区犬科动物除感染棘球绦虫外，往往还感染其他带科绦虫，棘球绦虫的虫卵在形态上很难与其他带科绦虫虫卵相区别；②粪便中可能缺少棘球绦虫特征性的链体片段；③棘球绦虫的虫体片段小，在粪便中不易看到或者已被忽视(Eckert et al.，2000)。

检查犬科动物棘球绦虫感染的经典方法是剖检法，即捕杀动物后检查小肠，对小肠内容物和肠黏膜直接或淘洗后进行观察，检查有无虫体寄生，在死亡动物小肠内查到棘球绦虫即可确诊。剖检法优点是直观、准确，但操作复杂、耗时、危险性高，必须进行严格的安全防护并需要特定场所和专业人员操作(图 11-16～图 11-19)。

检查时，要尽快从死亡犬体内取出小肠，两端结扎，置于已编号的塑料袋或容器中。低温保存，如要长距离运送样品，可用冷藏车或冰块运输。剖检时，将小肠分为数段，置于托盘，用剪刀剪开后浸入温生理盐水中。然后，直接取样或者对样品进行富集后用肉眼和显微镜观察并计数。可采用以下 4 种方法进行观察和计数(贾万忠，2015)。

图 11-16　解剖犬(蔡金山提供)

图 11-17　取小肠(蔡金山提供)

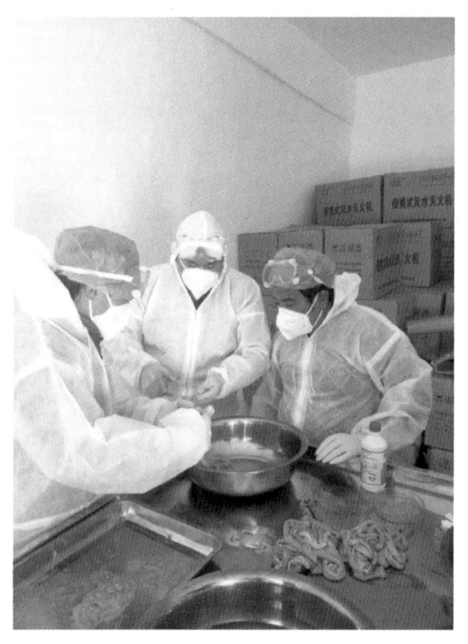

图 11-18 两端结扎(蔡金山提供)

图 11-19 收集虫体(蔡金山提供)

1.直接计数法

虫体吸附于肠壁黏膜上，以放大镜或者生物解剖镜直接对虫体种类和数量进行鉴定与计数。也可以将肠壁浸在生理盐水内，在 37℃温箱中孵育 30min，使吸附于肠壁黏膜的虫体释放至水中。用小竹片刮下肠黏膜和肠内容物，用粗筛网滤除去颗粒物及带有颜色的杂质，然后再对虫体计数。但是虫体少时可能造成漏检，或者虫体只有 1～2 个节片时也容易造成漏检(Eckert et al.，2000)。

2.肠黏膜刮取技术

用玻片刮取死亡犬小肠深层黏膜，再以载玻片压片，置 120 倍光学体视显微镜下检查(Eckert and Deplazes，2004)。

3.沉淀计数法

可用于对犬小肠内棘球绦虫成虫定量，虫体数目在 100 条/条(头)以下时，要对所有沉淀物进行检查。如果虫体数目超过此数，可对适当比例的样品进行计数，再求出总数目。该法可作为评价其他检测方法的“金标准”。

4.容器振荡沉淀法

将小肠沿肠管方向剪开，肠管及内容物放入一特制塑料容器，其中心有一孔，孔内安装有金属筛网。然后在容器内加入一部分水，旋紧孔盖，密封容器。用力振荡容器，使虫体从肠壁上剥离，通过筛网。最后，对过滤液进行沉淀后用于虫体检查。

参考文献

陈璐, 吾拉木·马木提, 陈洁, 等, 2011. 犬细粒棘球绦虫感染 LAMP 检出日期的确定[J]. 中国病原生物学杂志, 6(11): 813-815.

陈兴旺, 李调英, 杨筠, 等, 2005. Dot-ELISA 试剂盒在快速诊断包虫病中的应用[J]. 寄生虫病与感染性疾病, 3(2): 77-78.

冯晓辉, 陈新华, 付艳, 等, 2002. 组合抗原金渗滤快速诊断方法在包虫病流行病学调查中的应用与评价[J]. 新疆医科大学学报, 25(4): 362-364.

甘文佳, 胡旭初, 2010. LAMP 技术及其在病原基因诊断中的应用[J]. 中国病原生物学杂志, 2: 143-145.

黄火清, 郁昂, 2012. 环介导等温扩增技术的研究进展[J]. 生物技术, 22(3): 90-94.

黄燕, David HD, Antone J, 等, 2008. 犬粪便棘球绦虫抗原的双抗体夹心酶联免疫吸附试验检测法建立与应用[J]. 预防医学情报杂志, 24(6): 407-411.

焦伟, 柴君杰, 伊斯拉音·乌其曼, 等, 1999. 粪抗原检测法诊断犬细粒棘球绦虫感染的研究III. 双抗体夹心 ELISA 法检测粪抗原诊断家犬细粒棘球绦虫感染的现场评价[J]. 中国人兽共患病学报, 15(6): 28-29.

蒋次鹏, 1994. 棘球绦虫和包虫病[M]. 济南: 山东科学技术出版社.

贾万忠, 2015. 棘球蚴病[M]. 北京: 中国农业出版社.

李雍龙, 2008. 人体寄生虫学[M]. 7 版. 北京: 人民卫生出版社.

叶尔江, 柴君杰, 魏明远, 等, 1990. 斑点 ELISA 诊断包虫病方法的改进研究[J]. 地方病通报, 5(1): 49-52.

詹佳飞, 宋宏宇, 王凝, 等, 2019. 基于线粒体 ND6 基因检测犬感染细粒棘球绦虫的粪便 PCR 方法[J]. 中国人畜共患病学报, 35(7): 626-632.

张旭, 古努尔·吐尔逊, 米晓云, 等, 2012. 犬细粒棘球绦虫粪抗原夹心 ELISA 检测方法的建立[J]. 动物医学进展, 33(3): 19-23.

张亚楼, Bart JM, 温浩, 等, 2006. PCR 方法诊断家犬感染细粒棘球绦虫的特异性及在临床诊断中的应用价值[J]. 中华地方病学杂志, 25(5): 565-567.

Al-Sabi MNS, Kapel CMO, Deplazes P, et al., 2007. Comparative copro-diagnosis of *Echinococcus multilocularis* in experimentally infected foxes[J]. Parasitology Research, 101(3): 731-736.

Barnes TS, Deplazes P, Gottstein B, et al., 2012. Challenges for diagnosis and control of cystic hydatid disease[J]. Acta Tropica, 123(3): 1-7.

Bretagne S, Guillou JP, Morand M, et al., 1993. Detection of *Echinococcus multilocularis* DNA in fox faeces using DNA amplification[J]. Parasitology, 106(2): 193-199.

Caremani M, Benci A, Maestrini R, et al., 1997. Ultrasound imaging in cystic echinococcosis. Proposal of a new sonographic classification[J]. Acta Tropica, 67(1-2): 91-105.

Casaravilla C, Malgor R, Rossi A, et al., 2005. Production and characterization of monoclonal antibodies against excretory/secretory products of adult *Echinococcus granulosus* and their application to coproantigen detection[J]. Parasitology International, 54(1): 43-49.

Deplazes P, Alther P, Tanner I, et al., 1999. *Echinococcus multilocularis* coproantigens detection by enzyme-linked immunosorbent assay in fox, dog and cat population[J]. Journal of Parasitology, 85(1): 115-121.

Dinkel A, Nickischrosenegk MV, Bilger B, et al., 1998. Detection of *Echinococcus multilocularis* in the definitive host:

coprodiagnosis by PCR as an alternative to necropsy[J]. Journal of Clinical Microbiology, 36(7): 1871-1876.

Dinkel A, Njoroge EM, Zimmermann A, et al., 2004. A PCR system for detection of species and genotypes of the *Echinococcus granulosus* - complex, with reference to the epidemiological situation in eastern Africa[J]. International Journal for Parasitology, 34(5): 645-653.

Eckert J, Conraths FI, Tackmann K, 2000. Echinococcosis: an emerging or re-emerging zoonosis[J]. International Journal for Parasitology, 30: 1283-1294.

Eckert J, Deplazes P, 2004. Biological, epidemiological, and clinical aspects of echinococcosis, a zoonosis of increasing concern[J]. Clinical Microbiology Reviews, 17(1): 107-135.

Gasser RB, Jenkins DJ, Heath DD, et al., 1992. Use of *Echinococcus granulosus* worm antigens for immunodiagnosis of *E. granulosus* infection in dogs[J]. Veterinary Parasitology, 45(1-2): 89-100.

Lahmar S, Chéhida FB, Pétavy AF, et al., 2007. Ultrasonographic screening for cystic echinococcosis in sheep in Tunisia[J]. Veterinary Parasitology, 143(1): 42-49.

McManus DP, Zhang W, Li J, et al., 2003. Echinococcosis[J]. Lancet, 362(9392): 1295-1304.

Moosa RA, Abdel-Hafez SK, 1994. Serodiagnosis and seroepidemiology of human unilocular hydatidosis in Jordan[J]. Parasitology Research, 80(8): 664-671.

Ni X W, McManus DP, Yan H B, et al., 2014. Loop-Mediated Isothermal Amplification(LAMP) assay for the identification of *Echinococcus multilocularis* infections in canine definitive hosts[J]. Parasites & Vectors, 7(1): 254.

Osman AMA, Aradaib IE, Ashamaig ALK, et al., 2012. Detection and differentiation of *Echinococcus granulosus* - complex using a simple PCR-based assay[J]. International Journal of Tropical Medicine, 4(1): 24-26.

Perdomo R, Alvarez C, Monti J, et al., 1997. Principles of the surgical approach in human liver cystic echinococcosis[J]. Advances in Parasitology, 104: 162-219.

Stefanić S, Shaikenov BS, Deplazes P, et al., 2004. Polymerase chain reaction for detection of patent infections of *Echinococcus granulosus*("sheep strain") in naturally infected dogs[J]. Parasitology Research, 92(4): 347-351.

WHO Informal Working Group, 2003. International classification of ultrasound images in cystic echinococcosis for application in clinical and field epidemiological settings[J]. Acta Tropica, 85(2): 253-261.

Zhan J F, Wang N, Hua R, et al., 2019. Simultaneous detection and genotyping of hydatid cysts in slaughtered livestock via a direct PCR approach[J]. Iranian Journal of Parasitology, 14(4): 679-681.

第十二章 防控技术

包虫病为一种重要的人兽共患寄生虫病，其防治不仅是兽医学、医学等生物学范畴内的一个复杂问题，而且也是一个严重的社会问题，要严格按照《中华人民共和国动物防疫法》和《中华人民共和国传染病防治法》的有关规定开展防治工作，坚持“预防为主、防治结合”的工作策略，因地制宜、分类指导，全面落实各项防治措施。近年来，动物包虫病的防控得到了我国政府的高度重视，为该病的全面防治奠定了基础，动物包虫病防治以动物与人类包虫病的发生流行的关系、规律为基础，贯彻“切断病原循环链”方针，从管理、教育和技术措施三方面入手，重点抓好终末宿主(犬只)管理、驱虫及驱虫后犬粪的无害化处理，抓好中间宿主(动物)免疫、屠宰动物检疫管理与病变脏器无害化处理，抓好卫生和健康教育工作，开展综合防治。

各级政府部门应提高认识、高度重视，加强领导、精心组织，周密安排。把动物包虫病防控工作当作是保护人民身体健康、保障公共卫生安全和环境安全、保障畜牧业生产发展和生态安全的重大措施来抓，当作是防止农牧民因病致贫、因病返贫的健康扶贫和科技扶贫的主要措施来抓，当作是维护少数民族地区和谐稳定发展的重大措施来抓。

第一节 切断传染源

包虫病的病原(棘球绦虫)主要循环于犬(野生犬科动物)和家畜(或野生动物)之间。包虫病的控制必须采用以切断病原循环链为目的和宗旨的策略和方法。家犬和狐狸等野生动物是牛羊以及人等中间宿主感染该病的主要传染源，患病中间宿主又是犬、狼和狐狸等的传染源。以犬驱虫为主的切断病原循环链的成虫期前驱虫措施在国外已取得了明显的控制效果。目前我国西部地区的青海、四川、甘肃等地采用终末宿主(犬)驱虫和中间宿主(羊)免疫的双源头综合防控措施，取得了显著成效。

一、犬只管理与驱虫

1.建立科学完善的、政府主导的犬只管理制度

加强犬的处理和管制是预防人和动物感染包虫病的关键性一环。政府应统一部署，依靠县、乡政府、公安部门和村干部，共同做好犬只的管理工作。

对疫区所有家养犬进行登记注册、挂牌，动态管理，切实掌握疫区犬的基本状况。制定出台符合当地的《犬只管理办法》，应逐步实施养犬证制度，城区养犬做到两证一牌(准养证、驱虫证、驱虫牌)齐全，农牧区养犬做到一证一牌(驱虫证、驱虫牌)齐全，实行圈(栓)养。对拒绝驱虫的犬只和在规定时间内城区养犬未取得两证一牌及农牧区养犬未取得一证

一牌的犬，一律视为野犬，予以强制捕杀和无害化处理(图 12-1)。依靠县政府、乡政府和村干部，对无主犬(流浪犬或野犬)重找主人或强制性捕捉进行集中收容与集中驱虫(或安乐处死)(图 12-2～图 12-5)。

图 12-1　捕杀流浪犬 1(青海省动物疫病预防控制中心提供)

图 12-2　流浪犬收容所(邓世金提供)

图 12-3　收容的流浪犬(邓世金提供)

图 12-4　玉树市犬收容中心(青海省动物疫病预防控制中心提供)

图 12-5　玉树市流浪犬收容所(青海省动物疫病预防控制中心提供)

在四川甘孜州，全面落实了农区限养 1 条犬、牧区限养 2 条犬和寺庙限养 3 条犬的“123”犬只限养政策(阳爱国等，2017)；对流浪犬、野犬(或无主犬)进行强制性捕杀和无害化处理(四川省甘孜州犬只管理办法，详见附录五、附录六)，这是一个值得推广的管理办法(图 12-6、图 12-7)。

图 12-6　捕杀流浪犬 2(四川省动物疫病预防控制中心提供)

图 12-7 捕杀流浪犬 3（四川省动物疫病预防控制中心提供）

2.犬只定期驱虫

（1）驱虫药物

在包虫病防控工作中，犬驱虫的首选药物为吡喹酮，推荐使用剂量为 5mg/kg 体重。吡喹酮对用药动物引起副反应极低，对细粒棘球绦虫和多房棘球绦虫的成虫及未成熟虫体均有高效驱虫效果，而且药效不受虫体感染强度和宿主年龄、性别、品种影响（郭志宏等，2018；马雷等，2018；赵婧等，2018；张文宝等，1990）。

由于吡喹酮原药具有一定的刺激性气味，加之犬类具有灵敏的嗅觉，生产厂家已分别采用鸡肉、鱼肉、牛肉、羊肉和糌粑等对传统吡喹酮制剂进行掩味处理，制成微米大小的微粒，再用高分子成膜材料对其进行包裹制成载体微粒，辅以药用辅料，制备出有效成分含量为 100mg 的不同味型吡喹酮咀嚼片（商品名：爱普锐克），具有掩味和诱食作用的吡喹酮咀嚼片，增加了犬只的驱虫效果和可操作性。对棘球绦虫的驱虫率达 100%（图 12-8、图 12-9）。

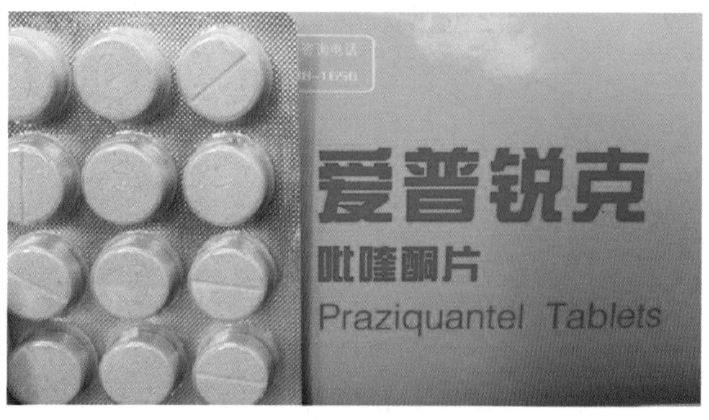

图 12-8 吡喹酮咀嚼片（青海省动物疫病预防控制中心提供）

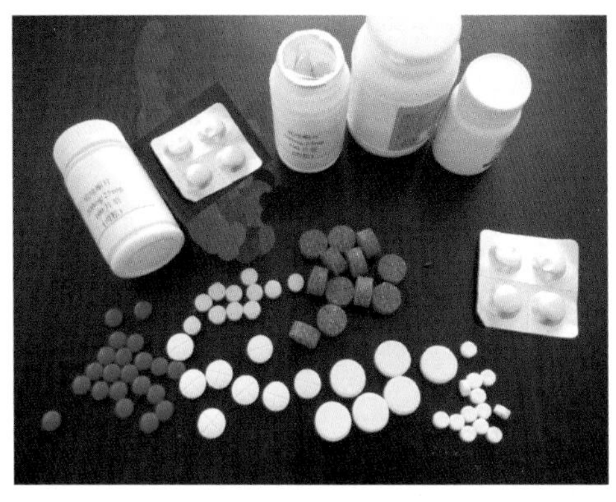

图 12-9　不同类型的吡喹酮片（青海省动物疫病预防控制中心提供）

在四川包虫病流行区经测试发现犬只对 5 种味型（鸡肉味、鱼肉味、牛肉味、羊肉味、糌粑味）具有显著的喜食性，在青海牧区测试结果犬只主要对鸡肉味、牛肉味、羊肉味具有显著的喜食性，可显著增加犬只对药物的主动吞食率，解决犬只投药难的问题，提高了驱虫密度和驱虫质量，保障了驱虫效果。各地犬只因地理环境、生活环境及犬种的不同，可能表现出不同的香味喜食性。因此，对犬只驱虫时要针对不同地域犬只分类选用不同口味的驱虫药物，也可根据当地犬的食性情况，将驱虫药物包埋入犬喜食的食物（肉、糌粑等）内再投喂，以保证投药的可靠性（图 12-10～图 12-16）。

图 12-10　直接投喂驱虫药 1（青海省动物疫病预防控制中心提供）

图 12-11　直接投喂驱虫药 2（青海省动物疫病预防控制中心提供）

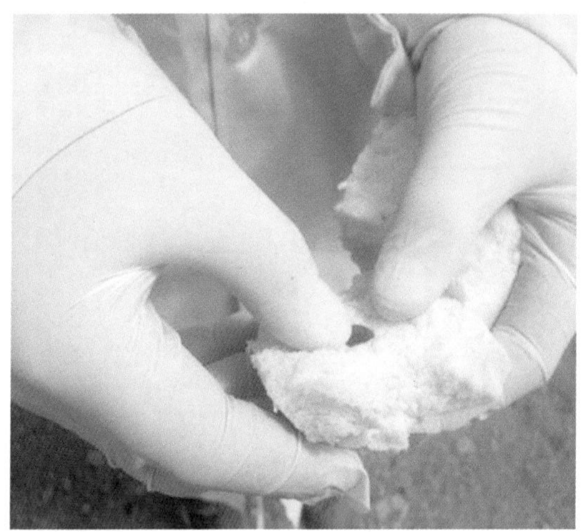

图 12-12　将驱虫药包埋入馒头内投喂(青海省动物疫病预防控制中心提供)

图 12-13　将驱虫药包埋入肉内投喂(青海省动物疫病预防控制中心提供)

图 12-14　将驱虫药包埋入糌粑内投喂(青海省动物疫病预防控制中心提供)

图 12-15　将投喂包埋入糌粑内(青海省动物疫病预防控制中心提供)

图 12-16　投喂驱虫药(四川省动物疫病预防控制中心提供)

(2)驱虫程序

在棘球绦虫的生活史过程中有两个感染阶段：一是虫卵，它是引起人和动物原发性感染的唯一阶段；二是原头蚴，犬等终末宿主在摄食阶段易感染。寄生在犬小肠内的成虫，其体内的虫卵成熟时限是确定对犬驱虫间隔期的生理参数。细粒棘球绦虫在犬体内发育45d左右产生发育成熟的虫卵。该期限是国外每年 8 次驱虫的基础。但由于犬食入多房棘球蚴(泡球蚴)的原头蚴以后在 28～30d 就可以产生具有感染性的虫卵。因此，我国在成虫期前进行驱虫，实施“犬犬投药、月月驱虫”。我国有 368 个县被确定为棘球蚴病流行县，其中 115 个县存在细粒棘球蚴病和多房棘球蚴病混合流行，鉴于泡型包虫病和囊型包虫病在我国西部地区的共同流行，我国对犬每年 12 次驱虫(犬犬投药、月月驱虫)，即成虫期前驱虫措施已经列入包虫病控制规划，已广泛应用于我国西部流行地区(李晓军等，2012；李伟，2017；伍卫平，2017；张壮志等，2008)。

3.犬粪无害化处理

吡喹酮对棘球绦虫的驱虫原理，是使虫体浆膜对钙离子通透性增加，引起肌肉极度挛缩与麻痹，从而使虫体随肠蠕动，从粪便中排出，它对棘球绦虫的虫卵没有杀灭作用，驱虫后排出的虫卵仍有感染活性，必须做好驱虫后犬的管理工作和粪便的无害化处理。在给犬驱虫时一定要把犬拴住，收集驱虫后 5d 内犬排出的粪便进行焚烧或掩埋等无害化处理，以防止棘球绦虫卵污染环境。在收集、处理犬粪的过程中，要注意个人防护(图 12-17～图 12-21)。

图 12-17　犬粪无害化处理坑 1(四川省动物疫病预防控制中心提供)

图 12-18　犬粪无害化处理坑 2(青海省动物疫病预防控制中心提供)

图 12-19　犬粪深埋无害化处理(青海省动物疫病预防控制中心提供)

图 12-20　青海玉树市犬粪无害化处理池(青海省动物疫病预防控制中心提供)

图 12-21　青海果洛州甘德县犬粪无害化处理池(青海省动物疫病预防控制中心提供)

4.犬只感染棘球绦虫的系统监测

定期抽样采集流行区犬只粪样，采用粪抗原检测法、槟榔碱测试法和 PCR 方法进行犬只感染情况的监测，必要时采用寄生虫剖检法，为防控效果的评估以及防控措施的调整提供参考(图 12-22～图 12-24)。

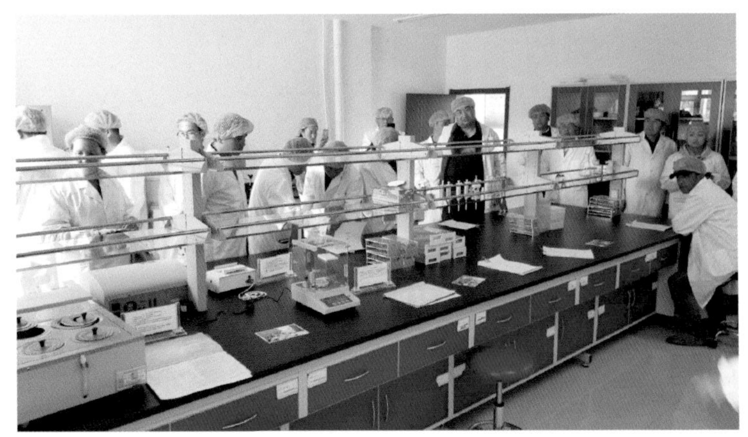

图 12-22　检测实验室(蔡金山拍摄)

图 12-23 犬粪抗原检测（四川省动物疫病预防控制中心提供）

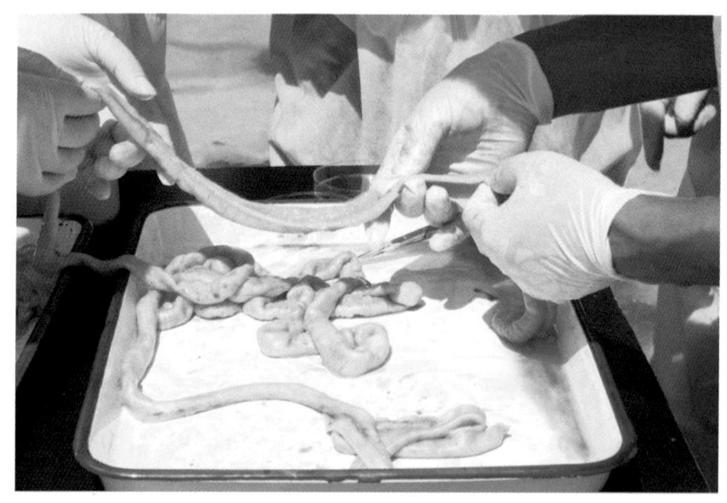

图 12-24 寄生虫剖检法剖检犬（青海省动物疫病预防控制中心提供）

二、野生犬科动物的驱虫

野生犬科动物（狐狸、狼等）是多房棘球绦虫的主要终末宿主，通过投喂吡喹酮等药饵可以降低区域内的野生犬科动物棘球绦虫的感染率，从而降低人群感染的风险。

德国和日本学者分别针对野生狐狸投喂吡喹酮药饵进行了试验研究，相关研究表明，采用投放驱虫药饵的方法来降低狐狸棘球绦虫感染率有一定效果，但要达到有效而稳定地控制狐狸多房棘球绦虫感染率的目的，则需要持续而频繁地投放药饵（Schelling et al.，1997；Tackmann et al.，2001；Nonaka et al.，2006）。针对其他野生动物以及多房棘球绦虫以外的棘球绦虫投药防治方面的研究还需进一步探索。

2017 年 6 月，中国疾病预防控制中心寄生虫病预防控制所包虫病研究团队将无人机和包虫病防控药物吡喹酮药饵（吡喹酮咀嚼片）结合应用于青藏高原地区包虫病重度流行区野外传染源干预工作，开展了野外现场干预探索性试验并取得了成功。试验区域位于四川省甘孜州石渠县海拔4300m的高原野外，在共计0.48km^{2}的流浪犬、狐狸与狼等野生动物活动频繁的范围内，采用定点、定距、定位与周期观察的方法，比较了240个记录点的人工投药和无人机投药两种方式对野外犬科动物传染源的防控效果。试验发现，与人工投药方式相比，利用无人机投药可节约67%的经济总成本，可节省3倍甚至更多的人力投入以及350%以上的作业时间，工作效率是人工的2.5倍。从给药效果来看，采用形态辨认和ELISA粪抗原检测法对捡获的犬科动物野粪进行区分与检测，发现无人机投药区野粪抗原阳性率比人工投药区低38%。

第二节　切断传播途径

一、家畜的屠宰检疫与管理

依据《中华人民共和国动物防疫法》第四十八条“动物卫生监督机构依照本法和国务院农业农村主管部门的规定对动物、动物产品实施检疫。动物卫生监督机构的官方兽医具体实施动物、动物产品检疫。”严禁在屠宰场内养犬，并防止犬进入屠宰场（图12-25～图12-33）。

加强对分散宰杀家畜内脏的管理，严禁随意丢弃未经无害化处理的家畜内脏。在目前尚不具备牛羊定点屠宰条件的地区，要教育和引导群众不用未经处理的病变脏器喂犬，可将病变脏器煮沸40min后喂犬，或对病变脏器焚烧或深埋以及组织有偿回收动物的带虫病变脏器，然后进行集中无害化处理。

图12-25　参观屠宰场（蔡金山拍摄）

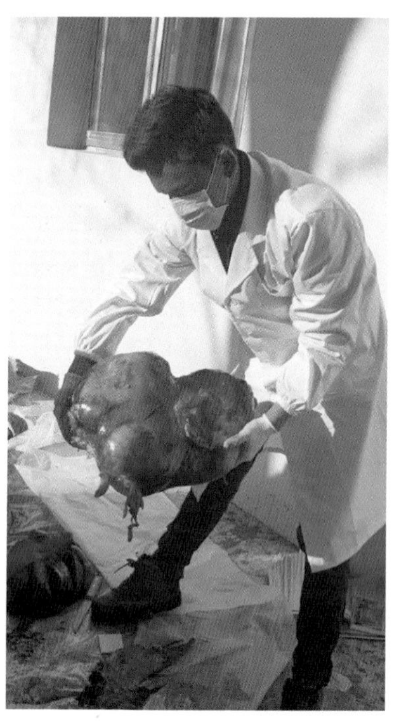

图 12-26　带虫内脏无害化处理(青海省动物疫病预防控制中心提供)

图 12-27　带虫内脏无害化处理池(蔡金山拍摄)

图 12-28　驱虫后的犬粪和带虫内脏无害化处理池(蔡金山拍摄)

图 12-29　带虫脏器集中无害化处理(四川省动物疫病预防控制中心提供)

图 12-30　2019 年青海省玉树、果洛地区雪灾中死亡的牦牛(青海省动物疫病预防控制中心提供)

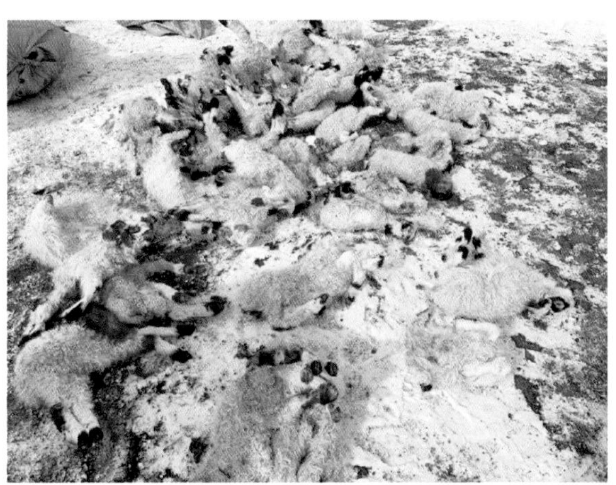

图 12-31　2019 年青海省玉树、果洛地区雪灾中死亡的羊(青海省动物疫病预防控制中心提供)

图 12-32 2019 年青海省玉树、果洛地区雪灾中死亡的野生动物(青海省动物疫病预防控制中心提供)

图 12-33 青海省玉树、果洛地区遭受严重雪灾后，对死亡动物的尸体进行无害化处理
(青海省动物疫病预防控制中心提供)

二、动物疫病流调监测与检疫监管

加强包虫病流行区动物(犬只、牛羊等家畜及野生动物)包虫病感染情况的监测及流行病学调查分析，建立动物包虫病监测系统，逐步扩大监测点覆盖范围，定期开展中间宿主(牛、羊、猪、鼠)及终末宿主(犬科动物)感染情况的监测，掌握疫情动态和流行因素变化，为防控效果的评估及防控技术措施的调整与完善等提供重要参考(图 12-34)。

加强包虫病流行区动物产地检疫、调运动物检疫的监管工作，防止病原的扩散。

图 12-34　动物包虫病感染情况监测
(四川省动物疫病预防控制中心提供)

三、健康养殖

1.改变养殖生产方式

加速老龄绵羊和牦牛的淘汰，提倡羔羊屠宰，建立羔羊肉(为饲养一年以内小羊的羊肉)供应市场也是包虫病控制非常重要的一个方法。

羊食入犬排出的虫卵，其发育的包囊在 13 个月以后才可能产生原头蚴，因此虫卵一般在感染羊 13 个月以后，其包囊内才有可能感染犬的原头蚴。采取羔羊上市的牧业生产方式因其羊体内感染的棘球蚴包囊中尚未产生原头蚴就被屠宰，而成为囊型包虫病控制的有效方法。如在新疆，每年大约上市 3000 万只羊，其中有 2000 多万只是在 10 个月以前屠宰，通过养羊生产方式的改变，屠宰羔羊体内的包囊尚未产生原头蚴，因此有 2/3 的羊不能参与病原循环链，在包虫病防控方面可起到非常关键的作用。

2.养殖场的管理与犬只控制

及时消除和处理粪便，更换垫草，清洁圈舍，定期消毒，保持圈舍卫生。牛羊养殖场和草场严格控制或禁止饲养犬。

四、控制鼠密度

草原鼠害是包虫病传播流行的潜在隐患，草原鼠害防治与生态治理相结合，定期开展草原灭鼠，特别要加大对牧民定居点及乡村周边环境实施灭鼠的频次，降低泡型包虫病的传播风险(附录七)。

五、安全饮用水工程建设

在包虫病流行区开展供水工程建设，保障定居点农牧民的饮用水安全。在居住分散地区设立集中供水点，有条件的地区供水到户。建立水质监测检测体系，对供水水质进行卫生监测。

六、畜牧从业人员加强防护

牧民、畜牧科技人员和从事动物屠宰业等高风险人群在生产和生活中要加强个人防护，应避免与犬的亲密接触，不喝生水，不食生菜，饭前洗手，严防虫从口入。

第三节 保护易感动物

我国是全世界包虫病的高发地区。在我国包虫病流行环节中，有 11 种家畜充当细粒棘球绦虫的中间宿主参与包虫病生活史循环，其中以羊、牦牛为主要的中间宿主。在我国约 80%的犬感染来源于羊的细粒棘球蚴，在流浪犬多而管理难、其他野生终末宿主无法控制的情况下，采用羊包虫病基因工程亚单位疫苗开展羔羊的免疫，是阻断包虫病循环链的一项重要技术措施。

一、国家动物包虫病免疫计划

我国实施动物包虫病免疫计划的进程经历了以下几个阶段：

①2000 年，青海等地采用进口疫苗开展了小范围的免疫羊的点上试验；

②农业部文件(农医发〔2014〕10 号)《常见动物疫病免疫推荐方案(试行)》首次将包虫病列为免疫病种之一；

③农业部文件(农医发〔2016〕10 号)《2016 年国家动物疫病强制免疫计划》提出，在包虫病重疫区，由省级畜牧兽医主管部门会同有关部门根据监测情况自主选择免疫的策略；

④农业部文件(农医发〔2017〕8 号)《2017 年国家动物疫病强制免疫计划》提出，在包虫病流行区对新补栏羊进行包虫病免疫，群体免疫密度常年保持在 90%以上，应免疫动物免疫密度达到 100%。

二、动物免疫程序

1.羊

在羔羊 30 日龄进行首次免疫，50μg Eg95 重组蛋白用无菌水稀释后，加入 1mg 皂素(Quil A)并混合均匀，在绵羊的颈部皮下注射。第二次免疫是在断奶前的 60 日龄，免疫剂量相同。在 1～1.5 岁时，再加强免疫一次(Larrieu et al.，2013)。

重庆澳龙生物制品有限公司在我国率先生产了羊棘球蚴(包虫)病基因工程亚单位疫苗并进行了推广应用。在羊颈部皮下注射国产羊棘球蚴(包虫)病基因工程亚单位疫苗，每次 1mL(50μg Eg95 重组蛋白)；对 8 周龄左右的新生羔羊进行首免，首免后 1 个月进行第二次免疫，然后间隔 12 个月进行第三次免疫。每年对当年新生存栏家畜进行接种(表 12-1，图 12-35～图 12-37)。

表 12-1 国产羊棘球蚴（包虫）病基因工程亚单位疫苗免疫程序

免疫对象	一免	二免	加强免疫
无母源抗体羔羊	8 周龄	12 周龄	1 次/年
有母源抗体羔羊	16 周龄	20 周龄	1 次/年
未免疫的羊	即日	第 4 周	1 次/年
已免疫的羊			1 次/年

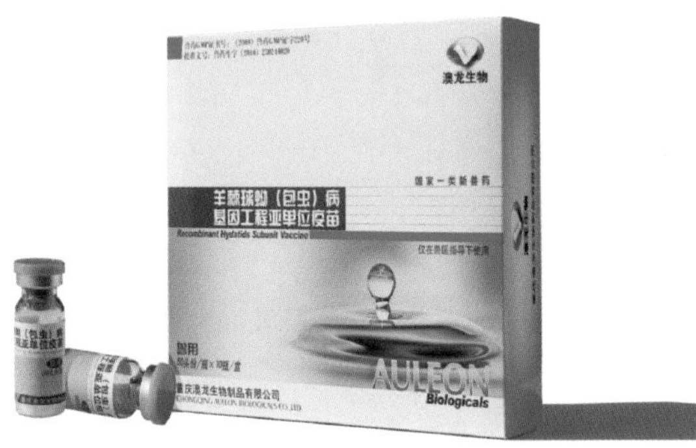

图 12-35 羊棘球蚴（包虫）病基因工程亚单位疫苗（重庆澳龙生物制品有限公司提供）

图 12-36 羊免疫 1（青海省动物疫病预防控制中心提供）

图 12-37 羊免疫 2（青海省动物疫病预防控制中心提供）

2.牛

(1)肉牛

免疫牛为 60 日龄，已断奶。首免后 4 周进行第二次免疫，共免疫两次，免疫剂量为 500μg Eg95 重组蛋白和 10mg Quil A 颈部皮下注射(Heath et al.，2012a)。

(2)奶牛

怀孕母牛在分娩前的第 2 个月和第 1 个月分别免疫，共免疫两次，免疫剂量为 250μg Eg95 重组蛋白和 5mg Quil A 颈部皮下注射。

小牛首免日龄为 16 周龄，首免后 4 周进行第二次免疫，共免疫两次，免疫剂量和注射部位同怀孕母牛(Heath et al.，2012b)。

(3)牦牛

四川省动物疫病预防控制中心在四川不同海拔的康定市和石渠县进行了牦牛包虫病疫苗的免疫试验，免疫剂量为 500μg Eg95 重组蛋白和 10mg Quil A 颈部皮下注射，初步结果显示：首免后 4 周进行第二次免疫，共免疫两次，首免后 28d、加免后 28d，疫苗试验组牦牛 Eg95 特异性免疫抗体阳性率分别为 71.33%、83.00%，显著高于空白对照组和疫苗稀释液对照组($P<0.05$)；加免后 28d 疫苗试验组牦牛免疫抗体阳性率与首免后 28d 比较差异显著($P<0.05$)，提高了 11.67%，且试验组牦牛无明显不良反应(阳爱国等，2017)。在青海省、甘肃省等地区也开展了牦牛包虫病疫苗的免疫试验(图 12-38)。

图 12-38 青海省开展牦牛包虫病疫苗免疫保护试验(青海省动物疫病预防控制中心提供)

三、疫苗使用注意事项

国产羊棘球蚴(包虫)病基因工程亚单位疫苗在免疫羊后具有良好的安全性，并可产生良好的免疫应答。羊第一次免疫后的 14d，即可激发强烈抗体应答；进行一次免疫，抗体水平在免疫后 84d 接近抗体保护临界状态；而进行第二次免疫后，血清抗体在一年后仍处于较高水平。因此，羊第一次免疫后 28～30d 进行第二次免疫，可激发更强烈的免疫反应，且 ELISA 检测抗体效价长期维持在较高水平。

1.疫苗存放

国产羊棘球蚴(包虫)病基因工程亚单位疫苗抗原及佐剂为真空冷冻干燥，外观呈白色疏松状，加灭菌生理盐水后迅速溶解。要求在 2～8℃保存贮藏，应避免日光照射；疫苗瓶破裂或失真空的疫苗禁止使用；疫苗稀释后，应当日用完；有效期为 12 个月。

2.安全性

①体弱或有病羊禁用；②疫苗颈部皮下注射时，应避免注射入肌肉内；③在免疫后 24～48h 内羊体温略有升高，属于正常现象；④各个品种的羊在接种该疫苗后均可能出现暂时的精神沉郁、嗜睡、体温升高等症状，属正常反应，可在几日内消失，一般山羊比绵羊反应明显，接种部位可能出现轻微肿胀，属于正常反应，可在 4 周内消失。

3.免疫副反应处理方案

局部反应的处理：局部轻度炎性肿胀，一般无须特殊处理，2～3d 肿胀即可消失；肿胀严重的，局部可涂促进炎症吸收的药物，如碘酊及消炎类软膏等。

一般全身性反应的处理：对轻微全身性反应，如食欲减少或发热，可不用处理，1～2d 可恢复；对持续发热不退的，可给予解热镇痛药物；对食欲不佳或反刍停止的，可给予健胃助消化及促进反刍的药物；对并发细菌感染的，可采用抗生素治疗。

过敏反应的处理：若发生过敏休克时，要立即静脉或肌肉注射地塞米松磷酸钠注射液 5～12mg；或是在皮下注射 0.1%盐酸肾上腺素水溶液 0.2～1.0mL。

第四节　健康教育与技术培训

一、健康教育与科普宣传工作

健康教育与科普宣传是贯穿于包虫病防治过程中的一项非常重要的工作，其目的在于通过普及包虫病防控的基本知识，唤起全体畜牧从业人员对包虫病危害性的认识；提高畜牧从业人员积极参与和配合动物包虫病防治工作的意识和主动性；改变不健康的行为和习惯，以降低畜牧从业人员包虫病感染率和包虫病在动物宿主间传播的机会，最终达到控制包虫病的目的。在流行区结合当地特点，采用多种途径和形式开展动物包虫病防治的健康教育与科普宣传。

1.主要内容和核心信息

健康教育与科普宣传的主要内容：①包虫病的概念；②包虫病对人和动物的危害；③人和动物包虫病的感染与传播途径；④预防人和动物包虫病的技术措施；⑤国家对包虫病患者的医疗补助政策。

健康教育与科普宣传的核心信息：①包虫病可防可治，管好犬只是关键；②管好自家犬，远离包虫病；③家犬登记挂牌，犬犬投药，月月驱虫，有效控制包虫病；④消灭野犬和无主犬，防止包虫病传播；⑤不用生的牛羊内脏喂犬，防止包虫病传播；⑥国家免费提供犬驱虫药和牛羊包虫病疫苗；⑦国家对包虫病患者有相关的医疗补助政策。

2.重点人群及重点内容

①对各级干部、宗教人士和学生重点宣传包虫病的危害、防治知识和应采取的措施。

②对牧民重点宣传定期给犬喂药驱虫、牛羊生产方式的改变与牛羊免疫，不用生的病变脏器喂犬、养成饭前洗手和不玩犬的良好卫生习惯等基本防治知识。

③对家畜屠宰人员重点宣传不用病变脏器喂犬和对病变脏器进行无害化处理等基本防治知识。

3.方式和方法

(1)宣教语言通俗化

健康教育与科普宣传的内容应通俗易懂，使群众易于接受和记忆。在少数民族地区应注意使用民族语言和文字进行宣传教育。

(2)宣教媒体多样化

通过电视、广播、包虫病科普录像、小型展览、宣传画、宣传册、病畜包虫病感染脏器标本等，传播包虫病防治知识。

编制和印发包虫病防治宣传材料：如编写出版《动物棘球蚴病防控知识图册》；制作汉、藏、维等多民族语言的《防控知识挂图》《防控图册》《包虫病防治技术手册》《防治包虫病知识问答》《包虫病防治知识卡片》及各种宣传展板等宣传材料，发放到农牧民家中，开展宣传入户行动(图 12-39～图 12-46)。

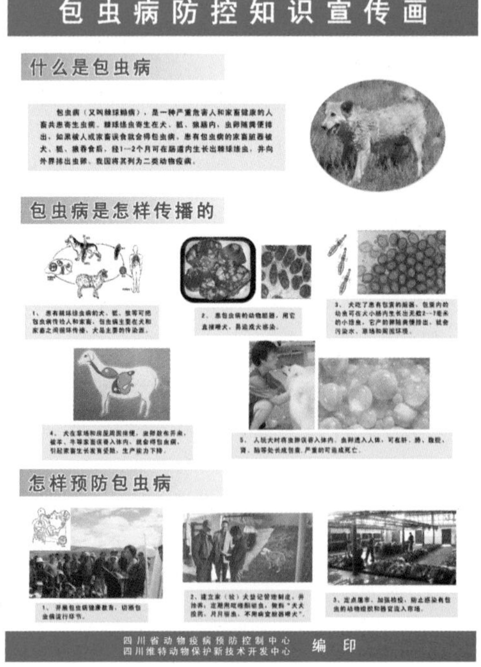

图 12-39　包虫病防控知识宣传画(四川省动物疫病预防控制中心提供)

图 12-40　包虫病动物源头防控宣传画(四川省动物疫病预防控制中心提供)

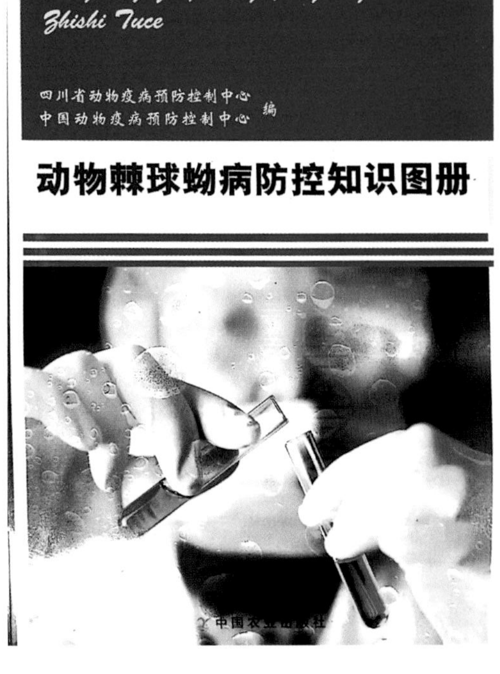

图 12-41　动物棘球蚴病防控知识图册(四川省动物疫病预防控制中心提供)

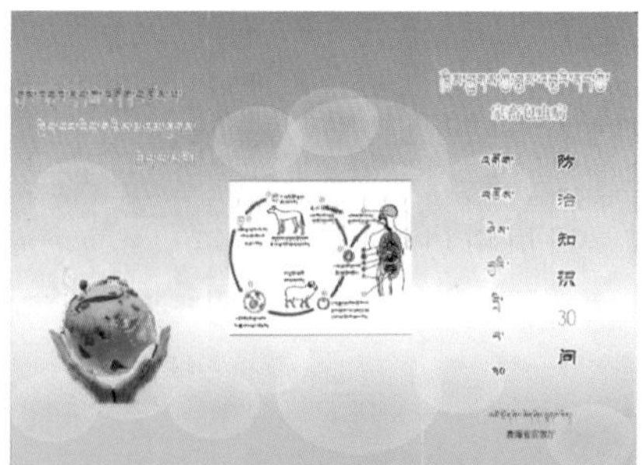

图 12-42 家畜包虫病防治知识 30 问(藏汉语版)(青海省动物疫病预防控制中心提供)

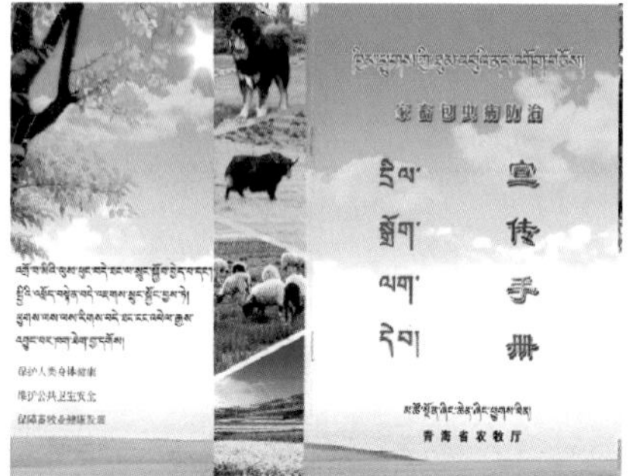

图 12-43 家畜包虫病防治宣传手册(藏汉语版)(青海省动物疫病预防控制中心提供)

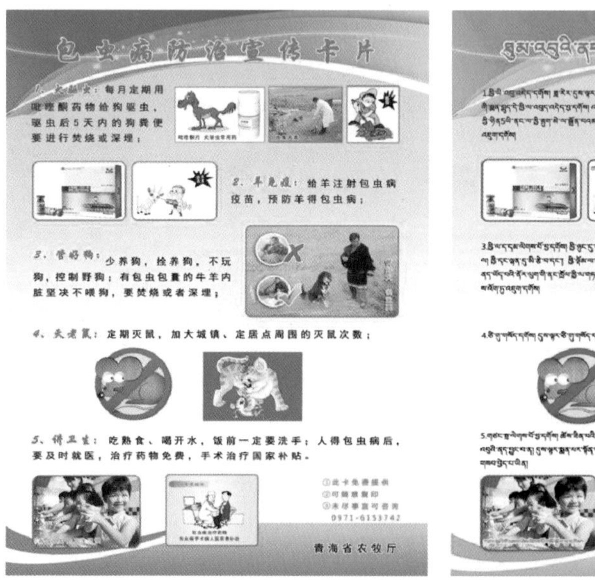

图 12-44 包虫病防治宣传卡片(藏汉语版)(青海省动物疫病预防控制中心提供)

图 12-45 宣传标语(蔡金山提供)

图 12-46 宣传标语与展板(蔡金山提供)

制作和发放专题科普教育宣传片：如四川省甘孜州畜牧业科学研究所与四川农业大学联合制作的畜牧从业人员健康教育光碟《人畜共患病——包虫病》(藏汉语版光碟)、青海省农业农村厅制作的《家畜包虫病防治知识》(藏汉语版光碟)、中国动物卫生与流行病学中心等单位拍摄的电影情景剧《格桑花开》(藏汉两种语言版的光碟)等在疫区电视台循环播放，强化防治主体责任，提高牧民防控自觉性(图 12-47、图 12-48)。

图 12-47 《家畜包虫病防治知识》和《人畜共患病——包虫病》(藏汉语版光碟)(蔡金山、杨光友提供)

图 12-48 电影情景剧《格桑花开》(藏汉语版光碟)(蔡金山提供)

在藏区，宗教的影响力很大，通过举办包虫病防治知识进寺庙的活动，由寺庙喇嘛带动牧民主动防治包虫病。

(3)**宣传方式多样化**

宣讲员在社区举办讲座；动员宗教人士在宗教活动中传播包虫病防治知识；组织流动宣传车以及与包虫病患者座谈等各种群众喜闻乐见的形式进行宣传。结合开展犬的驱虫管理、羊的免疫及屠宰动物内脏无害化处理等防治活动，举办科技下乡，捐赠防疫物资，现场解答农牧民问题，使包虫病防治知识普及深入到每个家庭和个人。

如青海省农业农村厅副厅长王志亮研究员编写“羊免疫，犬驱虫，牛羊内脏不喂狗；吃熟食，喝开水，吃喝之前要洗手”的包虫病防治二十六字诀，并协调青海中国移动、中国联通和中国电信向全省发送包虫病防治“二十六字诀”公益短信，并将包虫病防治“二十六字诀”制作成彩色宣传手环，向广大农牧民发放。制作和发放各种包虫病防治健康教育用品。

同时，青海省积极开展“12345”宣传品牌建设，即 “一驱”就是家养犬一月一驱虫；“二要”就是要吃熟食、要讲卫生；“三不”就是不玩犬、不喝生水、不用牛羊有病脏器喂犬；“四勤”就是勤洗手、勤查体、勤扫除、勤埋犬粪；“五能”就是能支持包虫病防治工作，能参与包虫病防治活动，能学习包虫病防治知识，能宣传包虫病防治政策，能改变不良风俗和习惯(图 12-49～图 12-62)。

加强媒体对全社会的宣传报道：2016 年，在《青海日报》陆续发表了《青海：吹响包虫病防治“集结号”》《源头，筑起防控包虫病的防火墙》《从长远出发 从源头治理》《防治成效凸显的新海村》等内容的包虫病宣传专版；同时，《人民政协报》于 2016 年 8 月 29 日发表一篇名为《降服虫魔，青海在行动》的报道。

图 12-49 彩色宣传手环(蔡金山提供)

图 12-50 手提袋(蔡金山提供)

图 12-51 纸杯(蔡金山提供)

图 12-52 挂历(蔡金山提供)

图 12-53 奶桶(杨光友提供)

图 12-54 水壶(杨光友提供)

图 12-55　蒸锅(杨光友提供)

图 12-56　塑料盆(杨光友提供)

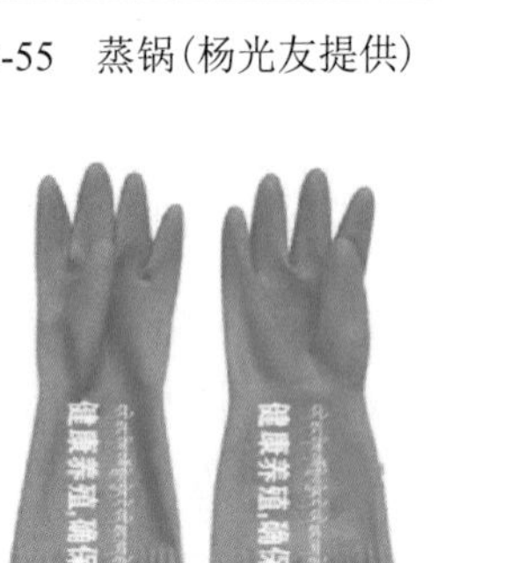

图 12-57　乳胶手套 1(杨光友提供)

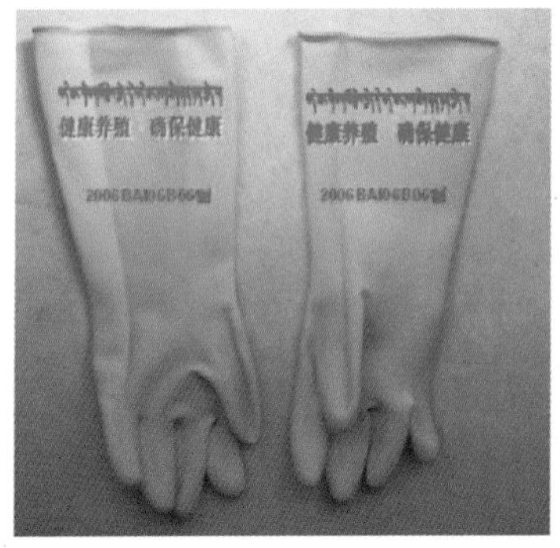

图 12-58　乳胶手套 2(杨光友提供)

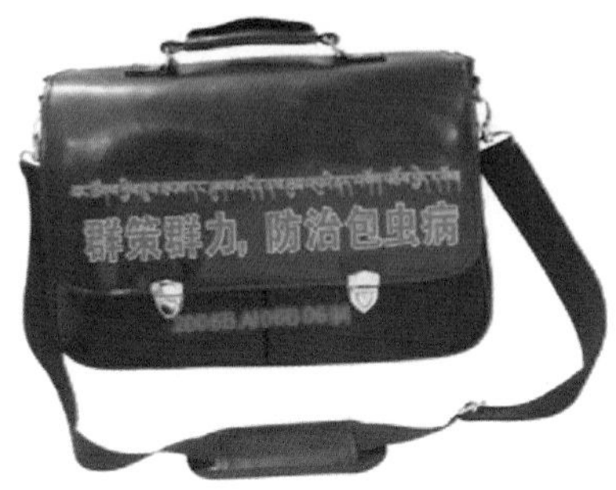

图 12-59　公文包(杨光友提供)

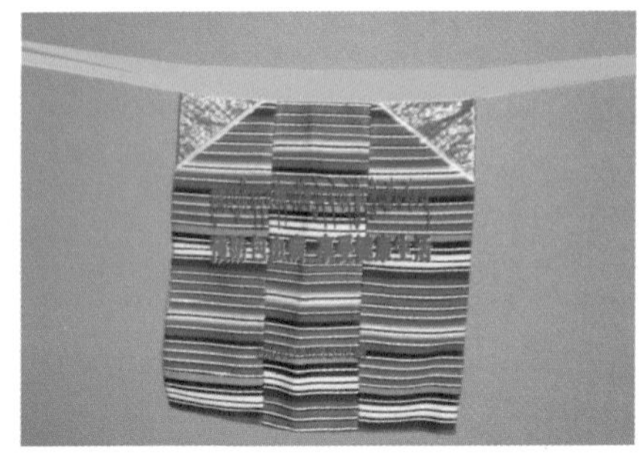

图 12-60　围裙(杨光友提供)

图 12-61　抽纸(青海省动物疫病预防控制中心提供)

图 12-62　兽医部门开展对学生的宣传（青海省刚察县动物疫病预防控制中心提供）

总之，要充分发挥农牧、卫生、宣传、广电、教育、宗教、公安、扶贫等多部门宣教网络的优势，利用各种媒介和媒体，采取形式多样、丰富多彩、群众喜闻乐见的方式开展包虫病防治健康教育与科普宣传活动，全方位宣传、推广防控知识，力促全社会形成防控共识。宣传和教育做到“人人皆知，家家参与”，教育群众用文明健康的生活方式战胜包虫病。

二、技术培训

1.开展不同层次的技术培训

按照逐级分类培训的原则，采取多种培训方式，采用理论讲授与采样、检测、免疫、投药技能训练相结合的方式，以包虫病基础知识、畜间包虫病流行病学调查技术、终末宿主的棘球绦虫感染调查技术和畜间包虫病防治技术为主要内容。将理论讲授与实际检测操作相结合，培训与监测工作相结合；将动物疫病预防控制中心专业领导培训与农牧系统行政领导培训相结合（图 12-63、图 12-64）。

图 12-63　四川省动物包虫病防控培训会（四川省动物疫病预防控制中心提供）

图 12-64　青海省动物包虫病防控培训会（青海省动物疫病预防控制中心提供）

2.组织不同规模的包虫病防控现场会

组织全国、全省或全区畜牧兽医系统主要负责人现场观摩，学习示范区的好经验、好做法，推动全国、全省、全区动物包虫病防控工作。

2015 年 8 月 22 日，农业部副部长于康震在青海组织召开全国包虫病、布病防控会议。曾多次强调，要创新模式，积极试点，加强源头防控，综合治理，坚决打赢包虫病防治阻击战（图 12-65）。2015 年 11 月 17 日，青海省畜间包虫病防治启动会议召开，开展了青海历史上最大规模的包虫病源头防控工作，所有县家犬驱虫，20 个县实施羊包虫疫苗免疫。2016 年 8 月在青海省海北州举办了全国畜间包虫病防控现场观摩会。

图 12-65 青海省包虫病综合防治工作现场推进会(青海省动物疫病预防控制中心提供)

3.加强典型示范

实施包虫病防治试点,通过试点探索藏区包虫病综合防治工作经验,发挥示范效应(例如石渠县试点)。召开全国包虫病防控现场交流研讨会,开展包虫病防治示范创建活动,形成可复制、可推广的包虫病源头控制模式,推进典型引路。2018 年,“西藏、四川、青海、云南、甘肃五省(区)藏区包虫病联防联控会议”在青海省玉树州举办,进一步推动了藏区包虫病的防控工作。

第五节 国外包虫病防控的成功经验与失败教训

一、国外包虫病防控的成功经验

了解包虫病生活史以后,人类就一直试图控制,世界各国都以“切断病原循环链”为方针,开展了棘球蚴病的综合防治(余森海,2008;张壮志等,2017)。新西兰、澳大利亚的塔斯马尼亚岛及冰岛等国家和地区成功地控制了棘球蚴病,以上国家和地区都从高发到最终控制棘球蚴病,有两种防控模式可供借鉴(李晓军等,2012)。这两种模式分别切断细粒棘球绦虫在中间宿主(家畜)和终末宿主(犬)之间的传播。

1.单相灭绝病原法

单相灭绝病原法是指切断棘球绦虫的虫卵或孕卵节片随终末宿主粪便排出体外污染周围环境进而感染中间宿主的过程,即成熟前驱虫法。目前在我国推行的“犬犬投药,月月驱虫”就是单相灭绝病原法之一。随着 Eg95 商业化疫苗的生产与推广应用,采取连续用疫苗对易感中间宿主(绵羊、牦牛等)进行高密度免疫预防,从而可实现另一种单相灭绝病原法,即切断病原由中间宿主传播至终末宿主的新模式(图 12-66)。

由于终末宿主(犬)的数量远远少于中间宿主(犬的数量仅占家畜数量的几十分之一),因此,对包虫病的防控工作切入点放在对终末宿主(犬)的控制上可极大程度地节约人力、物力成本和减轻经济负担(Qi et al.,1994)。犬的人工感染试验研究结果表明,犬食入细粒棘球蚴的原头蚴后在 43~45d 就可以发育为成虫并产出具有感染性的虫卵。细粒棘球绦虫的虫卵是在犬感染后 45d 排出,所以在 45d 内(成虫期前)驱虫是一个很好的措施。

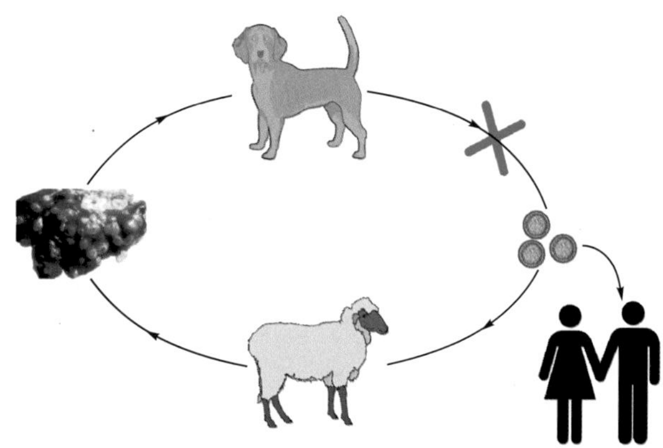

图 12-66 单相灭绝病原循环链的切点(谢跃提供)

新西兰为切实落实每年 8 次驱虫，在全国雇用了 400 名防疫员管理 20 万只犬，严格执行 45d 驱虫，取得了良好的防控效果；阿根廷严格按照 45d 驱虫，犬的感染率也大幅度下降(感染率仅为 1%～5%)。

2.双相切断病原法

双相切断病原法从病原的两个发育阶段切断循环链，即阻断终末宿主感染原头蚴和阻断中间宿主感染虫卵。囊型包虫病主要循环于犬(家犬、野犬)和家畜(羊、牛、猪)之间。同时，对终末宿主(犬)进行数量控制和定期驱虫，以及对中间宿主(羊、牛、猪)屠宰后脏器管控，称之为“双相切断病原循环链”策略，这是冰岛、新西兰和澳大利亚塔斯马尼亚岛等国家或地区取得包虫病成功控制的主要模式，但具体的方法有所不同(图 12-67)。

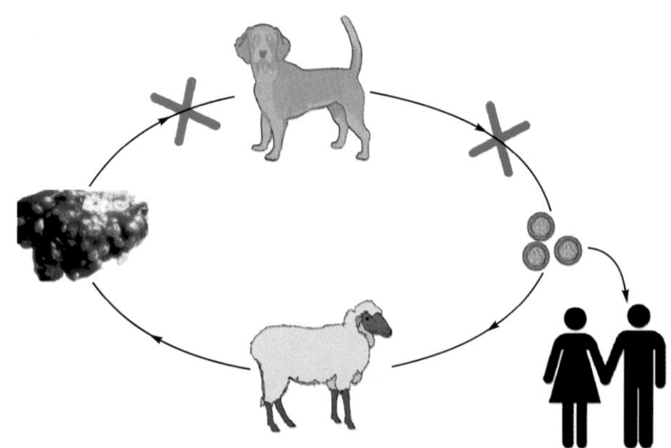

图 12-67 双相灭绝病原循环链的切点(谢跃提供)

(1)冰岛

在 19 世纪冰岛的包虫病流行相当严重，1900 年人体感染率高达 25%。通过积极防治之后，至 1932 年降为 16%，1944 年减为 6%，1960 年变为零，绵羊和犬亦均未发现感染。冰岛采取集中屠宰管制并配合低频度对犬驱虫的方法，用 70 年的时间消除了包虫病。

(2)新西兰和澳大利亚

新西兰和澳大利亚的塔斯马尼亚岛在加强家畜屠宰管制的同时，采取对犬成虫期前(成虫排卵前)驱虫，即每45d驱虫一次的方法，加快了包虫病控制进程，用了30年的时间控制了包虫病(张文宝等，2017)。这些成功的事例说明，高频度对犬驱虫可以加快控制进程。

包虫病是可以控制和消除的，这已通过冰岛、新西兰和澳大利亚成功控制并消除包虫病得以证明。切断病原循环链是包虫病控制的关键，技术手段的改进比如用吡喹酮对犬定期驱虫是加快控制进程的动力。近50年来，在防控包虫病方面，不少国家和地区积累了成功的经验，比较突出的就是以下一些国家。

冰岛：政府介入，对养犬注册纳税、不准用生内脏喂犬、禁止家庭屠宰等，经30多年持续努力，收到了良好的效果。

澳大利亚和新西兰：从20世纪50年代末开始，采取由农业部和州政府主导，通过立法，实施以宣传教育、驱虫、监测与捕杀相结合的综合防治措施。

塞浦路斯：1971年，国家畜牧局启动防治规划，采取家犬注册、野犬控制(安乐死)、母犬节育和屠宰管理以及宣传教育等方式，到20世纪90年代末也有效控制了包虫病的流行。

包虫病在冰岛、新西兰、澳大利亚、塞浦路斯和福克兰岛成功地被控制或消除证明包虫病是可以控制和消除的。这些国家或地区控制包虫病成功的要点是：①政府的强势介入，以农业部门为主，或与卫生部门联合主持为主要形式；②立法作保障，有政府经费和法律保障；③地理环境，周边带虫动物难以进入；④冰岛、新西兰、塞浦路斯、澳大利亚塔斯马尼亚、阿根廷等国家和地区近150年的防控经验表明，对犬采取每年8次以上的有效驱虫，是包虫病控制的最有效的控制措施之一。

二、国外包虫病防控的失败教训

国外控制包虫病失败原因主要有：①缺少国家法律保障，如乌拉圭进行了20多年的防控，其效果不显著；②政府投入不足，动物驱虫不能持续进行，如土耳其等；③以宣传教育为主的控制措施收效甚微；④防控重点仅放在犬驱虫，驱虫不能解决重复感染问题，且难以对野犬、狼和狐驱虫；⑤对于复杂的中间宿主，防控手段落后，动物未进行免疫，不能有效阻断包虫病在动物之间传播是其根本所在。

第六节 我国包虫病防控实践与控制策略

一、我国包虫病流行特点与防控实践

.中国防控包虫病可借鉴冰岛、新西兰和澳大利亚等国家的部分防控经验，但不能照搬。因为这些国家少有或没有流浪犬，狼和狐狸也很少，控制终末宿主相对比较容易；中国流行区面积大，加之周边的俄罗斯、蒙古、印度、吉尔吉斯斯坦等国包虫病流行十分严重，对我国牧区产生直接的影响；养犬交税和通过检疫扑杀患病动物等措施在中国牧区难以实现。

我国是囊型和泡型包虫病并发的混合流行区。泡型包虫病是极难控制的包虫病，该病的病原(多房棘球绦虫)主要传播于野生肉食动物(狐狸)和鼠类之间，这些动物之间存在捕食和被捕食的关系。事实上，自然生态系统极大程度地决定了鼠类的种群变化，同时鼠类的种群影响狐狸种群的变化。多房棘球绦虫是以野生肉食动物为主的循环链，使得泡型包虫病的控制要比囊型包虫病困难得多。目前还没有成功的策略和措施用于泡型包虫病的控制。同时，在我国青藏高原，大量野犬(流浪犬)以及放养家犬(牧犬)存在，它们因捕食鼠兔和野鼠而感染多房棘球绦虫，因此又形成了多房棘球绦虫在犬(家犬、野犬)与鼠兔和野鼠之间的循环链，导致人的感染概率大大提高(Christine et al.，2005)。

早在 17 世纪人们就已经发现了包虫病的生活史，当时就指出对犬的驱虫及对羊的管制是有效控制包虫病的方法。面对高频度的驱虫，让犬持续服药，是一项挑战性的工作。我国科技工作者经过许多年的攻关，成功研制了掩盖吡喹酮苦味的诱食性药饵剂型，该剂型极大地方便了犬的驱虫工作的实施。20 世纪 80～90 年代，对新疆 20 余县的控制工作起了很大的推动作用。在以村庄为主要标志的农区，采取选择村级包虫病防疫员对本村所有犬实行“犬犬投药、月月驱虫”的措施，使得包虫病的感染率显著下降。在以四季游牧为主的西部牧区，兽医采取在春秋两季 4 次对所管辖的犬驱虫，在冬季和夏季 8 次驱虫，在每一次驱虫时由兽医通过短信提醒牧民，让牧民对自己的犬驱虫。

在“七五”“八五”期间，新疆畜牧科学院兽医研究所在我国新疆地区开展了“单相切断病原循环链”的控制策略防治试点工作，即采用“犬犬投药、月月驱虫”的成虫期前无污染驱虫控制模式，杜绝病原体(虫卵)的产生，研究结果证明若连续 10 年投药可使高发区包虫病取得控制，远远少于国外控制包虫病的周期。

2015 年 10 月，青海省政府办公厅出台了《青海省防治包虫病行动计划(2016—2020年)》。2016 年 10 月 24 日，国家十二部委联合出台了《全国包虫病等重点寄生虫病防治规划(2016—2020 年)》。同时，青海省制定了《青海省家畜包虫病防治实施方案》(2017—2020 年)和《青海省畜间包虫病防治中期评估方案》(附录八、附录九)。

2017 年 3 月 2 日，四川藏区、青海玉树州和西藏自治区包虫病综合防治工作领导小组会议在北京召开，李斌、王建军、齐扎拉、尹力担任领导小组组长，将包虫病防治纳入省委、省政府重要议事日程。

二、我国藏区动物包虫病防控“石渠模式”

根据我国的具体情况，采取“犬犬投药、月月驱虫”的措施对消减包虫病在藏区的高发流行起到了重大作用。

众所周知，羊是犬感染的主要来源，犬棘球绦虫中的 80%来源于羊棘球蚴。因此，从棘球绦虫的流行循环链上可以看出，病原传播的主要终末宿主和助推者是犬，中间宿主的助推者是羊，从控制学上讲，只有阻断了棘球绦虫在犬和羊之间的循环，才能控制囊型包虫病。通过对羊的免疫，使主要中间宿主的棘球蚴包囊数量得到控制，阻止了流浪犬吃到患病脏器，从而阻断包虫病的循环链。随着 Eg95 疫苗的成功研制和应用，形成了“双相切断病原循环链”控制策略，对犬用吡喹酮定期驱虫和对羊免疫接种控制措施的应用，将大大加快我国包虫病的控制进程。

近年来笔者在藏区包虫病防控工作中，总结青藏高原国家动物包虫病综合防控试点县——石渠县动物包虫病综合防控经验形成的模式“238”石渠模式。其中，“2”是以犬只驱虫和家畜免疫为核心控制传染源头；“3”是指切断包虫病传播循环链上“犬到环境，环境到人畜，牲畜再到犬”的三个关键点(图 12-68)；“8”是指抓好犬只管控、家畜免疫、检疫监管、流调监测、鼠害治理、能力提升、宣教培训和防控保障八项举措(表 12-2)，即“双灭源、三切断、八举措”的防控模式，简称“238”石渠模式。

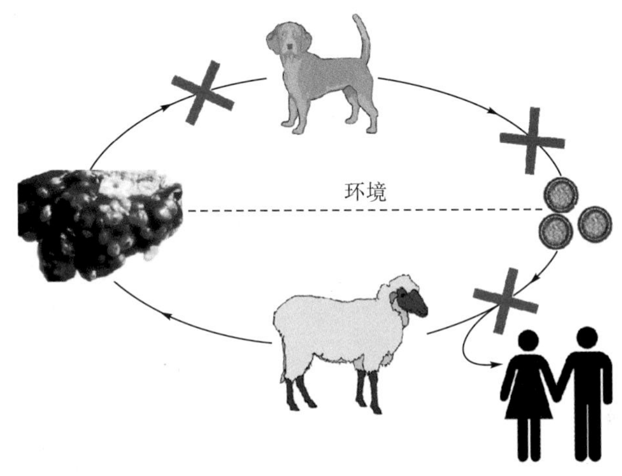

图 12-68　切断包虫病传播循环链的 3 个关键点(谢跃提供)

表 12-2　“238”石渠模式中八举措主要内容

主要措施	措施内容	重要作用
犬只管控	犬只登记管理、犬只驱虫、犬只监测，犬粪无害化处理和消毒灭卵等	控制传染源
家畜免疫	免疫注射、免疫登记、免疫效果评价	保护易感动物
检疫监管	动物产地检疫、调运检疫监管、屠宰检疫监管、病变脏器无害化处理等	切断传播途径
流调监测	犬只感染监测、牛羊等家畜感染监测、野生动物监测、流行病学调查分析等	技术支撑
能力提升	加强科技攻关、建设专用防控实验室、配备专用防控设施设备、加强防控生物安全、落实个人防护等	能力保障
鼠害治理	草原灭鼠、草原植被恢复与生态治理等	切断传播途径（主要针对泡型包虫病）
宣教培训	防控知识培训、生物安全及个人防护知识培训、防控技术操作演练、大众宣传教育等	舆论引导
防控保障	防控经费保障、防控人才保障、防控物质保障等	后勤保障

三、互联网+犬只精准驱虫技术

青藏高原国家动物包虫病综合防控试点县(四川石渠县)将犬只智能管理系统与犬只精准驱虫药物有机结合，并利用“互联网+”技术对犬只进行信息化管理，全面落实农区限养1条犬，牧区限养2条犬，寺庙限养3条犬的“123”犬只限养政策；确定“犬只驱虫日”，按照“犬犬投药、月月驱虫”要求，建立完善的犬只驱虫及犬粪无害化处理措施；通过系统自动发送短信、微信等信息，积极宣传营造“养犬必须登记办证、必须按期驱虫”“牲畜内脏不喂犬”的良好社会氛围。实现犬只登记和驱虫工作动态监管，确保包虫病防治效果实时监控。

互联网+犬只精准驱虫模式以数字化智能管理系统和犬只棘球绦虫区域适应性精准驱虫技术为基础，建立了适用高原特殊人文和高寒地理环境的互联网+犬只精准驱虫模式，可实现精准投送犬只驱虫药物(犬只信息化管理系统数据采集和信息传输汇总过程，详见附录十)(图12-69)。

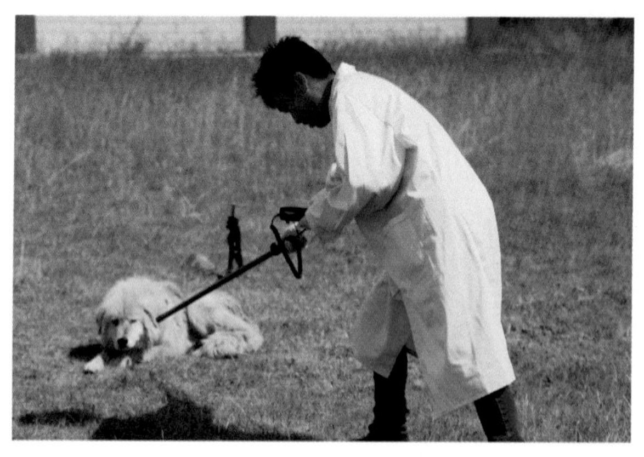

图12-69　采集犬只信息(四川省动物疫病预防控制中心提供)

包虫病的控制是一项长期而艰巨的工作，需要各级政府统一领导，有关部门密切配合，只有建立和加强由畜牧和卫生等部门共同参与和协作的防控体系建设，发挥各自优势，通过广泛开展健康教育，专业技术人员培训，强化基层单位的工作力度，充分调动和发挥广大群众乃至全社会积极参与，才有可能实现从控制直至消灭包虫病的目标。

第七节　我国动物包虫病防控中存在的问题与挑战

一、犬只登记管理难度大

牧区每户至少有2只家(牧)犬，此外还存在大量的流浪犬(野犬或无主犬)。有的地区由于流浪犬管理主体部门主体责任落实不到位，加上流浪犬居无定所、流动性大，登记难、管理难和驱虫难的问题比较突出，是包虫病源头控制的难点。同时，青藏高原牧区人口以藏族为主，而藏族是一个信仰佛教的少数民族，一生信奉戒杀惜杀的教义，从生到死都有一种不杀生的心态。因此，要以捕杀流浪犬等方式控制包虫病，牧民群众不易接受，甚至有抵触情绪，要实现到 2020 年基本消除无主流浪犬的目标难度非常大，给包虫病的防治带来了障碍。

二、屠宰家畜的高龄化突出

棘球蚴病的发生和流行与畜牧业生产关系密切，家畜的畜群年龄结构和屠宰家畜的年龄决定了棘球蚴病的控制时间和控制周期。

在我国青藏高原地区，牦牛和藏羊是主要的畜种。牦牛的屠宰年龄为 6～15 岁，藏羊的屠宰年龄为 2～7 岁，牦牛和藏羊在这个年龄段棘球蚴的感染率可高达 50%～70%，废弃的内脏极易引起犬只的感染，导致棘球蚴病的循环感染，从而影响棘球蚴病的控制周期和控制时间。

此外，有的地区藏族牧民信仰佛教不杀生，并将家畜作为财富的象征不屠宰进行养老送终，导致畜群老龄化严重；同时，有大量放生牛羊的存在，这些老死和病死的家畜棘球蚴感染率高，成为家犬和流浪犬感染棘球蚴的重要途径之一，在棘球蚴病的流行中也起着重要作用，从而增加了包虫病的控制难度。

三、家畜屠宰检疫监管难

我国藏族地区地广人稀，目前许多县没有屠宰场或屠宰场不规范，私屠乱宰监管难，群众自宰自食很普遍。牛羊患病器官随意丢弃，病死牛羊尸体随处可见，切断包虫病传播链非常困难。

四、兽医专业技术人才严重不足

在西部地区(尤其是藏区)，县级、乡级兽医专业技术人员严重不足。由于包虫病流行区经济基础差，基层包虫病防治基础薄弱、能力不足，相对于其他重大传染病的防治工作而言，包虫病防治工作的条件更艰苦，工作难度更大。

五、村级防疫员工作补助低

一名村级防疫员，每人每年需完成 2 万～3 万头(次)免疫任务，但动物防疫劳动报酬低，青海省多数地区人均每月补助只有 200 多元，由于新增了羔羊免疫、“犬犬投药、月月驱虫”和犬粪无害化处理等工作任务，工作补助低的问题更加突出，对村级防疫员队伍稳定和防疫措施的落实带来了严重影响，有些地区出现防疫员集体辞职现象，无法保障驱虫、免疫、无害化处理等工作的落实。

六、兽医系统动物包虫病检测设备匮乏

在西部地区省级动物疫病控制机构大多没有动物包虫病专用检测实验室，多数市、州和各县级动物疫控中心的实验室都缺乏超低温冰箱、PCR 仪和酶标仪等包虫病检测的必需设施设备，包虫病疫病监测和防治效果考核等实验室检测工作无法正常开展，影响了包虫病防控工作的进展。

七、兽医部门包虫病防治经费严重不足

在 2015 年包虫病专题双周会后，2015 年和 2016 年国家从应急资金中给包虫病重灾的七省区兽医部门安排了包虫病防治经费，对畜间包虫病防控工作发挥了巨大作用。2017 年以后，由于财政转移支付等问题，畜间包虫病防治经费无法落实到各省区农牧部门，目前畜间包虫病防控缺乏经费，防控工作举步维艰。

八、包虫病缺乏评估标准和检测试剂的标准化

我国的包虫病评估标准尚不完善，缺乏各部门均认可的科学评估标准和方法。同时，缺乏较标准化的检测试剂。目前动物包虫病检测的试剂五花八门，存在敏感性和特异性低，交叉反应严重，检测结果可信度低等问题。

基于我国动物包虫病防控中存在的问题与挑战，应牢固树立“从源头上控制包虫病”的正确思想。国家应建立动物包虫病监测、驱虫、免疫、无害化处理等防控经费保障的长效机制；设立动物包虫病科研专项系统开展动物包虫病病原与防控技术研究，培养专业从事动物包虫病研究的科研人才；中央、省级财政分级增加防疫员的报酬；在包虫病重灾区建立病死牛羊尸体及患病器官无害化处理补偿机制；市、县两级立项配备包虫病检测设施与设备，强化包虫病防控实验室体系建设。

总之，动物包虫病防控是一项系统工程，要充分认识其长期性、复杂性，任重而道远，需要全社会的共同努力。

参 考 文 献

蔡金山, 2017. 青海畜间包虫病防控中的做法和体会[J]. 中国动物保健, 19: 49-52.

郭志宏, 才让扎西, 彭毛, 等, 2018. 吡喹酮咀嚼片对犬棘球绦虫的驱虫效果试验[J]. 中国动物检疫, 35(5): 95-97.

李伟, 2017. 包虫病防控技术研究[J]. 中国动物保健, 19(7): 36-41.

李晓军, 王文明, 赵莉, 等, 2012. 新疆包虫病流行现状与防控对策[J]. 草食家畜, (4): 47-52.

马雷, 霞管, 丁玲, 等, 2018. 吡喹酮咀嚼片对犬细粒棘球绦虫驱治试验[J]. 中国畜禽种业, 14(6): 44-45.

伍卫平, 2017. 我国两型包虫病的流行与分布情况[J]. 中国动物保健, 19(7): 7-10.

阳爱国, 2017. 四川省动物包虫病流行与防控[J]. 中国动物保健, 19(7): 49-52.

阳爱国, 周明忠, 袁东波, 等, 2017. 牛包虫病基因工程亚单位疫苗 EG95 免疫牦牛效果及安全性评价试验[J]. 中国兽医学报, 37: 1919-1923.

余森海, 2008. 棘球蚴病防治研究的国际现状和对我们的启示[J]. 中国寄生虫学与寄生虫病杂志, 26(4): 241-244.

赵靖, 李生福, 杨良存, 2018. 吡喹酮对犬细粒棘球蚴绦虫病防治效果[J]. 养殖与饲料, (6): 95-96.

张文宝, 张壮志, 哈斯也提, 等, 1990. 吡喹酮定型药饵对犬细粒棘球绦虫的疗效试验及饵性观察[J]. 地主病通报, (5): 37-40.

张文宝, 郭刚, 李军, 2017. 包虫病的危害与控制策略的选择[J]. 中国动物保健, 19(7): 4-6.

张壮志, 石保新, 王进成, 等, 2008. 以家犬驱虫为中心的棘球蚴病控制措施在新疆两县的应用[J]. 中国寄生虫学与寄生虫病杂志, 26(4): 253-257.

张壮志, 库尔班・居麦, 陈永强, 等, 2017. 包虫病防控的困难与回顾[J]. 中国动物保健, 19(7): 33-35.

Christine MB, Qiu J, Philip SC, et al., 2005. Modeling the transmission of *Echinococcus granulosus* and *Echinococcus multilocularis* in dogs for a high endemic region of the Tibetan plateau[J]. International Journal for Parasitology, (35): 163-170.

Craig PS, Larrieu E, 2006. Control of cystic echinococcosis/hydatidosis: 1863—2002[J]. Advances in Parasitology, 61: 443-508.

Heath DD, Robinson C, Lightowlers MW, 2012a. Maternal antibody parameters of cattle and calves receiving EG95 vaccine to protect against *Echinococcus granulosus*[J]. Vaccine, 30(5): 7321-7326.

Heath DD, Robinson C, Shakes T, et al., 2012b. Vaccination of bovines against *Echinococcus granulosus* (cystic echinococcosis) [J]. Vaccine, 30(20): 3076-3081.

Larrieu E, Herrero E, Mujica G, et al., 2013. Pilot field trial of the EG95 vaccine against ovine cystic echinococcosis in Rio Negro, Argentina: early impact and preliminary data[J]. Acta Tropica, 127(2): 143-151.

Nonaka N, Kamiya M, Oku Y, 2006. Towards the control of *Echinococcus multilocularis* in the definitive host in Japan[J]. Parasitology International, 55(supp-S): S263-S266.

Qi P, Ha J, Tu E, et al., 1994. Strategy and model for the control of hydatid disease[J]. Endemic Diseases Bulletin, 9(4): 70-75.

Schelling U, Frank W, Will R, et al., 1997. Chemotherapy with praziquantel has the potential to reduce the prevalence of *Echnococcus* multilocularis in wild foxes (*Vulpes vulpes*) [J]. Annals of Tropical Medicine & Parasitology, 91(2): 179-186.

Tackmann K, Lōschner U, Mix H, et a1., 2001. A field study to control *Echinococcus mutlocularis-infections* of the red fox (*Vulpes vulpes)* in an endemic focus[J]. Epidemiology & Infection, 127(3): 577-587.

Tsukada H, Hamazaki K, Ganzorig S, et al., 2002. Potential remedy against *Echinococcus multilocularis* in wild red foxes using baits with anthelmintic distributed around fox breeding dens in Hokkaido, Japan[J]. Parasitology, 125(2): 119-129.

附　　录

附录一　世界犬科动物种名及分布

种名	分布
1.小耳犬属(*Atelocynus*)	
Atelocynus microtis	玻利维亚、巴西、哥伦比亚、厄瓜多尔、秘鲁
2.犬属(*Canis*)	
Canis adustus	安哥拉、博茨瓦纳、喀麦隆、中非、刚果民主共和国、埃塞俄比亚、加蓬、肯尼亚、马拉维、莫桑比克、纳米比亚、尼日尔、尼日利亚、塞内加尔、南非、苏丹、坦桑尼亚、乌干达、赞比亚、津巴布韦
Canis aureus	阿富汗、阿尔巴尼亚、阿尔及利亚、孟加拉国、缅甸、乍得、克罗地亚、埃及、厄立特里亚、埃塞俄比亚、希腊、伊朗、伊拉克、以色列、意大利、约旦、肯尼亚、黎巴嫩、利比亚、马其顿王国、马里、毛里塔尼亚、摩洛哥、尼日尔、尼日利亚、阿曼、巴基斯坦、沙特阿拉伯、塞内加尔、斯洛文尼亚、索马里、斯里兰卡、苏丹、叙利亚、塔吉克斯坦、坦桑尼亚、泰国、突尼斯、土耳其、土库曼斯坦、阿拉伯联合酋长国、乌兹别克斯坦、撒哈拉沙漠西部、也门
Canis latrans	加拿大、哥斯达黎加、萨尔瓦多、危地马拉、洪都拉斯、墨西哥、尼加拉瓜、美国(被引入佛罗里达和乔治亚州，现在广泛分布于美国北部和中部)
Canis lupus	遍及北半球：北美洲向南到北纬20°的瓦哈卡(墨西哥)；欧洲；亚洲，包括阿拉伯半岛和日本，除去东南亚和印度南部。已在美国大部分大陆地区绝迹。阿富汗、阿尔巴尼亚、亚美尼亚、阿塞拜疆、白俄罗斯、不丹、保加利亚、加拿大、中国、埃及、爱沙尼亚、芬兰、法国、佐治亚州、希腊、格陵兰、匈牙利、印度、伊朗、伊拉克、以色列、约旦、吉尔吉斯斯坦、拉脱维亚、黎巴嫩、立陶宛、马其顿王国、墨西哥、蒙古、尼泊尔、挪威、巴基斯坦、波兰、葡萄牙、罗马尼亚、俄罗斯、沙特阿拉伯、塞尔维亚及黑山、斯洛伐克、西班牙、瑞典、叙利亚、塔吉克斯坦、土耳其、土库曼斯坦、乌克兰、美国、乌兹别克斯坦
Canis mesomelas	安哥拉、博茨瓦纳、埃塞俄比亚、肯尼亚、莫桑比克、纳米比亚、索马里、苏丹、坦桑尼亚、乌干达、津巴布韦
Canis simensis	埃塞俄比亚中部
3.食蟹狐属(*Cerdocyon*)	
Cerdocyon thous	阿根廷北部、玻利维亚、巴西(除去亚马孙古陆)、哥伦比亚、圭亚那、苏里南、秘鲁、巴拉圭、乌拉圭、委内瑞拉
4.鬃狼属(*Chrysocyon*)	
Chrysocyon brachyurus	阿根廷东南部、巴拉圭、玻利维亚、巴西
5.豺属(*Cuon*)	
Cuon alpinus	中国(西藏和新疆：天山和阿尔泰已经灭绝)；印度尼西亚(爪哇、苏门答腊)、马来西亚、印度、巴基斯坦北部、东南亚、朝鲜、韩国、蒙古北部、俄罗斯
6.南美狐狼属(*Dusicyon*)	
Dusicyon australis	福克兰群岛

续表

种名	分布
7.南美狐属(*Lycalopex*)	
Lycalopex culpaeus	阿根廷(火地岛)、玻利维亚、智利、哥伦比亚、厄瓜多尔、秘鲁
Lycalopex fulvipes	智利
Lycalopex griseus	阿根廷(圣地亚哥—德尔埃斯特罗)、智利、马尔维纳斯群岛
Lycalopex gymnocercus	阿根廷(圣地亚哥—德尔埃斯特罗)、玻利维亚东部、巴西南部、巴拉圭、乌拉圭
Lycalopex sechurae	厄瓜多尔西南部、秘鲁西北部
Lycalopex vetulus	巴西
8.猎狗属(*Lycaon*)	
Lycaon pictus	安哥拉、博茨瓦纳、咔麦隆、乍得、埃塞俄比亚、冈比亚、几内亚、肯尼亚、马拉维、马里、纳米比亚、塞内加尔、索马里、南洲、苏丹、坦桑尼亚、乌干达、赞比亚、津巴布韦。最近已灭绝：阿尔及利亚、贝宁、布基纳法索、布隆迪、印度、厄立特里亚、加蓬、加纳、尼日尔、毛里塔尼亚、尼日利亚、刚果、卢旺达、塞拉利昂、多哥
9.貉属(*Nyctereutes*)	
Nyctereutes procyonoides	中国、日本、蒙古、朝鲜、韩国、俄罗斯。被引入欧洲后，现在奥地利、白俄罗斯、波斯尼亚和黑塞哥维那、保加利亚、丹麦、爱沙尼亚、芬兰、法国、德国、匈牙利、拉脱维亚、立陶宛、摩尔达瓦、荷兰、挪威、波兰、罗马尼亚、塞尔维亚、斯洛文尼亚、瑞典、瑞士、乌克兰被发现
10.大耳狐属(*Otocyon*)	
Otocyon megalotis	安哥拉、博茨瓦纳、埃塞俄比亚、莫桑比克、纳米比亚、索马里、南非、苏丹、坦桑尼亚、乌干达、赞比亚、津巴布韦
11.薮犬属(*Speothos*)	
Speothos venaticus	玻利维亚、巴西(除去东北的干旱地区)、哥伦比亚、厄瓜多尔、法属圭亚那、圭亚那、巴拿马、巴拉圭、秘鲁东部、苏里南、委内瑞拉
12.灰狐属(*Urocyon*)	
Urocyon cinereoargenteus	伯利兹、加拿大、哥伦比亚、哥斯达黎加、萨尔瓦多、危地马拉、墨西哥、尼加拉瓜、巴拿马、美国(除爱达华、华盛顿、蒙大拿、怀俄明的大部分州)、委内瑞拉
Urocyon littoralis	美国
13.狐属(*Vulpes*)	
Vulpes bengalensis	印度、尼泊尔南部、巴基斯坦
Vulpes cana	阿富汗、埃及(西奈)、伊朗东南部、以色列、阿曼、巴基斯坦、沙特阿拉伯、塔吉克斯坦、土库曼斯坦、乌兹别克斯坦
Vulpes chama	安哥拉南部、博茨瓦纳、纳米比亚、南非
Vulpes corsac	阿富汗北部、中国东北部、哈萨克斯坦、吉尔吉斯斯坦、蒙古、俄罗斯
Vulpes ferrilata	中国(西藏、青海、甘肃和云南)、尼泊尔
Vulpes lagopus	极地附近整个北极冻土地带，包括大部分的北极岛屿：加拿大、芬兰、格陵兰、冰岛、挪威、俄罗斯、瑞典、美国(阿拉斯加)
Vulpes macrotis	美国(加利福尼亚中部和南部、内华达、俄勒冈东南部、爱达荷西南部、犹他西部、亚利桑那、新墨西哥和得克萨斯西部)
Vulpes pallida	非洲萨赫尔半干旱区：布基纳法索、喀麦隆、乍得、厄立特里亚、埃塞俄比亚、冈比亚、马里、毛里塔尼亚、尼日尔、尼日利亚、塞内加尔、索马里、苏丹

续表

种名	分布
Vulpes rueppellii	阿富汗、埃及(西奈)、伊朗、摩洛哥、巴基斯坦、沙特阿拉伯、索马里
Vulpes velox	加拿大(英属哥伦比亚东南部、艾伯塔中南部和萨斯喀彻温西南部)、美国
Vulpes vulpes	阿富汗、阿尔巴尼亚、阿尔及利亚、亚美尼亚、奥地利、阿塞拜疆、孟加拉国、白俄罗斯、比利时、不丹、波斯尼亚和黑塞哥维那、保加利亚、中国、克罗地亚、捷克共和国、丹麦、埃及、爱沙尼亚、芬兰、法国、格鲁吉亚、德国、英国、希腊、匈牙利、冰岛、印度、伊朗、伊拉克、爱尔兰、以色列、意大利、日本、约旦、哈萨克斯坦、吉尔吉斯斯坦、老挝、拉脱维亚、立陶宛、马其顿王国、摩尔达瓦、蒙古、摩洛哥、尼泊尔、荷兰、朝鲜、韩国、挪威、巴基斯坦、葡萄牙、罗马尼亚、俄罗斯、塞尔维亚及黑山、斯洛伐克、斯洛文尼亚、西班牙、瑞典、瑞士、叙利亚、突尼斯、土耳其、土库曼斯坦、乌克兰、美国(阿拉斯加、除中部平原和西南荒漠而外的遍及大部分相连的48个州)、乌兹别克斯坦、越南。被引入澳大利亚
耳廓狐 *Vulpes zerda*	乍得、埃及、科威特、利比亚、马里、毛里塔尼亚、摩洛哥、尼日尔、沙特阿拉伯、苏丹、突尼斯

*Don E.Wilson & DeeAnn M.Reeder.2005.Mammal Species of the World.A Taxonomic and Geographic Reference (3rd ed)，Johns Hopkins University Press，2，142 pp.

附录二　我国野生犬科和猫科动物种类与分布

	种类	分布
犬科	红狐(*Vulpes vulpes*)也称赤狐或火狐	黑龙江、吉林、辽宁、河北、河南、山西、陕西、甘肃、四川、重庆、湖南、湖北、广东、广西、福建、内蒙古和西藏等省(自治区)
	藏狐(*Vulpes ferrilata*)	青藏高原，目前已知的省份(自治区)有西藏自治区、青海、四川、甘肃和云南等省
	沙狐(*Vulpes corsac*)	东北、华北和西北开阔的草原和半沙漠地带。新疆、青海、甘肃、宁夏、内蒙古、西藏
	豺(*Cuon aipinus*)	江西、安徽、西藏、新疆、黑龙江、吉林、内蒙古、江苏、福建、广东、广西、贵州、湖南、湖北、四川、重庆、陕西、甘肃、云南和青海等
	狼(*Canis lupus*)	黑龙江、吉林、河北、内蒙古、新疆、山西、陕西、河南、湖北、福建、广东、广西、云南、四川、贵州、青海和西藏等
	貉(*Nyctereutes procyonides*)	黑龙江、吉林、辽宁、河北、河南、内蒙古、山西、陕西、安徽、浙江、福建、江苏、广东、广西、湖南、湖北、江西、贵州、四川、重庆和云南
猫科	野猫(*Felis silvestris*)	新疆、甘肃、宁夏等地
	荒漠猫(*Felis bieti*)	新疆、内蒙古、青海、甘肃、宁夏、陕西、四川等地
	丛林猫(*Felis chaus*)	新疆、内蒙古、西藏、甘肃、四川、云南、贵州、重庆、福建等地
	兔狲(*Otocolobus manul*)	内蒙古、河北、山西、陕西、宁夏、甘肃、新疆、青海、西藏、四川等地
	金猫(*Catopuma temmincki*)	西藏、云南、四川、重庆、贵州、甘肃、陕西、湖北、湖南、广西、广东、江西、福建、浙江、安徽等地
	豹猫(*Prionailurus bengalensis*)	青海、西藏、云南、四川、贵州、重庆、湖北、湖南、广西、海南、广东、香港、江西、福建、台湾、浙江、江苏、上海、安徽等地
	渔猫(*Prionailurus viverrina*)	黑龙江、吉林、辽宁、内蒙古、河北、北京、天津、山东、河南、山西、陕西、甘肃、宁夏、台湾、云南有记载
	猞猁(*Lynx lynx*)	黑龙江、吉林、辽宁、内蒙古、河北、山西、陕西、甘肃、新疆、青海、西藏、四川、云南等地
	云猫(*Pardofelis marmorata*)	云南(中部、西北部)
	云豹(*Neofelis nebulosa*)	西藏、云南、云南、贵州、重庆、四川、甘肃、陕西、湖北、湖南、广西、海南、广东、江西、福建、台湾、浙江、安徽等地
	金钱豹(*Panthera pardus*)	黑龙江、吉林、内蒙古、河北、北京、河南、山西、陕西、甘肃、宁夏、四川、西藏、云南、贵州、重庆、湖北、湖南、广西、广东、江西、福建、浙江、江苏、安徽等地
	虎(*Panthera tigris*)	黑龙江、吉林、广东、福建、江西、湖南、陕西、云南、西藏等地
	雪豹(*Uncia uncia*)	新疆、内蒙古、青海、甘肃、四川、云南、西藏等地

附录三　中华人民共和国农业行业标准

ICS 11.220
B 41

中华人民共和国农业行业标准

NY/T 1466—2018
代替 NY/T 1466—2007

动物棘球蚴病诊断技术

Diagnostic techniques for animal echinococcosis

2018-03-15 发布　　2018-06-01 实施

中华人民共和国农业部　发布

目　次

3.3.1 剖检

3.3.2 病理组织学变化

3.3.2.1 肝细粒棘球蚴病病理变化

3.3.2.2 肺细粒棘球蚴病病理变化

3.4 结果判定

4 实验室诊断

4.1 间接红细胞凝集试验(IHA)

4.1.1 材料

4.1.1.1 待检血样的采集

4.1.1.2 血清分离与保存

4.1.1.3 对照阳性血清

4.1.1.4 对照阴性血清

4.1.1.5 IHA 诊断液制备

4.1.1.6 微量反应板

4.1.2 操作方法

4.1.2.1 稀释被检血清

4.1.2.2 加诊断液(抗原)

4.1.2.3 设对照

4.1.2.4 血凝反应

4.1.3 判定

4.1.3.1 判定标准

4.1.3.2 结果判定

4.2 酶联免疫吸附试验(ELISA)

4.2.1 仪器

4.2.2 耗材

4.2.3 试剂

4.2.3.1 血样的采集、血清的分离与保存

4.2.3.2 抗原

4.2.3.3 对照阳性血清

4.2.3.4 对照阴性血清

4.2.3.5 抗免疫蛋白-酶结合物

4.2.3.6 试验溶液

4.2.4 操作方法

4.2.4.1 抗原包被

4.2.4.2 洗涤

4.2.4.3 封闭

4.2.4.4 加待检血清

4.2.4.5 加抗免疫球蛋白-酶结合物

NY/T 1466—2018

前 言

本标准按照 GB/T 1.1—2009 给出的规则起草。

本标准代替 NY/T 1466—2007《动物棘球蚴病诊断技术》。与 NYI T1466—2007 相比，除编辑性修改外主要技术变化如下：

修改 IHA 诊断方法中“参考阳性血清”为“对照阳性血清”，“用棘球蚴囊液抗原免疫羊和牛制备”为“经病原学确诊的牛、羊棘球蚴病自然感染病例的混合血清制备”(见 4.1.1.3)；

调整了 IHA 诊断方法中被检血清的阴、阳性判定标准(见 4.1.3.2)。

增加了棘球蚴囊液醋酸盐纯化抗原制备的方法(见附录 D)。

增加了临床症状和病理学组织诊断的内容(见 3.2 和见 3.3)。

增加了三个棘球绦虫虫种(细粒棘球绦虫、多房棘球绦虫和石渠棘球绦虫)的 PCR 诊断技术(见 4.3)；

本标准由中华人民共和国农业部提出。

本标准由全国动物卫生标准化技术委员会(SAC/TC 181)归口。

本标准起草单位：中国农业科学院兰州兽医研究所。

本标准主要起草人：贾万忠、闫鸿斌、李立、娄忠子、付宝权、殷宏、李有全。

本标准所代替标准的历次版本发布情况为：

——NY/T 1466—2007。

NY/T 1466—2018

引 言

棘球蚴病(Echinococcosis)，又名包虫病(Hydatid disease/Hydatidosis)，是由棘球属(*Echinococcus*)绦虫的幼虫即棘球蚴(包虫)引起的一类重要人兽共患寄生虫病。因它对家畜和人的危害严重，被世界动物卫生组织(OIE)定为必须通报的动物疫病之一，被中国列为二类动物疫病。

在中国，最常见的棘球绦虫有 3 个种：细粒棘球绦虫(*E.granulosus*)、多房棘球绦虫(*E.multilocularis*)、石渠棘球绦虫(*E.shiquicus*)，相应的幼虫分别为细粒棘球蚴、多房棘球蚴和石渠棘球蚴，主要特征参见附录 A。

棘球蚴病流行于中国西部及东北广大农牧区，其中青海、新疆、宁夏、甘肃、四川、内蒙古和西藏等 7 省(自治区)最为严重。

棘球绦虫需要两个宿主(即中间宿主和终末宿主)才能完成生活史。对于中间宿主，羊是细粒棘球蚴的最易感动物，牛次之；田鼠是多房棘球蚴常见、易感的动物；高原鼠兔是石渠棘球蚴常见、易感的动物。对于终末宿主，犬、狐狸、狼是细粒棘球绦虫感染的常见动物，狐狸和犬是多房棘球绦虫感染的常见动物，藏狐是石渠棘球绦虫感染的常见动物。

寄生部位：幼虫，即细粒棘球蚴多寄生于肝，其次为肺；多房棘球蚴多寄生于肝脏；石渠棘球蚴多寄生于肺。成虫，即棘球绦虫均寄生于犬科动物的小肠。

本文件的发布机构提请注意，声明符合本文件时，可能涉及 4.3.3.1 引物选用相关的专利的使用。

本文件的发布机构对于该专利的真实性、有效性和范围无任何立场。

该专利持有人已向本文件的发布机构保证，他愿意同任何申诸人在合理且无歧视的条款和条件下，就专利授权许可进行谈判。该专利持有人的声明已在本文件的发布机构备案。相关信息可以通过以下联系方式获得：

专利持有人姓名：娄忠子，贾万忠，闫鸿斌，李宏民，李立，范彦雷，倪兴维

地址：甘肃省兰州市城关区盐场堡徐家坪 1 号

请注意除上述专利外，本文件的某些内容仍可能涉及专利。本文件的发布机构不承担识别这些专利的责任。

NY/T 1466—2018

动物棘球蚴病诊断技术

1.范围

本标准规定了动物棘球蚴病感染的临床诊断、实验室诊断和诊断结果判定。

本标准适用于家畜（牛、羊）细粒棘球蚴病血清抗体的检测和剖检及病理组织学诊断，家育与 野生动物（田鼠、高原鼠兔等）细粒棘球蚴病、多房棘球蚴病和石渠棘球蚴病可疑包囊或病灶样品的 PCR 诊断，家畜与野生动物棘球蚴病流行病学调查和检测。

2.规范性引用文件

下列文件对本文件的应用时必不可少的。凡是注日期的引用文件，仅注日期的版本适用于本文件。凡是不注日期的引用文件，其最新版本（包括所有的修改单）适用于本文件。

GB/T 6682 分析实验室用水规格和试验方法。

NY/T 541 兽医诊断样品采集、保存与运输技术规范。

3.临床诊断

3.1 流行病学

在流行区，中间宿主（牛、羊等）与终末宿主（犬、狼、狐狸等）有接触史，终末宿主（犬、狼、狐狸等）吞食过带有棘球蚴包囊的脏器是该病传播流行的主要途径。

3.2 临床症状

细粒棘球蚴寄生于羊肝脏严重时，腹部明显膨大，扣触有浊音，触诊和按压肝区时出现疼痛。寄生于羊肺部时咳嗽，咳后长久卧地不起。

细粒棘球蚴寄生于牛肝脏严重时，营养失调，反刍无力，消瘦，右腹部显著增大，触诊和按压检查时有疼痛感，叩诊有半浊音往往超过季肋。寄生于牛肺部严重时，呼吸困难和有微弱的咳嗽；听诊时在不同部位有局限性的半浊音灶，在病灶处肺泡呼吸音减弱或消失。

3.3 棘球蚴病病理组织学诊断

3.3.1 剖检

细粒棘球蚴寄生于绵羊和牦牛肝脏时，肝大，色暗紫红；寄生于肺时，肺明显肿大，周边有肉样实质性病变。寄生部位有大小不等的灰白色、半透明的包囊组织，其中突出于脏器表面的包囊呈乳白色、平整光滑、不透明。见附录 B 中图 B.1。

多房棘球蚴多寄生于田鼠，也可寄生于高原鼠兔；石渠棘球蚴主要寄生于高原鼠兔，也可寄生于田鼠，目前未发现寄生于家畜或人。多房棘球蚴寄生于青海田鼠和石渠棘球蚴

寄生于高原鼠兔的剖检图。见图 B.2。

较大的包囊切开后，囊液略带黄色、透明，包囊组织与肝、肺交界处可见乳白色包囊壁，无血管结构，囊壁分两层，其中外侧一层为角质层，内侧一层为生发层。抽取囊液，沉淀物在光学显微镜下检测，发现沉淀物中存在原头节。见图 B.3。

3.3.2 病理组织学变化

3.3.2.1 肝细粒棘球蚴病病理变化

显微镜下观察：羊肝细粒棘球蚴包囊外层(即外囊)呈典型的特殊肉芽肿病变，由纤维组和上皮样细胞构成，结构致密、无血管。内囊呈乳白色、半透明、表面平滑、有光泽的球形包囊；棘球蚴囊壁分两层，外层是不含细胞结构的角质层，内层是生发层(胚层)。在生发层内面长出很多细小颗粒状的育囊(原头蚴)及雏囊(子囊)，故名细粒棘球蚴。角质层由生发层细胞的分泌物形成板层样结构，富含糖原，PAS(Periodic acid schiff，过碘酸希夫)染色反应阳性，即红染，这是棘球蚴病的示病性特征。

包囊周围肝细胞受压迫而发生萎缩；肝间质结缔组织大量增生，将肝小叶分割，形成假小叶，小胆管显著增生。肝细胞呈明显的水泡变性，细胞肿胀。有些部位的肝细胞消失，取而代之的是一些均质、淡红染的浆液、纤维素性渗出物，渗出物中可见大量以嗜酸性粒细胞为主的炎性细胞浸润、充血、出血。

3.3.2.2 肺细粒棘球蚴病病理变化

棘球蚴包囊内充满囊液，有时有原头蚴。包囊的囊壁内侧为均质红染的板层结构，板层结构外侧为普通肉芽组织；有的包囊囊壁由上皮样细胞和成纤维细胞构成，未见均质红染的板层结构(PAS 阴性)。部分肺间质增生、伴随大量淋巴细胞浸润，发生炎症反应；包囊外侧肺泡腔受压迫呈裂隙状；肺泡壁高度增生，小血管充血，有大量淋巴细胞与嗜酸性粒细胞浸润。外囊壁包含肺组织和小气管。

3.4 结果判定

3.4.1 绵羊、山羊、牦牛等出现上述临床症状，并有上述流行病学史时可判定为棘球蚴病疑似病例。

3.4.2 在剖检或病理学检查时发现被检样本中有棘球蚴包囊，囊壁(板层结构)、PAS 阳性反应、囊液或/和原头蚴，即可确诊为棘球蚴病病例。

4.实验室诊断

4.1 间接红细胞凝集试验(IHA)

4.1.1 材料

4.1.1.1 待检血样的采集

用干燥的无菌注射器(或采血器)采血约 5mL，37℃温箱倾斜放置 1h，转入 4℃冰箱放置过夜。

4.1.1.2 血清分离与保存

从冰箱取出试管，3000 r/min 离心 10min，用吸管小心吸出上清液，加 NaN_3(终浓度 0.02%，w/v)或硫柳汞(终浓度 0.01%，w/v)防腐，低温冷冻保存备用。

4.1.1.3 对照阳性血清

经病原学确诊的牛、羊棘球蚴病自然感染病例的混合血清制备，血清抗体的 IHA 效价为 1∶(512—1024)。

4.1.1.4 对照阴性血清

非感染羊、牛血清，抗体 IHA 效价在 1∶16 以下。

4.1.1.5 IHA 诊断液制备

制备方法见附录 C。

4.1.1.6 微量反应板

96 孔(12×8)U 型板。

4.1.2 操作方法

4.1.2.1 稀释被检血清

待检血清用 pH 7.2，0.15mol/L PBS 稀释液倍比稀释 8 个滴度[1∶(2—256)]，每孔加样量均为 25μL。

4.1.2.2 加诊断液(抗原)

将抗原摇匀后，每孔滴加敏化红细胞 25μL。

4.1.2.3 设对照

在每块 U 型板上做试验，要同时设立对照，即敏化红细胞空白对照 1 孔，阳性血清(1∶64)加敏化红细胞 1 孔，阴性血清(1∶8)加敏化红细胞 1 孔。阳性血清和阴性血清对照样的稀释与被检血清相同。

4.1.2.4 血凝反应

试验微量板置振荡器上振荡 1min-2min，取下，用干净的玻璃板盖住反应板，置室温(18—25℃)反应 2—3h。

4.1.3 判定

4.1.3.1 判定标准

凝集程度的标准如下：

a)++++：红细胞 100%凝集，在孔底形成均质膜样凝集，边缘整齐，致密；

b)+++：红细胞 75%凝集，形成的膜均匀地分布于孔底，但不凝集的红细胞孔底中央集中成一针尖大小的圆点；

c)++：红细胞 50%凝集，在孔底形成的薄膜边缘呈锯齿状，不凝集的红细胞在孔底中央集成一圆点；

d)+：红细胞 25%凝集，不凝集的红细胞在孔底中央集中成较大圆点；

e)±：红细胞沉于孔底，但周围不光滑或圆点中心有空斑；

f)-：所有红细胞均不凝集，集中于孔底中央成光滑的大圆点。

加抗原后所设各项对照均成立，否则应重做，正确的对照结果是：

a)抗原敏化红细胞应无自凝(-)；

b)阳性血清对照应 100%凝集(++++)

c)阴性血清对照应无凝集。

4.1.3.2 结果判定

4.1.3.2.1 羊

对羊血清检测结果的判定标准为：

a) 血凝效价≥1：64(++)判为阳性；

b) 血凝效价≤l：16(++)判为阴性；

c) 血凝效价介于上述两者之间判为可疑；

d) 可疑者复检，仍为可疑判为阳性。

4.1.3.2.2　牛

对牛血清检测结果的判定标准为：

a) 血凝效价≥1：32(++)判为阳性；

b) 血凝效价≤1：8(++)判为阴性；

c) 血凝效价介于上述两者之间判为可疑；

d) 可疑者复检，仍为可疑判为阳性。

4.2　酶联免疫吸附试验(ELISA)

4.2.1　仪器

酶联免疫检测仪、单道移液器、8 道或 12 道移液器、加样器。

4.2.2　耗材

ELISA 微量反应板(96 孔聚苯乙烯微量酶标板)、血清稀释板、移液器吸头等。

4.2.3　试剂

4.2.3.1　血样的采集、血清分离与保存

同 4.1.1 和 4.1.2。

4.2.3.2　抗原

为醋酸盐纯化抗原。制备方法见附录 D。

4.2.3.3　对照阳性血清

同 4.1.3.

4.2.3.4　对照阴性血清

同 4.1.4.

4.2.3.5　抗免疫球蛋-白酶结合物

兔抗或鼠抗羊 IgG 和牛 lgG-辣根过氧化物酶结合物可从生化试剂公司购买，也可自行制备(方法见附录 E)。

4.2.3.6　试验溶液

包被缓冲液、洗涤缓冲液、封闭缓冲液、抗免疫球蛋白-酶结合物稀释液、底物溶液、终止液(2mol/L H_2SO_4)。配制方法见附录 F。

4.2.4　操作方法

4.2.4.1　抗原包被

用包被缓冲液将抗原稀释至工作浓度(10μg/mL)，按每孔 100μL 加入酶标板。空白对照孔加 100μL 包被缓冲液，4℃过夜。

4.2.4.2　洗涤

弃孔内液体，用洗涤缓冲液洗酶标板 3 次：每次各孔加满洗涤缓冲液后停留 3min，甩干。洗涤 3 次后，在吸水纸巾上拍干。

4.2.4.3 封闭

每孔加封闭缓冲液 100μL 置 37℃封闭 1h。弃孔内液体，用洗涤缓冲液洗酶标板 3 次，方法同 4.2.4.2

4.2.4.4 加待检血清

用洗涤缓冲液将待检血清、标准阴性血清和标准阳性血清稀释至规定工作浓度(1∶100)后各加 2 孔，酶结合物对照孔和空白对照孔加稀释缓冲液各 1 孔。加样量均为 100μL。37℃温育 1h。弃孔内液体，用洗涤缓冲液洗酶标板 3 次，方法同 4.2.4.2。

4.2.4.5 加抗免疫球蛋白-酶结合物

检测牛、绵羊血清应使用相应动物种类的抗免疫球蛋白-酶结合物。用稀释缓冲液稀释至工作浓度 1∶(400—1000)或按照试剂的操作说明，每孔加 100μL。37℃温育 1h。弃孔内液体，用洗涤缓冲液洗酶标板 3 次，方法同 4.2.4.2。

4.2.4.6 显色

加底物溶液(底物溶液可从生物化学试剂公司购买，也可自行配制.见附录 F)，每孔 100μL，37℃温育 20—30min。

4.2.4.7 终止反应

加 50μL 终止液，振荡混匀，静置 5min。用酶标仪读取每孔 492nm(显色剂为 OPD，邻苯二胺)或者 450nm(显色剂为 TMB，四甲基联翠胺)波长处的光吸收值(OD_{492} 值或 OD_{450} 值)。

4.2.5 判定

4.2.5.1 计算

每份待检血清的 *P*/*N* 值等于每份待检血清两孔的平均 OD 值(*P*)，再除以同板标准阴性血清两孔的平均 OD 值(*N*)。

4.2.5.2 结果判定

试验成立的条件：若酶结合物对照 OD 值小于 0.1，标准阳性血清 OD 值在 1.0 ± 2SD(SD 为标准误差)范围，且 *P*/*N* 值大于 2，则试验成立。

a) 凡待检血清的 $P/N \geqslant 2$，则判定该血清为阳性；

b) 如果待检血清的 $P/N<2$，则判定该血清为阴性。

4.3 家畜与野生动物棘球蚴感染 PCR 诊断

4.3.1 试验材料

4.3.1.1 仪器

PCR 反应仪、低温高速离心机、稳压稳流电泳仪、核酸含量测定仪、紫外凝胶成像仪。

4.3.1.2 试剂

电泳缓冲液(TE buffer)(配制见附录 G)、基因组 DNA 提取试剂盒、Taq DNA 聚合酶、琼脂糖等。

4.3.2 操作程序

4.3.2.1 棘球蚴可疑包囊病灶采集

采集中间宿主包括家育和野生动物棘球蚴可疑包囊病作为待检样本。

家畜包囊直径≥0.8cm 或者野生小动物包囊直径≥0.5cm 的不用做进一步检测。

家畜包囊直径＜0.8cm 或者可疑包囊(病灶)以及野生小动物包囊直径<0.5cm 或者可疑包囊(病灶)：取其整个包囊或者病灶组织，放入乙醇后常温保存或者直接在-20℃以下冷冻保存。

4.3.2.2　待检样本的处理

对乙醇保有样本，3000r/min 离心 20min，取沉淀，加适量无离子水浸泡，期间进行不时地摇动和换液 4—5 次，每次换液前先离心 3000r/min 离心 20min，取沉淀对冷冻保存的样品，3000r/min 离心 20min，取沉淀。

沉淀物置于：在波研磨器中剪碎，在液氮状态下，研磨成粉末后，装入 1.5mL 离心管，备用于基因组 DNA 的提取。

4.3.2.3　基因组 DNA 的提取

按基因组 DNA 提取试剂盒的操作说明从样品中提取基因组，具体操作方法参考附录 H。

4.3.2.4　基因组 DNA 含量测定

紫外吸收法测定基因组 DNA 的含量：用 TE 缓冲液稀释样品(5—100 倍)：用 TE 缓冲液调零点，样品稀释液转入紫外分光光度计的石英比色杯中或用 TE 缓冲液清洗紫外检测仪的探头然后将样品稀释液滴于探头上，测定其在 260nm 的吸光度；吸光度应在 1.8—2.0 范围内较为理想。计算浓度：双链 DNA 样品浓度(μg/μL)=A260×核酸稀释倍数×50/1000。

4.3.3　PCR 操作方法

4.3.3.1　引物选用

参照世界动物卫生组织(OIE)《陆生动物诊断试验和疫苗手册》以及文献中提及的棘球绦虫检测参考引物(多见附录 I)或国家技术发明专利(ZL201310102181.4)所涉及的棘球绦虫虫种鉴定检测引物(见表 1)。

表 1　三种棘球绦虫虫种鉴定

种名	靶基因	引物序列(5′-3′)	产物大小 bp
细粒棘球绦虫	*nad1*	GGTTTTATCGGTATGTTGGTGTTAGTG CATTTCTTGAAGTTAACAGCATCACG	219
多房棘球绦虫	*nad5*	CATTAATTATGGATGTTTCC GGAAATACCCCACTATCC	584
石渠棘球绦虫	*cox1*	GCTTTAAGTGCGTGACTTTTAATCCC CATCAAAACCAGCACTAATACTCA	471

注：nad1，烟酰胺腺嘌呤二核苷酸脱氢酶亚基 I 基因，nad5，烟酰胺腺嘌呤二核苷酸脱氢酶亚基 5 基因，cox 1，细胞色素 C 氧化酶 I 基因。

4.3.3.2　反应体系

在 PCR 反应管内配制 PCR 反应液或者多重 PCR 反应液，采用 50μL 反应体系，加入 10×PCR 缓冲液 5μl，$MgCl_2$(25mmol/L)5μL，上、下游引物各 1μL(50μmol/L)，dNTP(2.5mmol/L)1μL，TaqDNA 聚合酶 0.5μL，基因组 DNA 模板量为 10 ng-20 ng，用水

补足至 50μL。

混匀并做好标记，设置程序，在 PCR 仪上进行以下循环：94℃预变性 4min；94℃变性 30s，55℃退火 30s，72℃延伸 1min，35 个循环；72℃延伸 10min。反应完成后 4℃保存。

4.3.3.3 PCR 反应产物的观察

PCR 反应产物在 1.5%(w/v) 琼脂糖凝胶中进行电泳，紫外凝胶成像系统观察扩增结果，并且对结果进行判定和分析。

4.3.3.4 结果判定

4.3.3.4.1 试验成立条件

DL 2000 DNA 分子质量标准(marker) 电泳道自上而下依次出现 2000 bp、1000 bp、750 bp、500 bp、250 bp、100 bp 的 6 条清晰条带；细粒棘球蚴阳性对照出现预期大小的 219bp 条带，多房棘球蚴阳性对照出现预期大小的 584 bp 条带，石渠棘球蚴阳性对照出现预期大小的 471bp 条带；阴性对照无任何反应条带出现。否则应重新试验。

4.3.3.4.2 样品结果判定

在同一块琼脂糖凝胶板上电泳后，当 DNA 分子质量标准、各组对照同时成立时：

a) 被检样本 PCR 扩增产物电泳出现 219 bp 条带者判为细粒棘球蚴感染阳性病例；

b) 出现 584 bp 条带者判为多房棘球蚴感染阳性病例；

c) 出现 471 bp 条带者判为石渠棘球蚴感染阳性病例；

d) 无条带出现者判为棘球蚴感染阴性病例。

结果判定见附录 J。

5.诊断结果判定

棘球蚴病感染的诊断要根据流行病学史、临床症状、病理组织学诊断、实验室诊断等的结果综合判定：

a) 凡具有 5.1.4.2，4.2.3.4.2a) .b) .c) 中任何一项者，可确诊为棘球蚴感染病例；

b) 具有 5.1.4.1 者，可判为棘球蚴病疑似病例，需要进一步进行实验室诊断；

c) 凡具有 4.1.3.2.1a) 、d)，4.1.3.2.2a) 、d)，4.2.4a) 中任何一项者，可判为棘球蚴病检测阳性；

d) 凡具有 4.1.3.2.1b)，4.1.3.2.2b)，4.2.4b)，4.2.3.4.2d) 中任何一项者，可判为棘球蚴病检测阴性；

e) 凡具有 4.1.3.2.1a)，4.1.3.2.1c) 中任何一项者，可判为检测可疑，可疑者需要复检，复检仍为可疑判为检测阳性。

附录 A
(资料性附录)
三种棘球绦虫病原学与流行病学特征比较

三种棘球绦虫病原学与流行病学特征比较见表 A.1。

表 A.1　三种棘球绦虫病原学与流行病学特征比较

病原学与流行病学内容	细粒棘球绦虫	多房棘球绦虫	石渠棘球绦虫
所致中间宿主疾病	囊型包虫病 / 细粒棘球蚴病	泡型包虫病 / 多房棘球蚴病	
中间宿主及寄生部位	多见于绵羊、牦牛、骆驼、猪、鹿、人：寄生部位多见于肝、肺	多见于田鼠、沙鼠、小家鼠、人：寄生部位多见于肝	多见于高原鼠兔：寄生部位多见于肺
在全球流行的范围	世界性分布	北半球流行	仅见于中国的局部地区
在中国流行的范围	见于 20 多个省(自治区)，新疆、西藏、宁夏、甘肃、青海、四川和内蒙古 7 省(自治区)最严重	多见于青海、新疆、四川、西藏、宁夏、甘肃等省(自治区)	见于青藏高原一带
包囊形态	单房性囊，由囊壁和囊内含物(生发囊、原头蚴、囊液)等组成，有的还有子囊和孙囊，囊液充满囊腔，无色透明或微带黄色	多房性囊，由聚集成群的小囊泡组成，大小形状不一，囊腔内含黏稠胶质样液体，含有原头蚴	单房性囊，囊壁和囊内含物(生发囊、原头节、囊液组成)，囊液充满囊腔，无色透明或微带黄色

N Y/T 1466—2018

附录 B
(资料性附录)
棘球蚴包囊及囊液中原头蚴的形态学观察

棘球蚴包囊及囊液中原头蚴的形态学观察见图 B.1—图 B.3。

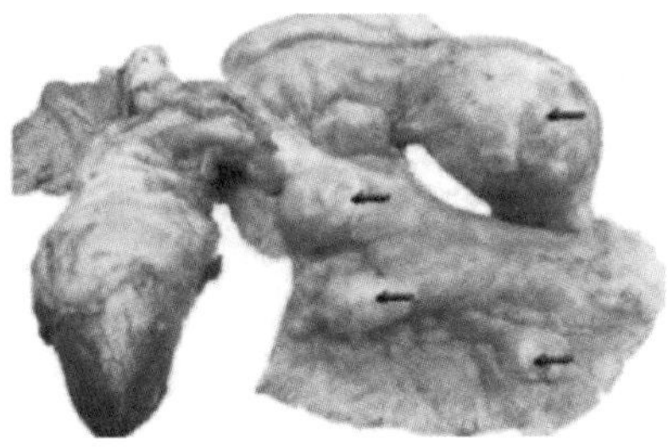

(a)细粒棘球蚴病牛肺脏

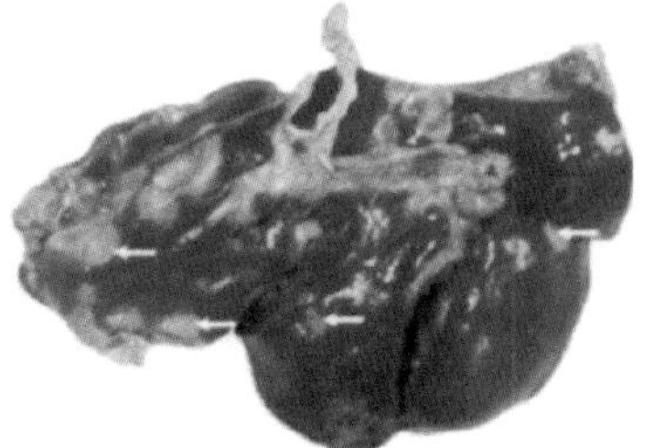

(b)细粒棘球蚴病羊肝脏

图 B.1　细粒棘球蚴病牛肺脏和病羊肝脏(肉眼观察)

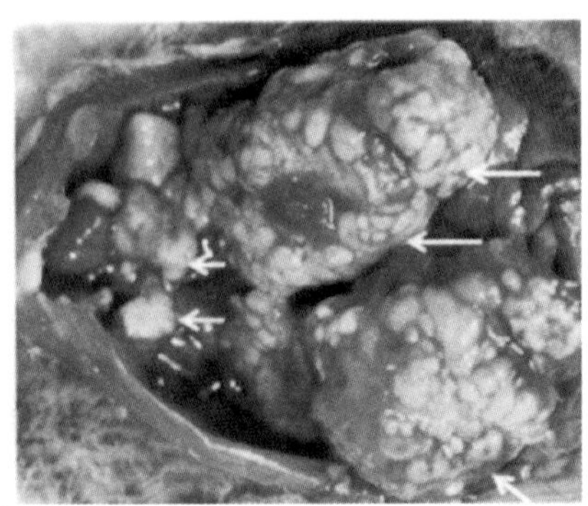

(a)多房棘球蚴感染田鼠剖解图

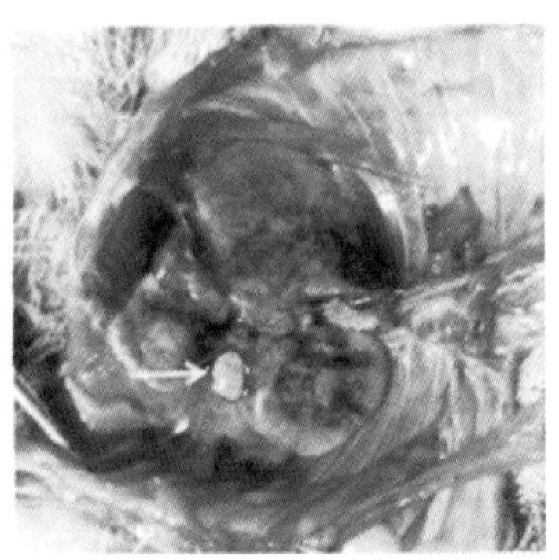

(b)石渠棘球蚴感染高原鼠兔剖解图

图 B.2　多房棘球蚴感染青海田鼠和石渠棘球蚴感染高原鼠兔剖解图(肉眼观察)

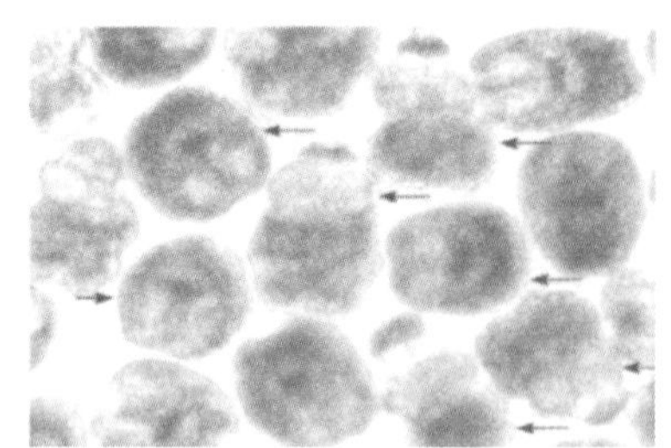

(a)细粒棘球蚴中原头蚴形态学

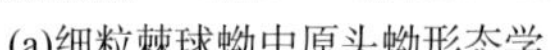

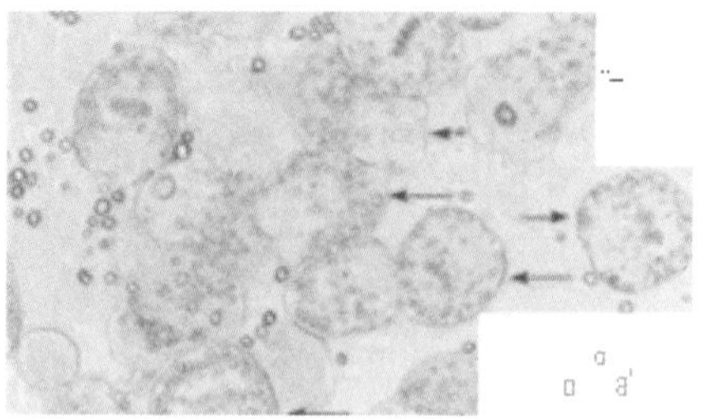

(b)多房棘球蚴中原头蚴形态学

图 B.3 细粒棘球蚴和多房棘球蚴中原头蚴形态学

注：图中箭头所示为原头蚴，显微镜下观察 100×。

附录 C
（规范性附录）
IHA 诊断液配制方法

C.1 红细胞的采集

无菌采集健康雄性绵羊血，与等体积 Alsever 氏液混匀，4℃冰箱内稳定 3d-5d(最好在 1 周内使用，不超过 2 周)。将全血经双层纱布过滤，3000r/min 离心 10min(4℃)，弃上清液。沉淀用灭菌 pH 7.2，0.15mol/L PBS 离心洗涤 4 次，3000r/min 离心 10min(4℃)，弃上清液。沉淀用相同的 PBS 配成 5%(v/v)红细胞悬液。

C.2 红细胞的醛化

取红细胞悬液，按 1：5 比例逐滴加入 2.5%(V/V)戊二醛，用微型电动搅拌机缓慢搅拌。加完后继续在室温搅拌 1h。4℃，3000r/min 离心 5min，弃上清液，沉淀用 pH7.2，0.15mol/L PBS 离心洗涤 4 次。将红细胞积压后用同样的 PBS 配成 5%(v/v)的悬液。

C.3 红细胞的鞣化

量取一定量的 5%(v/v)红细胞悬液，与等体积的鞣酸溶液混合，置于 37℃恒温水浴箱中，温育 30min，其间轻摇数次。4℃，3000r/min 离心 5min，沉淀用 pH7.2，0.15mol/L PBS 离心洗涤 4 次后配成 2%(v/v)悬液。

C.4 囊液抗原的制备

从直径在 3cm 以上含有棘球蚴育囊的包囊中无菌抽取囊液。采集多个包囊的囊液混合后使用。囊液应清亮，呈无色或淡黄色。4℃，3000r/min，离心 20min：取上清液，4℃用 40%(w/v)的聚乙二醇(相对分子质量 8000—20000)浓缩 10 倍；再用无离子水和生理盐水交替透析 48h 充分除盐；4℃，3000r/min，离心 20min；取上清液用紫外吸收法测定蛋白质含量调整浓度为 5mg/mL 加 NaN3(终浓度为 0.01%，w/v)，分装后-20℃保存，用于制备致敏红细胞、标准阳性血清和 ELISA。

C.5 红细胞的致敏

量取一定量的悬液，加等体积的抗原溶液，混匀，37℃水浴 30min，期间轻摇数次。3000r/min 离心 5min，沉淀用 pH7.2，0.15mol/L PBS 离心洗涤 4 次。沉淀用 1%(v/v)健康兔血清稀释为 1%(v/v)的悬液即为 IHA 诊断液。同时，在相同条件下制备一部分未经致敏的红细胞悬液作为非致敏对照红细胞。

C.6 保存

4℃可保存半年。或者制成冻干致敏红细胞和非致敏红细胞：用冻干血细胞保存液制成 10%(v/v)致敏红细胞和非致敏红细胞悬液，分装，冻干，4℃保存。

C.7 溶液配制

C.7.1 Alsever 氏液

NaCl	0.42g
葡萄糖	2.05g
柠檬酸	0.055g
柠檬酸钠	0.8g

加水至 1000mL，微加热溶解后过滤。在 1.034×105Pa 高压下灭菌 20min，置于 4℃保存，可用 1 周。

C.7.2 pH 7.2，0.15mol/L PBS

NaCl	4.25g
KH_2PO_4	2.858g
$Na_2HPO_4 \cdot 12H_2O$	19.399g
KCl	0.2g

加水至 1000mL。在 1.034×105Pa 高压下灭菌 20min，置于 4℃保存备用

C.7.3 鞣酸溶液

鞣酸必须为优质纯品，用双蒸馏水配成 1/200 溶液，置于 4℃冰箱内保存，1 周内使用。临用前，用 pH 7.2，0.15mol/L PBS 稀释为 1/20000 溶液。

C.7.4 1%(v/v)健康兔血清

兔血清(56℃ 30min 灭活)	1mL
NaN_3	10mg
pH 7.2，0.15mol/LPBS	99mL

临用前配制。

C.7.5 冻干血细胞保存液

兔血清(56℃ 30min 灭活)	10mL
蔗糖	10g

加 pH 7.2，0.15mol/L PBS 至 100mL，临用前配制。

附录 D
(规范性附录)
棘球蚴囊液醋酸盐纯化抗原制备方法

D.1 溶液配制

D.1.1 pH 5.0，5mmol/L 醋酸-醋酸钠缓冲液

称取无水醋酸钠 0.41g，用水溶解后，用水稀释至 980mL，然后用冰醋酸调 pH 至 5.0，

并定容至1000mL。

D.1.2　pH 8.0，0.2mol/L磷酸盐缓冲液(PBS)

$Na_2HPO_4 \cdot 12H_2O$	135.7 g
$NaH_2PO_4 \cdot 2H_2O$	3.3 g

用水溶解并定容至1000mL。

D.1.3　40%(W/V)PEG(聚乙二醇)溶液

称取PEG40g，用水溶解并定容至l00mL。

D.1.4　饱和硫酸铵溶液

去离子水中加入过量硫酸铵(1L水中约加780g硫酸铵，热至60℃，剧烈搅拌使硫酸铵充分溶解。在室温平衡1d-2d，在固体析出时即达到100%饱和度，用氨水调节pH至7.0后备用。

D.2　醋酸盐抗原的纯化

D.2.1　囊液抗原的浓缩

将采自羊肝脏棘球蚴的囊液抗原(见附录 B)装入透析袋中，在 PEG(分子相对质量6000—12000)溶液中浓缩，中间反复轻轻摇动透析袋中的囊液数次，浓缩10—20倍。

D.2.2　醋酸-醋酸钠缓冲液沉淀

将透析袋移至pH 5.0，5mmol/L醋酸-醋酸钠缓冲液中透析48h，中间更换透析液数次。50000g离心60min，弃上清液；沉淀用pH 8.0，0.2mol/L磷酸钠缓冲液(PBS)溶解；加入饱和硫酸铵液至 40%饱和度，500g 离心 30min。取上清液，装入透析袋，在上述醋酸盐缓冲液中透析，重复用 40%饱和度硫酸铵沉淀一次。取上清液装入透析袋，在 pH 8.0，0.2mol/L磷酸钠缓冲液中透析48h，中间换液数次。用紫外分光光度仪测定蛋白质含量。

附录E
(规范性附录)
抗免疫球蛋白-酶结合物的制备方法

E.1　抗免疫球蛋白(IgG)制备

E.1.1　健康动物血清的采集

方法同IHA(见4.1.1.4)。

E.1.2　IgG的分离和纯化

先用硫酸铵盐析法初步提取IgG，再用DEAE-32或DEAE-22纤维素进一步纯化。

E.1.3　抗IgG血清的制备

选择健康雄性家兔，采用常量注射法进行免疫。取纯化的IgG(20mg/mL)溶液加等量弗氏完全佐剂，乳化后采用多点皮下和肌肉注射抗原，总量 0.5—1mL，3 周后，用同剂量弗氏不完全佐剂抗原再注射一次，方法同上，2周后，用同剂量的抗原溶液静脉注射再免疫一次，末次注射后间隔 1 周采血检验，抗体滴度达到标准(琼脂扩散效价不低于 1∶32)后采集血液，分离血清。

E.1.4　抗IgG血清效价测定

采用双向琼脂扩散试验，琼脂或琼脂糖浓度为1%—1.5%(w/v)，中心孔IgG蛋白浓度为 1mg/mL-2mg/mL。免疫兔血清作倍比稀释。将琼脂扩散效价在 1∶32 以上的血清混合，-20℃或-70℃条件下保存备用。

E.1.5　抗 IgG 的分离和纯化后

方法同 E.1.2 IgG 的分离和纯化。

E.2　辣根过氧化物酶(HRP)标记抗 IgG(过碘酸钠法)

E.2.1　称取 5mgHRP(RZ＞3.0)溶于 1.0mL 新鲜配制的 pH8.1，0.3mol/L 碳酸氢钠中。

E.2.2　加 1%(w/v) FDNB(弗二硝基苯)无水乙醇溶液 0.1mL，室温轻轻搅拌 1h。

E.2.3　加 0.06mol/L $NaIO_3$ 1.0mL，室温下轻轻搅拌 30min，溶液呈黄绿色。

E.2.4　加 0.16mol/L 乙二醇 1.0mL，室温下轻轻搅拌 1h。

E.2.5　在 4℃下，对 pH 9.5，0.01mol/L 碳酸盐缓冲液充分透析，将酶溶液体积调整至 3.0mL。

E.2.6　将 5.0mg 抗体溶于 pH 9.5，0.01mol/L 碳酸盐缓冲液 1.0mL 中，然后加入酶溶液中，室温下轻轻搅拌 2h。

E.2.7　加 5mg 硼氢化钠，放置 4℃，过夜。

E.2.8　置于 pH 7.2，0.01mol/L NaCl 溶液中透析，离心以除去可能形成的沉淀。

E.2.9　用 Sephadex G-200 层析纯化。

E.2.10　加 BSA 至 1%(w/v)，与等量中性甘油混合后分装，置于-20℃保存。

E.3　改良过碘酸钠标记法

E.3.1　在 1mL 双蒸水中溶解 HRP 4mg，加入新鲜配制的 0.1mol/L $NaIO_4$ 0.2mL，室温下轻轻搅拌 20min。

附录 F
(规范性附录)
ELISA 溶液配置

F.1　包被缓冲液(pH 9.6，0.05mol/L)碳酸盐缓冲液

Na_2CO_3	159mg
$NaHCO_3$	293mg

加水至 100mL，4℃保存备用。

F.2　洗涤缓冲液[pH 7.4，0.01mol/L PBS-0.05%(v/v) Tween-20；PBST]

NaCl	8.0g
KH_2PO_4	0.2g
$Na_2HPO_4 \cdot 12H_2O$	2.9g
KCl	0.2g
Tween-20	0.5mL

加水至 1000mL，置于 4℃保存备用。

F.3　封闭缓冲液[0.2%(v/v) Tween-20-pH 7.4，0.01mol/L PBST]

Tween-20	0.2mL

加洗涤缓冲液 100mL，置于 4℃保存备用。

F.4 抗免疫球蛋白-酶结合物稀释液

同 F.2 洗涤缓冲液，或者用 1%(v/v) BSA-0.05%Tween-20-pH7.4，0.01mol/L PBST。在检测牛血清时，抗免疫球蛋白-酶结合物稀释液只用洗涤缓冲液。

BSA(牛血清白蛋白)	1g
加洗涤缓冲液	100mL

置于 4℃保存备用。

F.5 底物溶液

F.5.1 邻二甲苯(OPD)显色液

F.5.1.1 磷酸盐-柠檬酸缓冲液(pH5.0)

0.2mol/L Na_2HPO_4	25.7mL
0.1mol/L 柠檬酸	24.3mL
H_2O	50mL

临用前配制。

F.5.1.2 底物溶液

磷酸盐-柠檬酸缓冲液	100mL
邻苯二胺	10mg
30%(V/V) H_2O_2	0.15mL

临用前配制。

F.5.2 四甲基联苯胺(TMB)显色液(从试剂公司购买)

TMB 是一种较强的皮肤刺激剂，并有致癌的潜在可能，故使用时应戴手套及在通风条件下操作。

F.6 终止液(2mol/L H_2SO_4)

浓硫酸	11.1mL
H_2O	88.9mL

附录 G
(规范性附录)
电泳相关试剂的配制

G.1 电泳缓冲液的配制

电泳缓冲液通常配制成浓缩液，储存于室温。TAE(Tris-乙酸)是最常用的，50×TAE 电泳缓冲液储液配制方法：取 Tris 碱(羟基甲基氨基甲烷)242g，$Na_3EDTA \cdot 2H_2O$(乙二胺四乙酸二钠)37.2g，然后加入 800mL 无离子水，充分搅拌溶解。加入冰醋酸(acetate) 57.1mL，充分混匀。加无离子水定容至 1 000mL。室温保存。使用时，稀释为 1×TAE 工作液，工作液含有 40mmol/L Tris-acetate 和 lmmol/L EDTA，pH8.0。

G.2 1.0%—1.5%(w/v)琼脂糖凝胶板的制备

取琼脂糖 1.0—1.5g，加 1×TAE 电泳缓冲液至 100mL。在三角锥瓶或瓶盖未拧紧的玻璃瓶中配制。琼脂糖粉在微波炉中完全融化，待冷却至 50—60℃时，加荧光染料如

SolarRed(10000×)储液 10μL(其他染料按产品使用说明操作)，摇匀，倒入电泳板上，凝固后取走梳子，备用。

G.3 加样缓冲液的配制

通常配制成6×浓缩液，也可从生物制剂公司购买。6×浓缩液的标准制备含0.25%(w/v)溴酚蓝、0.25%(w/v)二甲苯青FF(也可省去)、40%(w/v)蔗糖溶液或30%(v/v)甘油溶液，4℃储存备用。

附录 H
(资料性附录)
基因组 DNA 提取方法

采用血液、细胞或组织基因组DNA提取试剂盒(可向标准制定人咨询)，方法如下：

a)加入200μL缓冲液GA(裂解细胞，为蛋白酶K提供适合的反应体系)，振荡至组织被彻底悬浮。

b)加入20μL蛋白酶K(20μg/μL溶液，混匀，56℃水浴锅中放置，直至组织溶解，简短离心以去除管盖内壁的水珠。

c)加入200μL缓冲液GB(可能含有蛋白变性剂，暴露DNA)，充分颠倒混匀，70℃水浴锅中放置10min，溶液应变得清亮，简短离心以去除管盖内壁的水珠。

d)加入200μL无水乙醇，振荡混匀15s，简短离心以去除管盖内壁的水珠。

e)将上一步所得溶液和絮状沉淀物一同加入吸附柱，将吸附柱放入收集管中，12000r/min离心30s，倒掉废液，将吸附柱放回收集管中。

f)向吸附柱中加入500μL缓冲液GD(主要作用是去除残留的蛋白质)，12000r/min离心30s，倒掉废液，将吸附柱放回收集管中。

g)向吸附柱中加入600μL漂洗液PW(洗脱脂类、蛋白及盐类等杂质)，12000r/min离心30s，倒掉废液，将吸附柱放回收集管中。

h)重复步骤g)。

i)将吸附柱放回收集管中，12000r/min 离心30s，倒掉废液。将吸附柱置于室温数分钟，以彻底晾干吸附样本上残余的漂洗液。

j)将吸附柱转入新的离心管中，向吸附膜的中部悬空滴加50μL洗脱缓冲液TE，室温放置2—5min，12000r/min 离心30s，将溶液收集到离心管中。

附录 I
(资料性附录)
棘球绦虫 PCR 检测方法相关信息

棘球绦虫PCR检测方法相关信息见表Ⅰ.1

表Ⅰ.1　棘球绦虫 PCR 检测方法相关信息

引物名称	靶基因	引物序列（5′-3′）	大小(bp)
细粒棘球绦虫			
Eg1f		CATTAATGTATTTTGTAAAGTTG	
Eg1r	12S rDNA	CACATCATCTTACAATAACACC	255
Eg1121aF		GAATGCAAGCAGCAGATG	
Eg1122aR	HaeIII	GAGATGAGTGAGAAGGAGTG	133
Egcal F	Repeat DNA	CAATTTACGGTAAAGCAT	
Egcal R	Cal	CCTCATCTCCACTCTCT	1001
Eg Ef1a F		TCCTAACATGCCTTGGTAT	
Eg Ef1a R	Ef1a	GTTACAGCCTTGATCACG	706
Ecpold F		GGCCTTCATCTCCATAATA	
Ecpold R	Pold	ATGAAGAGTTTGAAACTAAAG	617
Ec ND1 F		CTGCAGAGGTTTGCC	
Ec ND1 R	Nad1	CACAACAGCATAAAGCG	339
Eg complex F	Cox2	TGGTCGTCTTAATCATTTG	
Eg complex R		CCACAACAATAGGCATAA	110
多房棘球绦虫			
EM-H17	12S rDNA	GTGAGTGATTCTTGTTAGGGGAAG	
EM-H15		CCATATTACAACAATATTCCTATC	198
F	U1 snRNA	GTGAGGCGATGTGTGGTGATGGAGA	
R		CAAGTGGTCAGGGGCAGTAG	332
P60F(外)		TTAAGATATATGTGGTGACAGGGATTAGATA	
P377R(外)	12S rDNA	CCC	377
Nest F(内)		AACCGAGGGTGACGGGCGGTGTGTACC	
Nest R(内)		ATATTTTGTAAGGTTGTTCTA	250
		GATAGGAATATTGTTGTAATATGGTATTGT	
Em-1(外)F		TAAGATATATGTGGTACAGGATTAGATACCC	367
Em-2(内)R	12S rDNA	GGTGACGGGCGGTGTTGTA	
Em-3(外)F		ATATTTTGTAAGGTTGTTCTA	242
Em-4(内)R		ATATTACAACAATATTCCTATC	
棘球属	Rpd2		
ECHI RPB2 F		TTGACCAAAGAAATCAGAC	1232
ECHI RPB2 R		CGCAAATACTCCATGG	

注：资料来源于《OIE 陆生动物诊断试验与疫苗手册(2017 年)》中参考引物。

附录 J
(规范性附录)

三种棘球绦虫特异性多重 PCR 扩增产物电泳图见图 J.1。

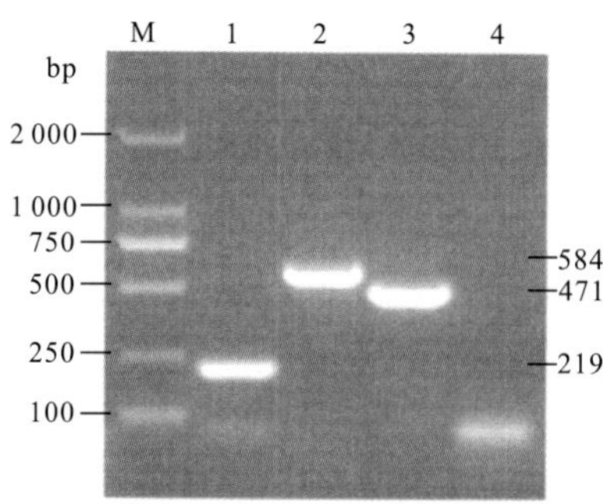

图 J.1　三种棘球绦虫特异性多重 PCR 扩增产物电泳图

说明：

M——DNA 分子标准 DL2000，从大到小依次为 2000bp、1000bp、750bp(最亮)、500bp、250bp 和 100bp；
1——三种棘球绦虫混合引物扩增细粒棘球绦虫基因组 DNA 模板时的多重 PCR 结果；
2——三种棘球绦虫混合引物扩增多房棘球绦虫基因组 DNA 模板时的多重 PCR 结果；
3——三种棘球绦虫混合引物扩增石渠棘球绦虫基因组 DNA 模板时的多重 PCR 结果；
4——三种棘球绦虫混合引物扩增时的阴性对照。

附录四　中华人民共和国国家标准

中华人民共和国国家标准

GB/T32948—2016

犬科动物感染细粒棘球绦虫粪
抗原的抗体夹心酶联免疫吸附
试验检测技术

Detection of coproantigen of canidae infected
Echinococcus granulosus(*E.g*) by sandwich enzyme-linked immunosorbent assay

2016-08-29 发布　　　　2017-03-01 实施

中华人民共和国国家质量监督检验检疫总局
中国国家标准化管理委员会　　**发布**

前　言

本标准按照 GB/T 1.1—2009 给出的规则起草。

本标准由中华人民共和国农业部提出。

本标准由全国动物防疫标准化技术委员会(SAC/TC 181)归口。

本标准起草单位：新疆维吾尔自治区畜牧科学院兽医研究所、中国动物卫生与流行病学中心。

本标准起草人：张壮志、张文宝、张旭、米晓云、古努尔•吐尔逊、石保新、范伟兴、吐尔洪・依米提、赵莉、巫剑、王进成。

犬科动物感染细粒棘球绦虫粪抗原的抗体夹心酶联免疫吸附试验检测技术

1. 范围

本标准规定了细粒棘球绦虫粪抗原的抗体夹心酶联免疫吸附试验(Sandwich ELISA)检测技术要求。

本标准适用于细粒棘球绦虫感染终末宿主(犬科动物)的诊断、检疫、效果考核及其相关流行病学调查。

2. 规范性引用文件

下列文件对于本文件的应用是必不可少的。凡是注日期的引用文件，仅注日期的版本适用于本文件。凡是不注日期的引用文件，其最新版本（包括所有的修改单）适用于本文件。

GB/T6682 分析实验室用水规格和试验方法

GB 19489 实验室 生物安全通用要求

3. 术语与定义

下列术语和定义用于本文件。

3.1 细粒棘球绦虫粪抗原 fecal antigen of *Echinococcus granulosus*

细粒棘球绦虫成虫寄生于犬科动物肠道，随粪便一同排出的虫体分泌物、代谢物和脱落孕节。

3.2 抗体夹心 antibody sandwich

多克隆抗体与抗原免疫结合，抗原再与单克隆抗体发生特异性结合，形成抗体-抗原-抗体“三明治”式的复合物。

3.3 细粒棘球绦虫成虫体表抗原 the surface antigen of Echinococcus granulosus

细粒棘球绦虫成虫经 1%Triton×100 作用后获得的体表抗原（EgsfAg）。

3.4 兔抗 EgsfAg 的免疫球蛋白 G the rabbit's immunoglobulin G against EgsfAg

纯化的抗 EgsfAg 多克隆兔抗体 IgG（蛋白含量为 11.12mg/mL，抗体滴度为 1：160 000 以上）。

3.5 抗 EgsfAg 的鼠单克隆抗体 mouse monoclonal antibody against EgsfAg

抗 EgsfAg 的鼠单克隆抗体（蛋白含量为 14.4mg/mL，抗体滴度为 1：80 000 以上）。

4. 缩略语

下列缩略语适用于本文

OD 值 某一物质在某一个特定波长下的吸光度（optical density）

PBS 磷酸盐缓冲液（phosphate buffer solution）

PBST 含有 0.05%吐温-20 的磷酸盐缓冲液（phosphate-buffered saline）

TMB 四甲基乙二胺联苯胺（3，3′，5，5′-tetramethylbenzidine）

EgsfAg 细粒棘球绦虫成虫体表抗原（the surface antigen of *Echinococcus granulosus*）

EgsfAgRIgG 兔抗 EgsfAg 的免疫球蛋白 G（the rabbit's immunoglobulin G against EgsfAg）

EgXJ09McAb 抗 EgsfAg 的鼠单克隆抗体（mouse monoclonal antibody against EgsfAg）

BSA 牛血清白蛋白（albumin from bovine serum）

PB 底物缓冲液（substrate buffer）

Triton X-100 聚乙二醇辛基苯基醚，非离子表面活性剂[polyethylene glycol mono（p-l，1，3，3-tetramethyl butyl）phenyl ether]

DMSO 二甲基亚砜（dimethyl sulfoxide）

5. 原理

将 EgsfAgRIgG 固着在载体（PVC）表面，并保持其免疫活性，待检抗原（犬粪便样品中 Eg 粪抗原）与前述抗体结合，被吸附的 Eg 粪抗原再与 EgXJ09McAb 特异性结合，利用兔抗鼠（IgG）二抗 HRP 与前述被捕捉的单克隆抗体特异性结合，携带的酶催化底物显色。

底物转化为有色产物的量与酶量及待检样品中抗原量成正比，故可根据颜色反应的深浅来定性或定量分析待检样品阴、阳性。阴性样品说明该被检终末宿主没有感染细粒棘球绦虫；阳性样品说明被检宿主感染了细粒棘球绦虫。

6. 试剂材料与设备仪器

6.1 试剂与材料

本标准试剂除特殊规定外，均指分析纯试剂。

PBS（见附录 A）：常温保存。

PBST（见附录 A）：常温保存。

包被液（pH=9.6）：Na_2CO_3 0.16 g，$NaHCO_3$ 0.29 g，H_2O 100mL，4℃保存。

封闭液：脱脂奶粉 5 g，PBS 100mL，4℃保存。

EgsfAgRIgG：-20℃保存。

EgXJ09McAb：-70℃：保存。

兔抗鼠（IgG）二抗 HRP：-20℃保存。

TMB 底物缓冲液（见附录 A）：4℃保存。

TMB 底物显色剂（见附录 A）：4℃保存。

TMB 底物显色液（见附录 A）：4℃保存。

终止液：浓 H_2SO_4 10mL，H_2O 80mL，常温保存。

1%BSA：BSA 1 g，PBS 100mL，4℃保存。

96 孔酶标反应板：-20℃。

6.2 设备仪器及耗材

低温台式高速离心机：要求最大离心力在 12 000 g 以上。含有 450 nm 波长的酶标仪。37 X：恒温培养箱。振荡混匀器。电子天平（精确度：0.01 g）。2～4℃：冰箱、-20℃：冰柜和-70℃：超低温冰箱。

可调移液器一套，12 道微量移液器（50～300μL），与移液器配套的吸头。50mL 塑料离心管、记号笔、塑料自封带、竹签、一次性手套、口罩、帽子、胶鞋、连体防护服等。

7. 样品采集与处理

7.1 样品采集、运输和储存

用无菌竹签收集尽可能新鲜的犬粪便 2～3g，装入 50mL 离心管内，编号，登记。用塑料自封袋将其封闭后，置于加冰的保温箱中，冷冻运至实验室；保存-20℃以下，待检。

7.2 样品处理

将犬粪样置-70℃，低温冷冻至少 1 周，以灭活病原。室温解冻，粪样加等量 PBST（按质量比），充分溶解混匀，静置 30min，4000g，离心 15min，上清液即可用于检测。该上清液可在 2～8℃条件下保存 1 周；若需长期保存，应分装放在-20℃以下冰柜内，避免反复冻融。

7.3 避免污染

采样和处理过程中样本不得交叉污染，采样及样品处理过程中应注意安全防护，应戴一次性手套、口罩、帽子，穿胶鞋（或鞋套）和连体防护服等。

8. 操作方法

8.1 抗体包被

将适宜浓度的 EgsfAgRIgG（5μg/mL）包被 96 孔酶标反应板，100μL/孔，反应板盖严，并在 4℃下孵育过夜。

8.2 封闭反应板

用 PBST 洗涤 3 次，每次加入洗液后放置 1min；倒出后拍打干净。加入封闭液，200μL/孔，反应板 37℃湿盒孵育 1h。

8.3 加样

用 PBST 洗涤 3 次，每次加入洗液后放置 1min；倒出后拍打干净。A1、A2 孔加入样品稀释液，100μL/孔；B1、B2 至 E1、E2 孔加人标准阴性抗原 N1～N4（见附录 A），100μL/孔；F1、F2 孔加入标准阳性抗原 P（见附录 A），100μL/孔；其余孔先加入 PBST 80μL/孔，然后加入检测样本上清，20μL/孔，混匀，每个检测样品加 2 孔（建议加样参照附录 C 示意图），37℃湿盒密闭孵育 30min。按加样顺序应详细记录检测样本信息（包括编号、日期等）。

8.4 结合单克隆抗体

用 PBST 洗涤 3 次，每次加入洗液后放置 1min；倒出后拍打干净。除空白孔外，加入 EgXJ09McAb（建议工作滴度为 1∶4000～1∶6000），100μL/孔，37℃湿盒密闭孵育 30min。

8.5 结合酶标二抗

用 PBST 洗涤 3 次，每次加入洗液后放置 1min；倒出后拍打干净。除空白孔外，加兔抗鼠（IgG）二抗 HRP，100μL/孔，37℃湿盒密闭孵育 30min。

8.6 底物显色

用 PBST 洗涤 3 次，每次加入洗液后放置 1min；倒出后拍打干净。加入 TMB 底物显色液 100μL/孔，37℃避光孵育 15min。

8.7 终止反应和读值

加入终止液 50μL/孔，10min 内读取 450nm 的 OD 值，并计算空白孔、阳性孔、阴性孔和检测样品孔的平均 OD 值。

9. 结果判定

9.1 有效原则

当 ELISA 反应结束并加入终止液后 10min 内用酶标仪测量各孔在 450mm 波长时的光吸收值（OD 值）。并计算空白孔、标准阳性孔和每个标准阴性孔的 OD 平均值（Nl、N2、N3、N4）。要求空白孔的 OD 平均值＜标准阴性孔的 OD 平均值<标准阳性孔的 OD 平均值；标准阳性 OD 平均值（P）与所有标准阴性 OD 平均值（N）之比大于或等于 2.1（即 $P/N\geqslant 2.1$），否则检查 ELISA 板是否合格，加样位置是否有错误等。

9.2 阴性、阳性判定

计算待测样品 OD 平均值和标准阴性 OD 值平均之比。当待测样品 OD 平均值（P）与所有标准阴性 OD 平均值（N）之比大于或等于 2.1（即 $P/N\geqslant 2.1$）时，定该待测样品为阳性，表示其含细粒棘球绦虫成虫抗原。

附录 A
（规范性附录）
相关试剂的配制

A.1 PBS（pH=7.2）

NaCl 4 g，KC1 0.1g，Na_2HPO_4 0.72g，KH_2PO_4 0.12g，H_2O 500mL。

A.2 PBST（pH=7.2）

NaCl 4g，KC1 0.1 g，Na_2HPO_4 0.72 g，KH_2PO_4 0.12 g，H_2O 500mL，吐温-20 0.25mL。

A.3 TMB 底物缓冲液（pH = 6）

A 液：$NaH_2PO_3 \cdot H_2O$ 27.6 g，H_2O 1L。

B 液：$Na_2HPO_3.2H_2O$ 35.6 g，H_2O 1L。

A 液 87.7mL+B 液 12.3mL。

A.4 TMB 底物显色剂

DMSO 10mL TMB 粉 60mg

A.5 TMB 底物显色液（临用前配制）

TMB 底物缓冲液 10mL

TMB 显色剂 100μL

H_2O_2 15μL

A.6 标准阴性抗原 N1～N4

在实验室对实验犬用吡喹酮（5mg/kg）和丙硫咪唑（20mg/kg）联合驱虫，1 周后镜检无虫卵，其粪便按照粪抗原制备方法，即可作为标准阴性抗原 N（蛋白含量平均约为 0.032～0.047mg/mL）。

A.7 标准阳性抗原 P

在实验室人工感染细粒棘球绦虫实验犬获得的粪便样品，经虫卵灭活处理（-70℃，低温冷冻至少 1 周）后，按照粪抗原的制备方法，上清液即可作为标准阳性抗原 P（蛋白含量平均约为 0.033mg/mL）。

附录 B
（规范性附录）
检测过程中生物安全和防止交叉污染的措施

B.1 实验室设备要求

B.1.1 实验室共分为两个独立的工作区域：样品处理区，ELISA 检测区，各区应有明确标识。

B.1.2 各区应有专用的仪器、设备，标识明确。

B.1.3 各区应使用单独颜色或有明显区别标识的工作服，只准在本区穿着。

B.1.4 各区应有各自的清洁用具以防止交叉污染。

B.2 工作区域仪器设备配置

B.2.1 样品处理区仪器设备配置

2℃～8℃冰箱；-20℃冰箱；-70℃超低温冰箱；台式离心机(≥12000r/min)；混匀器；电子天平(精度：0.01 g)；微量加样器(20μL～200μL，200μL～1000μL)；可移动紫外灯。

B.2.2 ELISA 检测区仪器设备配置

恒温培养箱，混匀器，2℃～8℃冰箱，微量加样器(0.5μL～10μL，5μL～20μL，20μL～200μL，200μL～1000μL，12 道 20μL～300μL)，全波长酶标仪，或有 450 nm 波长酶标仪，可移动紫外灯，电脑，打印机。

B.3 各工作区域功能及注意事项

B.3.1 样品处理区

B.3.1.1 样品处理、保存，酶标板上样均在样品处理区进行。

B.3.1.2 用过的加样器吸头应放入专门的消毒(例如含次氯酸钠溶液)容器内。实验室桌椅表面每次工作后都要清洁，实验材料(原始粪样、处理过程中样品与试剂的混合液等)如出现外溅，应消毒处理，并作出记录。

B.3.1.3 在本区开展实验时，操作者应穿一次性防护服、鞋套，戴一次性手套和帽子。工作结束后应立即对工作区进行消毒，所有废弃物品都应做高压处理后，方可丢弃。工作区的实验台表面应耐受诸如次氯酸钠等的化学物质的消毒清洁作用。

B.3.2 ELISA 检测区

B.3.2.1 在进行试验的过程当中，稀释溶液所使用的容器应保证洁净无污染。

B.3.2.2 每一步的洗涤要彻底，避免影响最后的显色读值。

附录 C
(规范性附录)
酶标板检测样品加样示意图

酶标板检测样品加样示意图

	1	2	3	4	5	6	7	8	9	10	11	12
A	空白	空白										
B	N1	N1										
C	N2	N2										
D	N3	N3										
E	N4	N4										
F	P	P										
G												
H												

注：空白孔没包被，留作本底。凡无特殊指出的孔，均可作为待检样品孔，待检样品加双孔。

附录五　四川省甘孜藏族自治州犬只规范管理办法

第一条　为加强犬只管理，规范养犬行为，保障公民健康和人身安全，维护城乡环境和公共秩序，根据《中华人民共和国传染病防治法》《中华人民共和国动物防疫法》《四川省城市市容和环境卫生管理条例》《四川省犬类限养区犬只管理规定》等有关法律、法规、规章，结合甘孜州实际，制定本办法。

第二条　甘孜州行政区域内犬只饲养、经营及无主犬管理相关活动，适用本办法。

本行政区域内的犬只规范管理，是指犬只登记、年检，犬只限养、拴(圈)养，犬驱虫、犬防疫，以及扑灭染疫犬、疑似染疫犬、无主犬等管理制度。

军用犬、警用犬、科研用犬等特殊犬类的管理，按照国家有关规定执行，且应当采取驱虫等防疫措施。

第三条　各级人民政府负责本行政区域内犬只的规范管理工作。公安、农业畜牧、民族宗教、卫生防疫、城市管理、民政、工商、食品药品监督管理等相关部门按照职责分工，各负其责。

县(市)人民政府应当为村(居)民委员会设置犬驱虫等防疫专兼职公益类岗位，确保专人负责犬只防疫工作。

州县财政应当按照分级负责的原则，在财政预算中安排扑灭染疫犬、疑似染疫犬、无主犬及办理相关证照等经费，保障犬只规范管理工作的需要。

公安机关负责本行政区域内的养犬行政管理工作，具体负责犬只的登记和年检，查处违法养犬，收容处置染疫犬、疑似染疫犬、无主犬、伤人犬。

动物防疫监督管理部门负责兽用包虫病疫苗和其他防疫药物的组织和供应；指导乡(镇)人民政府开展犬只的驱虫、预防接种及其登记，驱虫证、免疫证的发放；指导县(市)、乡(镇)开展犬只节育工作；配合卫生防疫部门做好包虫病疫情监测。

卫生防疫部门负责包虫病疫情监测，负责人群健康教育、爱国卫生工作规划、方案、措施、资料等的制定、编印和督促落实工作。

民政部门和乡(镇)人民政府应当指导村(居)民委员会将犬只规范管理纳入村规民约(居民公约)，建立每月定期“驱虫日”制度，提高城乡居民自我管理意识，养成健康的养犬习惯。

民族宗教部门和寺庙管理委员会(所)应当指导寺庙将犬只规范管理纳入寺规僧律，建立每月定期“驱虫日”制度，提高僧尼自我管理意识，养成健康的养犬习惯。

城市管理部门、乡(镇)人民政府、街道办事处等共同负责查处城镇敞放犬只，违法携带犬只进入公共场所、公共绿地等影响市容环境的行为。

食品药品监督管理部门负责犬驱虫、防疫药品等的监督管理工作。

工商行政部门协助动物防疫监督管理部门负责监督管理犬类经营市场主体落实犬驱虫、防疫、环境卫生等措施。

食品药品监督管理、工商行政部门共同负责牲畜屠宰场（点）的规范管理，负责屠宰人员的健康教育工作。

政府新闻办公室、网络安全管理部门按照各自的职责协助做好网络舆情的监管工作。

第四条 甘孜州行政区域的养犬管理划分为重点限养区和一般限养区。重点限养区指各县（市）城区、城乡结合部、乡（镇）政府所在地、大型集镇、旅游景区（点）、车站、机场等。一般限养区指各县（市）农牧区、寺庙。

重点限养区内，养犬户每户限养 1 只观赏犬，盲人和肢体重残人每人限养 1 只导盲犬或扶助犬，禁止饲养烈性犬、大型犬，禁止从事犬类的养殖、销售活动。一般限养区内，农村每户限养 1 只家犬、牧区每户限养 2 只家牧犬、合法寺庙每寺限养 3 只犬。

第五条 实行养犬登记证制度。未经公安机关登记、年检的，任何单位和个人不得养犬。

《养犬登记证》有效期为 1 年，养犬人应当在养犬登记期限届满前 30 日内持《养犬登记证》和《犬类免疫证》到公安派出所申请年检。逾期未年检的，注销《养犬登记证》。

第六条 公安派出所对于符合本办法第四条规定的，应当予以登记并发放《养犬登记证》和犬只标识牌；对于不符合条件的，不予登记，并说明理由。

第七条 甘孜州行政区域内实行犬只强制驱虫及免疫制度。养犬人和单位应当每月定期实施犬驱虫，应当将犬只送动物疫病预防控制机构或者取得资质的动物诊疗机构进行狂犬病等疾病的免疫，取得犬只驱虫证、免疫证明。

第八条 公安机关应当建立犬只登记电子档案，记载下列内容：

（一）养犬人姓名或者名称、地址、联系方式；

（二）犬只的品种、出生时间、主要体貌特征和照片；

（三）《养犬登记证》号码、发放时间，以及《养犬登记证》、犬只身份标识的换发、补发等情况；

（四）养犬登记续期、变更、注销等情况；

（五）犬只驱虫、免疫情况；

（六）其他相关内容。

第九条 经批准养犬的单位和个人、犬类经营的市场主体应当遵守下列规定：

（一）根据犬类主管部门的通告或书面通知，按期携带牌证和犬只到指定地点接受验审、免疫接种，每月给犬只投药驱虫；

（二）在准养犬颈部系挂由犬类主管部门统一制作的犬牌；

（三）小型观赏犬在允许出户时间内出户的，必须束犬链，并由成年人牵领。大型犬必须拴（圈）养，不得出户；

（四）不得携犬进入市场、商店、饭店、公园、公共绿地、学校、医院、展览馆、影剧院、体育场馆、游乐场、车站、机场以及其他公共场所；

（五）不得携犬（除导盲犬和扶助犬）乘坐公共交通工具（小型出租车除外）；

（六）允许携带小型观赏犬出户的时间为 19 时至次日 7 时；

（七）养犬不得侵扰他人的正常生活；

（八）犬只宰杀、死亡、失踪的，应当向公安部门办理注销手续，并按有关规定无害化处理；

(九)养犬人应当对犬只粪便及时规范清除；

(十)禁止将牲畜病害内脏直接投喂犬只。

经工商行政管理部门批准的犬类经营市场主体应当遵守本行政区域犬只规范管理的规定，采取犬只驱虫、防疫措施，维护城乡环境和秩序。

第十条 包虫病等传染病流行时，县级以上地方人民政府应当立即组织力量，按照预防、控制预案进行防治，切断传染病的传播途径，必要时，报经上一级人民政府决定，可以控制或者扑杀染疫的犬只和疑似染疫的犬只，上级人民政府接到下级人民政府关于采取紧急措施的报告时，应当即时作出决定。紧急措施的解除，由原决定机关决定并宣布。

第十一条 动物卫生监督机构执行对染疫或者疑似染疫的动物、动物产品及相关物品进行隔离、查封、扣押和处理的监督检查任务，有关单位和个人不得拒绝或者阻碍。

包虫病染疫犬或疑似染疫犬、狂犬病犬被扑杀或自然死亡后，应当在动物卫生监督机构的监督下对该犬只进行无害化处理，严禁剥皮、食用、出售。

任何单位和个人不得转运包虫病流行区的犬只。违反规定构成犯罪的，依法追究刑事责任；导致动物疫病传播、流行等，给他人人身、财产造成损害的，依法承担民事责任。

第十二条 任何组织和个人不得干扰、破坏各级政府组织的传染病疫区扑灭染疫犬、疑似染疫犬、无主犬工作。对干扰、破坏扑灭疫情构成犯罪的，依法追究刑事责任；尚不构成犯罪的，由公安机关依照《中华人民共和国治安管理处罚法》《互联网信息服务管理办法》等有关法律、行政法规的规定予以处罚。

第十三条 违反本办法第五条规定，未经批准擅自养犬的，由公安机关给予警告，符合条件的，责令限期办理《养犬登记证》，15 日内逾期未办理的，由公安部门捕杀。

第十四条 违反本办法第七条规定，未依法对犬只实施驱虫免疫的，由动物防疫监督管理部门依照动物防疫相关法律法规的规定处罚，并对所查获犬只实施强制驱虫、免疫。

第十五条 违反本办法第九条规定，由公安部门暂扣犬只；情节严重的，没收犬只，注销《养犬登记证》。

第十六条 行政机关工作人员滥用职权、徇私舞弊、玩忽职守的，依纪给予行政处分；构成犯罪的，依法追究刑事责任。

第十七条 本办法实施中的具体问题由州公安局负责解释。

第十八条 本办法自印发之日起施行，有效期五年。

附录六　四川省甘孜藏族自治州包虫病综合防治攻坚战——犬只规范管理专项行动方案

根据《中华人民共和国传染病防治法》《中华人民共和国家畜家禽防疫条例》《四川省犬类限养区犬只管理规定(试行)》等法律法规，为切实做好我州包虫病综合防治工作，加强和推进犬只规范化管理，保障公民身体健康和人身安全，经州委、州政府研究决定，自2015年10月至2020年12月底在全州范围内开展犬只规范管理专项行动。为确保专项行动取得实效，特制定本方案。

一、指导思想

坚持“政府牵头、部门协作、依法行政、保障公共安全、促进和谐稳定”的指导思想，以服务群众、方便群众为出发点，按照“限管结合、基层参与、公众监督、养犬自律”和实行限养区与一般管理区相结合的原则，全面做好犬只规范管理。

二、工作目标

认真落实“严格限制、严格管理、禁限结合、总量控制”的总体要求，通过开展犬只规范管理专项行动，进一步摸清全州犬只数量，对饲养犬只建档登记，对被遗弃犬、流浪犬等无主犬只实施强制清除，减少和控制病犬传播疾病的危险，确保犬只得到全面有效的管理，包虫病传染宿主得到有效控制，群众安全感得到增强。

三、组织领导

成立由分管公安工作的副州长任组长，州公安局常务副局长王建、分管治安副局长杨勇隆、各县人民政府县长任副组长，公安、统战、民宗、农业畜牧、住建、宣传、环保、卫计等部门主要领导为成员的甘孜州犬只规范管理专项行动领导小组，领导小组办公室设在州公安局，由王建兼任办公室主任，负责专项行动的组织协调工作。各县人民政府要按照“属地管理、分级负责”的原则，对应成立相应的组织机构，明确专人负责，加强组织协调。

专项行动采取州级负责组织协调、县级具体主抓的工作模式进行。各县(市)人民政府县(市)长为第一责任人，各乡镇政府乡(镇)长、公安派出所所长为具体责任人，负责专项行动的组织实施工作。

四、工作重点和范围

(一)行动重点地区。以我州包虫病疫情较为严重的石渠、色达、理塘、甘孜、德格、白玉、雅江、道孚、炉霍、新龙、巴塘、乡城、稻城等县为犬只规范管理专项行动的重点地区。

（二）限养区和一般管理区。按照《四川省犬类限养区犬只管理规定》相关要求，结合我州实际，各县（市）城区、城乡结合部、乡镇政府所在地、大型集镇、旅游景区、车站、机场为犬只管理限养区，实行犬只登记、核发养犬登记证制度，犬只未经免疫不得饲养，对已办证犬只外出必须由成年人带绳牵引，牵引绳不得超过 1 米。各县（市）农牧区、寺庙为一般管理区，实行犬只登记限额饲养，所养犬只必须实行拴（圈）养制度。

（三）犬只类型。根据藏区实际，各县一般管理区饲养犬只类型不做特别规定。各县限养区办证犬只限于个人饲养的观赏犬。军工、民爆、仓储、科研等企业以及警用犬等特种行业犬只不在专项行动范围内，但也要按照犬只管理办法加强管理。

五、工作步骤及措施

专项行动分两个阶段进行。

（一）重点攻坚阶段（2015 年 10 月至 2016 年 3 月）。

发布公告、培训专职队伍阶段（2015 年 10 月中旬至 11 月中旬）。各县（市）人民政府要根据本地实际情况，制定具体宣传工作方案，通过电视、广播、报纸、网络等媒体和设立宣传点、印发宣传单、入户宣传等手段，广泛发布、张贴和宣传《包虫病综合防治攻坚战犬只规范管理专项行动公告》，调动社会各方面力量，积极参与犬只规范管理专项行动。要在党委政府统一领导下，组建由各乡镇党委政府和公安、武警、市政、卫计、统战、民宗等部门人员组成的专职犬只管理队伍，开展犬只登记办证、无主犬捕杀等前期培训工作。

登记办证、无主犬只领养阶段（2015 年 11 月中旬至 2016 年 1 月底）。各县（市）人民政府要利用宣传工作，深入辖区摸清养犬单位、养犬个人和犬只底数，对犬只逐一登记造册。按照农村每户限养 1 只家犬，牧区每户限养 2 只家牧犬，合法寺庙每寺限养 3 只犬的要求，对个人、单位饲养的犬只及时予以登记办证，佩戴统一项圈标识。对未饲养犬只的个人和寺庙，鼓励其领养合法数量的无主犬只进行拴（圈）养，并做好办证、驱虫、免疫等工作。

集中清除无主犬阶段（2016 年 2 月初至 3 月底）。制定捕杀管理办法，利用网枪、麻醉枪等适宜捕捉工具，捕捉辖区内的被遗弃犬、流浪犬等无主犬只，并送交本县屠宰点集中统一捕杀，实施无害化处理。捕捉过程中，务必正确使用捕捉工具，防止伤人事故发生。

（二）常态整治阶段（2016 年 4 月 1 日至 2020 年 12 月底）。

重点攻坚阶段工作结束后，各县（市）人民政府要及时总结无主犬捕捉、捕杀、无害化处理等工作经验，建立和固化长效管理机制。要按照“排中治、治中排”的思路，持续加大对本地无主犬只的排查清理，发现一只清除一只，确保辖区内犬只总体数量得到有效控制。各县（市）将每年专项行动及常态整治工作开展情况及时报送州公安局，州公安局汇总后报州包虫病综合防治攻坚战指挥部办公室。

六、工作要求

（一）高度重视，精心组织。各县（市）人民政府要高度重视犬只规范管理专项行动，要站在“构建和谐社会、创造良好市容环境”的高度，结合辖区实际，研究制定本地区工作方案，切实加强组织领导，明确任务，落实职责，确保行动取得实效。

(二)强化经费保障。各县(市)人民政府要为专项行动人员配备配齐防护服、网枪、麻醉枪、电警棍、铁笼等捕捉装备。根据本地实际，配备合理数量的捕捉装备，原则上不得低于城区 5 套、乡镇 2 套的配备标准，所需经费由各县(市)统筹解决。

(三)讲究方法，注意安全，强化督导。各县(市)人民政府要教育参加专项行动的单位及人员文明整治，讲究工作方式方法，防止因方式方法不当引发过激行为。捕捉大型犬、烈性犬时要注意自身安全，做好防护措施，防止被犬只咬伤、抓伤。行动期间，州人民政府将派出督察组对各县(市)专项行动开展情况进行督导检查，对整治工作开展情况好、措施有力、成效明显的进行表彰，对整治工作开展不到位、措施不力、成效不明显的严肃问责。

(四)畅通信息，及时反馈。各县(市)人民政府要加强专项行动期间情报信息报送工作，明确专人负责，及时总结报送好经验、好做法和专项行动开展情况。

附录七　四川省甘孜藏族自治州包虫病综合防治攻坚战
——畜间防控及草原灭鼠建设专项行动方案

为切实打好我州包虫病综合防治攻坚战，做实畜间包虫病防控工作，保障人民群众身体健康、生命安全，促进精准扶贫、精准脱贫，按照“预防为主、防治结合，源头治理、长短结合，标本兼治、综合施策，治病治穷治愚相结合”的总要求，找差距、补短板、添措施、攻难点，结合甘孜州实际，特制定本行动方案。

一、攻坚战指导思想

贯彻预防为主、科学防控的方针，实行因地制宜、分类指导的原则；逐步建立和完善政府主导、部门合作、全社会共同参与的工作机制；采取以控制传播源为主，积极开展畜间包虫病流行病学调查、家畜免疫、家犬驱虫、屠宰管理、灭治啮齿动物、草原建设、专业技能培训和健康教育等相结合的综合性防治策略；大力开展区域合作和联防联控，注重科研攻关，加强对外合作，充分利用国内外各类资源，努力减轻包虫病危害，提高人民健康水平，保障畜牧业健康发展和畜产品质量安全。

二、攻坚战工作指标

(一)到 2017 年实现以下目标

查清流行范围和流行程度。石渠、色达、甘孜、理塘等 12 个县以县为单位，调查历史流行县的犬感染率、家畜和以鼠为主的啮齿类动物患病率。其他县(市)以当地感染的包虫病病例为线索，开展畜间流行病学调查，确定畜间包虫病流行范围和流行程度。

犬驱虫。登记家养犬规范驱虫覆盖率达到 90%以上，70%的流行县(市)登记家养犬感染率下降到 1%以下。

羊免疫。重点县羊免疫密度达到 80%以上；非重点县羊免疫密度达到 70%以上。

牲畜屠宰场(点)建设和管理。重点县城牲畜定点屠宰场覆盖率达 100%，8 个极重县乡镇定点屠宰点覆盖率达 30%。重点县在牲畜定点屠宰场(点)的牲畜屠宰检疫和病变脏器无害化处理率均达到 100%。

灭鼠。对重点县县城附近 10 平方公里、乡镇附近 5 平方公里、定居点附近 3 平方公里范围内以及定点放牧的冬季牧场 3 平方公里范围内开展专项灭鼠，灭鼠面积达到 400 万亩。

草原建设。对专项灭鼠后的草地开展围栏封育、地面整理、补播、施肥、灌溉等草原建设工作，草原建设面积达 200 万亩。

健康教育。对全州县、乡两级行业内非专业技术人员和屠宰场(点)屠宰人员及食品加工人员进行健康教育培训，培训率达 80%。

技术人员培训。对全州县、乡两级专业技术人员专业知识和技能培训率达到90%以上。

(二)到2020年实现以下目标

查清流行范围和流行程度。继续以石渠、色达、甘孜、理塘等县以县为单位，调查犬感染率、家畜和以鼠为主的啮齿类动物患病率。其他县继续以当地感染的包虫病病例为线索，开展畜间流行病学调查，确定畜间包虫病流行范围和流行程度。

犬驱虫。到2020年全州登记家养犬规范驱虫覆盖率达到95%以上，90%的流行县登记家养犬感染率下降到1%以下。

羊免疫。全州种羊和新生羊免疫密度均达到100%。

牲畜屠宰场(点)建设和管理。8个极重县乡镇定点屠宰点覆盖率达80%。重点县在牲畜定点屠宰场(点)的牲畜屠宰检疫和病变脏器无害化处理率均达到100%。

灭鼠。对重点县县城附近10平方公里、乡镇附近5平方公里，定居点附近3平方公里范围内以及定点放牧的冬季牧场3平方公里范围内开展专项灭鼠，灭鼠面积达到1000万亩。

草原建设。对专项灭鼠后的草地开展围栏封育、地面整理、补播、施肥、灌溉等草原建设工作，草原建设面积达500万亩。

健康教育。对全州县、乡两级行业内非专业技术人员和屠宰场(点)屠宰人员及食品加工人员进行健康教育培训，培训率达100%。

技术人员培训。对全州县、乡两级专业技术人员专业知识和技能培训率达到100%。

三、攻坚战三个阶段的主要任务

第一阶段：从2015年10月到2016年3月底，在全州开展包虫病综合防治攻坚战畜间防控及草原灭鼠建设专项行动总动员。召开动物防控大会，部署防控工作；制定《甘孜州牲畜屠宰管理办法》；组建宣教队伍，开展行业内非专业技术人员、牛羊屠宰管理人员及食品加工人员健康教育，开展专业人员分级培训。完成疫苗及驱虫药品统一招标采购、调运和发放，开展全群集中免疫。做好犬只驱虫工作的安排部署。开展犬只驱虫及犬粪集中无害化处理工作。加强现有牛羊定点屠宰场(点)屠宰检疫及病害脏器无害化处理工作；完成新建牛羊屠宰场(点)规划和前期评估工作。完成牧民定居点灭鼠工作调研和规划。

第二阶段：从2016年4月到2017年12月底，在全州开展畜间防控及草原灭鼠建设攻坚专项行动。开展畜间包虫病流行病学调查；对全州登记管理家养犬只进行犬犬投药、月月驱虫；开展羊的免疫；着力规范开展牲畜屠宰检疫和无害化处理；全力推进草原建设和灭鼠工作。强化健康教育和人员培训。强化项目实施和能力提升。

第三阶段；从2018年1月到2020年，在全州开展包虫病综合防治畜间防控及草原灭鼠建设专项行动巩固提升工作。继续深入开展包虫病综合防治攻坚战畜间防控及草原灭鼠建设专项行动，全面完成各项目标任务；不断总结包虫病综合防治畜间防控及草原灭鼠建设专项行动经验做法，完善工作措施，探索畜间防控及草原灭鼠建设的科学方法，积极构建畜间防控及草原灭鼠建设长效机制，全面考核评估专项行动成果。

四、攻坚战工作重点及责任分工

(一)畜间包虫病流行病学调查

牛、羊包虫病临床患病情况调查。对屠宰牛羊的临床包虫病感染荷囊检查，对被检牛羊的品种、年龄、饲养方式、来源等进行登记，检查记录荷囊类型、寄生部位、寄生数量和大小范围。

州动物卫生监督所和州动物疫病预防控制中心负责技术指导，各县(市)动物卫生监督所和动物疫病预防控制中心负责具体实施。

牛羊包虫病血清学感染情况调查。按照规范要求，牛的检测采用 ELISA 方法检测抗原和抗体，羊的检测采用 ELISA 方法检测抗体

由县(市)动物疫病预防控制中心和县动物卫生监督所负责血清样品采集。县(市)动物疫病预防控制中心进行实验室检验，阳性及可疑样品送州动物疫病预防控制中心实验室进行复核检验。

登记管理的家养犬感染情况调查。以犬粪抗原 ELASA 检测方法为主，粪便虫卵检查法、氢溴酸槟榔碱泻下法进行辅助。

由县(市)动物疫病预防控制中心和县(市)动物卫生监督所负责犬粪样品采集。县(市)动物疫病预防控制中心进行实验室检验，阳性及可疑样品送州动物疫病预防控制中心实验室进行复核检验。

(二)犬驱虫

采用吡喹酮等驱虫药对全州登记管理家养犬只进行犬犬投药、月月驱虫。对投药后 7 天内的犬粪采取深埋等方式进行无害化处理。

州动物疫病预防控制中心负责犬驱虫药物的组织采购，各县(市)动物疫病预防控制中心负责诱食剂采购并调运发放驱虫药物到乡镇，乡(镇)畜牧兽医站负责领取和分发犬驱虫药及诱食剂，村级防疫员负责将药品分发到户，犬主负责投喂犬驱虫药，村级犬只管理监督组负责监督犬主投药及投药后 7 天内犬粪收集深埋或焚烧。村级防疫员每月将犬只驱虫情况登记造册、汇总，并逐级上报县级动物疫病预防控制中心。

(三)羊免疫(暂无牛用疫苗)

采用“羊棘球蚴基因工程疫苗”对全州存栏羊连续两年进行普免，以后每年对种羊和新生羔羊加强免疫 1 次。同时免疫前后进行抗体监测，在免疫三周后采集血清样本，用 ELISA 方法进行抗体阳转率测定。

州动物疫病预防控制中心负责组织疫苗采购，各县动物疫病预防控制中心负责调运疫苗并分发到乡镇；乡镇党委政府负责疫苗免疫的组织实施和监督考核；乡镇畜牧兽医站负责发放疫苗并建立免疫档案，村级防疫员负责免疫注射及免疫登记，免疫情况由乡镇、县逐级汇总上报州动物疫病预防控制中心。

(四)屠宰管理及无害化处理

屠宰场(点)建设。根据《屠宰场建筑规范》(SB/T10396—2005)和我州实际情况，各县按照“合理布局、保护环境，方便流通、满足消费，适当定点、总量控制，便于检疫和

管理”的原则规划建设县乡镇牛羊牲畜定点屠宰场(点)。屠宰场(点)设计规模：重点县每县建日屠宰能力200头只的规范化屠宰场1个；155个重点乡镇分别建日屠宰能力50头只的屠宰点1个。规范牧民宰杀行为，将牛羊屠宰纳入申报制管理，由畜主自宰并经专业人员检查符合管理要求后政府按100元/头牛、50元/头羊直接奖励给牧户畜主，奖励资金由各级财政落实；严禁场内养犬，严禁犬类动物入场；对有病变的动物脏器，统一回收，定点进行无害化处理。并配备检疫检验设备，配套无害化处理设施。

屠宰检疫。对屠宰等环节检出的病害牛羊脏器采取消毒、焚烧、掩埋等无害化处理措施，禁止用于饲喂犬只，无害化处置率达到100%。

病害内脏无害化处理。在全州307个乡镇(除县城所在地乡镇外)和620个牧民定居点建927个病死动物无害化处理池，配套建设死亡动物及动物产品投放箱，配备日常消毒器械及防护用品等，处理牧民自宰自食牛羊包虫病病害内脏，以及因灾因病死亡的牲畜和野生动物。

由州农业畜牧局、州林业局牵头，各县(市)党委政府负责，乡、村分别成立无害化处理监督组实施监督管理。

(五)专项灭鼠

采用生物农药开展专项灭鼠工作。聘请草原鼠害专业防治队伍，适时开展灭鼠工作，减少啮齿动物种群数量，有效控制包虫病中间宿主。

州草原站负责灭鼠药品、饵料和防护物资的采购，各县农业畜牧局、县草原站和乡镇党委政府负责组织实施和灭效评估，县乡(镇)党委政府负责灭鼠工作环境保障。

(六)草原建设

对大面积灭鼠后的草地开展围栏封育、地面整理、补播、施肥、灌溉等草原建设工作，提高草地生产力，恢复草原植被，巩固专项灭鼠成效，切实控制鼠类中间宿主。

由州农业畜牧局牵头，各县农业畜牧局负责组织实施。

(七)培训教育

开展牛羊屠宰管理人员及食品加工人员健康教育。以不用病变脏器喂狗和加强病变脏器无害化处理为主要内容，采用日常工作指导、一对一辅导、不定时定点培训等方式对本行业非专业技术人员、牛羊屠宰管理人员及食品加工人员开展健康教育培训，促进和增强个人健康观念，改变生活习惯，提高自我防护能力，增强参与防治工作的自觉性，消除或减轻危害健康的危险因素，最终实现包虫病控制目标。

由各县(市)农业畜牧部门牵头，各县动物卫生监督所负责组织实施。

专业人员分级培训。采用分级培训的方式，聘请州内外包虫病防治专家对专业技术人员进行专题培训，其中州级每年培训100人次，县级每年培训3000人次。

由州县农业畜牧部门牵头，州县动物疫病预防控制中心负责实施。

(八)开展基线调查和疫情监测

按照《家畜包虫病防治技术规范》的要求，以县为单位，按照不同的生产生活方式(城镇、农区、半农半牧区、牧区)进行分层整群抽样，或按照不同地理方位进行抽样，对犬感染率、家畜患病率进行调查，开展登记管理的家养犬感染率和家畜患病率监测。依据基线调查和疫情监测情况，为评价防治效果提供依据。

五、攻坚战各项保障措施

(一)加强党政领导，健全工作机制。各县(市)党委政府要结合甘孜州包虫病综合防治攻坚战工作方案，进一步加强组织协调，完善政策措施，统筹安排资源，确保畜间包虫病防控经费到位，各项措施落实到位。

各县应在包虫病综合防控领导机构下成立包虫病畜间防控及草原灭鼠和建设领导小组，加强领导，落实责任，逐步形成“党政主导、部门负责、全社会参与”的长效工作机制。促进畜间防控及草原灭鼠和建设工作健康、协调、有序开展。

(二)明确细化责任，强化措施落实。为确保畜间防控及草原灭鼠和建设工作的各项措施落到实处，州、县(市)、乡(镇)、村要明晰和细化四级的责任和分工。本行动方案总体由州农业畜牧局牵头，州财政、公安、卫计、林业、水务等部门分工配合。各县(市)党委政府是组织实施和监督检查该行动方案的责任主体、工作主体，务必把具体的工作责任、工作任务、工作环境保障落实到乡村，在乡村分别成立畜间防控及草原灭鼠和建设监督管理组和实施落实组，具体负责犬只监管、屠宰点运行维护、病死动物无害化处理、登记管理家犬驱虫、灭鼠、草原建设的组织实施等工作，进一步明确县乡畜牧技术部门的工作内容、技术指导、考核评价的职责。落实农牧区家犬驱虫、家畜免疫，严格动物、动物产品检疫监管，开展畜间流行病学调查和监测工作。做好畜间包虫病流行病学调查、疫情监测、资料收集汇总和分析，及时调整防治措施；研究制订畜间防控及草原灭鼠和建设工作的规划和行动计划；加强对牲畜定点屠宰场所的管理；做好鼠害防治工作。配合有关部门开展健康教育和健康促进，并提供技术支持。

(三)增加财政投入，多方筹集资金。按照分级负担的原则，州县(市)财政根据畜间包虫病防控及草原灭鼠和建设的实际情况，将防控经费纳入财政预算，努力争取中央财政对中西部贫困地区包虫病防控工作予以支持。同时，应当广泛动员和争取社会各方面力量提供资金和物资，支持畜间包虫病防控及草原灭鼠和建设工作。

(四)强化科学研究，提供技术保障。将畜间传染控制及灭鼠草原建设科研列入州县(市)重点科研计划，努力争取中央、省对畜间包虫病防控及草原灭鼠和建设技术研究的支持，组织跨地区、跨学科的联合攻关，研究我州不同地区阻断包虫病传播的策略和措施，探索不同地区包虫病的防控模式；研制敏感、特异、便捷的检测试剂；研制长效、方便使用的驱虫药品和犬抗棘球绦虫疫苗，探索流行区无主犬的驱虫措施，开展对外合作与交流，引进国内外先进技术，推广适用的科技成果。

(五)加强能力建设，提高防治水平。加强州县(市)乡(镇)三级专业技术队伍能力建设，建立畜间包虫病防控及草原灭鼠和建设机构，完善体系，在州农业畜牧局设立畜间包虫病防控科，在州、县(市)两级动物疫病预防控制和动物卫生监督机构设置专门的防控室、组，并在全州包虫病综合防治专用编制中解决和增加人员编制，配备专职包虫病防控人员；乡(镇)畜牧兽医站有相应的技术人员承担畜间包虫病防控工作，各村有专人负责畜间包虫病防治工作。

加强州、县(市)动物疫病预防控制机构包虫病实验室能力建设并建立数据库和网络信息平台，不断提高包虫病虫种鉴别和检测试剂评价能力。

按照逐级分类培训的原则，采取多种培训方式，开展畜间包虫病防治知识和技能培训，提高畜间包虫病防控人员的业务水平。

六、考核与评价

（一）目标责任制和责任追究制。各县要根据本行动方案的要求，将畜间包虫病防控工作纳入目标考核，制定具体的考核和问责办法，层层分解和签订目标责任书，认真落实目标责任，严格目标考核并逗硬奖惩，认真落实问责追责制度，确保取得实效。

（二）监督检查。各县要根据“科学、定量、随机”的原则，制订详细的监督检查方案，通过开展定期与不定期相结合的自查、抽查，对工作内容和实施效果进行综合考核评价。要及时将监督检查的情况反馈给被检查单位。州农业畜牧局将不定期组织对本行动计划执行情况进行检查考评。

（三）考核评估。州农业畜牧局将会同有关部门共同制订考核评估方案，于 2018 年组织开展对行动计划的中期目标的考评，并根据中期考评结果对行动计划有关内容进行适当调整；2020 年组织开展终期评估。

附录八　青海省家畜包虫病防治实施方案

（2017—2020年）

根据《全国包虫病等重点寄生虫防治规划（2016—2020年）》（国卫疾控发〔2016〕58号）和青海省防治包虫病行动计划（2016—2020年）》（青政办〔2015〕188号）精神，为做好我省家畜包虫病防治工作，特制定本实施方案。

一、工作目标

根据我省家畜包虫病流行情况，按照因地制宜、分类指导的原则，采取以控制传染源为主，以中间宿主防治、切断传播途径等措施相结合的综合性防治策略，积极开展宣传教育，全面开展家畜包虫病的防治工作，减轻家畜包虫病危害，保障养殖业生产安全、动物源性食品安全、公共卫生安全和生态安全。力争到2020年配合公安等部门使家犬的登记管理率达到95%以上，家犬驱虫覆盖率达95%以上，家犬棘球绦虫感染率控制在5%以内，家畜棘球蚴感染率控制在10%以内，其中2岁以下牛羊感染率控制在8%以内。

二、主要任务

（一）加强动物包虫病监测。以县为单位开展包虫病监测，对犬棘球绦虫和家畜棘球蚴感染率、感染强度等情况进行调查。配合有关部门继续开展家犬的建档、登记工作，以村为单位对无主犬进行登记。采用剖检法开展当地牛、羊等家畜棘球蚴感染情况调查，血清学方法作为补充，每县（市、区）每年剖检法至少检查牛100头、羊150只，有条件的地区争取开展鼠类、藏原羚等野生动物的调查。采用剖检法开展犬棘球绦虫感染情况调查，每县（市、区）每年至少检查犬6条，采用粪抗原检测法作为补充调查，每县（市、区）每年至少检查犬粪样品80份，及时了解当地犬棘球绦虫感染情况，犬棘球绦虫感染调查要兼顾家养犬和流浪犬，有条件的地区争取开展狼、狐狸等野生动物的调查。

（二）做好犬驱虫。全省各县在全面登记的基础上，建立“驱虫日”制度，采用兽用吡喹酮对家犬进行“犬犬投药，月月驱虫”，在无主犬聚集的场所或经常出没的区域投放驱虫药饵，并做好登记记录工作，对驱虫后5天内粪便进行无害化处理（深埋或焚烧），防止虫卵污染环境。

（三）扎实开展羔羊免疫。除西宁市和海东市以外，海南州、海北州、海西州、黄南州、果洛州和玉树州的部分县市按照免疫方案对新生羔羊进行包虫病基因工程疫苗免疫和登记工作。

（四）加强屠宰检疫监管及无害化处理。实行牲畜定点屠宰，加强对屠宰场（点）屠宰家畜的检验检疫，做好病变脏器的无害化处理。加强对分散宰杀牲畜内脏的管理，不要随意丢弃未经无害化处理的牲畜内脏。引导农牧民用牲畜内脏喂犬时应予煮熟，废弃的牲畜内脏应予深埋。县级动物卫生监督机构加强对调运动物及其产品检疫监管，加强屠宰检疫和病害脏器的无害化处理监管。

（五）努力降低鼠类密度。在城镇、牧民定居点及外周 1 公里半径范围强化灭鼠工作，增加灭鼠频次，降低包虫病的传播风险。

（六）积极开展防治示范试点建设。在玉树、称多、达日、玛沁、泽库、同仁、贵南、共和、刚察、海晏、都兰、互助、循化和湟源 14 个县（市）开展包虫病防治示范县创建活动，通过示范创建活动探索我省不同地区包虫病综合防治推广模式和经验，发挥示范带动效应。

（七）开展宣传培训工作。编写制作各种类型的培训和宣传资料，省、州、县、乡、村逐级开展包虫病防治专业技术培训工作，并做好对村级防疫员、牧民及全社会的包虫病防治宣传工作。

（八）加强信息报告。加强包虫病的防治信息、监测信息等信息的总结上报工作，继续实施防治进度的月报制度和免疫开始后的周报制度，不定期地开展防治工作的总结分析和经验交流，年底各市（州）、县（市、区）上报工作总结。

（九）强化防治效果考核。各地区要根据规划的要求，将工作任务层层分解，落实到部门、到单位、到责任人，实行目标责任制管理，按照“科学、定量、随机”的原则，通过开展定期与不定期相结合的自查和抽查，采用牧户调查、粪抗原检测、犬剖检法、血清免疫抗体检测等相结合的方法，省、州、县动物疫病预防控制机构要逐级开展驱虫密度和效果、免疫密度和免疫效果等的考核工作，各级动物卫生监督机构要对本地区检疫监督和无害化处理工作进行考核评估，建立健全控制包虫病工作督导、检查、述职和通报制度，督促及时解决问题，对工作内容和实施效果进行综合考核评价，并予以通报，确保如期实现计划目标。2018 年下半年，对家畜包虫病防治工作开展中期评估；2020 年下半年，对整个家畜包虫病防治工作进行终期评估。

三、保障措施

（一）加强组织领导。各地要高度重视包虫病防治工作，各市（州）、县（市区）要成立家畜包虫病防治工作领导小组，并组建专家组，健全防治机构，强化防治队伍，结合本地实际制定工作计划和实施方案。

（二）明确职责分工。省农牧厅负责制定全省防治方案；各市（州）、县（市区）农牧部门负责制定本辖区防治方案。县级动物疫病预防控制机构开展犬的驱虫、羔羊免疫工作的技术指导、宣传培训等工作，县级动物卫生监督机构要做好定点屠宰场的检疫和病害脏器的无害化处理监督、宣传培训等工作，乡（镇）兽医站（农牧业综合服务中心）和村级防疫员具体实施驱虫和免疫工作。

（三）强化督促检查。各地要明确工作重点以及计划，加强督促检查，协调和解决工作中存在的问题，总结防治经验，确保按期完成任务。

（四）加强制度建设。认真贯彻落实《青海省动物防疫条例》有关规定，建立健全目标责任管理制度、防治工作报告制度、犬只驱虫登记管理办法、犬粪无害化处理制度、羊免疫工作制度、家畜包虫病病害内脏无害化处理办法、督促检查制度和防治效果考核制度等，形成较为完善的制度体系，建立防控长效机制，确保技术措施落到实处。

(五)强化能力建设。加强动物疾病预防控制和动物卫生监督机构队伍建设，加强包虫病等寄生虫检测实验室建设，添置必要的样品保存和检测设备，提高实验室检测能力，并配备包虫病防治工作人员防护用品。加大对各级兽医技术人员的包虫病防治知识和检测技能的培训，提高防治水平。加强包虫病疫情报告管理，进一步完善防治信息系统，建立健全动物疫病监测网络。

(六)强化部门协作。各地在政府的统一领导下，围绕犬只管理、驱虫、免疫、监测、检疫监督、科普和健康教育等工作，加强与宣传、卫生计生委、公安等部门合作，强化信息通报和资源共享，形成工作合力，加强与省内外科研院所交流合作，相互开展技术支持，形成联防联控的良好局面，推动包虫病防治工作的深入开展。

附录九　青海省畜间包虫病防治中期评估方案

根据《关于开展全国包虫病等重点寄生虫病防治规划(2016—2020 年)中期评估工作的通知》、《青海省防治包虫病行动计划(2016—2020 年)》、《2015—2016 年度青海省家畜棘球蚴病防治方案》和《青海省家畜包虫病防治实施方案(2017—2020 年)》的有关要求，为落实好畜间包虫病防控情况的中期评估工作，特制定本评估方案。

一、评估目的

(一)通过评估，全面掌握各市(州)、县(市、区)畜间 包虫病防治工作落实情况，既定目标完成情况，客观分析与目标存在的差距、寻找原因。

(二)通过评估，查找当前工作中存在的突出问题，总结好的经验和措施，综合分析规划目标实现的可能性和下一步措施。

二、评估范围

全省 8 个市(州)。

三、评估程序

(一)评估方法

对照各评估要素，通过核查资料、现场抽查、实验室检测、问卷调查和现场考核，采取综合评分方式进行评估。

(二)评估程序

评估工作采用自评与专家组评估的方式进行。

1.县(市)级自评

由县(市)级农牧部门组成评估组，根据评估内容、评估指标开展自我评估，分年度整理各项评估指标，撰写自评报告。

2.市(州)级自评

各市(州)农牧部门在县级完成自评工作后，组织相关人员和专家组成评估组，审核各县(市)上报的调查表和自评报告，形成本级调查表，撰写本级自评报告。

3.省级评估

从青海大学、省畜牧兽医科学院、省动物卫生监督所、以及各市(州)、县(市))聘请评估专家，从省动物疫病预防控制中心抽调联络员，共同组成青南、环湖和海东西宁三个评估专家组，深入基层以随机检查的方式进行评估。评估地区按照每个州 2 个县(市、区)，每个县(市、区)2 个乡，每个乡 2 个村，每个村 10 户进行随机抽取。评估过程中逐项认真填写《青海省畜间包虫病防治工作评估表》，并按有关要求随机检查市(州)、县(市)、乡(镇)、村(牧委会)防治情况，并按评估的有关要求采集样品，送至省动物疫病预防控制中心实验室统一检测。

四、评估指标体系

（一）市（州）级

1.组织管理

重点检查市（州）级农牧部门是否成立畜间包虫病防治工作领导小组，是否将畜间包虫病防治工作纳入政府年度目标考核范围，政府是否对各部门进行职责分工，是否出台犬只管理办法、有无畜间包虫病防治工作方案或计划、工作总结等，防治信息是否按时上报，是否召开专题会议研究，是否组织包虫病督导检查、听取各部门汇报，本地区经费投入情况，召开现场观摩会等。

2.能力建设

重点检查市（州）级兽医站实验室是否配备超低温冰箱，人员防护是否到位，是否有规范、完整的包虫病专项档案，实验室是否开展包虫病检测工作，是否完成每年包虫病检测与监测工作任务。

3.宣传培训

重点检查是否开展专业技术人员畜间包虫病防治知识培训，是否开展村级防疫员畜间包虫病防治知识培训，是否开展畜间包虫病宣传工作，包虫病防治工作是否在本级或上级新闻媒体上开展相关报道。

（二）县（市）级

1.组织管理

重点检查县（市）级农牧部门是否成立畜间包虫病防治工作领导小组，是否将畜间包虫病防治工作纳入政府年度目标考核范围，政府是否对公安、财政、卫生、水利等部门进行职责分工，是否召开专题会议研究包虫病工作，是否组织包虫病督导检查、听取各部门汇报，有无畜间包虫病防治工作方案或计划、工作总结等，防治信息是否按时上报，各部门工作完成情况，检查县级兽医站实验室是否配备超低温冰箱，是否有规范、完整的包虫病专项档案，实验室是否开展包虫病检测工作，是否完成每年包虫病检测与监测工作，本地区经费投入情况等。

2.技术措施

（1）犬只管理

①家养犬

A.登记管理。在抽中的村查阅家犬登记表，每村随机抽查 10 户养犬户，调查复核家犬登记管理情况，计算家犬登记管理率（主要检查登记、建档及挂牌情况，挂牌为加分项）。

B.驱虫药的管理。抽查县、乡驱虫药的发放记录，出入库情况，保存情况，抽查村检查驱虫药发放投放情况。

C.家犬规范驱虫。在抽中的村，每村随机抽查 10 户养犬户，调查犬只一年内驱虫情况和犬粪无害化处理情况，检查犬驱虫登记表，计算家犬规范驱虫覆盖率和犬粪无害化处理率。

D.驱虫后犬粪无害化处理。检查是否对驱虫后五天内的犬粪进行无害化处理(无害化处理指统一集中收集进行掩埋和焚烧)，检查是否有无害化处理设施，检查犬粪无害化处理记录。

E.犬驱虫效果评价。检查2015-2018年是否完成每年犬驱虫效果评价工作，检查犬粪粪抗原检测记录，检查犬剖检记录，检查有无进行追溯和补充投药驱虫工作。

②流浪犬的管理。抽查县检查是否对流浪犬进行了扑杀，在检查的过程中检查境内流浪犬的数量(从进入该县到离开，人员记录见到流浪犬的数量，其中未拴养的犬均为流浪犬，20条以内不扣分，超过20条每条扣0.2分，扣分上限为4分，低于10条加1 分，未看见的加2分)。

③犬感染率检测

A.犬粪抗原检测。在所检查的2个乡，在检查人员的监督下每乡随机抽取25条犬采集犬粪(多犬户每户只采集1只犬)，检测犬粪抗原阳性情况，计算犬感染率。

B.犬感染率(犬剖检)。在抽中的县，随机抽取10条犬，家养犬5条，流浪犬5条(无流浪犬地区以家养犬补充)，进行剖检，计算棘球绦虫感染率。抽检犬的数量可纳入该县当年剖检任务，剖检后该县不再单独进行剖检。

(2)牛羊控制

①羊免疫(该指标仅在有家畜免疫工作的地区评估，未免疫地区按该地区其他工作得分加权给分)

A.疫苗管理。检查疫苗的发放记录，出入库情况，保存情况。

B.羊免疫密度。在抽查到的乡，查阅家畜免疫记录，汇总一年内新生羊存栏数和绵羊包虫病疫苗免疫羊数，计算免疫率。

C.羊免疫效果评价。2015-2018年检查是否完成每年羊免疫效果评价工作，检查实验室检测记录和检测总结，检查有无进行追溯和补免工作。

②牛羊的检测

A.羊抗体检测。在抽查到的县随机抽取当年新生羊80只，检测后计算免疫合格率。(该指标仅在有家畜免疫工作的地区评估，未免疫地区按该地区其他工作得分加权给分)

B.牛羊脏器患病率调查。以县为单位，在屠宰场抽查当地繁育的2～3岁的羊50只、3～4岁的牛25头，没有屠宰场的县(市)收集当地繁育的2～3岁的羊30只、3～4岁的牛15头在指定屠宰场进行屠宰，现场抽查计算家畜患病率，填写家畜患病率检查汇总表，

(3)检疫监督

①是否实行定点屠宰。以县为单位，检查是否有定点屠宰场(点)，是否进行定点屠宰。

②屠宰场有无无害化处理设施。以县为单位，在集中屠宰场所检查是否具有无害化处理设施。

③检疫记录是否规范。以县为单位，在集中屠宰场所检查是否有规范的包虫病检疫记录。

④屠宰场是否有病变脏器无害化处理记录。以县为单位，在集中屠宰场所检查是否具有动物病变脏器无害化处理记录。

⑤自宰自食过程中牛羊病变脏器的无害化处理。以县为单位，检查有无在自宰自食过

程中对病变脏器进行无害化处理记录。

(4) 灭鼠

以县为单位，检查是否进行灭鼠工作，是否有灭鼠工作档案。

(5) 培训宣传

①专业技术人员培训。是否有专业技术人员培训计划，是否有培训教材，是否开展培训工作，以县为单位，分别调查动物疫病预防控制和动物监督机构相关防治人员专业知识和技能培训情况；在抽中的乡，分别调查乡镇(街道)兽医包虫病防治知识或技能培训情况。最后随机抽查 5-10 人进行现场闭卷考试。

②村级防疫员培训。是否有针对村级防疫员培训计划，是否有村级防疫员培训教材，是否开展村级防疫员培训工作，最后随机抽查 5 人进行现场笔试、问答等形式的考试。

③防控知识宣传。是否编制并印制包虫病宣传材料，是否入户开展宣传工作，是否开展畜间包虫病宣传工作，是否进社区进行宣传，是否进学校进行宣传，是否进寺院进行宣传，是否在当地电视台或报纸等媒体进行宣传，通过包虫病防治知识知晓情况调查问卷形式(附表 5)，调查县、乡、村级干部和宗教教职人员共 10 人，小学生和农牧民各 10 人，计算防治知识知晓率。

(6) 人群筛查

以县为单位，检查近 3 年该地区人群筛查新增病例占所检查人数的百分率(此项作为参考项目)。

五、保障措施

(一) 加强组织领导。为加强畜间包虫病防治情况的中期评估工作，省农牧厅成立领导小组及评估组，负责本次评估工作，包括提供技术支持、跟踪检查与督导评估工作程序与进展、开展抽样预评估、完成评估报告以及各项协调工作等，各地要高度重视畜间包虫病中期评估工作，各市(州)、县(市、区)要成立评估工作领导小组，并组建专家组，结合本地实际制定工作方案。

(二) 加强技术培训。为加强畜间包虫病防治情况的中期评估工作，省农牧厅将组织有关单位和人员开展评估工作的启动、培训工作，明确有关技术指标，并从全省农牧系统抽调有关人员组成省级畜间包虫病评估工作组，开展评估工作。

(三) 加强部门协作。此次评估工作的重点是畜间包虫病防治，但包虫病防治是一项系统的工作，牵扯到公安、财政、卫生、水利、教育、宣传、民族宗教等各个部门，各地在开展工作时一定要加强与相关部门的沟通交流，以便掌握第一手资料。

六、评估时间

(一) 第一阶段 2018 年 9 月，成立评估领导小组和工作组，完善有关评估方案，设计有关评估表格并开展评估培训。

(二) 第二阶段 2018 年 9 月至 10 月中旬，县(市)级自评，并撰写上报自评报告。

(三) 第三阶段 2018 年 10 月中旬至 10 月下旬，市(州)级审核各县(市)上报的调查表和自评报告，生成本级调查表，撰写本级自评报告。

（四）第四阶段 2018 年 10 下旬至 11 月下旬，从青海大学、省畜牧兽医科学院、省动物卫生监督所、以及各市（州）、县聘请评估专家，从省动物疫病预防控制中心抽调联络员，共同组成青南、环湖和海东西宁三个评估专家组，随机检查并按有关要求采集样品、并在当地实验室进行检测，汇总、分析，撰写检查评估报告。

（五）第五阶段 2018 年 11 下旬至 12 月中旬，结合自评、检查评估报告，撰写全省畜间包虫病防治中期评估报告。

附件 1 青海省畜间包虫病防治工作评估指标（市州级）

附件 2 青海省畜间包虫病防治工作评估指标（县市级）

附件 3 县（市）犬棘球绦虫检查汇总表

附件 4 县（市）家畜患病率检查汇总表

附件 5 包虫病知识群众知晓率调查表

附件 6 评估报告参考提纲

附件 1

青海省畜间包虫病防治工作评估指标（市州级）

被评估地区：盖章　　　　评估组负责人签字：

评估项目	评估内容	分值	得分
组织管理	将畜间包虫病防治纳入政府工作年度目标考核（6 分），没纳入不得分 制定包虫病防治工作计划或方案（6 分），未制定不得分 建立畜间包虫病防治监督检查制度（6 分） 按时上报畜间包虫病防治工作信息（6 分） 中央、省级畜间包虫病防治经费到位并按要求支出（6 分） 是否组织开展畜间包虫病现场观摩会（5 分） 是否正式出台地区犬只管理办法（5 分）	40	
能力建设	人员防护是否到位（3 分） 是否配备超低温冰箱（3 分） 是否有规范、完整的包虫病检测工作（8 分） 实验室是否开展包虫病检测工作（8 分） 是否完成每年包虫病检测与监测工作（8 分）	30	
培训宣传	开展专业技术人员畜间包虫病防治知识培训（10 分） 开展村级防疫员畜间包虫病防治知识培训（10 分） 开展畜间包虫病宣传工作（5 分） 包虫病防治工作在本级或上级新闻媒体上开展相关报道（5 分）	30	
合计		100	

附件 2

青海省畜间包虫病防治工作评估指标(县市级)

被评估地区：盖章　　　　　　　　　　评估组负责人签字：

评估项目				评估内容	分值	得分
组织管理	政府分工			政府是否对农牧、公安、水利、卫生、财政、教育、宣传等部门进行职责分工(3)	3	
				政府是否召开包虫病专题会议研究部署(3)	3	
				政府是否组织包虫病防控工作督导检查、听取各部门汇报(2)	2	
	相关部门	卫生计生部门		是否开展健康教育、疫情监测等与畜的相关工作(2)	2	
		财政部门		是否加大对防治工作的支持力度，专款专用(2)	2	
		发展改革部门		是否积极争取包虫病防治设施建设项目资金(2)	2	
	相关部门	公安部门		是否开展家犬的登记、挂牌；采取扑杀等减少无主犬(2)	2	
		林业部门		是否开展野生动物的包虫病监测(1)	2	
		民族宗教部门、教育、宣传等		是否配合开展相关防治知识宣传工作(2)	2	
		其他部门		是否按职责配合或参与相关防治工作(1)	1	
	能力建设			实验室是否配备超低温冰箱(2)	2	
				包虫病防治档案管理是否规范(2)	2	
				是否按有关方案开展犬粪抗原检测工作(2)	2	
				是否按有关方案开展犬剖检工作(2)	2	
				是否按有关方案开展牛羊感染率和感染调查工作(2)	2	
	个人防护			是否购买个人防护设备(2)	2	
				个人防护设备是否完备(1)	1	
				个人防护用品是否发放到位(1)	1	
				是否进行个人防护宣传(1)	1	
	经费保障			包虫病专项资金是否到位(2)	2	
				是否有包虫病地方配套资金(2)	2	
	犬只管理	家养犬		家犬的管理率(登记、建档)(2)	2	
				驱虫药的管理(2)	2	
				家犬的驱虫覆盖率(3)	3	
				驱虫后犬粪的无害化处理(驱虫后5天)(2)	2	
				是否完成每年驱虫效果评价工作(2)	2	
		流浪犬		是否进行扑杀(2)	2	
				现场流浪犬的调查(4)	4	
		犬只检测(评估组检测)	犬粪抗原检测	阳性率在5%以上不得分，5%以下得分(2.5)★	2.5	
			犬剖检	阳性率在10%以上不得分，10%以下得分(2.5)	2.5	
	羊免疫	免疫情况		疫苗管理是否规范(1)	1	
				羊免疫的密度是否达到相关要求(2)	2	
				是否完成每年羊免疫效果评价工作(1)	1	
				抗体合格率70%以下不得分(3)★	3	
	检疫监督	屠宰情况		是否实行定点屠宰(1)	1	

续表

<table>
<tr><td colspan="2">评估项目</td><td colspan="3">评估内容</td><td>分值</td><td>得分</td></tr>
<tr><td rowspan="20">组织管理</td><td rowspan="7">检疫监督</td><td></td><td colspan="2">屠宰场有无无公害化处理设施设备(2)</td><td>2</td><td></td></tr>
<tr><td rowspan="3">检疫情况</td><td colspan="2">检疫记录是否规范(1)</td><td>1</td><td></td></tr>
<tr><td colspan="2">屠宰场是否有病害脏器无害化处理记录(2)</td><td>2</td><td></td></tr>
<tr><td colspan="2">自宰自食过程中牛羊病变脏器的无害化处理(2)</td><td>2</td><td></td></tr>
<tr><td rowspan="2">牛羊患病率调查(评估组检测)</td><td>牛(3-6岁)</td><td>棘球蚴感染率10%以上不得分(2.5)</td><td>2.5</td><td></td></tr>
<tr><td>羊(2-4岁)</td><td>棘球蚴感染率10%以上不得分(2.5)</td><td>2.5</td><td></td></tr>
<tr><td>灭鼠</td><td>专项灭鼠</td><td colspan="2">是否进行灭鼠工作(1)</td><td>1</td><td></td></tr>
<tr><td rowspan="13">培训宣传</td><td rowspan="3">专业技术人员培训</td><td colspan="2">是否有培训计划(1)</td><td>1</td><td></td></tr>
<tr><td colspan="2">是否开展培训，查培训报到册、教材、简报(2)</td><td>2</td><td></td></tr>
<tr><td colspan="2">现场笔试、问答的合格率(2)</td><td>2</td><td></td></tr>
<tr><td rowspan="2">村级防疫员培训</td><td colspan="2">是否对村级防疫员培训，查培训报到册、照片、教材等(2)</td><td>2</td><td></td></tr>
<tr><td colspan="2">现场笔试、问答的合格率(2)</td><td>2</td><td></td></tr>
<tr><td rowspan="8">防控知识宣传</td><td colspan="2">是否印制宣传材料(1)</td><td>1</td><td></td></tr>
<tr><td colspan="2">是否入户开展宣传工作(1)</td><td>1</td><td></td></tr>
<tr><td colspan="2">是否开展全县牲畜间包虫病宣传工作(0.5)</td><td>0.5</td><td></td></tr>
<tr><td colspan="2">是否进社区进行宣传(0.5)</td><td>0.5</td><td></td></tr>
<tr><td colspan="2">是否进学校进行宣传(0.5)</td><td>0.5</td><td></td></tr>
<tr><td colspan="2">是否进寺院进行宣传(0.5)</td><td>0.5</td><td></td></tr>
<tr><td colspan="2">是否在当地电视台或报纸等媒体进行宣传(2)</td><td>2</td><td></td></tr>
<tr><td colspan="2">现场问答的知晓率(2)</td><td>2</td><td></td></tr>
<tr><td>参考项目</td><td colspan="2">人员筛查</td><td colspan="2">年人群筛查新增病例占筛查人数的百分率</td><td>0</td><td></td></tr>
<tr><td>合计</td><td colspan="2"></td><td colspan="2"></td><td>100</td><td></td></tr>
<tr><td rowspan="3">加分项目</td><td colspan="4">1、犬挂牌：全县域内(3)、半数乡镇以上(2)、开展试点(1)</td><td>3</td><td></td></tr>
<tr><td colspan="4">2、犬只个体登记建档：建立电子档案(3)、纸质档案(2)</td><td>3</td><td></td></tr>
<tr><td colspan="4">3、流浪犬管理：评估组现场调查时未发现现场流浪犬(2)</td><td>2</td><td></td></tr>
<tr><td>总计</td><td colspan="4"></td><td>108</td><td></td></tr>
</table>

备注：标注★的由省动物弊病预防控制中心依据检测结果确定，现场评估打分时此项内容暂时按0分计入。

附件3

________县(市)犬棘球绦虫检查汇总表

被检地区单位：盖章

犬粪抗原检测			犬剖检			
检测数	阳性数	阳性率	检测数	阳性数	阳性率	平均感染强度

附件 4

________县(市)家畜患病率检查汇总表

被检地区单位：盖章

畜种	检测数	阳性数	阳性率	感染强度
羊				
牛				
其他				

附件 5

包虫病知识群众知晓率调查表

调查单位________ 调查者________ 调查时间________

一、基本情况

1.调查对象(学生、农牧民、干部、僧人、屠宰人员、其他)；

2.年龄________岁；

3.性别(男、女)；

4.民族(汉、回、藏、蒙、土、撒拉、哈萨克、其他)；

5.文化程度(文盲、小学、初中、高中、大学)。

二、包虫病防治知识

1.包虫病是什么疾病？

A.结核病 B.寄生虫病 C.肿瘤 D.不知道

2.下面哪个行为容易使人得包虫病？

A.吃羊肉 B.玩狗 C.吃狗肉 D.不知道

3.使人得包虫病的绦虫成虫在哪里寄生？

A.在草上 B.在人体内 C.在狗的肠道内 D.不知道

4.牛、羊及兔、田鼠是怎样得包虫病的？

A.互相传染 B.吃被狗粪污染的草 C.喝脏水 D.不知道

5.包虫病的主要危害有哪些？

A.损害人体健康，降低劳动能力，家庭收入减少

B.损害牲畜健康，减少经济收入

C.包虫病的并发症给病人造成生命危险

D.互相传染使更多的人和牲畜生病

E.不知道

6.包虫病可以预防吗？

A.不能预防 B.可以预防 C.不知道

7.怎样预防包虫病？

A.不吃生肉　B.不玩狗　C.饭前洗手　D.管好家犬

E.定期给狗进行吡喹酮驱虫治疗

F.不用牲畜脏器喂狗

G.不知道

附件 6

评估报告参考提纲

一、基本情况

（一）实施背景

（二）评估背景

二、评估目的与程序

三、评估时间与范围

四、评估方法与内容

五、评估结果

（一）考核指标完成情况

（二）重点任务落实情况

（三）能力建设实施情况

（四）保障措施落实情况

（五）实施效果分析

六、实施经验（主要做法或典型案例分析）

七、存在问题与原因分析

（一）行动计划实施中存在的问题

（二）原因分析

八、结论与建议

附录十　犬只智能管理系统

犬只是棘球绦虫的终末宿主，其排出虫卵，污染草地、牧场和水源等环境，导致人畜患上包虫病，为包虫病传播流行的主要传染源。四川省石渠县平均海拔4200m，辖区面积辽阔，高原特征突出，是四川省包虫病最严重的流行区。该县犬只数量大，曾经无主犬、流浪犬较多，给犬只喂食牲畜内脏的现象较普遍，缺乏对犬只管理和投药的有效措施，是川西高原藏区犬只饲养管理的典型代表。石渠县以犬只管理为对象，开发出了适合藏区特殊人文和高寒地理情况的物联网数字化高原犬只智能管理系统，用于川西高原藏区犬只的规范管理及包虫病的综合防控。

一、硬件部分

犬只管理系统硬件部分包括4个部分。①RFID标签：主要用于储存犬只信息。②手持记录仪：主要用于信息的现场录入、编辑及储存。③犬只项圈：主要用于固定RFID标签与犬只，保证犬只与标签一一对应。④扫描天线：主要用于现场读写RFID标签数据。见图1。

(a)RFID标签

(b)手持机

(c)狗项圈

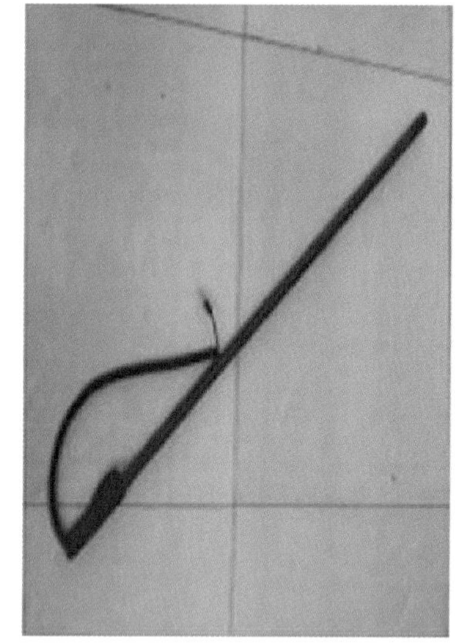

(d)扫描天线

图 1 犬只管理系统硬件部分

二、软件部分

犬只管理系统软件包括 5 个部分：犬管理中心系统、犬管理直属点系统、防疫检疫点管理系统、犬只防疫检疫系统和犬只管理—标准版 APP。见图 2。

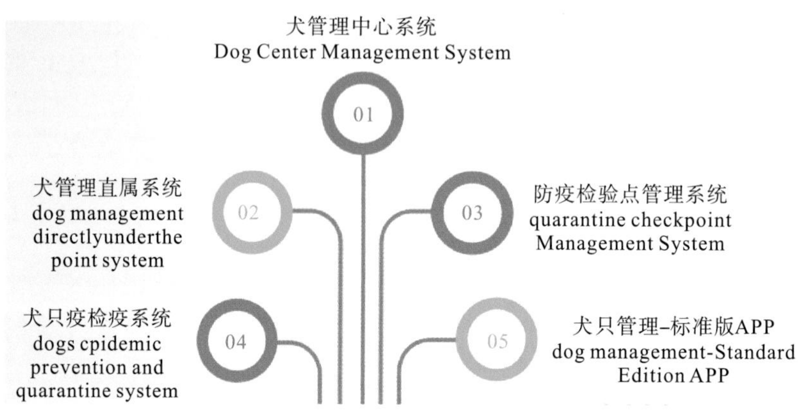

图 2 犬只管理系统软件部分

1.犬管理中心系统

犬管理中心系统负责犬的证件卡和智能项圈的发放、同互联网网站的数据同步，同时还具备比互联网网站更完善的信息登记和检索功能。另外，公安专管员的系统也被集成在中心管理系统中，专管员的巡查信息通过直属管理点上传至管理中心。具体分为：犬证件卡制作及登记系统、犬信息登记和管理系统、犬年检及缴费管理、大信息的统计和查询(可以通过该功能统计某个区域的犬数量情况或某个时段的犬增长等情况）、报表系统（包含报表打印）、系统管理及日常维护以及与 WEB 服务器数据同步系统等。见图 3。

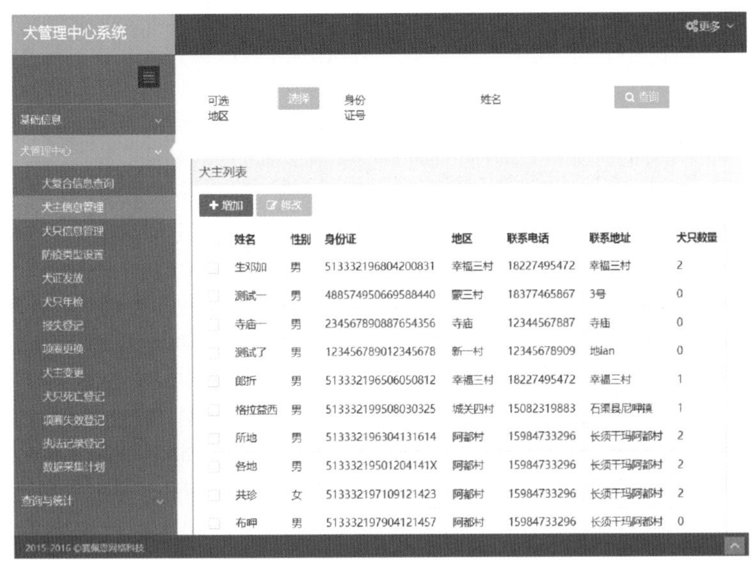

图 3　犬管理中心系统界面

2.犬管理直属点系统

直属管理点直接存取中心数据库，专管员的巡查信息就是通过该系统上传到管理中心。如果必要的话，可以将中心系统的一部分工作分散到各直属点来完成。主要分为犬信息的查询、公安专管员巡检信息登记等。见图 4。

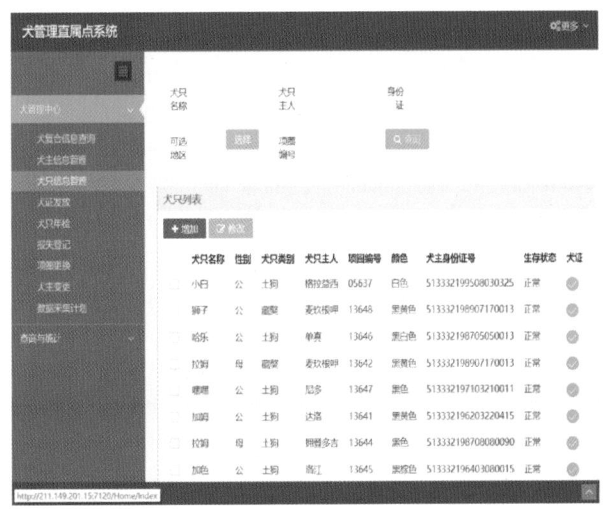

图 4　犬管理直属点系统界面

3.防疫检验点管理系统

防疫检验点管理系统建立在互联网的基础之上，其大部分功能实际可以在犬网站系统中实现，但从安全和易用性的角度来考虑，建立一个单独的管理系统更为合适。该系统包括防疫点登记和注册、犬信息的查询、犬注射信息及免疫信息的上传、年检信息的同步(防疫点的一个重要工作是将年检信息同步到智能项圈)。见图 5。

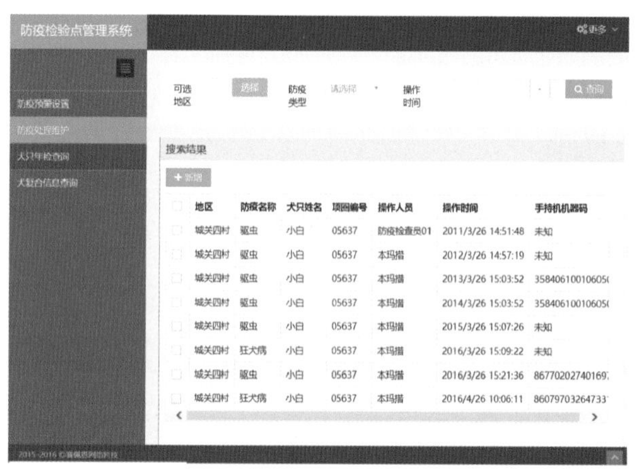

图 5　防疫检验点管理系统界面

4.犬只防疫检疫系统

该系统主要面向广大群众，可以通过项圈编号在线查询犬只信息、犬主信息、犬证信息、免疫信息等综合信息。见图 6。

图 6　犬只防疫检疫系统界面

三、犬只管理 APP 系统(图 7)

1.用户登录

为基础功能，开放给“公安巡检员”以及“防疫检查员”登录。

2.查询

为基础功能，可查询犬证信息、犬主信息、报失信息、防疫信息以及年检信息等。

3.防疫

为特有功能，仅对“防疫检查员”开放，进行添加犬只防疫信息。

4.执法

为特有功能，仅对“公安巡检员”开放，查询执法信息，进行添加犬只违法记录等。

5.同步

为基础功能，包含下载同步与上传同步。

6.版本更新

为基础功能，主要用于更新本 APP 版本。

7.关于应用

为基础功能，主要用于查看本 APP 相关信息。

8.注销登录

为基础功能，注销登录后需要重新输入账号密码。

图 7　犬只管理 APP 系统界面

四、管理系统应用示范

通过数据录入与编辑，可对数据进行实时管理和统计，科学准确掌握犬只管理及驱虫等信息，为包虫病源头防控提供有效的信息支持(图 8～图 11)。经管理系统的应用和统计，石渠县现有 9575 户牧农民群众养犬，登记家犬 20073 只，其中城镇犬 662 只，农区犬 2538 只，牧区犬 16771 只，寺庙犬 102 只。

(a)使用培训

(b)录入信息

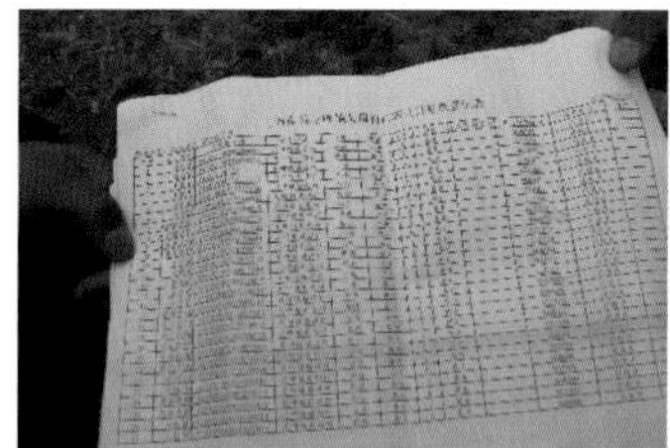
(c)数据采集

(d)绑定标签

(e)信息查询

图 8　犬只管理系统应用示例

属性	详情
公/母	公：10973；母：1564
颜色	黑色：7401；白色：416；黄色：805；棕色：589；黑白色：810；黑黄色：1827；黑棕色：526；白黄色：40；白棕色：45；黄棕色：78
犬证发放与否	已发放：706；未发放：11831
生存状态	正常：12537；报失：1；死亡：3
犬只类型	藏獒：324；土狗：12154；哈巴狗：59

图 9　系统犬只属性统计

地区名称	现有犬主数量	应有犬主数量	现有犬只数量	应有犬只数量
尼呷镇	450	435	441	662
新荣乡	663	3227	1034	4605
起坞乡	443	454	695	730
蒙宜乡	656	670	612	1149
国营牧场	2	107	0	184
宜牛乡	240	536	362	572
虾扎镇	505	546	761	890
格孟乡	613	920	974	1827
德荣玛乡	782	881	869	1340
色须镇	1019	1362	1013	1379

图 10　乡镇计划与完成统计

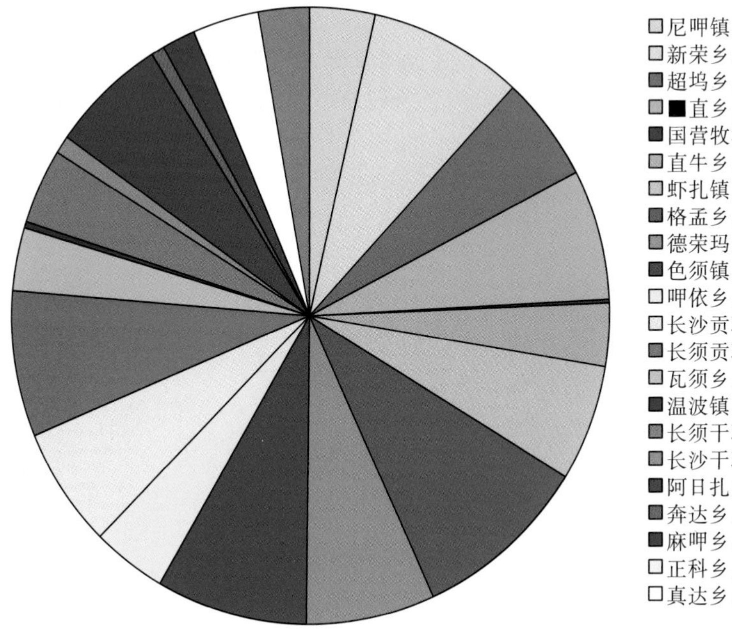

图 11　乡镇比例图